"十二五"职业教育国家规划教材
经全国职业教育教材审定委员会审定

热处理原理与工艺

第2版

主　编　侯旭明
副主编　陈海英
参　编　高美兰　单丽梅　安会芬
　　　　尚利平（企业）王　博
主　审　王忠诚（企业）李志宏

机械工业出版社
CHINA MACHINE PRESS

本书是“十二五”职业教育国家规划教材，是根据《教育部关于“十二五”职业教育教材建设的若干意见》及教育部新颁布的《高等职业学校专业教学标准（试行）》，同时参考相关职业资格标准，在第1版的基础上修订而成的。

本书由热处理原理与热处理工艺两大部分组成。热处理原理部分主要介绍钢在热处理中发生的奥氏体、珠光体、马氏体、贝氏体转变及回火转变的转变规律、特点，转变产物的组织、性能特点等内容。工艺部分主要介绍常用热处理工艺的工艺知识、工艺实施技术及热处理工艺编制基础等内容。

本书内容实用、精练，兼顾知识的系统性与实用性，注重反映职业教育特点，并给出了较多典型工件实例、示例及分析。

为便于教学，本书备有电子教案和习题答案，选择本书作为教材的教师可来电索取（010-88379197），或登录 www.cmpedu.com 网站注册、免费下载。

本书可作为职业教育金属材料与热处理技术、材料成型与控制技术专业教材或培训用书，也可供有关工程技术人员参考。

图书在版编目（CIP）数据

热处理原理与工艺/侯旭明主编．—2版．—北京：机械工业出版社，2015.5（2025.1重印）
“十二五”职业教育国家规划教材
ISBN 978-7-111-50157-2

Ⅰ.①热… Ⅱ.①侯… Ⅲ.①热处理—高等职业教育—教材
Ⅳ.①TG15

中国版本图书馆CIP数据核字（2015）第094055号

机械工业出版社（北京市百万庄大街22号　邮政编码100037）
策划编辑：齐志刚　责任编辑：齐志刚　王海霞
版式设计：霍永明　责任校对：刘志文
封面设计：张　静　责任印制：郜　敏
北京富资园科技发展有限公司印刷
2025年1月第2版第10次印刷
184mm×260mm・21印张・519千字
标准书号：ISBN 978-7-111-50157-2
定价：59.00元

电话服务　　网络服务
客服电话：010-88361066　机　工　官　网：www.cmpbook.com
010-88379833　机　工　官　博：weibo.com/cmp1952
010-68326294　金　书　网：www.golden-book.com
封底无防伪标均为盗版　机工教育服务网：www.cmpedu.com

第2版前言

本书是按照教育部《关于开展“十二五”职业教育国家规划教材选题立项工作的通知》，经过出版社初评、申报，由教育部专家组评审确定的“十二五”职业教育国家规划教材，是根据《教育部关于“十二五”职业教育教材建设的若干意见》及教育部新颁布的《高等职业学校专业教学标准（试行）》，同时参考国家金属热处理工职业资格标准，在第1版的基础上修订而成的。

本书主要介绍从事热处理岗位工作所必需的热处理原理和工艺知识。本书的编写致力于实用、好用，力求体现以下特色：①内容起点低，表述通俗、清楚、扼要，形式活泼，兼顾知识的系统性与实用性。②实际应用内容丰富，提供较多实例、示例及工艺编制与质量缺陷分析练习。③吸收企业专家参加教材修订，着力体现与职业标准和岗位需求的对接。④注重原理与工艺内容的结合。⑤配合边学边练教学模式编排教学内容。

本书在第1版的基础上，主要从以下几方面进行了修订：①增加了实例、示例及实例分析。②进一步降低了内容起点，便于中高职衔接。③增加了岗位工艺实施技术的介绍，注意对接职业标准。④加强了热处理行业“十二五”重点推广技术及企业技术升级采用新技术的介绍，培养学生适应这些新技术的能力。⑤根据教学实践及用书学校和读者的建议，对原书内容进行了删减、增补，并对原书遗漏及不妥处进行了修补。⑥将感应器设计内容划至设备课中。

关于本书使用，有以下几点说明：①鉴于行业“十二五”重点推广技术项目较多，近年热处理行业技术升级步伐也较快，本书对其中一些作了介绍，若在教学中完成这些内容，学时可能不足，各校可根据实际情况，自主选择、灵活安排。但这些内容对于学生适应新形势，显然是需要的。②热处理现场的很多操作较简单、易上手，且对动作精确性要求较低，一人会干，其他人模仿、跟干，也可完成作业。但如没有必要的理论支撑，其作业就成为纯粹的简单体力劳动，一旦出现质量问题或情况变化，就会不知所措，更谈不上改进提高热处理质量，其日后的职业发展也会受很大影响。故书中关于工艺实施必需的基本理论必须给予保证。③各校可根据条件选择本课程教学模式，但根据教学实践，以工艺内容讲授与工艺编制练习同步进行（即边学边练）模式组织教学，对培养知识应用能力、热处理工艺编制能力的效果较好、效率较高，适合职业教育特点。故建议使用本书学校，另安排适当学时于热处理工艺编制与质量缺陷分析练习。

参加本次修订的人员有：包头职业技术学院高美兰、侯旭明，陕西航空职业技术学院陈海英，四川工程职业技术学院单丽梅，河北机电职业技术学院安会芬，陕西工程职业技术学院王博，内蒙古第一机械集团有限公司尚利平。具体分工如下：高美兰编写第一、十二、十六章，陈海英编写第二、五、十一章，王博参加了第二章编写，侯旭明编写第三、四、六、八、九、十三、十四、十七章，侯旭明、尚利平合编第七章，安会芬、侯旭明合编第十章，单丽梅编写第十五章。企业专家及技术人员王忠诚、尚利平、武明亮、徐庆元、张利琴、徐永旺、张莲凤、杨志华、刘新龙、金要强、武文革、刘淑琴、卢宇阳、牛晓飞、程健立参加了本书的策划、咨询工作。全书由侯旭明主编并统稿，济南沃德汽车零部件有限公司王忠诚和四川工程职业技术学院李志宏主审。

本书经全国职业教育教材审定委员会审定。教育部评审专家在评审过程中对本书提出了很多宝贵的建议，在此对他们表示衷心的感谢！本书在编写过程中参阅了国内外出版的有关教材和资料，在此对相关作者一并表示衷心感谢！

最后，对本书出版付出辛勤汗水的编辑加工人员表示特别的感谢！

由于编者水平有限，书中不妥之处在所难免，恳请读者批评指正。

编　者

第1版前言

为了进一步贯彻《国务院关于大力推进职业教育改革与发展的决定》的文件精神，加强职业教育教材建设，满足现阶段职业院校对教材建设的要求，根据现阶段职业院校该专业还没有一套较为合适的教材，大部分院校采用自编或本科教材组织教学，非常不适合职业教育的实际情况，机械工业出版社于2008年8月在北京召开了“职业教育金属材料与热处理技术专业教学研讨会”。在会上，来自全国该专业的骨干教师、企业专家研讨了新的职业教育形势下该专业的课程体系和内容。本书是根据会议精神，结合专业培养目标和各用人单位的要求以及职业资格考试的需要编写的。

本书包括了热处理原理和工艺的基本知识和内容。热处理原理部分（约需40学时）主要介绍生产现场从事热处理技术工作的高技能人才“必需、够用”的基本理论（钢在热处理中发生的相与组织转变的规律、特点，常见组织的特点及与性能的关系，影响转变的因素等），热处理工艺部分（约需90学时）主要介绍正确制订热处理工艺所必需的工艺知识（常用热处理工艺的工艺原理，工艺参数的确定，工艺参数对组织、性能的影响规律等）及相关热处理应用技术。

本书主要具有如下特点：①内容合理、实用，表述通俗、清楚，深度和广度恰当，兼顾知识的实用性和系统性。②加强了工艺实施过程中的应用技术内容。③为适应职业院校教学特点，每种工艺都给出了典型工件实例及分析、工艺编制练习与质量分析练习。④每章后的小结对本章内容进行了总结，并给出学习要求和指引。⑤为方便教学，对部分热处理原理与工艺内容的衔接顺序进行了调整，将回火转变与回火工艺合为一章（第九章钢的回火），并置于淬火工艺之后。⑥书中热处理名词术语、检验标准等都采用最新国家标准。

实践表明，对从事热处理一线技术工作的人员，如果工艺原理、参数确定等掌握不好，其工作的盲目性就很大，很难甚至无法分析、解决热处理中出现的质量问题，则更谈不上改进、提高产品质量。为此希望本书能对热处理相关工作人员有所帮助。

参加本书编写的人员有：福州工程学院热处理专家洪家篪，河北机电职业技术学院许晓坤、安会芬，包头职业技术学院高美兰、侯旭明。其中第一、五、十二、十六章由高美兰编写，第二、三、四章由洪家篪编写，第六、七、八、十三章由侯旭明编写，第九章由安会芬、侯旭明编写，第十章由安会芬编写，第十一章由许晓坤编写，第十四、十七章由许晓坤、侯旭明编写，第十五章由洪家篪、侯旭明编写。全书由侯旭明主编并统稿，由河北机电职业技术学院热处理专家汪守朴主审。

本书在编写过程中得到武汉材料保护研究所吴勇研究员的帮助并引用了其他资料、文献中一些观点和内容，在此对相关人员表示衷心的感谢。

由于作者水平有限，书中错误和疏漏在所难免，恳请同行、读者指正。

编　者

目录

CONTENTS

CONTENTS

CONTENTS

CONTENTS

绪论

金属热处理是在固态下对金属材料进行适当的加热、冷却，使之获得所需性能的一种工艺方法。热处理过程中，工件内部发生着组织结构和（或）相成分及内应力等变化，并由此造成工件性能发生变化。

1. 金属热处理的发展历史

在从石器时代发展到铜器和铁器时代的过程中，热处理的作用逐渐被人们所认识。早在春秋战国时代（公元前770～前222年），我国就已采用退火、淬火来改善钢和铸铁的性能，如河北省易县燕下都出土的战国时期的两把剑和一把戟，其显微组织中都有马氏体存在，说明当时已掌握了淬火技术。三国和南北朝时期，已在不同水质及牲畜尿、油脂对淬火后性能的影响方面积累了许多宝贵的经验。但这些当时都作为秘密的个人“手艺”，不肯外传。有人将此阶段称之为民间技艺阶段，当时，对热处理中的各种现象只知其然，不知其所以然。

显微镜的出现，使人们能通过显微镜观察钢铁的内部组织，从而将性能的变化与组织变化相联系；钢的临界点的发现、铁碳相图及等温转变图的建立，则为制订热处理工艺提供了科学依据。此后，电子显微镜的发明、X射线衍射及各种电子显微等实验技术的发展为热处理研究提供了更加强有力的工具。金属物理（相变理论、位错理论等）、热力学等相关学科则为热处理相变、强化机制等的研究，提供了理论基础，由此，热处理进入了理论科学研究阶段。

在热处理广大科技人员的不懈努力下，通过对相关学科的发展成就及新材料、新技术的移植应用等方式，热处理在实际应用和理论研究方面都取得了巨大进展，热处理理论日益走向成熟，热处理技术也逐渐发展成为具有科学理论指导的工程技术。

2. 热处理在工业生产中的作用及意义

目前，机械行业约80%的零部件需进行热处理，模具、刃具及滚动轴承则100%需进行热处理。通过热处理可以改变钢的内部组织结构，获得所需要的性能，充分挖掘材料性能潜力，减轻结构重量，节省材料和能源，大幅度（几倍，甚至几十倍）延长机械零件的使用寿命。如汽车活塞销冷挤压冲头凸模，通过改进热处理工艺，寿命提高十几倍；传递功率达几万千瓦、转速20000r/min的某舰船用转子，工艺改进后，屈服强度由800MPa提高至1800MPa，使零件质量减少了3/4。正如热处理行业中的老话所讲：“搞好热处理，零件一顶几”。

3. 我国金属热处理的发展现状与趋势

目前，我国在热处理的基础理论研究和某些热处理新工艺、新技术研究方面与发达国家差距不大，在热处理技术和设备更新方面也取得了显著的成绩。但热处理工艺水平和工艺装备在总体上与发达国家还有较大差距，例如国内已能制造精度最高的滚珠丝杠，但主要由于热处理质量问题，丝杠精度平均保持时间与国外名牌产品相差约十倍。目前，热处理质量尚难以适应国内高端装备和关键零部件的要求，热处理生产也还没有完全扭转粗放式生产、成本较高、热处理质量分散度较大、可靠性较低、能耗较大、污染较严重的局面；热处理工艺设计与研究，大多还是依赖经验和试探式的实验方法，而不是通过定量的科学计算来实现。为此，需大力发展先进的热处理技术、装备及材料，用高新技术改造传统的热处理技术，尽快实现“优质高效、控制精确、节能降耗、低成本、清洁生产”。今后热处理技术的发展趋势，是从传统的“经验、技艺”型技术向以科学计算为依据的“高度知识密集型智能热处理技术”或“数字化智能热处理技术”的方向转化。热处理行业发展空间巨大，热处理专业学子也大有作为。

4. 课程的性质、内容与特点

本课程为热处理技术专业核心课程，理论性和实践性都很强，其内容分为热处理原理与热处理工艺两大部分。原理部分主要介绍钢在热处理中发生的奥氏体、珠光体、马氏体、贝氏体及回火转变的规律、特点及影响转变的因素，转变产物的组织、性能特点。工艺部分主要介绍生产中常用的热处理工艺知识及相关工艺实施技术，常见热处理质量缺陷及预防、消除措施。热处理原理是学习工艺内容的直接理论基础，其特点是微观、较抽象，定性讨论较多，会较多用到金属学知识；工艺部分的特点是影响因素较多、较具体，概念、知识点较多，与热处理原理内容关系十分密切。

5. 学习方法

①学习中要注意弄清基本概念、弄清各种现象的物理实质。②要特别注意边学边练，通过课后习题、工艺编制与质量缺陷分析练习等方式，将所学知识及时应用。③针对本课程特点，适当的梳理、总结、提炼及勤思、勤问，并将工艺内容的学习与热处理原理紧密结合（避免两张皮现象），学会用热处理原理的观点解释、分析工艺问题，都是过往学子学好本课程、对本课程的知识形成正确理解的成功经验。

第一部分

热处理原理

本部分主要介绍钢件在热处理加热和冷却中所发生的奥氏体、珠光体、马氏体、贝氏体转变及回火转变的转变规律、特点，转变产物的组织、性能特点及影响转变的因素等。这部分内容是学习热处理工艺的必备、直接理论基础，对工艺内容的学习顺利与否影响极大。为方便教学，将原本属于热处理原理内容的回火转变安排在热处理工艺部分介绍。

第一章　钢在加热时的奥氏体转变

工件进行热处理时，一般都要经过加热、保温、冷却的过程，其中加热是热处理的第一步工序。大多数热处理工艺都需要先将钢加热至临界点以上，使之转变为奥氏体，然后以一定的方式进行冷却，才能得到所要求的组织和性能。钢加热时形成奥氏体的组织形态、晶粒大小、成分的均匀程度，对热处理后的组织和性能有很大的影响，加热转变是钢进行各种热处理的基础。

本章主要介绍奥氏体的形成机理、奥氏体转变速度及奥氏体晶粒度的控制。本章的主要教学要求是：①明确奥氏体的形成过程；②明确奥氏体的转变特点及各种因素对奥氏体转变的影响；③掌握奥氏体晶粒度的相关概念，清楚奥氏体晶粒的长大过程、影响因素及细化奥氏体晶粒的途径。

第一节　奥氏体的形成过程

一、奥氏体的结构、组织和性能

1. 奥氏体的结构

奥氏体是碳溶于 γ－Fe 中的间隙固溶体，用 A 或 γ 表示。

已知奥氏体为面心立方结构，碳原子位于 γ－Fe 晶胞的四个八面体间隙中（即奥氏体晶胞棱边的中点），如图 1-1 所示。由于八面体间隙的半径（0.052nm）小于碳原子半径（0.072nm），实际约 10 个八面体间隙（即 2.5 个晶胞）最多只能溶入一个碳原子。

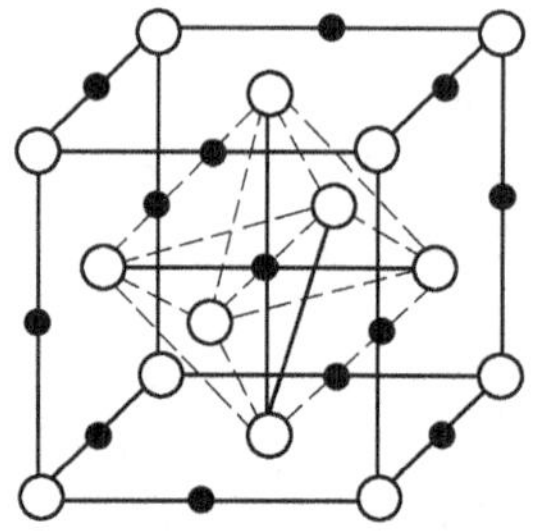

图 1-1　奥氏体晶胞及碳原子在晶胞中可能的位置

碳原子的溶入使 γ－Fe 的晶格发生畸变，晶格常数增大。溶入的碳越多，晶格常数越大，如图 1-2 所示。H（0.35nm）、O（0.66nm）、N（0.70nm）等半径较小的原子溶于奥氏体中也会形成间隙固溶体。其他半径较大的合金元素的原子（如 Mn、Si、Cr、Ni、Co 等）在 γ－Fe 中置换 Fe 原子而形成置换固溶体。由于它们的原子半径与 Fe 不同，故其溶入也都会引起晶格畸变，使晶格常数发生改变。溶入的原子与铁原子半径相差越大、溶入的原子数越多，则奥氏体晶格畸变程度和晶格常数改变越大。

研究发现，碳原子在奥氏体中的分布是不均匀的，存在着浓度起伏，在碳浓度为 0.85% 的奥氏体中，存在大量的比平均碳浓度高 8 倍的微区，相当于渗碳体中碳的质量分数。

2. 奥氏体的组织形貌与力学性能

在高温金相显微镜下，可直接观察到奥氏体的金相形态，一般情况下奥氏体晶粒呈等轴多边形，其晶界较为平直，某些晶粒内还存在孪晶，如图 1-3 所示。

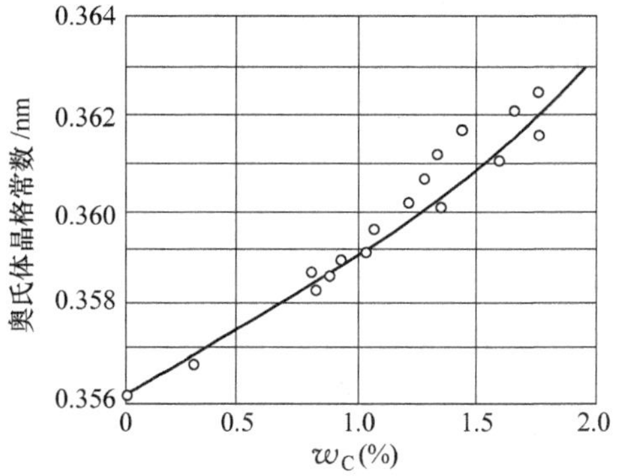

图 1-2　奥氏体晶格常数与碳含量的关系

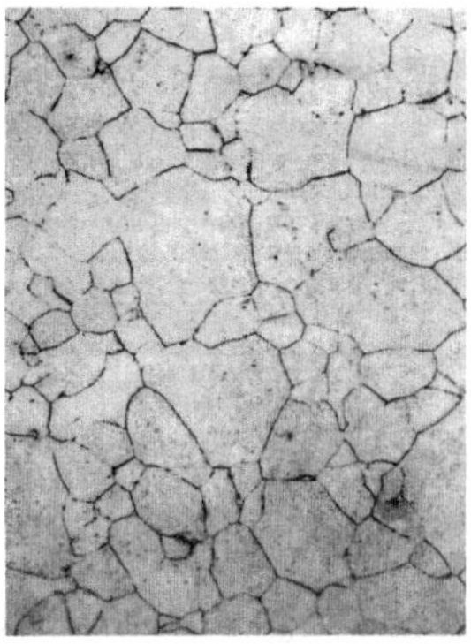

图 1-3　40Cr 钢奥氏体组织

奥氏体的性能特点如下：①奥氏体的强度、硬度很低，塑性很好；②钢的各种组织中，奥氏体的比体积最小，例如，碳的质量分数为 0.8% 的钢，其奥氏体、铁素体和马氏体的比体积分别为 0.12399cm^3/g、0.12708cm^3/g 和 0.12915cm^3/g；③奥氏体的线膨胀系数比铁素体和渗碳体的平均线膨胀系数高出约 1 倍，故奥氏体钢常用来制作要求热膨胀灵敏的仪表元件；④奥氏体具有顺磁性，而铁素体、马氏体具有铁磁性，故奥氏体钢可用于制造电器、仪表等上的元件，以减少周围磁场的干扰；⑤奥氏体的导热性差，因此，为避免工件加热时的变形，奥氏体钢不可加热过快。

二、奥氏体形成条件

1. 过热现象

$Fe-Fe_3C$ 相图是在加热或冷却速度极缓慢的条件下测得的，而在实际生产中加热速度比较快，所发生的相变一般是在不平衡的条件下完成的，因而其相变温度与相图上的平衡相变温度有一些偏离。表现为：加热时的相变温度偏向高温，即实际加热时的相变是在一定过热度[㊀]下发生的。冷却时的相变温度则偏向低温，即实际冷却时的相变是在一定过冷度下发生的。随加热（或冷却）速度的增加，相变的过热度（或过冷度）增大。

通常加热时的临界温度用附加字母“c”表示（c 为法文“加热”的首字母），如 Ac_1、Ac_3、Ac_{cm}；冷却时的临界温度用附加字母“r”表示（r 为法文“冷却”的首字母），如 Ar_1、Ar_3、Ar_{cm}。图 1-4 所示为加热速度和冷却速度均为 0.125℃/min 时的临界温度。

2. 奥氏体形成的热力学条件

如前所述，在实际加热条件下，相变温度与 $Fe-Fe_3C$ 相图上的平衡相变温度有一些偏离。即实际加热时奥氏体形成需要一定的过热度，这是因为相变应具备一定的热力学条件。热力学定律指出，一切自发过程都是从高自由能状态到低自由能状态。图 1-5 所示为共析钢中奥氏体和珠光体的自由能随温度的变化曲线。由图可见，珠光体与奥氏体的自由能均随温度的升高而降低，但两者自由能随温度变化的曲线斜率不同，奥氏体自由能随温度变化的曲线斜率大于珠光体的曲线斜率，两条曲线必然相交于某一点，该交点所对应的即 $Fe-Fe_3C$ 相图上的 A_1（727℃）点。在 A_1 点两相的自由能相等，不能发生相变；只有高于 A_1（727℃）

㊀ 加热时实际发生相变的温度与发生该相变的平衡临界温度的差值称为过热度。

时，奥氏体的自由能低于珠光体的自由能，才具备由珠光体向奥氏体转变的条件。也就是说，钢在加热时，只有超过临界点 A_1，在一定的过热度下，才能由珠光体转变为奥氏体。同理，亚共析钢和过共析钢加热时，只有过热到 A_3 和 A_{cm} 以上，珠光体才能全部转变为奥氏体，即完全奥氏体化。

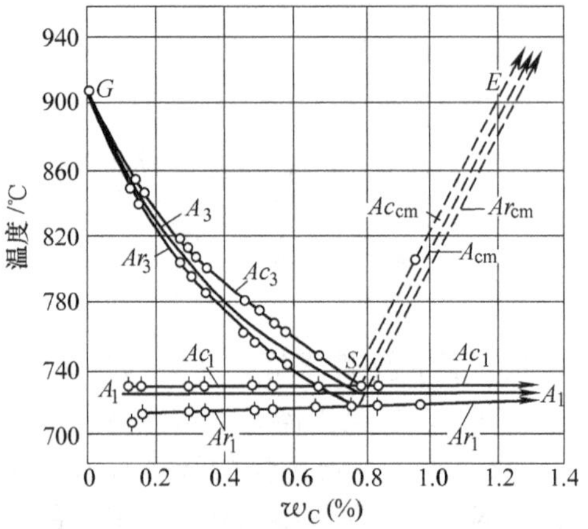

图 1-4 加热速度和冷却速度为 0.125℃/min 时的临界温度

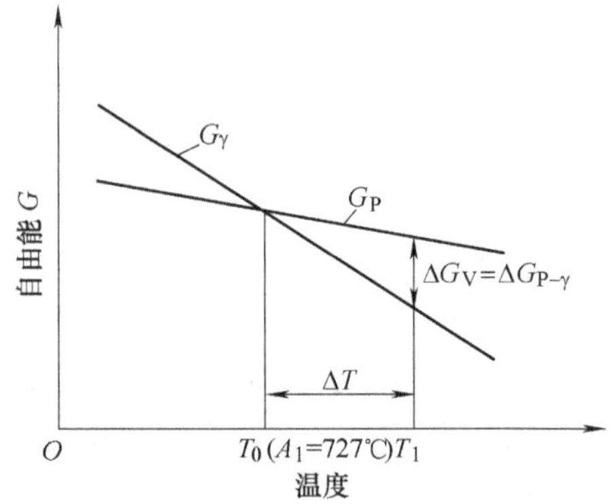

图 1-5 共析钢中奥氏体和珠光体的自由能随温度的变化曲线

因此，奥氏体形成的热力学条件是必须过热。只有在一定的过热度条件下，珠光体才能转变为奥氏体。过热度越大，驱动力越大，转变速度也越快。

三、奥氏体形成过程

加热时，钢的原始组织不同，其奥氏体形成过程也各有特点。下面以共析钢为例，说明奥氏体的形成过程。

设共析钢的原始组织是由 $w_C=0.0218\%$ 的铁素体和 $w_C=6.69\%$ 的渗碳体组成的片层状珠光体组织。当加热到 Ac_1 以上温度时，具备了相变的热力学条件，将转变为 $w_C=0.77\%$ 的单相奥氏体组织。因铁素体、渗碳体和奥氏体的晶体结构、化学成分均不同，珠光体向奥氏体转变，必然需要碳原子和铁原子的扩散，以实现原子的重新分布和晶格的改组。因此，珠光体向奥氏体转变属于扩散型相变㊀。试验表明，奥氏体形成的全过程可分为四个阶段：奥氏体形核、奥氏体长大、剩余渗碳体溶解和奥氏体成分均匀化。图 1-6a ~ d 所示为共析碳钢奥氏体形成示意图，图 1-6e 中显示奥氏体晶核在大角度晶界（HAB）处形成（虚线为小角度晶界）。

1. 奥氏体形核

与铁素体、渗碳体结构、成分都不相同的奥氏体在哪里形核？研究表明，奥氏体晶核通常优先在铁素体和渗碳体的相界面上形成。此外，珠光体团的边界及亚共析钢中铁素体与珠光体的交界处也是奥氏体择优形核的位置。一般认为，奥氏体之所以优先在上述区域形核，是由于这些区域存在较多有利于形核的微区，这些微区在能量、结构、成分上容易满足形核

㊀ 扩散性相变是指要靠原子扩散移动来进行的相变。相变后，原有原子的相邻关系发生改变。相变中不发生扩散的相变称为无扩散相变，其晶格改变是通过原子有规则的迁移来完成的，相变后原子的相邻关系不变。

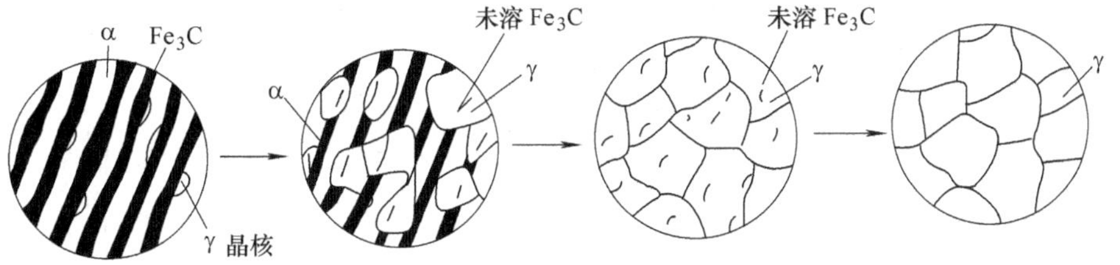

a) b) c) d)

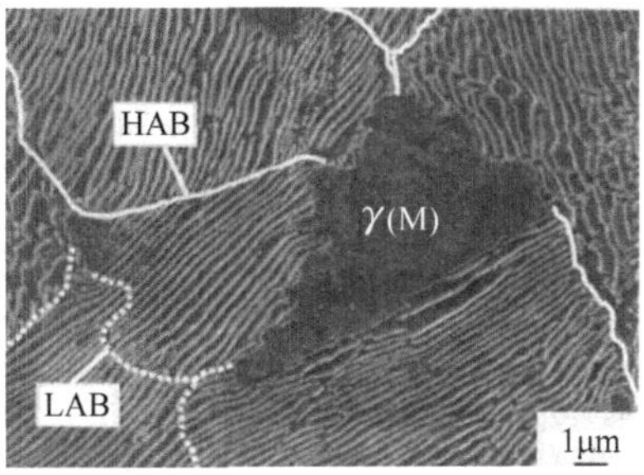

e)

图 1-6 共析碳钢奥氏体形成示意图

a）奥氏体形核 b）奥氏体长大 c）剩余渗碳体溶解 d）奥氏体成分均匀化 e）奥氏体在大角度晶界处形成

的要求。在缺陷处择优形核是固态相变的特点之一㊀。

2. 奥氏体长大

当奥氏体晶核形成之后，将产生两个新的相界面，一个是奥氏体与铁素体相界面，另一个是奥氏体与渗碳体相界面。奥氏体晶核长大过程实际上是其两个相界面向铁素体和渗碳体中推移的过程。当奥氏体在 Ac_1 以上某一温度 T_1 形成时，其相界面处碳的质量分数如图 1-7a 所示。由图可见，在奥氏体晶核内部碳原子分布是不均匀的，奥氏体与铁素体相邻的边界处的碳的质量分数为 $w_{\gamma-\alpha}$，奥氏体与渗碳体相邻的边界处的碳的质量分数为 $w_{\gamma-cem}$。由于 $w_{\gamma-cem} > w_{\gamma-\alpha}$，因此奥氏体内部将出现碳含量梯度，这将引起碳在奥氏体中由高浓度向低浓度的扩散，以使奥氏体内部碳的分布趋于均匀。即奥氏体与铁素体相邻的边界处碳的质量分数将升高，而奥氏体与渗碳体相邻的边界处碳的质量分数将降低，如图 1-7b 所示。但这就破坏了相界面处的碳含量平衡，使系统的自由能升高。为了恢复平衡，渗碳体势必溶入奥氏体，以使其相邻界面处碳的质量分数恢复到 $w_{\gamma-cem}$；与此同时，另一个界面上将发生铁素体向奥氏体的晶格改组，以使其相邻边界处碳的质量分数恢复到 $w_{\gamma-\alpha}$，从而恢复界面的平衡，降低系统的自由能。这将引起奥氏体的晶核分别向铁素体和渗碳体中推移，使奥氏体晶核得以长大。但由于界面处的碳含量恢复后，又增大了奥氏体中的碳含量梯度，从而又会引起碳在奥氏体中的扩散，并破坏界面处碳含量的平衡，这将再次引起渗碳体的溶解和铁素体的转变，以再次恢复平衡。此过程循环往复地进行，奥氏体便不断地向铁素体和渗碳体中长大。直到最终将铁素体和渗碳体消耗完毕，奥氏体长大才结束。

由图 1-7b 可见，铁素体与渗碳体和铁素体与奥氏体两个相界面之间也存在着碳的质量

㊀ 按照形核难度递增的排序为：自由表面、相界（与界面能及相界成分有关）、晶界（包括界面、界棱、晶隅）、层错、位错、空位处形核及均匀形核。

分数差 $w_{\alpha-\text{cem}}-w_{\alpha-\gamma}$。因此，当碳在奥氏体中扩散时，也会在铁素体中发生扩散。这种扩散同样也会引起奥氏体的长大，但其作用甚微。

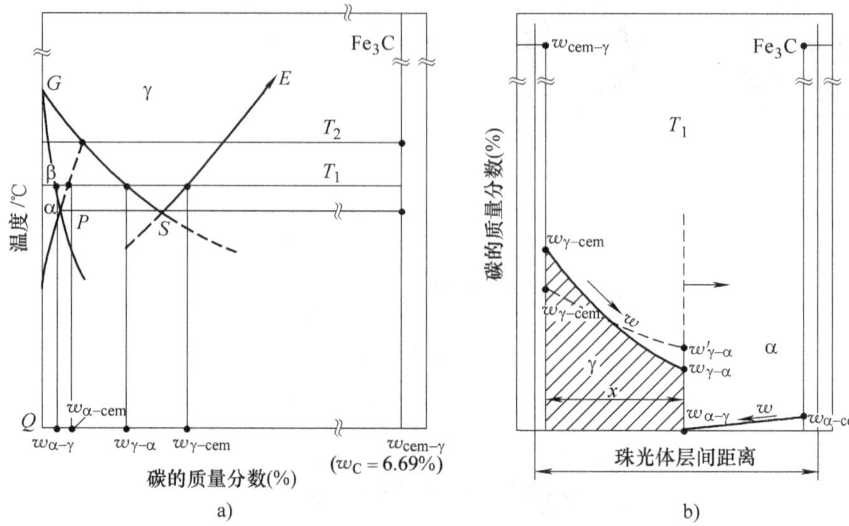

图 1-7 共析钢中奥氏体晶核长大示意图

a）奥氏体在 T_1 温度形核时各相中碳的质量分数分析 b）相界面推移示意图

3. 剩余渗碳体溶解

试验表明，在 780℃时，奥氏体向铁素体方向长大的速度是向渗碳体方向长大速度的 14 倍，而铁素体的厚度只是渗碳体的 7 倍，所以铁素体总是比渗碳体消失得早。当奥氏体晶粒彼此接触，珠光体形态消失以后，还有一部分渗碳体剩余下来。只有继续保温，剩余渗碳体才会逐渐溶于奥氏体中，直至消失。

4. 奥氏体成分均匀化

珠光体转变为奥氏体时，在剩余渗碳体刚刚完全溶入奥氏体的情况下，虽然得到了单一的奥氏体，但碳在奥氏体中的分布是不均匀的。原来为渗碳体的区域其碳含量较高，而原来是铁素体的区域，其碳含量较低。这种碳含量的不均匀性随加热速度的增大而愈加严重。因此，只有继续加热或保温，才能借助碳原子的扩散使整个奥氏体中碳的分布趋于均匀。

与形核、长大所需时间相比，残余渗碳体溶解和奥氏体成分均匀化所需要的时间要长得多。试验表明，共析钢在 780℃加热保温时，形成 99% 的奥氏体只需要不到 10s，要使剩余渗碳体全部溶解需要几百秒，而使奥氏体成分均匀化则需要上万秒的时间。可见，工件加热时必须保温足够长的时间，这样才能得到成分均匀的奥氏体。

亚共析钢和过共析钢只有加热至 Ac_3 或 Ac_{cm} 以上经过充分保温后，才能获得单一的奥氏体组织。其转变过程与共析钢基本相同，只是还有一个先共析相（亚共析钢为铁素体，过共析钢为渗碳体）的转变、溶解过程。

第二节 奥氏体转变速度

一、奥氏体等温转变速度

奥氏体转变（形成）速度通常用单位时间在单位体积内形成的奥氏体量（体积分数）

来表示，其大小取决于奥氏体形核率和长大速度。奥氏体形核率是指单位时间在单位体积内形成奥氏体晶核的数目（$1/mm^3 \cdot s$）。奥氏体长大速度是指奥氏体界面单位时间沿其法向方向推移的线速度（mm/s）。形核率和长大速度越大，则奥氏体转变速度越快。

1. 共析钢奥氏体等温转变形成的特点

图 1-8a 所示为在一定温度下等温时，奥氏体转变量（体积分数）与时间的关系曲线，也称奥氏体等温形成动力学曲线。由该曲线可看出奥氏体等温转变（速度）具有如下特点：①在高于 Ac_1 温度保温时，奥氏体并不立即形成，而是需要经过一定时间后才开始形成，通常把转变开始所需的这段时间称为孕育期，温度越高，孕育期越短；②奥氏体转变速度在整个过程中不同，转变初期的速度较慢，以后逐渐加快，在转变中期（转变量约为 50%），转变速度达到极大值，以后转变速度又开始逐渐减慢；③等温温度越高，奥氏体转变所需的时间越短，即奥氏体的转变形成速度越快。

奥氏体等温转变之所以具有这样的特点，是因为奥氏体转变属于扩散相变，其新相形核需要时间，故需要经过一段孕育期才能发生转变，孕育期随等温温度的升高而缩短。奥氏体的转变速度先慢后快，这是因为转变初期奥氏体形核数目少、体积分数小（基数较小），故转变速度慢；随着等温时间的延长，由于晶核数目增加和奥氏体晶粒长大（基数变大），奥氏体转变速度不断加快。当奥氏体转变量约达 50% 时，晶体之间互相接触，接触部分停止长大，故转变速度又逐渐减慢，直至转变结束。温度提高，奥氏体转变速度加快，因为温度越高，过热度越大，形核率越高；同时，长大速度也由于扩散速度增大等原因而快速增大，故奥氏体转变速度加快，完成转变所需时间变短。

图 1-8b 所示是共析钢奥氏体等温转变图。图中由左至右第一条曲线表示形成了 0.5% 的奥氏体，可看作奥氏体形成开始线；第二条曲线表示形成了 99.5% 的奥氏体，可看作奥氏体转变终了线。

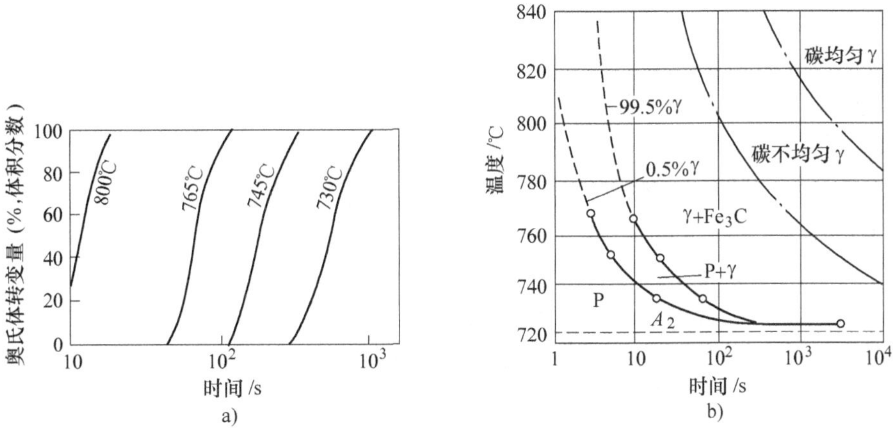

图 1-8　共析钢奥氏体等温转变量 – 时间关系曲线与等温转变图

2. 亚共析钢和过共析钢奥氏体等温转变图

共析钢、过共析钢和亚共析钢的奥氏体等温转变图基本一样，不同的是亚共析钢多了一条先共析铁素体转变终了曲线，过共析钢多一条先共析渗碳体溶解终了曲线。与共析钢相比，过共析钢的碳化物溶解及奥氏体成分均匀化需要的时间更长。

二、影响奥氏体转变速度的因素

由于奥氏体的形成是靠奥氏体晶核的形成和长大来完成的，因此，一切影响奥氏体形核率和长大速度的因素都会影响奥氏体形成速度，如加热温度、钢的原始组织、化学成分等。

1. 加热温度

温度升高，奥氏体转变速度加快。因为温度升高，过热度增大，转变驱动力增大，同时碳的扩散速度加快。因此，奥氏体形核率和长大速度都增加，从而使转变速度加快，见表1-1。

表1-1 奥氏体形核率 N、长大速度 G 和转变温度的关系

转变温度/℃	形核率 N/（$1/mm^3 \cdot s$）	长大速度 G/（mm/s）	转变一半所需时间/s
740	2280	0.0005	100
760	11000	0.010	9
780	51500	0.026	3
800	616000	0.041	1

在各种影响奥氏体转变速度的因素中，温度的作用最为强烈，因此控制热处理的加热温度十分重要。

2. 原始组织

对于化学成分相同的钢，原始组织越细，奥氏体转变形成速度越快。奥氏体晶核主要产生于原始组织中铁素体与渗碳体的相界面上。随着原始组织弥散度的加大，铁素体与渗碳体的相界面积增大，加大了奥氏体形核率，而且增大了奥氏体中的碳含量梯度，缩短了碳原子的扩散路程，这些都将加快奥氏体的生长速度。例如，当原始组织的珠光体片层间距从0.5μm减少至0.1μm时，在760℃加热时的奥氏体长大速度增加了近7倍。因此，细片状珠光体比粗片状珠光体的奥氏体转变速度快。

原始组织中碳化物的形状和大小，对奥氏体的转变速度也有影响。如果钢的成分相同，片状珠光体与粒状珠光体相比，由于片状珠光体的相界面积较大，奥氏体形核率高，并且片状渗碳体较粒状渗碳体易于溶解，故其加热时奥氏体化所需时间较短。图1-9表明，原始组织为粒状碳化物的奥氏体转变速度比片状碳化物慢，这在转变温度较低时尤为明显，如在760℃，当原始组织为粒状珠光体时，奥氏体转变终了约需5min，而片状珠光体只需不到1min。生产上为了避免淬火加热中产生过热，常把过共析钢预备热处理成粒状珠光体组织，就是根据这个道理。

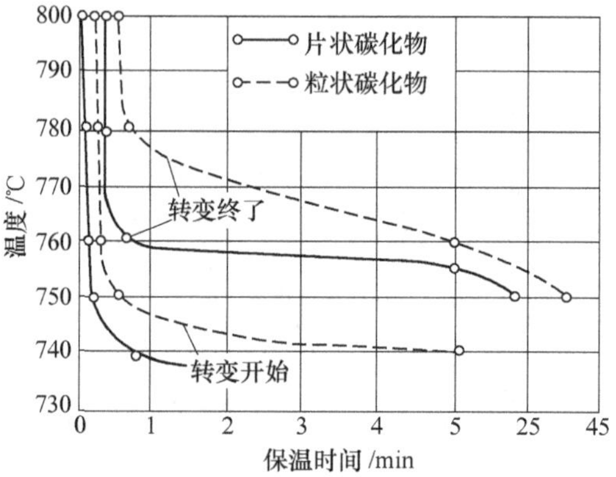

图1-9 高碳钢（w_C =0.9%）原始组织对奥氏体形成速度的影响

3. 化学成分

（1）碳含量　对于亚共析钢，其碳含量越高，奥氏体的转变速度就越快。因为碳含量越高，碳化物数量越多，铁素体与渗碳体的相界面增大，因而增加了奥氏体的形核部位，使形核率增大；同时，含碳量增加，还使组织中先共析铁素体$F_{先}$的数量减少、变细㊀；加之碳含量增大还使 C、Fe 的扩散系数增大，从而加快了奥氏体的形成速度。但在过共析钢中，随碳含量增多，碳化物的数量增多，会引起碳化物溶解和奥氏体均匀化时间延长。

（2）合金元素　合金元素主要从以下几个方面影响奥氏体的形成速度：

1）合金元素影响碳在奥氏体中的扩散速度。例如，碳化物形成元素 Cr、Mo、W、V、Ti 等与碳的亲和力强，使碳在奥氏体中的扩散能力降低，所以减慢了奥氏体的转变；而非碳化物形成元素 Co、Ni 等增大碳在奥氏体中的扩散速度，使奥氏体转变速度加快；Si、Al、Mn 等对碳原子的扩散速度影响不大，因此对奥氏体的形成无明显的影响。

2）合金元素改变了钢的临界点，如 Ni、Mn 等元素降低临界点位置，这就相对增加了过热度，使奥氏体形成速度加快。

3）钢中合金元素在铁素体和碳化物中的分布是不均匀的，合金钢的奥氏体均匀化不仅是碳的均匀化，还包括合金元素的均匀化，而合金元素在奥氏体中的扩散速度比碳在奥氏体中的扩散速度小得多（仅为碳的万分之一到千分之一）。

4）难溶碳化物使碳化物溶解过程变得更困难，因此其奥氏体化过程更困难，在制订合金钢的热处理工艺时，需要比碳钢更高的加热温度和更长的保温时间，以促使合金元素均匀化。

三、连续加热时的奥氏体转变

实际生产中，绝大多数情况下，奥氏体是在连续加热过程中转变的。连续加热时，奥氏体的形成过程与等温形成相同，也需要经历奥氏体的形核与长大、剩余渗碳体溶解和奥氏体成分均匀化等阶段。但这个过程是在温度不断升高的情况下进行的，与等温转变相比具有一些独特的特点。

图 1-10 所示是共析碳钢连续加热奥氏体转变图，它表明了在不同加热速度下奥氏体的转变数量－温度－时间的关系。图中 v_1、v_2、v_3、v_4 分别为依次增大的加热速度曲线；另外三条自下而上的曲线分别为连续加热时奥氏体形成开始线、终了线和剩余渗碳体完全溶解线。连续加热时奥氏体形成具有如下特点：

1）在一定加热速度范围内，奥氏体形成的开始温度和终了温度均随加热速度的增大而升高，如图 1-11 所示。

2）加热速度越快，奥氏体形成的温度范围越宽，奥氏体完成转变所需的时间越短，如图 1-11 所示。

3）奥氏体转变速度随加热速度的增大而加快，完成奥氏体转变所需时间变短。

4）奥氏体起始晶粒随着加热速度的增大而细化。快速加热时，过热度很大，奥氏体晶核不仅可以在铁素体和渗碳体相界面上形成，也可以在铁素体内的亚晶界上形成，因此奥氏体成核率很大。如果加热时间极短，则奥氏体晶粒来不及长大，晶粒较细，甚至可以获得超细化的奥氏体晶粒。例如，采用超高频脉冲加热（加热速度为 10^6℃/s）淬火后，在 2 万倍的电子显微镜下也难以分辨奥氏体晶粒大小。

5）奥氏体成分的不均匀性随加热速度的增大而增大。在快速加热情况下，碳化物来不及充分溶解，碳和合金元素的原子来不及充分扩散，从而造成奥氏体中碳、合金元素含量分

㊀ 一般来说，亚共析钢析出的$F_{先}$呈块状；碳含量越低，块状$F_{先}$的数量越多，且越粗大。而与片状珠光体相比，块状$F_{先}$向奥氏体转变时，原子所需扩散的路程较长。故碳含量低的亚共析钢奥氏体化所需时间较长。

布很不均匀。图1-11所示为加热速度和淬火温度对 $w_C=0.4\%$ 的钢奥氏体中高碳区最高碳含量的影响。由图可见，加热速度达230℃/s时，奥氏体中存在 w_C 高达1.7%的富碳区（相应地必然存在低于平均碳含量的贫碳区），这将对奥氏体的冷却转变产生重大影响。同时，在淬火温度一定时，随着加热速度增大，奥氏体中的碳含量差别增大，剩余碳化物的数量增多，导致奥氏体的平均碳含量降低。

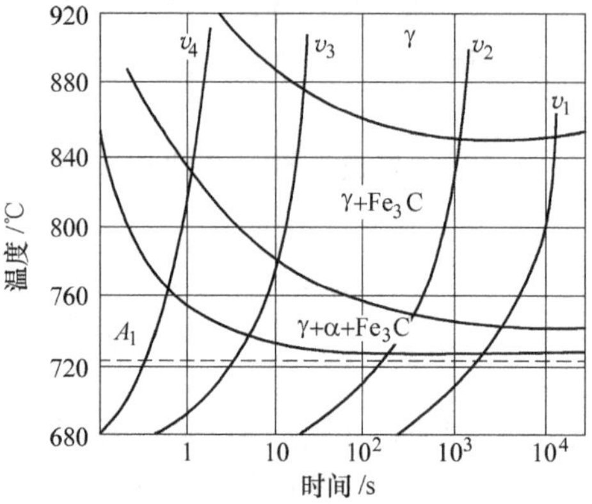

图1-10 共析碳钢连续加热奥氏体转变图

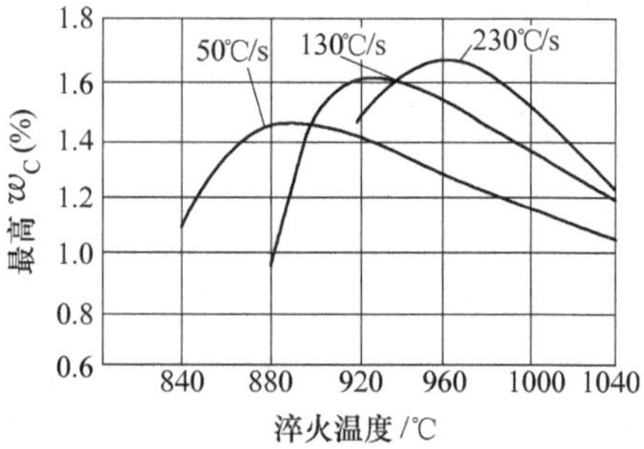

图1-11 加热速度和淬火温度对 $w_C=0.4\%$ 的钢奥氏体中高碳区最高碳含量的影响

在实际生产中，可能因为加热速度快、保温时间过短，导致亚共析钢淬火后得到成分不均匀的马氏体和尚未转变的铁素体及碳化物；而在高碳钢中，则可能出现碳含量低于共析成分的低、中碳马氏体及剩余碳化物，这有助于提高韧性，应酌情加以应用。

第三节 奥氏体晶粒度的控制

钢在加热后形成的奥氏体组织，特别是奥氏体晶粒大小对冷却转变后钢的组织和性能有着极其重要的影响。一般来说，奥氏体晶粒越细小，钢热处理后的强度越高，塑性越好，冲击韧性越好。而粗大的奥氏体晶粒不仅会使钢热处理后的冲击韧性显著变差，而且会使淬火变形和开裂倾向明显增大。例如，用高碳工具钢制造的刀具，如果在加热过程中得到粗大的奥氏体晶粒，则淬火后将得到粗大马氏体，使钢变脆，使用时容易崩刃。因此，研究奥氏体晶粒长大的规律及其影响因素，对正确制订钢的热处理工艺具有重要的意义。

一、晶粒度的有关概念

晶粒度是指多晶体内晶粒的大小，通常以单位面积内平均晶粒数目或每个晶粒的平均直径来表征。GB/T 6394—2002规定，在显微镜放大100倍时，观测1in²（6.45cm²）内平均晶粒数目。通常把观测结果分为12级，其中-1级（也称00级）最粗，10级最细，见表1-2。常见的奥氏体晶粒度为1~8级。一般认为1~4级为粗晶粒（晶粒平均直径为0.250~0.088mm），5~8级为细晶粒（晶粒平均直径为0.062~0.022mm），8级以上为超细晶粒，低于1级则为超粗晶粒。

晶粒度级别 N 与晶粒大小之间的关系为

$$n=2^{N-1}$$

式中　n——放大 100 倍进行金相观察时每平方英寸（$6.45\mathrm{cm}^2$）视野中所含的平均晶粒数目；

N——晶粒度级别。

表 1-2　晶粒数与晶粒度的关系

晶粒度级别 N	-1	0	1	2	3	4	5	6	7	8	9	10
晶粒数/in^2（100×）	0.25	0.5	1	2	4	8	16	32	64	128	256	512
晶粒数/mm^2	3.88	7.75	15.5	31.0	62.0	124	248	496	992	1980	3970	7940
晶粒的平均直径 d/mm			0.250	0.177	0.125	0.088	0.062	0.044	0.031	0.022	0.016	0.011

为了便于生产检验，将金相试样在放大 100 倍的显微镜下，与 GB/T 6394—2002 给出的奥氏体晶粒度标准图谱（图 1-12 为示意图）相对比，来确定晶粒度级别。这种方法简便易行，在生产中广为采用。

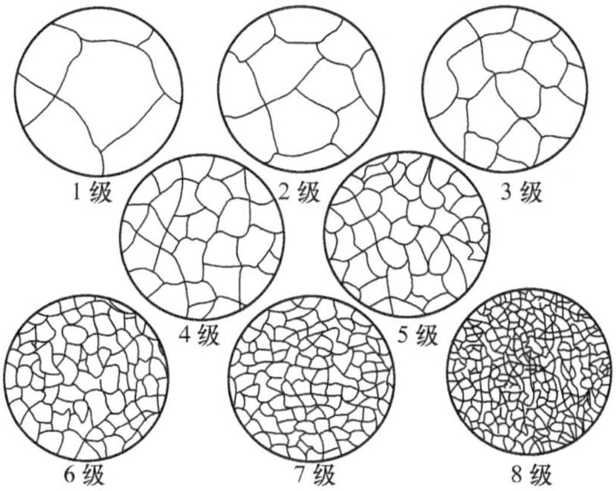

图 1-12　奥氏体晶粒度评级标准示意图

奥氏体晶粒度有以下三个不同的概念。

1. 起始晶粒度

起始晶粒度是指原始组织恰好全部转变为奥氏体时，所得的奥氏体晶粒大小。起始晶粒不稳定，继续加热或保温时还要长大。一般情况下，奥氏体起始晶粒总是比较细小。由于热处理工艺和钢材原始组织粗细不同，起始晶粒的大小也有差异。加热速度越快，相变温度越高，形核率急剧增大，所得奥氏体起始晶粒越细；原始组织弥散度越大，奥氏体起始晶粒也越细。

2. 本质晶粒度

本质晶粒度是把钢加热到 930±10℃，保温 3~8h 后测定的晶粒度。晶粒度为 1~4 级的钢称为本质粗晶粒钢，5~8 级的钢称为本质细晶粒钢。

本质晶粒度反映了在规定条件下晶粒长大的倾向。本质细晶粒钢加热时，奥氏体晶粒的长大倾向小；本质粗晶粒钢加热时，奥氏体晶粒的长大倾向大。如图 1-13 所示，在 930℃以下时，本质细晶粒钢中奥氏体晶粒长大缓慢，但当温度升至更高时，本质细晶粒钢的晶粒也会迅速长大，甚至比本质粗晶粒钢长得更快。反之，本质粗晶粒钢在加热到稍高于临界点时，也可得到细小的奥氏体晶粒。因为一般热处理温度为 800~930℃，在此温度范围内，本质细晶粒钢可保证晶粒不粗化，这样即使经 930℃、6h 渗碳后，奥氏体晶粒仍保持较细状态，所以本质细晶粒钢理所当然地受到了人们的欢迎。而本质粗晶粒钢的晶粒长大倾向较大，热处理时只允许在较窄的工艺温度范围内加热，温度稍高晶粒就容易长大，操作时须小心谨慎，对温度进行严格控制。

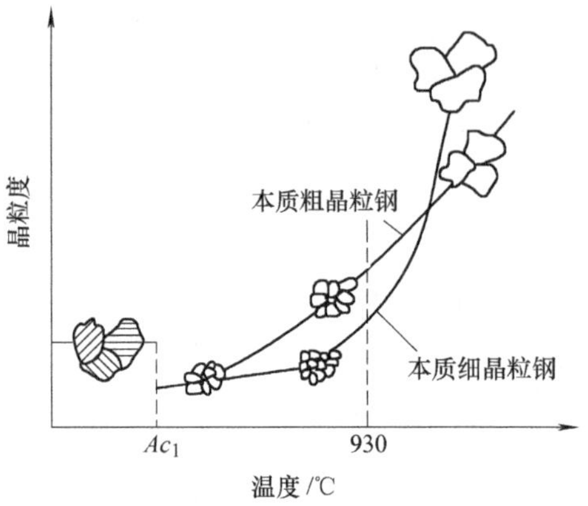

图 1-13　奥氏体晶粒长大倾向示意图

钢的本质晶粒度取决于钢的冶炼方法和化学成分。一般用铝脱氧的钢为本质细晶粒钢，这是因为用铝脱氧的钢，其奥氏体晶界上存在大量难溶的 AlN 小颗粒，阻碍了奥氏体晶粒长大。当温度超过 930 ± 10℃ 时，这些小颗粒被奥氏体溶解，晶粒就会急剧长大。加入少量 Nb、Ti、V 也有此效果。而用 Si、Mn 脱氧的钢不存在难溶颗粒，故奥氏体长大倾向大，为本质粗晶粒钢。

3. 实际晶粒度

实际晶粒度是指在某一具体加热条件下所得到的奥氏体晶粒大小。实际晶粒度与钢件具体的热处理条件有关，在一定的加热速度下，一般加热温度越高，保温时间越长，得到的实际奥氏体晶粒越粗大。实际晶粒度对钢件冷却后的组织和性能影响较大。

想一想　起始晶粒度、本质晶粒度和实际晶粒度有什么不同？

二、奥氏体晶粒的长大过程

1. 奥氏体晶粒的长大方式

奥氏体刚刚转变完成时，其晶粒都很细小，晶粒大小不均匀（一般先形核的晶粒较大些），并且晶界弯曲，晶界面积较大，界面能较高，处于高能量不稳定状态。因此，在随后的加热和保温过程中，晶粒会长大，晶界会变平直。其长大过程一般是大晶粒通过晶界向小晶粒方向迁移，吞并小晶粒来进行的。

晶粒长大的结果，是使原来弯曲的晶界趋于平直，晶粒大小趋于均匀，晶界面积减小，界面能降低。因此，该过程是一个自发进行的过程。此过程结束后，如果继续加热或保温，则晶粒还会继续长大。

2. 奥氏体晶粒长大的两种情况

（1）正常长大　正常长大是指随温度提高或时间延长，奥氏体晶粒匀速长大的情况。其长大速度一般较慢。

（2）异常长大　有两种异常长大：一是加热时，由于阻碍奥氏体晶粒长大的障碍物（碳化物等第二相颗粒）溶解到奥氏体中而消失掉，于是奥氏体晶粒便突然快速长大；二是因第二相颗粒分布不均匀，使晶粒长大时遇到的阻力也不均匀，在阻力小的某个局部区域，奥氏体可能发生快速长大。其结果是导致晶粒大小很不均匀的“混晶”现象。混晶[㊀]现象在

㊀　混晶对力学性能的影响尚不统一。对高速钢钻头的试验表明，混晶会使钻头变脆甚至掉块；而对 20Cr2Ni4A 钢中混晶现象的研究，则显示混晶对冲击韧性等无明显影响。

一些情况下（并非总是）会使钢的韧性恶化。

3. 影响奥氏体晶粒长大的因素

（1）加热温度和保温时间　加热温度越高，保温时间越长，奥氏体晶粒就越粗大。由图1-14可见，在每一个加热温度的保温过程中都有一个加速长大期（温度高时此现象较明显），当奥氏体晶粒长大到一定大小后，长大趋势将减缓直至停止长大。在图1-14中，0点以左为加热时间，0点以右为保温时间。

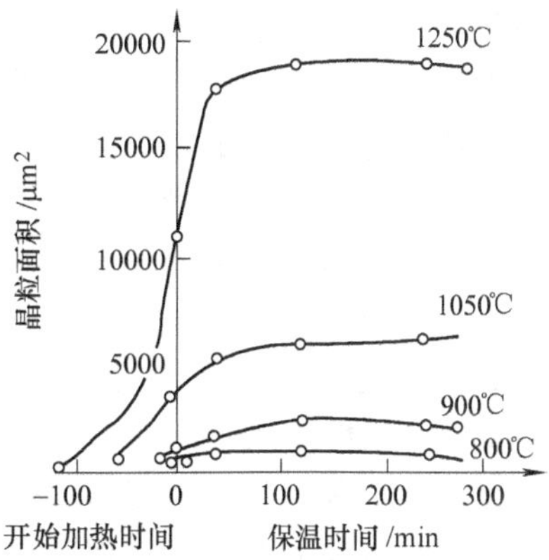

图1-14　奥氏体晶粒尺寸与加热温度和保温时间的关系（w_C =0.48%，w_{Mn} =0.82%钢）

（2）加热速度　加热速度越快，过热度越大，形核率越高，奥氏体晶粒越细小。因此，快速加热、短时保温可以获得细小的奥氏体晶粒。但是，如果在高温下停留保温，则晶粒很容易长大。

（3）第二相颗粒　钢中存在的第二相颗粒可以阻止奥氏体晶粒长大。第二相颗粒的体积分数越大、半径越小，阻止长大的效果越好。钢中的AlN、NbN、TiC、VC等难溶相颗粒及过共析钢在Ac_1 ~ Ac_{cm}之间加热时的未溶渗碳体颗粒都对奥氏体晶粒长大有很强的阻碍作用。所以，通常过共析钢在Ac_1 ~ Ac_{cm}之间加热时，可以保持较为细小的晶粒。而在相同的加热温度下，共析钢的晶粒很容易长大，就是因为其奥氏体中没有未溶渗碳体，而Fe、C原子的扩散速度又较大。

（4）原始组织　原始组织主要影响奥氏体的起始晶粒。原始组织越细，起始晶粒越细小。

三、细化奥氏体晶粒的途径

（1）合理选择加热温度和保温时间　为了获得均匀而细小的奥氏体晶粒，必须选择适当的加热温度和保温时间。加热温度和保温时间的确定将在第六章中讨论。

（2）采用快速加热方法　根据过热度对奥氏体形核率和长大速度的影响规律，采用快速加热、短时保温或瞬时加热的方法（如高频加热、激光加热等）能够显著细化奥氏体晶粒。

（3）利用重结晶细化晶粒　如钢在加热奥氏体化时，可在铁素体与渗碳体相界、珠光体团界等处形成许多细小奥氏体晶粒，如加热温度和保温时间恰当，则晶粒不会明显长大，从而使奥氏体晶粒得到细化。对具有粗大组织的铸、锻件进行完全退火或正火就是利用重结晶现象来细化晶粒的。

（4）加入合金元素　如上所述，钢中Ti、Zr、Nb、V等强碳、氮化物形成元素可形成难溶碳、氮化物颗粒，从而有效阻止奥氏体晶粒长大。Mn和P则促使奥氏体晶粒长大。

此外，在钢中加入B及少量稀土元素，由于其吸附在晶界上可降低界面能，因此可限制或推迟晶粒长大。

四、组织遗传

1. 组织遗传的概念

若淬火加热温度过高，会引起奥氏体晶粒粗化，由此淬火所得到的马氏体、贝氏体组织也将很粗大。具有这样粗大组织的淬火工件必须返修。若在返修时，对其以一定速度直接进行加热奥氏体化，则所形成的奥氏体又会恢复到原奥氏体晶粒的大小、形状和位向，这种现象称为组织遗传㊀。组织遗传多见于经较高温度加热后形成 M、B 等非平衡组织的低、中合金钢（如铸、锻、焊件及热处理过热的工件）。例如，30CrMnSi 钢先在 1280℃ 加热，形成粗大奥氏体晶粒，再经淬火得到粗大马氏体；若再将其重新以较快速度加热至 900℃，则新形成的奥氏体晶粒的大小、形状和位向将完全恢复到原来奥氏体晶粒的状态。组织遗传强烈降低钢的强韧性，必须设法避免和消除。

2. 组织遗传的成因

已知奥氏体晶粒在转变为马氏体（或贝氏体、魏氏组织）等非平衡组织时，新、旧相间保持严格的位向关系。当将低、中合金钢所形成的粗大板条马氏体或贝氏体再以适当的速度重新加热奥氏体化时，奥氏体形成的初期是在板条马氏体板条界处形成针状奥氏体，因为这些针状奥氏体与马氏体具有严格的位向关系，故由同一板条束中生成的针状奥氏体具有相同位向。在继续加热至 Ac_3 以上时，这些位向相同的针状奥氏体进一步长大、合并，最终恢复到原奥氏体晶粒大小，即造成了组织遗传。原始组织为 F + P、P 或回火充分的平衡或接近平衡组织时，一般不出现组织遗传现象。

3. 防止组织遗传的措施

防止出现组织遗传的关键是得到平衡或接近平衡的组织，消除针状奥氏体的形成环境。

（1）退火　对已出现粗大马氏体或贝氏体等非平衡组织的淬火钢件进行退火，使其得到铁素体和渗碳体两相混合的接近平衡的组织，因该平衡组织与原奥氏体之间不存在严格的位向关系，故重新淬火加热时，即可避免组织遗传。

（2）高温回火　淬火粗大马氏体在高温回火时，由马氏体析出碳化物，同时马氏体发生再结晶，形成新的晶粒（平衡）组织，消除了原来的位向关系，使针状奥氏体失去形成条件，从而切断组织遗传。对高合金钢来说，因其马氏体分解和再结晶比较困难，故高温回火的效果不如退火。

（3）多次正火　过热组织经过多次正火，可使组织遗传不断减弱，最后消除。此法多用于低合金钢，但因耗能较大，所以很少采用。

本章小结

本章内容是钢进行各种热处理的基础，主要介绍了钢在加热时的奥氏体转变，包括奥氏体的形成机理、奥氏体转变速度及奥氏体晶粒度的控制等。

1. 奥氏体的形成机理重点介绍了奥氏体形成的热力学条件和奥氏体的形成过程。奥氏体形成的热力学条件是必须过热，只有在一定的过热条件下珠光体才能转变为奥氏体。过热度越大，驱动力越大，转变速率也越快。奥氏体的形成过程包括奥氏体晶核形核、奥氏体长大、残余渗碳体溶解和奥氏体成分均匀化四个阶段。

2. 奥氏体等温形成图说明：加热温度越高，奥氏体转变成速度越快。连续加热时，奥氏体转变的特点是：随加热速度增大，不仅可以细化奥氏体晶粒，而且剩余碳化物的数量增

㊀ 对粗大的非平衡组织进行加热时，在一定加热条件下，新形成的奥氏体晶粒有可能继承和恢复原粗大奥氏体晶粒，这种现象称为钢的组织遗传。

多，奥氏体的平均碳含量降低，奥氏体中碳、合金元素含量分布的不均匀性增大。这些因素均影响随后过冷奥氏体的冷却转变。影响奥氏体转变速率的因素有加热温度、钢的原始组织、化学成分等。

3. 奥氏体晶粒度的控制介绍了三种晶粒度的概念，其中实际晶粒度对钢件冷却后的组织和性能影响较大。通过控制加热温度和保温时间，采用快速加热方法，向钢中加入合金元素及控制钢的原始组织等，都可以控制奥氏体晶粒度。

本章重要名词：晶粒度、奥氏体化、起始晶粒度、本质晶粒度、实际晶粒度、组织遗传。

习　　题

一、填空题

1. 奥氏体形成的热力学条件是________。只有在一定的________条件下，珠光体才能转变为奥氏体。________越大，驱动力越大，奥氏体转变速度越快。

2. 共析钢奥氏体化过程包括________、________、________和________四个阶段。

3. ________钢加热时奥氏体晶粒长大的倾向小，而________钢加热时奥氏体晶粒长大的倾向大。

4. ________钢的热处理加热温度范围较宽；对于________钢，则必须严格控制加热温度，以免引起晶粒粗化而使性能变坏。

5. ________晶粒度对钢件冷却后的组织和性能影响较大。

6. 控制奥氏体晶粒长大的途径主要有________、________、________、________和________。

7. ________遗传对热处理工件危害很大，它强烈降低钢的强韧性，必须避免和消除。

二、判断正误并简述原因

1. 奥氏体晶核是在珠光体中各处均匀形成的。（　　）
2. 钢中碳含量越高，奥氏体形成速度越快，完全奥氏体化所需时间越短。（　　）
3. 同一种钢，原始组织越细，奥氏体形成速度越慢。（　　）
4. 本质细晶粒钢的晶粒在任何加热条件下均比本质粗晶粒钢细小。（　　）
5. 在一定加热温度下，随保温时间延长，晶粒将不断长大。（　　）
6. 所有合金元素都可阻止奥氏体晶粒长大，从而细化奥氏体晶粒。（　　）

三、选择题

1. Ac_1、A_1、Ar_1的关系是（　　）。

A. $Ac_1>A_1>Ar_1$　B. $Ar_1>A_1>Ac_1$　C. $A_1>Ar_1>Ac_1$　D. $A_1>Ac_1>Ar_1$

2. Ac_1、Ac_3、Ac_{cm}是实际（　　）时的临界点。

A. 冷却　B. 加热　C. 平衡　D. 保温

3. 本质晶粒度是指在规定的条件下测得的奥氏体晶粒（　　）。

A. 长大速度　B. 大小　C. 起始尺寸　D. 长大极限

4. 实际生产中，在某一具体加热条件下所得到的奥氏体晶粒大小称为（　　）。

A. 起始晶粒度　B. 本质晶粒度　C. 实际晶粒度　D. 名义晶粒度

四、简答题

1. 以共析碳钢为例，说明：①奥氏体的形成过程；②奥氏体晶核为什么优先在铁素体和渗碳体相界面上形成。

2. 等温加热、连续加热的奥氏体形成各有什么特点？

3. 影响奥氏体转变速度的因素有哪些？各是如何影响的？

4. 影响奥氏体晶粒长大的因素有哪些？各是如何影响的？

5. 为何中间退火可消除组织遗传？

6. 为何快速加热、短时保温可得到细小的奥氏体晶粒？

第二章 珠光体转变

上一章讨论了钢的加热转变，从本章至第四章将讨论钢在冷却时发生的 P、M 和 B 转变。其中，珠光体的硬度最低，马氏体的硬度最高（通常淬火就是为了得到马氏体）。这三种转变是工业用钢热处理中最基本的冷却转变，也是热处理生产中最常用的退火、正火及淬火工艺的理论基础。

本章主要介绍过冷奥氏体转变图，珠光体的组织形态和力学性能、形成过程，珠光体转变速度及影响因素，非共析钢的珠光体转变等。本章的主要教学要求是：①明确珠光体的组织、性能特点；②明确片状、粒状珠光体的形成过程；③掌握影响珠光体转变速度的因素；④明确伪共析组织、先共析组织的形成条件及其对性能的影响。

第一节 过冷奥氏体转变图简介

热处理中的冷却方式有两种：等温冷却和连续冷却，如图 2-1 所示。在冷却速度很慢的条件下，钢在冷却中的转变规律可用 $Fe-Fe_3C$ 相图来反映（因 $Fe-Fe_3C$ 相图是在极慢加热/冷却速度下测得的，其反映的是平衡冷却/加热或慢速冷却/加热时的相变规律），而实际生产中的冷却速度较快（属非平衡冷却），其转变规律与慢速冷却的情况不完全相同。实际生产中是用冷却转变图（图 2-2）来反映钢在不同冷却速度下的转变规律。热处理实际中所说的“加热看铁碳相图，冷却看 C 曲线”，指的就是冷却转变图。以下先对冷却转变图给予简单介绍，以方便本章及后两章的学习，关于其详细内容将在第五章予以介绍。

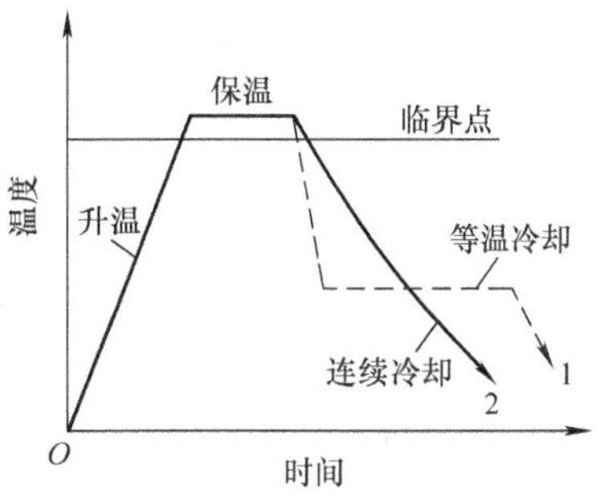

图 2-1 两种冷却方式

一、过冷奥氏体等温转变图

加热至临界点 A_1 以上形成的奥氏体属于稳定组织，当冷至临界点 A_1 以下时，奥氏体就不再是稳定组织，一般称之为过冷奥氏体。过冷奥氏体在等温冷却过程中所发生的转变称为等温转变。图 2-2 所示是实测的共析钢过冷奥氏体等温转变图（Isothermal Transformation Diagram，IT 图）。由于等温转变图通常呈“C”形，故又称等温 C 曲线。

图中曲线分别为转变开始线、转变终了线和马氏体转变开始线（*Ms*）、结束线（*Mf*）。过冷奥氏体在 A_1 ~ *Ms* 之间不同温度等温冷却时，将发生以下转变：A_1 ~ 550℃ 为珠光体转变，550℃ ~ *Ms* 为贝氏体转变。其中，珠光体转变区又可分为粗珠光体 P 区、细珠光体 S 区

（也称索氏体）和极细珠光体 T 区（也称托氏体）；贝氏体转变区可分为上贝氏体 $B_{上}$区和下贝氏体 $B_{下}$区。例如，将共析钢工件冷至 650℃并等温，当等温至 *a*（图 2-2）点时，过冷奥氏体开始向细珠光体 S 转变；此后，随等温时间延长，A 不断减少、S 不断增多，当等温至 *b* 点时，A 全部转变为 S；若再继续等温或降温冷却，则组织将不再发生转变。

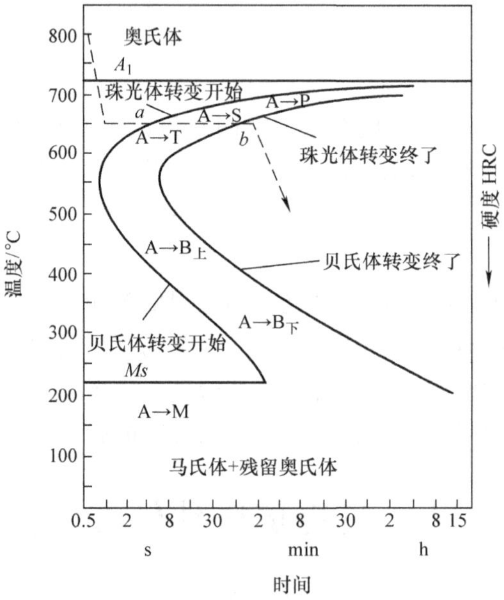

图 2-2 共析钢过冷奥氏体等温转变图

练一练 如分别在 650℃和 450℃等温冷却，将各得到什么组织？

二、过冷奥氏体连续冷却转变图

过冷奥氏体在连续冷却过程中所发生的转变称为连续冷却转变。钢热处理的冷却转变多数是在连续冷却的条件下进行的，因此过冷奥氏体连续冷却转变图（Continuous Cooling Transformation Diagram，CCT 图）在生产实践中有着重要的意义。由于 CCT 图通常也呈“C”形，故也常称其为连续冷却 C 曲线。

钢的 CCT 图一般都比较复杂，只有共析钢的最为简单，如图 2-3 所示。图中也有转变开始线、转变终了线和 *Ms*、*Mf* 点；v_1、v_2、v_3、v_4、v_c表示不同速度的冷却曲线。共析钢 CCT 图上部是珠光体转变区，没有贝氏体转变区。如以 v_1冷却时，当冷至 *a* 点时，过冷 A 开始析出 P；继续冷却，随 P 不断析出，A 将不断减少；冷至 *b* 点时，A 将全部转变为 P；此后再降温时，组织不再发生转变。若以 v_2、v_3冷却，情况与之类似，只是由于转变温度较低，得到的 P 较细（S、T）。图 2-3 中，v_c与转变开始线相切，是保证奥氏体连续冷却过程中可抑制非马氏体转变的最小冷却速度，称为淬火临界冷却速度。若以大于 v_c的速度冷却，当冷却至 *Ms* 线以下时，过冷奥氏体将直接转变为马氏体。

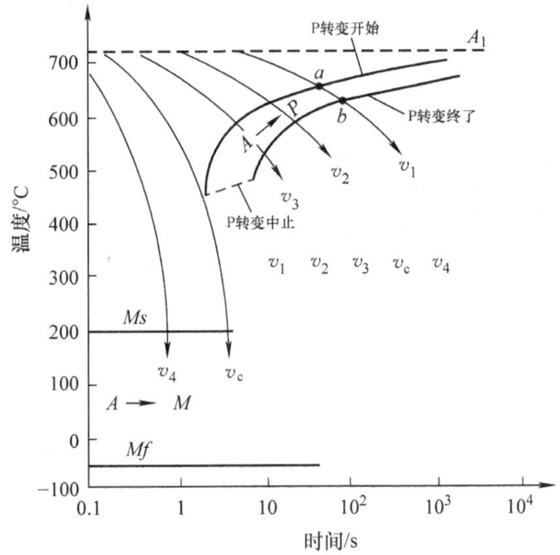

图 2-3 共析钢的连续冷却转变图（CCT 图）

第二节 珠光体的组织形态和力学性能

一、珠光体的组织形态

碳的质量分数为 0.77% 的奥氏体冷却到 A_1 温度以下时发生共析转变，分解为由片状的铁素体和渗碳体交替重叠组成的共析组织，如图 2-4 所示。这种组织经浸蚀后，在光照射下，会产生珍珠母般的光泽，故称为珠光体（Pearlite）。珠光体组织中铁素体和渗碳体的体积比约为 7:1，而二者的密度相近，故铁素体片厚度总是大于渗碳体厚度。

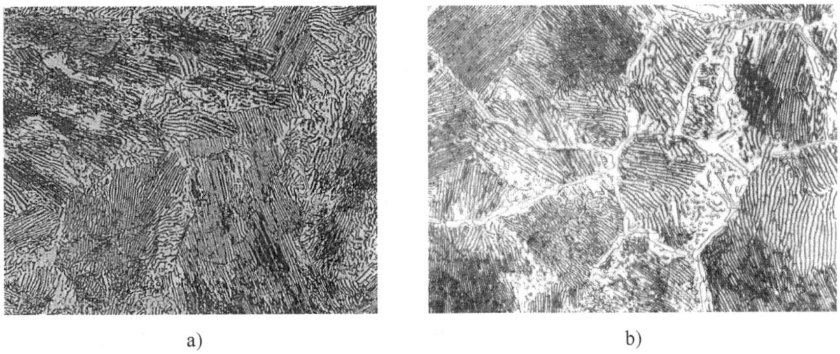

a) b)

图 2-4 片状珠光体

a）T8 钢退火，珠光体 b）T12 钢退火，每个晶粒形成几组珠光体（白色网为 $Fe3C_{II}$）

珠光体的金相组织中有许多片层排列位向大致相同的小区域（图 2-5a），称为珠光体领域或珠光体团。在一个原奥氏体晶粒内，可形成几个位向不同的珠光体团（图 2-5b），珠光体团的尺寸随原奥氏体晶粒尺寸的减小而减小。相邻两渗碳体（或铁素体）片中心之间的垂直距离 s_0 称为珠光体片层间距，如图 2-5a 所示。片层间距 s_0 是影响珠光体力学性能的一个重要参数。通常所说的珠光体组织的粗细，即指其片层间距的大小。前面提到的珠光体、索氏体和托氏体组织，实质上都是渗碳体和铁素体交替重叠组成的片状组织，只是片层间距大小不同而已，见表 2-1。

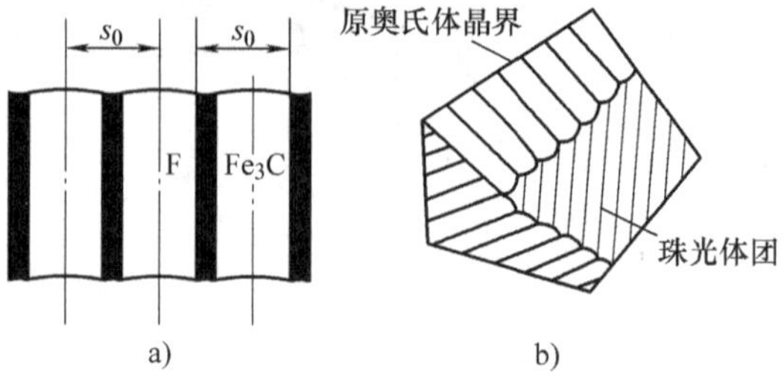

图 2-5 珠光体片层间距和珠光体团示意图

a）珠光体片层间距 s_0 b）珠光体团

表 2-1 共析钢中珠光体、索氏体、托氏体的片层间距和性能

组织名称	形成温度/℃	片层间距/nm	硬度/HBW
珠光体	A_1 ~680	150 ~ 450	170 ~ 250
索氏体	680 ~ 600	80 ~ 150	250 ~ 320
托氏体	600 ~ 500	30 ~ 80	320 ~ 400

由表中数据可知，转变温度越低，片层间距越小（即珠光体组织越细），硬度越高。较高温度下形成的珠光体组织，其片层间距较大，在约 400 倍的光学显微镜下观察，就能清楚地分辨片层组织形态。而在较低温度形成的索氏体[⊖]（S）组织，在显微镜放大至 600 倍以上时，才能分辨其片层组织形态。如果转变温度更低，形成托氏体（T）组织，则片层更细，即使在高倍的光学显微镜下也分辨不出其片层形态，其整体呈黑色团状，必须用高倍率的电子显微镜才能分辨出极薄的渗碳体和铁素体片。

在工业用钢中，还有另一种常见形态的珠光体——粒状珠光体（Globular Pearlite），它是在铁素体基体上均匀分布着球粒状碳化物的复合组织，如图 2-6 所示。粒状珠光体一般需经专门的球化退火才可获得。

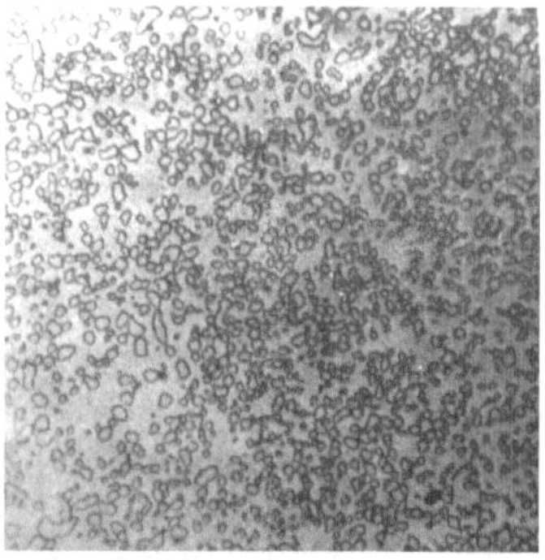

图 2-6 T12 钢经球化退火的粒状珠光体组织

除片状和粒状外，还有一些特殊形态的珠光体，如碳化物呈纤维状和针状的珠光体。

二、珠光体的片层间距及其与过冷度的关系

珠光体的片层间距主要取决于珠光体的形成温度。冷却速度越快，珠光体的形成温度越低（过冷度越大），则片层间距越小，也即铁素体和渗碳体片的厚度越薄。

只有当试样磨制平面与珠光体片层垂直相截时，在显微镜下所测得的片层间距才是真实的片层间距。实际上截取金相试样磨面时，其截取角度是任意的，观察视域内每个珠光体团与试样磨面的截角各不相同，因此观察到的片层间距往往相差很大，并且其值都大于真实片

⊖ GB/T 7232—2012《金属热处理工艺 术语》对索氏体和托氏体的定义如下：索氏体是指在光学显微镜下放大 600 倍以上才能分辨片层的细珠光体，它是以英国冶金学家 H. C. Sorby 的名字命名的；托氏体是指在光学金相显微镜下已无法分辨片层的极细珠光体，它是以法国金相学家 L. Troost 的名字命名的。

层间距。因此，在测定片层间距时，一般在几个视域内测出最小的片层间距值，再取平均值。

实际上，珠光体片层间距随过冷度增大而减小并非呈线性，在较高温度范围（650～720℃）内，片层间距减小较明显；但在较低温度下，片层间距减小不多，如图2-7所示。从图中还可看出，即使在相同转变温度下，珠光体片层间距也不是单值，而是在一定范围内波动。奥氏体晶粒尺寸对片层间距几乎没有影响。

在连续冷却过程中，珠光体转变是在一个温度范围内进行的。在较高温度形成的珠光体比较粗，低温形成的珠光体较细。这种粗细不均匀的珠光体将引起力学性能的不均匀，对切削加工也有不利影响。为获得粗细相近的珠光体组织，可采用等温热处理的方法，如等温退火等。

三、珠光体的力学性能

珠光体是由铁素体和渗透体组成的两相混合物，其力学性能主要取决于两相界面积的大小和渗碳体的形状、分布等。

1. 片状珠光体的性能

片状珠光体的强度主要取决于片层间距的大小。图2-8所示为珠光体片层间距对屈服强度的影响，从图中可看到，片层间距越小，屈服强度$\sigma_{0.2}$越高。根据试验，片层间距对屈服强度的影响可表达为下式

$$\sigma_{0.2}=139+46.4s_0^{-1}$$

式中　$\sigma_{0.2}$——屈服强度（MPa）；

s_0——珠光体片层间距（μm）。

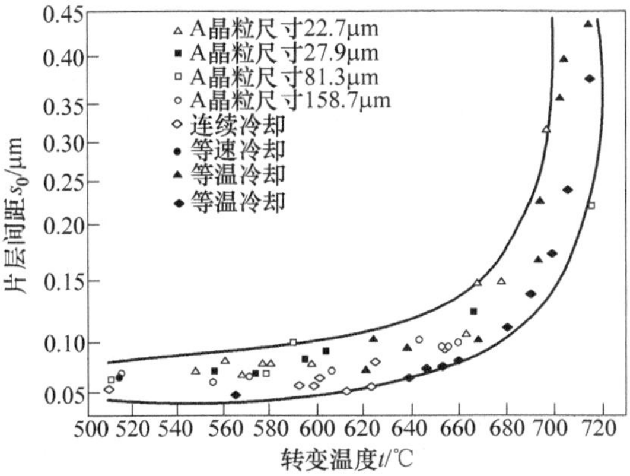

图2-7　珠光体片层间距与转变温度的关系（$w_C=0.80\%\sim0.81\%$）

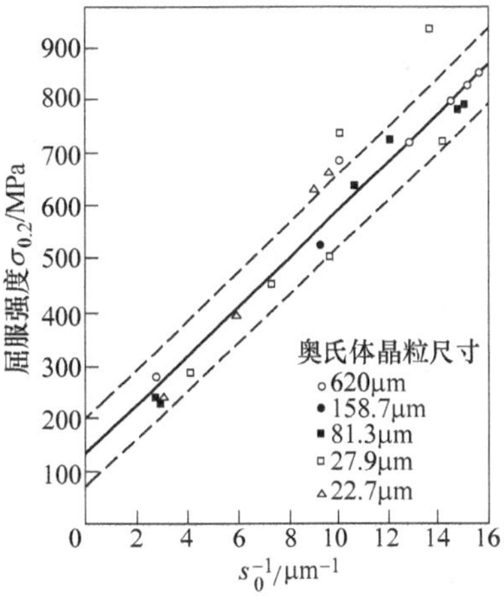

图2-8　珠光体片间距对屈服强度的影响

珠光体片层间距减小，表明渗碳体和铁素片变薄，相界面积相应增大。在外力作用下，钢的塑性变形主要发生在铁素体内，相界面增多，将使铁素体内的滑移过程变得困难，塑性变形抗力升高，即屈服强度升高。珠光体片层间距主要取决于转变温度，受原奥氏体晶粒尺寸的影响很小。因此，要提高珠光体的强度，应设法使珠光体在较低温度下转变。

珠光体的塑性主要受片层间距和珠光体团尺寸的影响。珠光体的断面收缩率与片层间距

和珠光体团直径的关系如图 2-9 所示。从图中可以看到，珠光团尺寸和珠光体片层间距减小，均使断面收缩率增大，尤其是在团尺寸和片层间距较小时，影响更为明显。片层间距减小，则渗碳体片变薄，而很薄的渗碳体片可以发生塑性变形（这点与粗片状珠光体不同），从而使塑性提高。因此，片层间距减小后，既提高了强度，也增加了塑性。

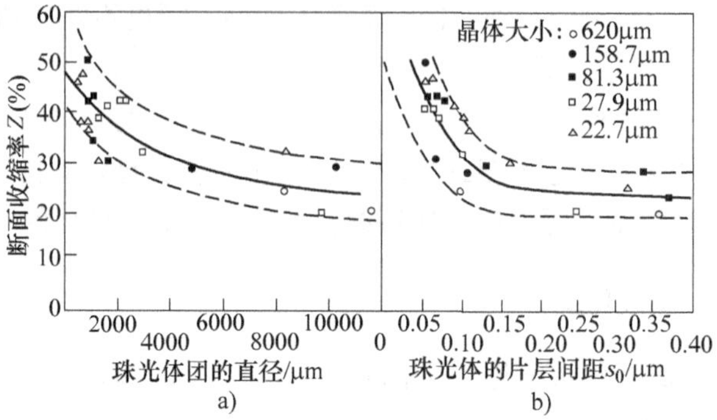

图 2-9 珠光体片层间距和珠光体团直径对断面收缩率的影响

a）珠光体团直径对断面收缩率的影响 b）珠光体片层间距对断面收缩率的影响

前已述及，钢件在连续冷却过程中形成的珠光体，其片层间距大小不等，在高温下先形成的珠光体片层间距大，强度、塑性较低，后形成的珠光体片层间距小，强度、塑性较高。在外力作用下，钢件将发生不均匀塑性变形，强度低的粗片状珠光体首先产生塑性变形，进而引起应力集中，易使裂纹提前产生并扩展，造成钢的强度、塑性下降。据此，宜采用等温冷却（如等温正火或退火）获得片层薄厚均匀的珠光体，以提高钢件的强度和塑性。

2. 粒状珠光体的性能

粒状珠光体的性能主要取决于渗碳体颗粒的数量、大小和分布。渗碳体的体积分数相同时，其颗粒越小、界面越多，产生的强化作用越显著，故硬度和强度较高，反之亦然。与片状珠光体比较，在碳含量相同的钢中，粒状珠光体中塑性良好的铁素体呈连续分布（而片状珠光体中铁素体则被片状渗碳体隔开），位错运动阻力较小，塑性得以良好发挥，且其界面积较小、阻碍变形的作用较小，故粒状珠光体的塑性较高，硬度较低。粒状珠光体是钢中珠光体硬度最低、塑性最佳的一种状态。高碳钢通常采用球化退火作为预备热处理，获得的粒状珠光体既可改善切削加工性能，又可以减少淬火畸变、开裂的倾向。冷挤压成形的中碳钢件，通过球化退火，使塑性提高、硬度降低，减小了形变抗力，改善了冷挤压成形性。

亚共析钢组织中除珠光体外，还有先共析铁素体，其力学性能取决于铁素体和珠光体的相对含量及粗细等。如图 2-10 所示，亚共析钢随含碳量增加，珠光体含量增多，钢的强度上升，断面收缩率减小。研究表明，对于低碳钢，由于珠光体量很少，先共析铁素体 $F_{先}$ 很多，钢的强度主要由 $F_{先}$ 决定（即珠光体量很少，对强度贡献值很小），故对于低碳钢，细化 $F_{先}$ 晶粒可使钢的强度提高。随含碳量增多，珠光体增多，其对强度的贡献值增大，$F_{先}$ 的贡献则相对减小；接近共析成分时，$F_{先}$ 的贡献几乎可忽略不计。故对于中、

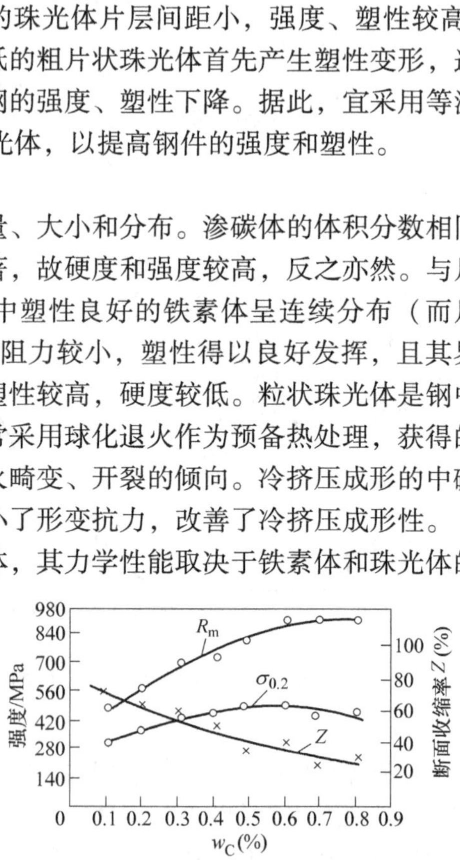

图 2-10 亚共析钢含碳量对钢的强度和塑性的影响

高碳钢，细化珠光体可显著提高其强度。

想一想　能否说“由于珠光体的强度大大高于铁素体，所以亚共析钢的强度主要由珠光体决定”？

第三节　珠光体形成过程

$w_C=0.77\%$的奥氏体冷却到727℃以下，分解为碳的质量分数高（6.69%）的渗碳体和碳的质量分数很低（0.0218%）的铁素体。渗碳体及铁素体与母相奥氏体不仅含碳量差别很大，晶体结构也完全不同，所以奥氏体向珠光体转变需要碳原子的扩散（故珠光体转变是扩散型的相变）和晶体结构的转变。下面讨论这种相变是怎样进行的。

一、片状珠光体的形成过程

珠光体的形成过程也是由形核和长大两个阶段组成。

1. 珠光体形核

共析钢珠光体转变时，通常优先在奥氏体晶界上形核，这是因为：①晶界上存在一些微区，这些微区的能量较高，形核所需形核功较小；②微区的成分和（或）结构与新相接近；③晶界有利于原子扩散，是扩散的快速通道。如果奥氏体内碳含量不均匀，有偏离共析成分的区域存在，或者有夹杂物（工业用钢中脱氧后存留下来的 Al_2O_3、SiO_2等）存在，则这些区域也容易形成珠光体晶核。图 2-11 所示为珠光体在原奥氏体晶界上形核的情形，图中珠光体呈球团状，基体是奥氏体。

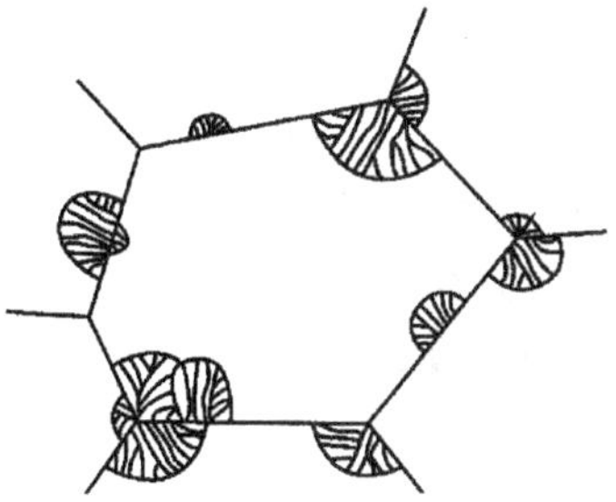

a)

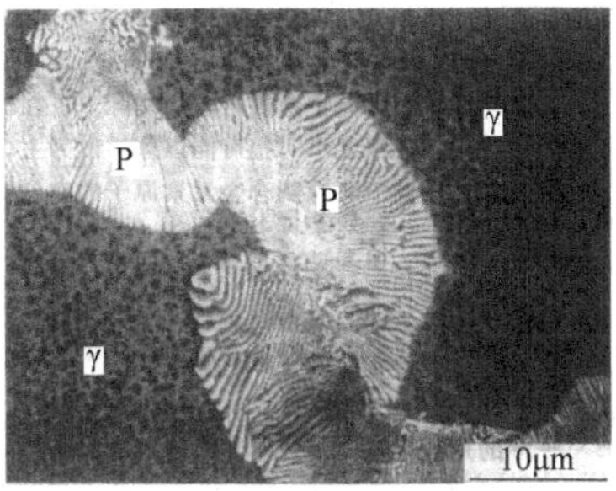

b)

图 2-11　共析钢珠光体在晶界处形核

a）示意图　b）金相照片

珠光体是由渗碳体和铁素体两相组成的。显然，珠光体的形核应包括渗碳体和铁素体的形核，但对哪一相首先形成的说法不一。现一般认为，亚共析钢是以铁素体为领先相，过共析钢以渗碳体为领先相，共析钢则二者都有可能作为领先相；过冷度小时，渗碳体为领先相，过冷度大时，铁素体为领先相[⊖]。

2. 珠光体长大

假定渗碳体作为领先相，它首先在奥氏体晶界上形成，如图 2-12 所示。渗碳体小薄片

⊖　近年也有学者认为 F 与 Fe_3C 是同时形核的，不存在领先相，见参考文献［8］。

形成之后，便向奥氏体晶粒内成长，因渗碳体的含碳量很高，其生长须靠周围奥氏体提供 C 原子，结果是使两侧奥氏体的碳含量降低。当降低到足以形成铁素体时，就在渗碳体片两侧形成铁素体，从而构成珠光体晶核。

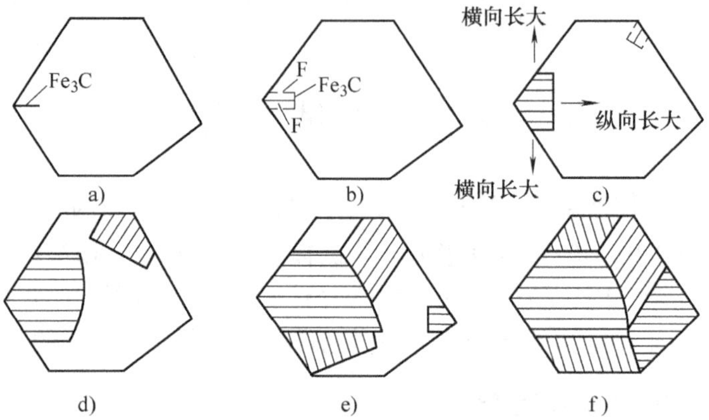

图 2-12　片状珠光体形成过程示意图

珠光体晶核形成后，铁素体和渗碳体同时成长。由于铁素体的溶碳量很小，其成长时，必然会把该处多余的碳原子排出到附近未转变的奥氏体中，使附近奥氏体的碳含量增高。当碳含量达到一定程度时，就在铁素体侧形成新的渗碳体片。上述过程重复进行，渗碳体和铁素体协同长大，使珠光体在纵向长大的同时也向横向长大，最终形成一个片层相间的珠光体团。与此同时，在成长着的珠光体边界或奥氏体界面的其他位置，也可能出现新的晶核，并按上述相同方式长大，从而形成另一位向的珠光体团。因此转变完成后，在一个原奥氏体晶粒内，可有几个彼此位向不同的珠光体团，如图 2-12f 所示。

因珠光体成长时，其纵向长大速率与横向长大速率大致相等，故珠光体往往长成半球团状。

上述珠光体晶核长大机制，并非珠光体唯一的生长方式。观察发现，有时在一个珠光体团中的渗碳体，都是从同一渗碳体主干分枝出来的（如同存在“血缘关系”），并且同一珠光体团中的渗碳体，其晶体学位向相同。因此认为，珠光体成长是渗碳体向前长大过程中不断分枝，而铁素体则协同地在渗碳体枝间形成，如图 2-13 所示。这样形成的珠光体团是由一个渗碳体晶粒和一个铁素体晶粒互相穿插而成的。

图 2-13　片状珠光体中渗碳体分枝长大示意图

3. 珠光体长大过程中的碳扩散

上述珠光体形成机制，是通过碳原子在奥氏体中及相界面上扩散进行的。图 2-14 所示为珠光体长大时碳扩散示意图。当奥氏体冷至 A_1 以下 t_1 温度时，珠光体一旦形成，就出现奥氏体、渗碳体和铁素体三相共存的情况（图 2-14a）。与铁素体相邻的奥氏体，其碳的质量分数为 $w_{\gamma-\alpha}$，与渗碳体相邻的奥氏体，其碳的质量分数为 $w_{\gamma-cem}$，远处的奥氏体，其碳的质量分数仍为 w_γ，$w_{\gamma-\alpha} > w_\gamma > w_{\gamma-cem}$。可理解为该处奥氏体析出 F 后，使该处附近奥氏体中的碳含量升高，而析出渗碳体后，其附近奥氏体的碳含量降低。于是，奥氏体中便产生了碳含量差，引起 C 原子在奥氏体中的扩散，如图 2-14b 箭头所示。C 原子扩散的结果，是使铁素体前沿奥氏体中碳的质量分数下降（小于 $w_{\gamma-\alpha}$），而渗碳体前沿奥氏体中碳的质量分数上升（大于 $w_{\gamma-cem}$），破坏了相界面上碳的平衡。为了恢复平衡，与铁素体相邻的奥氏体必须析出铁素体，而使奥氏体的碳含量增高到平衡含量 $w_{\gamma-\alpha}$；与渗碳体相邻的奥氏体必须析出渗碳体，而使奥氏体中碳的质量分数降低到 $w_{\gamma-cem}$。在相界面碳含量平衡不断恢复、破坏的过程中，珠光体得以纵向长大。可见，珠光体长大速度取决于扩散过程是否容易进行。图 2-15 所示为珠光体中渗碳体和铁素体向与之相接触的奥氏体中生长的情形。

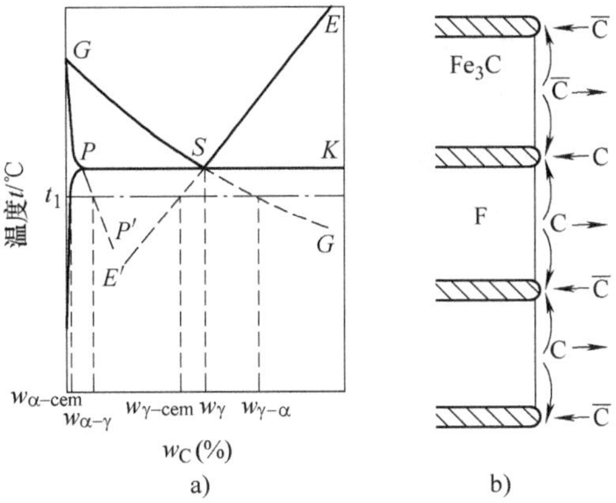

图 2-14　珠光体长大时碳扩散示意图

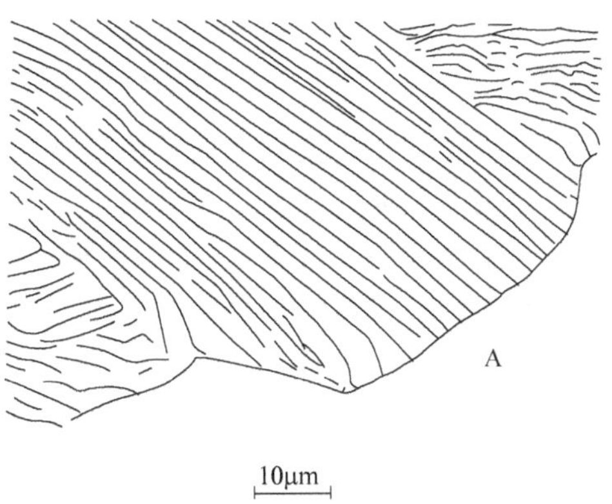

图 2-15　正向奥氏体内生长的珠光体团

从图 2-14a 还可看出，在已形成的珠光体中，其铁素体与奥氏体相接处碳的质量分数为 $w_{\alpha-\gamma}$，而与渗碳体相接处碳的质量分数为 $w_{\alpha-cem}$，即铁素体内也存在碳含量差，也会产生碳原子扩散，但珠光体前沿奥氏体中的扩散是主要的。

二、粒状珠光体的形成过程

粒状珠光体的形成过程与片状珠光体不完全相同。

原组织为片状珠光体的共析钢和过共析钢，其加热到略高于 A_1 温度保温时，渗碳体片逐渐被溶断为许多细小块状或杆状的渗碳体，由于加热温度较低，已溶解的渗碳体处的高含量碳原子尚未来得及充分扩散，故奥氏体中存在许多富碳区。在随后的缓慢冷却过程中，主要以这些溶断的渗碳体和富碳区为核心进行球化。其中，溶断的渗碳体的球化是其尖角处不断发生溶解，平面处则不断长大并凸起，使原渗碳体逐渐趋于球状。富碳区作为现成核心形核后，与沿奥氏体晶界形成的渗碳体晶核不同，这些核心可均匀地向四周长大，从而形成接近球状的渗碳体。而奥氏体由于贫碳，相应地转变为铁素体。在缓慢冷却或等温过程中，已形成的球状渗碳体还将发生聚集长大和粗化。从自由能角度看，球化可使体系的自由能降低（球的表面积最小，故其表面能低于片状渗碳体），所以渗碳体球化是自发过程。图 2-16a 所示为片状渗碳体球化过程。网状渗碳体虽也可溶断并逐渐球化，但热处理实践表明，其球化效果并不好，即使经过长时间球化处理，其渗碳体仍呈“人”字形或“一”字形，如图 2-16b 所示。含网状渗碳体的钢件，须通过正火将网状渗碳体消除后，再进行球化退火。

钢中碳化物（包括渗碳体）的球化程度，主要取决于加热时的奥氏体化温度；其次，冷却条件也对碳化物球化有一定影响。试验证明，如果奥氏体化温度过高，由于碳化物大部

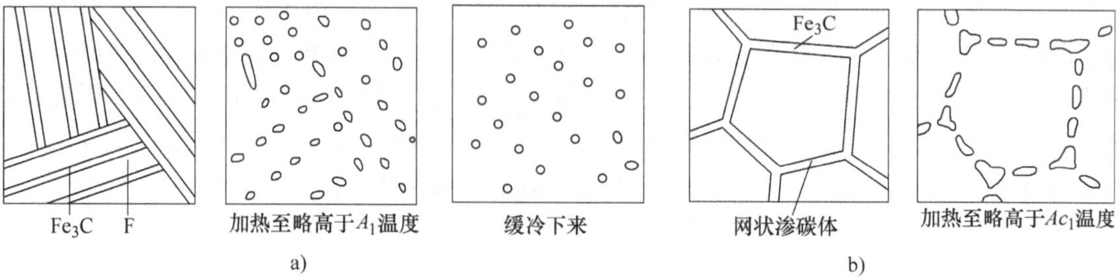

图 2-16 粒状珠光体形成过程示意图

a）片状渗碳体球化过程 b）网状渗碳体球化过程

分溶解于奥氏体中，奥氏体成分也较均匀，在随后缓慢冷却时，常形成片状珠光体。只有在奥氏体化温度较低（碳钢通常为 $Ac_1+20\sim30$℃）且冷却较慢时，才可能获得粒状珠光体。如果冷却速度太快，或者在 A_1 以下等温温度过低，则碳化物也不容易球化，往往得到点状碳化物和片状珠光体的混合组织，不能取得良好的球化效果。

想一想 球状碳化物是由什么变来的？

第四节 珠光体转变速度及其影响因素

一、珠光体形核率和长大速度

珠光体转变速度通常用单位时间在单位体积内形成的珠光体量（体积分数）来表示。珠光体转变包括形核和长大过程，因此，珠光体转变速度取决于形核率和长大速度。

形核率是指单位时间单位体积中生成的珠光体晶核数目，其单位为 $1/(mm^3\cdot s)$。珠光体长大速度是指单位时间内珠光体团直径的增加速度，其单位为 mm/s。图 2-17 所示为共析钢珠光体形核率及长大速度与转变温度的关系，由图可见，形核率与长大速度均是在550℃附近达到最大值。这是由于随温度下降，决定形核率与长大速度的两个因素——原子扩散速度和奥氏体与珠光体的自由能差值（形核、长大的驱动力）的变化方向相反，即扩散速度随过冷度增大而减小（不利于形核、长大），而自由能差值则随过冷度增大而增大（有利于形核、长大），两方面共同作用即造成上述结果。温度高于550℃时，虽然过冷度增大使原子扩散能力下降，但因为自由能差值增大，且自由能差值作为主导因素，而 $w_{\gamma-\alpha}$ 与 $w_{\gamma-cem}$ 差值增大也使长大速度加快，所以形核率与长大速度均随过冷度增大而增大。在 550℃以下，随温度降低，虽然自由能差值、$w_{\gamma-\alpha}$ 与 $w_{\gamma-cem}$ 差值仍在增大，但原子扩

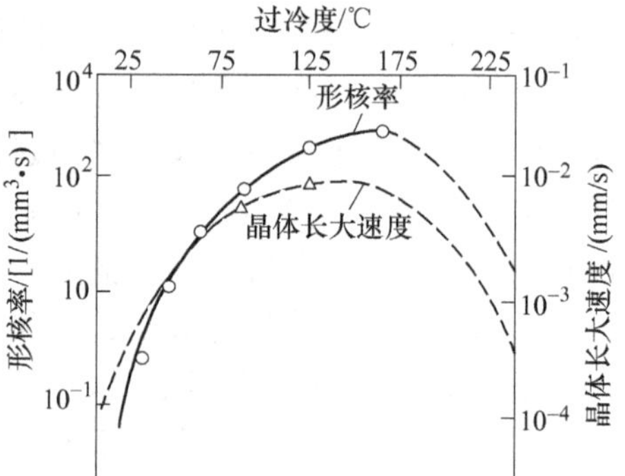

图 2-17 共析钢珠光体形核率及长大速度与转变温度的关系

散变得很困难，并成为决定形核与长大速度的主导因素，故形核率与长大速度又随温度下降而减小。所以，两者在550℃附近出现最大值㊀。与此相应，珠光体转变速度也在550℃附近达到最大值，而在550℃以上或以下，转变速度均较小。这也是造成共析钢珠光体等温转变曲线呈“C”形的原因，如图2-18所示（图中虚线是贝氏体的等温转变曲线）。亚共析钢与过共析钢的等温转变曲线与此类似，只是多了一条先共析相 $F_{先}$ 和 $Fe_3C_{先}$ 析出曲线。

研究表明，珠光体等温转变量与等温时间的关系为：转变初期的转变量增加较慢，即转变速度较慢，中期转变速度较快，后期又变慢，如图2-19所示。

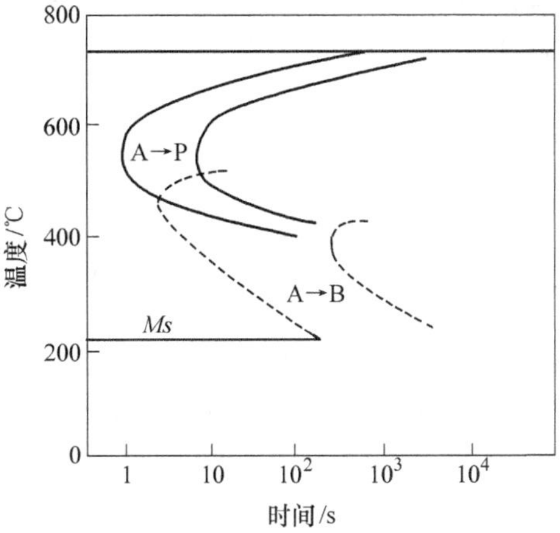

图2-18　共析钢珠光体等温转变图（实线部分）

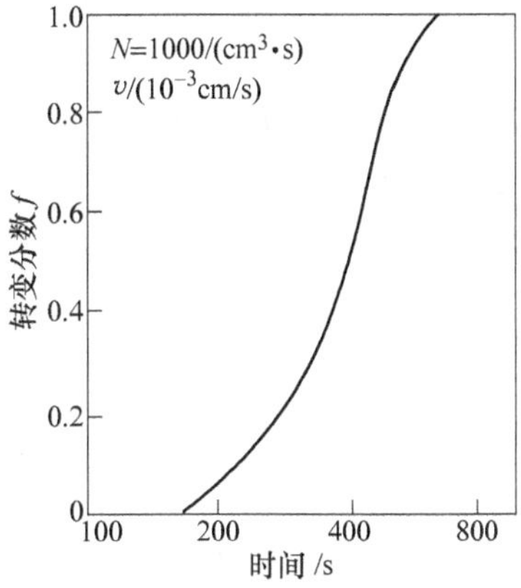

图2-19　共析钢珠光体等温转变量与等温时间关系曲线（动力学曲线）

二、影响珠光体转变速度的因素

除过冷度外，以下因素也影响珠光体的转变速度。

1. 含碳量

对于亚共析钢，随奥氏体碳含量提高，珠光体转变速度减慢。这是因为随含碳量提高，$F_{先}$形核变得较困难，$F_{先}$长大时需扩散离去的碳原子数量多，故 $F_{先}$的孕育期变长，使珠光体转变相应被推迟，转变速度也相应减慢。对于过共析钢，则随奥氏体碳含量提高，$Fe_3C_{先}$形核率及碳、铁原子扩散速度增大，使 $Fe_3C_{先}$孕育期变短，珠光体转变速度也相应增大。因此，共析钢的转变速度最慢。

2. 合金元素

溶入奥氏体的大多数合金元素（除Co外）都使珠光体转变速度下降，如图2-20所示。合金元素降低珠光体转变速度的作用，按递减顺序排序为：Mo、Mn、W、Cr、Ni、Si。在共析钢中加入质量分数为0.8%的Mo，即可使过冷奥氏体分解完成所需时间增长2800倍。合金元素主要通过以下几方面改变珠光体转变速度：①阻碍碳原子的扩散，合金元素（除Co外）都使碳原子的扩散速度降低，使珠光体转变速度减慢；②奥氏体在向珠光体转变时，奥氏体中的合金元素需要重新分布，而合金元素的扩散比碳原子的扩散困难得多（慢3～5个数量级），从而减慢了珠光体转变速度；③提高或降低A→P转变温度，从而影响珠光体

㊀ 在550℃以下要发生贝氏体转变，难以单独测定珠光体形核率和长大速率。

转变速度，如 Mn、Ni 使 A_1 降低，将使同样转变温度下的过冷度减小，从而减慢转变速度。此外，合金元素还通过改变 Fe 原子扩散速度及晶界能㊀等方式影响珠光体的转变速度。

应当指出，强碳化物形成元素 V、Ti、Nb 等若溶入奥氏体，将对珠光体转变有推迟作用。但因其形成的碳化物稳定性极高，一般热处理温度下很难溶解，而未溶碳化物与奥氏体的界面是珠光体择优形核的位置，故对珠光体形核反而起促进作用。Co 对珠光体转变起促进作用。

合金元素对珠光体转变的影响很复杂，当钢中同时含几种合金元素时，其作用并不是各元素作用的简单叠加。

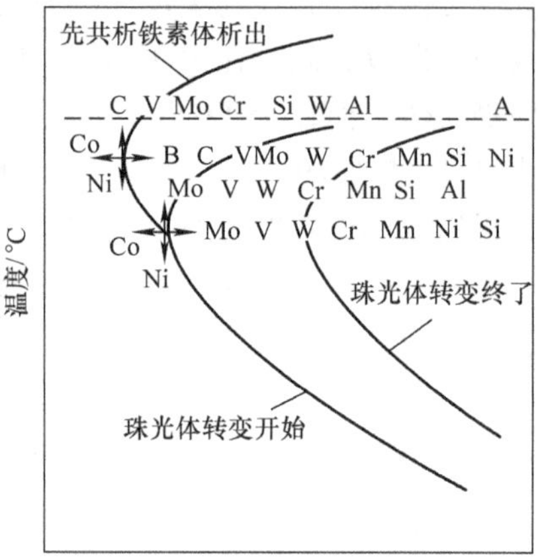

图 2-20 合金元素对珠光体转变速度的影响示意图

3. 其他方面的影响

1）奥氏体晶粒越细小，则珠光体形核部位越多，从而将加快珠光体转变速度。

2）奥氏体成分越不均匀，则贫碳区和富碳区越多，这有利于铁素体或渗碳体形成，从而有利于珠光体转变。

3）未溶碳化物加快珠光体转变。

4）原始组织越细，以同样条件加热后，奥氏体成分越均匀，珠光体转变速度越慢。

5）提高加热温度或延长保温时间可使奥氏体成分变得较均匀，也使珠光体转变速度减慢。

6）在奥氏体状态下进行塑性变形可加快珠光体转变速度。

第五节 非共析钢的珠光体转变及先共析相

一、非共析钢的珠光体转变

对于亚共析钢或过共析钢，在冷却速度较慢时，当奥氏体被过冷至 A_1 以下，会有 $F_{先}$ 或 $Fe_3C_{先}$ 析出。但若冷却速度较快，使奥氏体在较大过冷度下转变，则先共析相的析出会因碳原子扩散而难以充分进行，从而部分或全部被抑制（视冷却速度大小而定）。这可用图 2-21 所示的亚共析碳钢连续冷却转变图来说明。在图 2-21 中，如以曲线③所示的较慢冷却速度冷却，将由奥氏体先析出 $F_{先}$（$F_{先}$ 的体积分数为 42%），剩余的奥氏体在随后的冷却过程中转变为 P；但如以左数第四条曲线对应的较快冷却速度冷却，则奥氏体不再析出 $F_{先}$，而是直接（进入珠光体转变区）析出珠光体，即 $F_{先}$ 转变被完全抑制。这是因为先共析转变是扩散型转变，且 A 与 $F_{先}$（或 $Fe_3C_{先}$）成分相差较大，该转变需借助大量碳原子经过长程扩散才能实现。如冷却速度较快，则此扩散将难以充分进行，故 $F_{先}$（或 $Fe_3C_{先}$）不能充分析出

㊀ Mn、Ni 等元素使共析转变温度降低，使 P 转变区移向更低温度，P 转变速度减慢；B 在晶界富集，可大大降低晶界能，故 B 倾向于富集于晶界，微量的 B（w_B = 0.001% ~ 0.0035%）即可显著降低亚共析钢的 $F_{先}$ 及 P 的形成速度。

甚至不能析出，即先共析转变会被部分抑制或全部抑制，这时奥氏体将直接转变成珠光体[㊀]。

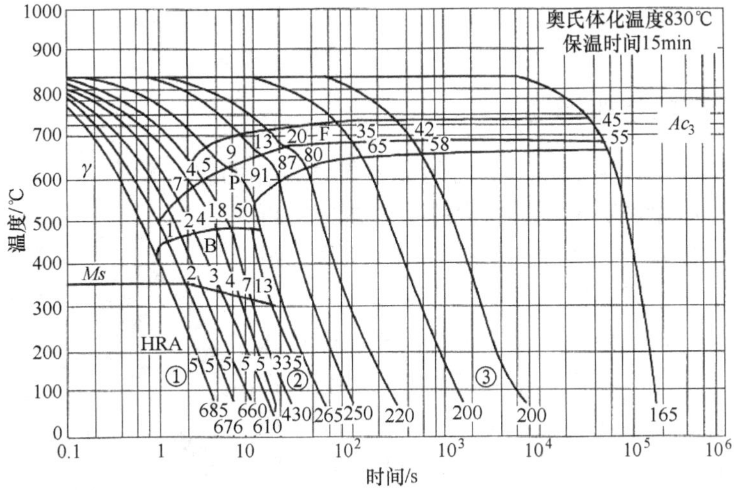

图 2-21 亚共析碳钢的连续冷却转变图

上述过程也可由图 2-22 来说明。该图是把 Fe－FeC_3相图的 *GS* 线（A_3线）和 *ES* 线（A_{cm}线）延伸至 A_1以下，*SG'* 和 *SE'* 分别代表奥氏体过冷至 A_1以下温度时，奥氏体和铁素体及渗碳体间的准平衡关系。图中 *SE'* 和 *SG'* 所围区域为伪共析区。若合金冷却速度较快，使其在进入伪共析区之前抑制住 $F_{先}$析出，不能发生先共析转变，则当冷至伪共析区时，奥氏体将发生伪共析转变[㊁]，全部转变为珠光体。将此由非共析成分奥氏体转变来的共析组织称为“伪共析组织”。应注意的是，伪共析珠光体也是共析组织，其形态与共析珠光体完全相同，只是成分及 Fe_3C、F 的相对量与共析珠光体不同；奥氏体中碳含量越高，伪共析组织中的渗碳体量越多。

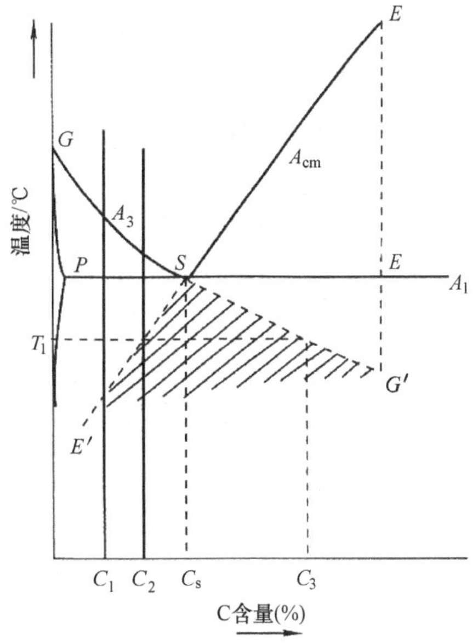

图 2-22 伪共析组织形成的温度、成分范围

在图 2-22 中，若成分为 C_1的钢快速冷至 T_1，则将由奥氏体中先析出一部分 $F_{先}$，然后剩余奥氏体的碳含量升至 C_2，即进入伪共析区，从而转变为伪共析珠光体。若成分为 C_2的钢，从奥氏体状态快速冷至 T_1，则过冷奥氏体将直接发生伪共析转变，全部转变为珠光体。过共析钢 C_3的情况与 C_1类似。

由以上论述看出，成分靠近共析点的合金，在较小的过冷度下即可抑制先共析转变，较容易得到全部伪共析组织；而离共析点远的合金，则需较快冷却才行。

㊀ 珠光体转变不太容易被抑制，这与珠光体转变时碳原子扩散路程较短有关。

㊁ 伪共析转变是冷却速度较快条件下进行的共析转变，属于非平衡转变。

练一练 ①能否说伪共析珠光体中碳的质量分数也是0.77%？为什么？②图2-22中合金 C_1、C_2、C_3在 T_1温度下形成的伪共析珠光体的碳含量与共析珠光体的碳含量有何不同？

二、先共析相的组织形态

亚析共钢奥氏体化后冷却时，析出的先共析铁素体的组织形态主要有三种：块状铁素体、网状铁素体和针片状魏氏组织铁素体。过共析钢析出的先共析渗碳体有两种：网状渗碳体和针片状魏氏组织渗碳体。以上组织如图2-23～图2-25所示。

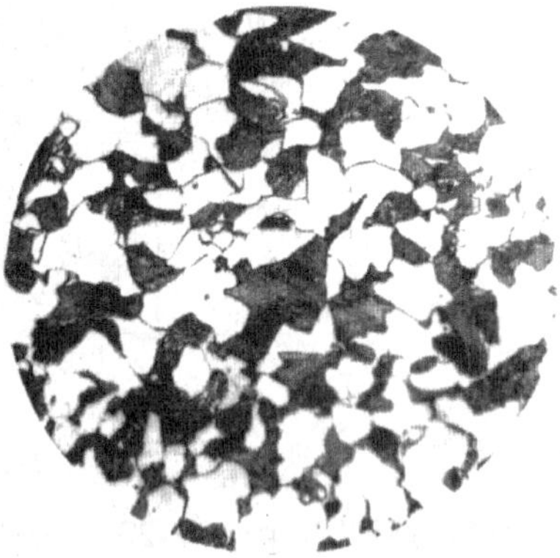

图2-23　块状F+P，35钢正火

魏氏组织（W）是一种沿母相特定晶面析出的针状或片状显微组织。具有这样特征的组织是由奥地利矿物学家魏德曼施泰坦（A. J. Widmanstatten）于1908年在陨石中发现的，故以此命名。钢中的魏氏组织是由针状F或 Fe_3C 及其间的P组成的复相组织。魏氏组织中的铁素体称为魏氏组织铁素体，魏氏组织中的渗碳体称为魏氏组织渗碳体，其特征都是相互平行或呈一定角度的针片状[⊖]，如图2-25所示。

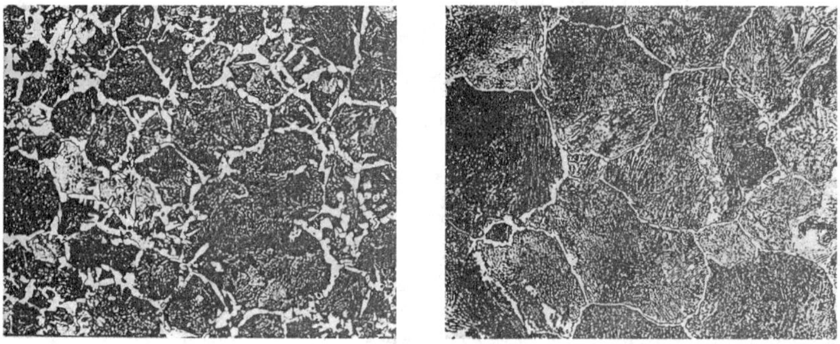

a)　　b)

图2-24　网状铁素体与渗碳体

a）网状F+P，60钢退火　b）网状 Fe_3C+P，T12钢退火

上述三种形态先共析相组织的形成与其形成条件，如钢的成分、奥氏体晶粒度、冷却速度及形成温度等有关。图2-26所示为形成各种形态先共析相的大致温度范围，由该图可看出：①碳的质量分数较小（<0.25%）的钢，在较大过冷度下（相当于空冷或较空冷略低的冷却速度）容易形成块状铁素体；②亚共析钢和过共析钢中，尤其是含碳量位于共析成分附近的钢，在较小过冷度下（即慢冷）易形成仿晶界形貌的铁素体网或渗碳体网；③碳的质量分数为0.15%～0.5%的亚共析钢或大于1.1%的过共析钢，在适当的冷却速度下，先共析相易以魏氏组织出现。

魏氏组织可以在连续冷却和等温冷却中形成。等温冷却时，魏氏组织的形成有一个上限

⊖ 因是沿{111}A晶面析出，故各片之间相互平行或呈一定角度。

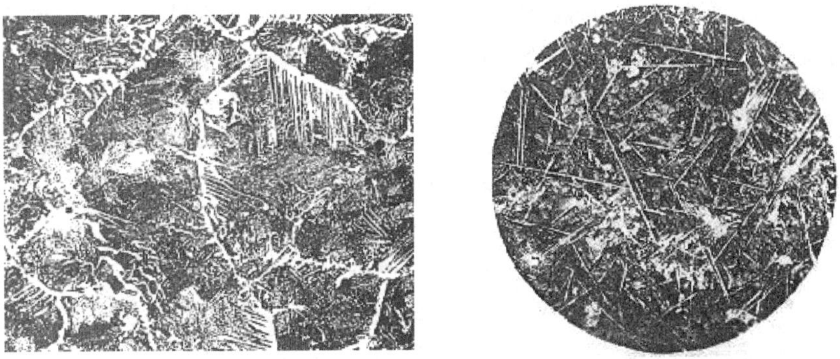

a)　　　　　　　　　　　　b)

图 2-25　魏氏组织形态

a）45 钢锻造空冷，粗大魏氏组织 + 索氏体　b）T12 钢（铸态）

温度（用 T_w表示），低于这个温度才易形成魏氏组织，在这个温度以上，只形成网状铁素体或渗碳体。

魏氏组织常见于中、低碳钢。一般来说，对于同一种钢，奥氏体化温度越高，即奥氏体晶粒越粗大，越易形成魏氏组织，魏氏组织越严重（级别㊀越高），且能形成魏氏组织的冷却速度范围较宽（即冷却速度快些、慢些均可形成），如图 2-27 所示；相反，奥氏体化温度越低，即晶粒越细，形成魏氏组织的倾向越小，魏氏组织的级别越低，且能形成魏氏组织的温度范围越窄（只有在较快冷却速度下才可形成）㊁。实际生产中，中、低碳亚共析钢和 $w_C>1.1\%$ 的过共析钢的铸、锻、焊件属于前一种情况，故易形成较严重的魏氏组织。在此成分范围内的热处理工件，如在热处理加热中发生过热，在随后退火或正火冷却中也易形成魏氏组织。Mn 有促进魏氏组织形成的作用。

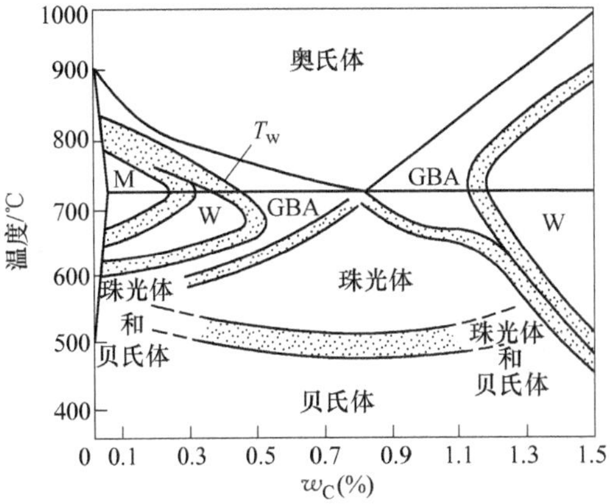

图 2-26　先共析相形态与含碳量、转变温度的关系（晶粒度：0、1 级）

GBA—晶界网状　M—块状　W—魏氏组织

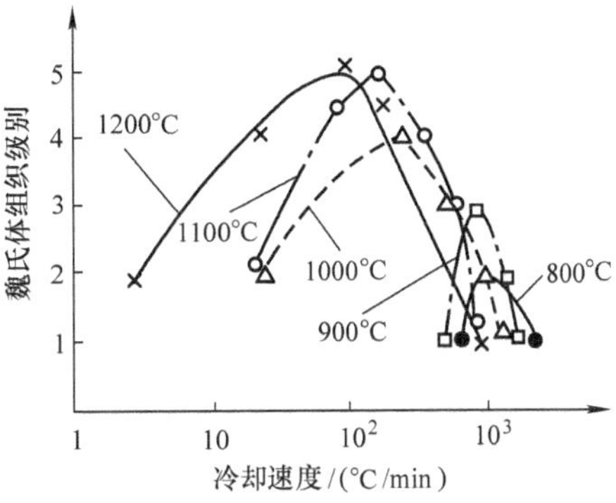

图 2-27　ZG25 钢奥氏体化温度及冷却速度与 W 级别的关系

㊀ GB/T 13299—1991 中规定了魏氏组织的评级标准：按魏氏组织的严重程度分为 6 级（0 ~ 5 级），5 级为最严重，0 级为无魏氏组织。

㊁ 对不同钢种，随奥氏体化温度提高，奥氏体晶粒度增大，能形成魏氏组织的碳含量范围变宽；而晶粒细时，魏氏组织仅在较窄的碳含量范围内出现。

如上所述，在连续冷却时，魏氏组织在适当的冷却速度下才易形成，过慢或过快的冷却速度都不利于魏氏组织的产生。如35CrMo钢制连杆，锻造后分散空冷，易出现魏氏组织，而埋在石灰中缓冷，则可避免出现魏氏组织。因此，改变工件的冷却速度，可以减少或避免魏氏组织的产生。对不严重的魏氏组织，一般不必消除，如欲消除，采用正火或退火就可（具体情况与钢种有关），严重的魏氏组织可采用双重正火消除。

小资料 早期，曾认为魏氏组织易在过热条件下（即奥氏体晶粒粗大的情况下）出现。后来的研究表明，$w_C = 0.15\% \sim 0.3\%$ 的钢㊀，不论奥氏体晶粒大小，只要冷却速度适当，都会形成魏氏组织。

想一想 为何中碳钢铸、锻、焊件和热处理发生过热的工件，易出现魏氏组织？

三、先共析相形态对力学性能的影响

一般来说，亚共析钢中铁素体呈均匀分布的小块状时性能较好；过共析钢中渗碳体或碳化物则以粒状均匀分布为好。如果铁素体或碳化物（含渗碳体）呈网状分布，则会使钢的力学性能降低。在基体组织相同的情况下，具有网状铁素体的亚共析钢，其强度、塑性和韧性要比均匀块状铁素体低；过共析钢碳化物若呈网状，则不仅会降低钢的强度，还会使钢的塑性、韧性显著下降，故一般不允许出现网状碳化物组织。

至于魏氏组织，早期曾认为魏氏组织降低钢的塑性、韧性，现一般认为：①在相同奥氏体晶粒度情况下，轻微的（W级别低）魏氏组织对性能（强度、韧性）是有利的㊁；②严重的魏氏组织（W级别高）并伴有粗大奥氏体晶粒时，塑性、韧性会显著降低㊂（见表2-2），并增大低温脆化倾向。

表2-2　45钢魏氏组织对力学性能的影响

组织状态	R_m/MPa	R_{eL}/MPa	A（%）	Z（%）	a_K/（J/cm²）
有严重魏氏组织	524	337	9.5	17.5	12.74
经细化晶粒处理	669	442	26.1	51.5	51.94

本章小结

本章主要介绍珠光体的组织形态和力学性能，珠光体形成过程，珠光体转变速度及其影

㊀ 研究表明，在每个奥氏体化温度下产生的W级别都存在一个极大值，随奥氏体化温度提高，产生极大值W级别的冷却速度变低：900℃时为131℃/min，1050℃时为64℃/min，1200℃时为36℃/min，1300℃时为19℃/min。由于在较高奥氏体化温度下产生W的冷却速度范围较宽，而在较低奥氏体化温度下产生W的冷却速度范围较窄，冷却速度也较大。故在实际生产中，W容易在粗大奥氏体晶粒中产生，而细小的奥氏体晶粒不易产生W。以往把W与过热组织相提并论即与此有关。

㊁ 亚共析钢中魏氏组织的析出，使铁素体晶粒及珠光体团细化，并使珠光体量增多且分布更均匀，从而提高了强度和韧性。

㊂ 有两种观点，一种认为粗大魏氏组织对塑性、韧性有害；另一种观点认为，造成塑性、韧性下降的原因是粗大晶粒，而非粗大魏氏组织。

响因素，以及非共析钢的珠光体转变。

以珠光体组织为主的钢，在工程结构和机器零件中有广泛的应用。这类钢的组织是由铁素体和渗碳体组成的整合组织。其力学性能与铁素体、珠光体的形态及它们的相对含量（体积分数）有关。单一片状珠光体的性能主要取决于片层间距和珠光体团直径，原奥氏体晶粒大小对其影响较小。粒状珠光体的性能主要取决于渗碳体颗粒的尺寸和分布。

通常希望先共析铁素体或渗碳体呈均匀、分散分布，如果以网状、针片状分布，则对性能有不利影响。其组织形态和分布，主要取决于钢的化学成分、冷却速度。

本章重要名词：珠光体、托氏体、索氏体、珠光体片层间距、伪共析组织、铁素体魏氏组织、渗碳体魏氏组织。

习　题

1. 过冷奥氏体与奥氏体有何不同？
2. 以共析钢为例，试述过冷奥氏体向片状珠光体转变的过程。
3. 珠光体片层间距与转变温度有何关系？退火态共析钢的强度、塑性与片层间距有何关系？
4. 形成粒状珠光体对温度、冷速有何要求？为什么？
5. 对于相同成分的钢，片状珠光体与粒状珠体在力学性能和切削加工性能上有何差别？
6. 亚共析钢和过共析钢的先共析铁素体及先共析渗碳体的形态有哪几种？各在什么条件下形成？对钢的力学性能各有何影响？
7. 相同成分的亚共析钢，为何正火态下的珠光体组织量比退火态多，而先共析铁素体量比退火态少？这对力学性能有何影响？
8. 在什么条件下易形成魏氏组织铁素体？含有魏氏组织的钢的力学性能有何特点？如何防止和消除？
9. 举例说明珠光体转变的实际应用。
10. 通常希望获得什么样的 $F_{先}$ 和 $Fe_3C_{先}$？
11. 珠光体、片层粗细不同对钢的性能有何影响？为何希望获得片层厚度均匀的奥氏体？

第三章 马氏体转变

如前所述，若钢件加热奥氏体化后，快速冷却（$v > v_c$）至马氏体转变点 Ms 以下，奥氏体将转变为一种硬度明显高于珠光体，但塑性、韧性较差的相。为纪念德国金相学家 Adolph Martens，1895 年将钢淬火后得到的高硬度相命名为马氏体（Martensite）。热处理中的淬火——目前工业上强化钢件的最主要手段，就是通过获得马氏体来使钢件变硬、变强的。所以，对马氏体组织及其转变规律进行研究，有着十分重要的实际意义。

马氏体转变有很多种，钢中的马氏体转变是最早被发现的一种。最初将马氏体定义为：碳溶于 $\alpha-Fe$ 而形成的过饱和固溶体。后来的研究发现，不仅钢中有马氏体转变，非铁金属、陶瓷、半导体，甚至蛋白质中也有马氏体转变。不同学者陆续从不同角度对马氏体给出了定义，如我国著名学者徐祖耀 1993 年给出的定义为：马氏体是冷却时马氏体转变的产物。GB/T 7232—2012《金属热处理工艺 术语》对金属中的马氏体给出了如下定义：钢铁或非铁金属中通过无扩散共格切变型转变（马氏体转变）形成的产物统称马氏体。经过多年的研究，人们对马氏体转变的认识已取得了极大的进展，但到目前为止仍有不少问题尚未明确，可见马氏体转变十分复杂。

本章将从应用的角度，对钢中马氏体转变的主要特点，马氏体的结构、组织及性能特点，影响马氏体组织性能的因素及奥氏体稳定化等内容给予介绍。本章的主要教学要求是：①掌握马氏体的结构、板条马氏体与片状马氏体的组织性能特点及影响因素；②明确马氏体转变的主要特点；③掌握影响 Ms 点的因素；④清楚奥氏体稳定化的实际意义。

第一节 马氏体的结构与组织形态

一、马氏体的晶体结构

X 射线衍射分析证实，钢中马氏体是碳在 $\alpha-Fe$ 中的过饱和固溶体，马氏体中 $w_C > 0.2\%$ 时具有体心正方结构，$w_C \leqslant 0.2\%$ 时具有体心立方结构。

马氏体转变时，由于温度较低、原子扩散困难，且马氏体转变速度极快，原奥氏体中的碳几乎全部被保留在马氏体中，这必然造成马氏体处于过饱和状态。这些碳原子在 $\alpha-Fe$ 晶胞中的可能位置是晶胞各棱边的中心和面心位置（图 3-1a，两位置等效），即处于由 Fe 原子组成的扁八面体空隙中。体心立方晶胞有 x、y、z 三组八面体空隙，研究表明，马氏体中约有 80% 的碳原子处于 z 轴这组空隙中。图 3-1b 所示为碳原子处于 z 轴这组空隙的情形。已知在 $\alpha-Fe$ 晶胞中，八面体空隙短轴半径为 0.019nm，而碳原子半径为 0.077nm。当碳原子存在于此空隙位置时，必然引起 z 轴方向上 Fe 原子间距伸长，在垂直于 z 轴的两个方向（x、y 轴）上 Fe 原子间距缩短，使 $\alpha-Fe$ 晶胞发生畸变而成为体心正方结构，即晶格常数 $c > a$，如图 3-1b 所示。研究表明，$w_C > 0.2\%$ 的马氏体随含碳量增加，c 增大，a 减小，正方度 c/a 增大，并其变化与碳含量呈线性关系，如图 3-2 所示。$w_C \leqslant 0.2\%$ 的 Fe－C 马氏体具有体心立方结构，是因其碳原子并非沿 z 轴间隙分布，而是偏聚于位错线附近所致（这样可使系统能量降低）。

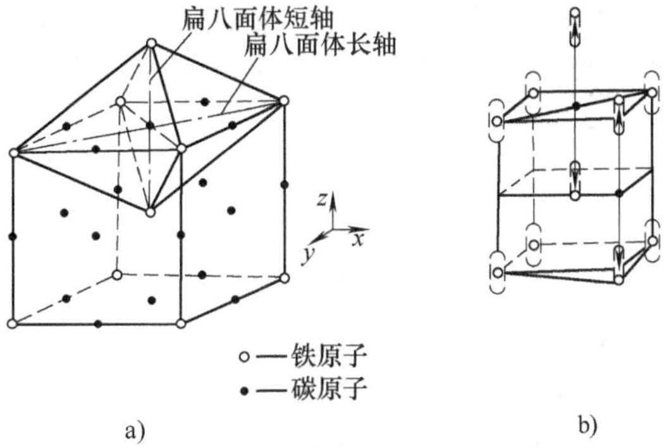

图 3-1　碳原子在晶胞中的可能位置

a）碳原子在马氏体晶胞中的可能位置　b）马氏体晶胞中 Fe 原子的位移范围

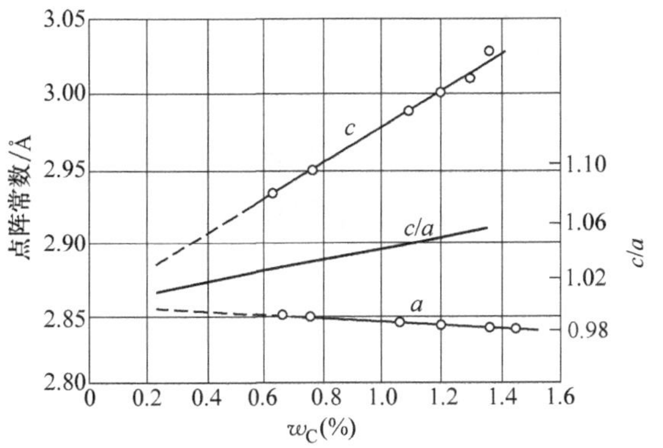

图 3-2　马氏体点阵常数与含碳量的关系

二、马氏体组织形态和亚结构

常见的马氏体组织形态有两种，即板条马氏体和片状马氏体。此外，尚有几种不常见的马氏体形态，如蝶状马氏体、薄片状马氏体和 ε 马氏体。

1. 板条马氏体

板条马氏体常见于低碳钢、中碳钢、低碳合金钢、不锈钢及 Fe－Ni 合金。图 3-3a 所示为低碳钢淬火所得板条马氏体的显微组织，其主要特征是许多相互平行的马氏体板条群集在一起，故称板条马氏体。

图 3-4 所示为板条马氏体显微组织构成示意图。在一个原奥氏体晶粒中，可有几个马氏体板条束，每个板条束由一组相互平行的板条构成；束内有块，每个块由若干位向相同的板条构成（用硝酸酒精溶液浸蚀，可显露这些块）。图中 C 的束内只有一个块，可视为束和块相等。$w_C < 0.3\%$ 的碳钢，其束和块均较清晰；随含碳量增加，板条清晰程度下降，束内的块也变得难以辨认。

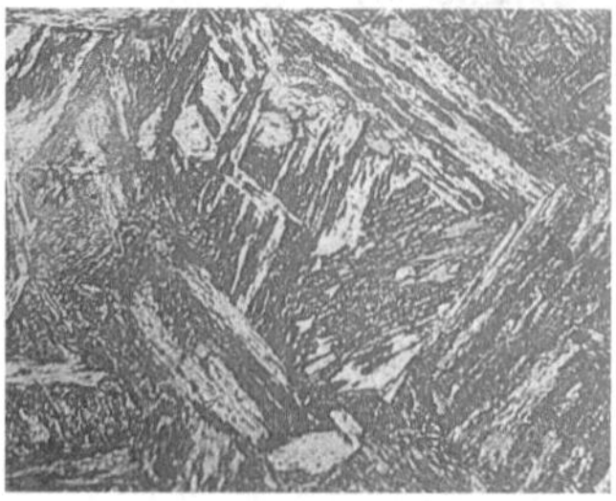

a)

b)

图 3-3 低碳钢淬火

a）板条马氏体显微组织 b）板条间的残留奥氏体薄膜

板条是马氏体的基本单元，其立体形态呈扁条状，平均宽度约为0.2μm（在光学显微镜下已不能辨认）。马氏体束界、块界都是大角度晶界，同一块内的板条界则为小角度晶界。板条束的尺寸随奥氏体晶粒增大而增大，但板条宽度几乎没有变化。板条内含有大量位错，即其亚结构[⊖]主要是位错（图3-3b），其密度约为$10^{11}/cm^2$，根据这一特征，板条马氏体又称位错马氏体。马氏体的形态和亚结构对力学性能有很大影响。

仔细研究发现，板条间常存在残留奥氏体薄膜（图3-3b中黑线），其碳含量较原奥氏体高，在室温下很稳定，该薄膜对钢的韧性有益。

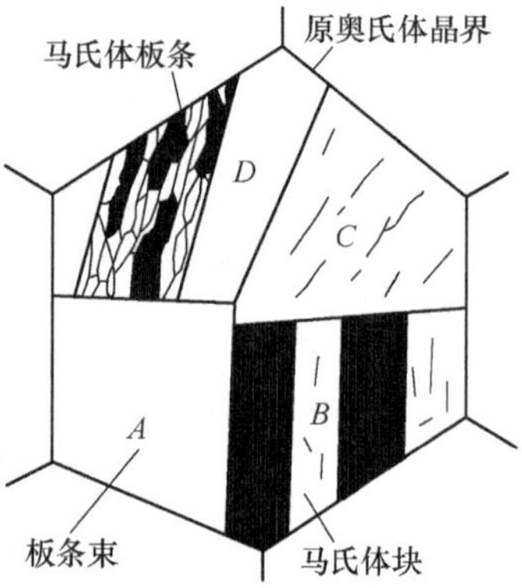

图 3-4 板条马氏体显微组织构成示意图

想一想 图3-4种A、B、C、D间有何关系？

2. 片状马氏体

片状马氏体常见于淬火的高碳钢及镍的质量分数较高（$w_{Ni}>29\%$）的Fe－Ni合金中。片状马氏体组织的典型形态如图3-5所示，其马氏体单元的立体形态呈双凸透镜片状。由于试样磨面与马氏体片不平行相截，在显微镜下呈现为片状或针状形态，故称为片状马氏体或针状马氏体。马氏体片大小不一，且互不平行。一些钢（$w_C>1.4\%$）的马氏体片有一条中脊线（立体应为中脊面）。马氏体片一般不会越过奥氏体晶界。当冷至Ms点以下时，最先形成的马氏体往往横贯奥氏体晶粒；后形成的马氏体，在被先形成的马氏体所分割的奥氏体剩余空间内形成。结果是使后期形成的马氏体变得越来越细小，在一个奥氏体晶粒内部，先后形成的马氏体大小相差悬殊，如图3-6所示。马氏体片大小与原奥氏体晶粒尺寸有密切的关系，奥氏体晶粒尺寸越小，所得马氏体片的尺寸也越小。马氏体片之间往往伴随有残留未转变的奥氏体，即残留奥氏体（灰白色区）。

粗大片状马氏体组织会使钢变脆，一般无实用意义。在研究中，常对钢进行高温奥氏体化淬火，使马氏体片粗化，主要目的是方便在显微镜下清楚地分辨。在实际生产中，一般希

⊖ 亚结构（也称亚组织）是指需借助电子显微镜才能观察到的组织结构，如层错、位错、微细孪晶、亚晶粒等。

望得到细小的马氏体组织。高碳钢或合金工具钢在正常加热淬火后，马氏体片极为细小，在光学显微镜下一般很难分辨，这种马氏体通常称为隐针马氏体。

图 3-5　T12 钢片状马氏体显微组织

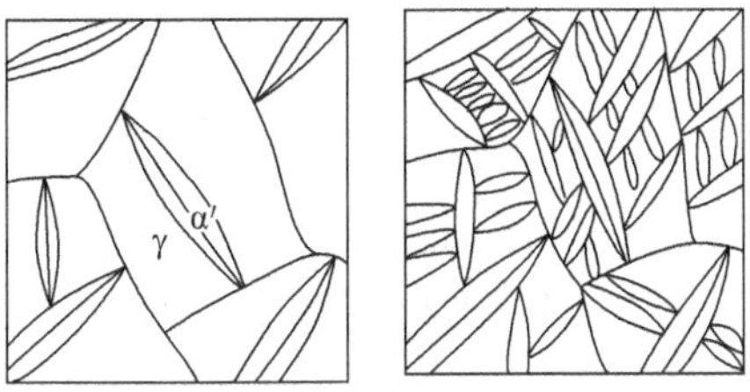

图 3-6　奥氏体晶粒内片状马氏体生长示意图

片状马氏体的亚结构主要是孪晶，故又称之为孪晶马氏体。孪晶亚结构是片状马氏体的重要特征。图 3-7a 所示为片状马氏体的透射电镜组织，片内细条纹为孪晶（该马氏体片内无中脊面），在片的边缘孪晶消失，代之以高密度的位错；图 3-7b 所示为其亚结构示意图。同一合金的马氏体中孪晶所占比例随合金 *Ms* 点的降低而增大，直至完全变成孪晶。片状马氏体的中脊面一般认为是马氏体转变中最先形成的薄片，以后的马氏体就以中脊面为基横向变厚，中脊的厚度为 0. 51 ~ 1μm。

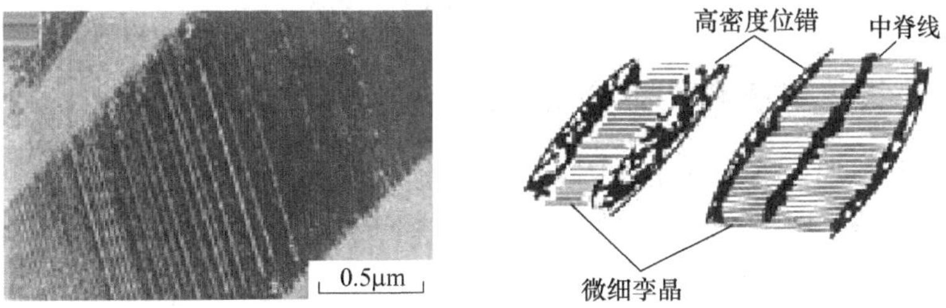

a)　　b)

图 3-7　片状马氏体的透射电镜组织与亚结构示意图

a）透射电镜组织　b）亚结构示意图

3. 其他形态马氏体

（1）蝶状马氏体　蝶状马氏体的主体形状为 V 形柱体，因横截面呈蝴蝶状而得名。如图 3-8 所示。蝶状马氏体的亚结构为位错和少量孪晶。它的形成温度介于板条马氏体和片状马氏体形成温度之间，从组织形态、亚结构和形成温度看，它是介于板条马氏体和透镜片状马氏体之间的一种特殊形态马氏体。它最早在 Fe – Ni 合金冷至 – 10℃ 时被发现，后来在碳钢中也有发现。

（2）薄片状马氏体　这种马氏体现出在 *Ms* 温度低于 – 100℃ 的 Fe – Ni – C 合金中，其立体形状呈薄片状（图 3-9），厚度为 3 ~ 10μm。薄片状马氏体内的亚结构全部是孪晶。

（3）ε 马氏体　ε 马氏体片极薄（100 ~ 300nm），其晶体结构为密排六方，ε 马氏体薄片沿奥氏体的 $\{111\}_{\gamma}$ 面呈魏氏组织分布，如图 3-10 所示。ε 马氏体的亚结构是层错。在 18-8 不锈钢和奥氏体锰钢中可见 ε 马氏体，其常与板条马氏体、片状马氏体共存。

图 3-8 Fe－18Ni－0.7Cr－0.5C
钢中的蝶状马氏体

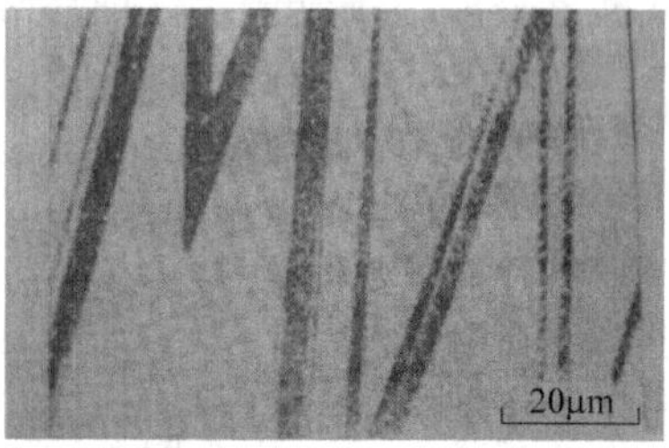

图 3-9 薄片状马氏体显微组织
Fe－31Ni－0.23C Ms＝－190℃

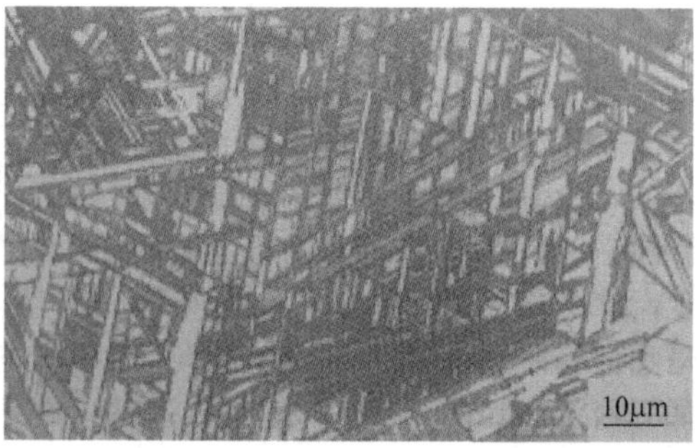

图 3-10 ε 马氏体显微组织

三、影响马氏体形态和亚结构的因素

影响马氏体形态和亚结构的主要因素是奥氏体成分和马氏体形成温度。

1）化学成分的影响由图 3-11 可知，$w_C \leq 0.2\%$ 的奥氏体几乎全部形成板条马氏体，亚结构为位错；$w_C > 1.0\%$ 的奥氏体全部形成片状马氏体，亚结构相应为孪晶；$w_C = 0.2\% \sim 1.0\%$ 时，形成板条马氏体与片状马氏体的混合组织。含碳量越高，片状马氏体越多，板条马氏体越少。加入 Ni、Mn 等增大奥氏体稳定化的合金元素，可促使马氏体由条状变为片状；而加入降低奥氏体稳定化的元素，则有利于得到板条马氏体。

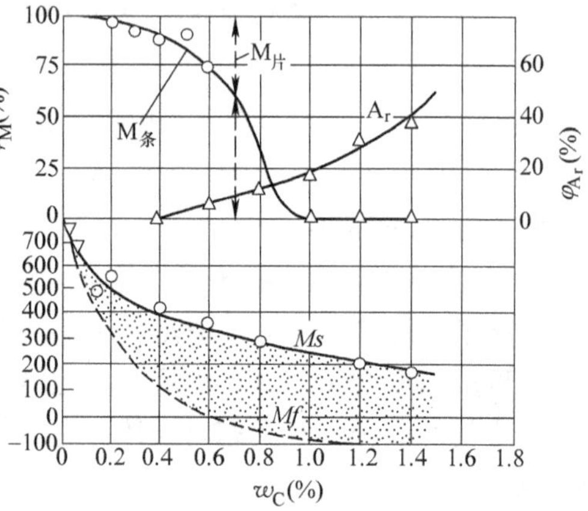

图 3-11 奥氏体碳含量对马氏体形态及残留奥氏体量的影响

2）温度的影响对一定成分的奥氏体，马氏体是在 $Ms \sim Mf$ 之间相继形成的，在不同温度下，可能形成几种形貌不同的马氏体。例如，中碳钢在 Ms 以下的较高温度先形成板条马氏体，然后在较低温度形成片状马氏体，因而具有板条和片状两种马氏体形态。

此外，马氏体形态及亚结构还与奥氏体强度和层错能等有关。

想一想 T7钢完全奥氏体化后淬冷至室温，其组织由哪几部分组成？（$Ms=230℃$、$Mf=-55℃$）

第二节 马氏体转变的主要特点

马氏体转变的特点很多，这里仅介绍与钢中扩散型转变（如珠光体转变、奥氏体转变）所不同的一些特点。

一、马氏体转变不依赖扩散（无扩散性）

马氏体转变不依赖扩散（无扩散性）是指奥氏体向马氏体转变时的晶格变化不是依靠原子扩散来实现，而是靠整体的协同位移来实现（这种转变被形象地比喻为“军队式转变”），协同位移后（小于一个原子间距），原子间相邻关系不变。而奥氏体、珠光体转变的原子是通过扩散迁移到新相，迁移后，原子间相邻关系发生了改变。

马氏体转变的无扩散性主要基于两点：①马氏体转变温度较低，而转变速度却非常快，例如片状马氏体的长大速度可达10^5cm/s，板条马氏体的长大速度约为100cm/s，在较低的温度下，Fe原子等置换式原子的扩散速度极低，要达到这样快的转变速度，不可能通过扩散而只能通过切变方式进行；②研究表明，转变后的马氏体中置换原子的成分与母相奥氏体相同，这表明置换原子未发生扩散。㊀

二、表面浮凸现象和切变共格

研究发现，产生马氏体转变的试样，其磨光的表面出现倾动，形成表面浮凸。图3-12a所示为某合金马氏体浮凸的显微照片，浮凸的两侧呈现山阴和山阳。图3-12b所示为浮凸的示意图及图解，在图解中，试样表面的直线ACB在相变后变为折线$ACC'B'$，这表明马氏体转变是通过切变方式进行的。同时，马氏体与奥氏体间界面上的原子为两相所共有，表现为共格关系，如图3-13所示。由于这种界面是以切变维持的共格关系㊁，故称切变共格。马氏体成长是靠母相中原子作有规律的协同迁移运动（即切变）使界面推移而实现的。在推移过程中，不改变界面的共格关系，所以马氏体的生长速度极快，形成一片马氏体约需10^{-7}s。由图3-12还可看出，与马氏体相邻的奥氏体也发生了相应的变形，从而积蓄了一定的应力和弹性应变能。马氏体长大至一定程度时，两相界面上的应力若超过其屈服强度，则界面的共格关系即遭到破坏，马氏体停止生长（图3-13d）。

三、具有特定的惯习面和位向关系

研究表明，马氏体转变时，马氏体总是在母相奥氏体中的特定晶面上形成，此晶面称为惯习面（也称惯析面）。由图3-12可知，惯习面也是中脊面或新旧两相间的相界面。

㊀ 有试验表明，某些低碳钢在马氏体转变过程中，间隙原子碳发生了扩散。

㊁ 要形成共格界面，要求与界面平行方向上的原子间距差值不能太大；对共格界面，要求错配度$\delta<0.05$，半共格界面$\delta\leqslant0.05\sim0.25$，$\delta>0.25$则为非共格界面。错配度$\delta=(d_\alpha-d_\beta)/d_\alpha$，$d_\alpha$、$d_\beta$分别为α相、β相的原子间距。

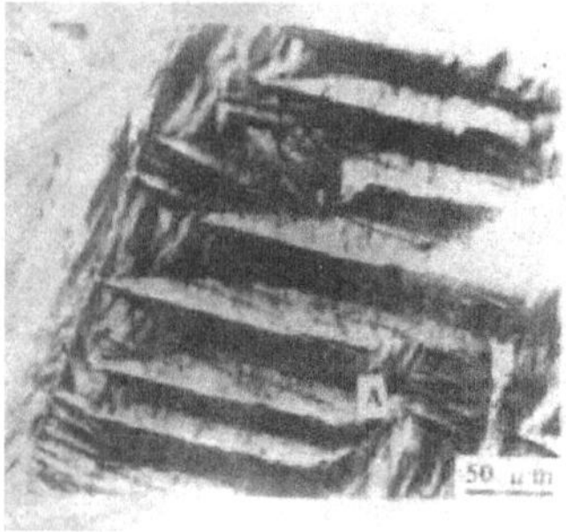

a)

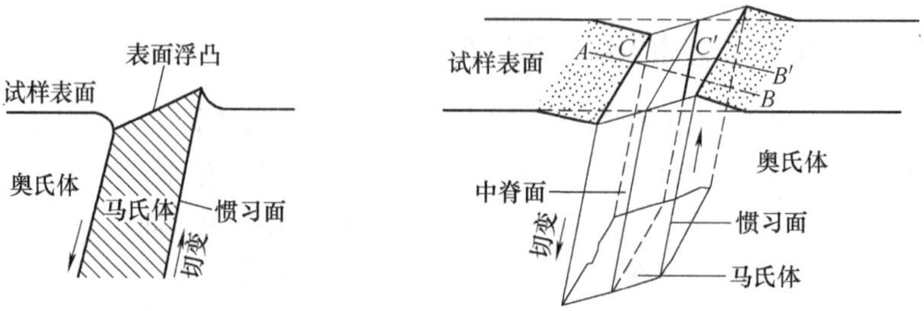

b)

图 3-12　马氏体浮凸照片及浮凸示意图

a）浮凸照片　b）浮凸示意图

马氏体与母相奥氏体之间存在严格的晶体学位向关系，即马氏体和奥氏体间存在着相互平行的晶面和晶向㊀。这样，马氏体转变时所需克服的阻力较小。

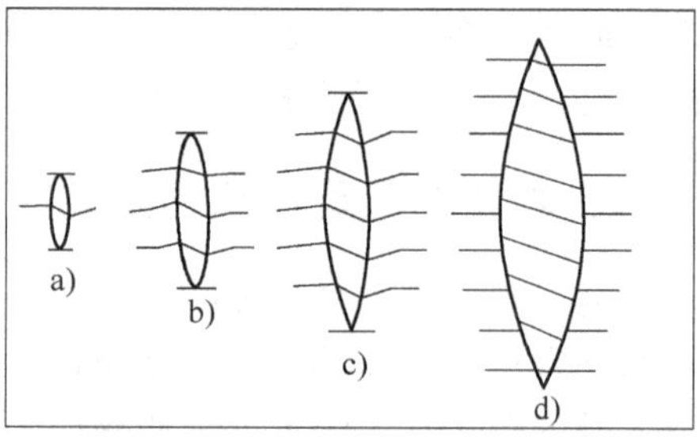

图 3-13　马氏体共格长大示意图

a)、b)、c）马氏体长大时界面保持共格

d）共格破坏，生长停止

四、降温转变及转变不完全

虽然马氏体转变也是通过形核长大来完成的，但与珠光体转变不同，马氏体转变一般是在降温中不断形成新的马氏体并瞬间完成长大（没有孕育期）。若在冷却过程中等温，则已形成的马氏体将不再长大，也不再形成新的马氏体㊁，要想获得更多的马氏体，必须继续降温冷却。所以说，马氏体转变是降温转变。实际中，许多钢的 *Mf* 点低于室温（如 T8 钢的 *Mf* 为 −55℃），而淬火时通常只冷却到室温，故马氏体转变未进行到底，这些在淬火冷至室温仍未转变的奥氏体称为残留奥氏体（Retained Austennite，用 A_r 表示）。高碳钢中残留奥氏体量（体积分数）可达 10%～20%，高速工具钢中更可达 25%～30%，这使淬火钢的硬度明显降低。将钢件继续冷却至 *Mf* 以下（即冷处理），可使这些残留奥氏体大部分转变为马氏体。

研究表明，即使温度降至 *Mf*，也不能得到 100% 的马氏体，总会有少量奥氏体残留下来，此现象称为马氏体转变的不完全性。这可能与马氏体转变时比体积增大造成的高弹性应力抑制了马氏体的继续转变有关。

㊀ 新相与母相之间以原子排列匹配度较高的晶面、晶向相邻接，相变阻力（界面能、应变能）较小。钢中常见的位向关系如下，k－s 关系：$\{111\}_\gamma // \{001\}_M$；$<110>_\gamma // <111>_M$；西山关系：$\{111\}_\gamma // \{011\}_M$；$<112>_\gamma // <111>_M$。

㊁ GCr15 轴承钢等少数钢也可形成等温马氏体。

知识延伸 马氏体形核模型有多种（但目前尚无被普遍接受的马氏体形核模型），其中的马氏体核胚冻结模型认为，奥氏体内存在的某些结构与马氏体相近的微区（如层错），在快速冷却时被冻结到低温，当其达到相应过冷度下的临界尺寸（$r_{临界} \propto 1/\Delta T$）时，即可作为现成的马氏体晶核。当这些冻结核胚被用尽时，该温度下的马氏体转变就停止。此时必须继续降温，才能使尺寸较小的冻结核胚成为晶核，从而使马氏体转变得以继续进行。马氏体形核地点主要在奥氏体晶粒内部，晶界及孪晶界处也可形成。

五、亚结构

如前所述，在低碳钢的板条马氏体中存在密度极高的位错，在高碳钢的片状马氏体中存在大量孪晶，这些亚结构对马氏体的力学性能有重要影响。

六、马氏体转变可逆

如将已形成的马氏体快速重新加热，马氏体也可不分解而直接逆转变为奥氏体，即马氏体转变具有可逆性。与冷却时的 *Ms* 和 *Mf* 点相对应，在逆转变中，奥氏体形成也有转变开始点 *As* 和转变终了点 *Af*。通常 *As* 点的温度总是高于 *Ms* 点（钢的 *As* 点比 *Ms* 点温度高出数百摄氏度）。由于通常加热速度不够快，而加热中的碳原子扩散得很快，碳钢和常用合金钢在被加热到 *As* 温度之前，马氏体已分解析出碳化物，因而难以实现逆转变。如果采用极快的加热速度（如共析钢以 5000℃/s 的速度加热），使马氏体来不及分解，也会出现逆转变。

以上马氏体转变特征中，有两个是最主要的：一是转变以切变共格方式进行，二是转变过程不需要置换原子扩散。其他特征都是由这两个基本特征派生出来的。

马氏体相变可逆性的应用：某些合金在马氏体状态下进行塑性变形后，再将其加热到 *As* 点以上，便会自动恢复原来母相的形状，如将合金再次冷却到 *Mf* 以下，其又会自动恢复原来塑变后的马氏体形状，此现象称为形状记忆效应。用 Ni－Ti 合金制成的宇航天线就是利用马氏体相变的可逆性制成的。将 Ni－Ti 合金丝在母相状态下制成天线后冷至低温，使之转变为马氏体，这种马氏体很软，很容易被折叠成团状而放入卫星中，如图 3-14 所示；待卫

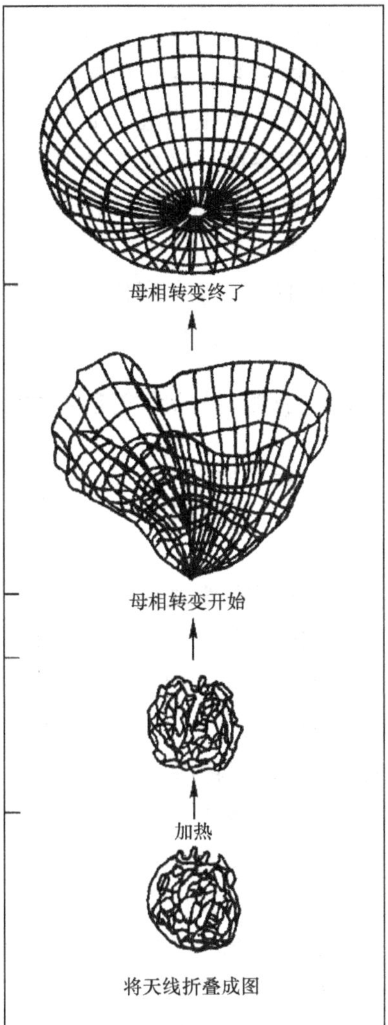

图 3-14　用 Ni－Ti 合金制成的宇航天线由被折叠的团状到自动张开的过程

星进入轨道后，将团状天线弹出，在太阳光辐照下受热，待温度高于 *As* 时，团状天线便自动打开，恢复原来的形状。

第三节 马氏体转变的热力学条件及影响 *Ms* 点的因素

一、马氏体转变的热力学条件

马氏体转变和其他相变一样，也是以新相和母相之间自由能的差值作为相变驱动力的。

由前述奥氏体转变图可知，共析钢的 $Ms=230$℃，即奥氏体向马氏体转变所需的过冷度极大，远远超过珠光体转变所需的过冷度。为何马氏体转变需要这样大的过冷度呢？研究表明，这是由马氏体转变时的相变阻力极大所致。其相变阻力包括：①A－M 新界面对应的界面能；②马氏体转变时，由于比体积增大而产生的弹性应变能；③为克服 A→M 切变阻力所需做的功；④形成大量位错或孪晶所需的能量；⑤马氏体切变时，在 A－M 界面相邻的奥氏体中产生相应变形所需做的功。以上项目中，界面能的数值并不大，因为 A－M 界面为共格界面。马氏体相变的阻力主要来自应变能。研究表明，各项应变能加和的数值极大，故为实现马氏体相变必须深度过冷，以提供平衡（或抵消）这一极大相变阻力所需的驱动力。

Ms 的物理意义是奥氏体和马氏体间的自由能差（即驱动力）达到马氏体转变所需最小化学驱动力时的温度。相应的过冷度也就是马氏体转变所需的最小过冷度。

二、影响 *Ms* 点的主要因素

Ms 点是马氏体转变的一个重要参数。在热处理生产中，*Ms* 点的高低在很大程度上决定着钢淬火后马氏体的形态、性能及残留奥氏体量的多少，*Ms* 点是制订钢的热处理工艺的重要参考依据。

1. 奥氏体化学成分的影响

奥氏体的化学成分是影响 *Ms* 点的主要因素，其中以碳的影响最为显著。图 3-15 所示为碳含量对碳钢 *Ms* 和 *Mf* 点的影响。由图可见，随含碳量增加，*Ms* 和 *Mf* 点均不断降低，但下降程度不同。$w_C<0.6\%$ 时，*Mf* 较 *Ms* 下降得快；$w_C \geqslant 0.6\%$ 时，*Mf* 点已降至0℃以下，致使淬火到室温时仍将保留较多的残留奥氏体。

氮也强烈降低 *Ms* 点，其影响与碳相似。固溶于奥氏体中的碳和氮对奥氏体产生固溶强化作用，使奥氏体强度提高，增加了马氏体转变的切变阻力，因此都使 *Ms* 点明显降低。

钢中合金元素的影响，除 Co 和 Al 提高 *Ms* 点外，其他元素均使 *Ms* 点降低，如图 3-16 所示。按降低 *Ms* 点的影响程度排列为：Mn、Cr、Ni、Mo、Cu、W、V、Ti 等，Si 对 *Ms* 点影响不大。强碳化物形成元素 V、Ti、W 等在钢中多以碳化物形式存在，在正常淬火加热温度下很少溶入奥氏体中，故对 *Ms* 点的实际影响不大。钢中同时含有几种合金元素时，它们将相互影响，情况较为复杂。

应当指出，以上所指均为奥氏体的成分，如加热未完全奥氏体化，钢中还存在未溶碳化物等第二相，即合金元素及碳未完全溶入奥氏体中，这时钢的成分不等于奥氏体成分。

3 CHAPTER

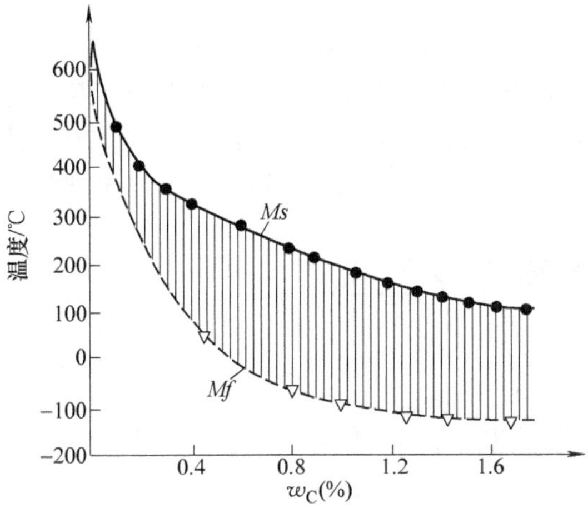

图 3-15　碳含量对碳钢 *Ms* 和 *Mf* 点的影响

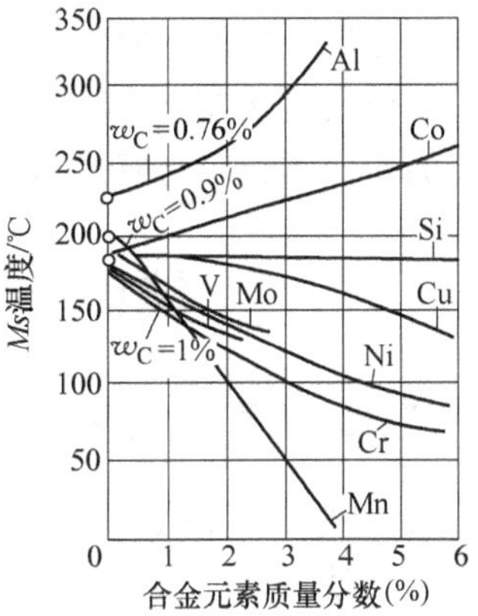

图 3-16　合金元素对 $w_C = 1.0\%$ 钢的 *Ms* 点的影响

练一练　40 钢与 T7 钢完全奥氏体化后淬冷至室温，谁的残留奥氏体多？为什么？

2. 奥氏体化温度的影响

加热温度和保温时间的影响主要表现在两个方面：首先，提高加热温度和延长保温时间，会使碳和合金元素更多地溶入奥氏体，使 *Ms* 点下降；其次，提高加热温度又会引起奥氏体晶粒长大，使奥氏体的强度降低，这将减少马氏体形成的切变阻力，使 *Ms* 点升高。如果提高加热温度，使更多的碳化物溶入奥氏体的影响是主要的，则将使 *Ms* 点下降，反之亦然。例如，过共析钢在 $Ac_1 \sim A_{cm}$之间淬火加热时，随加热温度升高，溶入奥氏体中的碳化物量增多，而奥氏体晶粒长大不明显，故 *Ms* 点下降。奥氏体晶粒长大的影响一般在 1000℃以上才比较显著，因此在通常加热条件下，多半是随加热温度提高 *Ms* 点降低。

3. 塑性形变和应力的影响

塑性形变对马氏体转变有很大影响。在 *Ms* 点以上一定温度范围内进行塑性形变，会诱发马氏体转变，称为形变诱发马氏体转变。其马氏体转变量与形变温度和形变量有关。在一定温度范围内，形变温度提高，形变诱发马氏体转变量减少；当温度高于某一值时，形变不再能诱发马氏体转变，该温度称为形变马氏体点，用 *Md* 表示（*Md* 高于 *Ms* 点）。塑性形变可以为马氏体转变提供附加的机械驱动力，因而可诱发马氏体转变。在 *Ms*～*Md* 之间的塑性变形虽然可诱发形成马氏体，但对随后冷却过程中奥氏体向马氏体转变起抑制作用，这可能是因为塑性变形造成奥氏体强化，阻碍了其后的马氏体形成。

钢中存在的应力也影响马氏体转变。受单向弹性拉应力或压应力时，促进马氏体转变，使 *Ms* 点升高。但如果受三向压应力，则会阻碍马氏体形成，使 *Ms* 点降低。

小知识　将 0.5C－20Ni 钢制成的矩形试样奥氏体化后，在 *Ms* 点以上 15℃进行弹性弯曲。结果凸侧发生了 M 转变，而凹侧仍保持 A 状态。这表明，凸侧受拉应力，诱发了伴随体积膨胀的马氏体转变；而凹侧受压应力作用，不利于体积膨胀，阻碍了马氏体转变。

4. 预先的珠光体或贝氏体转变的影响

马氏体转变前，如果亚共析钢奥氏体已预先部分转变为珠光体，将使 *Ms* 点升高。因为珠光体转变先在奥氏体中的富碳区形成，未转变的奥氏体相对是贫碳区，故使 *Ms* 点升高。若转变前已部分转变为贝氏体，则使 *Ms* 点降低。因为贝氏体首先在奥氏体中的贫碳区形成，未转变的奥氏体相对是富碳区，故使 *Ms* 点下降，同时使淬火后的残留奥氏体量增多。

第四节 马氏体的力学性能

一、马氏体的硬度和强度

钢经淬火得到马氏体组织，具有很高的硬度和强度，目前它仍是强化钢的最主要手段。引起马氏体强化是由于以下几方面原因。

1. 过饱和碳引起的固溶强化

马氏体中过饱和的碳原子固溶于扁八面体间隙中，造成晶格不对称畸变，形成以碳原子为中心的很强的应力场。该应力场会与位错的应力场发生强烈的交互作用，阻碍位错运动（也可以理解为碳原子对位错的钉扎作用），从而使马氏体的硬度和强度显著提高。其固溶强化效果随碳含量的增大而增大，但当 w_C 超过 0.8% 后㊀，强化效果减弱。图 3-17 所示为不同含碳量的钢淬火后硬度及残留奥氏体量的变化情况。由图可见，淬火后的硬度随含碳量的增加而提高㊁。

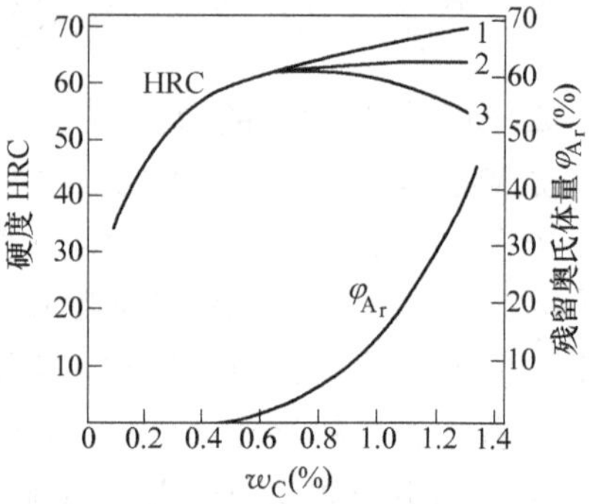

图 3-17 含碳量对马氏体硬度及残留奥氏体量的影响

1—$T>Ac_3$（A_{cm}），淬后冷处理

2—$T>Ac_3$，过共析钢 $T>Ac_1$

3—$T>Ac_3$（Ac_m）

合金元素一般以置换方式固溶于马氏体中，其引起的畸变较小且对称，固溶强化效果比碳小得多。

2. 亚结构引起的强化（也称相变强化）

马氏体在形成过程中，产生大量的位错、孪晶等亚结构。这些晶体缺陷也是造成马氏体高硬度的重要原因。$w_C<0.2\%$ 时，钢中马氏体为板条马氏体，其亚结构为高密度位错。由塑性变形理论可知，位错密度越大，塑性变形越困难，金属强度越高。片状马氏体的孪晶亚结构是滑移变形的障碍，使形变抗力增大，并且其强化作用大于位错。

3. 马氏体时效强化

马氏体中过饱和的碳原子有强烈的析出倾向。因此，淬火钢（尤其是 *Ms* 点较高的钢）在淬火冷却过程中或淬火后的室温下停留时，马氏体中的碳原子可能通过短程扩散发生偏

㊀ 这可能是由于固溶于马氏体中的碳原子过多，碳原子靠得太近，使其相邻近的应力场相互重叠、抵消，从而减弱了强化效果。

㊁ 图中三者的差别主要在 $w_C>0.6\%$ 之后。曲线 3 表示过共析钢加热温度 $T>A_{cm}$ 而又未冷处理的情况，因其软相 A_r 量随含碳量的增大而明显增多，故硬度最低；曲线 2 的过共析钢未完全奥氏体化（正常淬火状态），A 中含碳量较低，A_r 相对较少，故硬度较高；曲线 1 由于淬冷至室温后进行了冷处理，消除了 A_r 的负面影响，故硬度最高。

聚，甚至析出细小弥散的碳化物（即发生了自发回火），此过程也称时效。时效产生的碳原子偏聚区及碳化物会与位错发生相互作用，引起马氏体时效强化。研究表明，马氏体在室温下只需几分钟甚至几秒钟，就可通过碳原子扩散而产生时效强化，故含碳量大于0.4%的钢，因其 Ms > 室温，淬火后一般都会发生时效强化。对碳含量0.4%的钢，淬火后发生时效的较未发生时效的，屈服强度高约250MPa。

此外，原始奥氏体晶粒大小及板条束尺寸对马氏体强度也有一定的影响。奥氏体晶粒和板条束尺寸越小，马氏体强度越高。但一般情况下，其作用不如上述三种方式明显。但是，如能把奥氏体晶粒细化到15级以上（如奥氏体晶粒经超细化处理后），则可使马氏体强度有明显提高。

想一想 30钢与60钢淬火后组织都为马氏体，但30钢的硬度（45HRC）没有60钢高（62HRC），为什么？

二、马氏体的塑性和韧性

1. 马氏体中的显微裂纹

前面提到，高碳片状马氏体中容易出现显微裂纹。裂纹形成的原因是片状马氏体快速长大时，互不平行的马氏体片互相撞击，产生了很大的应力场，而片状马氏体本身的塑性又很差，不能以塑性变形来松弛应力，当应力足够大时就会产生显微裂纹。裂纹经常出现在马氏体片边缘及片与片交接处，如图3-18所示。显微裂纹一旦形成，将给淬火钢带来附加脆性。在淬火应力的作用下，易使显微裂纹发展成宏观裂纹，最终导致开裂。对板条马氏体而言，由于板条间相互平行及本身的塑性较好，故低碳钢出现显微裂纹的倾向一般很小。

图3-18 Fe-1.86C片状马氏体中的显微裂纹

影响显微裂纹数量的因素主要是碳含量、奥氏体晶粒大小、马氏体形成温度及马氏体量等：①对 w_C < 1.4%的钢[⊖]，随奥氏体含碳量增加，片状马氏体的数量增大，且由于奥氏体与马氏体的比体积差增大，因此淬火产生显微裂纹的倾向明显增大；②奥氏体晶粒越大，早期形成的马氏体片越大，使之受其他马氏体片撞击的机会增多，故产生显微裂纹的可能性增大；③淬火冷却温度越低，则形成的马氏体量越多，且马氏体的脆性随孪晶马氏体比例的增大而增大，而能够松弛相变应力的塑性相——残留奥氏体的数量却减少，故促使产生显微裂纹的倾向增大，高碳钢进行冷处理时要考虑到这点。

热处理时，若高碳钢淬火加热温度过高，容易发生开裂，就是由奥氏体晶粒粗大和奥氏体含碳量提高引起的。因此，热处理中可采用较低的加热温度和较短的保温时间，使奥氏体晶粒变细，从而细化马氏体，并使马氏体的含碳量减少，以防止淬火开裂并取得较高的强韧性。

淬火时已形成的显微裂纹大部分可通过回火使之弥合（见第九章）。

⊖ w_C > 1.4%的钢M的长度变短，故受碰撞的几率下降。

2. 马氏体的塑性、韧性

在相同强度下，具有位错亚结构的板条马氏体的塑性和韧性均明显高于具有孪晶亚结构的片状马氏体，见表3-1。

表3-1 碳含量对Fe-C合金塑性、韧性的影响

碳的质量分数（%）	伸长率（%）	断面收缩率（%）	冲击韧性/（J/cm^2）
0.15	≈15	30~40	>78.4
0.25	5~8	10~20	19.6~39.2
0.35	2~4	7~12	14.7~29.4
0.45	1~2	2~4	4.9~14.7

引起板条马氏体与片状马氏体塑性、韧性差异的可能原因是：①片状马氏体内的孪晶亚结构会使有效滑移系减少，从而使塑性、韧性下降，板条马氏体内位错亚结构的可动性较大，滑移变形阻力较小，因而对塑性、韧性有利；②片状马氏体易形成显微裂纹，板条马氏体则不然；③板条间塑性良好的残留奥氏体薄膜对板条马氏体的韧性也有重要支持作用。此外，原奥氏体晶粒大小及马氏体中碳含量对马氏体的塑性、韧性也有影响，奥氏体晶粒越细（则马氏体条及片越小）、马氏体中碳含量越低，其塑性、韧性就越好。

综上所述，板条马氏体有较好的韧性，但强度、硬度较低；片状马氏体具有较高的强度、硬度，但较脆。实际中常用的中碳钢，其显微组织由两种形态的马氏体组成，性能也介于二者之间。所以实际中，中碳钢主要用来制造承受一定冲击载荷、要求强韧性较好的机器零件，如轴、发动机连杆及一些齿轮等；而高碳钢则主要用来制造要求高硬度、高耐磨性的工具，如切削加工用的车刀、铣刀、钻头等。

练一练 根据对马氏体性能的理解，试分析钳工用锯条、活扳手各适合用哪类钢制作，为什么？

第五节 奥氏体稳定化

钢的奥氏体稳定化是指在外界因素作用下，奥氏体向马氏体转变出现迟滞（即马氏体转变量比快冷或未停留时减少，继续向马氏体转变的温度降低）的现象。奥氏体稳定化主要有热稳定化和机械稳定化两种。

一、热稳定化

1. 热稳定化现象

奥氏体在淬火冷却过程中，缓冷或等温停留将引起奥氏体稳定性提高，使奥氏体转变迟滞或使马氏体转变量减少的现象称为奥氏体热稳定化。热稳定化一般发生于*Ms*点附近的温度范围内。

图3-19所示为1.1C-1.5Cr钢在*Ms*点（120℃）以下某一温度（42℃）保温停留30min后引起的热稳定化现象。由图可见，经中途保温后继续冷却时，马氏体量并不立即增加，而是滞后10℃才开始形成新的马氏体，并由于等温停留导致最终得到的马氏体量减少了约

10%。通常用滞后温度 θ 或残留奥氏体增加量（即马氏体减少量）δ 衡量热稳定化程度。

2. 热稳定化的形成原因

试验发现，含碳、氮的铁基合金都有热稳定化现象发生。目前，对热稳定化形成的原因尚无统一见解。一般认为这是由于在等温停留过程中，碳原子（也可能氮原子）扩散到奥氏体中位错周围，形成柯氏气团，钉扎位错，增加了马氏体转变时的切变阻力，从而造成热稳定化。按这一机制，若将发生了稳定化的奥氏体加热到一定温度以上，由于原子热运动增强，位错周围的碳原子会通过扩散而逸去，使稳定化作用降低甚至消失，即所谓反稳定化。产生反稳定化的温度因钢的成分而异。例如，高速工具钢（W18Cr4V）的反稳定化温度为550℃。高速工具钢采用多次高温回火，使残留奥氏体量减少，就是对反稳定化原理的应用。

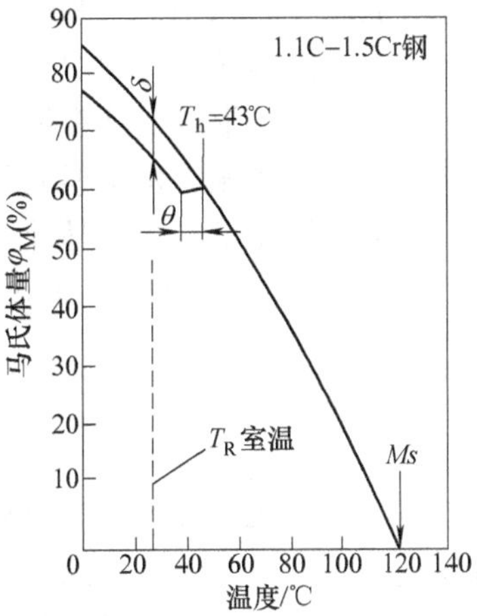

图 3-19　1.1C－1.5Cr钢奥氏体热稳定化程度

3. 影响热稳定化的因素

对一定成分的钢，影响其热稳定化程度的因素主要如下：

1）等温温度。热稳定化有一温度上限 *Mc*，当温度高于 *Mc* 时，不会发生热稳定化现象。*Mc* 可低于或高于 *Ms*，具体与钢的成分有关。

2）等温时间。奥氏体稳定化程度随等温时间的增加而增大。

3）预先形成的马氏体量越多，稳定化程度越高。

4）淬火冷却速度越慢，稳定化程度越高。

4. 热稳定化的应用举例

1）分级淬火能够显著减少淬火变形的原因之一，就是由于钢件在淬火冷却至 *Ms* 温度附近等温停留时，奥氏体发生了热稳定化，增加了残留奥氏体量，从而使工件的淬火变形开裂倾向明显降低。

2）稳定化处理。某些高碳合金钢精密工件（如量具、滚动轴承等）在长期使用中，由于残留奥氏体会逐渐自发转变为马氏体，引起工件尺寸或形状变化，而导致精度降低。为此，精密工件在正常淬火、回火后，还需在较低温度（100～160℃）下进行长时间的稳定化处理（曾称时效），一方面可进一步消除应力，另一方面使残留奥氏体发生热稳定化，经此处理的残余奥氏体在使用过程中变得十分稳定，使工件精度得到保证。

二、机械稳定化

在 *Md* 点以上对奥氏体进行塑性变形，当形变量足够大时，将导致奥氏体稳定性提高，使随后冷却时的马氏体转变受阻，*Ms* 点降低，残留奥氏体增多，此现象称奥氏体机械（或力学）稳定化。低于 *Md* 点的塑性变形，虽可诱发马氏体转变，但也会使未转变的奥氏体产生机械稳定化。

机械稳定化的形成原因：因塑性变形量较大时㊀，会在奥氏体中引入较多晶体缺陷（如

㊀ 应当指出，当变形量较小时，塑性变形对马氏体转变有促进作用。其原因是变形量小时，奥氏体中出现的缺陷组态（如位错网、层错、胞状结构）与变形量大时不同。

位错、亚晶界等)，这些缺陷会破坏奥氏体与马氏体核胚之间的共格关系，并使奥氏体强化，导致马氏体转变时的切变受阻，从而增加残留奥氏体数量。此外，在连续冷却淬火过程中，由于马氏体形成时伴有体积膨胀（约3%），使邻近未转变的奥氏体处于多向受压状态，并使相邻奥氏体相应发生形变强化，也将引起奥氏体的机械稳定化（也称相致稳定化）。

显然，机械稳定化随马氏体转变量的增多而变得更加明显。如此，在钢的淬火冷却过程中，如冷至 *Ms* 点以下某一温度停留，则热稳定化和机械稳定化往往同时存在。

本 章 小 结

板条马氏体硬度较低，但塑韧性高于片状马氏体；片状马氏体具有较高的强度和硬度，但很脆。影响马氏体形态的主要因素是奥氏体的化学成分和马氏体形成温度。随含碳量增加，马氏体转变温度降低，马氏体形态由板条状向片状转化，亚结构由位错向孪晶转化。$w_C \leqslant 0.2\%$ 时，淬火后全部为板条马氏体；$w_C \geqslant 1.0\%$ 时，淬火后全部为片状马氏体；$w_C = 0.3\% \sim 1.0\%$ 时，淬火后为两种形态马氏体的混合组织。

本章是通过马氏体转变特点来介绍马氏体转变的，故弄清转变特点，对理解马氏体转变很重要：①马氏体转变是通过切变方式进行的，不需要扩散，转变速度极快；②由于切变阻力很大，故所需过冷度很大；③根据“核胚冻结”形核理论，只有满足 $r \geqslant r_{临界}$ 的晶胚才能形核（$r_{临界} \propto 1/\Delta T$）；当降温至某一温度时，满足形核条件 $r \geqslant r_{临界}$ 的晶胚即作为晶核，并瞬间长大到极限尺寸（无孕育期、长大速度极快）；显然晶胚用尽后转变量不再增加，只有降温到更低温度，通过“启动”更小尺寸的晶胚形核并长大（即形成新的 M），才能使转变量增加，故表现为降温转变；④由于许多钢的 *Mf* 低于室温，若只冷却到室温，必然会有一部分 A 残留下来。

Ms、*Mf* 的意义及影响因素，马氏体变温转变和转变的不完全，以及奥氏体热稳定化等内容的实用性很强，在后续内容中会反复用到，学习时要给予足够注意。

本章重要名词：马氏体、板条马氏体、片状马氏体、位错马氏体、孪晶马氏体、*Ms*、*Mf*、残留奥氏体、热稳定化、机械稳定化、反稳定化。

习 题

1. 常见马氏体组织形态有哪两种？它们的晶格、形态、亚结构及力学性能有何特点？
2. 简述奥氏体含碳量及马氏体转变温度对马氏体形态的影响？
3. 简述 *Ms* 点的物理意义，*Ms* 受哪些因素影响？
4. 马氏体转变速度为何极快？马氏体转变为何需要很大过冷度？
5. 造成钢中马氏体高硬度的原因是什么？
6. 30、65 钢相同试样完全奥氏体化后，快冷至室温，试比较二者组织性能差异，并简述原因。
7. 为什么片状马氏体硬而脆，而板条马氏体强韧性较好？
8. T12 相同试样 A、B，奥氏体化温度分别为 $T_A = 760℃$、$T_B = 860℃$，加热结束后均快冷至室温，试比较二者组织性能差异，并简述原因？$Ac_1 = 730℃$、$Ac_{cm} = 820℃$、$Ms = 170℃$。

9. 30、60、T10 钢相同试样完全奥氏体化后，均快速淬冷至室温，比较谁先发生 M 转变，谁的 A_r 最多、最少，并简述原因？40 钢与 40CrNiMo 呢？

10. T8 钢工件 770℃奥氏体化后，快速淬入室温水槽中，淬后硬度为 63HRC，此硬度是否代表该钢的 M 硬度，为何？如快冷至 -60℃呢？已知 $Ac_3 = 730℃$、$Ms = 230℃$、$Mf = -55℃$。

11. 为什么经淬火、低温回火后的量规、精密轴承等工件，在使用过程中仍会发生尺寸变化，导致精度下降？

12. $M_{条}$ 为何不易形成显微裂纹？

13. 过冷 A 与 A_r 有何异同？为何淬冷过程中，在 Ms 附近停留或缓冷会使 A_r 增多？

14. 如将题 10 工件在快速淬冷中，于 Ms ~室温之间停留一段时间，再继续冷却，其硬度将发生什么变化（与不停留相比），为何？

15. 如将题 10 工件快速淬冷至 -60℃，可否得到 100% 的 M，为什么？与快速淬冷至室温的相比，硬度将发生什么变化，为什么？

第四章　贝氏体转变

当奥氏体被过冷到珠光体转变区与 Ms 之间时，将发生贝氏体转变（也称中温转变）。GB/T 7232—2012《金属热处理工艺　术语》将贝氏体定义㊀为：贝氏体是将钢奥氏体化后，过冷到珠光体转变区与 *Ms* 之间的中温区等温，或连续冷却通过此中温区时形成的由过饱和 a 固溶体和碳化物组成的复相组织。20 世纪 40 年代，为纪念美国冶金学家 E. C. Bain 在贝氏体研究中的贡献，将此组织命名为贝氏体。

由于贝氏体具有较高强度和良好韧性，人们开发出许多强韧性优良的贝氏体钢，并在实际中得到广泛应用。下贝氏体等温淬火由于其可显著降低工件淬火变形、开裂倾向，同时工件还保持较高强韧性，作为一种微变形热处理工艺在生产中得到普遍应用。此外，马氏体 + 贝氏体复合强韧化、以贝氏体等温淬火代替调质处理等热处理技术也在实际中得到成功应用。因此，研究贝氏体及其转变规律，对生产实际有重要实际意义。

贝氏体有多种，本章以最常见的上、下贝氏体为线索，介绍贝氏体转变的特点、规律、影响转变的因素、组织、性能特点等内容。本章教学主要要求：①掌握上、下贝氏体组织、性能特点。②明确贝氏体转变的主要特点，了解其形成过程。③明确化学成分等对贝氏体转变的影响，了解贝氏体的应用。

第一节　贝氏体的组织形态

钢中贝氏体按其形态可分为上贝氏体、下贝氏体、粒状贝氏体、无碳化物贝氏体、粒状贝氏体、柱状贝氏体等。上贝氏体和下贝氏体是钢中最常见的组织形态。

一、上贝氏体

上贝氏体㊀（Upper Bainite）在贝氏体转变区的上半部分形成，对中、高碳钢，大约在 350～550℃之间形成。上贝氏体组织由成束的、大致平行的板条状铁素体 $BF_{上}$ 和沿板条界分布的短棒或短片状碳化物组成。在光学显微镜下，当转变量不多时，可以看到成束的铁素体条自奥氏体晶界向晶内生长，形似羽毛状，如图 4-1a、b 所示。

在光镜下，无法分辨 $BF_{上}$ 板条间分布的碳化物，在电镜下可观察到 $BF_{上}$ 板条间分布着断续的短棒状碳化物（图 4-1c），该碳化物均为渗碳体型碳化物，$BF_{上}$ 板条间有时还存在残余奥氏体。$BF_{上}$ 板条宽度及贝氏体束的尺寸都对贝氏体力学性能有一定的影响。$BF_{上}$ 中的

㊀ GB/T 7232—2012《金属热处理工艺　术语》将上、下贝氏体分别定义如下：上贝氏体是指在贝氏体转变区较高温度范围内形成的贝氏体，其典型形态是以大致平行、碳轻微过饱和的铁素体板条为主体，短棒状或短片状碳化物分布于板条之间；下贝氏体是在贝氏体转变区较低温度范围形成的贝氏体，其主体是双凸透镜片状碳过饱和铁素体，片中分布着与片的纵向轴呈 55°～65°平行排列的碳化物。

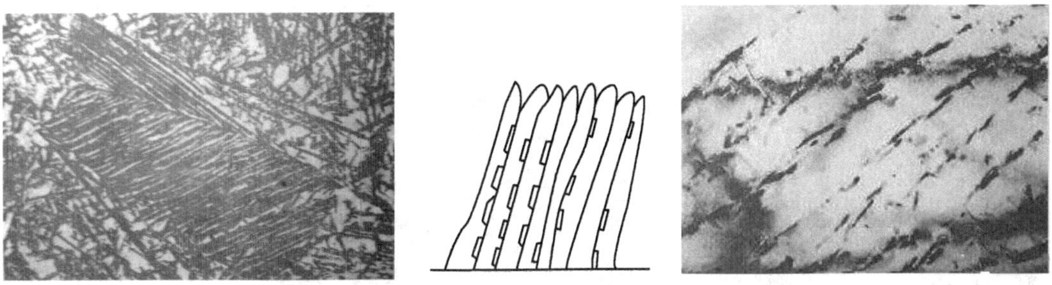

a)　　　　b)　　　　c)

图 4-1　70Si3Mn 钢在 400℃ 等温形成的上贝氏体组织

a）上贝氏体显微结构　b）上贝氏体示意图　c）电镜组织

碳含量（<0.03%）略高于 F 的平衡碳溶度。

同一种钢，随形成温度降低，$BF_{上}$ 宽度变窄，条间渗碳体变得更细密。碳化物的形态取决于奥氏体的含碳量，含碳量低时，碳化物在条间呈不连续的粒状或链珠状分布；随钢中的含碳量增加，$BF_{上}$ 板条变薄的同时，碳化物量增多，并由粒状、链珠状过渡到短棒状，甚至可能分布在 $BF_{上}$ 板条内。

应当指出，在光镜下看到的上贝氏体的羽毛状特征，要在贝氏体转变不完全时才可显现出来，如转变完全，则上贝氏体与板条马氏体有些相似，如图 4-2 所示，鉴别时要谨慎。

上贝氏体铁素体内亚结构为位错，位错密度低于板条马氏体（约为 $4\times10^{10}/cm^2$），并位错密度随形成温度降低而增高。上贝氏体的强度、硬度、韧性都较低，是一般热处理中不希望出现的组织。

研究表明，同一束上贝氏体内相邻 $BF_{上}$ 板条间的位向差较小（几度至十几度），束与束之间取向差较大。上贝氏体形成时也会出现表面浮凸，并且析出的渗碳体与母相奥氏体间有一定的晶体学位向关系。

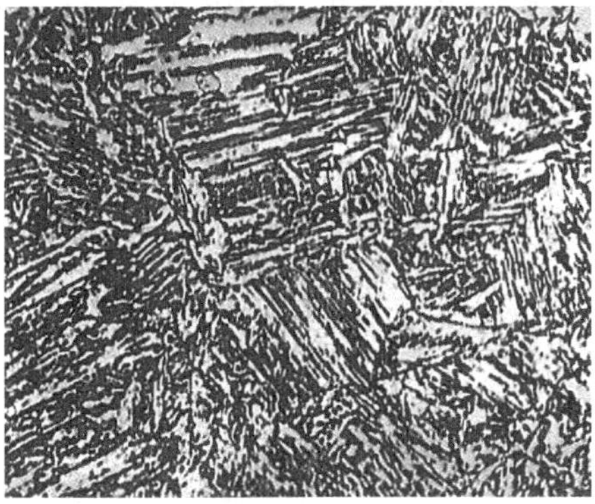

图 4-2　20CrMo 钢转变完全的上贝氏体光镜组织

想一想　上贝氏体与板条马氏体及珠光体有何不同？

二、下贝氏体

下贝氏体（Lower Bainite）在贝氏体转变区的下半部形成。其中，$w_C<0.6\%$ 的碳钢约在 350℃ 以下形成。与上贝氏体不同，下贝氏体具有良好的强韧性。

下贝氏体也是由铁素体和碳化物组成的。高碳钢的下贝氏体铁素体 $BF_{下}$ 呈片状或竹叶状（图 4-3a），形态与片状马氏体很相似，片之间互成交角或平行；低碳钢的下贝氏体 $BF_{下}$ 的立体形态常呈板条状，与板条马氏体相似（图 4-4），中碳钢则两种形态都有。$BF_{下}$ 的碳过饱和度（约为 0.15%）大于 $BF_{上}$。

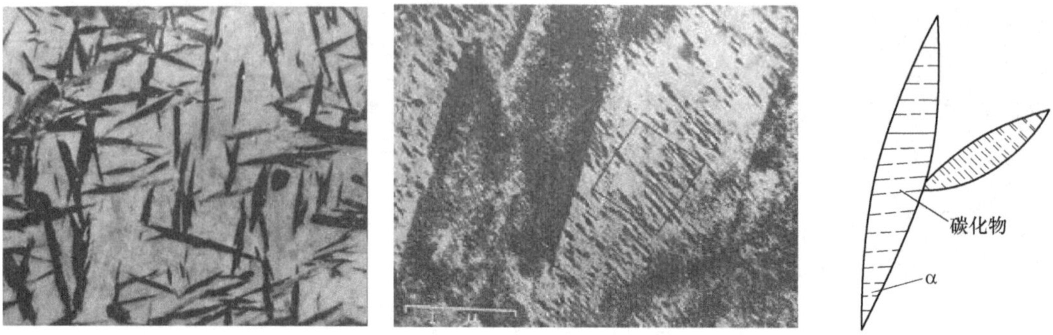

a)　　　　b)　　　　c)

图 4-3　下贝氏体的组织形态

a）T8 钢下贝氏体，光镜照片（900℃加热，300℃等温）　b）电镜照片　c）示意图

无论下贝氏体 $BF_下$ 呈条状还是片状，在 $BF_下$ 内都会沿一定晶面沉淀出大致平行排列的细小粒状碳化物，碳化物与 $BF_下$ 片长轴约成 60°交角，如图 4-3b、c 所示。在等温初期形成的碳化物大都是 ε 碳化物（$Fe_{2\sim3}C$），经长时间等温，ε 碳化物可转变为 θ 碳化物（渗碳体）。碳化物细小弥散，需要在电镜下才可看到。

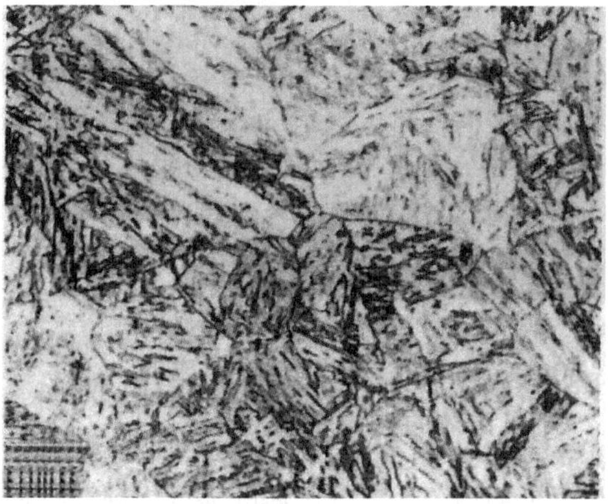

图 4-4　低碳钢中的下贝氏体，光镜照片

因高碳钢的下贝氏体也呈针状，且呈黑色（复相易被浸蚀），与发生了回火的马氏体相似，所以二者往往很难区分。贝氏体之间的灰白色组织多为未回火的马氏体或残留奥氏体。

研究表明，下贝氏体的亚结构主要为高密度位错（密度比上贝氏体高），下贝氏体也有表面浮凸，$BF_下$ 与母相奥氏体及碳化物有一定的晶体学位向关系。

钢的含碳量不仅影响下贝氏体的形态，还影响碳化物的数量；随含碳量增高，下贝氏体中碳化物的数量增多。一般来说，形成温度越低，碳化物的弥散度越大，碳的过饱和程度也越大。

下贝氏体与马氏体的鉴别小窍门：①未发生回火的 $M_片$（单相较耐蚀）呈灰白色，而 $B_下$ 总呈黑色；②可利用电镜来区别：$B_下$ 亚结构为位错，一般无孪晶，碳化物只有一组且与长轴的夹角为 60°，而发生了低温回火的 $M_片$ 中有孪晶，且碳化物不止一组；③理论上，也可根据同一钢的 $M_片$ 较 $B_下$ 硬度高这一点，采用显微硬度计或纳米硬度计来区分。

想一想　下贝氏体与片状马氏体有何异同?

三、其他贝氏体

1. 粒状贝氏体

粒状贝氏体常见于连续冷却后的 20CrMnTi 等低、中碳合金钢中，其形成温度位于上贝氏体区的上部。粒状贝氏体是在板条状铁素体基体内分布着众多小岛状组织，如图 4-5 所示。其中板条铁素体大多互相接触，相连成片，基体中的小岛外形不规则，大体呈粒状。这些形似小岛的部分原本是富碳奥氏体，其在继续冷却过程中可能转变为不同产物：①转变为马氏体，岛内成为马氏体和残留奥氏体的混合组织（此种情况较多见）；②部分或全部转变为铁素体和碳化物；③若富碳奥氏体十分稳定，可能不发生转变，小岛就是残留奥氏体（见图 4-5c）。因此，所谓粒状贝氏体，其对应的组织并非一定的，而是依岛内富碳奥氏体的转变情况而定。

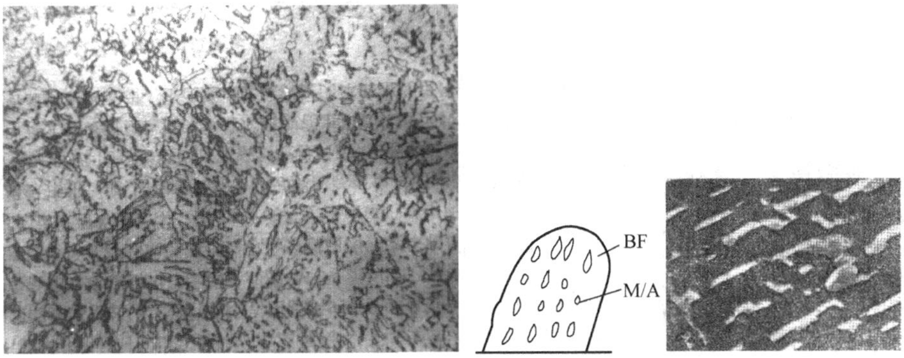

a)　　　b)　　　c)

图 4-5　粒状贝氏体

a）低碳合金钢粒状贝氏体，900℃正火　b）示意图

c）20Mn 钢粒状贝氏体电镜照片（富碳奥氏体未分解，920℃空冷）

研究表明，粒状贝氏体中铁素体的含碳量很低，接近于铁素体平衡碳含量。富碳奥氏体岛中含碳量往往比铁素体基体高许多倍，小岛内合金元素的含量与基体基本相同。

由于粒状贝氏体岛状部分的转变产物不同，其性能往往变化范围较大。20CrMnTi 等低碳合金钢形成的粒状贝氏体硬度较高（>43HRC）且较韧，恶化了工件的可加工性，对齿轮加工等大批量、高速切削生产非常不利，是不希望出现的组织。

想一想　粒状贝氏体是否指贝氏体中的铁素体呈粒状？

2. 无碳化物贝氏体

无碳化物贝氏体（也称铁素体贝氏体）是由平行的铁素体板条组成。由于铁素体未析出碳化物，故而得名。无碳化物贝氏体常见于中、低碳钢，其形成温度为贝氏体转变区的最上部。图 4-6a 所示为 40Cr 钢得到的无碳化物贝氏体 + 马氏体组织，贝氏体铁素体呈细长板条状，条间为马氏体。

无碳化物贝氏体铁素体大多形成于奥氏体晶界处，并向晶粒内平行生长为成束的铁素体板条，其板条较宽，板条间距较大，形似魏氏组织。铁素体板条的含碳量很低，板条间的富碳奥氏体在随后的冷却过程中可能转变为马氏体，也可能转变为珠光体或其他类型的贝氏体，甚至仍保持为奥氏体不变。可见，在室温下并不是单一的无碳化物贝氏体，而是与其他组织共存。

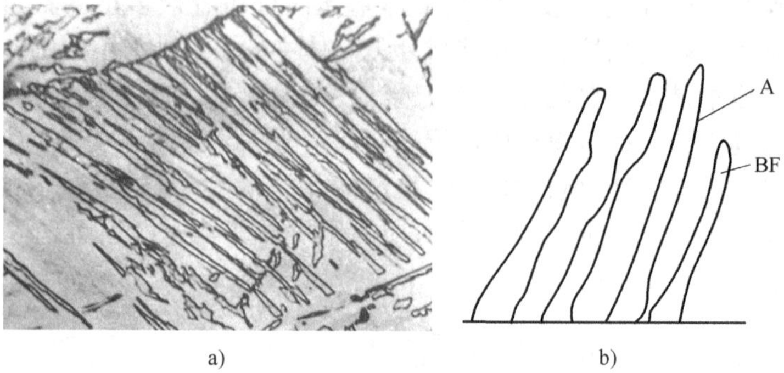

图 4-6 无碳化物贝氏体

a）40Cr 钢无碳化物贝氏体＋马氏体（条间），550℃等温 2min、水冷 b）示意图

在光学显微镜下，无碳化物贝氏体形态与上贝氏体、魏氏组织很难区分，一般需在电镜下区分。

除上述几种贝氏体外，还有不常见的反常贝氏体和柱状贝氏体。

综上所述，钢中贝氏体的形态多种多样，这些不同形态的贝氏体有时不易区别，也常因形态与板条马氏体、回火马氏体及魏氏组织相似而造成鉴别困难，观察时要引起注意。

第二节 贝氏体转变特点和形成过程

一、贝氏体转变特点

贝氏体转变温度介于珠光体与马氏体转变温度之间，其转变兼具珠光体与马氏体转变的特点。应当指出，这里所介绍的贝氏体转变的特点是相对珠光体、马氏体转变的特点。

1. 不需要马氏体转变那样大的过冷度

与马氏体转变类似，贝氏体转变也有转变上限温度 *Bs* 和下限温度 *Bf*，高于 *Bs*㊀或低于 *Bf*，贝氏体转变都不能发生。*Bs* 总是高于 *Ms*，即贝氏体转变所需过冷度较小，这主要是因为与马氏体转变相比，贝氏体转变的相变阻力较小㊀。

研究表明，*Bs* 一般显著高于 *Ms*，*Bf* 则可能高于也可能低于 *Ms*（故有时在 *Ms* 以下仍可发生贝氏体转变）。一般认为，钢中含碳量是影响 *Bs* 点的主要因素。随钢中含碳量的增加，*Bs* 点降低，如图 4-7 所示。

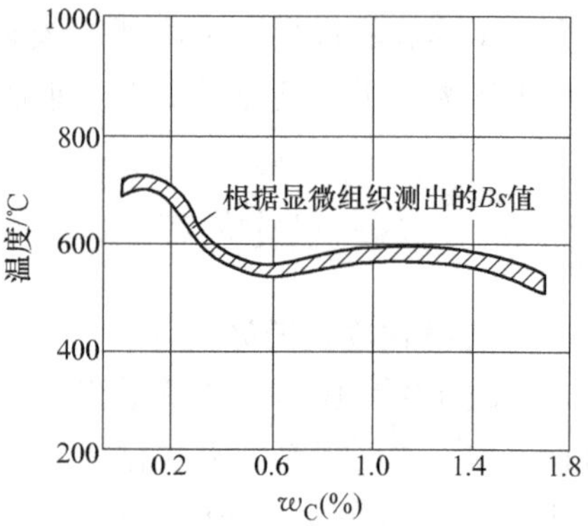

图 4-7 Fe－C 合金的 *BS* 温度与含碳量的关系

2. 兼具扩散型转变和切变型转变的特征

贝氏体转变温度介于珠光体与马氏体转变温度之

㊀ 贝氏体的相变阻力较小是因为：①与马氏体相比，贝氏体与奥氏体间的比体积相差较小，因而贝氏体转变时，由体积（膨胀）变化引起的弹性应变能较小；②贝氏体转变前，奥氏体中发生碳的预分配，使奥氏体中出现贫碳区，而贫碳区的奥氏体强度相对较低，故切变较容易，切变阻力较小。

㊁ 贝氏体形成上限温度 *Bs* 是奥氏体和贝氏体间自由能差达到相变所需最小驱动力时的温度。高于 *Bs* 或低于 *Bf*，贝氏体转变都不能发生。

间，其转变兼具珠光体与马氏体转变的特点。

与珠光体转变类似的特征有：①贝氏体转变也是一个形核和长大过程，其形核、长大需要碳原子扩散（其碳化物就是通过原子扩散形成的）；②贝氏体转变也有孕育期，贝氏体等温转变速度也是初期慢、中期快、后期又减慢；③贝氏体可以等温形成，也可以在连续冷却中形成；④贝氏体等温转变也有自己的等温转变图，如图4-8下部等温转变图（上部是珠光体的等温转变图）所示。

贝氏体转变与马氏体转变类似的特征有：①按照切变机理的观点，基体铁素体BF是通过切变方式形成的（见切变机理）；②在贝氏体转变过程中，铁及置换式合金元素原子不发生扩散；③贝氏体表面也存在浮凸。贝氏体也是在奥氏体一定晶面上形成。

3. 转变不完全

许多钢的贝氏体转变不能完全进行，并且等温温度越高，即越接近 *Bs*，贝氏体转变量越少，转变不完全程度越严重，如图4-9所示。但也有一些钢（如碳钢及低、中碳锰钢，中碳硅锰钢等）的贝氏体转变可以进行完全。一般认为，转变不完全现象与转变过程中碳原子由BF扩散进入奥氏体，使奥氏体发生热稳定化，以及由贝氏体与奥氏体比体积差造成的奥氏体机械稳定化有关。未转变的奥氏体在随后冷却时，将转变为马氏体或残留下来成为残留奥氏体。

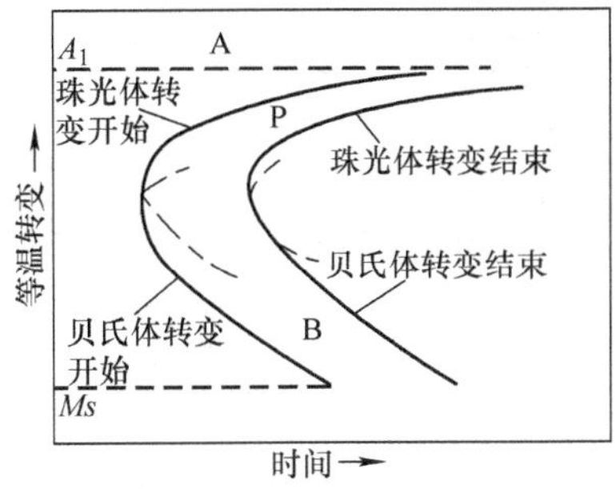

图4-8　贝氏体的等温转变图

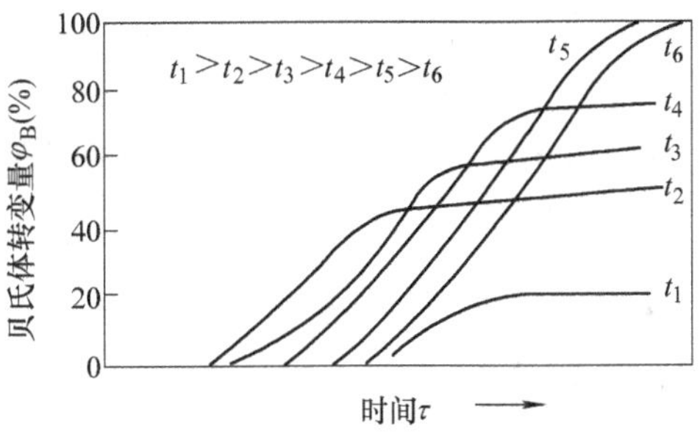

图4-9　贝氏体等温转变量与温度关系（动力学曲线）

4. 转变速度比马氏体慢得多（约为0.0012cm/min）

马氏体转变不依赖原子（包括碳原子）的扩散，而贝氏体转变则必须有碳原子扩散，碳原子的扩散速度控制着贝氏体转变速度[⊖]。固态下，原子扩散速度本身就较慢，在贝氏体转变温度区更慢，所以贝氏体转变速度较慢。

小知识　在热处理实际中，为获得较多的贝氏体，往往需要等温很长时间（有的长达十几天），并且长时间等温还使A发生稳定化，故一般并不追求获得100%贝氏体。

二、贝氏体形成过程

贝氏体转变包括贝氏体铁素体的形核、长大和碳化物的析出两个基本过程。关于这两个基本过程的进行方式主要有三种理论，即切变机理、台阶机理和介于二者之间的切变－扩散机理。这里主要介绍切变机理。

⊖　$B_上$转变速度取决于BF前沿A内碳原子的扩散速度，$B_下$转变速度则取决于BF内碳原子扩散速度。

1. 切变机理简介

切变机理认为贝氏体晶核形成于奥氏体中的贫碳区⊖，其中$B_{上}$主要形成于A晶界处的贫碳区，$B_{下}$则在A晶内或晶界处的贫碳区都可形成；贝氏体晶核是通过切变方式形成、长大的。由于切变后BF的含碳量处于过饱和状态，而碳原子在贝氏体的形成温度范围内仍可扩散（但Fe及合金元素原子已不能扩散），故碳原子将向BF界面附近的A或BF内某一晶面处扩散，如图4-10所示，当碳原子在该处达到一定浓度时，就以碳化物的形式析出。由于转变温度不同，碳化物析出的位置也不同，从而可得到不同形态的贝氏体。

更细致的观察、研究发现贝氏体条片是由许多亚片条组成，而亚片条由又是由更小的亚单元、超亚单元组成。切变机理认为在切变长大时，每次切变形成一个BF小单元（亚单元），见图4-11，每个亚单元切变形成后，需待近邻富集碳原子处析出碳化物、使该处成为贫碳区后，才可再次通过切变形成新的亚单元。所以贝氏体转变呈现长长、停停的跳跃式长大。

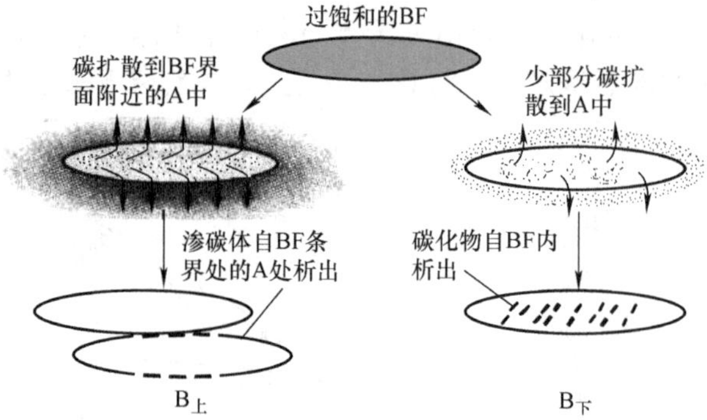

图4-10　上、下贝氏体形成过程示意图

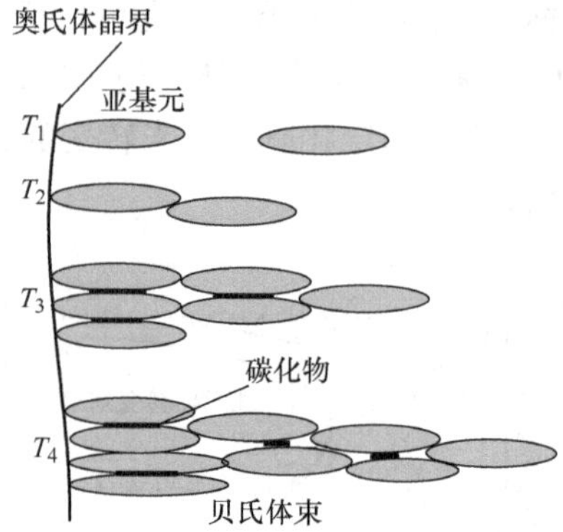

图4-11　贝氏体切变形成过程示意图

2. 台阶机理简介

台阶机理认为BF是通过原子扩散，使得A/B界面上的台阶侧向移动方式而长大的，长大速度受碳原子扩散控制。在台阶机理中，奥氏体与贝氏体界面（图4-12a中的水平面）为半共格界面，但台阶的端面（垂直面）为非共格界面，其原子处于能量较高的状态，活动能力较强。当台阶侧向移动后，即使得水平面向箭头方向推进（图4-12b），贝氏体厚度变宽、长大。

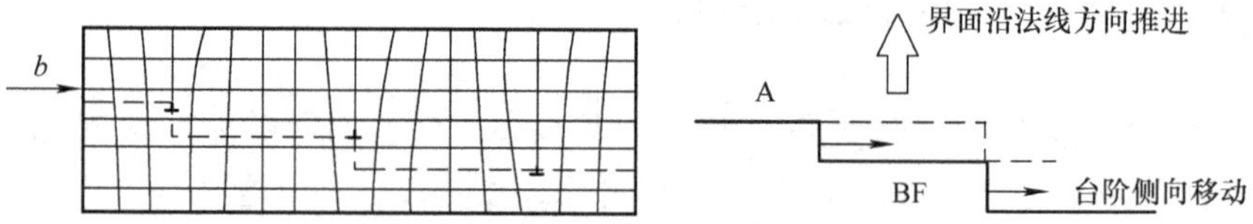

a)　　b)

图4-12　台阶机理界面移动示意图

a）半共格阶梯界面示意图　b）台阶界面移动示意图

两种理论各能说明一些问题，但也还存在一些问题有待弄清，二者也都在不断进行完善充实，随着研究不断深入，终将弄清贝氏体转变的真相。

⊖ 在贝氏体形成前的孕育期内，奥氏体中碳原子发生了预分配，产生了贫碳区和富碳区。

3. 不同形态贝氏体的形成过程

(1) 形成无碳化物贝氏体(600~500℃) 在贝氏体、区最高温度处，首先在奥氏体晶界处的贫碳区形成过饱和的BF晶核，由于温度较高，碳不仅在铁素体中有较高的扩散能力，在奥氏体中也有相当高的扩散能力。在BF片成长过程中，碳原子不断穿过BF/A界面向奥氏体中扩散，使BF的含碳量降到平衡浓度。由于A中碳原子的扩散能力较强，进入A中的碳可很快向A纵深扩散，不致集聚在界面附近，故不会析出碳化物，这样就形成了由板条状BF组成的无碳化物贝氏体。由于形成温度高，过冷度小，因而形成的贝氏体铁素体晶核数量较少，最终BF板条较宽、板条间距较大，如图4-13所示。铁素体条间的富碳奥氏体在随后冷却过程中可能转变为珠光体、其他类型贝氏体或马氏体，也可能全部保留下来，成为残留奥氏体。

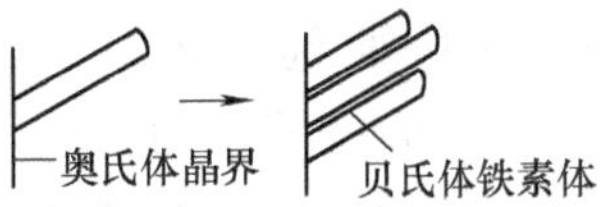

图4-13 无碳化物贝氏体形成过程示意图

(2) 形成上贝氏体(500~450℃) 上贝氏体比无碳化物贝氏体的形成温度稍低，这时碳在铁素体中扩散仍较容易，但在奥氏体中扩散已很困难[⊖]。因此，BF中碳原子只能短程扩散到BF条之间对碳溶解度较大的A中。A中碳原子由于不能及时疏散而发生集聚，当集聚处的含碳量达到一定浓度时，就以渗碳体形式(粒状或条状)析出，结果就得到了上贝氏体，如图4-10所示。由于上贝氏体的形成温度较低、过冷度较大，故形成的BF板条数量较多、较细。转变温度越低，BF板条越多、越细，同时碳化物也变得越细小。

(3) 形成下贝氏体(450~*Ms*) 下贝氏体晶核即可在晶界也可在晶内形成。由于转变温度更低，不但碳在奥氏体中扩散变得极困难，在铁素体中扩散也较困难，以致碳不能长程扩散进入A中，而只能在铁素体内作短程扩散，并在铁素体内一定晶面上偏聚，进而析出碳化物。结果形成由BF片和在其内规则分布(与BF长轴成60°角)的碳化物组成的两相混合物——下贝氏体$B_{下}$，如图4-10所示。转变温度越低，析出的碳化物弥散度越大，铁素体中碳的过饱和度也越高。

(4) 形成粒状贝氏体 12Cr1MoV等低碳合金钢，若过冷奥氏体在低于*Bs*而稍高于上贝氏体形成温度等温，或以一定冷速连续冷却时，当已形成的贫碳BF长大并彼此汇合时，便将剩下的小岛状富碳奥氏体包围(图4-14)，富碳A在随后的冷却或等温过程中转变为P或M，也可能保留至室温成为A_r。

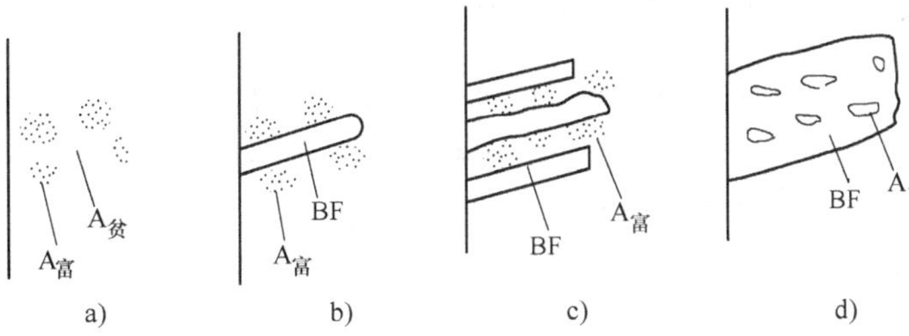

图4-14 粒状贝氏体形成过程示意图

综上所述，不同形态的贝氏体都是通过切变先形成BF，但由于形成温度不同，碳原子扩散能力或碳化物析出位置不同而导致贝氏体形态不同。

⊖ 因铁素体的致密度小于奥氏体，故在铁素体中原子扩散较容易。

第三节 影响贝氏体转变的因素

一、化学成分的影响

（1）碳的影响 如前所述，随含碳量增加，*Bs* 点下降（即 B 转变将在较低温度下进行）；同时含碳量增多，还使 B 转变时所需扩散的碳原子数增加，从而使 B 转变速度减慢，B 等温转变曲线右移。

（2）合金元素的影响 非碳化物形成元素（除 Co、A1 外）均减缓贝氏体转变速度，如图 4-15a 所示。碳化物形成元素也均使贝氏体转变速度减慢，如图 4-15b 所示，其中 Cr、Mn 的作用较强㊀，Mo、W、V 的作用不明显。

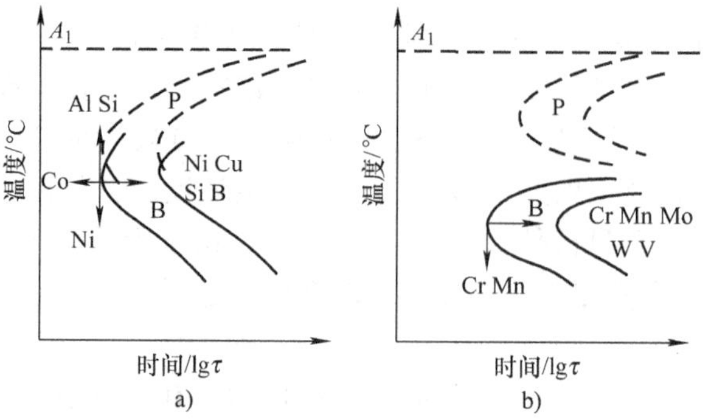

图 4-15 合金元素对贝氏体等温转变曲线的影响
a）非碳化物形成元素 b）碳化物形成元素

小知识 加入少量 Mo（<0.8%）即可使 P 的等温转变曲线强烈右移而与 B 的等温度转变曲线明显分开，但 Mo 对 B 转变却影响不大，结果形成类似于图 4-15b 所示的等温转变曲线，从而在连续冷却中（如空冷）即可得到贝氏体组织。按照这一思路，人们开发了 14CrMnMoVB 等具有良好强韧性和焊接性㊁，且生产成本低廉的贝氏体钢，用来制作焊接成形的石化行业用中、高压容器。

二、奥氏体化温度及塑性变形的影响

一般来说，随着奥氏体化温度提高，贝氏体转变孕育期增长，转变速度减慢㊂。这可能与加热温度提高后，奥氏体晶界减少、成分更趋均匀、贫碳区减少以及由碳化物溶解得更充分导致的孕育期变长、转变速度下降有关。但奥氏体晶粒度对下贝氏体转变的影响较上贝氏体小，因为下贝氏体在晶界、晶内均可形核，而上贝氏体主要在晶界处形核。

在 Bs 以下对奥氏体进行塑性变形，可促进贝氏体转变。

㊀ Cr、Mn 既阻碍碳原子扩散，又使 *Bs* 点下降，故减缓 B 转变速度的作用较强；而 W、Mo、V 虽也阻碍碳扩散，但同时又使 Bs 点升高，故减缓 B 转变速度作用较小。

㊁ 高碳钢的焊接性能不好，焊接后焊缝的强韧性低，易开裂。为获得良好的焊接性能，钢的含碳量要尽量低。

㊂ 但温度过高又使孕育期延长和转变速度下降。

三、冷却时在不同温度下停留的影响

1）在珠光体与贝氏体转变区之间的亚稳定区进行保温停留，会促进贝氏体的形成。例如，高速工具钢 W18Cr4V 在500℃保温一定时间后，由于析出了合金碳化物，降低了奥氏体中碳和合金元素的含量，从而使奥氏体稳定性降低，贝氏体转变加速。

2）在贝氏体区的较高温度下停留，进行部分贝氏体转变，将使随后在较低温度下进行的贝氏体转变速度降低。例如，对于37CrMnSi钢，如直接在350℃保温可获得75%的贝氏体，而预先在400℃保温17min，获得约36%的上贝氏体后移到350℃等温，最后只获得65%的贝氏体。这表明在高温下发生的贝氏体转变会使剩余奥氏体的稳定性增加。这可能与高温区发生部分上贝氏体转变后，使奥氏体中的含碳量提高，同时高温停留也可能促进奥氏体的热稳定化效应有关。

3）在较低温度下进行部分贝氏体转变或部分马氏体转变，将提高其后在较高温度下进行的贝氏体转变速度。例如，GCr15钢先进行部分马氏体转变，使随后在450℃下进行的贝氏体转变速度几乎增加了15倍；而先在300℃进行部分贝氏体转变，也可使450℃下进行的贝氏体转变速度增加6~7倍。这可能是由于在低温下发生的贝氏体或马氏体转变使奥氏体中产生了应力，促进了随后在较高温度下的贝氏体形核。

第四节　贝氏体的力学性能与应用

贝氏体的力学性能取决于其组织形态、尺寸大小和碳化物分布状况等。

一、贝氏体的力学性能

1. 贝氏体的强度、硬度及其影响因素

（1）影响贝氏体强度、硬度的因素

1）贝氏体铁素体晶粒大小。贝氏体铁素体晶粒尺寸是指铁素体板条或片厚度的平均值。贝氏体铁素体晶粒越细，则钢的强度越高。因为贝氏体铁素体条或片的厚度均随形成温度的降低而变小，故贝氏体的强度随形成温度的降低而升高。

2）碳化物的弥散度和分布。在碳化物量相同的条件下，碳化物越细小，弥散度越大，则产生的弥散强化效果也越大。碳化物弥散度随形成温度的降低而增大，所以贝氏体的强度也随形成温度的降低而升高。

3）碳及亚结构的密度。贝氏体铁素体含碳过饱和，位错密度也较高，这均对贝氏体强度的提高有贡献。但其碳过饱和度远不及马氏体，故碳的固溶强化效果比马氏体小很多。合金元素的固溶强化作用也较小。

（2）贝氏体的强度和硬度　一般来说，贝氏体的强度、硬度高于同一钢中的珠光体，但低于马氏体。由于BF晶粒度、碳化物弥散度、碳过饱和度及位错密度均随转变温度的降低而增大，故下贝氏体的强度、硬度高于上贝氏体，并且温度越低，下贝氏体的强度、硬度越高，如图4-16所示。因此，降低转变温度是提高贝氏体强度的重要工艺手段。

2. 贝氏体的韧性

研究表明，下贝氏体的冲击韧性优于上贝氏体。这主要是由于下贝氏体铁素体较细，且碳化物在铁素体内呈细小、弥散分布，裂纹不易萌生，即使裂纹形成，也不易扩展，故表现出了较高的冲击韧性，如图4-17所示。上贝氏体中的碳化物沿条界分布，并且铁素体尺寸及碳化物颗粒均较大，使裂纹易沿条界形成并扩展，故冲击韧性较低。

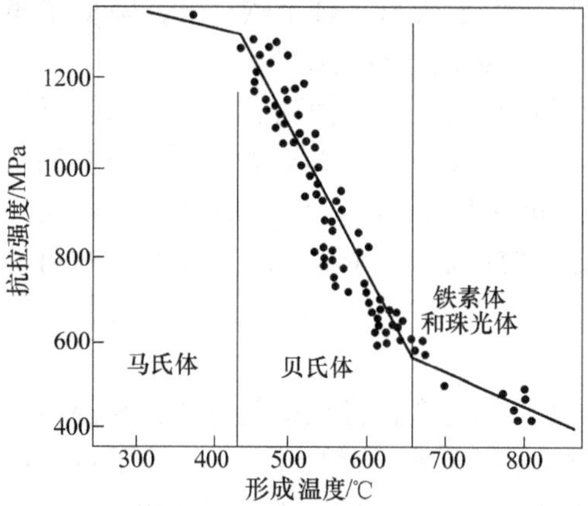

图4-16 贝氏体抗拉强度与形成温度的关系

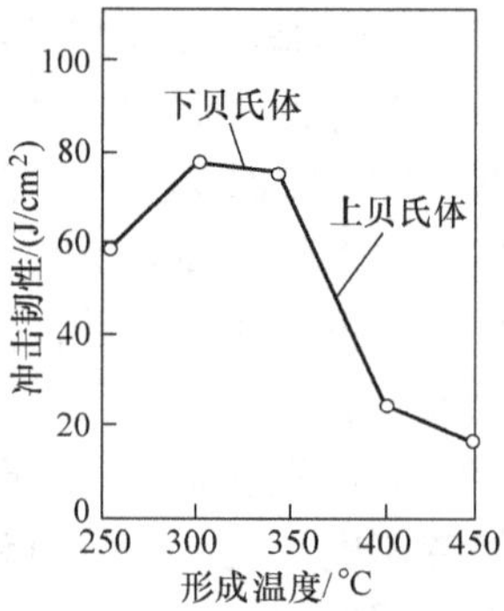

图4-17 贝氏体的冲击韧性与形成温度的关系

研究表明，对同一种钢，在相同强度下，下贝氏体的韧性一般高于回火马氏体和回火托氏体，但低于回火索氏体。图4-18所示为40CrA钢等温淬火和普通淬火、回火后冲击韧性与硬度的关系。

3. 贝氏体的疲劳强度和耐磨性

在相同硬度条件下，同一种钢中的下贝氏体组织较淬火+回火组织具有更高的疲劳强度，这是因为下贝氏体具有较好的强、韧性配合，使疲劳裂纹的形成与扩展较困难，从而提高了钢的抗疲劳性能。贝氏体较好的强、韧性配合也使其抗冲击耐磨性得以显著提高。试验证明，钢中的下贝氏体是最耐磨的组织之一。图4-19所示为60Mn2钢经不同的热处理所获得不同组织的耐磨性比较，在相同硬度下，等温淬火获得的下贝氏体组织比淬火+回火获得的组织具有较高的耐磨性。

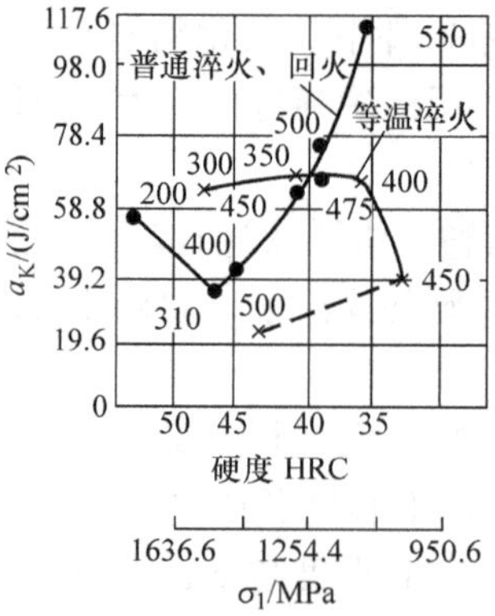

图4-18 40CrA钢等温淬火和普通淬火、回火后冲击韧性与硬度的关系（图中数字表示回火温度和等温淬火温度）

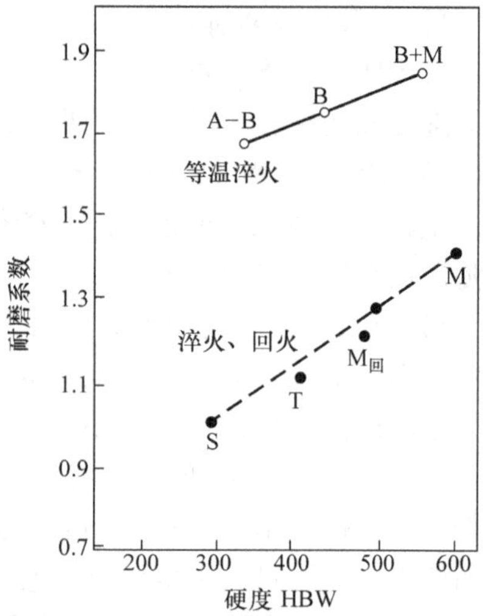

图4-19 60Mn2钢经不同热处理后的硬度和耐磨性

二、贝氏体转变与贝氏体的应用

1. 热处理工艺中的应用

（1）等温淬火　热处理中常用的等温淬火工艺，就是利用贝氏体与母相奥氏体比体积差较马氏体小、转变不完全（即 A_r 较多）等特点，使工件的变形开裂倾向大为降低，同时保持较高强韧性。热处理生产中，对淬火变形要求严格的工件，如模具、细丝锥、钻头、滚动轴承等常采用等温淬火。例如，高速工具钢直柄麻花小钻头（ϕ3.5 ~ ϕ7mm）经普通淬火后（组织以 M 为主）弯曲变形较大，原采用回火后手工敲击校直法，工作量大且难以保证质量，合格率仅为 50%；后采用贝氏体等温淬火（组织为 $B_下$、A_r 约各占一半㊀），减小了变形，且由于此时钻头的塑性、韧性很好，即使在淬后冷态下也可施行机械校直，结果大大提高了生产率和校直质量，钻头成品合格率可稳定在 90% 以上。

（2）马氏体与贝氏体复合强韧化　实践表明，获得 M + $B_下$ 复合组织（$B_下$ 一般为 10% ~ 20%），在强硬度变化不大的情况下，可使韧性显著提高。这主要是由于先形成的贝氏体分割了奥氏体晶粒，使马氏体被细化，且下贝氏体本身强韧性较好的缘故。M/$B_下$ 复合强韧化在模具等方面得到广泛应用，如具有 M + $B_下$ 混合组织的 Cr12 钢硅钢片冷冲模和 Cr12 钢自行车把节头冷镦模寿命比常规淬火工艺分别提高 8 ~ 10 倍和 3 ~ 4 倍。

2. 开发贝氏体钢

贝氏体钢是指在使用状态下组织主要为贝氏体的钢。由于贝氏体钢具有良好的强韧性，而且其生产成本较低、加工工艺简单、焊接性好，在实际生产中得到了广泛的应用。

（1）低碳低合金贝氏体钢　这类钢加入 Mo、Mn、B 等合金元素可使珠光体 C 曲线与贝氏体 C 曲线分离并右移，而对 B 转变影响很小，从而使中、厚截面板材在热轧空冷条件下，即可得到下贝氏体组织。如用于制作锅炉和石油行业用中温压力容器的低碳低合金贝氏体钢 14MnMoV、14CrMnMoVB 等，在热轧空冷条件下，得到单一贝氏体组织，在获得优良的综合力学性能及焊接性的同时还省去了淬火工序，可谓优质、节能、经济高效。

（2）在铁路辙叉（道岔）的应用　铁路辙叉（道叉）对强韧性、耐磨性要求很高。目前辙叉主要采用高锰钢铸成（钢轨主要采用高碳珠光体钢），其存在的主要问题是，在使用中易因铸造缺陷造成疲劳破坏，且该辙叉很难与钢轨焊接。随着铁路向高速、重载和无缝方向发展，迫切需要提高辙叉材料的强韧性及焊接性。贝氏体钢因其具有良好的强韧性，耐磨性，较高的抗接触疲劳能力及优良的焊接性，使之成为制作高速铁路用辙叉的理想材料之一。我国研制的中碳、空冷高强韧性可焊贝氏体钢高速重载铁路辙叉，比高锰钢辙叉使用寿命提高一倍以上，并且制造成本低廉，完全可以取代目前使用的高锰钢辙叉㊁。

P、M、B 转变总结、归纳、比较练习

> 列表完成下列项目：①P、S、T、$M_条$、$M_片$、$B_上$、$B_下$ 的定义、组织特点、性能特点；②含碳量、合金元素、加热温度、冷却速度对 P、B、M 转变的影响。

㊀ 组织中的大量 A_r 导致硬度降低至 55 ~ 60HRC，之后通过四次回火（比普通淬火多一次回火），硬度回升至正常值 64HRC。

㊁ 传统的奥氏体锰钢不仅具有高的强度和韧性，在冲击和磨损变形条件下还会产生加工硬化作用，其作为铁路辙叉用钢已经有 120 多年的历史，在全世界范围内得到了广泛应用。

本章小结

贝氏体转变温度介于P与M转变温度之间，贝氏体转变是位于高温扩散性P转变到低温无扩散性M转变之间的一个过渡性转变，因此，它兼具珠光体转变与马氏体转变的某些特征。

上贝氏体和下贝氏体是钢中最常见的组织形态。按照切变机理，上、下贝氏体都是先在贫碳区通过切变形成过饱和的BF，然后过饱和的碳原子扩散到BF条界处的A中或BF某一晶面处形成富碳区，进而于碳富集处析出碳化物。上贝氏体强度、韧性都较低，下贝氏体则强韧性优良。转变温度越低，形成的BF及碳化物越细，贝氏体强度越高。因贝氏体转变需要碳扩散（形成贫碳区和碳化物），因此，使碳原子扩散量增大和阻碍碳扩散的因素（如奥氏体化温度↑、碳含量高↑、合金元素等）都会使贝氏体转变速率降低。

本章重要名词：贝氏体、上贝氏体、下贝氏体、粒状贝氏体、无碳化物贝氏体。

习　题

1. $B_{上}$ 和 $B_{下}$ 的组织形态及性能有何不同?
2. 试比较：①$B_{上}$ 与P有何不同？②$B_{下}$ 与 $M_{片}$ 有何不同?
3. 试解释：贝氏体转变点 Bs 的物理意义？为何贝氏体转变所需过冷度较马氏体小?
4. 试解释：①$B_{粒}$ 组织有何特点？②为何批量生产的20CrMnTi齿轮，切削加工前不希望出现 $B_{粒}$?
5. 指出影响贝氏体强度和韧性的主要因素，各因素是如何影响的?
6. “$B_{上}$ 总是呈羽毛状，$B_{下}$ 总是呈竹叶状”，对吗？为何 $B_{下}$ 的强韧性高于 $B_{上}$?
7. 为何 $B_{上}$ 中的碳化物在BF条间析出，而 $B_{下}$ 则在BF条内析出?
8. 试解释：①为何 $M+B_{下}$ 复合组织强韧性很好？②为何14CrMnMoVB钢空冷即可得到B组织?
9. 简述：①贝氏体转变主要特点？②为何很多钢的贝氏体转变不完全?

第五章　钢的过冷奥氏体转变图

如前所述，过冷奥氏体转变图反映了钢在不同冷却方式及不同冷却速度下的转变规律，它是制订热处理工艺、合理选择钢材及预测工件热处理后性能的重要依据。本章主要讨论过冷奥氏体等温转变图（Isothermal transformation diagiam、IT 图，也称 TTT 曲线）和连续冷却转变图（Continnous cooling transformation diagram、CT 图，也称 CCT 曲线）的建立、影响因素，过冷奥氏体的转变类型以及 IT 图和 CT 图的比较与应用。本章的主要教学要求是：①会分析 IT 图，掌握各因素对 IT 图的影响，了解 IT 图的基本类型；②会分析 CT 图，明确 IT 图与 CT 图的区别及其实际意义。

第一节　过冷奥氏体等温转变图

一、过冷奥氏体等温转变图的建立

等温转变图可以采用金相 - 硬度、膨胀、磁性、电阻和热分析等方法测定。现以金相 - 硬度法为例，介绍共析钢等温转变图的建立过程。

首先制备若干原始组织相同的 T8 钢试样，尺寸为 ϕ15mm × 1.5mm。将这些试样分成若干组，每组数量不少于 5 个，各组试样装炉加热至 900 ~ 950℃，保温 15min，以获得均匀的奥氏体组织。而后将各组奥氏体化的试样迅速置于 A_1 以下不同温度的恒温盐浴（或金属浴）中等温，如 700℃、650℃、550℃、400℃、240℃等。由于试样很薄，因此可以迅速冷至盐浴温度。然后每隔一定时间（由几秒到几小时，甚至几天）取出一个试样淬入盐水中，于是等温转变的组织便被固定下来，未转变的奥氏体在盐水中冷却时转变为马氏体，如图 5-1 所示。

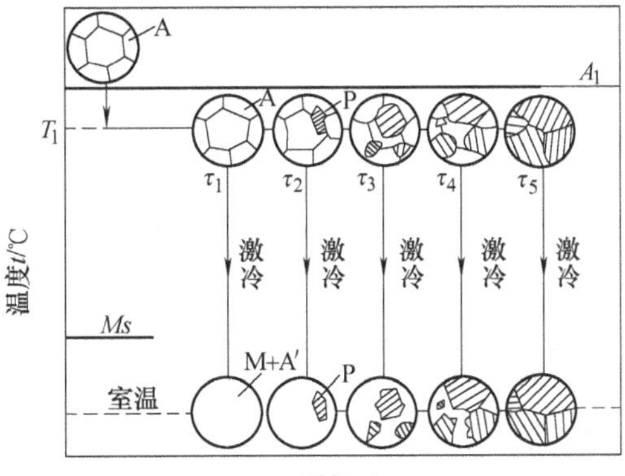

图 5-1　金相 - 硬度法测定等温转变曲线示意图

将经上述处理的试片一一测定硬度，然后制成金相试样，在金相显微镜下观察金相组织，可看到未转变的奥氏体转变为马氏体（呈白色），等温转变产物（如珠光体等）呈暗黑色，测量组织中转变产物的数量，便可确定奥氏体在该温度下的转变程度和转变产物的类型。一般以发生 1% 转变量为转变开始点，以 99% 转变量为转变终了点，记录各组试样的数据，见表 5-1。

表 5-1 共析钢过冷奥氏体等温转变试验数据

等温温度/℃	过冷度/℃	转变开始时间/s	转变终了时间/s	硬度 HRC	组织
700	23	100	1000	15	珠光体
650	7	35	40	35	索氏体
600	123	1	6	40	
550	173	0.6	4	42	托氏体
500	223	1.5	15	42	
400	323	10	100	47	上贝氏体
240	483	180	10000	58	下贝氏体
230 以下	>493	奥氏体→马氏体		64	马氏体

如将某组试样的数据绘制在以转变量为纵坐标、以时间为横坐标的图形上并连接各点，即可得到某一温度下过冷奥氏体转变量与时间的关系曲线，也称奥氏体等温转变动力学曲线。图 5-2 所示是 T8 钢过冷奥氏体在 700℃ 等温时的奥氏体等温转变动力学曲线。由图可以看出，过冷奥氏体经过一段时间后才开始发生转变（这段时间称为孕育期），孕育期之后转变开始，随时间的延长，转变速度逐渐加快。当转变量达到 50% 时，转变速度最大，以后又逐渐减小，直至转变终了。

将各个等温温度下转变动力学曲线（图 5-3a）的转变开始和终了时间绘制在温度 - 时间坐标图上，然后分别连接转变开始点和终了点，即得到等温转变图（图 5-3b）。考虑到过冷奥氏体在不同温度下的稳定性极不相同，有的温度保持不到 1s 就开始发生转变，而在另一些温度下却需要很长时间（数十小时）才能完成转变。为了便于在同一图中标出不同温度下等温转变的开始和终了时间，时间坐标（横坐标）通常用对数坐标表示。图中下部的 *Ms* 线代表马氏体转变开始温度，*Mf* 线代表马氏体转变终了温度（*Ms*、*Mf* 线也是由试验测定的）。完整的等温转变图应标出钢的相变点 A_1、A_3 或 A_{cm}，并注明钢的奥氏体化温度及晶粒度等。

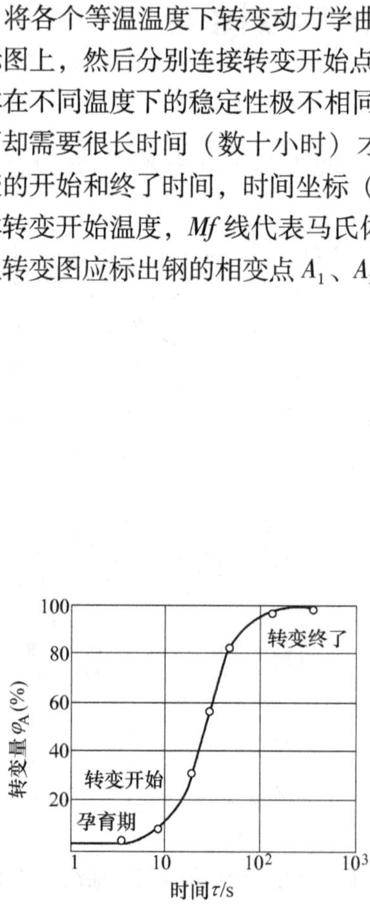

图 5-2 T8 钢在 700℃ 等温时的奥氏体转变量与时间关系曲线（动力学曲线）

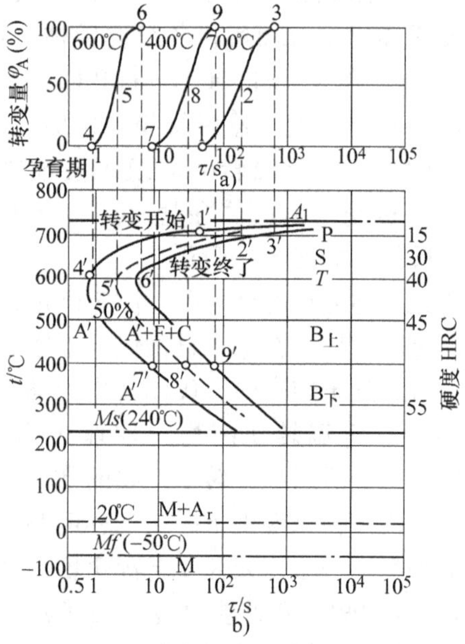

图 5-3 共析钢过冷奥氏体等温动力学曲线和等温转变图

二、过冷奥氏体等温转变图分析

由共析钢过冷奥氏体等温转变图可以看到：A_1线以上是奥氏体稳定区，纵轴与开始转变曲线之间是过冷奥氏体区，转变开始线与转变终了线之间是过冷奥氏体与转变产物的共存区，转变终了线以右的区域是转变产物区，*Ms* 线以下是马氏体形成区。

过冷奥氏体在各个温度等温转变时，转变开始线与纵轴之间的水平距离代表孕育期。孕育期的长短表示过冷奥氏体稳定性的大小。在 550℃时，共析钢的孕育期最短，转变速度也最快；在其他温度下，孕育期都较长，所以使等温转变曲线呈现“C”字形。在转变图上，孕育期最短的部位通常称为曲线的“鼻尖”。对于不同成分的钢，其鼻尖所处的温度也不同。过冷奥氏体的转变速度和孕育期呈现上述变化规律（即曲线呈“C”字形）的原因，实质上是由珠光体和贝氏体转变的变化规律决定的。

如第二章所述，共析钢的过冷奥氏体在 A_1 温度以下将发生珠光体、贝氏体、马氏体转变。在 550℃ ~ A_1之间的高温区，等温温度越低，形成的珠光体组织越细：在 650℃ ~ A_1 之间为粗珠光体；600 ~ 650℃之间为细珠光体——索氏体 S；550 ~ 600℃之间为极细珠光体——托氏体 T。在 *Ms* ~ 550℃（共析碳钢的 *Ms* = 240℃）之间的中温区发生贝氏体转变。在 *Ms* 温度以下的低温区则发生马氏体转变。

小知识 图 5-3 所示的 C 曲线是珠光体和贝氏体的重合 C 曲线，忽略了未重合部分。实际在鼻尖附近，珠光体区开始线与并不与贝氏体开始线完全重合，终了线也是如此，如图 4-8 所示。在鼻尖附近，珠光体区与贝氏体区交叉重叠，如在鼻尖附近等温，可能出现两种情况：一是过冷奥氏体先析出一部分珠光体，剩余奥氏体随后转变为贝氏体；另一种情况是先析出一部分贝氏体，然后剩余奥氏体转变为珠光体。所以有时进行等温热处理时，会出现 P + B 的混合组织。

三、影响等温转变图的因素

不同成分的钢，其等温转变图的形貌各不相同。即使是同一成分的钢，也会因冶炼方法和奥氏体化条件的差异，使奥氏体的成分、均匀程度和晶粒度有所不同，而使等温转变图的形貌和位置发生变化。其规律是：增加过冷奥氏体稳定性的因素使 C 曲线右移，远离纵轴；降低过冷奥氏体稳定性的因素使 C 曲线左移，靠近纵轴。下面就其主要影响因素作简要归纳。等温转变图（C 曲线）实际上是由珠光体、贝氏体等温转变图组成的，故凡是影响珠光体、贝氏体等温转变的因素都将对等温转变图产生影响。

1. 碳的影响

试验表明，在完全奥氏体化加热条件下，亚共析钢的等温转变曲线随着含碳量的增加向右移，过共析钢的等温转变曲线则随含碳量的增加向左移。由此可以推知，碳钢中以共析钢的等温转变曲线最靠右，孕育期最长。

图 5-4 所示为亚共析、共析和过共析钢的等温转变曲线（忽略了 P、B 的等温转变曲线未重合部分）。由图可以看出：①亚共析钢的等温转变曲线有一条先共析铁素体 $F_{先}$开始析出线，过共析钢则多一条先共析渗碳体 $Fe_3C_{先}$开始析出线；②过共析钢的贝氏体转变区明显较

亚共析钢靠右。这是由于随含碳量增加，贝氏体转变的孕育期变长，转变速度减慢（详见第四章）。

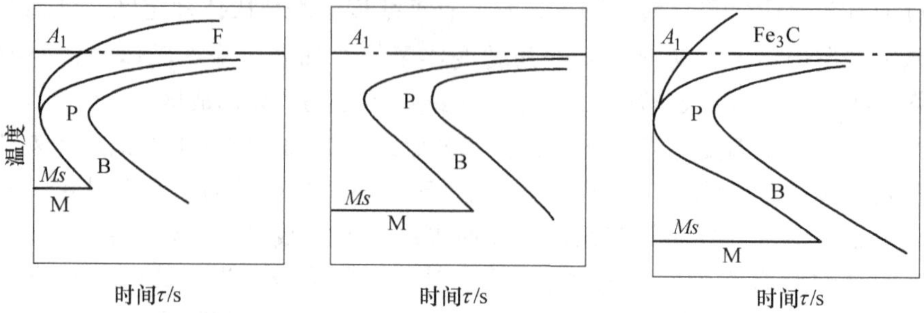

a) b) c)

图 5-4 亚共析钢、共析钢和过共析钢的等温转变曲线
a）亚共析钢 b）共析钢 c）过共析钢

应当指出，图5-4是在完全奥氏体化的条件下测得的，若未完全奥氏体化，则等温转变曲线可能发生变化。如过共析钢在不完全奥氏体化的情况下，由于未溶碳化物与奥氏体界面可作为珠光体择优形核地点，这将使过冷奥氏体的稳定性降低，等温转变曲线进一步左移。对于同一种钢，不完全奥氏体化一般比完全奥氏体的等温转变曲线更靠左。

想一想 $F_{先}$析出曲线能否延伸至Ac_3点以上？$Fe_3C_{先}$析出曲线能否延伸至A_{cm}点以上，为什么？

2. 合金元素的影响

常用合金元素（除Co外）都会增加过冷奥氏体的稳定性，使等温转变曲线向右移（这是钢中加入合金元素的主要目的之一）。但应注意，合金元素只有溶于奥氏体中才会产生此效果。如合金元素未溶入奥氏体而存在于未溶碳化物中，则如上所述，未溶碳化物将使转变速度加快，从而促进过冷奥氏体的分解，使孕育期变短，等温转变曲线左移。

根据合金元素对等温转变曲线的影响，可将其分为两大类：

（1）非（或弱）碳化物形成元素 主要包括Co、Ni、Mn、Si、Cu及B，除Co外，都不同程度地降低珠光体和贝氏体转变速度，使等温转变曲线右移，但对等温转变曲线的形状影响不大，即其等温转变曲线仍与碳钢类似，呈单一“鼻子”特征，如图5-5a所示。

（2）碳化物形成元素 主要包括Cr、Mo、W、V、Ti等。这类元素如溶入奥氏体中，也将不同程度地降低珠光体和贝氏体转变速度；同时还使珠光体转变的等温转变曲线移向高温，或使贝氏体转变的等温转变曲线移向低温。当钢中含这类元素较多时，将使珠光体、贝氏体转变的等温转变曲线彼此分离，而呈现双“鼻子”特征，如图5-5b所示，并在珠光体转变与贝氏体转变温度范围之间出现一个过冷奥氏体的稳定区。

应当指出，在实际应用的大量钢种中，呈现双“鼻子”等温转变曲线的情况具有普遍性，因此可以把具有单一“鼻子”的等温转变曲线视为一种特例，即认为由于两个等温转变曲线非常接近，以致造成珠光体转变区的下部与贝氏体转变区的上部相重叠。

一般来说，合金元素主要通过三个方面影响等温转变曲线：①影响碳的扩散；②影响合

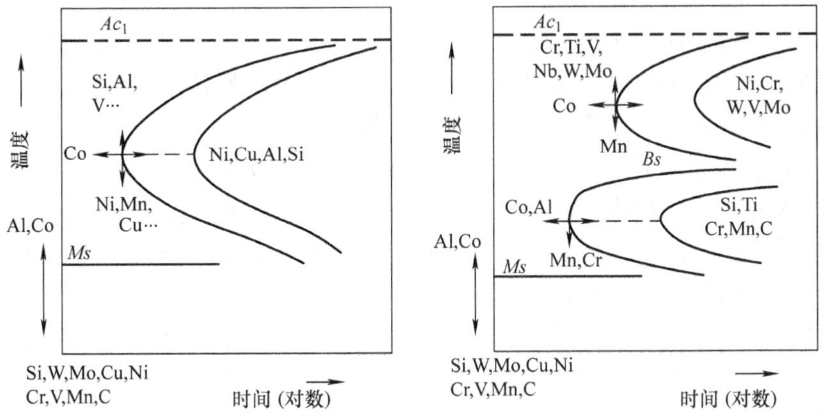

a)　　　　b)

图 5-5　合金元素对等温转变图的影响

a）呈单一“鼻子”的等温转变曲线　b）呈双“鼻子”的等温转变曲线

金元素自身的扩散速度；③通过提高或降低 A→P 转变温度，影响转变速度。

3. 奥氏体化温度和保温时间的影响

钢的等温转变图除与化学成分有关外，还与加热温度高低和保温时间长短有关。当原始组织相同时，晶粒越粗大、奥氏体成分越均匀，致使过冷奥氏体稳定性增大，等温转变曲线右移，如图 5-6 所示。反之，若奥氏体成分不均匀，甚至有未溶第二相存在，则将促进过冷奥氏体分解，使等温转变曲线左移。当应指出，奥氏体晶粒大小对贝氏体转变速度影响较小。

4. 原始组织的影响

在相同加热条件下，钢的原始组织越细、越均匀，加热时越容易得到均匀的奥氏体，过冷奥氏体也越稳定，等温转变曲线右移。图 5-7 所示为 35CrNi2Mo 钢在相同加热条件下测得的等温转变曲线。图中虚线为铸态原始组织，存在成分偏析，晶粒粗大、组织不均匀，等温转变曲线较靠左；实线为轧制后成分和组织比较均匀、晶粒较细的原始组织，其等温转变曲线较靠右。

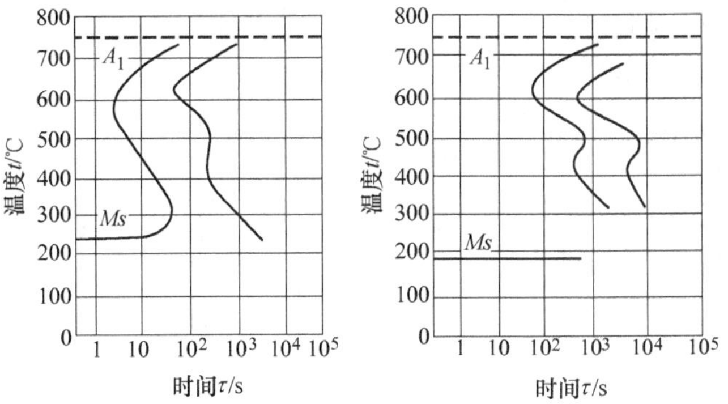

图 5-6　奥氏体化温度对 GCr15 钢等温转变曲线的影响

a）843℃奥氏体化，晶粒度 9 级

b）1065℃奥氏体化，晶粒度 3 级

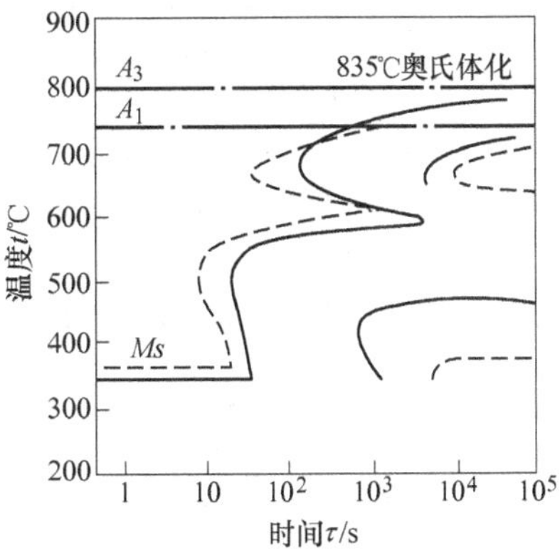

图 5-7　35CrNi2Mo 钢的原始组织对等温转变曲线的影响

5. 外加应力和塑性变形的影响

一般来说，因奥氏体的比体积最小，故奥氏体转变为 P、B、M 时，将引起工件体积膨胀。如对工件施加三向压应力，将阻碍过冷奥氏体转变，使等温转变曲线右移；而三向拉应力则有利于过冷奥氏体转变，使等温转变曲线左移。

无论在 A_1 温度以上还是以下对奥氏体进行塑性形变（如形变热处理），都会使奥氏体的稳定性降低，珠光体转变加快。这是由于塑性形变造成晶粒破碎，亚结构和晶体缺陷增多，从而加快了过冷奥氏体转变。但对于贝氏体转变，情况则不完全相同，表现为高温塑性变形对其有减缓作用，而低温变形对其有加速作用。

综上所述，奥氏体等温转变图中曲线的形状和位置是上述诸因素综合作用的结果。在应用等温转变图时，应注意所用钢的化学成分（包括微量元素）、奥氏体化温度、奥氏体晶粒度、原始组织以及外加应力和塑性变形等的影响。

四、等温转变图的基本类型

在实际生产中，常用的钢材不下几百种，每一种钢材都有各自的等温转变曲线，所以等温转变曲线是多种多样的。根据其形状及珠光体和贝氏体转变区相对位置的不同，可将等温转变曲线归纳为六种基本类型。

（1）单“C”形曲线　在等温转变曲线“鼻尖”以上部分是珠光体转变曲线，“鼻尖”以下部分是贝氏体转变曲线。这种类型的等温转变曲线常见于碳钢及含非（或弱）碳化物形成元素的钢，如镍钢、含锰较低的锰钢，如图 5-8a 所示。

（2）双“C”形曲线　珠光体转变和贝氏体转变曲线相分离，珠光体转变曲线靠右，贝氏体转变曲线靠左。这种类型的等温转变曲线常见于含 Cr、W、Mo 等元素的合金钢，如图 5-8b 所示。

（3）只有贝氏体转变的单“C”形曲线　由于合金元素的作用，珠光体转变被强烈抑制，孕育期很长，以致图上没有出现珠光体转变曲线。这种类型的等温转变曲线多见于高镍低碳合金钢，如 18Cr2Ni4WA 钢，如图 5-8c 所示。

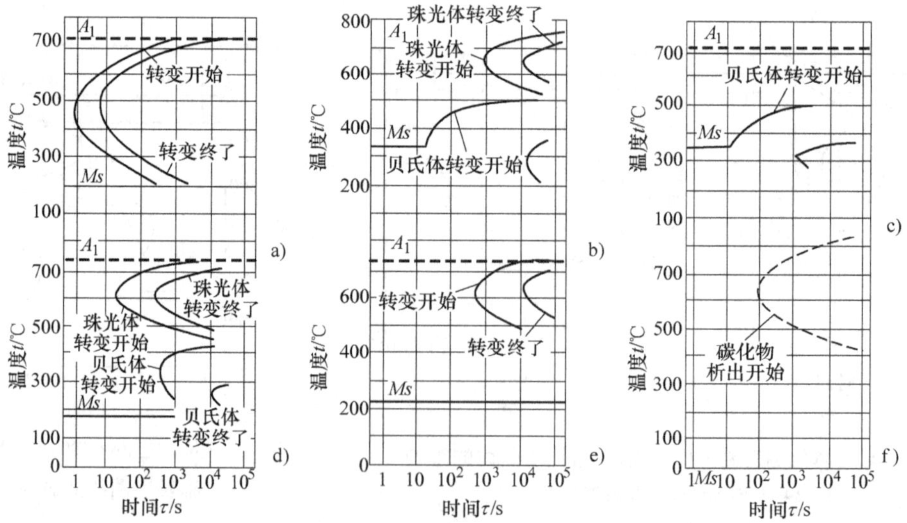

图 5-8　等温转变图的基本类型

(4) 另一种双“C”形曲线　珠光体转变和贝氏体转变曲线相分离，珠光体转变曲线靠左，贝氏体转变曲线靠右。这种类型的等温转变曲线多见于含碳量较高的合金工具钢，如Cr12、W18Cr4V 钢等，如图 5-8d 所示。

(5) 只有珠光体转变的单“C”形曲线　由于合金元素强烈抑制贝氏体转变，使贝氏体转变的孕育期大大增长，并使转变移向低温区，以致在图上没有出现贝氏体转变曲线，10Cr13、20Cr13 钢等的等温转变曲线就属于此类型，如图 5-8e 所示。

(6) 只有碳化物析出线的等温转变曲线　在含碳和合金元素量较高的钢中，珠光体和贝氏体转变都被强烈抑制，同时 *Ms* 温度降到室温以下，因此冷却时只有碳化物析出，不发生任何奥氏体转变，故图上只有碳化物析出线。奥氏体钢（如 4Cr14Ni14W2Mo）的等温转变曲线即属于此类型，如图 5-8f 所示。

第二节　过冷奥氏体连续冷却转变图

等温转变图反映的是过冷奥氏体等温转变的规律，可直接用来指导等温热处理工艺的制订。但是生产上大多数热处理工艺是在连续冷却条件下进行的，如普通淬火、正火、退火等。过去曾用等温转变图定性估计连续冷却时的转变情况，然而这种估计只能是近似和粗略的，有时还可能得出错误的结果。因此，测定钢的奥氏体连续冷却转变图具有重要的实际意义。

一、过冷奥氏体连续冷却转变图的建立

测定连续冷却转变图可以采用金相－硬度法、端淬法、膨胀法及利用等温转变图作图和计算法等。现以金相－硬度法测定共析钢连续冷却时的转变曲线为例，说明连续冷却转变图的建立过程。

首先将 T8 钢制成 ϕ15mm × 3mm 的试样若干个并分成几组，每组不少于 5 个，编上号数。然后于加热炉中加热至奥氏体化温度，保温 15 ~ 20min，以获得均匀的奥氏体组织。再将试样以一定的冷却速度连续冷却，并在冷却过程中每隔一段时间在试样冷至预定温度 τ_1、τ_2、τ_3…后，取出一个试片淬入水中，将高温转变的组织固定下来。最后制成金相试样，通过观察金相组织和测量硬度值，可求得在这一冷速下连续冷却时转变开始和终了的温度与时间数据。图 5-9 所示为一组试样以某一冷速连续冷却时，用金相－硬度法测定转变图的情况。之后每组试样取另一预定冷速重复上述操作，即可求得各种冷速下的转变开始和终了点。将这些数据标在温度－时间对数坐标上，连接意义相同的点，即得到共析钢的连续冷却转变图，如图 5-10 所示。

由于连续冷却转变比较复杂，测试较困难，因此迄今仍有些钢尚未测定 CT 图。

二、过冷奥氏体连续冷却转变图分析

共析钢的 CT 图最简单，图中只出现珠光体转变区和马氏体转变区，而没有出现贝氏体转变区，这表明共析碳钢在连续冷却时，贝氏体转变被强烈抑制。图 5-10 中左边的一条曲线为珠光体转变开始线，即以不同速度冷却时转变开始点的连线；右边的一条曲线为珠光体转变终了线，代表以不同速度冷却时转变终了点的连线。图中的 *AB* 线（虚线）为珠光体转变“中止”线，表示以不同速度连续冷却时，珠光体转变中途停止的温度，即当冷却曲线

与此线相交时，珠光体转变停止，剩余的奥氏体冷至 *Ms* 点以下后转变为马氏体。三条曲线包围的区域就是珠光体转变区。

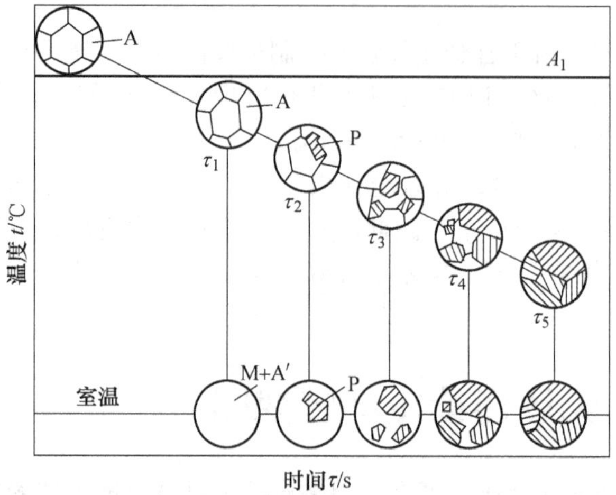

图 5-9　用金相 - 硬度法测定连续冷却转变图的示意图

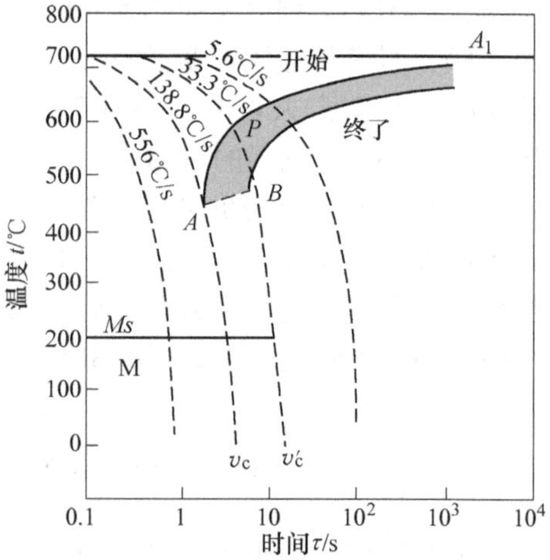

图 5-10　共析钢的连续冷却转变图

由图 5-10 可见，当以 5.6℃/s 的速度连续冷却时，冷速曲线与珠光体转变开始线相交，即开始珠光体转变；与终了线相交时转变结束，形成全部珠光体组织。当冷速增大到 33.3℃/s（v_c'）时，转变过程相同，仍得到全部珠光体组织。但转变开始和终了的温度降低，转变所用的时间缩短，所得的珠光体组织较细。当冷速增大到 138.8℃/s（v_c）时，冷速曲线与珠光体开始转变线相切而不相交，此时不再发生珠光体转变，全部奥氏体被过冷至 *Ms* 以下发生马氏体转变。此后再增大冷速，转变情况相同，仍得到马氏体组织。但是，当冷速处于 33.3℃/s（v_c'）与 138.8℃/s（v_c）之间时，冷速曲线将只与转变开始线相交而不与转变终了线相交，这意味着过冷奥氏体仅发生了部分转变（分解）即告终止，剩余的部分在继续冷却到 *Ms* 点以下时便转变为马氏体。

过共析钢的连续冷却转变图与共析钢很相似，如图 5-11 所示。由图可见，连续冷却转变图也没有贝氏体转变区，所以这种钢在连续冷却时也得不到贝氏体组织。所不同的是，过共析钢的连续冷却转变图有先共析渗碳体析出区，即在冷速不大时，先析出先共析渗碳体，再转变为珠光体或珠光体和马氏体。另外，图中的 *Ms* 线右端略有上升。这是由于在马氏体转变前有渗碳体析出或发生了部分珠光体转变，使其周围的奥氏体贫碳，导致马氏体转变温度 *Ms* 上升。

亚共析钢的连续冷却转变图与共析钢差别较大，如图 5-12 所示。亚共析钢的连续冷却转变图中出现了先共析铁素体区，随着冷却速度的增大，铁素体的析出量越来越少直至为零。亚共析钢的奥氏体在一定冷却速度范围内连续冷却时可以形成贝氏体，在贝氏体转变区，出现 *Ms* 线右端略有降低的现象，这是因为在连续冷却过程中，析出铁素体、珠光体、贝氏体后，奥氏体中的含碳量有所提高，使得 *Ms* 有所降低。

三、连续冷却转变图与等温转变图的比较与应用

1. 连续冷却转变图与等温转变图的比较

由于等温转变图与连续冷却转变图均采用“温度 - 时间”半对数坐标，因此可以

将两类图形叠绘在相同的坐标轴上加以比较。共析钢的等温转变图和连续冷却转变图的叠绘图如图 5-13 所示，图中的虚线代表等温转变图，实线代表连续冷却转变图。由图可见，连续冷却转变曲线位于等温转变曲线的右下方，这表明连续冷却转变要比等温转变的温度低且开始发生时所经历的时间长。试验证明，共析钢以外的其他钢种也有这种现象。

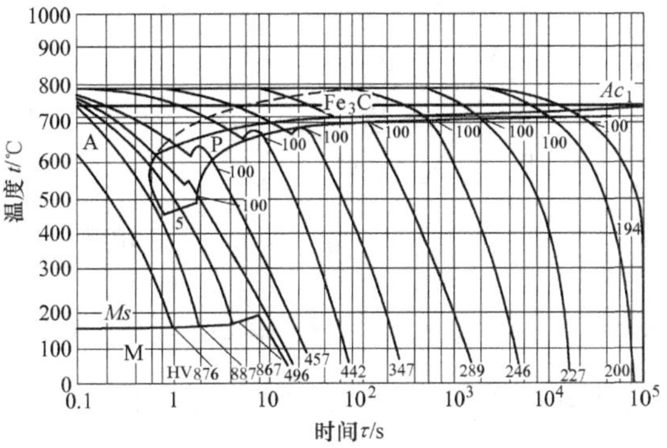

图 5-11　过共析钢的连续冷却转变图

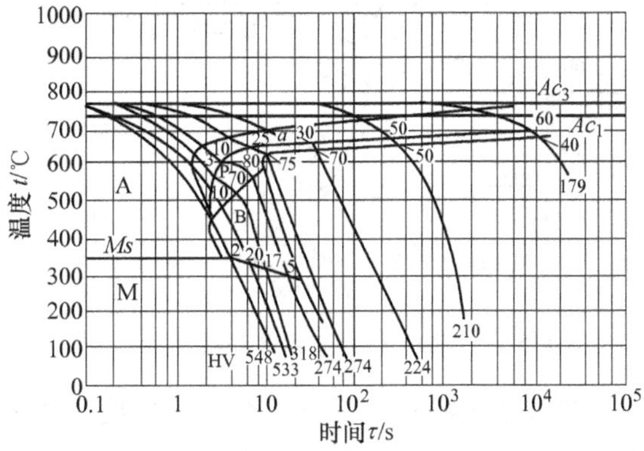

图 5-12　亚共析钢的连续冷却转变图

连续冷却过程要先后通过几个转变区的温度，会先后发生几种转变；而且冷速不同，可能发生的转变也不同，因此形成的组织往往是混合组织。连续冷却时，随冷却速度加快，在珠光体转变区，所得珠光体的片层间距减小，硬度提高；而等温冷却时，随等温温度的降低，珠光体的片层间距减小，硬度提高。

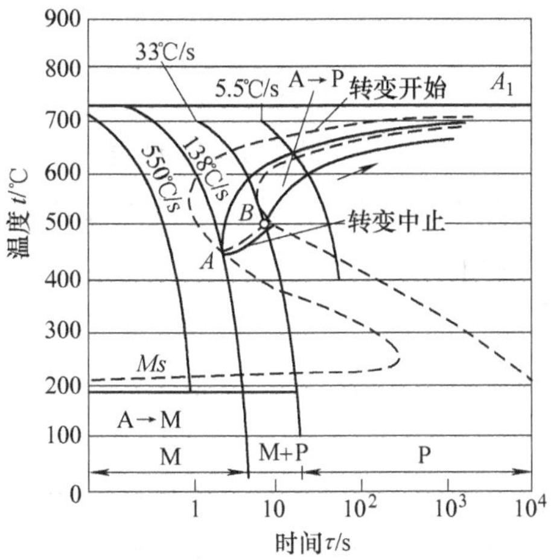

图 5-13　共析钢连续冷却转变图与等温转变图比较

2. 两种转变图的应用

（1）确定淬火临界冷却速度　在连续冷却过程中，使过冷奥氏体不析出先共析铁素体（亚共析钢）、先共析碳化物（过共析钢高于 A_{cm} 奥氏体化）或不转变为珠光体、贝氏体的最低冷却速度，分别称为抑制先共析铁素体、先共析碳化物、珠光体和贝氏体转变的临界冷却速度。为使钢件在淬火后获得完全马氏体组织，应使奥氏体在冷却过程中不发生分解，钢件的冷却速度应大于淬火临界冷却速度 v_c（马氏体临界冷却速度）。淬火临界冷却速度 v_c 是钢件淬火时，抑制非马氏体转变的最低冷却速度。v_c 代表钢接受淬火的能力，是决定钢件淬透层深度的主要因素，也是合理选用钢材和正确制订热处理工艺的重要依据之一。

淬火临界冷却速度取决于连续冷却转变图的形状和位置。图 5-14 所示为 Cr12 钢的连续冷却转变图，由图可见，珠光体转变的孕育期较短，而贝氏体转变的孕育期较长，因而 Cr12 钢的淬火临界冷却速度取决于抑制珠光体转变的临界冷却速度 v_1。与此相反，中碳 Cr－Mn－V 钢的珠光体转变孕育期比贝氏体长，如图 5-15 所示。这时，淬火临界冷却速度取决于抑制贝氏体转变的临界冷却速度 v_2。

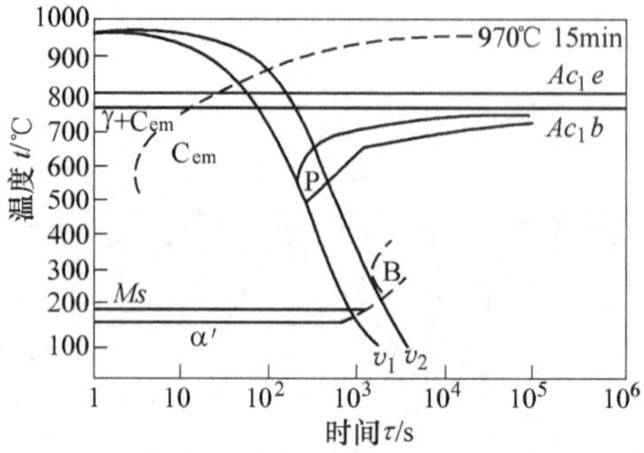

图 5-14 Cr12 钢的连续冷却转变图

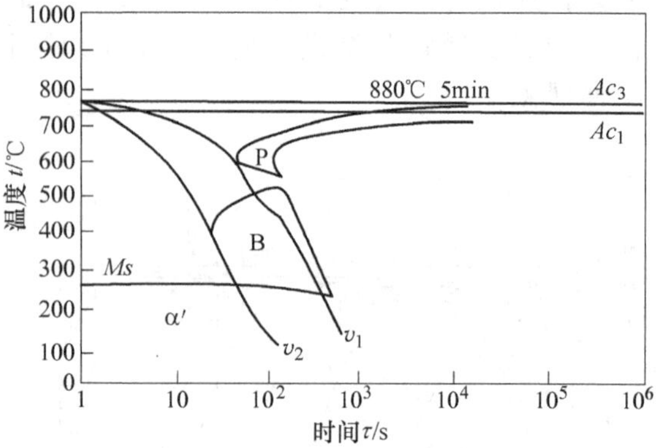

图 5-15 中碳 Cr－Mn－V 钢的连续冷却转变图

淬火临界冷却速度是一个重要参数。利用连续冷却转变图可以直接求出淬火临界冷却速度：查出某钢的连续冷却转变图，从开始温度向连续冷却转变曲线的“鼻尖”画一条切线，切线的斜率就是该钢的临界淬火冷却速度 v_c。淬火临界冷却速度可用下式计算

$$v_c = (A_1 - t_m)/\tau_m$$

式中 A_1——钢的临界温度；

t_m、τ_m——连续冷却转变曲线“鼻尖”的温度（℃）和孕育期（s）。

有些钢种没有现成的连续冷却转变图，对此，可借用等温转变图估算 v_c。如图 5-16 所示，用上述同样方法先求出 v_c'，即 $v_c' = (A_1 - t_m')/\tau_m'$［式中 t_m'、τ_m'分别为等温转变曲线“鼻尖”的温度（℃）和孕育期（s）］；根据连续冷却转变曲线位于等温转变曲线右下方这一情况对上式进行修正，根据经验，应引入修正系数 1.5，于是 $v_c = v_c'/1.5 = (A_1 - t_m')/(1.5\tau_m')$。

应当指出，凡增加过冷奥氏体的稳定性、使等温转变曲线右移的因素，均降低临界淬火冷却速度；反之，凡降低过冷奥氏体稳定性、使等温转变曲线左移的因素，均增大临界淬火冷却速度。

（2）预测、分析冷却转变产物 从连续冷却转变图上，可根据不同冷却速度方便地得知可能得到的转变产物及其力学性能（如硬度等）。当只有等温转变图而无连续冷却转变图时，可以利用等温转变图近似地推测出在连续冷却条件下奥氏体转变的过程及产物。其方法是把已知的冷却曲线叠绘在等温转变图上，根据两者的交点便可粗略估计这种钢在某一冷却速度下的转变温度范围及其产物。

（3）制订热处理工艺 如图 5-17 所示，利用等温转变图可确定钢在普通退火时的大致转变温度范围和所需冷却时间，并可直接从等温转变图上确定等温退火所需的等温温度和等温时间，还可估计出所得组织。此外，利用等温转变图还可确定分级淬火、等温淬火及形变热处理的温度和时间。

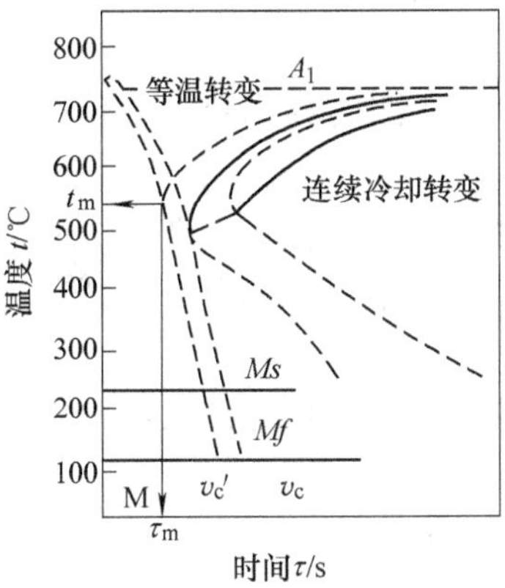

图 5-16 临界淬火冷却速度计算示意图

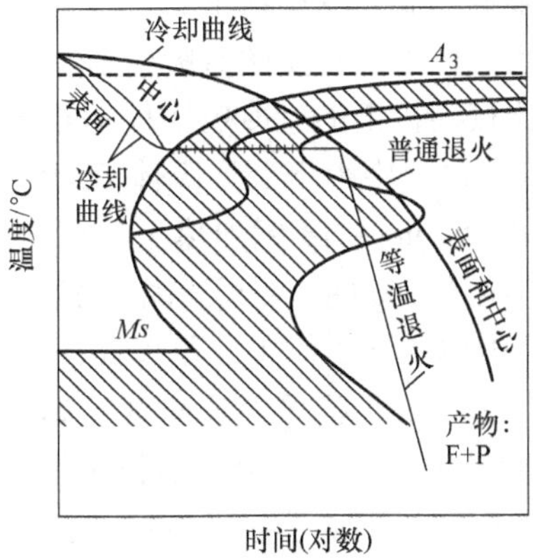

图 5-17 普通退火、等温退火与等温转变图的关系

本章小结

钢的过冷奥氏体转变图用于说明奥氏体在不同冷却条件下的相变规律，对指导热处理生产实践有着十分重要的意义。

1. 等温转变图综合反映了过冷奥氏体在不同过冷度下的等温转变过程，包括转变开始和终了时间、转变产物的类型以及转变量与温度和时间的关系等，用于指导等温热处理工艺的制订。其影响因素主要有含碳量、合金元素、奥氏体化条件、原始组织、外加应力和塑性变形等。

2. 等温转变图的基本类型主要有：①单“C”形曲线；②珠光体转变曲线靠右，贝氏体转变曲线靠左的双“C”形曲线；③只有贝氏体转变的单“C”形曲线；④珠光体转变曲线靠左，贝氏体转变曲线靠右的双“C”形曲线；⑤只有珠光体转变的单“C”形曲线；⑥只有碳化物析出线的等温转变曲线。

3. 连续冷却转变图是分析连续冷却过程中奥氏体的转变过程及转变产物的组织和性能的依据，用于指导连续冷却热处理工艺的制订。其与等温冷却转变过程的区别在于，连续冷却过程要先后通过几个转变区的温度，先后发生几种转变；且冷速不同，可能发生的转变也不同，因此形成的组织往往是混合组织。

4. 临界淬火冷却速度 v_C 是得到完全马氏体组织（包括残留奥氏体）的最低冷却速度，代表钢接受淬火的能力，是决定钢件淬透层深度的主要因素，也是合理选用钢材和正确制订热处理工艺的重要依据之一。

本章的重点是过冷奥氏体等温转变图和连续冷却转变图的分析及其影响因素，要求了解过冷奥氏体的转变类型，明确临界淬火冷却速度的概念及其实际意义。

本章重要名词：等温冷却、连续冷却、过冷奥氏体、淬火临界冷却速度。

习　题

1. 简述过冷奥氏体等温转变图和连续冷却转变图的建立方法。

2. 影响等温转变曲线形状和位置的主要因素有哪些？有何实际意义？

3. 奥氏体等温转变图有哪些基本类型？

4. 比较共析钢的过冷奥氏体等温转变图和连续冷却转变图的异同点。为什么过共析钢在连续冷却过程中得不到贝氏体组织？

5. 将 ϕ5mm 的 T8 钢加热至 780℃并保温足够长的时间，在等温转变图中分别画出可得到下列组织的冷却曲线：珠光体、索氏体、托氏体、上贝氏体、下贝氏体、托氏体＋上贝氏体＋下贝氏体＋马氏体＋残留奥氏体。

6. 什么是淬火临界冷却速度？如何根据连续冷却转变图确定临界淬火冷却速度？如何利用等温转变图估算临界淬火冷却速度？绘图说明。

7. 为何共析钢的等温转变曲线比亚共析钢和过共析钢的靠右？

第二部分
热处理工艺

本部分主要介绍普通热处理、表面淬火及化学热处理的工艺原理、特点、工艺参数及工艺参数对组织性能的影响规律，工艺实施技术，典型零件工艺实例，常见热处理质量缺陷及预防、消除措施，热处理工艺编制基础等。为方便数学，将原本属于热处理原理内容的回火转变也安排在本部分介绍。本部分会经常用到热处理原理知识，应注意及时复习。

第六章　钢的加热

钢件的热处理过程一般都是由加热（含升温、保温）和冷却两个基本阶段组成的。其中，加热一般是为了经济、高效、环保地获得以下效果：①奥氏体晶粒细小、均匀；②奥氏体中碳及合金元素含量适当、成分适度均匀；③碳化物细小、均匀、圆滑；④工件畸变、氧化、脱碳轻微，且没有其他加热缺陷产生。这样的加热效果是保证在随后的冷却中得到优良组织、性能的基础，获得这样的加热效果可称是高质量的加热。在工件、技术要求、设备及加热介质一定的情况下，必须采用正确、合理的加热参数（如加热温度、加热时间、加热速度等），才能获得这样的加热效果。

一般在空气炉、燃气（煤气、天然气等）炉中加热时，工件表面都会发生不同程度的氧化、脱碳。严重的氧化、脱碳会使工件表面质量恶化，力学性能明显降低。为防止氧化、脱碳，须采用适当的加热设备、加热介质或保护措施。

本章主要介绍确定常规加热工艺参数的原则、常用加热介质的特点、氧化脱碳的形成过程及保护措施。本章的主要教学目标是：①掌握确定加热工艺参数的主要原则，熟悉其影响因素；②熟悉常用加热介质的特点及适用性；③明确氧化脱碳的危害、成因及预防措施。

第一节　确定加热工艺参数的一般原则

热处理加热工艺参数主要取决于加热对象（工件化学成分、工件尺寸和形状、冶金质量、原始组织）和技术要求，同时还与设备（如类型、功率、加热介质等）及采用的加热方法（如升温方式、装炉量、放置方式）等因素有关。加热工艺参数的确定是一个比较复杂、具体的问题。

一、加热温度的确定

加热温度是决定热处理后组织的基础。加热温度选择不当会产生或加重畸变、欠热、过热、过烧、氧化、脱碳等热处理缺陷。

$Fe-Fe_3C$ 相图给出了碳钢的成分、温度和相状态之间的关系，该图是确定碳钢加热温度的主要依据。确定加热温度时，首先在 $Fe-Fe_3C$ 相图上找到该钢相变的临界温度，然后综合考虑钢的冶金质量、工件尺寸和形状、原始组织、加热方法、性能要求等因素并结合有关资料，初步确定加热温度。在初步确定加热温度后，还须进行工艺试验，以最终确定合适的加热温度。

表 6-1 给出了适合一般碳钢工件的常规加热温度范围（即确定加热温度的一般原则）。具体温度的选取，将在各热处理工艺中加以介绍。

表 6-1 确定加热温度的一般原则

热处理工艺	亚共析钢	共析、过共析钢
退火	Ac_3 +（20～50℃）	Ac_1 +（30～50℃）
正火	Ac_3 +（50～70℃）	Ac_1 +（30～50℃），Ac_{cm} +（30～50℃）
淬火	Ac_3 +（30～50℃）	Ac_1 +（30～50℃）

对于合金钢，由于合金元素对临界点有影响，合金钢的加热温度不能直接由 $Fe-Fe_3C$ 相图得出，可由有关手册等资料查取。一般来说，合金钢的加热温度高于碳钢，这主要由于：①大多数合金元素（除 Mn、Ni 外）均使钢的临界点提高；②合金碳化物不易溶入奥氏体中；③合金元素扩散缓慢。

二、加热速度的确定

1. 快速加热的优点

一般而言，在不会引起过大畸变、开裂的前提下，应尽量采取快速加热方法，其好处是：①缩短工艺周期；②细化奥氏体晶粒；③快速加热所用时间较短，可减少工件表面氧化、脱碳程度，提高工件表面质量。碳钢、低合金钢的中小件（有效厚度小于 200mm）采用较快速度（如高温入炉方式）加热时，一般不会发生开裂，故在保证热处理质量的前提下，这类工件应根据具体情况尽量采用快速加热。

2. 不宜快速加热的情况

随着加热速度的提高，工件截面温差加大，使表层和心部由于受热膨胀不同步而产生的热应力增大，导致畸变开裂倾向增大。以下几种工件一般不允许快速加热：

1）大件一般不允许快速加热，因为大型铸、锻、焊接件往往存在较大的残余应力，快速加热时产生的应力与原有应力叠加，易引起畸变、开裂。此外，大截面工件往往还存在尺度较大的偏析、夹杂等组织不均匀现象，而不均匀的组织，其导热能力往往不同，夹杂（尤其是有尖角的夹杂）处还是应力集中部位，故也不允许快速加热。大件通常采用低温入炉、预热加热并控制加热速度等方式加热。

2）形状复杂和壁厚相差较大的工件，当加热速度快时，易产生较大的应力集中，也须控制加热速度。

3）高碳、高合金钢等导热性差的工件不宜快速加热。

小知识 ①工件加热时，一般表层、壁薄处、棱角、棱边升温较快，心部、壁厚处升温较慢，这会造成工件温度不均匀现象，加热越快，这种温度不均匀现象越严重，从而产生较大应力；②不同成分的钢，允许快速加热的尺寸有所不同，低碳、低合金钢及形状简单件允许的尺寸较大些。

想一想 ①为何尺寸较小的碳钢件快速加热时一般不容易开裂？②加热速度快慢对生产工艺周期和成本有何影响？

三、加热时间的确定

工件的加热时间包括升温时间、透热时间（也称均温时间）和保温时间，如图 6-1 所示。透热时间是指表面到温后，心部到温所需时间；理论上保温时间是表面到温后，保持恒温的时间。这三个时间实际上很难准确地区分开来。升温时间主要取决于设备功率、加热介质、工件尺寸和形状、装炉量、放置方式、材料的导热性及升温方式等因素；透热时间主要取决于工件尺寸、导热性及炉温高低；保温时间主要取决于工艺要求，如要求奥氏体成分的均匀程度等。

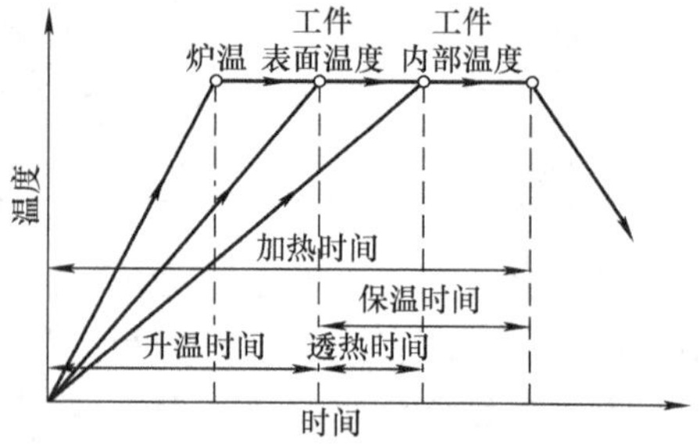

图 6-1 加热时间与升温、透热及保温时间的关系

1. 影响加热时间的因素

（1）化学成分的影响　随钢中碳和合金元素的增加，钢的热导率降低；此外，多数合金元素会降低碳的扩散系数，且合金元素本身在钢中扩散较困难，从而延缓了钢的组织转变，延长了加热时间。所以，高碳钢、合金钢分别比中、低碳钢的加热时间要长。

（2）加热介质的影响　常规介质中，加热速度的大小顺序为：铅浴 > 盐浴 > 煤气（天然气）> 静止空气。在可控气氛炉中加热较空气炉慢，在真空炉中加热更慢。

（3）装炉量和工件放置方式的影响　显然，装炉量越大，所需加热时间越长。但装炉量只要不超过设备的额定值，则加热时间就相差不大。而工件在炉内的放置方式对加热时间影响较大。工件堆放一般要比间隔放置所需加热时间长。

（4）升温方式的影响　生产中常用的升温方式有低温入炉、预热升温、到温入炉和高温入炉四种。

1）低温入炉（也称冷炉装料）是把工件装入冷炉中，随炉一起升温，直至达到所需加热温度的升温方式。此法加热速度慢、时间长，工件温差小，装炉方便，但生产率较低，适用于易畸变、开裂的工件和大件。

2）预热或升温（也称阶梯式升温）是在加热至最终温度前进行一次或数次阶段性保温，待心部与表面均温后再继续升温的升温方式。预热加热的工件截面温差较小，可减少畸变、避免开裂，并可减少工件在高温段停留的时间，减轻氧化、脱碳程度。此方式常用于大件、高合金钢工件。

3）到温入炉（又称热炉装料）是先把炉子升温到工件要求的加热温度，然后把工件装入炉内加热的升温方式。此法是热处理生产中普遍采用的方法，其特点是便于生产、加热较快，适用于多数中、小工件。

4）高温入炉是把工件装入较工件要求加热温度高（通常为 100～150℃）的炉内进行加热，直至工件到达要求温度的升温方式。此法的加热速度快，截面温差大，操作较难掌握。高温入炉加热多用于对畸变要求不高或不易畸变的工件（如某些锻件的退火、正火加热）。

以上四种升温方式中，高温入炉加热速度最快，到温入炉次之，预热升温和低温入炉最慢。一般，对中、低碳钢和低合金钢，有效厚度 < 200mm 者，可采用到温入炉方式加热；300～500mm，可冷态入炉后随炉升温；> 500mm 者，需预热加热并限速升温；形状复杂或高碳高合金钢件需预热加热或低温入炉。

6 CHAPTER

小经验 ①规格不同的同钢种零件若同炉加热，大小件应分别摆放、分别计时，并将小件放在外侧，以便其先出炉；②对加热温度相同，但材料不同的工件，若同炉加热，也应分别摆放（因其加热时间和冷却方式一般不同），先出炉的工件放在靠炉门处。

（5）工件形状、尺寸的影响　相同形状的工件，截面越大，所需加热时间越长；不同形状的工件，有效厚度越小，加热越快。有效厚度是指工件各部位壁厚不同时，如按某处壁厚确定加热时间可保证热处理质量，则该处壁厚称为有效厚度（表 6-2 中给出了常见工件有效厚度的计算示例）。在有效厚度相同时，常见形状工件加热速度的大小顺序为：球状 > 正方体 > 圆棒料 > 矩形棒料 > 板料。

表 6-2　工件有效厚度计算示例

零件形状	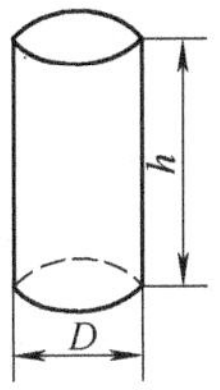 $D<h$	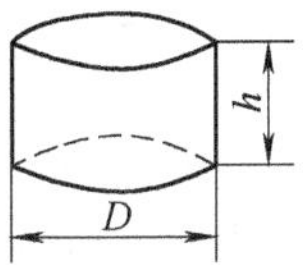 $D>h$	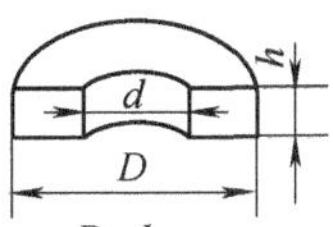 $\frac{D-d}{2}>h$	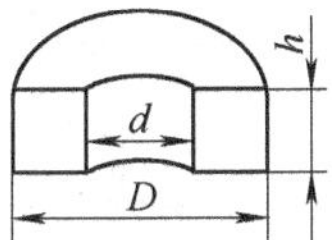 $\frac{D-d}{2}<h$	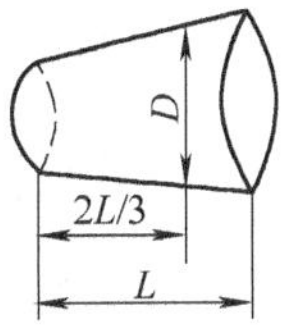	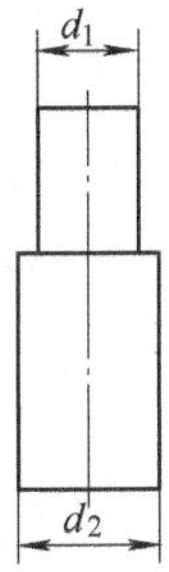
有效厚度	D	H	h	$(D-d)/2$	D	$(d_1+d_2)/2$

2. 加热时间的确定

确定加热时间的基本原则是：在规定的加热温度下，加热的时间要足以保证热处理质量。影响加热时间的因素较多，其确定是个很复杂的问题，目前尚无既可靠、又方便的普适计算公式。一般是按经验公式或经验数据初定加热时间，最终须根据工艺试验确定。

通常，在设备、工件、装炉量、加热条件及升温方式一定的条件下，升温所需时间自然确定。均温时间和保温时间的计算，对大件和中、小件有所不同。对大件或装炉量较大时，需要分别确定均温时间和保温时间。大件的均温时间在生产中是指仪表到温后至工件表面整体颜色均匀一致并与炉墙颜色相同所需的时间；保温时间是指此后保持恒温所用时间。对中、小件，基本可做到心部与表面同步升温[⊖]，当装炉量不大时，一般不必分开计算，炉温到温后的恒温时间即为保温时间。其保温时间 τ（min）的常用计算公式为

$$\tau=\alpha kD \tag{6-1}$$

式中　α——加热时间系数（min/mm），取值与工件尺寸、加热介质及钢的成分有关，见表 6-3；

k——装炉修正系数，见表 6-4；

⊖ 中、小工件（尤其是中、低碳钢）的传热很快，透热所需时间很短，如对 ϕ80mm 以下的 45 钢工件，在 700℃、840℃、920℃下加热时，心部与表层到温时间差不超过 2min。而大件的透热时间较长，如对 42GrMoVϕ950mm（预热升温至 850℃）的工件，约需 6h。

D——工件有效厚度（mm）。

表 6-3　加热时间系数 α　　（单位：min/mm）

工件材料	直径/mm	<600℃ 气体介质炉中预热	800～900℃ 气体介质炉中预热	750～850℃ 盐浴炉中加热或预热	1100～1300℃ 盐浴炉中加热
碳素钢	≤50 >50	—	1.0～1.2 1.2～1.5	0.3～0.4 0.4～0.5	—
低合金钢	≤50 >50	—	1.2～1.5 1.5～1.8	0.45～0.5 0.5～0.55	—
高合金钢 高速工具钢	—	0.35～0.4	 0.65～0.85	0.3～0.35 0.3～0.35	0.17～0.2 0.16～0.18

表 6-4　工件装炉修正系数

工件装炉方式	修正系数 k	工件装炉方式	修正系数 k	工件装炉方式	修正系数 k
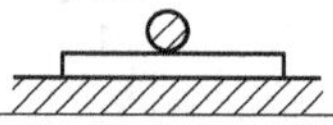	1.0	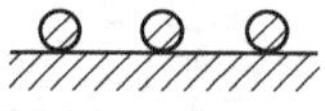	1.3	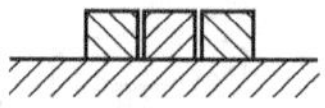	4.0
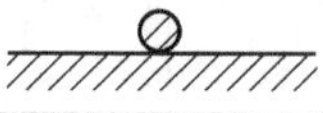	1.0	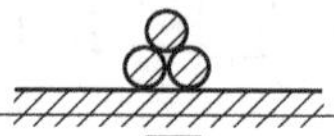	1.7	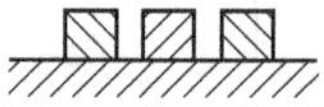	2.2
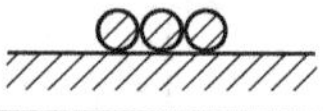	2.0	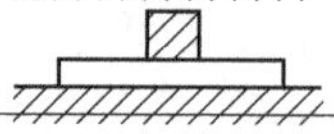	1.0	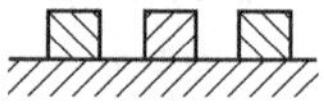	2.0
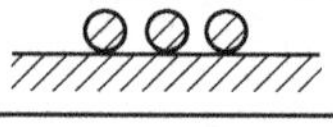	1.4	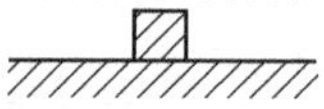	1.4	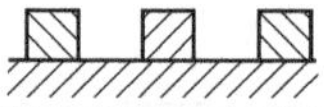	1.8

上式较为简便，但按其算出的加热时间通常较为保守，可作为初定时间，实际中可根据工艺试验及具体情况适当调整。生产中，还常利用在具体生产条件下得出的经验公式（如每毫米有效厚度的加热时间，见表6-5）来计算加热时间，其效果往往较好。

表 6-5　生产中常用加热时间的简易计算表

钢种	加热方式	每毫米有效厚度加热时间/min				
		一次预热	二次预热	最终加热	一次加热	带有预热的一次加热
碳钢	电阻炉	1.7	—	0.6～0.8	1.3～1.8	—
	盐浴炉	0.33	—	0.17	0.3～0.5	—
合金钢	电阻炉	1.7	—	1.2～1.3	2.5～2.7	—
	盐浴炉	0.4～0.5	—	0.2～0.3	0.5～0.7	—
高合金钢	电阻炉	1.7	0.8	0.4～0.5	—	2.5～2.7
	盐浴炉	0.47～0.5	0.3	0.17	—	0.6
高速工具钢	电阻炉	1.7	0.8	0.2～0.4	—	2.5～2.7
	盐浴炉	0.47～0.5	0.3	0.12～0.17	—	0.6

练一练　某45钢阶梯轴的形状与表6-2中的阶梯轴相似，d_1、d_2 分别为43mm、28mm，在箱式炉中淬火加热，间隔摆放，试计算保温时间。（Ac_3 =785℃，工件间距为 $d_1/2$）

四、大锻件的加热

大锻件多由钢锭锻成，其组织具有如下特点：①成分不均匀并有多种冶金缺陷（如偏析、夹杂等）；②晶粒粗大且很不均匀；③含有较多的气体与夹杂物（主要是白点与氢脆）；④锻造应力较大。大锻件热处理一般分为两个阶段：锻后热处理和最终热处理。对多数碳钢及部分低合金钢，锻后热处理也是最终热处理。

大型工件的加热主要有以下特点：①入炉温度较低，升温速度较慢，且须采取阶梯式升温方式（通常在650℃左右等温，有的还须设几个保温台阶），以减小心部、表面温差和热应力，避免开裂；②在升温过程中，须规定升温速度，如在600℃以下时，塑性较差，升温速度宜控制在30～70℃/h，而在600℃以上塑性较好，可取50～100℃/h；③均温时间的计算，均温时间通常以仪表达到规定温度为计时开始，至工件表面颜色均匀一致并与炉墙颜色相同为止；④保温时间的计算，中、小件是从炉温到温开始计算，而大件是从目测工件表面颜色变得均匀一致，并与炉墙颜色相同时开始计算。大件的均温、保温时间较长，如直径为1200mm的发电机转子正火的均温和保温时间分别为12h和14h。对于碳钢和低合金钢，保温时间按0.6～0.8h/100mm计算；对于中高合金钢，按0.8～1.0h/100mm计算。

第二节　加热介质

一、常用加热介质

热处理加热介质（Heating Medium）是指工件进行加热、保温时所采用的吸收、传递热能的物质。热处理常用加热介质按物态可分为气态介质（如空气、天然气）、液态介质（如盐浴、熔融金属）和固态介质（如煤炭、铸铁屑、木炭）三种。

1. 气态介质

气态介质可分为保护气氛和非保护气氛。所谓保护气氛是指在给定温度下，能保护被加热工件表面基本不发生氧化、脱碳或其他化学成分变化的气氛。在气态介质中加热时，在高温区以辐射传热为主，在低于600℃的循环气体加热炉中则以对流传热为主，在中温区，二者均有一定作用。故低温气体加热介质炉中须安装风扇，以保证炉温和炉内气氛均匀，加速传热。

（1）空气及煤气、天然气等完全燃烧后形成的炉气　这类气体中的氧化性组分（CO_2、H_2O、O_2）含量较高，易造成工件氧化脱碳。一般来说，只有那些加工余量较大的毛坯件才在这类介质中加热，成品件不宜在这类介质中加热。

（2）吸热式气体　吸热式气体的主要成分为CO、H_2及少量CH_4，气氛中CO_2、H_2O的含量较低，防止氧化脱碳的能力较放热式气体强，常用作各种碳钢、低合金钢的保护气氛。吸热式气氛的缺点是造价较高；炉温低（400～700℃）时容易产生炭黑；气氛中H_2的含量较高，与空气接触容易爆炸；不适用于含铬量高的合金钢（因气氛中的CO、CO_2易与钢中的Cr发生反应，造成贫铬、贫碳）。

（3）放热式气体　放热式气体分为“浓型”和“淡型”两种，前者所含H_2O、CO_2较少（CO_2的质量分数约为5%），后者中CO_2的质量分数约为10%。放热式气氛是保护气氛中成本最低的一种。浓型放热式气氛适用于低碳钢光亮退火及中碳钢短时加热或允许少量脱碳工件的光亮淬火；淡型放热式气氛可用于高速切削工具的表面氧化处理。

小卡片 光亮热处理是指工件在热处理中基本不氧化，表面保持光亮的热处理。

（4）氨分解气　分解完全的氨分解气的成分为75%的H_2和25%的N_2（没有H_2O、CO_2、CO等），这种气体对多数钢都呈中性，可用于各种钢的保护气氛，尤其适用于含铬量较高的合金钢、不锈钢的光亮退火、淬火。氨分解气的主要缺点是气氛中含氢量高，易促使高碳钢等出现氢脆现象；当与空气混合时易发生爆炸，须采取相应预防措施。

（5）氮基气氛　氮基气氛是以氮气为基的气体，常用的有氮-甲醇、氮-氢、氮-天然气三种氮基气氛。这种气体供应方便、节气、节能、安全、经济、适用性广，可用于多种钢的保护加热。

（6）氢气　氢气适用于不锈钢、低碳钢的光亮热处理及硅钢片的退火，但对高碳钢等有致氢脆的作用。氢气与空气混合后易爆炸，使用时须采取相应的安全措施。

（7）滴注式气氛　将甲醇、乙醇、丙酮等有机液体滴入热处理炉中热分解而得的气氛称为滴注式气氛。此气氛可用作一般钢件的光亮热处理。此法设备简单、经济，适用于周期式热处理炉。其主要缺点是有机液体耗量较大且价格较高；此外，有的滴液（如甲醇）分解不充分时，炉气碳势较低，易引起高碳钢脱碳。

（8）惰性气体和木炭制备气　惰性气体主要包括氩气、氦气、氖气。木炭制备气是将一定量的空气通过炽热的木炭中而制成的气氛。这两种气体应用较少。

以上气态介质中，第一种属于非保护气氛，其余属于保护气氛。还有一个与保护气氛一样经常使用的名词——可控气氛，是指气氛成分可按所要求的氧化-还原、脱碳-增碳效果进行控制的混合气体。与之相应的热处理称为可控气氛热处理。保护气氛与可控气氛的主要区别是保护气氛可以是混合气体，也可是单一组分的气体（如惰性气体），而可控气氛都是混合气体。单一组分的气体，其成分固定不变，无法控制。

2. 液态介质

液态介质主要有盐浴、热油、熔融金属（如铅浴等）等。其中，盐浴应用最多，热油使用较少，铅的挥发会引起环境污染，使用上受到了限制。工件在液态介质中加热时，以热传导为主，兼有辐射传热及对流传热，属于综合传热。其综合传热系数与热导率、比热、密度有很大关系。

在盐浴中加热的主要优点是避免了工件与空气接触，故工件氧化、脱碳较轻。此外，盐浴加热速度较快、均匀，供应方便、经济。

盐浴加热的缺点是熔盐可通过下列方式对工件产生氧化、脱碳及腐蚀：

1）熔盐与空气中的氧及盐内部溶解的氧、水分在高温下可发生以下反应：$2NaCl+\frac{1}{2}O_2=Na_2O+Cl_2$、$BaCl+\frac{1}{2}O_2=BaO+Cl_2$、$NaCl+H_2O=NaOH+HCl$，反应产物中的氧化物与工件表面反应即造成工件氧化、脱碳；Cl_2、HCl还可造成工件、坩埚等的腐蚀。

2）溶解在盐中的氧和水分直接和工件表面发生氧化、脱碳反应。

3）熔盐中的杂质（硫酸盐、碳酸盐等）也会使工件表面发生氧化、脱碳、侵蚀。为防止盐浴中各种杂质对工件的氧化、脱碳及腐蚀，须定期加入脱氧剂并适时捞渣。由于盐浴的挥发及工件表面残留盐的清洗对环境污染较严重，目前已限制使用。

热处理盐浴通常是将 $BaCl_2$、NaCl、KCl、CaCl 等中性盐按照一定比例混合后使用。钡盐不溶于水，黏附在工件上不易清洗。钠盐和钾盐易溶解于水，清洗方便。钙盐蒸发严重，易腐蚀工件，除低温盐浴外，很少使用。

高温盐浴（>950℃）一般采用钡盐；中温盐浴（650～950℃）常用钠盐和钾盐；低温盐浴（<650℃）常用硝盐和氯化盐，主要用于回火加热（也常作为等温淬火、分级淬火的淬火冷却介质）。常用盐浴的成分和使用温度见表6-6。

表6-6　常用盐浴、碱浴的成分表

盐浴类型	成分（质量分数）	熔化温度/℃	使用温度/℃	用途
高温盐	$BaCl_2$（100%）	960	1000～1350	高速工具钢、合金钢淬火加热
中温盐	NaCl（50%）+KCl（50%）	670	720～1000	合金钢、碳钢淬火加热及高速工具钢淬火预热
	NaCl（20%～30%）+$BaCl_2$（70%～80%）	700	750～1000	
	NaCl（50%）+$BaCl_2$（50%）	600	650～1000	
	NaCl（21%）+$CaCl_2$（48%）+$BaCl_2$（31%）	435	480～780	各种钢件的高温回火
	NaCl（56%）+$CaCl_2$（44%）	430	480～780	
低温盐	$NaNO_3$（100%）	271	300～550	使用温度低于550℃的回火、分级淬火、等温淬火
	$NaNO_2$（50%）+KNO_3（50%）	225	280～550	
	$NaNO_3$（55%）+$NaNO_2$（45%）	137	150～550	
	$NaNO_3$（25%）+$NaNO_2$（25%）+KNO_3（50%）	175	205～600	
碱浴	NaOH（20%）+KOH（80%），另加6% H_2O	130	150～300	低温回火、分级淬火、等温淬火

碱浴和油一般用来进行低温回火（也常作为淬火冷却介质）。

使用硝盐时必须注意：①使用温度不能超过600℃，否则会自行分解并引起爆炸和火灾；②硝盐和氰盐反应激烈，会引起爆炸，故在氰盐中加热过的工件不能在硝盐中回火；油、木屑、木炭等也严禁带入硝盐中；③禁止用铸铁或石墨坩埚做容器，以免发生爆炸；④使用者须遵守有关规定，对硝盐妥善存放、保管。

3. 流态床加热

流态床加热是指用一定压力的气体吹动细微固体粒子（如石墨、石英砂等）形成悬浮的流态床加热金属。流态床加热的传热方式包括辐射、对流和传导。流态床加热具有速度较快（接近于盐浴）、加热较均匀、加热温度范围宽（150～1350℃），一般无氧化、脱碳等优点。随流态化技术的进步，流态床加热的应用正逐步增多。

4. 真空加热

真空加热是指在正常大气压以下进行的加热。按照真空度可分为低真空（10^2～10^5Pa）、中真空（10^{-1}～10^2Pa）、高真空（10^{-5}～10^{-1}Pa）和超高真空（<10^{-5}Pa）。钢件真空热处理的真空度一般为0.133～13.33Pa，属于中真空范围。此时，气氛中虽仍含有微量氧化、

脱碳组分，但实际氧化、脱碳程度极轻微，可实现光亮热处理。

真空加热的优点是不会发生氧化、脱碳现象，而且具有表面净化（可使已有的氧化物发生分解而去除）、脱气（使钢中所含氢、氧、氮等气体从内部向表面扩散而逸出）、脱脂（使工件表面的油脂分解为气体而去除）等作用。

真空加热的缺点是加热速度比空气炉慢[㊀]，这是因为真空炉内的气体分子很少，主要依靠辐射传热，对流与传导很微弱。此外，真空加热容易出现合金元素从工件内逸出的现象。

固态介质应用较少，这里不再介绍。

二、加热介质及设备的选择

1）一般铸、锻毛坯的预备热处理可选用空气、煤气、天然气等加热介质，因毛坯件加工余量较大，表面产生的氧化、脱碳可在随后的机加工中切削掉。但如条件具备，也应在保护气氛中加热。对表面质量要求较高、加工余量较小的精锻、精铸、热挤压成形毛坯，应采用可控气氛加热。对尺寸较大的非长轴类毛坯件，多选用台车炉加热。

2）机加工后的中等截面工件，视工件形状、畸变及表面质量要求等选用（密封）箱式炉或井式炉，介质选用空气或可控气氛。

3）尺寸较小的成品件淬火时，可根据加工余量、生产量等情况和表面质量要求选用盐炉、（密封）箱式炉、井式炉或真空炉加热，介质视情况选用盐浴、可控气氛或真空加热。局部加热时一般选用感应加热或盐浴炉，大批量生产的成品小件选用振底式或网带或连续炉加热。

4）回火一般可在盐浴或空气炉中进行。

想一想　尺寸较大的非长轴毛坯件加热时为何多选用台车炉？对表面氧化脱碳要求严格的汽车用螺栓宜选用何种加热炉、介质？

第三节　钢件加热时的氧化、脱碳及其预防措施

钢件加热时，可能出现氧化、脱碳，过烧、过热、欠热、畸变、开裂及氢脆等缺陷。本节主要介绍氧化、脱碳的形成过程及预防措施，其他缺陷在以后的章节中介绍。

一、钢件加热时的氧化现象

热处理中的氧化（Oxidation）是指加热时，介质中的 O_2、H_2O 及 CO_2 等与工件反应生成氧化物的现象。

因空气炉、燃气（煤气、天然气）炉内都含有 O_2、H_2O、CO_2 等氧化性气体，加热时，氧化性气体会与钢表面 Fe 原子发生氧化反应。在低于 570℃ 时，反应的主要生成物为 Fe_3O_4。工件表面形成 Fe_3O_4 氧化膜后，将氧化性气体与工件基体隔开，进一步氧化必须穿过氧化膜，这时的氧化速度主要取决于氧原子在氧化层中的扩散速度。由于 Fe_3O_4 较致密，且此时氧原子的扩散能力较低，故其穿过氧化膜向内部扩散较困难，所以 570℃ 以下的氧化

㊀ 如使 GCr15 钢试样心部加热到 850℃，真空加热所需时间是盐浴炉加热时间的 6 倍、空气炉的 1.5 倍。

速度很慢（图 6-1），一般可以忽略。当加热温度大于或等于 570℃时，氧化性气体与钢件表面的 Fe 原子主要发生下列反应

$$Fe + \frac{1}{2}O_2 \longrightarrow FeO \tag{6-2}$$

$$Fe + H_2O \rightleftharpoons FeO + H_2 \tag{6-3}$$

$$Fe + CO_2 \rightleftharpoons FeO + CO \tag{6-4}$$

生成的氧化物主要是 FeO㊀。FeO 中存在大量空位、结构疏松，且因氧化物与金属的热膨胀系数不同，随其厚度增大，FeO 层将发生破裂，使氧原子易于穿过 FeO 层而进行扩散；加之温度升高，原子的扩散能力增强，故氧化速度急剧增加，如图 6-2 所示。

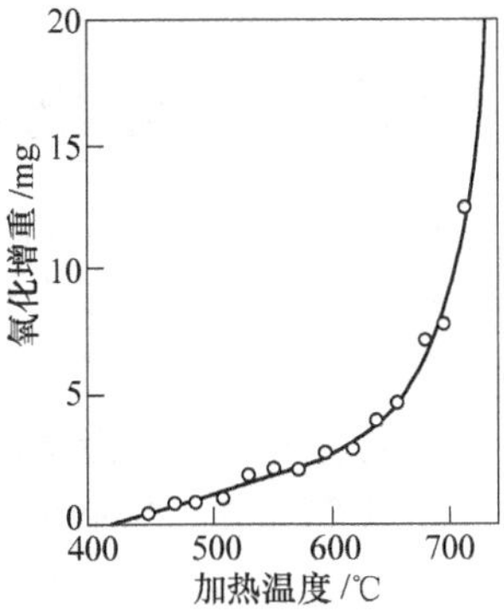

图 6-2　钢的氧化速度与加热温度的关系

由化学中的质量作用定律可知，在一定温度下反应达到平衡时，反应产物与反应物的分压比为常数（即平衡常数）。例如对式（6-3）和式（6-4），其值（可查相关资料或用公式算出）分别为 $k_3 = p_{H_2}/p_{H_2O}$、$k_4 = p_{CO}/p_{CO_2}$，保持此分压比，反应既不会向右进行，发生氧化，也不会向左进行，发生还原。但若炉气中 H_2O、CO_2的含量增多（或 H_2、CO 减少），使 $p_{H_2}/p_{H_2O} > p'_{H_2}/p'_{H_2O}$、$p_{CO}/p_{CO_2} > p'_{CO}/p'_{CO_2}$，则将打破平衡，使反应向右进行，发生氧化；反之，若 H_2O、CO_2的含量减少（或 H_2、CO 增多），反应将向左进行，发生还原。在炉内通入保护气氛并进行适当控制，即可保护工件不发生氧化。

二、脱碳现象

1. 脱碳现象

脱碳（Decarburization）是指加热时介质与工件中的碳发生反应，使表层含碳量降低的现象。脱碳一般比氧化更容易发生，尤其是对于含碳量高的钢。常见的脱碳反应有以下几种

$$CO_2 + C \rightleftharpoons 2CO \tag{6-5}$$

$$H_2O + C \rightleftharpoons CO + H_2 \tag{6-6}$$

$$2H_2 + C \rightleftharpoons CH_4 \tag{6-7}$$

以上反应都是可逆反应，因此其反应方向可以控制。当反应向右进行时，钢在加热过程中发生脱碳；当反应向左进行时，将发生渗碳。与前述钢的氧化一样，求出反应温度下的平衡常数，将其与相应反应的分压比相比较，就可判断是发生脱碳还是增碳。实际中，通常用碳势来判断工件的脱碳、增碳。

2. 碳势的概念

碳势（Carbon Potential）是在一定温度下，炉气改变工件表面含碳量能力的参数，通常用低碳钢箔片在该炉气中的平衡含碳量（质量分数）来表示㊁。碳势也可理解为：当炉气与工件的脱碳、渗碳反应达到平衡时，工件表面的含碳量。炉气的碳势越高，表示该气氛对工件的渗碳能力越强。在某温度下，若炉气的碳势低于工件表层的含碳量，可使工件表层脱

㊀ 除 FeO 外，还有 Fe_3O_4、Fe_2O_3，但其厚度很薄。Fe_2O_3、Fe_3O_4、FeO 三者的厚度比为 1:1:100。

㊁ 箔片厚度约为 0.1mm，这样较容易在较短时间内将箔片渗透，使炉气与工件间的渗碳、脱碳反应达到平衡。与此有关内容可参见第十三章。

碳；反之，可使其渗碳。例如，碳势为0.5%的炉气可使含碳量低于0.5%的碳钢件渗碳（具体渗碳程度还与工件在该温度下停留的时间有关，但最多渗到0.5%）；若工件含碳量高于0.5%，则不但不能对其渗碳，反而会使其表层脱碳（但最多脱到0.5%）。设法使炉气的碳势等于钢件含碳量，则既不会发生脱碳，也不会渗碳。

想一想 “炉气的碳势等于炉内工件表面的含碳量”，对吗？

三、氧化、脱碳的危害及其预防措施

1. 氧化、脱碳的危害

氧化使工件表面形成氧化皮，造成材料浪费，使工件表面变得粗糙、精度下降、无光泽，工件抗疲劳能力明显下降。脱碳则使工件表层一定深度内的含碳量降低，导致热处理后表层强度、硬度等性能降低。

2. 预防氧化、脱碳的措施

1）在空气介质中加热时可采用以下方法：将工件埋入铸铁屑、木炭中，刷防氧化涂料保护，用不锈钢箔包装密封加热。

2）视情况采用保护气氛加热、感应加热、真空加热或流态床、盐浴加热等少、无氧化加热方式。

3）用火焰炉加热时，调节空气与燃料的比值，使炉气呈还原性。

4）加热前，消除工件表面的水渍和锈斑，采用高温短时快速加热等。

本章小结

本章主要介绍了各种常规加热中的共性问题：确定加热工艺参数的一些原则性做法及影响工艺参数的因素，常用加热介质特点及选择，氧化脱碳现象的成因、危害及预防措施。

加热工艺参数中，加热温度是最关键的一个参数，加热温度的选择原则应保证：奥氏体晶粒细小、均匀；奥氏体碳含量及合金元素含量适当，成分适度均匀；第二相（如碳化物、$F_{先}$）细小、均匀；少无畸变与无氧化脱碳；表6-1是以上原则的具体体现。加热速度的选择原则是只要工件允许，应尽量采用快速加热。加热时间的选择原则是以保证热处理后工件满足性能要求为准。介质与设备选择原则是经济、高效、节能环保。以上是加热工艺参数及设备介质选择的一般原则，具体应视工件、车间条件等情况而定。采用可控气氛、真空加热等少、无氧化脱碳加热方式是防止氧化脱碳的有效措施。

本章重要名词：透热时间、保温时间、有效厚度、保护气氛、可控气氛、氧化、脱碳、碳势、可控气氛热处理、光亮热处理。

习 题

一、填空题

1. 在<600℃的热处理炉内的热交换中，______传热起主要作用。

2. 盐浴加热具有加热速度______，氧化、脱碳程度______，加热______等优点。
3. 厚薄相差悬殊、形状复杂的工件，应视情况采用______或______方式加热。
4. 工件用______方式加热，所需时间最长、速度最慢，但工件内外温差最小。
5. 在碳势为0.35%的炉气中加热，______钢将发生脱碳，______钢将发生增碳。
6. 大件加热时，需采取______式升温，并控制______。
7. 预热的作用是________和________。

二、判断正误并简述原因

1. 在通有保护气氛的炉中加热，工件不会发生氧化、脱碳。（　　）
2. 原始组织较细的工件，加热温度取上限；原始组织粗大的工件，加热温度取下限。（　　）
3. 通常硝盐和碱浴用来进行低温回火（低于250℃的回火）。（　　）
4. 工件不需加工的表面发生严重氧化后，只是造成质量损失，对力学性能没有影响。（　　）
5. 工件在加热状态下，才会发生氧化。（　　）

三、简答题

1. 热处理加热温度偏高或偏低，分别对工件热处理质量有何影响？
2. 确定工件加热时间时通常要考虑哪些因素？
3. 常用热处理入炉升温方式有哪几种？各适用于哪些情况？
4. 为何大件、高合金钢件一般不允许快速加热？
5. 在空气炉中加热的工件为何会发生氧化、脱碳？可采取哪些预防措施？
6. 用盐浴炉加热工件为何也会发生氧化、脱碳？应当如何预防？
7. 常用的保护气氛有哪几种？哪种经济、安全、适用性广？
8. 什么是光亮热处理？什么是可控气氛热处理？二者有何区别？
9. 规格不同的同钢种零件，同炉加热时应注意什么？

第七章　钢的退火与正火

机械零件的全厂加工工艺路线一般是：毛坯成形（铸造或锻造）→预备热处理（正火或退火）→粗加工及半精加工→最终热处理（通常是淬火、回火）→精加工→出厂。其中，作为预备热处理的退火与正火，主要起改善铸造、锻造等热加工中形成的粗大不良组织、调整硬度等作用，为后续机加工和热处理做准备。作为最终热处理的淬火、回火，是决定工件最终力学性能的热处理，一般安排在工件切削加工基本完毕之后进行。退火、正火、淬火、回火共同构成了热处理的四大基本工艺。

本章主要介绍常用退火、正火工艺及其常见缺陷和预防措施。本章学习时会较多地用到第二章中珠光体转变的有关内容，应注意及时复习。

本章的主要教学要求是：①掌握常用退火与正火的目的、工艺特点、适用范围及组织性能特点；②明确退火与正火的工艺原理及确定工艺参数的理由，退火与正火的常见缺陷及其预防措施；③能对一般碳钢件合理选择预备热处理工艺，能基本完成完全退火、正火工艺编制练习与质量缺陷分析练习项目。

第一节　钢的退火

一、概述

退火（Annealing）是将钢件加热到适当温度，保持一定时间，然后缓慢冷却（通常是随炉冷却）的热处理工艺[⊖]。

按加热温度不同，可将退火分为两大类：一类是在临界点（Ac_3或Ac_1）以上的退火，如完全退火和均匀化退火等，这类退火在加热、冷却过程中有相变发生；另一类是在Ac_1以下的退火，如再结晶退火、去应力退火等，这类退火无相变发生。按退火的目的不同，还可将其分为均匀化退火、球化退火、去应力退火等。

相对于正火、淬火而言，退火是一种软化处理。由图7-1中亚共析钢完全奥氏体化后的退火、正火及淬火冷却曲线可知，退火冷速最慢，其冷却曲线穿过的是等温转变曲线的粗珠光体形成区，其组织中硬度较高的珠光体较粗且较少，低硬度相先共析铁素体却较多且较粗；而正火冷却曲线穿过的是细珠光体形成区，其组织中的珠光体较

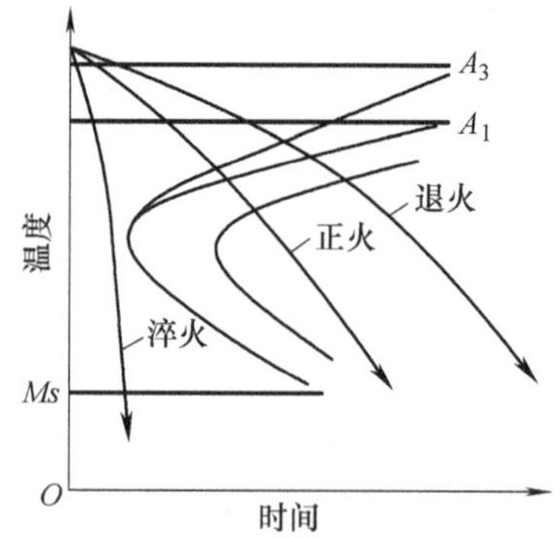

图7-1　亚共析钢退火、正火及淬火冷却曲线的比较

⊖　所谓工艺是指将原材料制成半成品或成品所采用的加工方法。

多且较细，先共析铁素体较少且较细；淬火则得到马氏体组织。显然，三者中退火态硬度最低、塑性最好。故一般而言，退火是一种使钢件硬度、强度下降，塑性提高的软化处理。

退火除了可使钢软化之外，还有改善组织、消除应力等功用，详见具体退火工艺处。

二、常用退火工艺

1. 均匀化退火

均匀化退火[一]（Homogenizing Annealing，Diffusion Annealing）是以减轻工件化学成分和组织不均匀程度为主要目的，将其加热到高温并长时间保温，然后缓慢冷却的退火。

（1）目的与适用范围　均匀化退火一般用于合金钢的铸件、铸锭或锻坯（尤其是对质量要求较高的合金钢件），主要目的是消除或显著减轻枝晶偏析及组织不均匀现象（如带状组织）。由于碳原子扩散较合金元素容易得多（快几个数量级），碳钢中单纯碳的枝晶偏析可在锻、轧加热中或通过退火、正火得以消除，故一般不必进行均匀化退火。

（2）工艺原理　在高温下，活动能力大大增强的原子通过较充分的扩散，可使成分逐渐变得均匀，从而消除或显著减轻上述不均匀现象。

（3）工艺参数确定

1）加热温度。钢件均匀化退火的加热温度通常选择在固相线以下（100～200℃），即 Ac_3 或 Ac_{cm} 以上 150～300℃（视合金元素的含量和偏析程度而异）。碳钢一般为 1100～1200℃，合金钢为 1050～1250℃。温度太高，会影响炉子的寿命，并使钢件氧化、脱碳严重。加热速度通常控制在 100～200℃/h，具体视成分、尺寸形状及装炉量等而定。对高碳高合金钢及形状复杂件、大件，一般需采取预热或低温入炉方式加热。

2）保温时间。炉温到温后的保温时间一般按每毫米厚度保持 1.5～2.5min 计算。若装炉量较大，则可按下式计算

$$\tau = 8.5 + Q/4$$

式中　τ——保温时间（h）；

Q——装炉量（t）。

一般保温时间不超过 15h，否则氧化、脱碳严重，且能耗太大。

3）冷却速度。总体而言，各种退火冷却都是缓慢冷却。均匀化退火的冷却速度一般小于 50℃/h，高合金钢为 20～30℃/h。通常降温到 600℃ 以下后，可出炉空冷（以提高生产率）。高合金钢在 350℃ 左右出炉，以免产生新的应力和硬度偏高。

（4）均匀化退火的应用及注意事项

① 由于均匀化退火的温度高、时间长、能耗大，生产成本很高，并且钢在高温下长时间加热氧化、脱碳严重，故选用时要慎重，例如实际中常采用正火而不是均匀化退火来消除带状组织。

② 工件毛坯在高温下长时间退火后晶粒变得很粗大，为细化晶粒，须在扩散退火后补充一次完全退火或正火。

③ 对有合金元素严重枝晶偏析的工件反复锻打，将枝晶打碎[二]后再进行均匀化退火，效果才好，并可使退火时间明显缩短。对碳化物或夹杂物不均匀现象，均匀化退火也无能为

[一] 均匀化退火属于扩散退火的一种，属于扩散退火的还有预防白点退火。

[二] 枝晶越粗大，通过退火使之变均匀越困难。而枝晶被打碎后，由于原子扩散的路径变短，均匀化就较容易了。

力，这也需要通过反复锻打来改善。

相关知识 带状组织的成因（以20CrMnTi钢为例）：铸锭结晶造成的Mn（或P、S、Si）的枝晶偏析在热轧中，沿轧向呈带状分布，形成了贫锰带与富锰带。因Mn可使Ar_3降低，故贫锰处的Ar_3较高，而富锰处Ar_3较低。当热轧后慢冷时，将首先沿Ar_3较高的贫锰带析出$F_{先}$而形成F带，并将多余的C原子扩散到两侧仍处于A状态的富锰带；富锰带将在随后冷却中转变成珠光体为主的组织，从而形成F带与P带交替分布的带状组织。带状组织的危害主要是：①使横向（垂直于轧制方向）的塑、韧性明显降低，但对强度影响不大。②在淬火时，带状组织会增大淬火应力，使工件畸变开裂倾向增大。③在渗碳时，会造成沿铁素体带处的渗层浅、沿珠光体带处渗层深。同时，由于富合金元素处Ms较低，导致渗碳淬火后A_r较多，组织、硬度不均匀。④在切削加工时，带状组织加速刀具磨损，使工件表面加工质量降低。⑤造成耐蚀性降低，并造成冷弯性能恶化。

2. 完全退火

完全退火（Full Annealing）是将工件完全奥氏体化后缓慢冷却，以获得接近平衡组织的退火。缓慢冷却一般采用随炉冷却。

（1）目的与适用范围

目的：完全退火的主要目的是降低硬度，改善铸、锻等热加工形成的不良组织（如粗大晶粒等）及消除内应力，以便于后续切削加工和冷变形，并为淬火做好组织准备。

适用范围：①生产中，完全退火主要用于$w_C=0.30\%\sim0.60\%$的中碳钢及中碳合金钢铸、锻、轧、焊件，以降低其硬度，改善其在铸、锻后出现的粗大组织（如大块铁素体、粗大P团）及内应力。②有时完全退火也用于淬火返修件。例如，淬火过热的工件在返修前要先进行一次完全退火（或高温回火），得到平衡或接近平衡的组织后，才能重新加热淬火，否则可能发生组织遗传，使力学性能降低。

$w_C>1.0\%$的过共析钢一般不宜进行完全退火，因其在完全奥氏体化后缓冷时，会沿晶界析出网状二次渗碳体，使脆性明显增大；低碳钢一般也不进行完全退火，因其会导致硬度偏低，不便于切削加工。

相关知识 一般来说，硬度在160～230HBW时，切削加工性能较好（$w_C=0.30\%\sim0.60\%$的碳钢完全退火后的硬度即在此范围内）。若硬度过高，则切削较困难、刀具磨损较快、耗能较大；若硬度过低，则切削时切屑不易断，容易缠绕在刀具或工件上，造成刀具的发热和磨损，还易伤人，加工后零件表面质量也较差。

（2）工艺原理

1）如前所述，完全退火可降低硬度，是因其冷却速度缓慢，珠光体较少、铁素体较多（对亚共析钢），且二者均较粗（相对正火）。图7-2所示为碳钢退火、正火后的大致硬度。

2）完全退火可细化晶粒，是针对原组织晶粒较粗大的情况（如过热、铸造或锻造造成的粗大组织）而言的。完全退火加热过程中，奥氏体晶粒择优在原组织的相界、晶界等处形核，由于可择优形核的地点很多，形成的奥氏体晶核数目自然很多。最终，由这些众多晶核发展而来的细小奥氏体晶粒将完全取代过热工件及铸造、锻造中形成的粗大组织（就好像又进行了一次“结晶”）；且由于完全退火的温度较低，已形成的奥氏体晶粒不会粗化。在随后的冷却过程中，由这些细小奥氏体析出的组织自然较原组织细。㊀

3）消除内应力。由于高温下钢的屈服强度大大降低，当内应力值大于该温度下的屈服强度时，就可使工件发生相应的塑性变形，塑性变形后，内应力自然就松弛或释放掉了（这可比喻为一个铅笔盒状物体被拉长的橡皮条沿纵向包裹，当该物体因某种原因发生纵向塑性收缩变形时，皮条作用在物体上的压应力将被逐渐松弛而减小，甚至消失）。而室温下钢的屈服强度较高，内应力值低于室温下钢的屈服强度，所以内应力不能松弛或释放。

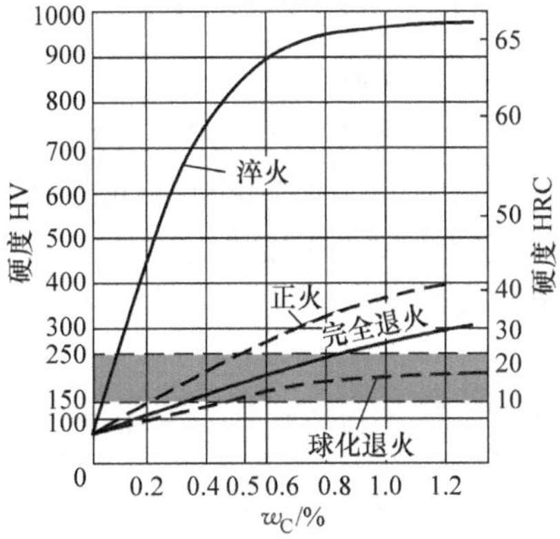

图 7-2　碳钢退火、正火后的大致硬度值

4）因退火后得到接近平衡的组织，与原 M 或 B 无位向关系，从而切断了组织遗传。

（3）工艺参数的确定及工艺实施注意事项

1）加热温度。亚共析钢完全退火的加热温度一般为 Ac_3 +（30～50）℃，合金钢一般为 Ac_3 +（50～70）℃。合金钢采用较高退火温度有利于合金碳化物尽快溶入奥氏体和成分均匀化。钢中粗大魏氏组织往往较难消除，为此须将加热温度提高至 1100℃左右，然后补充一次常规完全退火，以细化组织。表 7-1、表 7-2 中给出了部分碳钢的完全退火温度和合金钢钢锭的完全退火温度。

表 7-1　部分碳钢的完全退火温度及退火后的硬度

w_C/%	Ac_1/℃	Ac_3/℃	退火温度/℃	退火后的硬度 HBW
0.20	735	855	860～900	111～149
0.30	732	813	850～900	≤159
0.40	724	790	840～870	≤187
0.45	724	780	800～840	≤197
0.50	725	760	820～840	≤229
0.60	727	766	800～820	≤229
0.70	730	743	780～820	≤229
0.80	730	—	780～800	≤229
0.90	730	737	790～840	167～229

表 7-2　推荐的部分亚共析合金钢钢锭的完全退火温度

钢　种	钢　号	退火温度/℃
结构钢	40Mn2，40Cr，35CrMo，38CrSi，38CrMoAl，38CrMnSi	840～870
弹簧钢	65，60Mn，55SiMn，60Si2Mn，50CrVA	840～870
热模钢	5CrNiMo，5CrMnMo	810～850

㊀ 如冷却速度与铸、锻后冷却速度相近，则主要是 $F_{先}$ 和 $P_{团}$ 较细小，而 $P_{片}$ 粗细变化不大。

2）加热速度。完全退火加热速度主要取决于钢的成分、工件尺寸形状、装炉量等，一般无需严格控制。碳钢和低合金钢的中、小件（有效厚度小于200mm）一般可根据情况采用到温入炉或高温入炉方式加热；合金元素含量高的工件，形状复杂、截面相差悬殊的工件及大型工件（大于500mm）或装炉量很大时，可采用低温入炉、阶梯式加热，甚至限制加热速度的方式升温加热。在600～700℃以下，钢材的塑性较差，升温应慢些，高于此温度升温可快一些。

想一想　为何完全退火的温度不需要像均匀化退火那样高？

3）退火保温时间。退火保温时间应考虑钢的化学成分、原始组织、装炉量及所用加热炉的特性等因素。对于碳钢或低合金钢，当装炉量不大时，炉温（空气炉）到温后的工件保温时间 τ（min）可按第六章给出的式（6-1）计算，即 $\tau=\alpha kD$；装炉量大时，可适当延长保温时间，如经预热，则时间应适当缩短。

对于亚共析钢锻、轧钢材，其保温时间 τ（h）一般可按下式计算

$$\tau=(3\sim4)+(0.2\sim0.5)Q$$

式中　Q——装炉量（t）。

4）冷却。完全退火的冷却速度一般控制在：碳钢小于200℃/h，合金钢为50～100℃/h，高合金钢为20～50℃/h，大截面工件小于30℃/h。缓慢冷却一般采用随炉冷却（冷却速度小于30℃/h），也可埋于砂中或耐火土中进行缓冷。冷却速度过快会导致珠光体片层间距过细，出现索氏体或托氏体组织，造成硬度偏高，不利于切削加工；冷速过慢，则会使珠光体片层间距偏大，出现大块铁素体甚至反常组织，使强度、硬度降低，切削时易“粘刀”，使加工表面质量下降，淬火时还易造成软点。因此，应根据具体要求、钢种及工件等合理选择冷却速度。为提高生产率，一般随炉冷至550℃左右便可出炉空冷；合金元素含量高、截面大的工件，其出炉温度应小于350℃，以减小畸变、开裂倾向。

想一想　①为何合金钢完全退火的保温时间较长？②可否随炉冷至 Ac_1 以上即出炉空炉？

3. 不完全退火

不完全退火（Partial Annealing，Incomplete Annealing）是将工件部分奥氏体化后缓慢冷却的退火。

由于不完全退火是在 $Ac_1\sim Ac_3$ 两相区加热，不能完全奥氏体化，组织中仍保留部分铁素体，这部分铁素体的形态、分布未能改善。

不完全退火主要应用于原始组织未粗化的中、高碳钢和低合金钢的锻、轧件等。其优点是加热温度低、耗能少、工艺成本低。主要目的是降低硬度、改善切削加工性能、消除应力及适当改善组织。

不完全退火的加热速度、保温时间、冷却速度等工艺参数的确定与完全退火基本相同。

想一想　如果某中碳钢锻件组织为粗大铁素体+珠光体，是否适宜进行不完全退火？

4. 等温退火

等温退火（Isothermal Annealing）是将工件加热到高于 Ac_3（或 Ac_1）的温度，保持适当时间后，较快地冷却到珠光体转变温度区间的适当温度并等温保持，使奥氏体转变为珠光体类组织后在空气中冷却的退火。由此看出，等温退火实际上是完全退火（或不完全退火）的一个特例，区别仅在于冷却方式不同，如图 7-3 所示。

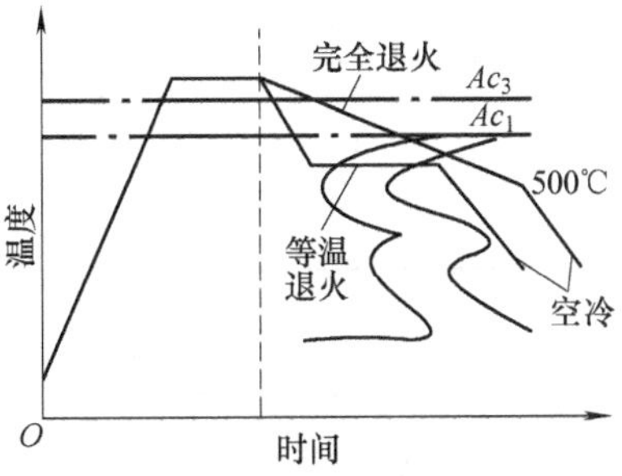

图 7-3　完全退火与等温退火工艺曲线比较

（1）优、缺点及适用范围　等温退火的优点是工艺时间短，心部、表层组织、性能均匀（这也是等温退火的目的）。等温退火主要用于等温转变曲线较靠右的合金钢较大件，但尺寸及装炉量不宜过大（或应与其等温转变曲线相匹配），否则心部难以达到等温退火的效果。用等温退火切断组织遗传，其效果优于完全退火。

（2）工艺原理　对等温转变曲线较靠右的钢，如采用完全退火，则冷却时间很长，这对大批量生产很不经济。等温退火较完全退火工艺时间短，是因为等温退火是在加热后快冷至等温转变曲线“鼻尖”附近的珠光体区进行等温分解，由于冷却速度较快且“鼻尖”附近的转变所用时间较短㊀，故退火周期较短（图 7-3）。由于是在恒温下发生组织转变，故心部和表层的组织、性能均匀一致。

在大批量生产中，等温退火常采用分段控温的连续加热炉加热；小批量生产时，加热和等温可分别采用两台炉子。

（3）工艺参数确定

1）加热温度及保温时间。等温退火的加热温度及加热温度下的保持时间与完全退火或不完全退火基本相同。

2）等温温度。等温温度是决定退火后组织及硬度的主要因素。要求硬度低时，等温温度应高一些；反之，则应低一些。为缩短工艺周期，提高生产率，在保证获得所要求硬度的前提下，应尽量选择孕育期短、奥氏体分解速度较快的温度进行等温。

3）等温时间。等温时间应根据钢的等温转变曲线、性能要求及截面大小进行选择。等温时间包括工件冷至等温温度所需时间和组织转变完成所需时间，因此等温时间较等温转变曲线上对应的时间要长些。一般碳钢取 1～2h，合金钢多取 3～6h，高合金钢应更长，具体可参考等温转变曲线并结合工件情况及工艺试验来确定。转变完成后，即可出炉冷却。为减小残余应力，也可等温后炉冷至 500℃左右再出炉空冷。表 7-3 中给出了部分合金钢的等温退火工艺规范。

表 7-3　推荐的部分合金钢的等温退火工艺规范（获得大部分珠光体组织）

钢号	奥氏体化温度/℃	等温分解温度/℃	保持时间/h	大致硬度 HBW
40Mn2	830	620	4.5	183
40CrNi	830	660	6	187
12Cr2Ni4	870	595	14	187
40Cr	830	675	6	187

㊀ 等温转变曲线的时间坐标是对数，越靠右端，同样间隔代表的时间越长。等温转变曲线“鼻尖”附近等温转变的起点、终点均较靠左，完成转变所需时间较短。

（续）

钢号	奥氏体化温度/℃	等温分解温度/℃	保持时间/h	大致硬度 HBW
40CrMo	845	675	5	197
50CrV	830	675	6	201
30CrNiMo	845	660	6	192
40CrNiMo	830	660	6	197
60Si2Mn	860	660	6	229

想一想 为何等温退火尤其适用于等温转变曲线较靠右的合金钢较大件？为何等温温度偏高，则等温退火后硬度较低？

5. 球化退火

为使钢中碳化物球状化而进行的退火称为球化退火（Spheroidizing Annealing，Spheroidizing）。

（1）适用范围　球化退火主要用于高碳钢及高合金钢工件（如工具、模具、滚动轴承等）以及某些冷挤压成形的低、中碳结构钢工件。如第二章所述，球化退火后组织为粒状珠光体，即球粒状碳化物均匀分布在铁素体基体上，它是钢中珠光体硬度最低、塑性最佳的一种状态。

（2）球化退火目的

1）降低硬度，改善切削性能。试验证明，$w_C>0.5\%$ 的钢，粒状珠光体不但比片状珠光体的硬度低，而且切削性能好（含碳量越高，这种差别越大）。故高碳及高合金钢工件等在机加工前均采用球化退火。

2）为最终热处理做组织准备。共析及过共析钢工件淬火前，要求组织中的碳化物呈粒状（即球粒状），粒状珠光体是淬火前的理想组织。这是因为相对片状碳化物，粒状碳化物在加热时不易溶入奥氏体，而未溶碳化物可阻碍奥氏体长大；此外，同样加热后，因溶入奥氏体中的碳较少，有利于减轻过共析钢淬火时的变形和开裂倾向。

3）确定高碳及高合金钢淬火后碳化物的最终组织形态（在淬火加热时，这些碳化物基本不会溶入奥氏体）。研究表明，在强度、硬度相同的条件下，钢中碳化物呈粒状时，塑性、韧性都较片状高；对轴承等承受接触应力的工件，碳化物呈粒状时，接触疲劳强度较高，使用寿命较长[⊖]。故这类工件都希望组织中的碳化物呈粒状。

4）改善亚共析钢（主要是中碳钢）的冷塑性变形能力，提高其在冷挤压过程中的变形能力。

总之，粒状珠光体的切削性能、冷挤压成形性能、热处理性能及力学性能都比片状珠光体好。

（3）工艺原理　同样体积分数的碳化物，当其呈粒状时，具有最小的表面积、表面能，故片状或其他形状的碳化物在退火中总是会自发地向球状转变。球化退火时，通常将钢加热

⊖ 服役工件的碳化物呈球状时，碳化物处的应力集中将明显减轻，这将使沿碳化物处萌生裂纹的倾向显著降低，从而提高工件的塑性、韧性和接触疲劳寿命。

到略高于临界温度（Ac_1），经适当保温后，得到不均匀奥氏体，即在奥氏体中存在许多未溶碳化物质点和富碳区；然后在缓慢冷却或略低于 Ac_1 等温时，以未溶碳化物质点及富碳区为核心，形成球状碳化物。

相关知识 热处理工艺性是指工艺实施中达到工件技术要求的难易程度和经济性。钢的热处理工艺性包括淬透性、淬硬性、晶粒长大倾向、耐回火性、回火脆性及氧化脱碳倾向等。热处理工艺性差，则工件在热处理时达到技术要求较困难或成本较高，反之较容易或成本较低。

想一想 中碳钢锻件在切削加工前一般是否要进行球化退火？为什么？

（4）常用球化退火方法

1）等温球化退火。等温球化退火是将钢加热到 Ac_1 +（10～30）℃，保温一定时间（一般为4h），然后冷至 Ar_1 −（20～30）℃并在此温度等温较长时间，随后炉冷或空冷的工艺。此工艺属于等温退火的一种，其工艺曲线如图7-4所示。

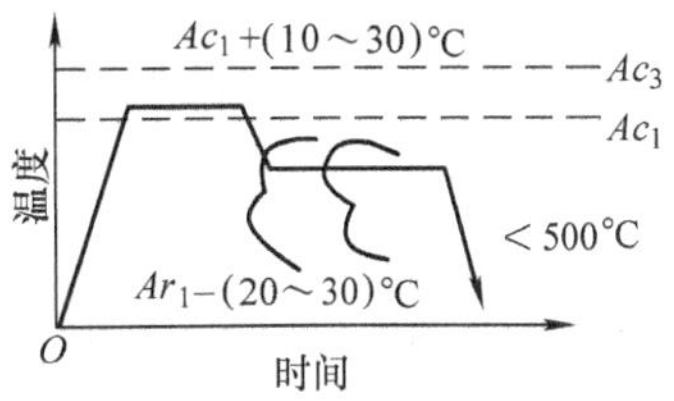

图7-4　等温球化退火工艺曲线

等温球化退火的工艺参数及工艺实施注意事项如下：①等温球化退火（也包括缓冷球化退火和循环球化退火）的加热温度是决定球化质量的关键。加热温度高，则奥氏体成分较均匀，碳化物与富碳区较少，退火后易出现粗片珠光体（图7-5a，图7-5b是正常组织）；温度低，则碳化物溶断较少，有较多碳化物仍呈片状（图7-5c），除非长时间保温，否则球化将不充分，球化退火后硬度偏高。实践证明，适宜的加热温度为 Ac_1 +（10～30）℃。②等温温度是决定球化质量的另一关键参数。当等温温度为 Ar_1 −（20～30）℃时，球化时间较短；温度再低，则原子扩散能力较差，球化所需时间太长。等温阶段的保温时间应保证粒状珠光体转变基本完全。不同钢的等温时间不同，两段的等温时间一般小于10h。③加热速度可参照完全退火的加热速度。

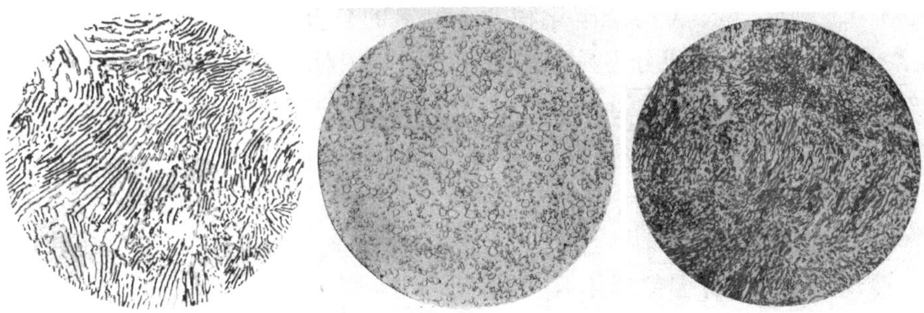

a)　　b)　　c)

图7-5　碳素工具钢球化合格与不合格组织

a）球化温度偏高（粗片珠光体+粒状珠光体）　b）温度正常

c）温度偏低（未溶片珠光体+粒状珠光体）

与下面介绍的缓冷球化退火相比，等温球化退火的工艺时间短、操作较简单、组织较均匀，是应用最广泛的一种球化退火。

想一想 为何 T12 钢 740℃加热、650℃等温后，碳化物基本呈粒状，而 810℃加热、650℃等温后，则呈片状？

2）缓冷球化退火。缓冷球化退火工艺是将钢加热到 Ac_1 + （10～20）℃，保温一定时间，然后缓冷的球化退火方法。其工艺曲线如图 7-6 所示。

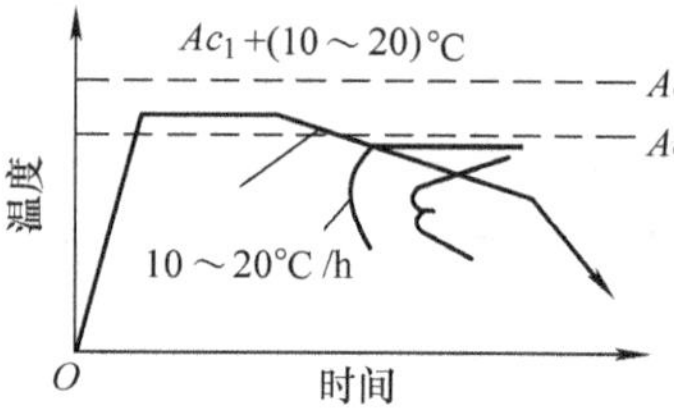

图 7-6　缓冷球化工艺曲线

此工艺要求原始组织为细片层珠光体，且无连续网状碳化物，否则球化困难（连续网状碳化物即使长时间球化退火，也难以完全消除）。

缓冷球化退火的工艺参数及工艺实施注意事项如下：①加热温度为 Ac_1 + （10～20）℃。②保温时间取决于透烧时间。③冷却速度。此工艺的球化是在加热和缓冷过程中发生的，故冷却速度对球化质量有重要影响。冷却速度太快，碳化物易呈细粒状或片状；冷却速度太慢，则碳化物聚集长大较充分，导致碳化物较粗，所需时间也太长。通常将冷却速度控制在 10～20℃/h，冷至 550℃左右出炉。

此工艺的缺点是工艺周期较长，缓冷速度不易控制。

3）影响碳化物球化的因素。

①加热温度。加热温度的影响前面已作介绍，此处不再重复。②等温温度和冷却速度。等温温度和冷却速度是控制碳化物形态及颗粒大小的主要因素。如等温温度过高或冷却速度太慢，则原子扩散能力较强、扩散较充分，碳化物容易聚集长大，将得到分布不均匀的粗粒状碳化物，硬度偏低；若等温温度过低或冷却速度太快，则原子扩散能力下降、扩散不充分，碳化物聚集，球化较困难，易得到细粒状或片状碳化物，硬度偏高。等温温度过低还会使球化时间变长。③加热时间和等温时间。加热时间和等温时间对球化质量的影响与加热温度类似，但没有加热温度和等温温度的作用大。④钢的化学成分。含碳量增加，则碳化物数量增多，在加热过程中未溶碳化物和富碳区数量相对较多，球化核心增多，从而有利于球化。对于含有 Cr、Mo、W、V 等强碳化物合金元素的合金钢，由于其碳化物较稳定、难溶（未溶碳化物较多），奥氏体成分不易均匀化（富碳区相对较多），故较易获得良好的球化效果。⑤钢的原始组织。在相同的退火工艺下，原始组织中碳化物较薄、细时，球化较容易。碳化物呈网状时很难球化，一般须经正火消除网状碳化物后，再进行球化退火。

（5）其他球化退火方法

1）循环球化退火（周期球化退火）。该法是在 Ac_1 + （10～20）℃和 Ar_1 - （20～30）℃循环加热、冷却并短时间保温的球化退火工艺。

循环球化退火的工艺参数及工艺实施注意事项如下：①此工艺的加热、冷却温度与等温球化相同；保温时间主要取决于工件均温时间。②小件循环冷却时，可由炉中取出，空冷至 Ar_1 以下再放回炉中。循环几次（多为三次）后，炉冷至 550℃以下出炉空冷。

该工艺周期较短、能耗较低、球化较充分，但操作较繁琐，适用于小批量生产的小截面工件。若装炉量较大或截面较大，则循环加热和冷却很难实现，故不适用。

应用举例：某厂对 T7A 钢锥阀和 GCr15 钢卸载阀用循环球化退火代替等温球化退火（工艺曲线如图 7-7 和图 7-8 所示），使工艺时间显著缩短（但心部球化质量较差）；又如，某 W6Mo5Cr4V2 高速工具钢锥柄钻头（ϕ18mm）采用循环球化退火，较等温球化时间缩短一半，使用寿命更长。

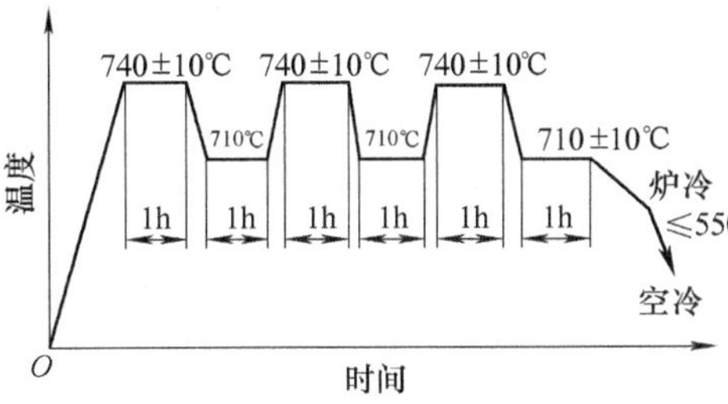

图 7-7　T7A 钢循环球化退火工艺曲线

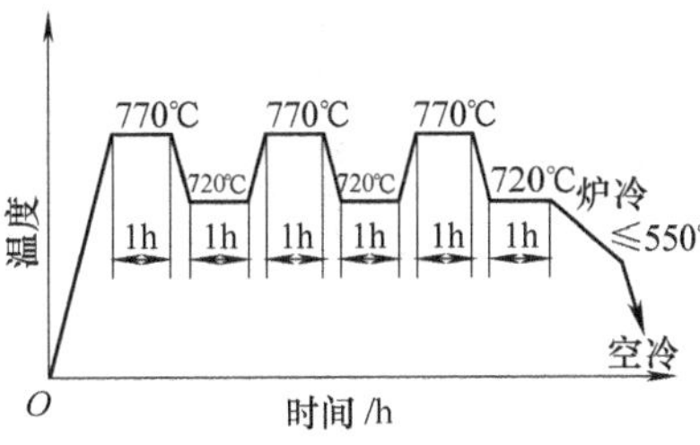

图7-8　GCr15 钢循环球化退火工艺曲线

以上几种球化退火方法的共同点：将钢加热到略高于临界温度（Ac_1），经适当保温后，得到不均匀奥氏体，即在奥氏体中存在许多未溶碳化物质点和富碳区；然后在缓慢冷却或略低于 Ac_1 等温时，以未溶碳化物质点或富碳区为核心形成球状碳化物。

2）形变球化退火。在室温下对钢件进行一定的变形，然后在 Ac_1 －（20～30）℃进行球化退火，此工艺称为低温形变球化退火。如果在高温形变后立即在 Ac_1 ＋（30～50）℃保温，然后进行缓冷或等温退火，则此工艺称为高温形变球化退火。高温形变球化退火的实质是锻造或热轧后利用余热进行球化退火，可用于大批生产的弹簧钢和轴承钢等。

形变球化退火可加快碳化物的球化过程，这是因为形变过程中碳化物碎化（形成亚晶界），使其容易沿亚晶界处溶断、球化。

应用举例：某厂将 T8A、T9A 冷拉钢丝变形后，加热至 700℃保温 60min，然后随炉冷至 500℃出炉空冷。退火后得到细小、球状渗碳体均匀分布的球化组织。由于退火前的冷变形对球化过程具有促进作用，因此球化退火所用时间明显缩短。

3）低温球化退火。低温球化退火是将工件加热到 Ac_1 以下 20℃左右，长时间保温后，炉冷至 550℃以下，出炉空冷的球化退火工艺。其球化主要是在长时间保温和缓冷中进行的。

低温球化退火的保温时间取决于钢种及要求的球化质量。炉冷速度控制在 10～20℃/h。

由于球化温度较低，用此法球化所需的时间很长（几十小时至 100h），球化效果也不好；如果碳化物较厚或碳化物呈网状，则球化更困难。此工艺一般用于经冷变形加工的钢材及原珠光体片层较薄且无网状碳化物钢的球化处理，其他情况下很少应用。

4）淬火后高温回火。将钢加热奥氏体化后油淬（获得马氏体）或贝氏体等温淬火，然后在低于 Ac_1 的温度（680～700℃）高温回火 1～2h，即可使碳化物球化。该工艺适用于共析、过共析钢及合金钢锻件的快速球化退火，但工件尺寸不宜太大。

表 7-4 为常用工具钢的球化退火工艺规范，表 7-5 是几种冷挤压钢的球化退火工艺规范。

表 7-4 常用工具钢的球化退火工艺规范

钢 号	临界点/℃			加热温度/℃	等温温度/℃	硬度 HBW
	Ac_1	Ac_m	Ar_1			
T7 (T7A)	730	770	700	750 ~ 770	640 ~ 670	≤187
T8 (T8A)	730	—	700	740 ~ 760	650 ~ 680	≤187
T10 (T10A)	730	800	700	750 ~ 770	680 ~ 700	≤197
T12 (T12A)	730	820	700	750 ~ 770	680 ~ 700	≤207
9Mn2V	736	765	652	760 ~ 780	670 ~ 690	≤229
9SiCr	770	870	730	790 ~ 810	700 ~ 720	197 ~ 241
CrMn	740	(980)	700	770 ~ 810	680 ~ 700	197 ~ 241
9CrWMn, CrWMn	750	940	710	770 ~ 790	680 ~ 700	207 ~ 255
GCr15	760	900	700	790 ~ 810	710 ~ 720	207 ~ 229
GCr15SiMn	770	870	708	790 ~ 810	690 ~ 710	207 ~ 229
Cr12MoV	810	855	760	850 ~ 870	720 ~ 750	207 ~ 229
Cr12	810	835	755	850 ~ 870	720 ~ 750	269 ~ 217
W18Cr4V	850	—	760	850 ~ 880	730 ~ 750	207 ~ 255
W9Cr4V2	830	—	760	850 ~ 880	730 ~ 750	207 ~ 255
W6Mo5Cr4V2	845 ~ 880	—	805 ~ 740	850 ~ 870	740 ~ 750	≤255
5CrMnMo	710	760	650	850 ~ 870	~ 680	197 ~ 241
5CrNiMo	710	770	680	850 ~ 870	~ 680	197 ~ 241
3Cr2W8V	820	1100	790	850 ~ 860	720 ~ 740	—

表 7-5 几种冷挤压钢球化退火工艺规范

钢 号	加热温度/℃	保温时间/h	等温温度及时间	冷却速度/(℃/h)	出炉温度/℃	硬度 HBW
15Cr, 20Cr	860 ± 10	3 ~ 4	—	< 50	300	< 130
15Cr, 20Cr	780 ± 10	2 ~ 3	700 ± 10℃ 6 ~ 8h	—	500	125 ~ 131
15Cr, 20Cr	720	5 ~ 6	—	< 50	450	≤125
35, 45, 40MnB	720	6 ~ 7	—	< 50	550	≤145
08, 15, 20	720	2 ~ 3	—	空冷	—	≤120
20MnV, 40Cr, 50	950 ~ 1000	1 ~ 1.5	700 ± 10℃ 2 ~ 2.5h	60	500	140
40Cr	770 ± 10	4 ~ 5	670 ± 10℃ 5 ~ 6h	炉冷	500	≤160

（6）典型零件球化退火工艺举例

1）技术要求。GCr15 钢滚动轴承套圈锻坯，外径 ϕ300mm、内径 ϕ240mm、高 40mm，技术要求为球化退火后锻坯硬度 180～208HBW，球化级别为 2～3 级。轴承套圈的加工路线：备料→锻造→球化退火→车削加工→淬火、冷处理、低温回火→粗磨→时效→半精磨→时效→精磨→装配。

2）加热设备与工艺规范选择。

① 预备热处理工艺方法选择。GCr15 钢是制作滚动轴承的常用钢种，其主要成分为 $w_C=1.0\%$、$w_{Cr}=1.5\%$，属于过共析钢。按正常工艺锻造后，GCr15 钢组织为细片状珠光体，硬度为 225～340HBW，切削加工困难。另外，以这样的组织进行淬火，片状碳化物易溶入奥氏体中，使奥氏体的含碳量过高，且奥氏体晶粒易粗化。

轴承套圈切削加工前希望硬度为 180～230HBW，组织为细小、均匀的粒状珠光体。显然，完全退火和正火无法满足此要求。而经球化退火后，硬度为 180～208HBW（为提高切削加工性能，也常提高至约 220HBW），便于切削加工；且粒状碳化物的稳定性较高，淬火加热时不易发生过热，故预备热处理宜采用球化退火[㊀]。如前所述，几种常用球化退火方式中，缓冷球化退火的冷却速度不便控制、生产周期也较长，而循环球化退火适用于装炉量或工件尺寸较小的情况。本工件为批量生产，适宜选用等温球化退火。

② 加热设备与工装的选择。一般来说，球化退火加热设备可选用箱式炉、井式电阻炉、台车炉或推杆炉等，根据本套圈锻坯的尺寸形状及生产量，选用 RX—45—9 型箱式炉（如批量大，则选大炉子），每炉 24 件。工装采用耐热钢料箱，其尺寸大小与炉子的有效加热区有关。

③ 工艺参数的选择。

a. 加热温度与等温温度的选择。GCr15 钢的 Ac_1 点为 750～760℃[㊁]，加热温度通常为 790℃。试验证明，等温温度为 700℃时，碳化物颗粒较细小，硬度偏高，为 225～250HBW；720℃等温时，碳化物颗粒大小适中，硬度为 210～215HBW，故选 720℃等温。

b. 保温与等温时间选择：球化保温与等温时间要考虑球化质量、装炉量、装炉方法、工件大小等因素，通常保温时间 3～6h，等温时间 4～6h；时间过短，球化质量难以保证。

c. 冷却。两个保温阶段之间的冷却（图 7-9 中冷却①）方式通常有随炉冷却、打开炉门冷却、将工件移出炉外空冷、双炉冷却、风冷等，本例采用打开炉门冷却。冷却②采取随炉冷却，冷至 650℃出炉空冷。

按以上参数制订的球化退火工艺曲线如图 7-9 所示。

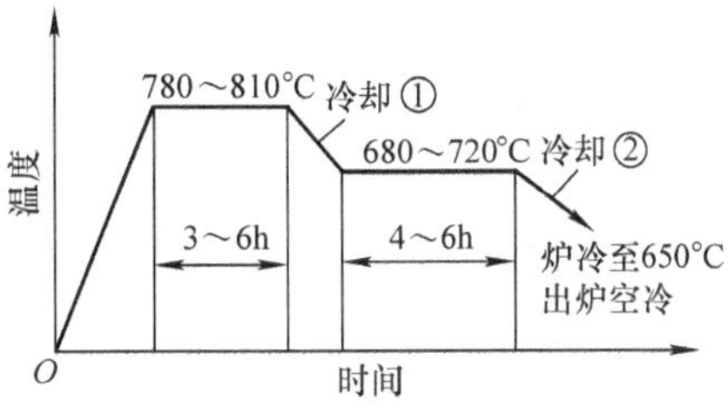

图 7-9　轴承套圈等温球化退火工艺曲线

㊀ 锻造后，如组织中有较粗网状碳化物或粗片状碳化物，则球化前须进行正火。

㊁ 与碳钢不同，合金钢的 Ac_1、Ac_3、Ar_1、Ar_3 等临界点通常是一个温度范围，其范围的宽窄与加入元素的种类、质量分数有关。

按此工艺退火后，硬度均为 180～207HBW，球化级别为 2～3 级，完全符合技术要求。

3）操作过程及工艺实施注意事项。

①根据转入的轴承锻坯加工单，核对锻坯材料（可通过打火花核对）、数量是否相符，检查锻坯表面有无裂纹、尺寸是否符合要求。②根据锻坯的尺寸形状、技术要求、批量大小等选择加热设备。③根据锻坯尺寸形状及炉子加热区尺寸形状，选择退火工装。④将装好锻坯的料箱放在有效加热区内（加热区的温度偏差值≤±10℃），料箱与电热元件保持距离约 150mm，既便于出、装炉，也有利于保证炉内温度的均匀。料箱内工件保持适当间距并摆放均匀。⑤入炉，关闭炉门，接通电源，设定好仪表温度、时间，即可开始球化退火。因本工件的有效厚度不大，可采用到温入炉方式升温。到温后保温 1h，进行炉温检测、温度修正。⑥检查。锻坯出炉后，检查其硬度、显微组织及表面脱碳深度，硬度检查采用 HB—3000 布氏硬度计，珠光体组织按 JB/T 1255—2001《高碳铬轴承钢滚动轴承零件热处理技术条件》第一级别图检验，表面脱碳层按 JB/T 7362—2007《滚动轴承零件脱碳层检查方法》检验。

6. 去应力退火

为去除工件塑性变形加工、切削加工或焊接等造成的内应力及铸件内存在的残余应力而进行的退火，称去应力退火（Stress Relieving，Stress Relief Annealing）。

由于只是为了去除应力，故不必加热至发生相变的温度，只需加热到 Ac_1 以下 100～200℃即可。一般碳钢、低合金钢为 550～650℃，铸铁为 500～600℃，热作模具钢、高合金钢为 650～750℃。加热速度应较慢。保温时间与加热温度有关，加热温度越高，所需保温时间越短，一般为 1～3h。保温后缓冷至 500℃以下出炉空冷，大件、易畸变件应冷至 200～300℃再出炉空冷，以避免产生新的内应力。

7. 再结晶退火

再结晶退火是将冷变形后的金属加热到再结晶温度以上，保持适当时间，使冷变形造成晶体缺陷基本消失，重新形成均匀的等轴晶粒，以消除形变强化和残余应力的退火。

（1）工艺目的及原理　再结晶退火的目的是消除冷变形造成的强度、硬度提高，塑性、韧性下降的形变强化现象，使材料或工件的组织、性能及内应力恢复到冷塑性变形前的水平。其工艺原理见金属学相关章节。

（2）应用范围　再结晶退火主要用于需数次冷变形的钢材及冷变形成形工件，如冷轧中的钢板及冷拉、冷挤压成形工件。再结晶退火既可作为钢材各道次冷变形之间的中间退火，也可视需要作为其最终热处理。

（3）工艺参数　一般碳钢和低合金钢的再结晶温度为 600～700℃（保温 1～3h，随炉冷至 500℃，出炉空冷，有时为防止三次渗碳体析出，也可采用淋水冷却）。温度太高，会使晶粒粗化；温度太低，则再结晶不充分。

8. 预防白点退火

预防白点退火（Hydrogen Relief Annealing）是为防止工件在热形变加工后的冷却过程中因氢呈气态析出而形成白点（发裂），在形变热加工完成后直接进行的退火，其目的是使氢扩散到工件之外。

（1）白点的危害　当钢中含过量氢时，随温度降低，氢在钢中的溶解度减小，如果过饱和的氢不能扩散到钢件外，将会在某些缺陷处聚集成氢分子，造成氢的体积急剧膨胀，其内压力很大，当内压力超过材料局部的断裂强度时，就会在材料内部形成微裂纹。微裂纹断面呈圆形或椭圆形，颜色为银白色，侧向观察该裂纹形如毛发，故称其为发裂型白点。白点会使钢件塑性、韧性急剧下降。

（2）应用范围　预防白点退火主要用于碳钢、低合金钢及高合金钢的大型锻件。因小件中的氢较容易通过扩散逸出工件，故小件一般不必进行预防白点退火。

（3）工艺原理　由图7-10可知，氢在铁素体中的溶解度比在奥氏体中小很多，但氢在铁素体中的扩散系数远大于奥氏体（图7-11）。由此可知，去氢应在铁素体（或以铁素体为主）组织状态下进行（如F＋P组织），并且去氢温度应是氢的扩散系数较大的温度。实际中，大型工件锻、轧后尽快冷至等温转变曲线珠光体转变区的“鼻尖”温度（以使奥氏体尽快转变为有利于氢扩散的以铁素体为主的组织），并在此温度长时间等温（以使氢逐渐扩散出去），就是根据此道理。

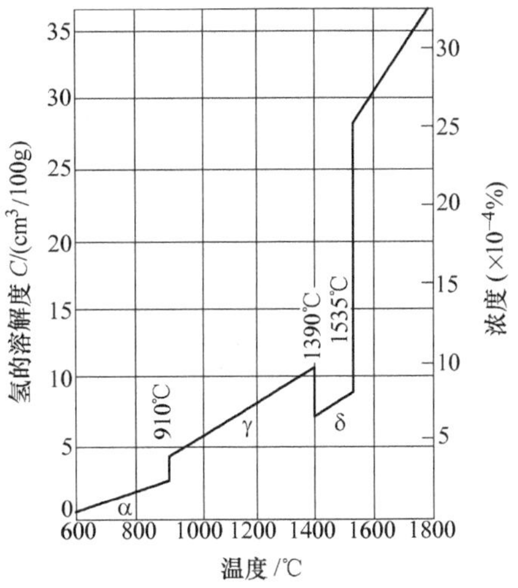

图7-10　氢在铁素体中的溶解度与温度的关系

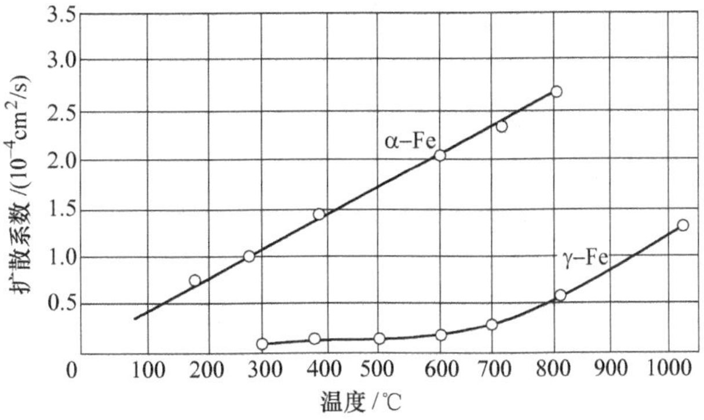

图7-11　氢在铁素体中的扩散系数与温度的关系

（4）工艺参数　由于不同钢种的等温转变曲线差异较大，预防白点退火的等温温度需根据其等温转变曲线来确定。碳钢及低合金钢大锻件在锻造后，通常以较快速度冷至等温转变曲线“鼻尖”处等温（等温时间通常按5～10h/100mm计算），然后以20～40℃/h的冷却速度冷至100～150℃出炉空冷。中、高合金钢的等温转变曲线与碳钢不同，预防白点退火工艺也有所不同，具体可参见有关资料。

练一练　列表完成下列任务：指出完全退火、不完全退火、球化退火、均匀化退火、等温退火、去应力退火、再结晶退火、去氢退火及正火工艺的功用、工艺特点、组织特点及主要适用范围，在表格内的适当位置画出各工艺曲线（标出温度、时间范围及冷却方式）。

第二节 钢的正火

钢的正火（Normalizing）是将工件加热奥氏体化后保持适当时间，在空气中冷却的热处理工艺。

一、正火与退火的组织、性能区别

普通正火与完全退火的加热温度基本相同，二者的主要区别是正火采用空冷，冷却速度较退火快。如前所述，对于亚共析钢，冷却中二者都要经过 $F_{\text{先}}+P$ 转变区间（图 7-1），组织都是由 $F_{\text{先}}+P_{\text{片}}$ 组成的。但二者组织中 $F_{\text{先}}$、$P_{\text{片}}$ 的量和粗细程度不同：正火组织中，$F_{\text{先}}$ 量较少且较细，$P_{\text{片}}$ 量较多且较细；而退火组织则相反，如图 7-12 所示。这是由于正火冷却速度较快，使先共析转变受到较大程度的抑制，因而 $F_{\text{先}}$ 析出量减少甚至不能析出；同时，由于过冷度较大，已析出的 $F_{\text{先}}$、$P_{\text{片}}$ 未能充分长大，故正火形成的 $F_{\text{先}}$、$P_{\text{片}}$ 较细。$F_{\text{先}}$ 少了，P 量自然增多。一般来说，$w_C=0.6\%\sim1.4\%$ 的钢正火后不出现 $F_{\text{先}}$ 或 $Fe_3C_{\text{先}}$，而全部为 P 或 S 组织（伪共析组织）；$w_C<0.6\%$ 的钢只出现少量 $F_{\text{先}}$，如 45 钢退火态铁素体与珠光体组织的质量分数分别为 45% 和 55%，正火后则分别为 30% 和 70%。

对于同一种亚共析钢，由于正火组织中 P 较多、较细，$F_{\text{先}}$ 较少且较细（图 7-12b），故正火态的强度、硬度较退火态高，塑性则相近或略低，如图 7-13 所示。

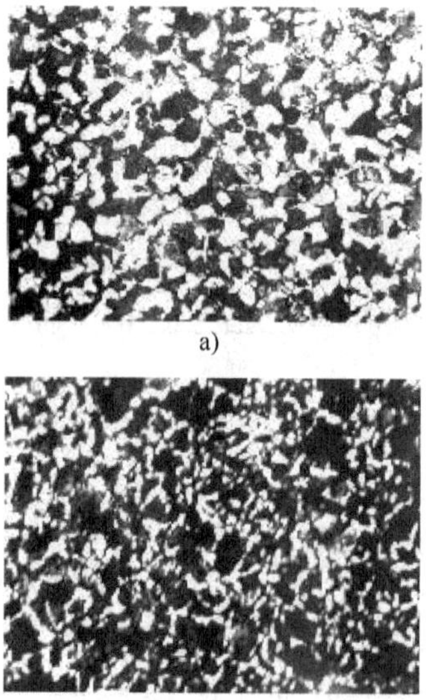

图 7-12　45 钢退火与正火组织比较
（试样尺寸为 ϕ15mm×20mm）
a）退火组织　b）正火组织

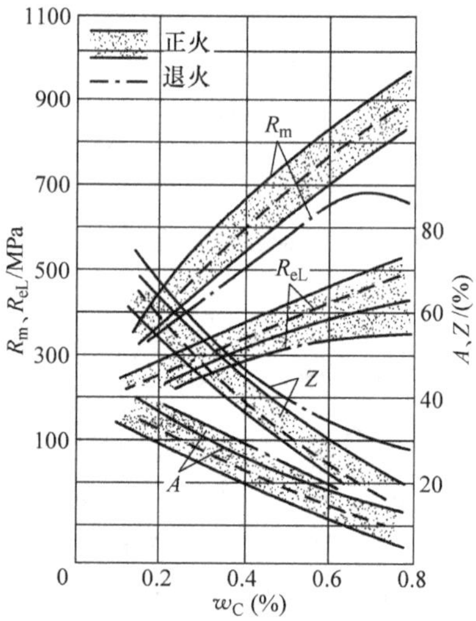

图 7-13　碳钢退火、正火后性能比较

练一练　指出正火的工艺特点及组织、性能特点。

7 CHAPTER

二、普通正火工艺

1. 普通正火的目的与应用范围

1）调整硬度㊀，改善切削加工性能，多用于 $w_C \leqslant 0.45\%$ 的碳钢（$w_C > 0.45\%$ 的碳钢正火后硬度较高，不便进行切削加工）及部分低碳合金钢。

2）细化组织，消除因铸、锻等热加工及热处理造成的过热组织（如粗大魏氏组织、P 团等）。

3）对于不太重要的工件（多为中碳钢），用正火代替调质处理作为最终热处理，以降低生产成本。对一些工件（如某些大型工件）调质淬火时，畸变开裂倾向很大，而正火冷却速度较慢，可以规避此风险，其最终热处理也常采用正火。

4）消除过共析钢的网状碳化物，为球化退火和淬火做组织准备。

5）消除或减轻铸、锻件的带状组织（等温正火效果较好）。

以上所涉及材料一般为碳钢或等温转变曲线不是很靠右的合金钢。

想一想　等温转变曲线很靠右的合金钢为何一般不进行正火？

2. 正火工艺原理

1）正火可调整硬度与可细化晶粒、消除过热组织的原因前已述及，这里不再重复。

2）在强度、硬度相同的条件下，虽然正火态的塑性、韧性不如调质态（正火态组织为块状 F + 片状 P，而调质态组织为等轴 F 基体上均布着粒状碳化物，后者的强度、硬度与塑性、韧性配合良好），但因正火已可满足这些不太重要工件对塑性、韧性的要求，而正火生产成本明显低于调质，故由正火代替调质是合理的。

3）正火可消除过共析钢中的网状 $Fe_3C_{先}$ 是由于正火完全奥氏体化加热时，原网状 $Fe_3C_{先}$ 溶入 A 而消失，而随后较快地冷却，抑制了 $Fe_3C_{先}$ 的析出，从而避免了新的网状 $Fe_3C_{先}$ 出现。

4）有带状 F、带状 P 组织的工件奥氏体化时（一般需 >950℃），原带状 F、带状 P 均转变为 A 而消失，并且 A 中含碳量将趋于均匀而不再呈带状分布（但合金元素的带状偏析依然存在）；之后，由于正火冷却速度较快，$F_{先}$ 的析出受到抑制而数量减少并变细、变均匀（而非择优在合金元素带状富集或贫化区析出），从而消除或减轻了带状 F、P。据此可知，较高温度的完全退火尽管在加热中也可消除带状 F、P，但由于在随后慢冷中，$F_{先}$ 倾向沿贫 Mn 处优先析出（其他处则因过冷度较小，F 形核较困难），从而形成新的 F 带，并继而形成新的 P 带，即完全退火不能消除合金元素偏析引起的带状 F、P。

3. 正火工艺参数

（1）加热温度　对钢件而言，正火加热温度原则上为 Ac_3 +（50 ~ 70）℃或 Ac_{cm} +（30 ~ 50）℃，但实际中，中、低碳钢及低碳合金钢的加热温度往往较高（具体温度与钢的成分、性能要求等有关），如低碳钢及低碳合金钢的加热温度一般为 Ac_3 +（100 ~ 150）℃，中碳钢为 Ac_3 +（50 ~ 100）℃。Ac_3 以上 100 ~ 150℃的正火也称高温正火。高碳钢的加热温度一般

㊀ 随加工能力的提高，现许多厂家已将可切削加工的硬度提高到 35HRC 以上。

为 Ac_{cm} + (30 ~ 50)℃。

低碳钢及低碳合金钢的正火温度较高，是因为对其进行普通正火后 [Ac_3 + (30 ~ 50)℃]，铁素体量偏多、珠光体量偏少，硬度较低、韧性较大，切削阻力较大、不易断屑，并且由于加热温度较低，奥氏体成分不够均匀，使形成的组织不够均匀，这对汽车零件制造等行业的大批量、高速切削生产非常不利。采用高温正火，可使奥氏体晶粒适当粗化、成分更均匀，使等温转变曲线右移，同时再适当增大冷却速度，即可使珠光体含量增多并细化，从而提高硬度，改善切削加工性能。这是近些年正火温度较传统正火大幅度提高的重要原因。对含有 V、Ti、Nb 等强碳化物形成元素的低碳合金钢（如 20CrMnTi 等）采用高温正火 [Ac_3 + (120 ~ 150)℃]，还有利于碳化物尽快溶解、奥氏体均匀化和提高生产率，而奥氏体晶粒却不会明显长大。表 7-6 中给出了常用钢的正火温度和正火后的硬度。

相关知识 许多渗碳件（如汽车齿轮）的形状复杂、切削加工量大，且在渗碳淬火后不再进行磨削精加工，因此要求其具有良好的切削加工性能（可进行高速切削、切削耗能小、刀具磨损小、表面粗糙度值小等）。为此，要求其所采用的低碳合金渗碳钢具有均匀的 $F_{先}$ + 细片状 P（钢的组织越细、越均匀，切削加工后的表面质量越好），硬度最好在 160 ~ 180HBW 之间。

表 7-6 常用钢的正火温度和正火后的硬度

钢号	Ac_1/℃	Ac_3/℃	正火温度/℃	正火后的硬度/HBW	钢号	Ac_1/℃	Ac_3/℃	正火温度/℃	正火后的硬度/HBW
20	735	855	890 ~ 920	≤156	40CrNiMo	760	810	890 ~ 920	220 ~ 270
20Cr	765	836	870 ~ 900	143 ~ 197	65Mn	726	765	830 ~ 860	≤269
20CrMnTi	745	830	920 ~ 970	160 ~ 207	T8	730	—	760 ~ 780	241 ~ 302
45	724	780	840 ~ 880	170 ~ 217	T10	730	800	820 ~ 840	255 ~ 321
40Cr	780	840	870 ~ 890	179 ~ 229	T12	730	820	850 ~ 870	269 ~ 341
45Mn2	711	765	820 ~ 860	187 ~ 241	9CrSi	770	870	900 ~ 920	—
35CrMo	755	800	850 ~ 880	241 ~ 285	CrWMn	750	940	970 ~ 990	388 ~ 514
60Si2Mn	755	810	850 ~ 870	≤302	50CrV	752	788	850 ~ 880	≤302

注：如以正火为最终热处理，则取下限温度；如作为预先热处理，则取上限。

(2) 加热时间　正火加热的保持时间可按下式 $\tau = \alpha kD$ 计算。

(3) 加热速度　可参照完全退火的加热速度。

(4) 冷却方式　正火通常采用空冷，但实际中也常根据工件的成分、尺寸及性能要求等适当增大冷却速度。一般来说，低碳钢、含碳量较低的中碳钢及大件可根据情况适当增大冷却速度（如吹风或喷雾）；含碳量较高的中碳钢、低合金结构钢，可在静止空气中冷却；对于过共析钢，为抑制其在正火冷却过程中析出网状碳化物，也可采用吹风、喷雾冷却，甚至油冷或水冷至 Ar_1 以下再进行空冷。冷却时工件应尽量散开放置，堆放会影响冷却速度，易造成冷却不均。

想一想 ①为何对 $w_C<0.20\%$ 的碳钢，如采用普通正火，则硬度偏低、切削加工性能不好，而采用高温正火，则可使之得到改善？②为何正火可消除过共析钢中的网状碳化物，而完全退火则产生网状碳化物？

练一练 20 钢卡箍如图 7-14 所示，其在 700℃ ×1h 退火后进行冲压。冲压时沿冲压变形大的凹槽处开裂，开裂率达 85%。检验发现，P 带状组织明显（未见合金元素偏析）。后分别进行了 5 种工艺试验：①700℃ ×1h 退火；②760℃不完全退火；③900℃正火 +700℃ ×1h 退火；④900℃正火 +890℃完全退火；⑤900℃正火。结果表明，方案①、②不能消除带状组织，也不能满足生产要求（易冲压、不开裂）；方案③、④、⑤则均可消除带状组织，但只有③可满足生产要求。请对此进行分析。

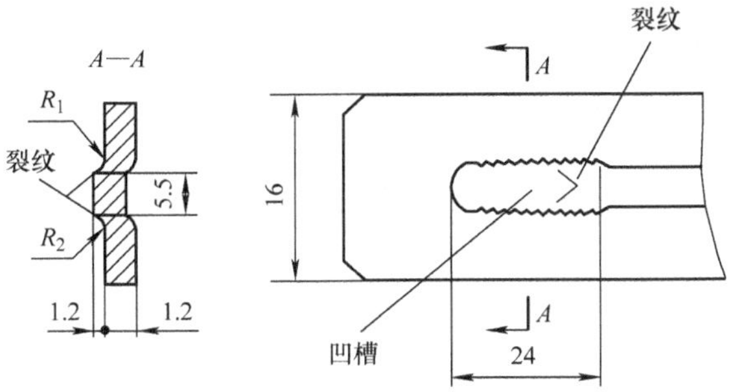

图 7-14　卡箍

三、其他正火工艺

1. 等温正火

将工件加热奥氏体化后，采用强制吹风等方法快冷到珠光体转变区的某一温度并保温，以获得珠光体型组织，然后在空气中冷却的正火称为等温正火。该工艺常用于过冷奥氏体较稳定、珠光体转变温度范围较窄的合金钢，如 20CrMnTi、20CrMo 等。

在我国，等温正火以前应用很少，近年来由于其正火后组织均匀、表面加工质量好且热处理畸变稳定，已作为批量生产的合金渗碳钢齿轮毛坯预备热处理的首选工艺。等温正火还可减轻或消除带状组织。利用锻后余热进行等温正火，是热处理行业“十二五”发展规划的重点推广技术。

等温正火的一个关键因素，是要在很短的规定时间内降到等温温度。显然，在静止空气中冷却无法实现此目的，通常采用强制鼓风方式来获得所需冷却速度。等温正火的另一关键因素是选择合适的等温温度。不同钢材的等温温度不同（通常为 560 ~ 650℃），具体根据钢的等温转变曲线确定。

等温正火应用举例：①某厂对 20CrMnTi 工件（ϕ40 ×200mm）的等温正火，是于 920℃奥氏体化后，用大功率风机风冷至 600℃后，送入 600℃炉中保持 1h，然后空冷，得到的组织为均匀且较细的先共析铁素体 + 珠光体，无粒状贝氏体组织，硬度波动范围小，大于85%的工件硬度在167～187HBW之间。如钢的成分波动小，则硬度波动范围还能更小。②20CrMoH钢锻件有严重带状组织，严重影响后续切削加工及后续渗碳、淬火质量。先后采用均匀化退火和三次正火工艺，虽也可消除带状组织，但生产周期过长、成本过高。后改用950℃×（3～6）h加热、610℃×4h等温正火（由950℃冷至610℃，采用风冷，风冷时间为5～10min），基本消除了带状组织，并由于风冷冷却速度较快，抑制了新带状组织的形成，锻件硬度波动范围也较小，切削加工性能良好。

知识拓展 普通正火处理的齿轮，由于组织和硬度不均匀，无法适应大批量、高速切削生产和随后渗碳淬火变形控制的要求。以我国目前广泛采用的汽车渗碳齿轮用钢20CrMnTi为例，普通正火出炉后堆放空冷时，不同工件（甚至同一工件的不同部分）的冷却速度差异很大，气候季节变化更使差异加剧。冷却速度慢的得到过多$F_{先}$，硬度偏低，易发生“粘刀”现象，影响表面质量和生产率；冷却速度快的得到粒状B，其较韧、较硬（>43HRC），切削加工性能差。硬度分散程度大（156～207HBW）和切削加工性能不良，严重影响了齿轮的切削加工。并且普通正火后，由于组织不够均匀、内应力较大，还造成后续渗碳、淬火畸变难以控制。鉴于此，汽车行业纷纷采用等温正火作为齿坯的预备热处理工艺，并对齿轮的预备热处理提出了较高的要求㊀。

2. 双重正火（多重正火）

对工件进行两次或两次以上的正火称多重正火（Repeated Normalizing）。多重正火主要用于铸、锻件。

有些铸、锻件的粗大组织，一次正火很难使其充分细化，往往需要进行两次甚至多次正火。第一次正火采用Ac_3+（150～200）℃的高温正火，目的是消除粗大组织；第二次正火的温度为Ac_3+（30～50）℃，目的是使高温正火后的组织细化。如20Mn、20CrMoV、15Cr等低合金钢铸件，二次正火后不仅使晶粒细化、组织均匀，而且使冲击韧性得到明显提高。对工件中的严重魏氏组织，也常采用双重正火来消除。

3. 二段正火

将工件加热奥氏体化后，在静止空气中冷却到Ar_1附近即转入炉中缓慢冷却的正火工艺，称为二段正火（Two－step Normalizing）。此正火工艺应用较少。

四、正火与退火的选用

在热处理生产中，选用退火还是正火作为切削加工前的预备热处理，主要根据工件性能要求及生产成本确定。若退火和正火后的性能都可满足要求，则应尽量选择正火，因为正火的生产成本较低（二者的生产成本差约为0.2～0.5元/kg）。由图7-2可知，$w_C \leq 0.3\%$的碳钢结构件退火后硬度偏低，不便进行切削加工，故应采用正火；w_C=0.3%～0.45%的中碳

㊀ 一些著名汽车生产厂对齿轮毛坯质量提出了严格要求，如德国大众公司对齿轮毛胚的规定为：魏氏组织不大于1级；带状组织小于1级；无粒状贝氏体；正火硬度散差一批次不大于15HBW，单件不大于5HBW。普通正火难以满足此要求。

钢正火与退火后硬度均在便于切削加工范围之内，但为提高生产率、降低成本，通常采用正火（用型材制成的工件，如硬度适当，且组织正常，可不必进行预备热处理而直接切削加工）；w_C =0.5% ~0.65%的碳钢对切削加工而言，正火后硬度偏高，故切削加工前常采用完全退火；w_C ≥0.7%的高碳钢㊀应选用球化退火来改善切削加工性能，如有网状碳化物，则应先进行正火将其消除。

高合金钢及某些含合金元素较多的中合金钢，如20CrNi4、18Cr2Ni4WA等，因其等温转变曲线很靠右，空冷甚至缓冷也能得到马氏体组织（实际上属于淬火），不适于进行切削加工，故不宜进行正火。对这类钢，生产上常采用正火加高温回火来降低其硬度，改善切削加工性能。

对 w_C =0.3% ~0.45%的碳钢冷塑性成形钢材（件）采用退火（而不是正火），主要是为了降低硬度、提高塑性，使塑性变形容易进行。w_C ≤0.25%的冲压件通常采用正火来改善冲压性能，以抑制 Fe_3C_{III} 沿晶界析出。

对于大型、重型工件，如淬火开裂倾向较大，也常将正火作为最终热处理。对于形状复杂的工件和大型铸件，如正火时的冷却速度可能造成开裂，则应选择退火处理。

小算盘 ①若恰当地选择正火工艺代替退火工艺，可在实现绿色制造的同时，带来可观的经济效益。以重庆市为例，21世纪初，该市年生产退火件35000t，若将其中20%的退火件改为正火处理，则仅此一项就可节电约1.9万kW·h/年，带来直接经济效益约180万元/年。若再考虑正火提高设备利用率、缩短生产周期的作用，则效益更加可观。②某厂对ZG45工件（质量约2000kg）利用正火余热进行下道热处理（去应力处理），可节能1/3。热方面可挖掘的潜力还很大，热处理行业“十二五”发展规划已将利用锻后余热进行等温正火作为一项重点推广技术。

想一想 某 ϕ25mm的45钢阶梯状工件，欲采用冷挤压法取代原车削成形法，应如何进行预备热处理？

五、退火、正火工艺编制练习

对工件①~③编制预先热处理工艺，对工件④编制解决缺陷问题的工艺；要求：确定热处理方式、选择炉型（批量生产）及工艺参数并画出工艺曲线，简述所做选择的理由。①20Cr钢齿轮锻坯（D=60mm）。②50钢锻造过热的毛坯（ϕ53mm×480mm）。③T10冷冲模锻坯（220mm×150mm×27mm）。④存在严重枝晶偏析的35CrMo铸造毛坯（D=55mm）。

想一想 在退火与正火工艺过程中，可采取哪些节能措施？

㊀ w_C =0.6% ~0.9%的碳钢用来制作弹簧时，其常用等温退火、正火及索氏体化处理作为预备热处理（以软化材料、便于冷拔变形）。

第三节 退火、正火质量检验及常见缺陷

一、退火与正火件的质量检验

（1）外观 退火、正火后表面无裂纹及伤痕。

（2）硬度 退火、正火后的硬度须符合技术要求。此外，由于工件硬度不均匀将影响切削加工性能，故还应使硬度波动在一定范围之内，机加工件单件的硬度偏差范围应小于20～40HBW，同一批件应小于25～55HBW。具体取值与工件的质量等级有关。

（3）金相检验 金相组织应达到合同双方确定的组织要求。结构钢正火后，组织应为均匀分布的铁素体+片状珠光体，晶粒度一般为5～8级；工具钢球化退火后，组织应为均匀分布的粒状珠光体，球化级别达到相应技术要求。脱碳层深度一般不超过毛坯（或工件）单面加工余量的1/3或2/3。

（4）畸变 工件的畸变应不影响其后的机械加工及使用。一般规定退火与正火后工件的畸变量应小于单面加工余量的1/3或1/2或2/3（具体由合同双方确定）。

二、常见退火、正火缺陷

1. 过热（Overheating）

过热是指工件加热温度偏高而使晶粒过度长大，以致力学性能（强度、塑性和冲击性能等）降低的现象。一般的晶粒粗大可通过正火或完全退火来消除，严重的魏氏组织可采用双重正火来消除。

2. 硬度过高

中碳钢退火后硬度过高多由退火冷却速度过快所致。因为冷却速度偏快，则组织中的珠光体偏多、偏细，甚至会出现索氏体等组织。高碳钢硬度偏高主要是因球化不当，如加热或等温温度偏低、冷却速度偏快，会造成球化不完全或碳化物弥散度过大，从而造成硬度偏高。有时硬度偏高也与装炉量过大、炉温不均匀等有关。对于硬度偏高的工件，可通过重新退火来修正。

3. 黑斑

黑斑多见于高碳钢。当高碳钢加热温度过高（>1000℃）、保温时间过长或多次返修退火时，均容易使渗碳体转变为石墨。石墨在金相组织中呈现为黑斑，并在其周围形成大块铁素体（图7-15），严重时断口呈灰黑色。由于石墨本身强度、塑性极低及石墨对基体的割裂等作用，使零件的强度、塑性及表面光洁程度明显降低（故也称为“黑脆”）。对出现黑斑缺陷的刀具进行淬火，容易出现软点，使用中易出现崩刃及早期磨损。出现黑斑的工件不能返修，只能报废。

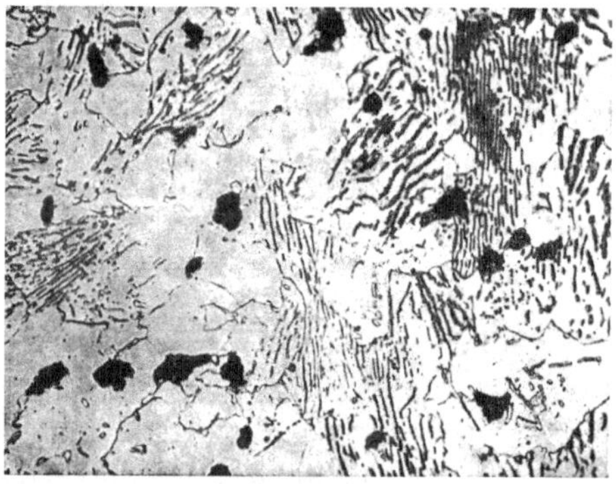
图7-15 T12钢退火黑斑

钢中含碳量过高、含锰量过低，以及含有促进石墨化的元素（如Si等），均可促进黑斑组织形成。

4. 球化不完全

工具钢球化退火后常出现球化不完全（仍有部分片状组织）的组织缺陷，如图 7-4 所示。球化不完全的工件淬火加热时，其片状珠光体易溶入奥氏体，易造成奥氏体粗化，使奥氏体含碳量提高，导致淬火后残留奥氏体量增多、淬火开裂倾向增大。对已有这种缺陷的工件，可重新进行球化退火。

5. 网状组织

网状渗碳体（过共析钢）或网状铁素体（亚共析钢）会降低钢的力学性能，尤其是网状渗碳体对钢的性能危害更大，并且在后续淬火加热时很难消除，因此必须严格控制。60、70 钢易出现网状铁素体，过共析钢易出现网状碳化物。网状组织主要由于加热温度过高、冷却速度过慢所致。网状组织一般可通过正火的方法来消除。

6. 反常组织

退火时，若在 Ar_1 温度附近冷却过慢，或在稍低于 Ar_1 温度长时间停留，则会在亚共析钢的 $F_{先}$ 晶界上出现粗大的渗碳体（珠光体也较粗），在过共析钢的 $Fe_3C_{先}$ 周围出现很宽的铁素体（图 7-16），这种组织称为反常组织。这种组织缺陷会使钢淬火时形成软点，可通过重新退火加以消除。

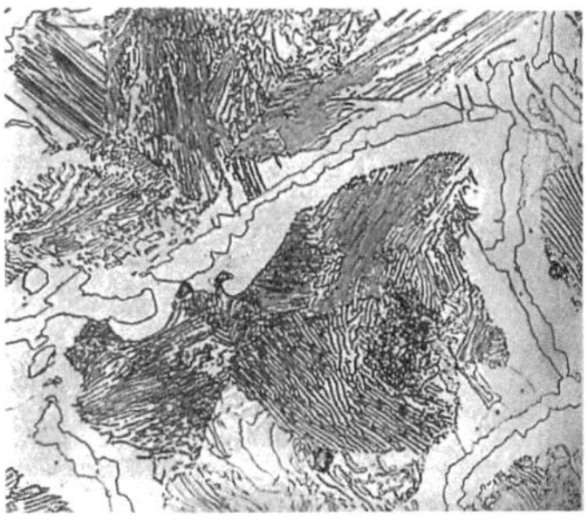

图 7-16　过共析钢退火反常组织

7. 氧化与脱碳

浅的氧化脱碳层可在切削加工时去掉，厚的可通过渗碳来复碳。采用可控气氛加热、真空加热、流化床加热等方式可有效防止氧化、脱碳。图 7-17 所示为 T12 钢退火脱碳组织。完全脱碳层中只有铁素体，如图 7-17a 所示；半脱碳层（是指全脱碳层的内边界至碳含量正常的组织之间的区域）中除铁素体外，还有珠光体或其他组织，如图 7-17a、b 所示。

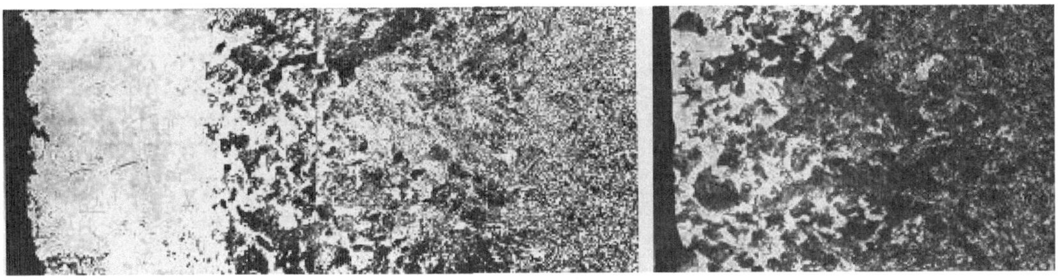

a)　　b)

图 7-17　T12 钢退火脱碳组织

a）完全脱碳组织　b）部分脱碳组织

8. 过烧

过烧（Burning）是由于加热温度过高，致使晶界氧化，甚至局部晶界熔化的现象。过烧的工件不能返修，只能报废。

三、退火、正火质量缺陷分析练习

指出产生以下三种缺陷的可能原因，给出预防和消除办法，并简述原因：①某 Gr15 钢轴承于 845℃ 等温球化退火后，组织中有较多粗片状碳化物；②T12 钢丝锥采用缓冷球化退火后，碳化物颗粒过粗；③T12 丝锥正火加热后在料筐中堆放空冷，发现有的工件组织为 S（正常组织），有的则为粗片状珠光体 + 网状碳化物。

本章小结

本章主要介绍各类退火、正火的工艺及其组织性能特点、工艺原理、工艺参数、适用范围；退火、正火质量检验以及常见缺陷及其预防措施。

1. 不同退火工艺的目的、功用、适用范围有所不同，但有的功用有部分重叠，对此要注意总结、比较和归纳。

2. 完全退火与正火在本质上是相同的，只是因为正火冷却速度较快，其组织中珠光体较多且较细，而铁素体较少且较粗，故其强度、硬度高于退火态，而塑性、韧性与退火相近或略低。对于大多数工件，退火与正火一般作为预备热处理。

3. 球化退火的工艺原理较特殊：完全退火加热时，希望获得成分均匀的奥氏体；而球化退火加热时，却不允许奥氏体成分均匀。它是利用加热时未溶解的碳化物和富碳区作为现成晶核，在随后等温或缓冷过程中逐步球化的，如奥氏体成分均匀了，就无法球化了。

球化质量对工艺参数（如加热温度、等温温度、冷却速度及原始组织等）较敏感。实际中需要对这些因素予以仔细控制。不同形态的珠光体中，以球状珠光体的硬度最低、塑性最好。

4. 在改善切削加工性能方面，完全退火主要用于 $w_C = 0.5\% \sim 0.65\%$ 的碳钢，正火主要用于 $w_C \leqslant 0.45\%$ 的碳钢，球化退火主要用于 $w_C \geqslant 0.7\%$ 的碳钢。

5. 实际中，以完全退火、球化退火和正火应用最多，它们也是本章的学习重点。图 7-18 所示是对退火、正火加热温度的总结，可供参考。

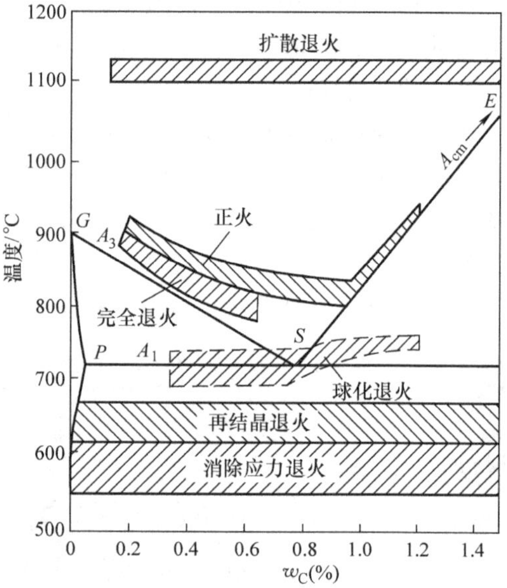

图 7-18 退火、正火加热温度范围

本章重要名词： 退火均匀化退火、完全退火、不完全退火、球化退火、等温退火、去应力退火、预防白点退火、正火、等温正火、双重正火、热处理工艺性、过热、过烧。

习 题

一、判断正误并简述原因

1. 只有去应力退火可消除工件中的内应力；等温退火的等温温度应位于等温 C 曲线的鼻尖。 （ ）

2. 退火都可细化晶粒、降低硬度和消除内应力；碳钢与合金钢工件都适合进行等温退火。（　）

3. 预防白点退火是把工件从室温加热到 Ac_1 点以上长时间保温，以使氢扩散出去，然后缓冷的热处理工艺。（　）

4. 某 30 钢铸件组织粗大，需采用不完全退火来改善组织；锻造后内应力大的 60 钢工件，在切削加工前通常需先进行去应力退火，然后再进行完全退火。（　）

5. 为改善切削加工性能，中、低碳钢工件也应进行球化退火。（　）

6. 亚共析钢的预备热处理通常采用完全退火，过共析钢采用正火。（　）

二、填空题

1. 为改善切削加工性能的低碳钢正火，应适当________正火温度和________冷速。

2. 20CrMnTi 齿轮毛坯，切削加工前，应进行________；GCr15 轴承钢球化前，存在粗大片状珠光体，应通过________改善。

3. 与退火相比，中、低碳钢正火后的硬度________、塑性________。去应力退火温度应________。

4. 球化退火加热温度过高，则奥氏体成分________，退火后易形成________。

5. 正火冷速应根据工件成分、性能要求、尺寸、形状等而定，大件一般采取________。

三、问答题

1. 等温球化退火的等温温度偏高、偏低对球化后的组织性能有何影响？为什么？

2. 分别指出 30 钢、T12 钢完全退火与正火组织、性能的区别。

3. 发现某 35 钢铸造齿轮毛坯有严重的魏氏组织，在切削加工前应如何进行热处理？为什么？

4. 某 20CrMnTi 汽车齿轮锻造毛坯，切削加工前如何进行预备热处理？为什么？

5. 为何 20CrMnTi 钢中的 F 带、P 带可用均匀化退火或正火消除，可否用完全退火消除？

6. 某热处理车间有 25 钢锻件、T12 钢锻件（中等截面、锻后缓冷）和 35 钢铸件，均欲进行正火。试分别指出对它们进行正火的可能目的，并简述原因。

7. 某 GCr15 钢零件，球化退火前发现有网状碳化物，如采用完全退火 + 球化退火是否合理？为什么？你认为应怎样处理？说明理由。

8. 某 60 钢锻件毛坯硬度偏高（350HBW），组织也较粗大。切削加工前，宜采用以下哪种热处理方式：完全退火、不完全退火、再结晶退火、球化退火、正火？为什么？

9. 欲利用已报废的 45 钢轴（最小直径为 50mm，硬度为 298HBW，局部硬度为 52HRC）制成最大直径为 40mm 的轴，切削加工前应如何进行预备热处理？

10. 为什么球化退火前，珠光体呈细片状有利于球化退火？

11. 对 T10 钢冷冲模（180mm × 120mm × 25mm）、65Mn 主轴（ϕ100mm × 800mm）毛坯及 45 钢型材制车削的销子（ϕ25mm × 130mm），切削加工前应如何进行预先热处理，简述你的理由？

第八章　钢的淬火

淬火[⊖]（Quench Hardening）是把工件加热奥氏体化后，以适当方式冷却（通常是快冷）获得马氏体或（和）贝氏体组织的热处理工艺。淬火主要是为提高工件的强度、硬度及耐磨性，是目前工业生产中强化钢铁工件的主要手段。与作为预备热处理的退火、正火相比，淬火（也包括回火）作为最终热处理，决定着工件的最终使用性能，其重要性不言而喻。

本章主要介绍淬火冷却介质、淬透性、淬火工艺以及淬火常见缺陷及预防等内容。本章淬火工艺部分会较多用到第三章马氏体转变一章的内容，应注意复习。

本章主要教学要求：①熟悉常用淬火冷却介质的特性、优缺点及适用范围；②掌握淬透性及相关概念；③掌握常用淬火工艺的特点、工艺原理、适用范围；④能够完成淬火工艺编制练习题目与常见淬火缺陷分析练习题目。

第一节　淬火冷却介质

如上所述，钢淬火就是把工件加热奥氏体化，然后快速冷却，使奥氏体转变为马氏体或下贝氏体组织。这就要求淬火冷却介质（Quenching Medium，常简称淬火介质）的冷却能力要足够强，以保证工件冷速大于淬火临界冷速 V_c，即过冷奥氏体在冷却中躲过等温转变曲线“鼻尖”，转变为 M 或 $B_下$。

一、理想淬火冷却介质及淬火冷却介质分类

理想的淬火冷却介质应具有图 8-1 所示的冷却特性，即在 650℃以上过冷奥氏体较稳定的区间（即高温区）冷速较慢，以减少热应力；在过冷奥氏体不稳定的 650～450℃的区间（即中温区，相当于 C 曲线“鼻尖”附近区），具有较强的冷却能力，以保证过冷奥氏体躲过 C 曲线“鼻尖”；在 450℃以下的低温区，特别是在马氏体转变区（约 350℃以下），冷速要慢，以在获得马氏体的同时尽量减少内应力。这样，既可保证获得所需要的马氏体，又可防止因内应力过大而引起工件畸变、开裂。这种冷却特性属于理想的冷却特性。

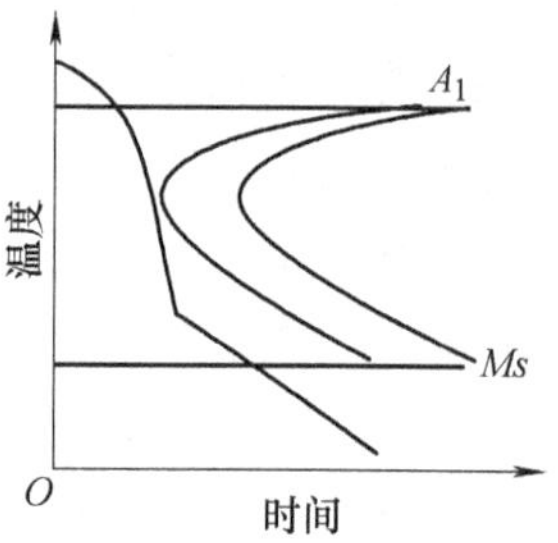

图 8-1　淬火冷却介质理想的冷却曲线

理想淬火冷却介质除具有理想冷却特性外，还应成分稳定、价廉、不腐蚀工件、无毒、无味、淬火后易清洗、安全、环保。理想淬火冷却介质是选择淬火冷却介质、开发新型淬火冷却介质

⊖ 在金属热处理行业内，淬火读为：zhàn huǒ。这与淬火操作本身有关，即淬火是把加热好的工件在淬火冷却介质中蘸一下，以达到性能要求。过去工匠们形象地称此为蘸火。

的方向指引。

由于各种钢的等温转变曲线位置、形状（即过冷奥氏体稳定性）不同，工件尺寸、形状及技术要求也有差异，其对淬火冷却介质特性的要求自然各不相同，要想找到一种能适合不同钢种、工件及不同技术要求的淬火冷却介质是不现实的。因此必须了解各种淬火冷却介质的冷却特性，以便根据工件材料、尺寸形状及技术要求选用合适的淬火冷却介质。

淬火冷却介质的种类很多，根据其物理聚集状态可分为液态、固态和气态三种淬火冷却介质；根据其在淬火冷却介质中是否发生物态变化，分为发生物态变化和不发生物态变化的两类。具体分类情况如下：

- 淬火冷却介质
  - 液体
    - 水
      - 清水
      - 无机盐、碱水溶液
      - 有机物水溶液
    - 油
      - 植物油
      - 全损耗系统用油（机械油）
      - 专用淬火油（矿物油中加添加剂）
    - 熔融热浴
      - 熔盐
      - 熔融金属
  - 气体
    - 空气
      - 静止空气
      - 压缩空气
    - 还原性气体（氢）
    - 中性气体（氮）
    - 惰性气体（氩、氦等）
  - 固体
    - 流态床
      - 气固态
      - 气液固态
    - 金属板

- 淬火冷却介质
  - 有物态变化的介质
    - 水及各种水溶液
    - 各种淬火油
  - 无物态变化的介质
    - 各种气体
    - 熔融金属、熔盐
    - 固体—铜板、铁板，气—固流态床

相关知识 在高温区，工件处于奥氏体状态，即便快冷使工件不同部位（如心部与表层之间）热胀冷缩不同步而产生了较大热应力，一般也不会开裂，这是因为奥氏体塑性很好，可通过自身塑性变形将应力松弛掉。而在 *Ms* 以下，由于马氏体转变产生了相变应力，马氏体（尤其是高碳马氏体）强度、硬度高且脆性较大，应力难以通过塑性变形来松弛，当应力大于该处断裂强度时，就会导致开裂，故在 *Ms* 以下应尽量慢冷。关于淬火应力详情，见第十章。

二、工件在淬火冷却介质中的冷却过程

1. 在有物态变化的介质中的冷却过程

这类介质的沸点远低于工件温度，赤热工件投入介质后，介质会发生沸腾汽化。工件的热量主要是靠介质的汽化和介质吸热升温带走的。属于这类淬火冷却介质的有水、水溶液和

油等。图 8-2 是工件在这类介质的冷却曲线和冷却速度曲线（也常称冷却特性曲线），由图可见这类介质在冷却时将经历三个阶段：

（1）蒸汽膜阶段（Ⅰ阶段） 当赤热工件投入淬火冷却介质后，工件周围附近液体立刻被汽化，在工件表面形成一层连续的蒸汽膜，将工件与液体分开。此时，工件表面透过蒸汽膜向蒸汽膜附近的液体传入热量，周围液体则不断将热量取走并传向更远处。因蒸汽膜导热性较差，此阶段主要通过辐射传热，而对流、传导的作用较弱，故工件的冷却速度较低（图 8-2 曲线 2）。此后由于工件温度逐渐降低，单位时间放出的热量越来越少。在某一时刻，当界面处液体净输入的热量小于该温度下的汽化热㊀时，蒸汽膜将由于蒸汽的冷凝、周围液体的压力等作用而逐渐变薄，并最终破裂。蒸汽膜破裂的温度（*B* 点）称为该淬火冷却介质的“特性温度”。特性温度是评价淬火冷却介质的重要指标，特性温度越高，意味着蒸汽膜破裂越早。

（2）沸腾阶段（Ⅱ阶段） 如图 8-2 所示，蒸汽膜破裂后，液体与工件直接接触，周围液体迅速被汽化，发生沸腾，形成大量汽泡并逸出液面。由于液体汽化热很大，汽化时从工件带走大量热量，故使冷却速度骤然增大。后期由于工件温度降低，沸腾减弱，冷速又降低。当工件的温度降至液体沸点时，沸腾停止。沸腾阶段的冷却速度主要取决于介质的汽化热，汽化热越大，则汽化和气泡逸出时，从工件带走的热量越多（水的汽化热比油大很多，这是造成水的冷却能力远大于油的重要原因），冷却速度也越快。此段三种传热方式的作用均较大。

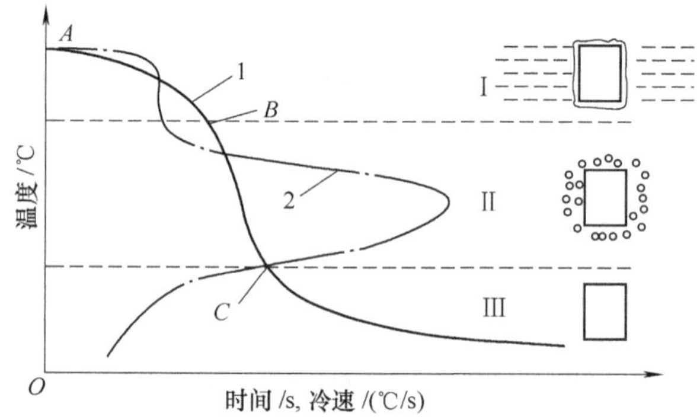

图 8-2 工件在有物态变化的淬火冷却介质中的冷却曲线和冷却速度曲线

1—冷却曲线 2—冷却速度曲线

（3）对流阶段（Ⅲ阶段） 当工件表面的温度降至介质的沸点（*C* 点）以下时，由于工件温度明显降低，与介质的温差变小，故辐射和传导对传热的作用很小，传热主要通过介质的对流方式进行，所以，此段冷速较慢（图 8-2），并随温差减小，冷却速度进一步降低。

2. 在无物态变化的介质中的冷却过程

常用的无物态变化淬火冷却介质有盐浴、碱浴、金属浴及气体等。这类淬火冷却介质的沸点远高于淬火工件的温度，故介质不会发生汽化沸腾。在高温阶段，热量传递主要以辐射、对流方式进行，在温度较低时，主要以对流方式进行传热。工件将热量传递给介质后，自身温度下降，介质温度上升。在高温阶段，工件温度高，与介质的温差也大，故辐射、对

㊀ 水在 374℃下的汽化热为零，此后随温度降低而增大，在 20℃为 2453J/g。

流能力较强，冷速大；当工件温度降低，与介质的温差变小时，介质的对流能力减弱，故冷却速度迅速下降。整个冷却曲线较平滑，没有骤然变化。这类介质的流动性对冷却能力有很大影响，流动性强，则冷却能力较大。

三、淬火冷却介质冷却能力的测定及影响因素

1. 淬火冷却介质冷却能力的表示

1）用标准试样的冷却曲线或冷却特性曲线（即温度－冷却速度曲线）表示。可用银球探头法[㊀]测定冷却曲线或试样温度－冷却速度曲线。银球探头法是在银球（如 ϕ20mm）的中心焊上热电偶（图8-3），加热后，迅速投入淬火冷却介质中，测定银球在介质中的温度变化，从而得到介质的冷却曲线或冷却特性曲线。采用银球是因其热传导系数很大，位于球中心的热电偶能较好地反映试样表面的温度变化情况。

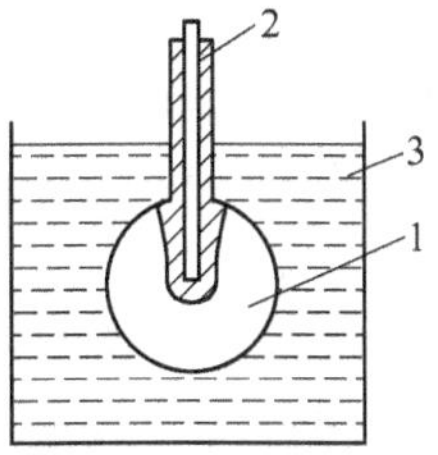

图8-3　银球探头法示意图

1—银球　2—热电偶

3—淬火冷却介质

2）用淬火烈度“H”表示。淬火烈度是表征淬火冷却介质从热工件中吸取热量的能力的指标。人为规定以18℃静止水的淬火烈度为1，其他介质的淬火烈度由和静止水的冷却能力比较而得出。$H>1$ 的介质，其冷却能力比水大；$H<1$ 的介质，冷却能力比水小。搅动介质或增加流速，可使热交换过程加快，H 值增大。常用淬火冷却介质的淬火烈度值见表8-1。

表8-1　常用淬火冷却介质的淬火烈度

搅动情况	淬火冷却烈度 H			
	空气	油	水	盐水
静止	0.02	0.25～0.30	0.9～1.0	2.0
中等	—	0.35～0.40	1.2～1.3	—
强烈	—	0.50～0.80	1.6～2.0	—
剧烈	0.08	0.80～1.10	4.0	5.0

3）换热系数。换热系数是指单位时间内，在温差为1℃的单位表面积上与周围环境热交换的热量。单位为W/（m^2·K）。$h=Q[A(t_a-t_s)]^{-1}$，Q 为单位时间界面处交换的热量、A 为工件表面积、t_a 为介质温度、t_s 为工件表面温度。换热系数越大，表明介质冷却能力越强。换热系数与介质本身的物理性质及介质温度、搅拌速度、工件表面粗糙度等有关。

2. 影响介质冷却能力的因素

除介质自身性质之外，温度和搅拌对冷却能力也有较大影响。

（1）温度　介质温度升高使介质与工件的温差变小，这会引起水和水溶液淬火冷却介质冷却能力下降。对油而言，虽油温升高也有以上使冷却能力下降的作用，但随油温提高，因其黏度下降、流动性增大而使冷却能力增大的作用更强，从而使其冷却能力增大（对黏度大的油，效果更明显）。

（2）搅拌　搅拌可使蒸汽膜提早破裂，使工件冷却速度增大。研究表明，静止工件不

㊀ 现国家标准规定采用 $\phi16mm\times48mm$ 的银探头。

同部位蒸汽膜并非同时破裂，而是下部（即距液面较深处）先破裂，上部后破裂，这使工件不同部位的冷却速度产生差异，导致性能不均匀，对淬火应力和畸变也有重要影响。搅拌可明显缩短工件上、下部位蒸汽膜破裂时间差，从而使整个工件冷却均匀性增加。实践证明，搅拌对消除软点、减少畸变均有良好效果。

四、常用淬火冷却介质及冷却特性

1. 常用有物态变化的淬火冷却介质及其冷却特性

（1）水　水是最常用的淬火冷却介质，不仅经济、环保、来源丰富，而且稳定、不易变质，不腐蚀工件。图 8-4 为静止和循环水在不同温度的冷却特性曲线，其特点如下：①水在高温区和“鼻尖”附近的中温区，冷速较低，而在低温区（M 转变区）的冷却能力很强，容易引起工件畸变开裂。②水的特性温度较低，20℃水的蒸汽膜破裂温度 - 特性温度约为 300℃。这样，水在“鼻尖”附近正处于蒸汽膜阶段，冷速较小，于淬火工件不利。③水温对冷速影响很大，随水温提高，冷速降低较快，同时特性温度也降低、蒸汽膜阶段延长。这都使中温区冷却能力进一步降低，容易造成硬度不足。④水的流动可使冷却能力（尤其是蒸汽膜阶段的冷却能力）明显提高，如 20℃水冷却能力由 200℃/s 提高到 350℃/s（图 8-4b），并使蒸汽膜提前破裂。淬火时，要使工件在水中摆动就是这个道理。

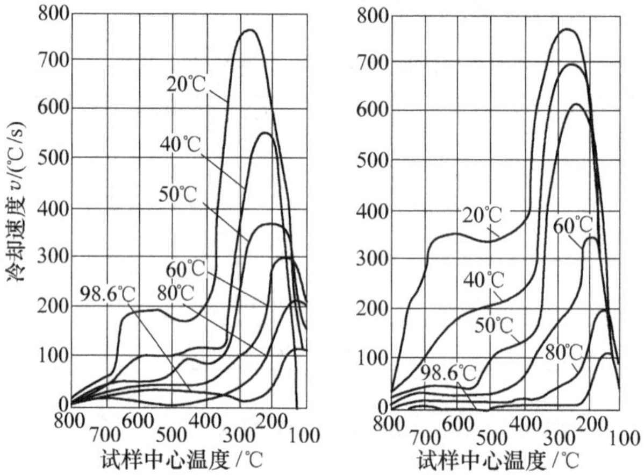

图 8-4　不同温度静止水与循环水的冷却特性曲线

a）静止水　b）循环水

由于水温上升时，其冷却能力下降很快，若搅拌不充分，较大工件和较复杂工件会因不同部位水温不同而造成硬度不均匀。当水中被带入油、肥皂、泥土时，会使蒸汽膜推迟破裂，加剧硬度不均程度。水主要用于尺寸较小、形状简单（或对畸变要求不高）的碳钢工件的淬火。使用温度一般控制在 15 ~ 40℃。

（2）盐水、碱水　在水中加入适量的盐或碱（NaCl 或 NaOH）可显著提高在高、中温区的冷却能力（图 8-5、图 8-6）。这是因为当赤热的工件淬入盐水或碱水溶液时，工件表面的水发生汽化，其中的盐或碱将在工件表面析出并发生小爆炸，导致蒸汽膜破裂，从而使蒸汽膜阶段缩短、特性温度提高。

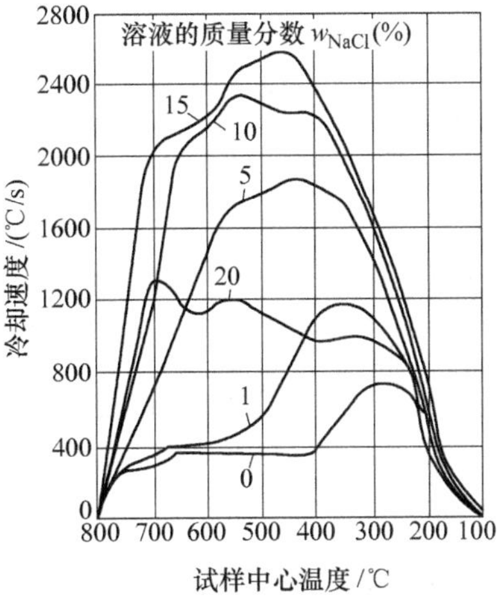

图 8-5　NaCl 水溶液的冷却特性曲线

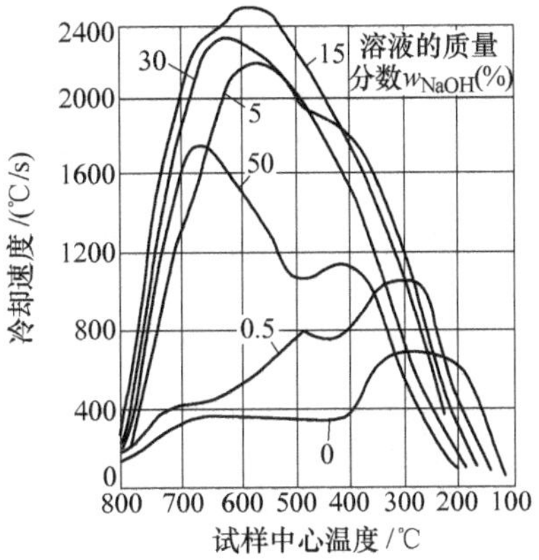

图 8-6　碱水的冷却特性曲线

常用盐水的浓度在 5% ~15% 。浓度过高会因黏度增加，使冷却速度降低。盐水特点如下：①冷却能力在高、中温区比水高很多，在 200 ~300℃也明显比水强，但在 200℃以下与水相近。由于盐水淬火时，在 *Ms* 以上冷却很快，热应力相对较大，故开裂倾向一般并不比水大。②盐水蒸气膜易破裂，冷却均匀，不易产生软点。盐水的主要缺点是附在工件上的盐，在潮湿空气中，对工件有腐蚀作用，淬火后应及时清洗。

盐水多用于淬透性较差而硬度要求较高的碳素工具钢及部分结构钢的淬火。使用温度一般低于 50℃。

图 8-6 是碱水的特性曲线，由图可见 NaOH 为 5% ~15% 的碱水溶液在高温区的冷速与盐水相近，而在低温区的冷速比盐水低，冷却特性优于盐水。工件在碱水中淬火后，硬度较高，不易畸变、开裂，工件表面洁净呈银白色。但碱水淬火时，有刺激性气味，溅在皮肤上也有刺激作用，使用时应注意排风及防护。碱水对工件及设备腐蚀也较大，淬火后需及时清洗工件，并进行防锈处理。此外，碱水对环境污染严重，应限制使用。

碱水用途与盐水类似。碱水浓度提高至 35% ~50% 时，具有优良的冷却特性，可用于易畸变开裂或形状较复杂工件的淬火。

温度升高也会使盐、碱水溶液的冷却能力降低，其使用温度通常在 50℃以下。

（3）油　油也具有物态变化。早期淬火曾采用植物油。植物油虽然有较好的冷却特性，但因容易老化、价格高等，已为矿物油所代替。常用的矿物淬火油包括全损耗系统用油（旧称机油）、中速淬火油、快速淬火油、光亮淬火油和真空淬火油等。

1）全损耗系统用油。全损耗系统用油不属于热处理专用油。淬火常用全损耗系统油有 N15（10 号机油，旧牌号，下同）、N22（20 号机油）、N46（40 号机油）、N100（50 号机油）。这类油的特点是：高温区和低温区冷速较慢，中温区冷却较快（图 8-7a）；油的特性温度（>450℃）与沸点（一般 >250℃）均高于水。机油的优点是低温区冷速较慢，这有利于减小淬火畸变、开裂倾向；缺点是高、中温区冷速太慢（油的汽化热比水小很多，这是造成油的冷却能力远小于油的重要原因），对环境有污染，易失火，长时间使用后，会发生老化，对油的保养要求较高（操作中带入的水，也会促进油的老化）。为防止老化，应控制油温（通常控制在 20 ~80℃），避免带入水分，经常捞渣，并定时更换新油。

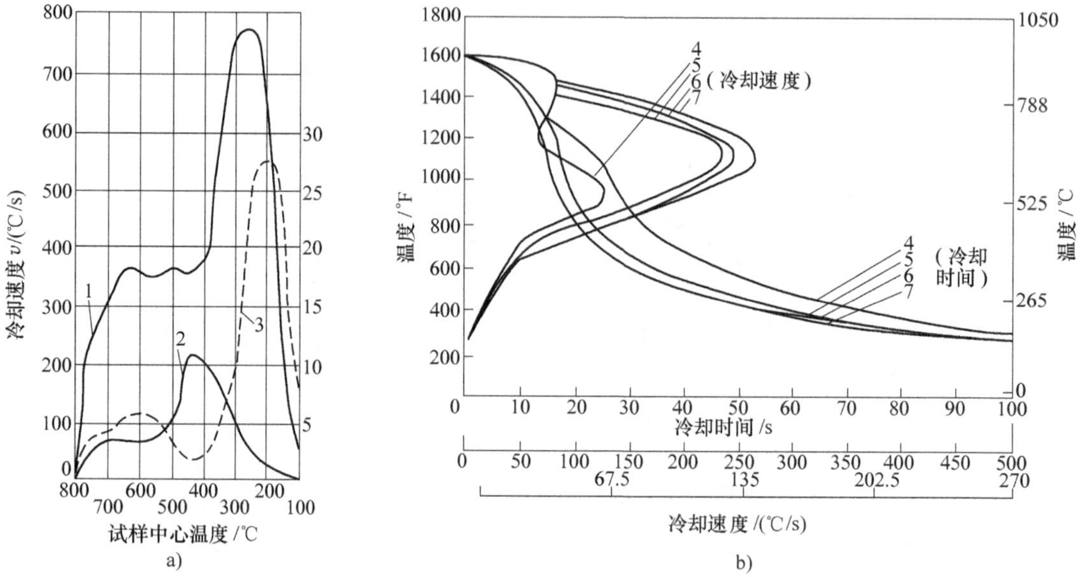

图 8-7 50℃ 20 号机油的冷却特性及几种油的冷却能力比较

1—20℃水 2—50℃的 20 号机油 3—水与油的冷速之比 4—全损耗系统用油 5—中速淬火油 6—全损耗系统油 + 10% 添加剂 7—快速淬火油

油的使用温度主要取决于油的闪点，闪点低的油在油温较高时易失火。一般冷油（使用温度为 20 ~ 80℃）最高使用温度应低于闪点 80℃，热油（≥100℃）应低于闪点 50℃。黏度较大的油，一般闪点也较高，故可在较高温度使用（如 160 ~ 250℃）。提高温度可使黏度减小、流动性增大，冷却能力增强。但只有那些黏度大、使用温度高的油，冷速增大才较明显，而黏度较低、使用温度较低的油（如 10 号、20 号机油），冷速增大不明显⊖。

机油虽不是热处理专用油，但因其可满足一般淬火要求，也较经济，故应用较广泛。机油广泛用于合金钢及小截面碳钢件的淬火。

小知识 ①L－AN##（常简写为 N##）表示全损耗系统用油，其后的数字##表示 40℃时油的运动黏度。数字越大，表示黏度越大、闪点越高、使用温度越高，但冷却能力越低。②老化是指油经长期使用后，其黏度、闪点升高，产生油渣，使冷却能力降低的现象。③闪点是指油液面上的油蒸汽与空气自然混合时，与火接触而出现火苗、闪光的温度。N15、N22、N46、N100 的闪点分别为 165℃、170℃、190℃、200℃。④催冷剂的作用主要是降低蒸汽膜稳定性，缩短蒸汽膜阶段，从而提高油的冷却能力。⑤油中过多的水分可通过静置一段时间后从底部将水抽出或加热使水分蒸发的方法去除。

2）其他淬火用油。

中速淬火油：中速淬火油（属于热处理专用油）较全损耗系统用油冷速快（图 8-7b），

⊖ 因为黏度小的 10 号、20 号油使用温度较低（20 ~ 80℃），在此范围内，油温上升虽有使黏度降低而增大冷速的作用，但因黏度变化不大，故对提高冷速的作用不大；另一方面，温度提高后，油与工件的温差减小会使冷速降低，但因温差变化也不大，故对冷速的负面作用也不大，故最终结果是正、负面作用基本抵消。而对黏度大的油，油温提高使黏度降低较多，故对冷速的正面作用较大。

其是在全损耗系统用油中加入催冷剂、抗氧化剂、表面活性剂等调制而成，初步解决了全损耗系统用油冷速较慢、易氧化、老化问题。中速淬火油有现成油品可买，也可自己配制。

快速淬火油：快速淬火油是在中速淬火油基础上加入效率更高的催冷剂而制成。最大冷速近300℃。快速淬火油在高温区冷速明显快于中速淬火油，在低温区冷速与中速油相近（图8-7b）。快速淬火油，主要用于尺寸较大、淬透性较差的钢件。

光亮淬火油：光亮淬火油是在高品质油中，加入光亮剂、抗氧化剂、表面活性剂、催冷剂等添加剂制成。采用光亮淬火油，可以避免工件表面黏附因淬火油热裂解而产生的树脂状物质和灰分，从而保持工件表面光亮。

真空油：真空油在真空淬火时使用。真空油必须做到：不易蒸发，并具有较高且稳定的冷却能力及良好的光亮性及热氧化安定性，以保证工件获得所要求性能，并表面光亮的效果。

分级淬火和等温淬火用油：分级淬火和等温淬火油具有闪点高、挥发性小、氧化安定性好等特点，主要用于分级淬火和等温淬火，使用温度为100～250℃。

相关知识 由于热处理时油温较高而且不断有大量赤热工件投入油中，使油处于热氧化状态，黏度、残碳值和酸值急剧增加并产生不溶于油的沉淀物，影响油的冷却性能。热氧化安定性（黏度比、残碳值）是热处理油的一项重要理化指标，热氧化安定性差的油品，容易老化、变质。

（4）过饱和硝盐水溶液　常用的过饱和硝盐水溶液成分为25% $NaNO_3$ + 20% $NaNa_2$ + 20% KN_3 + 35% H_2O，常称“三硝水溶液”，属于有物态变化的淬火冷却介质。其冷却特性如图8-8所示，在高温区和中温区冷速大于水（最大冷速约400℃/s），低温区冷速介于水与油之间（40～100℃/s）。

过饱和硝盐水溶液淬火畸变、开裂倾向小，适用于要求淬火畸变较小的中、高碳钢、低合金钢、球墨铸铁等工件的淬火。其冷却能力对溶液密度较敏感，使用时密度应保持在1.40～1.45g/cm³。溶液温度控制在30～60℃，使用时注意搅拌，防止工件带出的废液及随后清洗的废水对环境的污染。

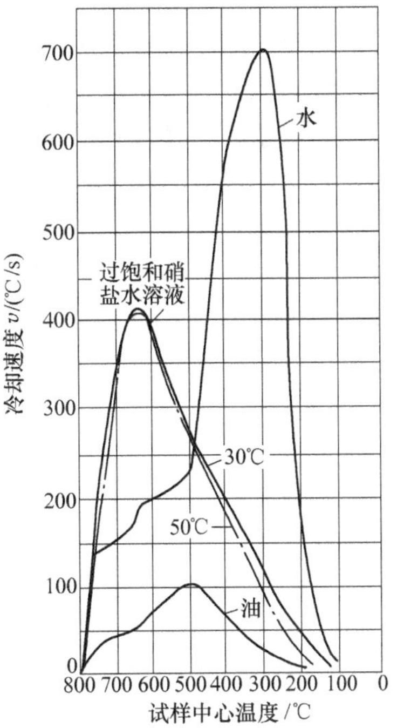

图8-8　过饱和硝盐水溶液与水、油的冷却速度比较

2. 常用无物态变化淬火冷却介质及其冷却特性

（1）硝盐浴　硝盐浴通常用硝酸盐和亚硝酸盐配制而成，常用硝盐浴熔点、成分及使用温度见表8-2。硝盐熔点较低，在加热槽中将其加热熔化，并恒定在某个温度下使用。硝盐浴的冷却特性为：高、中温区冷速快，低温区冷速慢（图8-9），但其冷速绝对值都不大，高温区冷速介于水、油之间，低温区冷速略低于油。

想一想 某 60Si2Mn 杆件（ϕ20mm）淬火时，使用淬火机械在 15 号机油中摆动工件（30s）；与不摆动相比，淬后硬度明显提高，但如延长摆动时间至 120s（摆动幅度、频率不变），则硬度不再明显增大，为什么？

表 8-2 常用的硝盐浴和碱浴

序号	成 分	熔点/℃	使用温度/℃
1	100% $NaNO_2$	317	325 ~ 550
2	55% KNO_3 + 45% $NaNO_2$	220	230 ~ 550
3	50% KNO_3 + 50% $NaNO_3$	143	160 ~ 550
4	100% NaOH	322	350 ~ 700
5	80% KOH + 20% $NaNO_2$，另加 10% H_2O	130	150 ~ 300
6	80% KOH + 20% NaOH，另加 6% H_2O	130	150 ~ 250

为提高硝盐浴的冷却能力，常加入一定量的水，因淬火时水的汽化会吸收大量的热，且水可增大盐浴流动性，从而增大冷速。如图 8-9 所示，含水量增加，冷却能力提高。但若含水量太高（水的质量分数 >3%），易发生沸腾、飞溅伤人，并增大工件畸变、开裂倾向。图 8-9 还表明，温度升高，冷却能力降低，故需采取适当降温措施，以保证其冷却能力稳定。

硝盐一般用于形状复杂、易变形、开裂工件或对变形要求较严工件的等温淬火和分级淬火。

硝盐的缺点是易造成环境污染，对工件有腐蚀氧化作用，应尽量限制使用。硝盐长期使用会因老化而使冷却能力下降。老化主要是因为操作时带入高熔点的盐、氧化物和其他杂质及硝盐结晶水蒸发等所致。防止老化的办法是：尽量避免高熔点盐和杂质的带入、定期捞渣、补充新盐和水分（补水应在 150℃以下进行，用插入盐浴的铁管送入）。硝盐作为淬火冷却介质时的使用注意事项与作为加热介质时相同（见第六章）。

（2）碱浴 常用的碱浴（表 8-2）熔点和使用温度较硝盐浴低。与硝盐浴一样，碱浴使用时也常加入少量水（3% ~6%）。碱浴在高温区的冷速明显比硝盐浴大，低温区与硝盐浴相近（图 8-10）。碱浴使用中也易发生老化，需注意定时捞渣，补充新碱。碱浴腐蚀性强，淬火冷却后应及时清洗，操作者应采取相应防护措施，以防伤人。碱浴适用范围与硝盐浴类似。

3. 其他淬火冷却介质及其冷却特性

如前所述，水的冷却能力很大，但冷却特性不够理想，油的冷却特性虽比较理想，但其冷却能力较低。近些年来，国内外在水溶性聚合物淬火冷却介质的研究，取得了显著成效，下面介绍其中几种应用较广介质的主要特点及应用范围。

（1）聚合物水溶液 聚合物水溶液淬火冷却介质是将某些高分子聚合物溶于水中而配制成的水溶液，溶液浓度可根据需要调整。可得到介于水、油之间或比油更慢的冷速。其优点是无毒、无烟、不腐蚀、不燃烧、抗老化、使用安全可靠、冷速可调、成本较低。被认为是很有发展前途的淬火油代用品。这类淬火剂淬火时，大多是在工件表面形成一层聚合物薄膜，从而改变冷却特性，一般浓度越高，膜层越厚，冷速越慢。这类介质近年发展很快，种类较多。以下主要介绍国内应用较多的 PAG 和 PVA 淬火剂。

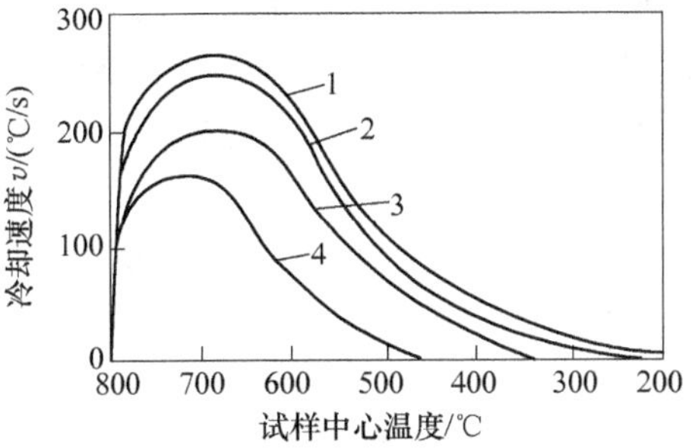

图 8-9　硝盐的冷却特性

1—55% KNO_3 +45% $NaNO_2$，另加 3% ~5% H_2O，170℃

2—55% KNO_3 +45% $NaNO_2$，另加 3% ~5% H_2O，200℃

3—55% KNO_3 +45% $NaNO_2$，300℃

4—55% KNO_3 +45% $NaNO_2$，400℃

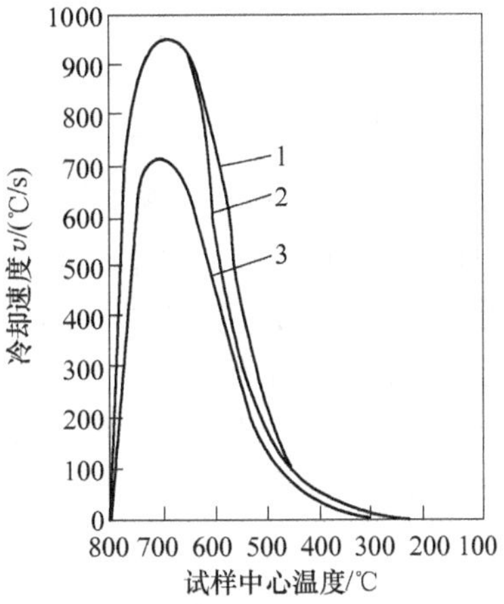

图 8-10　碱浴的冷却特性

1—80% KOH +20% NaOH，另加 6% H_2O、3% KNO_3、3% $NaNO_2$，170℃　2—85% KOH +15% $NaNO_2$、另加 6% H_2O，170℃　3—85% KOH + 15% $NaNO_2$、另加 3% H_2O，170℃

1）聚二醇（PAG）水溶液。PAG 淬火液是由聚二醇、水和添加剂组成的聚合物水溶液。PAG 淬火剂是当前国内应用较广泛、使用效果较好的水溶性淬火冷却介质。其冷速介于水、油之间，高温区和中温区冷速较大，低温区冷速较慢（图 8-11）。该溶液具有独特的逆溶性。提高溶液中聚合物的浓度，可增大膜的厚度，从而减慢冷速，使用时可根据具体钢种、零件情况等进行选择。表 8-3 给出了 5 个牌号的 PAG 系列淬火剂的冷速范围，可见 PAG 淬火剂冷却能力很宽，覆盖了盐水低速段—油之间的全部冷速范围。PAG 淬火剂的另一优点是使用寿命较长（一般使用一年至几年才需整槽更换）。PAG 系列产品较多（如好富顿、德润宝、壬喆嘉系列），分别适用于碳钢、中低碳合金钢及感应加热表面淬火、高碳高合金钢淬火。

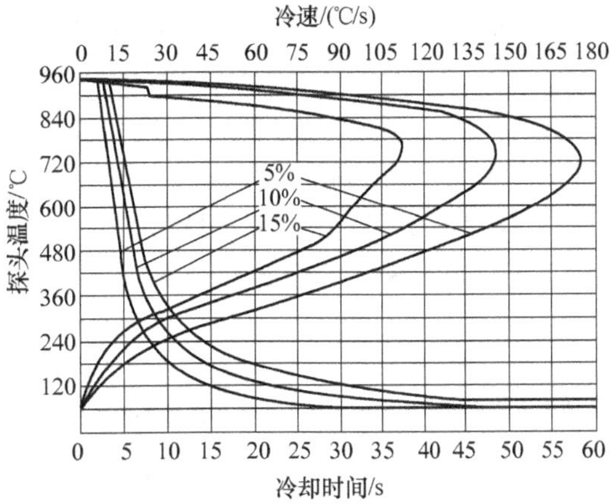

图 8-11　PAG 浓度（质量分数）对冷却特性的影响

相关知识　一般溶液的溶解度随温度升高而增大，而 PAG 溶液在淬火过程中，当温度上升到某一温度（浊点）时，溶解度却突然下降（此现象称为逆溶性），原来溶解在溶液中的 PAG 突然从溶液中析出，并沉淀、黏附在工件表面上，形成一层聚合物薄膜，使工件冷速下降；温度低于浊点时，溶解度增大，析出的聚合物又会重新溶解于水，使工件冷速增大。逆溶性有利于避免工件畸变开裂。浊点是指冷却时，液体开始出现混浊的温度。混浊是由于固体从溶液中析出所致。

表 8-3 PAG 系列淬火剂的冷速范围

牌号	PAG－C	PAG－A	PAG－HT	PAG－RL	PAG－E
冷速范围	盐水（低速段）~水	水~快速油	快速油~中速油	中速油	中速油~机油

PAG 淬火剂的缺点是：价格较贵，对温度比较敏感，使用温度范围窄（通常为 20~40℃），且对浓度较敏感，要求浓度控制比较准确（通常为 ±1%），这就需要经常对溶液浓度进行检测、校对。使用时还需对溶液进行搅拌，以保证浓度的均匀性，此外 PAG 比油更容易被污染，需要精心维护。

2）聚乙烯醇（PVA）水溶液。此种淬火剂是用聚乙烯醇浓度为 10% 的浓缩液与水配制而成，浓缩液中加有防锈剂、防腐剂、消泡剂等。使用时用水将浓缩液稀释到含聚乙烯醇 0.1%~0.3%，浓度越高，冷速越慢。使用温度 25~45℃。

该淬火剂的特点是，高温区冷速与水相近；低温区冷速较慢，接近于油；中温区冷速较快。主要用于感应加热表面淬火及中碳钢及低合金结构钢的整体淬火（不适于盐炉淬火件，因淬火带入的盐会与聚乙烯醇反应，降低冷却效果）。聚乙烯醇类的淬火冷却介质价格较便宜，但容易老化，使用寿命较短（不超过几个月），冷速波动大，有臭味，糊状物易堵塞喷水孔，并排放物对环境有污染（需用水适当稀释后排放）。

3）聚醚水溶液。聚醚水溶液（又称“UCON”淬火液）主要成分为环氧乙烷和环氧丙烷。该溶液具有逆溶性。浓度为 10% 的聚醚水溶液，在 500℃ 左右达到最大冷速（380℃/s），300℃ 以下的冷速小于 170℃/s，冷却特性较为优良。聚醚能以任何比例与水相互溶解，其冷却速度介于水、油之间。缺点是价格较贵。使用温度为 20~45℃。

（2）气体　一些高淬透性钢在空气中淬火冷却属于常压气淬。近年来，真空淬火技术发展迅速。真空淬火常采用 0.6~4MPa 的氮气、氦气、氢气及氩气，属于高压、超高压气体淬火㊀。上述气体冷却能力排序为：氢气 > 氦气 > 氮气 > 氩气㊁。氢气虽冷速大，但不安全，且高温下易引起脱碳；氮气冷速较低，但安全、便宜，故应用较广；氦气、氩气价格较高，使用受到限制。高压气冷的冷速总体与油相当，如 2MPa 的氢气或氦气冷速与静止油相近。

高压气淬的优点是：工件冷却均匀，淬火变形小，表面清洁，无环境污染。

（3）流态床淬火冷却介质　流态床淬火冷却介质是由气流和悬浮的固体颗粒构成。流态床既可用于淬火加热，也可用于淬火冷却，其冷却能力介于空气和油之间，接近于油。优点是冷却均匀、工件淬火变形小、表面光洁，对工件腐蚀性小，不会老化、变质，适于形状复杂、要求淬火变形小的中、小截面合金钢工件。

4. 淬火冷却介质的选用

淬火冷却介质主要根据材料、性能要求（如硬度、淬硬深度、畸变等）、形状尺寸及介质冷却能力来选择。合理选择淬火冷却介质，对保证热处理质量，减排、降耗，实现清洁生产有重要意义。一般碳钢淬火冷却介质选水或盐水，合金钢选油；工件质量越大，则热容量越大，心部冷却越慢，为确保获得足够的淬硬深度，应选冷却能力强的介质，如盐水、水等；形状复杂、细长、薄及形状不对称的工件，在保证达到技术要求前提下，尽量选冷却较

㊀ 关于高压与超高压气淬的界定，尚无明确规定，一般认为，大于 0.5MPa 属于高压气淬，大于 1MPa 属于超高压气淬。

㊁ 氦气、氩气价格较贵。氦气、氩气及氢气的回收、再利用技术及真空加热、高压气淬炉技术，是热处理行业“十二五”发展规划的一项重点研发技术。

缓慢的介质；要求冷速介于水、油之间时，可选用聚合物水溶液；等温、分级淬火多采用硝盐，为增大冷速也常采用碱浴；在保证质量的前提下，应尽量选用成本低、易采买、消耗低、且环保的淬火冷却介质。

练一练： 完成表 8-4（数据见相应图）中的内容。

表 8-4　淬火冷却介质练习

介质名称	冷却特性	适用范围	主要优缺点	注意事项
水				
10% NaCl				
20 号机油				

第二节　钢的淬透性

一、淬透性及其影响因素

1. 淬透性及相关概念

（1）淬透性（hardenability）　用 A 钢、B 钢制成的两个长度相同、半径均为 r 的圆柱状工件（图 8-12），同样加热后，在同样淬火冷却介质中冷却。其中 A 钢的等温转变曲线位置较靠右。由于淬火冷却时，工件 A 的心部和表层都躲过了等温转变曲线鼻尖，故其心部和表层都完全转变为马氏体，即该工件被“淬透”了。而工件 B 只在表面至 X 处躲过了鼻尖，获得了全马氏体组织，故未被“淬透”。这表明，在同样条件下，不同钢获得马氏体的能力是不同的。

通常用淬透性这一指标来衡量钢淬火获得马氏体的能力。淬透性是指在规定条件下，钢淬火时获得马氏体的能力㊀。规定条件是指试样尺寸、形状及冷却条件等都处于标准状态。淬透性是钢的固有属性，主要取决于钢的等温转变曲线鼻尖位置（即临界冷却速度 V_c 的大小），而与外部因素无关。等温转变曲线鼻尖位置越靠右（如上例中 A 钢），可获得的马氏体层深度越大，该钢的淬透性越高，反之越低。

按理说，所谓工件淬透应指工件心部完全淬为马氏体。但通常只要心部马氏体量达到 50%，就认为该工件淬透了，此淬透深度也称半马氏体深度。这样做是因为：当用金相法或硬度法测量淬透深度时，组织中混有少量非马氏体组织（如 5% ~10%）时，很难与全马氏体区分开来。而以半马氏体区作为淬透与未淬透的分界时，其两侧的金相组织有明显的区别，硬度也会发生明显变化（图 8-13），分界处的位置容易测定。而且从使用角度看，并非所有工件都要求淬透，如对主要承受弯曲、扭转载荷的工件，最大载荷位于工件表面，心部载荷为零，故这类工件不必对心部强度提出很高要求，一般当心部组织为半马氏体时，即可满足其性能要求。当然，对心部性能要求较高的零件（如承受拉、压应力的发动机连杆、高强度螺栓等）或重要零件，心部马氏体量应较高，如以 80%、90% 或更多马氏体处的深度作为淬透深度㊁。由图 8-14 可知，对同一成分的钢，50% 马

㊀ GB/T 7232—1999《金属热处理工艺术语》中，淬透性的定义为：钢的淬透性是以在规定条件下钢试样淬硬深度和硬度分布表征的材料特性。

㊁ 具体工件要求多大淬透深度，是由工件设计人员根据实际需要而规定的。

氏体处的硬度较 95% 处低 10HRC 之多，差别还是较大的。实践表明，马氏体与非马氏体经同样回火后，前者的强度、塑韧性及疲劳强度均优于后者，故实际淬火时，一般都希望得到较多的马氏体。

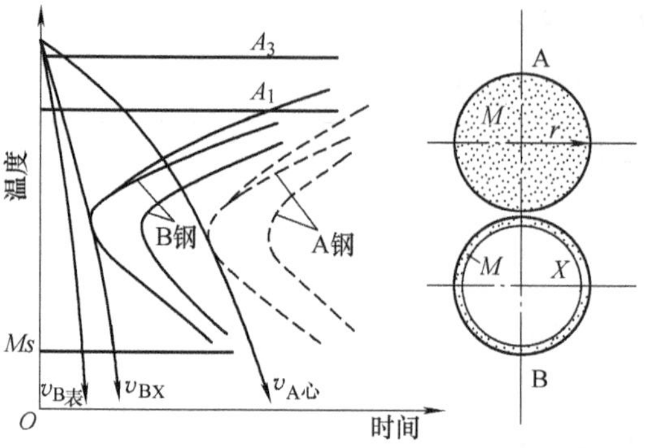

图 8-12　A、B 工件冷速与淬透深度关系

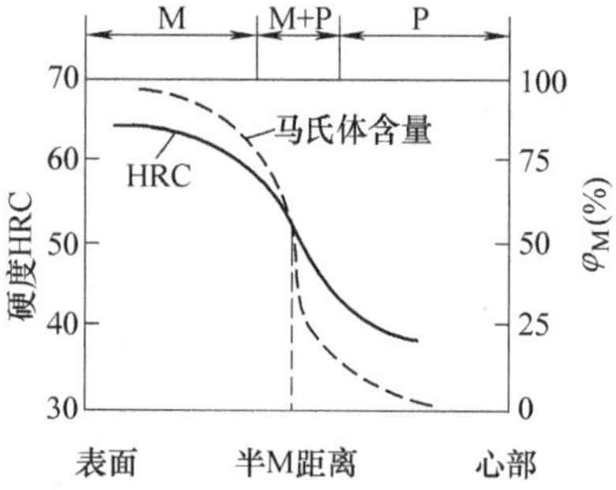

图 8-13　共析碳钢淬火后马氏体量和硬度沿横截面的分布

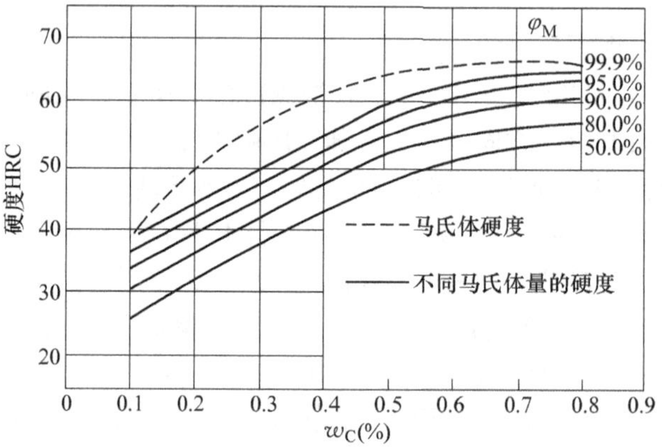

图 8-14　不同马氏体量处的硬度与含碳量关系

（2）淬透性与实际淬透深度的关系　实际淬透深度与淬透性之间有密切关系，但又有重要区别。淬透性是用在规定条件下获得的马氏体层深度来表征的钢的一种能力，所用试样尺寸、形状及冷却条件等都要求处在标准状态，而实际淬透深度是指在实际具体条件下获得马氏体层深度，对试样尺寸、形状及冷却条件等没有要求。淬透性反映的是标准条件下的淬透深度，其值是固定的；而实际淬透深度是具体条件下的淬透深度，其值是随条件（淬火冷却介质、工件尺寸、加热温度等）变化的。例如 45 钢在标准条件下的淬透深度约为 15mm，而同样试样在 20℃、5% 食盐水中的淬透深度可达 21mm，在油中的淬透深度却不到 10mm。二者的关系是：淬透性是决定实际淬透深度的内在基础因素，在同样条件下，淬透性大的钢，其实际淬透深度也较大。

想一想　①能否说，对同一成分的钢水淬的淬透性比油大，实际淬透深度呢？②某合金钢工件在硝盐中淬火后，实际淬透深度很小，能否据此说该钢淬透性不好，为什么？

（3）淬透性和淬硬性的关系　用不同钢制成的同样形状尺寸试样，在同样淬火后，有的钢淬火后硬度很高（如 T8 钢硬度大于 62HRC），有的则很低（20 钢为 45HRC）；如第三章所述，这是因为不同碳含量的钢，其马氏体硬度不同，故而被淬硬的能力不同。通常用淬硬性来衡量钢被淬硬的能力。

所谓淬硬性（hardening capacity）是以钢在理想条件下[⊖]淬火所能达到的最高硬度来表征的材料特性，是反映钢被淬硬能力的一个指标。淬硬性主要取决于该钢马氏体硬度的高低，而马氏体硬度主要取决于马氏体中含碳量，合金元素对淬硬性影响不大。淬火后马氏体中含碳量越高，则马氏体硬度越高，其淬硬性越好。低碳钢加热奥氏体化后，由于奥氏体含碳量较低，淬火后马氏体的含碳量也较低，其马氏体硬度自然较低，淬硬性较差。高碳钢则相反。

淬透性高的钢，不一定淬硬性也高，例如低碳合金钢 18Cr2Ni4WA，由于加入合金元素，淬透性大大提高（在油中的淬透深度 >100mm），但因其马氏体中碳含量低，合金元素对提高马氏体硬度的作用又不显著，故淬火后硬度并不高（ <45HRC）；而 T10 钢淬透性较差（水淬淬透深度 <15mm），但淬火后硬度却很高（ >63HRC），淬硬性很高。当然有的钢淬透性和淬硬性都很高，如 W18Cr4V 等碳、合金元素含量都较高的钢。

（4）淬火质量效应　与正火类似，淬火也有质量效应（也称尺寸效应），即工件淬火后的表面硬度及淬硬层深度与其质量或截面尺寸密切相关。同一成分、相同形状及长度的工件，截面大的较截面小的硬度低（见表 8-5），淬硬深度也小，这是钢的质量效应的一种表现。例如，45 钢同样长度圆棒料，水淬，ϕ40mm 的硬度为 48HRC，而 ϕ100mm 的仅为 30HRC。

表 8-5　几种常用钢整体淬火后硬度与工件截面尺寸的关系

材料与热处理	断面尺寸/mm						
	<3	4 ~ 10	11 ~ 20	20 ~ 30	30 ~ 50	50 ~ 80	80 ~ 120
	淬火后硬度值 HRC						
15 钢渗碳，水淬	58 ~ 65	58 ~ 65	58 ~ 65	58 ~ 65	58 ~ 62	50 ~ 60	
15 钢渗碳，油淬	58 ~ 62	40 ~ 60					
35 钢水淬	45 ~ 50	45 ~ 50	45 ~ 50	35 ~ 45	30 ~ 40		
45 钢水淬	54 ~ 59	50 ~ 58	50 ~ 55	48 ~ 52	45 ~ 50	40 ~ 45	25 ~ 35
45 钢油淬	40 ~ 45	30 ~ 35					
T8 钢水淬	60 ~ 65	60 ~ 65	60 ~ 65	60 ~ 65	56 ~ 62	50 ~ 55	40 ~ 45
T8 钢油淬	55 ~ 62						
20Cr 渗碳油淬	60 ~ 65	60 ~ 65	60 ~ 65	60 ~ 65	56 ~ 62	45 ~ 55	
40Cr 油淬	50 ~ 60	50 ~ 55	50 ~ 55	45 ~ 50	40 ~ 45	35 ~ 40	
35SiMn 油淬	48 ~ 53	48 ~ 53	48 ~ 53	45 ~ 50	40 ~ 45	35 ~ 40	
65SiMn 油淬	58 ~ 64	58 ~ 64	50 ~ 60	48 ~ 55	45 ~ 50	40 ~ 45	35 ~ 40
GCr15 油淬	60 ~ 64	60 ~ 64	60 ~ 64	58 ~ 63	52 ~ 62	48 ~ 50	
CrWMn 油淬	60 ~ 65	60 ~ 65	60 ~ 65	60 ~ 64	58 ~ 63	56 ~ 62	56 ~ 60

淬火质量效应是由于在同样冷却条件下，大件热容量较大，工件的实际冷速较低，表层未能完全躲过等温转变曲线，得到一些非 M 组织，即 M 量较少；同时，由于冷速较慢，表

⊖ 在理想条件下的淬冷过程中，可使工件马氏体量达最大值。

层的 M 发生了一定程度自回火，使 M 中过饱和度降低，硬度有所下降。

想一想 能否说直径小的45钢工件较直径大的淬硬性好（长度相同）；同样淬火后的硬度呢？为什么？

练一练 完成表8-6（碳钢采用水淬，合金钢采用油淬）的内容。

表8-6 淬火硬度填表

	35	40Cr	45	60	65SiMn	T8	T10	GCr15
最高硬度/HRC								
ϕ3mm 试样硬度								
ϕ80mm 试样硬度								

2. 影响钢淬透性的因素

钢的淬透性主要取决于临界冷却速度大小，也即取决于等温转变曲线鼻尖的位置，故钢的成分、组织等影响等温转变曲线鼻尖位置的材料因素，都会对淬透性产生影响。

（1）钢的化学成分

1）含碳量的影响。对图8-15中的曲线a，亚共析钢加热温度高于Ac_3、过共析钢则低于Ac_{cm}。由图可见，$w_C<0.8\%$时，随着含碳量增加，临界冷却速度下降，淬透性提高；$w_C>1\%$则相反（这是因为随含碳量提高，未溶碳化物增多，而未溶碳化物可促使奥氏体分解，未溶碳化物越多，过冷奥氏体越容易分解，故等温转变曲线相对左移，v_c增大）。对图8-15曲线b，当加热温度高于Ac_3或Ac_{cm}时，则随含碳量的增加，临界冷却速度单调下降。

2）合金元素对临界冷却速度的影响。如图8-16所示，除Ti、Zr、Co外，所有合金元素都使临界冷却速度降低（等温转变曲线相应右移），因而都使淬透性提高；Mn、Mo、Cr增大淬透性作用最强，Si、Ni次之。应当指出，碳化物形成元素只有溶入奥氏体才有增大淬透性的作用，若存在于碳化物中，反而使淬透性降低。

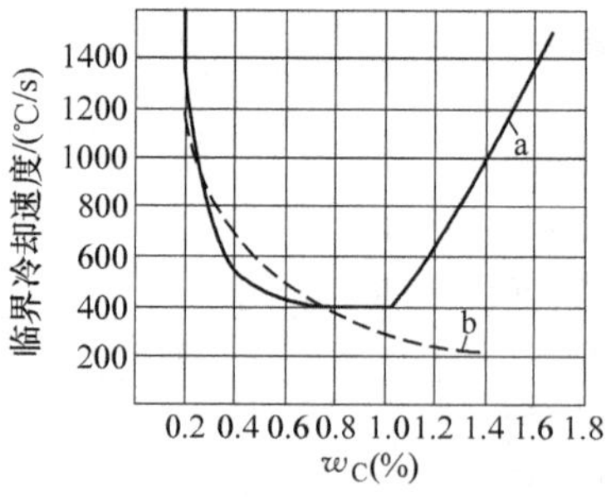

图8-15 含碳量对临界淬火冷却速度的影响

a—在正常淬火温度区间加热 b—高于Ac_3和Ac_{cm}加热

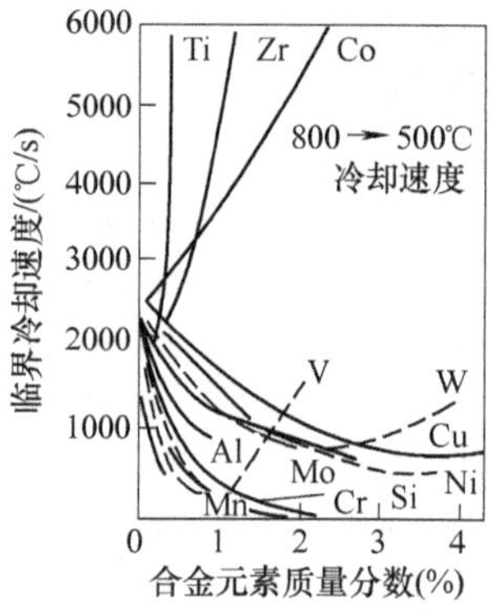

图8-16 合金元素对临界冷却速度的影响

（2）奥氏体晶粒度和成分均匀程度 同样加热条件下，奥氏体晶粒越粗、成分越均匀，则过冷奥氏体越稳定，故淬透性越好。

（3）未溶第二相的影响　如前所述，钢中未溶碳化物、氮化物等可促使奥氏体分解，降低过冷奥氏体的稳定性，故降低淬透性；并且未溶第二相还阻碍奥氏体晶粒长大，也对淬透性有降低作用。

此外，形变和应力场等对钢的淬透性也有影响。

想一想　为何合金元素只有溶入奥氏体中，才有增大淬透性的作用？

二、淬透性的测定方法

1. 临界直径法

临界直径（d_c）是指圆柱状钢试样在某种介质中淬冷后，中心得到全部马氏体或50%马氏体组织的最大直径。临界直径越大，表示这种钢的淬透性越高。表8-7给出了常用钢材在水或油中淬火时的临界直径。

表8-7　常用钢的临界直径

钢号	半马氏体硬度HRC	临界直径 d_c/mm		钢号	半马氏体硬度HRC	临界直径 d_c/mm	
		20～40℃水	矿物油			20～40℃水	矿物油
40	40	10～15	5～9.5	40MnVB	44	60～76	40～58
45	42	13～16.5	6～9.5	20MnV	38	55～62	32～46
60	47	11～17	6～12	35SiMn	43	40～46	25～34
T10	55	10～15	<8	35CrMo	43	36～42	20～28
40Mn	44	12～18	7～12	30CrMnSi	41	40～50	23～40
45Mn2	45	25～100	15～90	40CrMnMo	44	≥150	≥110
65Mn	53	25～30	17～25	38CrMoAlA	43	100	80
20Cr	38	12～19	6～12	60Si2Mn	52	55～62	32～46
40Cr	44	30～38	19～28	50CrVA	48	55～62	32～40
40MnB	44	50～55	28～40	18CrMnTi	37	22～35	15～24
40Mn2B	44	47～52	27～40	40CrMnTi	44	55～60	32～40

利用临界直径的数据，可判断工件淬火后的淬透程度，并制订出相应合理的工艺、选择适当的淬火冷却介质，因此，临界直径具有很重要的实际意义。但该法需制作较多试样、测定方法较繁杂，检测部位不同，对检测结果有影响。

练一练　指出45、60、T10、40Cr、65Mn、60Si2Mn钢水淬、油淬临界直径；按从小到大对上述各钢的临界直径进行排序，并对排序情况给予分析。

格罗斯曼根据传热方程提出了理想临界直径（d_{ic}）的概念。他假设淬火冷却介质冷却能力无限大（$H=\infty$），只要将试样投入到淬火冷却介质中，其表面便立刻降到介质温度。在这种淬冷烈度无限大的理想化淬火冷却介质中，所能淬透的最大直径称理想临界直径。理想临界直径只取决于钢的成分，与试样的尺寸等无关。利用理想临界直径，可方便地将某种条件下的临界直径换算成任何其他条件下的临界直径。例如，已知某钢在循环水（$H=1.4$）中冷却得到的临界直径为 $d_{c水}=24$mm，试求该钢在循环油（$H=0.4$）和盐水（$H=2.0$）中的临界直径。解法如下：在图 8-17 纵坐标上取 $d=24\text{mm}$ 处，作水平线与 $H=1.4$ 的曲线相交，从交点引垂线，得该钢的理想临界直径 $d_{ic}=35\text{mm}$。再由此处向上引垂线，分别与 $H=0.4$、$H=2.0$ 的曲线相交，并由交点分别引水平线与纵坐标相交，该钢在 $H=0.4$ 的油和 $H=2.0$ 盐水中临界直径分别为 $d_{c油}=11\text{mm}$、$d_{c盐水}=27\text{mm}$。

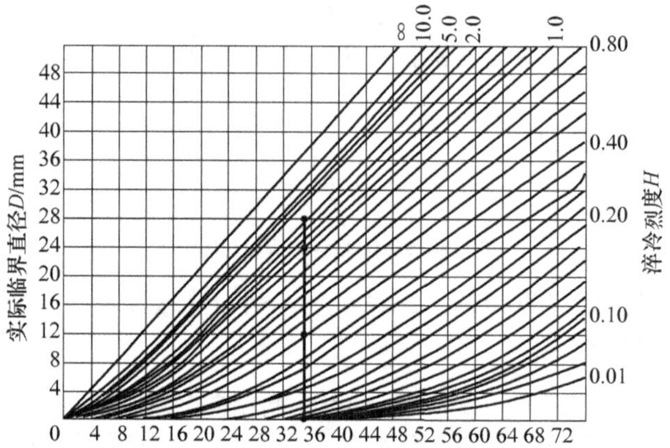

图 8-17 理想临界直径 d_{ic}、实际临界直径 D 与淬冷烈度 H 的关系图

练一练 已知某钢在水（$H=1.6$）中淬冷的临界直径为 $d_{c水}=29\text{mm}$，试求该钢在盐水（$H=2.0$）中的临界直径。

2. 端淬法

该法是目前国内、外应用最广泛的淬透性试验方法。GB/T 225—2006 规定了端淬法的试样形状尺寸及试验方法。如图 8-18 所示，试验时，将按规定的奥氏体化温度（Ac_3 + 30℃，30min）加热好的试样迅速放到端淬装置上，并对其端面喷水冷却，冷至室温后取下。沿试样两侧磨出两个互相平行的平面（以便测试硬度），磨去深度为 0.4mm。然后自距水冷端 1.5mm 处测定硬度，每 3mm 测试一次硬度。由此绘出硬度与距水冷端距离的关系曲线，此曲线即称为淬透性曲线。显然，淬透性曲线陡，表明该钢硬度下降很快、淬透性不好；相反，曲线平滑，表明该钢淬透性较高。由图 8-18 看出硬度值是在一定范围波动，这主要是由于钢材的化学成分、晶粒度有一定的波动，因而测得的数据也在一定范围波动，也即淬透性曲线实际是一条淬透性带。淬透性带越窄越好。淬透性带宽，意味着用同一钢制成的工件，同样淬火后性能波动大、畸变程度不稳定。宽的淬透性带还造成齿轮加工精度及啮合精度下降。

小经验 淬透性曲线左端 1.5mm 处的硬度值，一般可近似看作为该钢淬火后的最高硬度，即近似代表该钢的淬硬性；曲线拐点处的硬度与 50% M 处的硬度值基本相等。

在端淬试验中，试样某处的冷速与水冷（或油冷）时某直径圆钢的中心、表面等处的冷速是相同的。如图 8-18 所示，至水冷端 6mm 处的冷速与油冷时直径为 15mm 的圆钢中心、直径为 25mm 圆钢距中心 3R/4 处及直径为 46mm 圆钢表面处的冷速相同；也与水冷时直径为 31mm 圆钢的中心、直径为 51mm 圆钢距中心 3R/4 处的冷却度相同。这些位置的硬度也是相同的，均为 60 ~ 65HRC。

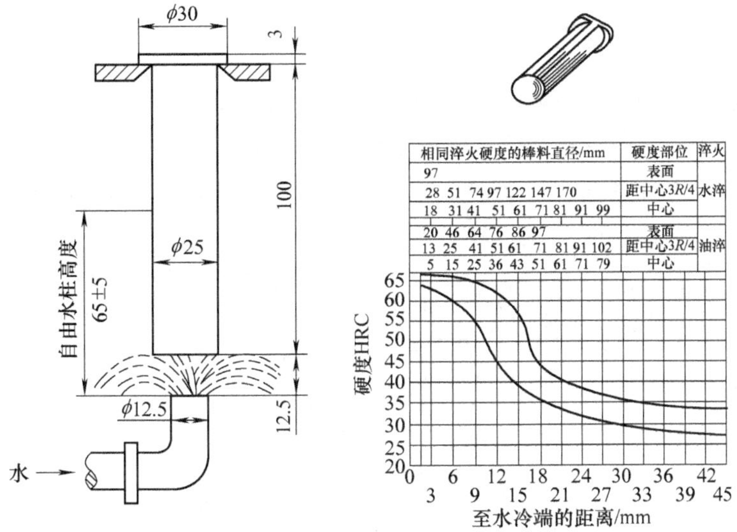

图 8-18　端淬试验原理与 9SiCr 钢淬透性曲线

国标 GB/T 225—2006 规定，在不同距离处测得的硬度用淬透性指数 J××－d 表示[⊖]。d 代表距水冷端面的距离（mm），××表示该处的洛氏硬度（HRC）值。如 J52-17 表示距水冷端面 17mm 处的硬度为 52HRC。该硬度值有时也可用维氏硬度（HV）表示。

端淬法的优点是操作简便、适用范围广，适用于包含优质碳素结构钢、合金结构钢、弹簧钢及部分工模具钢、轴承钢及低淬透性结构钢。

淬透性测定方法还有 U 形曲线法、断口检验法（碳素工具钢一般采用断口法）等，可参阅有关资料，这里不再介绍。

练一练　某 ϕ35mm × 100mm 45 钢淬火试样，在 SX-2.5-10 型试验用箱式炉中 830℃ × 50min 加热后，分别在水和 N32 油中淬火，淬后沿横截面硬度分布如图 8-19 所示。试对图中曲线给予适当解释。

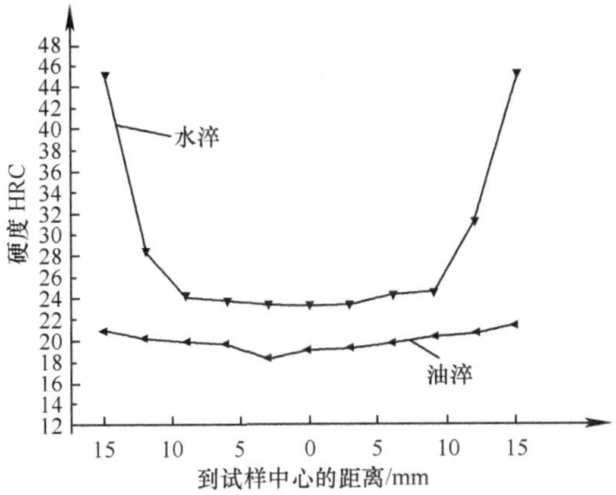

图 8-19　水淬、油淬后截面硬度分布

⊖ 端淬试验是由 W. E. Jominy 等在 1938 年建议采用的，因而国外常称为“Jominy test”，“J”是“Jominy”的字头。

三、淬透性曲线的应用

淬透性曲线直接反映了该钢淬透性的高、低。由图 8-20 可见 45 钢淬透性曲线很陡、硬度下降很快，而 45Cr 的曲线较平滑，硬度下降较慢，即 45Cr 钢的淬透性明显优于 45 钢。

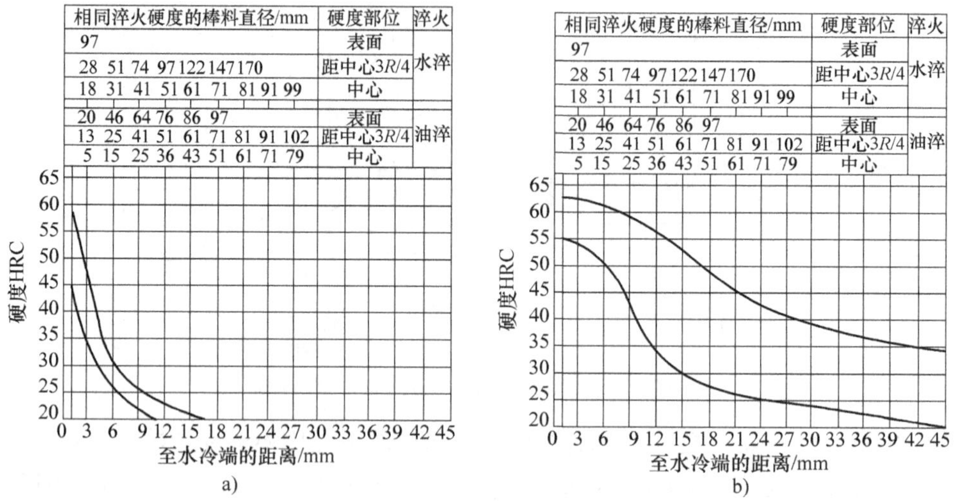

图 8-20　45 钢与 45Cr 钢的淬透性曲线

a) 45 钢　b) 45Cr 钢

淬透性及淬透性曲线在合理选材、预测材料组织与性能及制订热处理工艺等方面都有重要实用价值。下面给出几个具体应用举例：

（1）根据端淬曲线合理选用钢材　例如：某直径为 35mm 圆柱形工件，要求油淬（$H=0.4$）后表面硬度 >45HRC，心部硬度 >32HRC，可否选用 40Cr？

解：图 8-21 是 40Cr 钢的淬透性曲线，在油淬“中心”栏内 35mm 处引垂线，与端淬曲线分别交 34HRC 和 50HRC 处，然后在油淬“表面栏”35mm 处引垂线，与端淬曲线分别交于 48HRC 和 58HRC。这表明直径为 35mm 的 40Cr 钢棒料油淬后，中心处的硬度为 34～50HRC，表面硬度为 48～58HRC，可满足心部硬度 >32HRC、表面硬度 >45HRC 的要求。故该工件可选用 40Cr 钢。

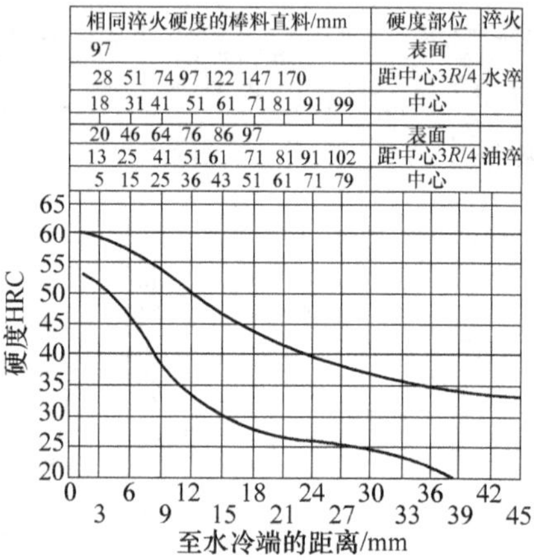

图 8-21　40Cr 钢淬透性曲线

（2）预测工件淬火后硬度分布　例如：某 40Cr 工件，有效厚度 50mm，问水淬（$H=1$）和油淬（$H=0.4$）后沿横截面硬度分布。

解：此题解法与上题类似。首先在水淬“表面”“3R/4”及“中心”栏内 50mm 处分别引垂线，与端淬曲线分别交于 53HRC、60HRC；46.5、56HRC 和 33HRC、50.5HRC，这表明水淬后表面硬度为 53～60HRC，3R/4 处硬度为 46.5～56HRC，心部硬度为 33～50.5HRC。同理可找出油淬后表面硬度为 45～56.5HRC，3R/4 处硬度为 33.5～50.5HRC，心部硬度为 28～43.5HRC。

（3）根据端淬曲线选择淬火冷却介质，制订热处理工艺　例如：某 40Cr 工件有效厚度为 45mm，要求淬火后表面硬度 >52HRC，心部硬度 >33HRC，可否采用油淬（$H=0.4$）?

解：由图 8-21 查得直径 45mm 工件油淬后表面硬度为 46 ~ 57.5HRC，心部硬度为 29 ~ 46HRC。表面与心部硬度的下限均不符要求，故不宜油淬。水淬表面硬度 53 ~ 60HRC，心部硬度 37 ~ 53HRC。从满足硬度要求角度考虑，可选用水淬；如欲减少淬火应力引起的变形，则应选用快速淬火油或水淬油冷的冷却方式。

由淬透性曲线还可看出，对同一种钢制的粗细不同的试样，其淬火后表面及心部硬度不同，直径越大，同样淬火后，表面及心部硬度越低。

讨论：为何 45 钢 ϕ10mm 和 ϕ50mm（长度相同）的工件，同样水淬后表面硬度不同？

第三节　淬 火 工 艺

一、淬火加热工艺参数的确定

淬火加热工艺参数确定主要指加热温度、加热速度和保温时间三个工艺参数的确定。第六章介绍的加热工艺参数的制订原则和方法，同样适用于淬火加热。

1. 淬火加热温度

亚共析钢淬火加热温度一般为 Ac_3 + （30 ~ 50）℃。这是因为在 Ac_3 + （30 ~ 50）℃ 加热，可在完全奥氏体化的同时，奥氏体晶粒保持较细小状态，淬火后可得到较细小的马氏体组织。若超过 Ac_3 太多，则奥氏体晶粒粗化，淬火后，马氏体也粗大，使脆性增大。若在 Ac_1 ~ Ac_3 之间加热，则未完全奥氏体化，原始组织部分铁素体（尤其是粗大铁素体）在淬火后将保留下来，导致工件淬火后硬度不均匀，强度和硬度降低。

与亚共析钢不同，共析钢和过共析钢淬火加热温度一般为 Ac_1 + （30 ~ 50）℃。因为如果过共析钢加热温度超过 Ac_{cm}，会产生以下不良后果：①使球化退火得到的粒状渗碳体完全溶于奥氏体，从而使奥氏体含碳量提高，Ms、Mf 降低，淬火后残留奥氏体较多（如 T8、T12 钢完全奥氏体化后淬火，Ar 分别约为 10%、25%），导致硬度降低；②碳化物溶解，使其阻碍晶粒长大的作用消失，淬火后易得到粗大马氏体，使脆性增大；碳化物的溶解还造成耐磨性降低（未溶碳化物对保证耐磨性有重要作用）；③从较高的加热温度下进行淬火冷却，会由于温差较大，产生较大的淬火应力（详见第十章），使畸变、开裂倾向增大；并且加热温度高，还增大了氧化脱碳倾向，耗能也相应增大。而过共析钢在 Ac_1 ~ Ac_{cm} 加热时，组织为较细小的奥氏体和未溶粒状碳化物；细小的奥氏体在淬火后转变为细小（隐针）马氏体，未溶粒状碳化物不发生转变而保留下来。由于碳化物未完全溶入奥氏体，奥氏体中含碳量较低，淬火后残留奥氏量较少。这样的组织不仅具有高的强度、硬度和耐磨性，而且韧性也相对较好。

由以上看出，确定淬火加热温度的基本原则是：奥氏体晶粒不能粗化；亚共析钢不应有未溶粗大铁素体；过共析钢碳化物不能溶尽且奥氏体含碳量不宜过高。

对于合金钢，由于合金碳化物的溶解、合金元素的扩散、成分均匀化较困难，为加快合金碳化物的溶解及合金元素的均匀化，需选用较高但又不致奥氏体晶粒粗化的加热温度。一般亚共析低合金钢淬火加热温度常选 Ac_3 + （30 ~ 100）℃，过共析低合金钢 Ac_1 + （50 ~ 110）℃，中、高合金钢淬火加热温度更高（不同合金钢的具体加热温度将在后续课程介绍）。表 8-8 为常用钢的淬火加热温度。

表 8-8 常用钢的淬火加热温度

钢号	临界点 Ac_3	临界点 Ac_1	生产中常用淬火加热温度	相当于临界点以上的温度	钢号	临界点 Ac_3	临界点 Ac_1	生产中常用淬火加热温度	相当于临界点以上的温度
35	802		850～870	Ac_3＋（48～68）	T8		730	750～800	Ac_1＋（20～70）
45	780		830～860	Ac_3＋（50～80）	T10		730	770～800	Ac_1＋（40～70）
50	760		810～830	Ac_3＋（50～70）	9SiCr		770	860～880	Ac_1＋（90～110）
35SiMn	830		860～890	Ac_3＋（30～60）	CrWMn		750	820～860	Ac_1＋（70～110）
35CrMn	800		830～870	Ac_3＋（30～70）	9Mn2V		730	780～820	Ac_1＋（50～90）
40Cr	782		830～860	Ac_3＋（48～78）	GCr15		745	830～850	Ac_1＋（85～105）
40MnVB	774		830～870	Ac_3＋（56～94）	Cr12MoV		830	1020～1150	Ac_1＋（190～320）
40CrNiMo	774		840～860	Ac_3＋（58～86）	W18Cr4V		820	1200～1300	Ac_1＋（380～480）
60Si2Mn	810		840～870	Ac_3＋（30～60）	V6Mo5Cr4V2		835	1150～1240	Ac_1＋（315～405）

根据成分初定了加热温度后，还需综合考虑工件形状及尺寸、淬火冷却介质和淬火方法、加热设备、原始组织及加热速度等情况，适当地做些调整：①形状复杂，易畸变、开裂的工件，淬火温度取下限，以减小温差，减小淬火应力。②大件可根据情况，适当提高加热温度。因大件实际冷速较慢，较高的加热温度有利于大件获得所需硬度和较厚的淬硬深度。小件加热温度取下限。③原始组织较细时，奥氏体化较容易，可取下限；若原始组织粗大又不均匀时，应取上限，例如原始组织中铁素体较粗大时，淬火加热温度应适当提高。④当采用冷速较慢的淬火冷却介质时，加热温度应适当提高，以增加过冷奥氏体的稳定性，保证有效淬硬层深度（如 T8 钢一般淬火温度为 760～780℃，若采用硝盐分级淬火，淬火温度常采用 800～820℃）。⑤加热速度快时，可适当提高加热温度。⑥用 Al 脱氧的本质细晶粒钢，可取上限；用硅、锰脱氧的本质粗晶粒钢，取下限。必要时，还应进行试淬。

练一练 某 45 钢柴油机缸盖螺栓（M16），技术要求为：26～32HRC。表 8-9 是该工件经不同温度加热淬火后的硬度（保温时间均为 25min、盐水淬冷），试对表 8-9 中淬火硬度数据给予分析、解释。注：测得该钢 $w_C = 0.47\%$、$Ac_3 = 770℃$。

表 8-9 不同温度加热淬火的硬度

温度/℃	750	760	770	780	790	800	810	860
硬度 HRC	44.5	49	58	59.5	59.6	59.3	59.2	56.5

想一想 当某大件热处理不合格的主要问题是畸变开裂倾向大时，是否还适宜提高淬火加热温度以获取较高硬度和淬硬深度？

2. 淬火加热时间

如第六章所述，加热时间包括升温时间、透热时间和保温时间（保温时间主要用于组织转变）。第六章给出的加热时间计算和经验公式在这里依然有效。盐浴炉加热，一般以炉温到温开始计算保温时间；在箱式炉加热中小工件，装炉量不大时，也是以炉温到温开始计保温时间，当装炉量较大时，一般以炉温到温且工件颜色与炉墙颜色一致，开始计算保温时间。具体计算仍可用式（6-1）：$\tau = \alpha k D$，式中 α、k、D、τ 的意义同第六章。如前所述，按此式算出的保温时间，通常较为保守，可作为初定时间，实际中需根据具体情况及工艺试验适当调整。生产中，也常用每毫米有效厚度所用时间来计算保温时间，效果较好。

由于一般中小工件透烧所用时间很短，奥氏体形核、长大所需时间也较短（碳钢仅数秒），故保温时间主要用于成分均匀化和碳化物溶解。而实践表明，许多工件，为达到其技术要求，不必一定要使奥氏体成分完全均匀、碳化物都溶解，只要 A 成分均匀程度和 A 中碳含量能满足热处理后性能要求即可（如碳钢透烧后一般保温 5 ~ 15min，合金结构钢保温 15 ~ 25min）。甚至可根据工件情况，采取零保温加热。如某 45 钢 ϕ32mm × 1020mm 传动轴，采用 870℃零保温淬火、680℃零保温回火后，性能与原淬回火工艺（840℃ ×60min、600℃ × 120min）相近，既满足了性能要求，又取得显著的节能效果。近年来，零保温淬火应用日趋广泛，已成为热处理行业“十二五”发展规划中一项重要推广技术。

3. 淬火加热速度

一般，中、低碳钢及低合金结构钢形状简单的工件，有效厚度 <200mm，可视情况采用到温入炉或高温入炉方式加热；300 ~500mm 者及形状复杂件、高碳高合金钢件，需采取冷态入炉后随炉升温或预热加热方式；>500mm，需预热加热并限速升温，以减小畸变、避免开裂。

二、常用淬火工艺方法

1. 单介质淬火

定义：单介质淬火是将已加热奥氏体化的工件淬入某种淬火冷却介质中，一直冷至室温的淬火冷却方式。其冷却曲线如图 8-22 中 *a* 线所示。

(1) 适用范围及主要优缺点　单介质淬火适于形状简单、变形开裂倾向小或对变形量要求不高的碳钢与合金钢工件。碳钢工件大多在水、盐水中淬火冷却、合金钢件多在油中淬火冷却。单介质淬火操作简便，适宜于大批量生产，容易实现机械化和自动化，缺点是很难同时兼顾对工件的硬度和畸变要求。

(2) 工艺原理　以足够快的速度（$\geqslant v_c$）冷却时，工件整体或距表面一定深度内（根据技术要求而定）躲过等温转变图鼻尖、转变为 M，使该部分达到足够的硬度。

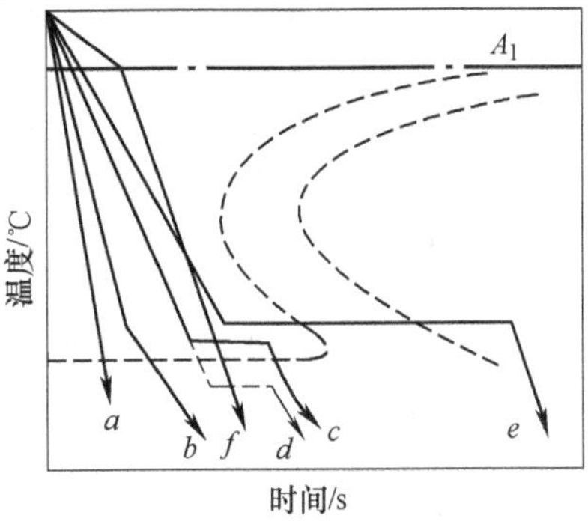

图 8-22　各种淬火冷却方法的冷却曲线示意图

a—单液淬火　*b*—双介质淬火

c、*d*—分级淬火

e—贝氏体等温淬火　*f*—预冷淬火

(3) 工艺实施要点　加热时，注意防止氧化脱碳与畸变；尽量降低加热温度和缩短加热时间，以保持晶粒细小并节能减耗；冷却时，淬入介质方式要有利于减小畸变，避免开裂；淬入介质后，要适当运动。对不需预冷的工件，淬入介质的速度要足够快；易变形开裂件，勿冷透[㊀]，并淬后及时回火。这些也是其他淬火工艺方法的实施要点，后面不再重复。

练一练　下列工件通常是否适于采用单介质水淬或油淬？淬火硬度值可参见表 8-5 等。①45 钢圆棒料 ϕ50mm × 190mm，要求淬火硬度 40 ~ 43HRC；如要求 51 ~ 55HRC 呢；②45 钢圆棒 ϕ105mm ×280mm，淬火硬度 55 ~ 57HRC，淬硬层深 6mm。

(4) 单介质淬火工艺示例（表 8-10）

㊀ 这是由于 M 在转变至 50% 左右时，组织应力最大，畸变、开裂倾向最大。

表 8-10　单介质淬火工艺示例

工件钢号、示意图及技术要求	工件分析	热处理工艺与操作要点	工艺分析
 T12 钢钳工锉刀，64 ~ 66HRC、柄部≤35HRC，齿尖淬硬深度 >1mm，马氏体 <3 级，齿部无脱碳，弯曲变形≤0.1mm/100mm； 锻造→球化退火→机加工→滚齿→淬火→热校直→清洗→整体回火→柄部回火→检验 Ac_1 =730℃、Ac_{cm} =820℃、Ms =170℃、Mf = −60℃	①要求齿部具有高硬度、高耐磨性，柄部较韧、硬度低；②易弯曲变形，但对畸变要求不高	工艺：①（770 ±20）℃、保护加热、盐水或20℃流动水淬冷，（170 ±10）℃回火、空冷；②柄部 500℃短时间回火、油冷 操作要点：①竖直加热、注意防止脱碳；②垂直淬入盐水，水平运动时，侧面迎前；③冷至 180 ~ 200℃时热校直，热校后继续在介质中冷透；校直温度要把握好，出水太早则硬度偏低，出水晚则校直困难、易压断；④回火时，插入料筐挤紧，以减少畸变	①该工件形状简单，较易弯曲变形，但对畸变要求不高，校直较方便，适宜采用单介质淬火；②该钢淬透性差，盐水淬冷可避免出现软点；③热校可避免压断；④柄部短时高温回火是为提高柄部韧性
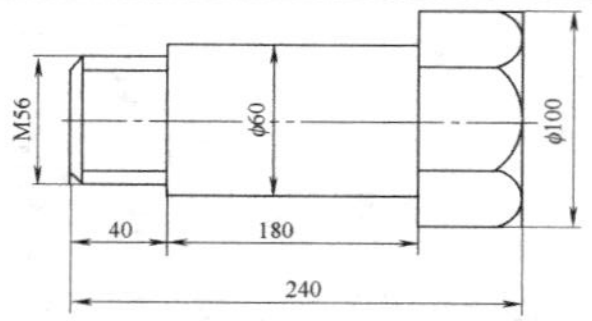 45 钢拉臂销轴，25 ~ 30HRC（淬后应为 52 ~ 58HRC）；锻造→正火→粗、半精加工→调质→加工螺纹等	①要求淬硬、淬深，而截面相对较大，淬透性差；②销帽处易淬裂；③要求综合性能好	工艺：（860 ±10）℃加热，盐水（10%）淬冷；（615 ±10）℃回火、空冷 操作：①销轴插入专用工装中加热；②杆部先淬入盐水、待销帽冷至约 500℃时，整体淬入介质中；③采用保护介质加热，减少氧化脱碳；Ac_3 =780℃、Ms =330℃	①为保证淬硬、淬深，选用盐水淬冷，并适当提高了淬火加热温度；②盐水单介质淬冷可确保淬硬、淬深；③销帽预冷，可避免该处淬裂；④调质可获得良好综合性能
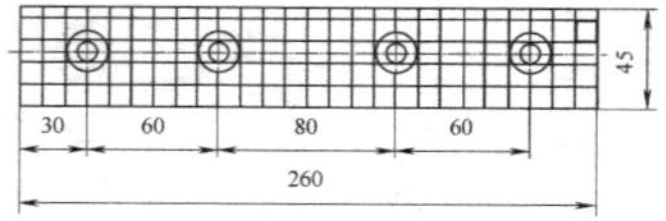 40Cr 刀垫，42 ~ 47HRC、平面度 <0.4mm； 下料（板料）→正火、校直、去应力处理→机加→淬火、校直、回火→喷砂→发蓝→机加工 Ac_1 =743℃、Ac_3 =782℃、Ms =355℃、Mf 在室温附近	硬度要求不高，但工件较薄（厚8mm，牙根部槽深 2mm），易变形	工艺：840 ~ 860℃ ×25min、油淬、150℃出油，370 ~ 380℃ ×2.5h 回火 操作要点：①钩住小孔后垂直入油，约 150℃出油空冷；②回火时，竖直加热，并将畸变相反的件成对用夹具夹紧，回火中再夹紧一次；③对回火后变形仍超差工件，在变形的高点处垫一薄垫，装夹具重新回火（温度提高 10 ~ 20℃）；④夹具夹紧面应平整，无变形以确保控制工件的变形符合工艺要求	①淬透性较好，形状简单，较易变形，但校直较方便，适于单介质淬火；②该工件（$d_{c油}$ =6 ~ 9.5mm）油淬硬度约 52 ~ 57HRC，再经中温回火可满足硬度要求；③150℃出油空冷，已可满足硬度要求，并此举可减小淬火应力、也有利于减排降耗
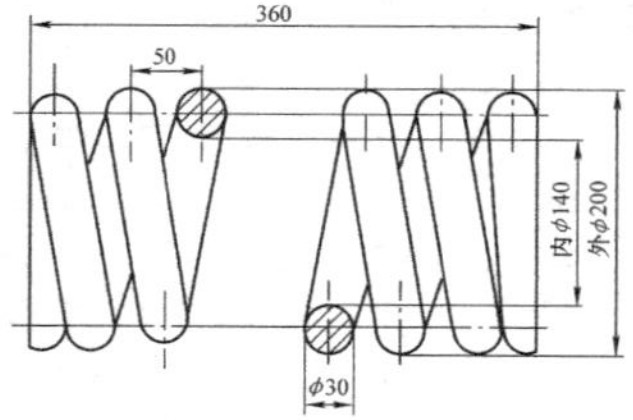 60Si2Mn 机车车辆弹簧，要求高的弹性极限与疲劳强度；41 ~ 45HRC、脱碳层≤0.3mm、组织为均匀的 $T_{回}$ 下料→两端局部加热并锻打→热卷→余热淬火→回火→喷丸→表面防锈处理	①弹簧钢条截面较大（30mm）；②要求表面光洁、无麻点、脱碳；Ac_1 =755℃、Ac_3 =810℃、Ms =300℃、Mf 低于室温	工艺：（940 ±20）℃热卷后，（865 ±15）℃余热淬火、油淬；100 ~ 150℃出油；（475 ±15）℃回火、水冷 操作要点：①沿斜坡滚入油槽，以减少畸变；②需在保护气氛下加热；③为控制变形，弹簧回火应串心棒	①该钢油淬 d_c = 32 ~ 36mm 可确保淬硬且应力较小；②中温回火获得 $T_{回}$，具有高弹性极限；③提前出油可减少淬火应力与控制变形，并减排降耗

想一想 为何同一工件经同样加热后，在油、水、盐水中淬冷后，表层硬度各不相同？

小卡片 碳素工具钢及合金工具钢刃、量具马氏体针长度（放大500倍观察）评级标准为：1级≤1.5mm、3级：2.5～4mm、5级：6～8mm。

（5）工件淬入介质的方法及注意事项　工件淬入介质时要遵守的基本原则是，设法保证工件淬硬、淬深、硬度均匀，同时尽量减小工件畸变、避免开裂，保证安全。理论和实践均表明，要获得上述效果，必须保证工件冷却足够快和足够均匀（以使各部位尽量同步冷却、尺寸收缩，同步相变，减少变形）。图8-23给出了常用不同类型工件淬入介质的方式，可供参考：

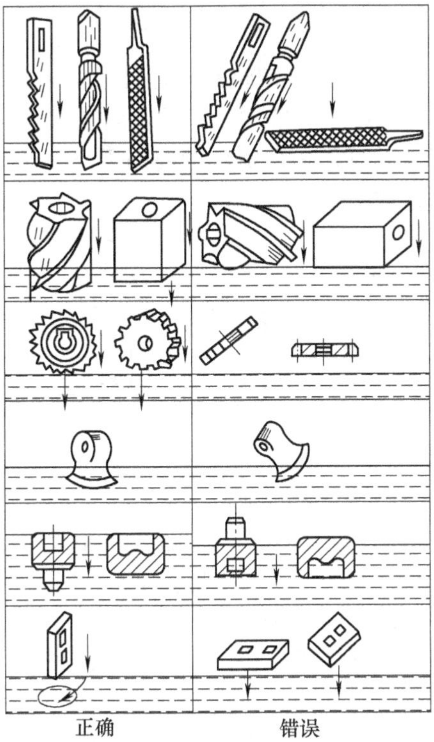

图8-23　工件淬火浸入方法示例

1）轴类、细长工件应垂直浸入介质，并上、下运动。

2）套筒类工件应沿轴线方向淬入介质。

3）盘类工件、薄片件应垂直于液面淬入；大型薄片件应快速垂直淬入，速度越快，变形越小。

4）两端大小不一的工件，一般大端先淬入；横截面厚薄不一的工件，应先淬入较厚部分（对半圆锉刀，应半圆面向下、倾斜45°淬入），以使冷却均匀。但若两端性能要求不同时，需另作考虑。

5）有不通孔或凹面的工件，应使孔或凹面向上；具有十字形或H形的工件，不宜垂直淬入，而应斜着淬入，以利于气泡排出。

6）长方形带通孔的工件（如冲模）应垂直斜向淬入，以利于孔附近处冷却。

应当强调，因工件千差万别，技术要求也各不相同，淬入介质的具体方法应根据实际效果而定。

工件淬入介质后，应适当运动，以加速蒸汽膜的破裂、提高工件冷却速度，并使工件均匀冷却。一般情况下，冷速慢的部分应迎水运动。细长、薄片类工件淬入介质时，要动作迅速（同时，尽量避免迎风侧与背风侧冷速不均）、注意拿稳、不要晃动，在介质中应垂直运动而不宜横向摆动，否则易引起变形。截面厚薄差异大的工件，可对冷却快的部分进行包扎（在加热前用石棉、铁皮等包扎），以使整个截面冷速均匀。以上关于淬入介质的方法和注意事项对其他淬火工艺方法也适用，届时不再重复。

小常识 ①很多钢在一定介质中淬冷时，都存在一个最易淬裂的直径或壁厚（也称“危险尺寸”），处于危险尺寸的工件很容易淬裂。45 钢水淬的危险尺寸约为 4～8mm。危险尺寸会因成分、加热温度、介质、操作方法等不同而变化；②通常，工件的棱边、角、凸起及薄壁处，冷却较快；平面、凹面、凹槽及厚壁处冷却较慢；外表面比内表面冷却快；③一般，校直后每米长度允许弯曲值：毛坯件 <5mm，成品件 <0.5mm。

练一练 下列工件宜怎样淬入介质，在介质中怎样运动？①二段尺寸分别为 ϕ25mm×150mm、ϕ40mm×250mm 的 45 钢阶梯轴。②表 8-11 中的楔形块、表 8-12 中的冷冲模。

（6）单介质淬火工艺举例

45 钢火车铁轨螺旋道钉（图 8-24），对强韧性要求较高，技术要求为 33HRC、$R_m \geqslant$ 380MPa、$A \geqslant 25\%$，调质后加工螺纹。螺旋道钉服役时，因整个截面受均匀拉力，故需淬透。对强韧性要求较高的工件，通常采用淬火后高温回火，获得回火索氏体，即可满足性能要求。

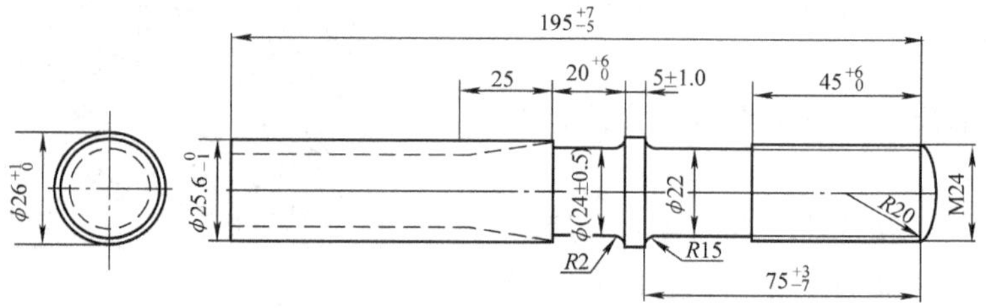

图 8-24 铁轨螺旋道钉

1）淬火工艺。

① 淬火冷却方式：该工件形状简单、畸变倾向较小，且对畸变要求也不高，适于采用单介质淬火。该工件要求淬透，这可通过采用盐水等冷却能力强的淬火冷却介质来解决。

② 加热参数：该工件调质后加工螺纹，且要求无氧化、脱碳，显然需采用保护气氛加热或刷保护涂料。考虑该工件生产批量不大，选用带保护气氛的箱式炉、竖直装料盘加热。45 钢淬火加热温度通常为 Ac_3 +（30～50）℃，为增大淬透深度，选上限加热温度（840±10）℃。因该工件为碳钢、尺寸不大且形状简单对称，采取到温入炉升温方式。根据经验数据，加热时间按 0.5min/mm 计算。

③ 淬火冷却介质：45 钢淬透性较差，由表 8-7 知其水淬临界尺寸仅为 13～16mm，本工件截面尺寸 24mm，显然相对其淬透性，尺寸偏大，淬火冷却介质不可选水，油更不可取；由 d_c = 13～16mm，查表知在 H = 3 的搅动盐水中可达 22～26mm，为保证整个截面淬透，心部 M 量 >50%，选用 10% 盐水淬冷。

2）工艺实施要点：

① 入盐水时，速度要快，垂直淬入介质中，搅动，待冷至约 150℃ 取出、空冷并及时回火。

② 注意防止氧化脱碳。

③ 淬火后首件需自检硬度，若硬度可达到 55HRC，说明工艺恰当，此后即可按此工艺实施。

（7）大锻件的淬火 大锻件最终热处理通常为淬火或正火。对多数碳钢及部分低合金钢，最终热处理采用正火。大锻件淬火工艺主要有如下特点：加热时，装炉温度较低、升温速度较慢、通常采取预热式升温（详见第六章），加热温度通常较一般工件略高，均温、保温时间长。冷却时，对性能要求高的高合金钢大锻件，要保证整个截面得到 $B_下$ 或 $B_下+M$；对难以得到 $B_下$ 的碳钢或低合金钢大锻件，可将心部冷至避免出现粗大 P 和粗大 F 的温度（多为 400 ~ 500℃）。据此，视情况需要，采取空冷、水冷、吹风、喷雾、喷水、油冷、油 - 空及水 - 油双介质淬火等。实际中，一般是通过控制在冷却介质中停留时间来间接控制心部温度。

2. 双介质淬火

双介质淬火（双液淬火、控时淬火，Interrupted quenching、timed quenching）是将工件加热奥氏体化后先浸入冷却能力强的介质，在组织即将发生马氏体转变时立即移入冷却能力弱的介质中冷却的淬火冷却方式。其冷却曲线如图 8-22 和图 8-25 所示。生产中常用的双液淬火方式有水 - 油、盐水 - 油、油 - 空气等。有些工件采用预冷 - 盐水 - 油 - 硝盐淬冷，可称之为多介质淬火。

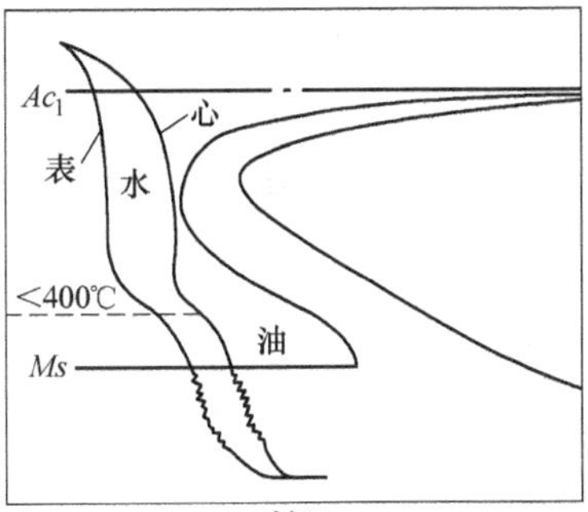

图 8-25　双介质淬火冷却曲线示意图

（1）双介质淬火的优、缺点　双介质淬火的优点是既可以使工件获得足够的硬度、淬硬层深度，又使畸变、开裂倾向明显减小。缺点是操作技术不易掌握。

（2）工艺原理　双介质淬火冷却时，先快冷是为躲过等温转变图的鼻尖，保证淬后获得足够硬度和淬硬层深度；后慢冷是为使心部和表层马氏体转变尽量同步，以减小淬火组织应力，从而减少畸变、避免开裂。

（3）适用范围　双介质淬火主要用于相对其淬透性来说截面较大且要求畸变较小或形状较复杂的碳钢和合金钢工件。因为一般工件在淬火时都要求在不淬裂、畸变不超差的前提下，将工件淬硬、尽量淬透。碳钢的淬透性较低，单介质淬火很难使尺寸较大件满足这一要求，用双介质淬火则可较好地解决此问题。合金钢淬透性虽较高，但也常由于经济等原因，设计人员选定的材料的淬透性相对工件截面尺寸及技术要求来说仍偏低，这时可采用双介质淬火。实际中水 - 油双介质淬火多用于中、高碳钢制作的直径十几毫米的工具及合金钢制作的较大尺寸工件。

想一想　①水 - 油双液淬火时，为何要先入水后入油，可否先入油，后入水，为什么？②为何双介质淬火主要用于截面较大件（相对其淬透性来说）？

（4）操作经验技巧　双介质淬火关键是准确控制工件在第一种介质中停留的时间。若停留时间短，不能保证躲过等温转变图的鼻尖，在随后缓冷中，奥氏体会发生非马氏体转变，工件淬不硬，淬不透；或者表层躲过鼻尖，而心部未躲过鼻尖。若停留时间长，则在淬入慢冷介质前工件已低于 *Ms*，发生了马氏体转变，工件易变形开裂，失去了双液淬火的意义。人们在实践中总结出如下操作经验：①水 - 油双介质淬火时，水中停留时间 t 可按下式计算：$t=fD$，D 为最易开裂处厚度，水冷系数 f 取值见表 8-11。②操作时注意倾听工件在水中发出的“咝咝声”，当“咝咝声”变弱时立即转入油中。③也可根据手感判断入油时间，当夹持工件的手感到工件在水中的振动开始减弱时，马上转入油中（此法仅适于静止水）。采用油 - 空气双介质淬火时，应待油的沸腾减弱，且工件出油后表面不起火、只冒白烟时出油。

表 8-11　水 - 油双介质淬火的水冷系数 f

厚度 D/mm	<25	$25 \leqslant D < 30$	$30 \leqslant D < 60$	≥60
系数 f/（s/mm）	0.2 ~ 0.3	0.5 ~ 0.6	0.7 ~ 0.8	0.8 ~ 1.0

（5）双介质淬火应用示例　见表 8-12。

表 8-12 双介质淬火应用示例

钢号、工件示意图及技术要求	工件分析	热处理工艺与操作要点	工艺分析
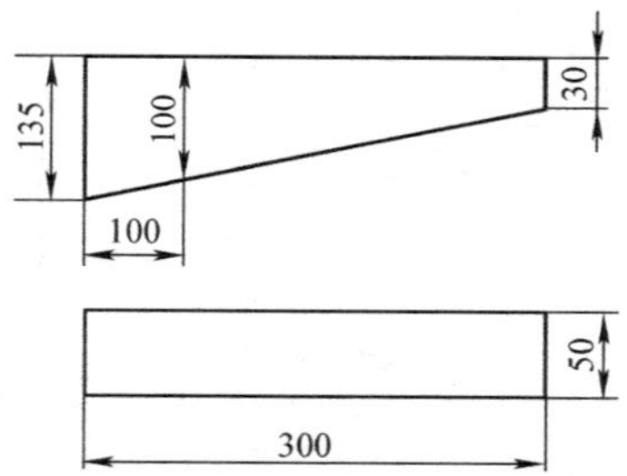 T10A 楔形块，58～62HRC	硬度要求较高，淬透性差，工件较厚且两端尺寸差异较大，淬火畸变开裂倾向较大； Ac_1=730℃、Ac_{cm}=800℃、Ms=210℃	工艺：550℃预热、(780±10)℃加热后盐水－油淬冷，200℃×2h 低温回火 操作要点：①盐水淬冷时，先浸入大头，垂直淬入；②振动转弱即转油冷；③回火时采用专用夹具	①水淬硬度偏低、且不易均匀，易淬裂；盐水－油淬冷可保证硬度，并减少畸变开裂倾向；②先淬大头有利于均匀冷却；③低温回火可降低内应力，同时保证硬度要求
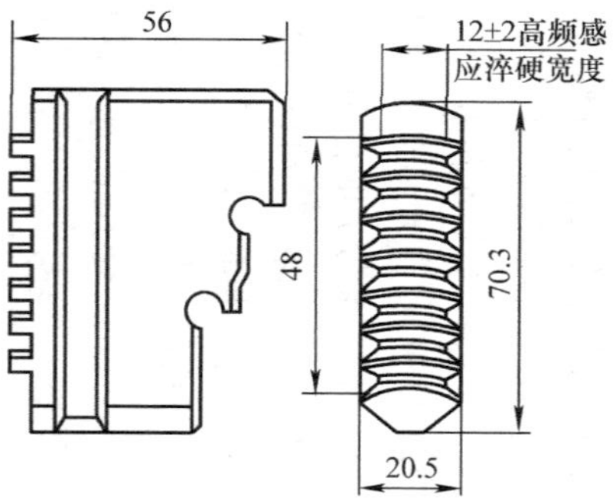 45 钢自定心卡盘卡爪，卡爪牙部宽度 12mm 处≥52HRC，牙两侧及牙根 30～40HRC，其余部位 53～58HRC，牙距总膨胀量≤0.25mm	①形状较复杂、牙部尤其易畸变开裂；②牙部要求较高硬度和耐磨性； 加工路线：锻造→正火→机加工→整体淬火、回火→局部高频感应淬火→回火→发蓝→磨加工	工艺：①800～820℃×10～12min 加热后，淬入盐水，然后入油；180～200℃×1.5～2h 低温回火；②局部高频感应淬火（水冷）后，180～200℃回火 操作要点：①先整体淬入盐水，稍后将牙部露出液面，几秒后入油（与卡爪规格有关）；②局部感应加热时，两卡爪对放	①加热温度较低及盐水－油淬冷，有利于保证卡爪整体硬度，并减少开裂倾向；②牙部高频感应淬火，保证牙顶硬度和耐磨性；③低温回火使卡爪保持整体较高硬度的同时，降低内应力和脆性

钢号、工件示意图及技术要求	工 件 分 析	热处理工艺与操作要点	工 艺 分 析
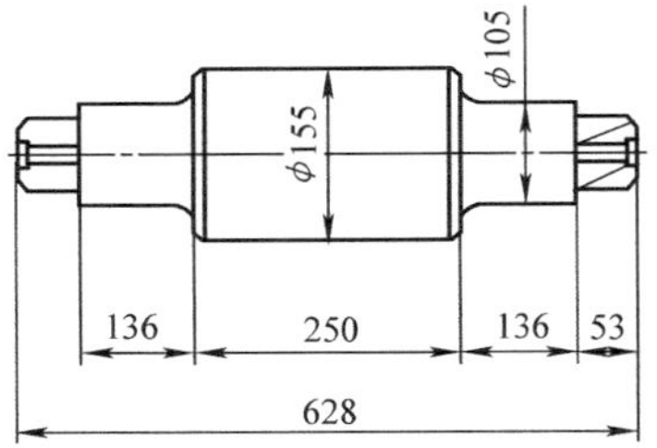 GCr15 小型冷轧辊，辊面 59 ~ 62HRC、方头 45 ~ 50HRC	工件截面较大，且粗细不同 $Ac_1=760℃$ $Ac_{cm}=900℃$ $Ms=185℃$ $Mf=-90℃$	工艺：450 ~ 500℃预热（预热 30min 后，表面刷涂硼酸，以防氧化，并可提高硬度），800 ~ 810℃ ×230min 加热后淬水，冷至约 300℃（$Ms=250℃$）转油；低温回火 160 ~ 180℃ ×60min 操作要点：①辊颈与方头处缠石棉绳；②工件较大，宜选用台车炉加热；③入水前需预冷，淬后及时回火	①预热、采用较低的热温度、水 - 油双介质淬火有利于减少畸变开裂倾向；②辊颈与方头处用石棉包扎，以保证均匀冷却
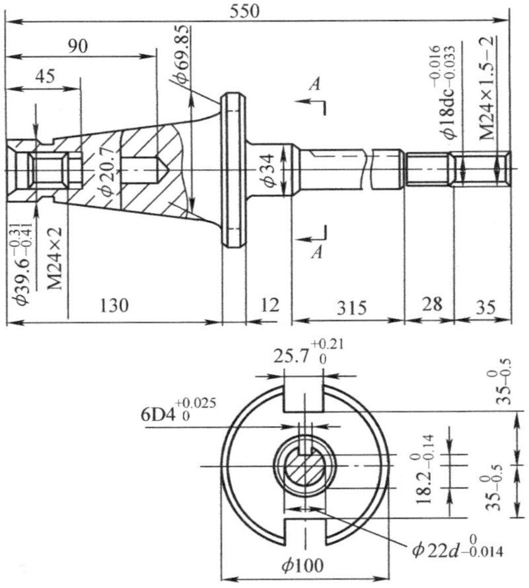 40Cr 铣床心轴，锥体 48HRC、杆部 35HRC（中值），径向圆跳动≤0. 25mm	①锥体截面尺寸较大，且硬度要求较高，需快冷；杆部硬度较低，宜慢冷；②杆部细长且有键槽，易畸变；$Ac_3=782℃$、$Ms=355℃$ 锻造→正火→粗、半精加工→淬火→回火→精磨	工艺：①840 ~ 860℃加热、电阻炉保温 90 ~ 100min 后，将锥体淬入三硝溶液中、10 ~ 15s 后整体转油冷；②340 ~ 380℃整体回火后，杆部在 510 ~ 530℃短时硝盐浴回火 操作要点：①锥体垂直浸入三硝溶液，严控冷却时间，防止畸变开裂；②杆部回火后趁热压力机校直	①锥体截面较大、硬度较高，单介质淬火不能满足要求，宜采用双介质淬火。因三硝溶液在鼻尖附近的冷却能力强于水，而油的低温区冷速又慢于三硝溶液，故选用三硝 - 油淬冷；②杆部较细，且硬度较低，油淬即可；③短时水冷是为防止锥体硬度因传热而下降

练一练 试分析，以下工件是否适宜采用双介质淬火，简述理由？①40Cr、轿车的分动器后桥输出轴，如图 8-26 所示，淬火硬度 53～58HRC，径向圆跳动 <0.08mm。②T8 钢剪板机剪刀片 19×1525mm，淬火硬度 61～63HRC，弯曲畸变 ≤2.5mm。③45 钢销子、ϕ30mm×150mm，淬火硬度 50～56HRC。④T10 卡尺（见表 8-15），淬火硬度 62HRC。

3. 马氏体分级淬火

将工件加热奥氏体化后浸入温度稍高或稍低于 *Ms* 点的盐浴或碱浴中保持适当时间，待工件整体达到介质温度后取出空冷以获得马氏体的淬火，称为马氏体分级淬火（martempering）。其冷却曲线如图 8-27 所示。

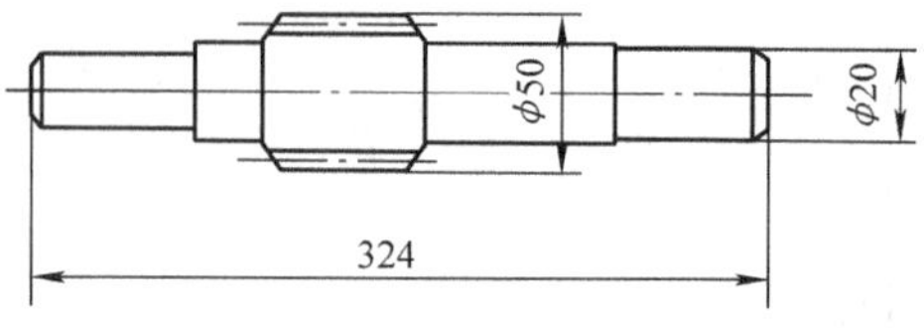

图 8-26　输出轴

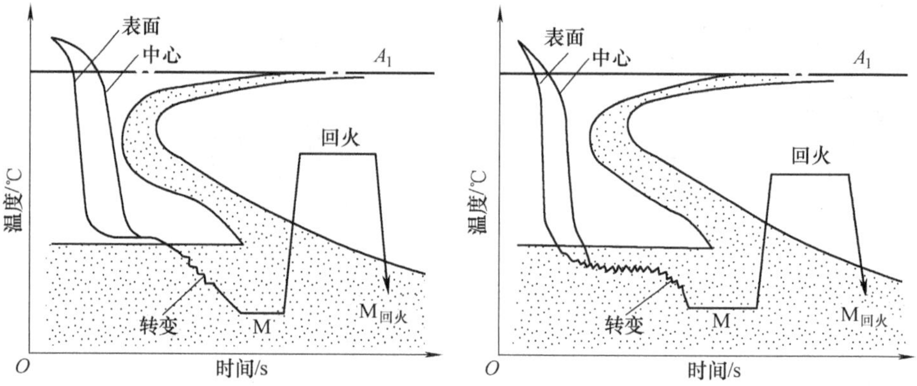

a)　　b)

图 8-27　分级淬火冷却曲线示意图

a）分级温度 > *Ms*　b）分级温度 < *Ms*

（1）分级淬火优、缺点　分级淬火的优点是可显著降低淬火应力，从而使变形、开裂倾向大为降低；分级淬火操作较简单，并且便于进行热校直。缺点是适用范围较窄，一般只适于小件。此外，分级淬火后硬度较普通淬火略低。

（2）分级淬火适用范围　分级淬火适于要求畸变（较双介质淬火件）更小或形状更复杂的小件和淬火易畸变开裂的小件（一般碳钢工件有效厚度 <15mm，低合金钢工件有效厚度 <30mm，稍大的工件可采用碱浴）。

（3）工艺原理　①分级淬火所用淬火冷却介质温度多在 200℃ 左右，与工件的温差较小，且其冷速较慢，降温过程中工件心部和表层温差相对较小，故可减少热应力。②在躲过等温转变图的鼻尖后的等温过程中，工件心部、表面温度趋于均匀（并等温中还可消除一部分应力），再加上随后空冷的冷速较慢，使得心部和表层基本同时发生马氏体状变，组织应力大为减小。③在等温和随后较慢的冷却中发生了一定程度的奥氏体稳定化，使残留奥氏体量有所增多，这也有助于减小淬火畸变、开裂倾向。

分级淬火便于热校直是由于 200℃ 等温时工件尚处于塑性良好、强度低的奥氏体状态，此时校直较容易，尤其对那些淬火后强度、硬度极高的工具钢。

(4) 工艺参数确定

1) 加热温度：通常分级淬火加热温度比普通淬火高10~20℃，以适当增大奥氏体稳定程度。

2) 分级温度：分级温度应选在 *Ms* 以上孕育期较长的区间，以防分级等温中发生非马氏体转变。淬透性较好的钢分级温度应高于 *Ms* [*Ms* + (10~30)℃]，要求硬度较高、淬硬层较深时，应选下限。淬透性较低或截面较大工件，分级温度应低于 *Ms*（*Ms* - 80~100℃），以增大冷速、提高硬度和淬硬层深度。但若温度过低，就与单液淬火相差不多，失去分级的意义。某些高合金钢的过冷奥氏体等温转变图呈双“C”形，在两个C形曲线的中间部位是过冷奥氏体的最稳定区域，分级温度应选在此区间内。

3) 淬火冷却介质：所用介质一定要保证工件冷速大于临界淬火冷却速度，并且使工件获得足够的淬硬层深度。实际中常采用硝盐浴或分级淬火油，要求冷却能力较强时可选用碱浴。

4) 分级时间：分级时间应短于在该温度下奥氏体分解的孕育期，尽量使工件内外温度均匀。时间过短，不能保证心部、表面温度均匀，变形倾向增大。经验表明分级时间（s）可按 $30+5d$（d 为有效厚度，mm）来估计；截面较小零件一般在分级介质中停留1~5min。也有经验介绍，分级停留的时间大致与工件在盐炉中的加热时间相同。实际中分级时间可按以上经验初定，最终由工艺试验确定。

应当指出，对于尺寸较大的工件，因在较长时间分级等温中易发生贝氏体转变，且硝盐等介质冷速较慢，不易躲过鼻尖，故不适于进行分级淬火。表8-13给出了几种常用钢在硝盐、油、水中的临界直径对比，可见分级淬火的临界直径明显较油淬小。表8-14是常用钢分级淬火后硬度。

练一练 ①分级淬火加热温度如与普通淬火相同，将会怎样？②分级淬火为何不适于大件？

表8-13 几种钢在硝盐中分级淬火及水淬、油淬时的临界直径比较

淬火方法	能淬透的临界直径			
	45	30CrMnSi	45Mn	GCr15
分级淬火	2.3	7.3	7.3	12.5
油淬	6~9	12.5	10~12	19.8
水淬	13~16	19.8	18~19	32.3

表8-14 常用钢分级淬火后硬度

钢号	加热温度/℃	冷却方式	硬度HRC	备注
45	820~830	水	>45	<12mm可淬硝盐
	860~870	160℃硝盐或碱浴	>45	<30mm可淬碱浴
40Cr	80~870	油或160℃硝盐	>45	
65Mn	790~820	油或160℃硝盐	>55	

（续）

钢　　号	加热温度/℃	冷 却 方 式	硬度 HRC	备　　注
T12A	770～790	水		<12mm 可淬硝盐
	780～820	180℃硝盐或碱浴	>60	<30mm 可淬碱浴
T7、T8	800～830	水	>60	<12mm 可淬硝盐
		160℃硝盐或碱浴		<25mm 可淬碱浴
GCr9	820～830	水	>60	>25mm 淬火
	840～850	160℃硝盐或油		<25mm 淬油或硝盐
3Cr2W8V	1070～1130	油或 580～620℃分级	46～55	
W18Cr4V	1260～1280	油、600℃盐浴分级	>62	

5）分级淬火应用示例见表 8-15。

4. 贝氏体等温淬火

对直径较细（<ϕ10mm）的手用丝锥，为避免在使用中发生早期折断，要求其具有较高的韧性，而硬度可稍低。若采用水－油双介质淬火，硬度可达要求，但较脆，且畸变开裂倾向较大。而采用贝氏体等温淬火，则可较好满足使用要求。如采用分级淬火，虽硬度也可达到要求，但韧性不如等温淬火，畸变程度也较大。

将钢件加热奥氏体化后快冷到贝氏体转变温度区间等温保持，使奥氏体转变为贝氏体的淬火，称贝氏体等温淬火（austempering）。其冷却曲线如图 8-28 所示。

（1）等温淬火优、缺点　在组织性能方面优点是得到的下贝氏体硬度较高并有良好韧性（详见第四章）。工艺方面优点是贝氏体等温淬火后工件变形开裂倾向极小，这是因为：①与马氏体分级淬火相似，淬火冷却介质与淬火工件的温差较小，冷速也较慢，热应力较小；②贝氏体比体积较马氏体小，引起的相变应力较小；③躲过等温转变图的鼻尖后的等温，使心部和表层基本同时发生相变，组织应力较小；（以上也是等温淬火的工艺原理）。此外，等温淬火操作较简单；结构钢等温淬火后可不必再回火而直接使用，节能效果显著。不足的是等温淬火后硬度较普通淬火略低。表 8-16 给出了几种常用钢等温淬火的最大尺寸及可获得硬度。

（2）适用范围　等温淬火适于形状复杂、要求畸变（较分级淬火）更小的工具及零件，如模具、刀具、齿轮等。等温淬火同样不适于尺寸较大的工件，但截面尺寸可比分级淬火略大一些。

（3）工艺参数确定

1）加热温度：加热温度一般与普通淬火相同，但对淬透性较差的钢及尺寸较大件应适当提高加热温度（原因同分级淬火）。

2）等温温度：等温温度主要根据工件的性能要求并参照钢的等温转变图来定。等温温度越低，硬度越高，但畸变也相应增加。一般认为在 Ms～Ms+30℃温度范围等温，可获得满意的强度和韧性。表 8-17 列举了部分常用钢的等温温度与时间。

3）等温时间：等温时间包括工件冷却到介质温度所需时间、均温时间及由等温转变图查出的转变所需时间，因前两个时间比较短，故只要在查出的等温时间基础上，再适当延长即可。必须指出，由于贝氏体转变的不完全性，等温时间不宜过长，等温过长不但贝氏体转变量增加不多、不经济，反而使奥氏体热稳定化，增加了等温淬火后残留奥氏体量。通常可

表 8-15　分级淬火应用示例

钢号、工件示意图及技术要求	工件分析	热处理工艺及操作要点	工 艺 分 析
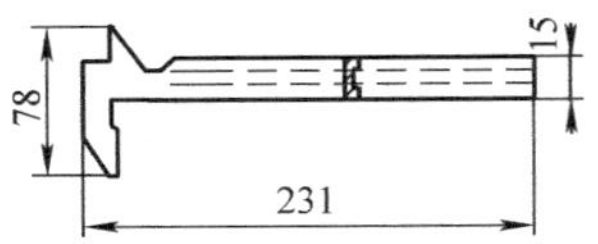 T8 卡尺，卡爪 59 ~ 64HRC，尺身 40 ~ 48HRC，弯曲度≤0.1mm	①要求耐磨、尺寸稳定好；②工件细、薄（3.5mm）易变形；③卡爪与尺身硬度不同	工艺：①650℃预热、800 ~ 810℃ ×6min 盐浴炉加热、150 ~ 170℃硝盐分级、空冷；②380 ~ 420℃整体回火；③卡爪高频感应加热后，160℃硝盐分级淬火，160℃回火 操作要点：①采用淬火夹具垂直加热；②从盐炉取出时，要拿稳、不晃动；③垂直淬入介质；④确保硝盐槽温度恒定；⑤回火时，用专用夹具将数个卡尺夹紧	①细长、截面薄，普通淬火易弯曲变形，宜分级淬火；②尺身硬度较低，需中温回火；③卡爪要求硬度高，并为避免传热影响尺身硬度，需另感应淬火，并低温回火
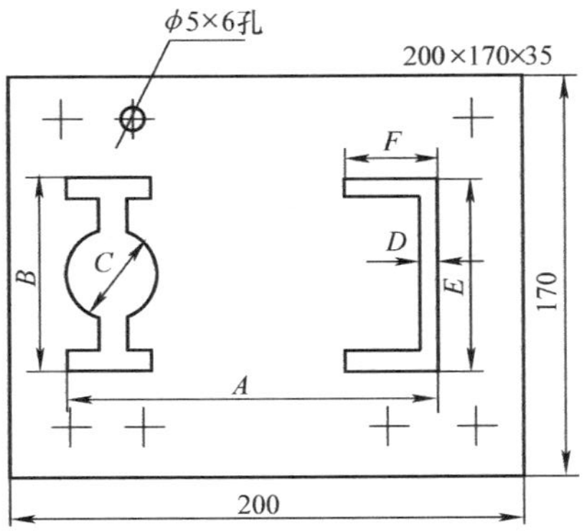 T12A 精密冷冲凹模，硬度 58 ~ 60HRC，型腔各主要尺寸变形≤0.03mm，平面翘曲≤0.3mm	①模具形状较复杂，截面较厚（35mm）；②对硬度要求不太高，但对畸变量控制较严 未标尺寸：A - 100.52、B - 67.86、C - φ35.84、D - 8.18、E - 93.10、F - 37.02	工艺：①500 ~ 600℃ ×30 ~ 60min 预热，（830 ± 5）℃ ×5 ~ 6min 盐浴炉加热，碱浴 150 ~ 160℃ × 3min 分级、空冷；②200 ~ 220℃ × 120 ~ 160min 回火、空冷 操作要点：①凹模栓铁丝后在箱式炉中平放，保护预热，不叠压；②盐浴注意脱氧、校温；③注意防止模具与电极相碰；④碱浴中加装冷却系统，确保温度恒定；⑤回火保温时间应满足要求，确保组织转变充分，尺寸稳定	①该模具硬度要求不太高，但对畸变量控制较严，适于采用分级淬火，普通淬火则易畸变开裂；②采用冷却能力较强的碱浴，不仅淬后硬度较高（62.5HRC），且使表层产生较大残余应力、疲劳强度提高，寿命较普通淬火提高约 1.5 倍

根据情况，等温一定时间后即取出空冷，使剩余奥氏体在空冷中转变为马氏体，最终得到下贝氏体+马氏体+少量残留奥氏体。此外，许多钢等温淬火过程很缓慢，要完成等温贝氏体转变，需经历2~24h（具体取决于成分、尺寸）。

4）等温介质：常采用硝盐、碱浴及专用热处理油。

5）冷却：一般采用空冷。对尺寸较大、淬硬层要求较深的工件，可采用油冷或喷雾冷却。

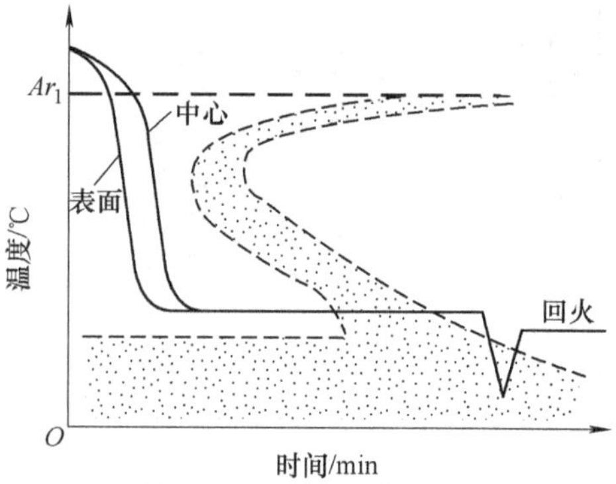

图8-28 下贝氏体等温淬火工艺曲线示意图

等温淬火后要否回火应根据要求和情况而定。结构钢等温淬火后可直接使用，不再回火，而高碳钢回火后韧性可进一步提高，高合金钢工件通常也需进行回火。回火温度一般低于等温温度。

表8-16 几种常用钢等温淬火的最大尺寸及相应硬度

材料	最大厚度/mm	最高硬度（HRC）	材料	最大厚度/mm	最高硬度（HRC）
T10	4	57~60	65Mn2	16	53~56
T10Mn	5	57~60	5CrMnMo	13	52
65	5	53~56	5CrNiMo	25	54

表8-17 部分常用钢等温淬火的等温温度与时间

钢号	适宜的等温温度/℃	适宜的等温时间/min	钢号	适宜的等温温度/℃	适宜的等温时间/min
65	280~350	10~20	9SiCr	260~280	30~45
65Mn	270~350	10~20	W18Cr4V	260~280	90~180
60Si2	270~340	20~30	Cr12MoV	260~280	30~60
T12	210~220	25~45	3Cr2W8V	280~300	30~40
GCr9	210~230	25~45			

（4）其他等温淬火方法

1）预冷等温淬火。其工艺是先在温度较低（>*Ms*）的浴槽中冷却，然后转入温度较高的浴槽中，使奥氏体进行等温转变。该法适用于淬透性较低的钢或尺寸较大而又必须进行等温淬火的工件。

2）预淬等温淬火。此法是先将工件急冷至*Ms*以下，淬火获得10%~30%的马氏体，然后升温至下贝氏体区等温。这种方法可使截面较大的工件获得马氏体+贝氏体组织，故又称复合淬火。该法预淬时形成的马氏体可促进随后的贝氏体转变，从而缩短贝氏体转变所需时间。该法适于某些下贝氏体等温转变需较长时间的合金工具钢，也适用于奥氏体稳定化倾向较明显的钢种。

3）分级等温淬火。在进行下贝氏体等温转变之前，先在中温区进行一次（或二次）分级冷却。该工艺可减少热应力及组织应力，工件变形开裂倾向更小，同时还能保持强度、塑性的良好配合，适于高合金钢（如高速钢等）复杂形状工具的热处理。

（5）等温淬火应用示例 见表8-18。

表 8-18　常用工件等温淬火示例

钢号、技术要求及工件示意图	工件分析	热处理工艺及操作要点	工艺分析
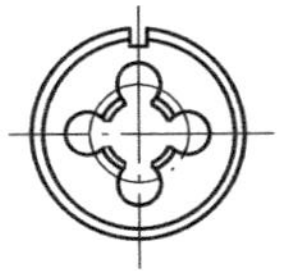 9SiCr 圆板牙（M12），刃部 60～63HRC、M 针≤3 级、螺纹无脱碳； 淬火→检验硬度与组织→低温回火→清洗→检验硬度→发蓝	要求较高强韧性、耐磨性；淬火易畸变开裂； Ac_1 =770℃、Ac_{cm} =870℃、Ms =160℃、Mf = −30℃	工艺：①600～650℃ ×20min（专用挂具）预热、850～870℃ ×10min 盐浴炉加热、190℃ ×30～45min 等温淬水；②190～200℃ ×90min 回火 操作要点：①含硅钢易脱碳，盐浴需及时脱氧；②常由于硝盐老化造成淬后硬度不足，需注意捞渣或补充硝盐，并确保硝盐槽温度恒定；③回火冷却至室温方可清洗	①淬火温度较高，是因若温度低于830℃，则合金渗碳体溶解较少，淬不硬、淬硬层浅；②置于盐浴炉之上的预热，可减小变形、缩短加热时间，并起烘干作用；③调节等温温度可控制中径尺寸（温度高，中径涨大，反之缩小）
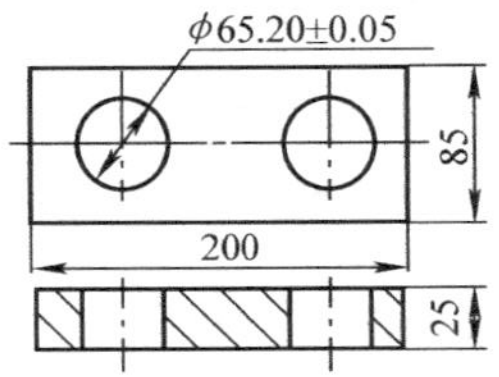 9Mn2V 冷作模具，48～53HRC	此模具对硬度要求不高，但孔尺寸要求较严； Ac_1 = 730℃、Ac_{cm} = 760℃、Ms≈125℃	工艺：①530℃ 预热，（795 ± 10℃）盐浴加热，（270 ± 10）℃ ×240min 等温淬火、空冷；②（360 ± 10）℃ ×120min 回火 操作要点：①模具装挂具、竖直加热，彼此有一定间隙；②孔用石棉等填塞；③确保硝盐槽温度一致	①等温淬火适于硬度较低但畸变要求严的工件；②预热有利于减小畸变；③用石棉等填孔，可有效控制孔的变形量

5. 预冷淬火

预冷淬火（延迟淬火）是工件奥氏体化后，在浸入淬火冷却介质前先在空气（或油、盐浴）中预冷适当时间的淬火。预冷淬火主要用于壁厚相差悬殊、易畸变开裂的工件。预冷时，薄壁处温度降低较厚壁处多，这在随后快冷中，可提高工件各部位的冷却同步程度，减小应力，减小畸变、开裂倾向。预冷温度通常在 Ar_1 或 Ar_3 附近；温度过低，会发生非 M 转变，导致该处硬度偏低。预冷时间主要靠操作经验来掌握。

应当指出：①对以上介绍的五种常用淬火方法，并非只有采用某一种，才能达到给定技术要求。实际中，有很多用不同淬火方法达到同一性能要求的例子，热处理工作者要做的是从中选出最适合的一种。这种适合不仅指技术上的适合，还包括经济、环保、节能降耗及劳动条件等方面的适合（详见第十七章）。②不论采取哪种淬火方法，都应在淬火后对工件硬度、外观等进行自检，合格方可转入下道工序。③在淬火工艺实施中，炉内工件的实际加热条件、参数要尽量趋同（如工件一定要放在有效加热区内、摆放位置应尽量趋同，不得超载），实际出炉温度、淬火冷却介质、温度等也要尽量趋同。否则将会加大热处理质量的分散性。

6. 典型零件淬火工艺实例（以 M10 手动丝锥为例）

1. 服役条件及技术要求

手用丝锥（见图 8-29a）用来加工金属内孔螺纹，直径较大的常采用 9SiCr、GCr15 等制作，直径较小的（≤M12）可采用 T12A 钢制作。工作时，承受较大摩擦力与扭转力，为避免早期磨损和折、扭断（尤其是细丝锥），刃部要求具有较高的硬度和良好的耐磨性，丝锥整体要有较高的强韧性，柄部硬度不宜过高。技术要求为：刃部硬度 61 ~ 63HRC、柄部 30 ~ 55HRC、刃部无脱碳；淬火后马氏体级别≤3 级；M6 ~ M12 径向圆跳动≤0.08mm。

2. 加工路线

下料→球化退火（原始组织不符合要求时采用）→机械加工（螺纹多用滚牙法制成）→淬火、低温回火→清洗→检验硬度、组织→校直→柄部处理→清洗→发蓝→检验（畸变、柄部硬度、外观）。

3. 热处理工艺及分析

图 8-29b 是 M10 丝锥的预备热处理和最终热处理的热处理工艺曲线。

（1）球化退火　根据 GB/T 1298—2008（碳素工具钢技术条件），钢材出厂时，已进行过球化退火，但若原材料组织不合格，则需按图 8-29b 工艺进行球化退火。如钢中有较严重的网状渗碳体时，应正火后再球化退火，否则淬后刃口脆性太大，且易淬裂。为了防止氧化脱碳，可将丝锥装箱并填充铸铁屑或小块木炭，并用耐火泥密封。

球化退火后，根据 GB/T 1298—2008 标准进行检验，硬度≤207HBW，珠光体球化级别 2 ~ 4 级，残余碳化物网≤2 级。

（2）淬火工艺规范确定

1）淬火工艺方法选择。由于本丝锥要求具有较高强韧性，硬度略低，且截面较小、对淬火变形要求较严，故适宜选用等温淬火法。

2）设备及升温方式选择。本丝锥要求刃部无脱碳，且刃部、尾部硬度不同，适宜选

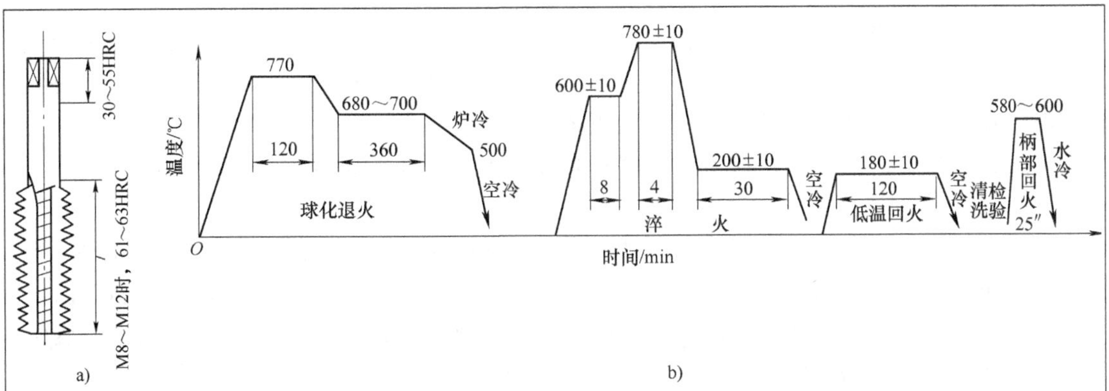

图 8-29　T12A 钢 M10 手用丝锥及其热处理工艺

a）丝锥示意图　b）热处理工艺曲线

用盐炉加热。加热时，采用预热升温方式，目的是降低内应力，缩短淬火保温时间，并减少过热、脱碳倾向。采用盐炉预热，温度 600 ~ 650℃，时间 7 ~ 10min。若采用箱式电炉预热，温度应在 500 ~ 550℃，时间可长些。

3）淬火加热温度选择。T12A 钢常取 780℃，在此温度加热，奥氏体碳含量适当、且较细，并保留一定数量的残留渗碳体，使丝锥淬火后具有较高硬度和韧性。温度过高，易导致晶粒粗化，降低韧性，并使淬火应力增大。对易发生折、扭断的小直径丝锥，更应注意防止晶粒粗化，以保证韧性。故本丝锥淬火加热温度选择 780℃。

4）加热时间选择。各厂的加热时间不完全相同，一般经过预热后的加热时间为：盐浴炉 15 ~ 18s/mm，箱式炉 48 ~ 60s/mm。不经预热：盐浴炉 25 ~ 30s/mm，箱式电炉 72 ~ 90s/mm。本例中 M10 丝锥经预热后在盐炉淬火加热时间为 3min，考虑装炉量取 3. 5min。

5）淬火冷却介质及等温温度、时间选择。对直径不太大的碳钢丝锥，一般采用硝盐作为淬火冷却介质；等温温度选为（210 ± 10）℃，时间为 30 ~ 45min，空冷。

4. 操作过程

①按工件委托单核对工件数量、材料（可打火花检验）等；检查工件表面，不允许有碰伤、裂纹、锈蚀等缺陷。②根据图样和工艺卡，明确淬火工件的技术要求，如硬度、畸变要求等。③选择合适的工装，将工件装夹于工装上。④表面防护，对易淬裂部位进行包扎、堵孔。表面不允许氧化、脱碳的工件，需刷涂料；若采用保护气氛炉、盐浴炉等则可省略，故本丝锥可不必刷涂料。⑤烘干、预热、加热；烘干、预热通常是将装有丝锥的淬火夹具（或用铁丝绑扎后）吊挂在盐炉上方，利用盐浴的挥发热量烘干、预热工件。⑥加热结束后，将丝锥垂直淬入等温硝盐槽中，保持 30min 后取出、空冷。⑦自检硬度合格后，清洗（用沸腾清水）、转回火，如不合格，则需查明原因后，进行返修处理。⑧低温回火结束后，进行喷砂或清洗，检测硬度（≤M12 的丝锥检测部位为丝锥方尾的平面处）组织。⑨校直，喷砂后，对螺纹部分用手工测量支架进行直线度自检查；若畸变超差不严重，可对丝锥柄部（因塑性较好）采用反向锤击法冷校直，变形较大的则采用热点校直法。⑩柄部回火：将柄部 1/3 ~ 1/2 浸入 580 ~ 600℃盐浴中（丝锥

倒插入带孔的⊥形夹具)，进行短时间（15～40s）高温回火，然后迅速水冷，以免影响刃部硬度；也可利用高频设备进行柄部回火。⑪清洗后，进行发蓝处理，目的是防锈、美观。⑫检验（畸变、柄部硬度及发蓝质量）。

上述工序中的①至④，属于淬火前的准备工作，其对一般淬火工艺都适用。

5. 工艺实施注意事项

①工件放入盐浴炉前，需进行仔细烘干，以免迸溅、伤人。②工件放入盐浴炉后，盐浴液面应低于规定高度，工件之间距保持约10mm。③淬入介质时，注意控制盐浴温度。④加热中，适时观察控温仪表，确保温度在控制范围之内；注意控制硝盐浴温度恒定（必要时启动冷却装置）。⑤盐浴炉要适时脱氧、捞渣。

经上述工艺淬火后，T12A 钢 M10 丝锥表层组织为：贝氏体 + 马氏体 + 残留渗碳体 + 少量残留奥氏体（厚度为2～3mm）；心部组织为：托氏体 + 贝氏体 + 马氏体 + 未溶渗碳体 + 少量残留奥氏体。表层硬度 >60HRC，中心硬度较低、韧性较好。本丝锥淬火后，需尽快进行低温回火，以在保持高硬度、耐磨性的同时，降低内应力、稳定组织。实践证明，经此工艺处理后，完全可满足手用丝锥性能要求。

注：①如在柄部高温回火后校直，会因柄部硬度低而敲出凹坑。②以上涉及回火的内容，可在第九章介绍后进行。

三、其他淬火工艺方法

1. 亚温淬火

亚温淬火是亚共析钢工件在 Ac_1～Ac_3 之间奥氏体化后淬火冷却，以获得马氏体加少量细小、均匀分布的铁素体组织的淬火。其奥氏体化温度一般略低于 Ac_3，是一种不完全淬火。亚温淬火要求原始组织中不能有大块铁素体，故亚温淬火前，需视组织情况进行完全淬火或调质（有时也可正火），使铁素体呈细粒状或细针状。

亚温淬火实际意义主要在于：①对改善亚共析钢的冲击韧度、降低冷脆转化温度及抑制回火脆性具有明显效果，但强度、硬度或变化不大，或略有下降。②可显著降低畸变、开裂倾向。③由于加热温度降低较多，节能减耗（约25%）效果较明显，且有利于减少氧化脱碳。

亚温淬火可显著提高亚共析钢韧性、防止开裂的主要原因是：①由于加热温度较低，F 和 A 晶粒较细；适量的细小、均匀铁素体可阻碍裂纹扩展；②减少了杂质元素在原奥氏体晶界上的偏聚浓度。这一方面是由于晶粒细化使界面积大幅增加，从而使引起回火脆性的杂质元素在晶界上的偏聚浓度大为降低，降低钢的回火脆性倾向；另一方面杂质元素（Pb、Sb、Sn）倾向于在铁素体中分布，这也有利于降低回火脆性。

亚温淬火的应用：亚温淬火主要用于易淬裂和位于“危险尺寸”的亚共析钢工件及某些需通过亚温淬火来避免回火脆性的工件。这方面成功应用的例子已有很多。亚温淬火也是我国热处理行业“十二五”发展规划中的重点推广技术。

图8-30示出30CrMnSiA钢分别经普通淬火和亚温淬火的韧性和硬度对比。可以看出，亚温淬火后硬度有所降低，但冲击韧度却显著提高，其效果随回火温度提高而增大。

试验表明，亚温淬火对含碳量较高的钢，强韧化效果不明显（这可能与片状马氏体量增多有关)。

讨论: 亚温淬火为何要求钢中不能有粗大铁素体?

亚温淬火应用举例如下:①45 钢摩擦片,如图 8-31 所示,硬度要求为 50 ~ 55HRC。原淬火工艺为 840℃加热、水淬,淬后开裂率 23%。裂纹均位于小圆孔与外圆之间,检验未发现成分、组织异常现象。后采用亚温淬火:780℃、水淬,生产上千件,均性能合格,且无一发生开裂。②45 钢平键、尺寸为:8mm × 10mm × 25mm,要求 34 ~ 40HRC。原淬火工艺为 840 ~ 850℃加热、三硝淬冷。结果在 130 件中有 80% 出现裂纹。后改为亚温淬火:780℃加热,三硝淬冷,先后共处理 300 多件,无一出现裂纹。

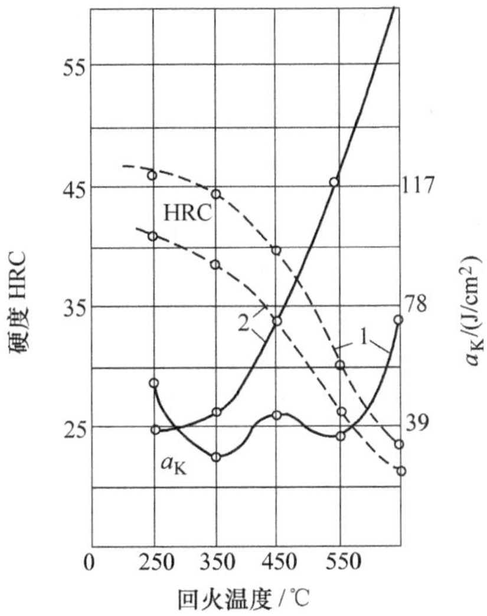

图 8-30　30CrMnSi 钢普通淬火与亚温淬火力学性能比较

1—普通淬火(930℃)　2—亚温淬火

(930℃淬火 + 650℃回火后 800℃亚温淬火)

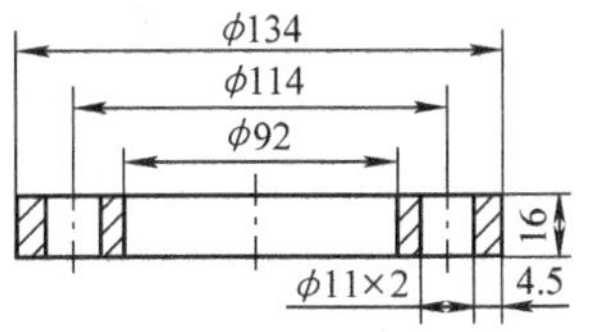

图 8-31　摩擦片

想一想　图 8-32 所示的三个 45 钢工件,均采用 830℃加热、淬水,工艺实施均符合要求,但淬后开裂率分别为挡片 45%、双联齿轮 15%(开裂位置为 φ152mm × 9mm 凸缘)、隔套 >50%,试分析原因并提出改进措施?

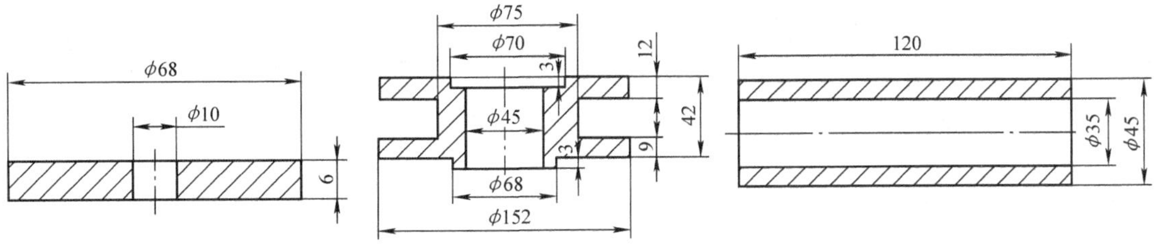

a)　　b)　　c)

图 8-32　45 钢工件

a) 挡片　b) 双联齿轮　c) 隔套

2. 零保温淬火

“零保温”淬火是指加热工件达到淬火温度后不进行保温，就立即淬火冷却的热处理工艺。“零保温”淬火技术出现于上20世纪70年代。“零保温”淬火主要是保温时间与传统淬火工艺不同，其冷却方式并无特别之处。如前所述，许多工件为达到技术要求，不必一定要使奥氏体成分完全均匀、碳化物都溶解，只要成分均匀程度和奥氏体中碳及合金元素含量能满足热处理后性能要求即可。零保温淬火组织主要为隐晶马氏体㊀，性能与传统淬火基本相同。

零保温淬火与传统淬火工艺相比，省去了透热和保温时间，能耗明显降低（20%～30%），且提高了生产率。由于加热时间短，零保温淬火减少了工件在保温过程中产生的氧化、脱碳、畸变程度。零保温加热淬火是我国热处理“十二五”发展规划中一项重要推广技术。

操作注意：①生产中一般是当温工件整个表面的颜色与炉墙相同即开始冷却。②加热温度与传统淬火相同或略高。

零保温淬火应用举例如下：40Cr钢ZLA装载机油泵轴，如图8-33所示，单件重6kg，技术要求：调质硬度26～33HRC。原工艺为860℃×90min、N32油淬（油温44℃），淬后硬度为49HRC。后采用860℃零保温淬火、N32油淬后硬度为51HRC（油温40℃），回火后为31HRC，完全符合要求。具体做法如下：采用RX－45－9箱式炉，到温后装炉，每炉装30件。当控温仪表到温后，目测工件与炉膛后墙颜色一致时，即淬火冷却。

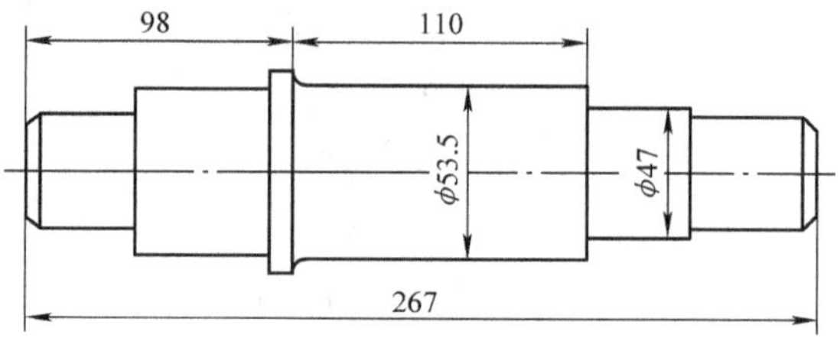

图8-33 油泵轴简图

3. 局部淬火法

有些工件只要求局部淬硬，有些零件不同部位硬度要求不同（如丝锥），进行局部淬火是满足其性能要求的切实可行办法。

4. 间断淬火法

间断淬火是将加热好的工件淬入水中，数秒后提出水面空冷，在空气中停留一段时间，再淬入水中，如此反复几次。在空冷时，表层淬得的M被内层传递过来的热量加热而回火，从而减小变形开裂倾向。扁铲、錾子及一些模具采用此法效果较好。

5. 薄壳淬火

薄壳淬火是将淬透性低的钢件加热后，用盐水等强冷介质淬冷，使表面得到一层M薄壳的工艺方法。薄壳淬火适于某些要求表面硬、耐磨，而心部硬度要求不高的低淬透性钢件。该法由于表面残余压应力较高，疲劳强度较高，并且不易发生淬火开裂。

探究 为何薄壳淬火会在工件表层形成有利于提高疲劳强度的残余压应力？

㊀ 其原因除了奥氏体晶粒较细之外，可能还与奥氏体晶粒中碳浓度分布不均匀有关：碳含量不同的微区，其 M_s 不同；先形成的M阻碍后形成的M长大。试验表明，45钢840℃零保温淬火组织中仍有少量铁素体，900℃为全部马氏体组织。

四、冷处理

冷处理（subzero treatment，cold treatment）是将钢件淬火冷却到室温后，继续在一般制冷设备或低温介质中冷却至 *Mf* 以下温度（一般为 -60℃ ~ -80℃）的工艺。如在液氮或液氮蒸气中冷却，则称为深冷处理（cryogenic treatment）。二者的目的主要是消除或减少残留奥氏体，提高工件硬度、耐磨性等性能，并使组织和尺寸变得更加稳定。

1. 残留奥氏体的利、弊

残留奥氏体强度低、塑性极好，可吸收形变能、松弛工件中的淬火应力、减少淬火畸变、开裂倾向，适量的残留奥氏体可提高韧性和抗接触疲劳性能。但残留奥氏体过多，不仅影响工件硬度，而且其本身很不稳定，即使在室温条件下，也会缓慢地向马氏体转变，使工件尺寸不稳定。

2. 工艺原理

通常淬火冷却都是冷至室温，而许多钢马氏体转变终了点（*Mf*）低于室温较多，由于马氏体转变是降温转变，这就导致组织中有较多残留奥氏体未能转变。将淬冷至室温的工件，继续冷至 *Mf* 以下，可使这部分残留奥氏体转变为马氏体。

3. 适用范围

实际中冷处理多用于精密工、模、量具或精密零件（如精密轴承、油嘴油泵偶件、精密丝杠等）及某些残留奥氏体较多的渗碳或碳氮共渗件。表 8-19 给出了部分钢冷处理前后的效果。

表 8-19　不同的钢种冷处理后的效果

钢　号	马氏体点		残留奥氏体（体积分数,%）		冷处理后硬度增加 HRC
	Ms/℃	*Mf*/℃	冷处理前	冷处理后	
T7	300 ~ 250	-50	3 ~ 5	1	0.5
T8	250 ~ 225	-55	4 ~ 8	1 ~ 6	1.0
T9	225 ~ 210	-55	5 ~ 12	3 ~ 10	1.5 ~ 2.5
T10	210 ~ 175	-60	6 ~ 18	4 ~ 12	1.5 ~ 3.0
T12	175 ~ 160	-70	10 ~ 20	5 ~ 14	3.0 ~ 4.0
9SiCr	210 ~ 185	-60	6 ~ 17	4 ~ 17	1.5 ~ 2.5
GCr15	180 ~ 145	-90	9 ~ 28	4 ~ 14	3.0 ~ 6.0
CrWMn	155 ~ 120	-110	13 ~ 45	2 ~ 17	5 ~ 10

注：表中过共析钢的残留奥氏体量是指正常淬火后的数据。

视野拓展　早在 100 多年前，人们就发现冷处理能提高材料的强度、耐磨性等性能。如瑞士钟表商将钟表中的一些关键零件埋到寒冷的阿尔卑斯雪山中，以提高零件的耐磨性和寿命。一些有经验的工具制造商则把工具放到冷冻箱内储藏数月，来提高工具的使用寿命。研究表明，深冷处理可以显著提高钢铁材料、非铁金属、塑料（包括尼龙、泰弗龙）等材料的力学性能和使用寿命，并且操作简便、无污染、成本低，具有可观的经济效益和市场前景。以下工件或物品经深冷处理后寿命大幅度提高：伐木工具用锯链 4.0 倍，不锈钢铣刀 3.7 倍，9SiCr 冷拉深凸模 3.0 倍，Cr12MoV 搓丝板 2.25 倍，内燃机活塞销磨损量减少一半，尼龙袜多穿 3 ~ 4 个月。

4. 冷处理的主要工艺参数

（1）淬火工件在室温停留时间　按淬火后在室温停留时奥氏体稳定化敏感度的不同，将钢种分为三类：第一类是对稳定化不敏感的钢种，其在室温下停留一昼夜对冷处理效果影响不大，如18Cr2Ni4WA、20Cr2Ni4、Cr12MoV等；第二类为中等敏感的材料，允许在室温停留不超过3h，如W18Cr4V、T12、GCr15、CrWMn等；第三类为敏感度高的钢，应在淬火后尽快进行冷处理（不超过1h），如T8、T9、9SiCr等，否则，将发生明显的奥氏体稳定化现象。

（2）冷处理温度　冷处理温度应低于*Mf*点。常用合金工模具钢的*Mf*点为-60～-80℃，一般采用冷冻机即可（其制冷温度多为-80℃）。某些高合金钢*Mf*很低（-120～-180℃），需在液氮等介质中进行深冷处理。表8-20列出了常用制冷剂可达到的温度。

表8-20　冷处理常用制冷介质

制冷剂	制冷温度/℃	制冷剂	制冷温度/℃
20% NH_4Cl + 80%冰	-15.4	干冰+酒精	-78
25% NaCl + 75%冰	-21.3	液化乙烷（C_2H_6）	-88.5
氟利昂-12（F_2Cl_2）	-29	液氧	-183.0
液氨	-33	液氮	-195.8
液化丙烷	-42	液氢	-252.8

（3）冷处理温度停留时间　在冷处理温度下停留的时间，应以工件冷透为原则。理论上讲，冷处理过程中的马氏体转变在瞬间即可完成，工件一经达到制冷温度即可取出，但考虑到工件尺寸大小及众多工件温度的均匀性，需要一定的透冷时间，一般为0.5～1h，最多不超过2h。

5. 操作注意事项

1）由于冷处理使钢中马氏体转变量增加、内应力提高，工件变形开裂的倾向增大，故对易变形开裂的工件，应先淬火冷至室温（有时还需采用石棉包扎），然后再进行冷处理，以避免畸变、开裂。

2）冷处理后，工件应置于空气中逐渐回升至室温，回升至室温后，立即进行回火，否则易引起畸变开裂。

3）冷处理前，需清洗工件上的油污并烘干。

4）操作时，要采取防护措施，防止身体局部冻伤。

五、淬火工艺编制练习

对下列工件，①确定淬火、回火方式（回火练习应在回火内容讲后进行）。②选择炉型、加热方式及介质、工艺参数、冷却方式及介质，并给予适当解释。③画出工艺曲线。

1. 45钢导筒（图8-34a），技术要求240～250HBW（23～25HRC）注：本工件易淬裂，需采取相应措施。

2. 65Mn弹簧片（图8-34b），技术要求：42～48HRC，不平整度≤0.05mm。

3. ϕ8mm和ϕ20mm的T12手动铰刀（图8-34c），要求刃部63～65HRC，柄部30～

45HRC，弯曲畸变0.15～0.3mm。（ϕ8mm 铰刀对韧性要求较高；ϕ20mm 铰刀要求较硬及较厚淬硬层，对韧性要求略低）

4. 40Cr 小轴（图8-34d），技术要求45～50HRC，螺纹处35～40HRC，直线度误差≤0.2mm，淬火后直线度误差≤0.5mm。（注：该轴易畸变，退刀槽处易淬裂，螺纹处易脱碳）

5. 图8-34e 所示45钢M20螺栓（锻造成形），要求35～40HRC，不允许脱碳。（注：螺栓头部易淬裂。该件硬度要求不高，但要求淬透）

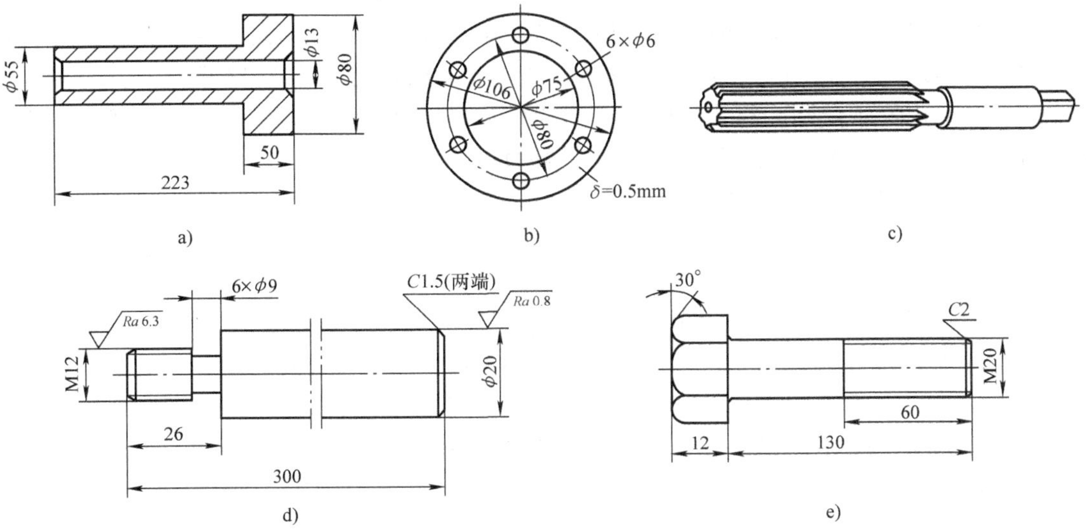

图8-34　工件简图

a）导筒　b）弹簧片　c）手动铰刀　d）小轴　e）螺栓

第四节　淬火技术的发展

一、形变淬火

1. 高温形变淬火

形变淬火属于形变热处理范畴。高温形变热处理是在再结晶温度以上进行塑性变形的热处理，包括高温形变淬火和高温形变正火等。

高温形变淬火是将钢加热到 Ac_3 以上，在奥氏体稳定的温度范围内进行热加工变形，然后利用热加工余热淬火的工艺，如锻后余热淬火、热轧淬火等。高温形变淬火后，在适当温度回火，可获得很高的强韧性，一般在强度提高10%～30%的情况下，塑性可提高40%～50%，冲击值更是成倍提高。由于形变温度远高于再结晶温度，形变强化效果很容易被再结晶所弱化，所以需严格控制形变后、淬火前的停留时间，在形变后应立即淬火冷却。

高温形变热淬火获得高强韧性的原因主要在于：①结构钢高温形变淬火可使奥氏体晶粒及马氏体板条束更加细化；②形变后及时淬火，可保留形变产生的高密度位错等缺陷。这些高密度位错可促使碳化物沿位错弥散析出，并随后存留于马氏体中，产生很大的弥散强化作用，而马氏体本身，则由于碳化物充分析出后，碳含量降低、板条M增多，因而具有较高的塑、韧性。

2. 低温形变淬火

低温形变淬火包括低温形变淬火和低温形变等温淬火等。

低温形变淬火是将钢奥氏体化后迅速冷却至过冷奥氏体亚稳定温度区间进行热加工形变，然后淬火的工艺。低温形变热处理只适用于含有较多强碳化物形成元素的钢，这类钢在400～600℃范围内过冷奥氏体较稳定，便于塑性形变而不致发生非马氏体转变。

低温形变等温淬火是在亚稳定奥氏体状态形变后等温淬火得到贝氏体组织，其强度比低温形变淬火略低，但塑、韧性较高，适用于热作模具及高强度钢制小型零件。

低温形变淬火的强韧化原因为：①马氏体继承了形变奥氏体的高密度位错和细化的晶粒。②奥氏体形变时在位错周围析出许多超显微的合金碳化物，对位错有钉扎作用，使位错运动困难。③由于碳化物的析出，降低了奥氏体中的碳含量和合金元素含量，使 *Ms* 点升高，淬火时板条状马氏体数量增多，提高了钢的韧性。④高密度位错和微细碳化物的存在，使回火析出的碳化物更加弥散均匀。

二、真空淬火

真空度常用Pa（1atm＝101.33kPa）来表示。根据真空度的高低，可将其划分为四级：1.33×10^3～1.33Pa为低真空，1.33×10^{-1}～1.33×10^{-2}Pa为中真空，1.33×10^{-3}～1.33×10^{-5}Pa为高真空，低于1.33×10^{-5}Pa为超高真空。真空热处理是指在低于101.325kPa的环境中进行加热和冷却的热处理工艺。真空热处理包括真空退火、淬火、回火、渗碳、渗金属等，这里仅对真空淬火进行简单介绍。

1. 真空淬火加热的特点

（1）表面保护作用　在真空中加热，氧化性气体的含量极低，故氧化脱碳轻微。

（2）净化表面　在高温、真空状态下，金属表面氧化物和污物会发生分解和挥发，然后由真空泵抽气排出，使工件表面得到净化。

（3）脱气作用　在熔炼时，液态金属会吸收H_2、N_2、O_2等气体。当液体凝固时，由于冷速快，一部分气体残存于固态金属中，这对金属性能是有害的。根据西弗斯气体分压定律，气体在金属中的溶解度 s 与其分压 p 的平方根成正比，即 $s=kp^{1/2}$，k 为与温度有关的常数。

由于真空下气体分压很低，故气体在金属中的溶解度将明显减小。真空度越高，脱气效果越好。

真空脱气的过程是金属中的气体向表面扩散，进而从表面逸出，再从真空炉中排出的过程。其中金属中的气体向表面扩散的速度是影响脱气效果的主要因素，所以在同样的真空度下，提高温度可增进脱气效果。氢、氧、氮几种气体中，氢较氧、氮扩散容易，故在真空热处理时脱氢较容易，脱氧、氮较难。

（4）脱脂作用　工件表面的油污（这些油污是碳、氢、氧的化合物）在真空加热时可分解为氢、水蒸气和二氧化碳等气体，被真空泵排出。因此，真空热处理可起脱脂作用，使工件表面保持光洁。

（5）蒸发现象　合金钢在真空加热时，一些蒸气压高的合金元素如Mn、Cr等将从表面蒸发逸出，造成表层合金属元素的贫化。

（6）加热速度较慢　由于真空下的传热只有辐射，故加热速度较慢（尤其在600℃以下）。

2. 真空淬火的冷却

真空淬火的冷却主要采用油冷或高压气冷。淬透性低的大截面工件可用真空淬火油作为淬火冷却介质；对淬透性高、截面尺寸小的工件可选用气冷，气冷介质多采用高纯度氮气。如第一节所述，一般气冷冷速≤油。

目前，钢件的真空淬火应用日益广泛，其优点是无氧化脱碳、畸变小（对畸变小的原因尚无定论，有共识的是：真空加热较慢，对减小畸变有益）、硬度和耐磨性较高且较均匀，工件使用寿命长，自动化程度高、环保。

三、控制马氏体、贝氏体形态的淬火

实践证明，充分利用板条马氏体和下贝氏体组织的特性是改善钢强韧性的一条重要途径，下面举例介绍。

1. 高碳钢的低温、快速、短时加热淬火

高碳钢普通工艺淬火后，马氏体主要呈片状，脆性较大。如采用快速加热至略高于 Ac_1 的温度，短时保温淬火，则可得到以板条马氏体为主加细小碳化物的组织，使钢在保持高硬度的同时，还具有良好的韧性。这是因为低温短时加热，使奥氏体晶粒保持较细水平、且含碳量较低，故淬火后具有上述性能。但此工艺要求原始组织中碳化物要较细小。

2. 获得贝氏体加马氏体复合组织的淬火

实践表明对高强度或超高强度钢，可以通过控制等温转变过程或控制连续冷却速度的方法来获得适当数量的贝氏体加马氏体的复合组织，以达到良好的强韧性。例如，含碳量0.12%的 Ni-Cr-Mo-V 钢，按不同的热处理分别得到全马氏体、全贝氏体、马氏体 + 贝氏体复合组织后，均在 200 ~600℃范围内回火，发现在同一回火条件下，具有复合组织的试样，其强度与全马氏体组织相当，而韧性则与全贝氏体组织相当，同时其韧脆转化温度也最低。分析表明，这是因为先形成的下贝氏体分割了原奥氏体晶粒，导致随后形成的马氏体板条束尺寸减小；解理裂纹扩展时，一旦遇到马氏体 - 贝氏体界面便会改变方向，从而使裂纹扩展路径变得更曲折（图 8-35），裂纹扩展的阻力增大。此外，由于马氏体板条束尺寸变小，也有利于提高复合组织的强度。

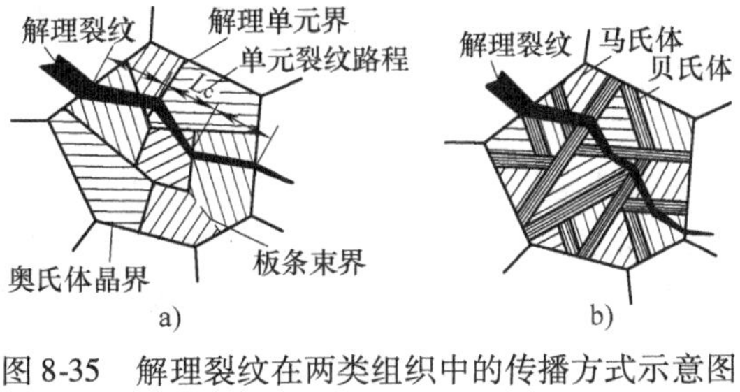

图 8-35 解理裂纹在两类组织中的传播方式示意图
a）马氏体 b）马氏体 + 下贝氏体复合组织

利用复合组织进行强韧化的关键是确定各部分组织的最佳配比。一些研究结果表明，复合组织中的下贝氏体为 10% ~20% 时，强韧性最好。

四、奥氏体晶粒超细化处理

把钢的晶粒度细化至 10 级以上的处理方法称为晶粒超细化处理。由于材料的屈服强度与晶粒直径的平方根成反比，故如能获得超细晶粒组织，将可使材料强度显著提高。目前，获得晶粒超细化的方法很多，主要有以下几种：

1. 快速循环加热淬火

根据钢的相变重结晶原理，加热时（不过热）的 γ→α→γ 循环相变可使奥氏体晶粒细化。每循环一次，奥氏体晶粒就被细化一次，多次的相变重结晶可使晶粒不断细化。而快速加热可增大形核率，进一步增强晶粒细化效果。快速循环加热淬火就是根据上述原理使奥氏体晶粒不断细化，获得超细晶粒（奥氏体晶粒度可由 6 级细化到 13～14 级），从而达到强化、韧化的目的。

如图 8-36 所示，进行快速循环加热淬火时，首先将工件快速加热至 Ac_3 以上，经短时间保温后迅速淬火冷却。如此循环多次，即可使奥氏体晶粒显著细化。对小型工件可采用盐浴等加热，大型工件可采用高频或中频感应加热，也可采用直接通电加热。

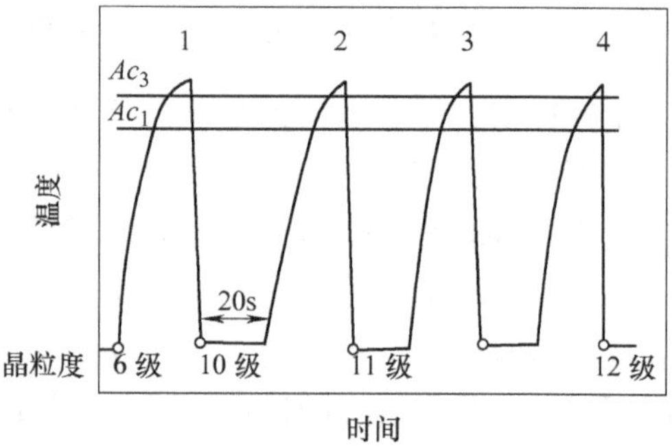

图 8-36　45 钢快速循环加热淬火工艺示意图

试验指出：快速循环加热要求原始组织要细，加热速度要快（一般为 10～20℃/s），温度不宜过高，循环次数不宜过多（一般不超过 5 次）。因为当晶粒细化到一定程度后，就与自身的长大倾向相平衡，而不再有明显的细化效果。此外工件尺寸不宜太大。

2. 超快速加热法

采用大功率电脉冲感应加热、电子束加热和激光加热等超快速加热装置对工件表面或局部进行加热，可获得超细化的奥氏体晶粒，淬火后其硬度和耐磨性显著提高。

五、碳化物超细化处理

通过碳化物超细化处理使过共析钢中碳化物呈极细颗粒且均匀分布，可使强韧性及接触疲劳性能显著提高。这种组织和性能对轴承钢是十分有利的。碳化物超细化处理主要有超过 Ac_{cm} 的高温淬火 + 高温回火 + 低温淬火 + 调质后再低温回火等方法。详细可参见有关资料。

六、淬火－分配（Q－P）处理

淬火－分配（Q－P）热处理是近十年发展起来的一种热处理工艺。将中碳、高硅钢奥氏体化后，淬火至 $Ms \sim Mf$ 之间某一温度（QT），形成一定数量的马氏体和残留奥氏体，然后升温至 $Ms \sim Mf$ 之间（或 Ms 以上）某一温度（PT）等温；由于钢中的 Si 或 Al 元素能阻碍 Fe_3C 的析出，故等温时，马氏体中过饱和碳将向奥氏体中转移、分配，使残余奥氏体富碳、Ms 降低，发生稳定化；若 Ms 降到室温以下，则在随后冷却时不会转变为马氏体，而残留下来。最终组织由过饱和度降低的马氏体和稳定性很好的残留奥氏体组成。这种工艺称之为淬火－分配（Q－P）处理。调整 Q－P 处理中的淬火温度 QT、分配温度 PT 及时间，可改变残留奥氏体数量。

由于马氏体强度很高，而残留奥氏体塑性很好，二者的适当搭配，使钢具有很好的强韧性，并且畸变、开裂的倾向较小。Q－P 处理主要用于含 Si、Al 元素的高强度低碳、中碳合金钢（如 27～42SiMn、38CrSi、20～35CrMnSi、38CrMoAl）等钢种，以提高其强韧性。

第五节　淬火常见缺陷及其预防措施

钢件淬火时最常见的缺陷有淬火畸变、开裂；淬火硬度不足；软点；氧化脱碳；过热、过烧等组织缺陷。其中，氧化脱碳和过热、过烧已在前面介绍，此处不再重复；淬火畸变与开裂将在第十章中介绍。

一、淬火常见缺陷

1. 淬火硬度不足

造成淬火工件硬度不足的原因有以下几种：

（1）加热温度过低或保温时间不足　加热温度过低或保温时间不足会使奥氏体中碳和合金元素含量不足，或奥氏体成分不均匀，甚至没有完成全部转变，使淬火组织中还残存着珠光体或铁素体，故淬火后硬度不足。此外，装炉量过大，炉温不均匀、炉温控制失灵等均可能使工件欠热，导致淬火硬度不足。

（2）表面脱碳　表面脱碳会引起表面硬度不足、表面硬度低于次表层硬度。

（3）冷速不足　在淬火冷却过程中，如冷速不足，会发生部分非马氏体转变（形成 P 或 T），而导致硬度偏低。冷速不足的原因可能是淬火冷却介质选择不当、介质温度升高或混入较多杂质介质及介质使用过久而变质所致。图 8-37 是 40 钢淬火正常冷却组织与冷速不足组织的比较，其中图 8-37a 组织为 $M_{条}$ + 少量 $M_{片}$，图 8-37b 为 $M_{条}$ + 少量 $M_{片}$ + 沿原奥氏体晶界析出的球团状 T（黑色）。

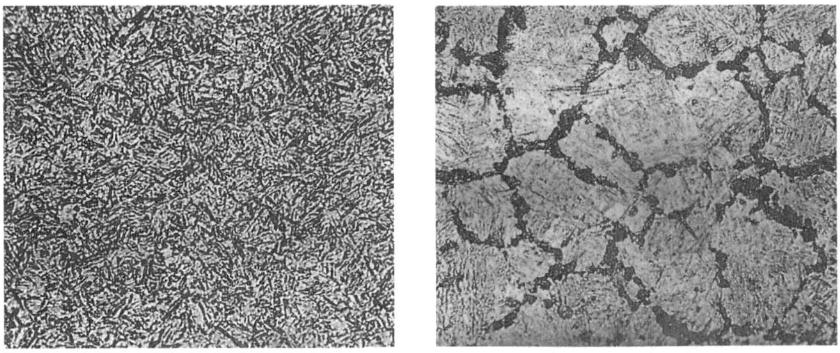

a)　　　　b)

图 8-37　40 钢正常淬火组织与冷却不足组织的对比

a）正常淬火　b）冷却不足

（4）操作不当　例如，预冷淬火时，预冷时间过长；水－油双介质淬火时，在水中停留时间过短，或自水中取出后，在空气中停留时间过长才转入油中；分级淬火时，分级停留时间过长，或分级温度过高致使奥氏体发生分解等都会造成硬度不足。

（5）淬透性差　钢材淬透性过低而工件尺寸又较大时，表层不能得到足够数量的马氏体。

（6）残留奥氏体过多　过共析碳钢、合金钢加热温度过高，奥氏体溶解了过量的碳和合金元素，*Ms* 点下降，使淬火后残留奥氏体量过多，从而降低了硬度。

当出现硬度不足时，应分析其具体原因，采取相应的针对措施。对已出现硬度不足的工件，可进行高温回火、退火（有的钢也可采用正火），以得到接近平衡的组织，切断组织遗传，同时消除应力（淬火加热时只能消除部分内应力，未除尽应力在重新淬火时易引发新的畸变甚至开裂），然后再重新加热淬火补救。同时，应严格管理炉温测控仪表，定期校正及检修。

2. 软点

钢材或钢件淬火硬化后，硬度偏低的局部小区域称为软点。软点往往是工件磨损或疲劳磨损的中心，显著降低工件的使用寿命，因此重要工件上不允许存在软点。产生软点的主要原因有以下几点：

（1）欠热　因加热温度不够或保温时间不足，使奥氏体成分不均匀，或者亚共析钢中铁素体未全部溶入奥氏体。

（2）冷却不均匀　工件进入淬火冷却介质中，工件没有移动或淬火冷却介质循环、搅动不够充分，不能及时去掉工件凹槽处等部位形成的汽泡，使这些部位冷却不够快而产生软点。此外，工件表面有氧化皮或污物、淬火冷却介质中混入杂质等也会造成软点。

（3）淬火前原始组织不均匀　例如，有严重的碳化物偏析、带状组织或原始组织粗大，铁素体呈大块状分布等都会造成软点。对此，淬火前应进行充分锻造或进行适当的预备热处理，使组织尽量均匀化。

（4）表面局部脱碳或碳浓度不均匀　工件表面局部脱碳或工件渗碳后其表面碳浓度不均匀也会造成软点。

对前两种情况，可进行一次回火，再重新加热，并采用恰当的淬火冷却介质及淬火冷却方法补救。对最后一种情况，如工件淬火后不再加工，则很难补救。

3. 组织缺陷

有些工件，根据服役条件，除要求一定硬度外，还要求金相组织达到一定的标准级别。常见不符合要求的组织缺陷有如下几种：

（1）马氏体组织粗大　马氏体组织粗大通常是过热所致，粗大马氏体使力学性能尤其是韧性变差（对此，应在重新淬火前进行一次退火或高温回火）。碳素工具钢及合金工具钢刃、量具，一般要求马氏体针≤3.5 级，图 8-38 是碳素工具钢合格与不合格的马氏体组织。

a)

b)

图 8-38　碳素工具钢淬火马氏体

a）合格（2 级）　b）不合格（6 级）

（2）游离铁素体过多　对亚共析钢，加热不足或淬火冷速不够会造成游离铁素体过多。铁素体过量时易呈网状或块状，导致性能降低。

（3）网状组织　碳素或合金工具钢因原始组织不理想（如淬火前网状碳化物未除掉），或因淬火冷却不当（如冷速慢导致沿奥氏体晶界析出托氏体等非马氏体组织），均会出现网状组织，使性能变坏。

（4）残留奥氏体量过多　高碳钢工件（如工具）通常对残留奥氏体量有一定要求，如果过量，会使工件强度、硬度降低。

二、淬火缺陷分析实例

例1：T8钢凹模（四件），如图8-39a所示，要求58～62HRC，等温退火后加工成形。淬火前，将螺孔和ϕ8mm孔处堵塞水玻璃石棉绳后，进行去应力处理。淬火工艺为：800℃加热、室温盐水中冷却6s转入油。结果全部在孔处或两孔之间开裂。后采用如下两种工艺改进方案：①780℃加热，预冷2～3s后，盐水冷却4s转油冷，并及时回火。结果，厚壁处为59～61HRC，薄壁处（刃口）60～62HRC，未开裂。②780℃加热，预冷2～3s后，盐水冷3s，后转入180℃硝盐、3min、空冷，回火后刃口硬度为57～58HRC，也未开裂。

分析：T8钢不含未溶碳化物，过热敏感性大，原工艺淬火温度偏高，造成奥氏体晶粒粗化；淬前未预冷，且在盐水中停留时间过长，转油冷时，组织已转变为M，产生很大淬火应力；加之该工件淬火开裂倾向较大，故淬火开裂率很高。改进方案①：降低淬火温度（避免了晶粒粗化）；预冷和缩短盐水中冷却时间，减小了淬火应力，从而避免了开裂。改进方案②：预冷+短时快冷后分级淬火，虽避免了开裂，但硬度略低。此外，建议选用过热敏感性小的材料。

例2：45钢塑料模架用推杆，如图8-39b所示，要求硬度45～50HRC，变形量<0.03mm。淬火工艺为：(840±10)℃×12min加热，NaCl10%盐水淬冷，淬后硬度55～58HRC。处理220根，65%开裂（裂纹走向见图8-39b）。后采用如下工艺改进方案：①加热同前，NaCl10%盐水冷却1s后转油冷，180～200℃×1h回火，硬度45～50HRC。淬火100根，开裂4根，畸变超差1根，合格率95%。②加热（790±10)℃×13min，NaCl10%盐水淬冷，回火180～200℃×1h，硬度45～51HRC，处理200根，变形超差8根，无一开裂，合格率96%。③加热（840±10)℃×12min，20号机油淬冷，淬后硬度45～50HRC，无畸变超差，无一开裂，合格率100%。

分析：盐水淬冷时，将工件完全淬透，造成表面拉应力较大，且分析发现工件碳含量为0.49%，其Ac_3约为760℃，如仍采用840℃加热，会造成奥氏体晶粒较粗，故而开裂率很高（原材料很可能含有带状组织，但该企业未做此项检查）。在改进方案①中，盐水-油淬冷使心、表M转变同步性改善，淬火应力减小；同时，盐水-油淬冷使心部A_r量有所增多（慢冷引发一定程度的A稳定化）、M量减少，甚至可能出现非M组织，也使表面拉应力明显减小；另一方面，表层已形成的M在油冷时会发生一定程度回火。以上综合作用的结果，使开裂率显著降低。方案②采用亚温淬火，大大降低了开裂率；方案③采用油冷，冷速较慢，工件未淬透，表层也只是部分转变为M（淬后硬度较低），加之表层发生了一定程度回火，故未发生开裂，但此硬度有些偏低。

例3：45钢柴油发动机摆臂轴，如图8-39c所示，技术要求50～55HRC。原工艺为830℃×7min盐浴加热、盐水10%淬冷，200～250℃×60min回火，发现淬后边角处开裂较高。分析认为是机加工后工件存在较大内应力，并淬火加热温度偏高所致。后改为在淬火前增加一道（580℃×3h）去应力退火，淬火温度降为790℃，其余未变，有效避免了开裂剥落现象。

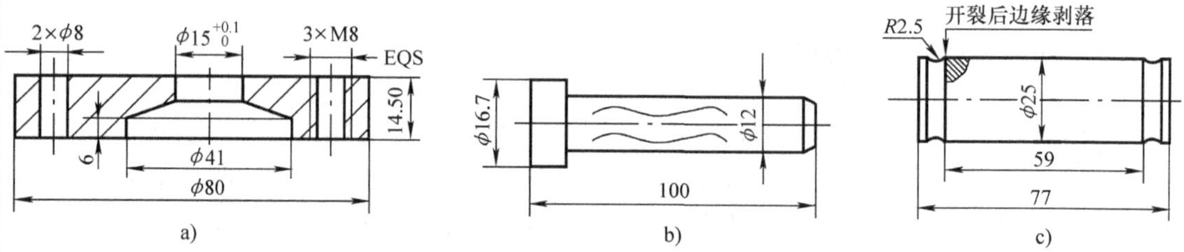

图8-39 零件示意图

a）凹模 b）推杆 c）摆臂轴

三、淬火缺陷分析练习

试分析产生以下几种缺陷的可能原因，指出防止和解决办法，并简述你的道理：

①某T12钢M10手用丝锥加热并正常淬火冷却后，出现软点，金相分析发现组织为细针状马氏体＋托氏体（较多）＋珠光体。②某45钢零件完全奥氏体化后，在水中淬冷，硬度为46HRC（正常应为50～55HRC）。③某T10钢零件，淬火后组织为粗大针状M＋A′（20%），硬度偏低。④某45钢零件水淬后，硬度不均匀。

本章小结

本章主要内容包括淬火冷却介质、淬透性、淬火工艺及淬火缺陷。

1. 淬火冷却介质

1）淬火冷却介质的冷却过程。有物态变化介质由于蒸汽膜的形成其冷却过程分为三个阶段，其中沸腾阶段的冷却能力大大强于另两段，这类介质的冷却能力差异也较大。无物态变化的介质是通过自身升温来带走工件热量的，其冷速一般较低。

2）常用介质的特点、适用范围、主要优缺点。因介质种类较多，易混，建议抓住几种重要介质、并通过表格方式及时梳理、总结。

2. 淬透性

1）淬透性、实际淬透深度、淬硬性的概念、区别及影响因素。

2）淬透性测量方法及端淬法、U形曲线法、断口法。主要掌握端淬法。

3）淬透性曲线及应用：淬透性曲线直接反映了材料淬透性的高、低。淬透性曲线应用主要有三个方面：选择淬火冷却介质；判断淬火工件截面上各处的硬度；借助淬透性曲线，选择能够满足硬度要求的材料。

3. 淬火工艺

1）加热参数（加热温度、速度、时间）的确定。

2）常用淬火工艺的定义、优缺点、参数、适用范围及操作要点。

有时可用不同淬火工艺达到同一技术要求，这时当然应选综合成本最低、操作最简单且环保的方式。一般而言，单介质淬火适于形状较简单、变形开裂倾向小或对畸变要求不严的工件。其中，碳钢多采用水或盐水淬冷，合金钢多采用油淬。双介质淬火主要用于硬度及淬硬深度要求较高、而淬透性相对较低的工件（碳钢、合金钢都可采用）。分级与等温淬火主要用于易畸变开裂的小件，其中等温淬火后韧性较分级淬火高，但硬度稍低。冷处理主要用于要求淬后残留奥氏体较多、而尺寸稳定性要求高的精密件、渗碳件等，这些工件多为高碳钢或合金元素含量较高的钢。

3）淬入介质的方式对淬火质量影响极大，掌握常用淬入介质的方式。

4）注意掌握常见缺陷的危害、成因及消除、预防方法。

本章重要名词：理想淬火冷却介质、特性温度、淬火烈度、淬透性、淬硬性、实际淬透深度、临界淬火冷却速度、临界直径、理想临界直径、淬火、双介质淬火、分级淬火、等温淬火、预冷淬火、冷处理、亚温淬火、零保温淬火、形变淬火、真空淬火

习　　题

一、判断正误，并简述原因

1. 理想淬火冷却介质是指具有理想冷却特性的介质。（　　）

2. T10 钢、T12 钢淬火加热温度应 $>Ac_{m}$，65 钢弹簧淬火加热温度应 $>Ac_3$。（　　）

3. ①对 $\phi15\times300$mm 和 $\phi55\times300$mm 的 45 钢圆棒料，若要求淬火硬度均为 52HRC，则二者的淬火加热温度、淬火冷却介质及操作方法均应相同。②碳钢淬火后的 A_r 量很少，可以忽略。（　　）

4. 20 钢与 60 钢淬火后，在马氏体量相同处（如 50%），其硬度应相同。（　　）

5. 双介质淬火仅用于淬透性差的碳钢工件，合金钢工件不必进行双介质淬火。（　　）

6. 分级与等温淬火只用于合金钢工件，碳钢件不宜进行分级或等温淬火。（　　）

7. 由于双介质淬火可兼顾硬度、淬透深度并减小畸变，故可取代分级或等温淬火。（　　）

8. 用 A 钢和 B 钢制的同样冷冲模，A 钢加热温度稍高就会发生奥氏体晶粒粗化，而 B 钢则不然（二者淬透性、抗回火性等基本相同），这表明 B 钢的热处理工艺性较差。（　　）

9. 甲、乙两种钢制的轴状工件，截面不同、但长度相同。正常加热奥氏体化后，在同一介质中淬冷，结果，用甲钢制的小截面工件完全淬透，而大截面工件只部分淬透，这表明甲钢较乙钢淬透性好。（　　）

10. ①在能确保热处理质量要求前提下，淬火冷却介质的冷却能力越小越好。②薄壁圆环状工件，淬入介质时，应保持其轴向与介质液面平行。（　　）

11. 为减小畸变开裂倾向，工件淬入介质时，应尽量保证各部分均匀冷却。（　　）

12. 淬透性和淬硬性可因钢中加入合金元素而明显增大。（　　）

13. 工件在服役或存放中，会因 A_r 转变而引起尺寸变化，故工件淬火后都应进行冷

处理。 (　　)

二、选择题

1. 长轴类工件淬入介质时，一般应保持其轴向与液面垂直，在介质中，工件应（　　）。

A. 上、下垂直运动　　B. 前后、左右搅动

C. 静止不动　　D. 反复浸入水中、提出水面

2. 对有凹面或不通孔的工件，应使凹面和孔（　　）淬入冷却介质。

A. 朝下　　B. 朝上　　C. 朝向侧面　　D. 随意

3. 圆盘形工件淬入冷却介质时，一般应使其轴向与淬火冷却介质液面保持（　　）。

A. 倾斜　　B. 垂直　　C. 水平　　D. 任意方位

4. 正确的淬火操作是减小淬火变形的有效方法，（　　）是错误的淬火操作方法。

A. 对于长轴类工件要垂直入水，上下移动

B. 厚薄不均匀的工件，应将厚的部位先淬入介质

C. 有尖角或薄刃的工件应预冷后，再淬入介质

D. 薄片件应水平淬入介质

三、简答题

1. 分别画出水与N32油的冷速曲线并给予适当解释。

2. 碱浴、三硝、碱水、合成淬火剂分别属于哪一类淬火冷却介质？

3. 列表指出下列淬火冷却介质：水、10% NaCl、L－AN32全损耗系统用油、三硝、PAG及硝盐浴的最大冷速、与最大冷速对应的温度、冷却特性、适用范围及主要优缺点。

4. 碳钢与合金钢一般采用何种淬火冷却介质？为什么？

5. 欲用浓度为10.5%的聚乙烯醇浓缩液配制800kg浓度为0.3%的淬火剂，需浓缩液及水各多少？

6. 某45钢销子ϕ30mm×120mm，要求淬火后硬度50～55HRC。经830℃加热、水淬，发现硬度偏低（48HRC），试分析其可能原因并提出解决方案，说明你的道理？

7. 同一种钢制的不同尺寸、形状的工件，其淬透性是否相同，淬硬性与实际淬透深度呢？

8. 某工件淬火后，由表及里马氏体量从90%至15%，测得表面硬度为58HRC，能否以此硬度代表该钢的淬硬性，为什么？

9. ①某35钢工件，加热温度分别为Ac_3+30℃和Ac_3-60℃，保温后均在盐水中淬冷，二者的硬度是否相同？为什么？②某T12钢工件，加热温度分别为Ac_1+30℃和$Ac_{cm}+30$℃，保温后水淬，二者的硬度是否相同？为什么？

10. 为何细长、薄片类工件淬入介质时，要求动作迅速、不能晃动，在介质中不宜横向摆动？为何截面厚薄差异大的工件，常对冷却快的部分进行包扎？

11. ①某T10钢工件分级淬火时，从分级盐槽取出后，置于水槽（20℃）中冷至室温，此举对工件有何影响，为何？②为何高碳钢淬火加热过高，会使淬火开裂倾向明显增大？

12. 为何采用较高的加热温度，有利于增大淬硬深度？一般什么情况下，才需进行冷处理？

13. 合金元素对淬透性及奥氏体晶粒长大有何影响？为何未溶碳化物、氮化物会降低淬透性？

14. 列表给出 20、45、60、T8、T10 钢 ϕ30mm 棒料（长度相同）经水淬与 40Cr、60SiMn、GCr15 钢经油淬的硬度值。

15. ①为何尺寸较大工件分级淬火时，应取较低的分级温度？②同一工件分别在 *Ms* 以上和 *Ms* 以下分级淬火，哪个淬后硬度较高、淬硬深度较大，哪个淬火变形较小，为什么？

16. 45 钢锤子（图 8-40a），810℃ ×24min、水淬。试对图 8-40b 中硬度分布曲线给予适当解释，并考虑采取什么措施可使螺孔处淬后硬度较低（即硬度曲线大体呈 U 形）？

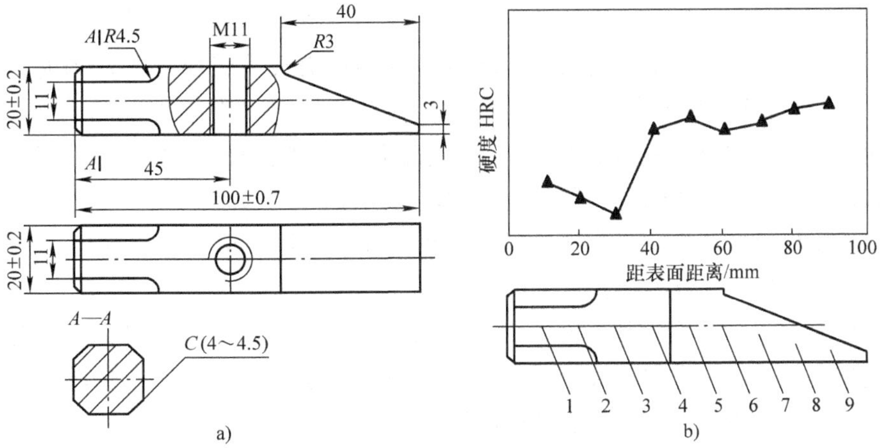

图 8-40　45 钢锤子

a）锤子　b）硬度分布曲线及相应位置

17. 45 钢台阶轴，三段尺寸分别为 ϕ25mm × 150mm、ϕ40mm × 250mm，要求淬后硬度≥45HRC。830℃加热、水淬后，出现软点，软点处全相组织为马氏体 + 淬火托氏体（较多） + 珠光体，试分析产生软点的原因。

18. 如 17 题中的台阶轴，技术要求调质后硬度为 33HRC，试选择淬火冷却介质，并给出淬入方式及在淬火冷却介质中的运动方式。

第九章　钢的回火

如前所述，淬火钢的组织主要由马氏体和少量残留奥氏体组成（未淬透时，还有非马氏体组织）。其中马氏体处于高度过饱和状态、其内部存在很高的应变能和大量位错、孪晶等缺陷，而残留奥氏体更是室温下不应存在的相，因此二者都是不稳定组织，处于高自由能状态。淬火钢的性能则处于强度、硬度高，塑性、韧性差或较差的状态，且存在着很大的淬火应力，一般不能直接使用。必须通过回火，使其组织发生适当转变、内应力消除或降低并获得所需要的性能后，才能使用。

回火（tempering）是将淬硬工件加热到 Ac_1 以下某一温度，保温一段时间，然后冷却到室温的热处理工艺。在回火过程中所发生的组织转变即为回火转变。了解钢在回火时的组织、性能变化规律及影响因素，对于正确制订回火工艺，保证产品质量有重要的意义。

本章主要介绍淬火钢在回火时的组织、性能变化规律，回火工艺及回火常见缺陷。本章教学的主要要求是：①掌握回火组织、性能变化规律及常见缺陷的成因及预防消除措施。②掌握低温、中温及高温回火工艺特点、组织形貌、性能特点及适用范围。③能基本完成回工艺编制练习与常见回火缺陷分析练习。

第一节　回火组织转变与回火组织

一、碳钢的回火组织转变

淬火钢中的马氏体和残留奥氏体都属于不稳定组织，有向稳定组织转变的强烈趋势。这种转变在室温下也会发生，但由于原子扩散困难，转变速度极为缓慢。在回火中，随着回火温度的升高，原子扩散的能力逐渐增强，这种组织转变的进程将大大加快。研究表明，在回火过程中，将依次发生马氏体中碳原子偏聚、马氏体分解、残留奥氏体转变、碳化物析出、转变及 α 相回复与再结晶和渗碳体聚集长大五种组织变化。据此，可将回火分为五个阶段。应当说明，这五种组织转变，只有大致的而无严格的温度界限。

1. 马氏体中碳原子的偏聚（20～100℃）

碳原子偏聚阶段也称回火准备阶段。在 20～100℃温度范围，在 $w_C \leqslant 0.2\%$ 的板条（位错型）马氏体中主要是碳原子就近向位错（附近的拉应力区）偏聚。在片状（孪晶型）马氏体中，因其亚结构主要是孪晶，没有足够的位错线容纳碳原子，故碳原子主要向孪晶界等处偏聚。结果，在孪晶面上形成了许多尺寸极小的碳富集区（尺寸约为 0.7nm×0.6nm×0.3nm），每个富集区中有几个碳原子。

延伸阅读 为什么马氏体会在20～100℃发生偏聚现象呢？已知淬火马氏体处于高度过饱和的不稳定状态，有析出碳原子的强烈倾向，但此时温度较低（<100℃），碳原子活动能力很弱，只能做短程扩散（铁与合金元素原子尚不能扩散），即只能就近扩散到近邻的位错或孪晶界处，从而形成只包含几个碳原子的、尺寸很小的碳偏聚区（富集区）。形成偏聚区后，马氏体的过饱和度和能量水平都有所降低。

实际上，由于许多钢的 Ms 都高于200℃，在淬火冷却过程中，其马氏体中就已经开始发生碳原子的偏聚过程，即发生了“自发回火㊀”（auto tempering）现象。

2. 马氏体的分解（100～250℃）

在100～250℃回火时，高碳片状马氏体将分解为过饱合度有所降低的α固溶体和亚稳定的ε－碳化物。ε－碳化物是由偏聚形成的富集区转化而来，ε－碳化物极为细小，呈薄片状或细针状（长度约为100nm），需用电镜才可观察到。ε－碳化物成分一般以 $Fe_{2.4}C$ 表示。基体马氏体析出ε－碳化物后，碳过饱和程度和正方度进一步下降（碳含量变为0.25%～0.30%）。

对于 $w_C \leqslant 0.2\%$ 的板条马氏体，在低于200℃回火时，碳原子仍偏聚于位错线附近，不析出碳化物。这是因为碳原子在位错线附近偏聚较之析出碳化物的能量状态更低。

在正常淬火条件下，中碳钢得到的是板条状马氏体和片状马氏体的混合组织，回火时既有片状马氏体的亚稳碳化物的析出，也有低碳板条马氏体的碳偏聚。各种钢经低温（<250℃）分解后的马氏体称为回火马氏体（$M_{回}$）。

由图9-1看出，随回火温度升高，固溶于马氏体中的碳不断析出，致使马氏体中碳含量不断下降，不同原始碳含量马氏体的碳浓度约在150℃后趋于相同。

合金元素对这一阶段的马氏体分解过程基本不起作用。

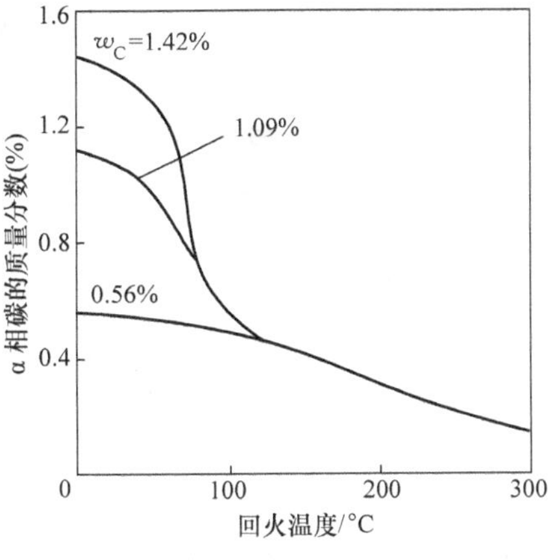

图9-1 不同原始碳含量的马氏体回火时碳含量的变化

3. 残留奥氏体转变（200～300℃）

钢淬火后总存在一定量的残留奥氏体，高速钢等含碳与合金元素高的钢，残留奥氏体量可达30%左右，残留奥氏体的转变对这些钢的性能有较大影响。对于碳的质量分数低于0.5%的碳钢，残留奥氏体量很少（<2%），其转变对钢的性能影响不大。

（1）残留奥氏体的等温转变　残留奥氏体本质上与过冷奥氏体并无不同，过冷奥氏体能够发生的转变，残留奥氏体都可能发生。若将淬火钢加热到 $Ms \sim Ac_1$ 的各个温度下等温，残留奥氏体将发生相应温度下的等温转变。即在高温区将转变为珠光体，在中温区将转变为贝氏体（图9-2）。在低温区，则等温转变为马氏体（但通常量很小）。碳钢中的残余奥氏体稳定性较低，通常在回火加热200～300℃时就已转变为马氏体（Ms 以下）或贝氏体（Ms

㊀ 自发回火是在形成马氏体的快速冷却过程中，因钢件的 Ms 点较高而自发地发生回火的现象。低、中碳钢的自发回火现象较明显。

以上)，故难以观察到珠光体等温转变。

(2) 残留奥氏体的二次淬火现象 如前所述，当奥氏体中含有较多碳及合金元素时，会使 *Ms*、*Mf* 明显降低，残留奥氏体增加；淬火中发生的奥氏体热稳定化、机械稳定化也会使残留奥氏体增多。例如 W18Cr4V 钢，残留奥氏体量多达 30% 左右，对钢的强度、硬度及尺寸稳定性有较大负面影响。高速钢在回火中，残留奥氏体将析出碳化物，由于合金元素及碳含量下降及钢中马氏体的分解使残留奥氏体所受压力减轻等原因，使 *Ms* 提高（*Mf* 相应提高）；在回火温度范围内，这些残留奥氏体稳定性很好，故在回火温度下未发生分解，其在随后冷却至 *Ms* 以下时，将转变为马氏体，此现象称为“二次淬火”。二次淬火现象对淬火后有较多残留奥氏体含量的钢有着重要实际意义。

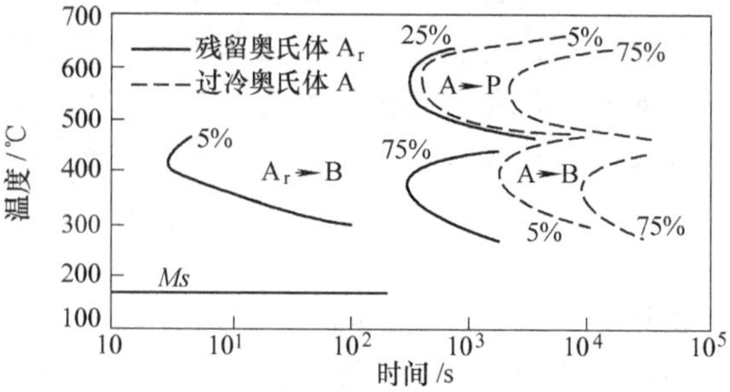

图 9-2 Fe-0.7C-1Cr-3Ni 钢中残留奥氏体等温转变动力学曲线

4. 碳化物的析出及转变 (250~400℃)

在 250~400℃ 温度范围内回火时，低碳板条马氏体将直接由碳偏聚区析出渗碳体；片状马氏体则在 250℃ 以上，由亚稳碳化物 ε 等转化为渗碳体。一般认为，碳化物析出后，约在 350℃，α 固溶体的碳含量降至平衡浓度。

合金钢在 500℃ 以下一般也是形成亚稳碳化物和渗碳体型碳化物，500℃ 以上将由渗碳体型碳化物转变为特殊碳化物。

5. α 相的回复、再结晶和渗碳体的聚集长大 (400~600℃)

(1) α 相的回复和再结晶 淬火钢内部存在大量位错、孪晶的等缺陷和很高的应变能，这与冷塑性变形后的金属状态（在被拉长或压扁的晶粒中存在大量位错和应变能）本质上是一样的，所以在回火加热时，也会发生回复与再结晶。淬火钢的回复发生在 400~600℃，再结晶则一般发生于 600℃ 以上。

对于板条状马氏体，在回复阶段，马氏体中位错密度下降，剩余的位错将排列为二维位错网，组成亚晶界，把 α 相分割成亚晶粒；相邻板条局部发生合并，使部分板条界消失，如图 9-3 所示。此时原板条马氏体的外形仍依稀可见，只是由于局部板条界消失，使板条变得不够完整和清晰。高碳片状马氏体中的亚结构主要是孪晶，当回火温度高于 250℃ 时，孪晶将随温度升高逐步减少，至 400℃ 时，将完全消失，但马氏体的片状特征依然存在。这种在仍保持 $M_{条}$ 或 $M_{片}$ 特征的基体上分布有极细碳化物的复相组织称为回火托氏体（$T_{回}$，见图 9-5）。

如果温度继续升高到 600℃ 以上，板条状 α 和片状 α 都将发生再结晶，α 的板条和片状特征将逐渐消失而变为等轴状 α 晶粒。在光学显微镜下观察，发生了充分再结晶的组织呈颗粒状的渗碳体均布在等轴状 α 晶粒内，这种复相组织称为回火索氏体（$S_{回}$，图 9-6）。经过再结晶，淬火钢的强度、硬度将明显下降，塑性和韧性则明显提高。

由于渗碳体颗粒能钉扎晶界而阻止再结晶进行（图 9-7），故高碳钢马氏体的 α 相再结晶温度高于中、低碳钢。钢中的合金元素也使 α 相的回复、再结晶温度提高。

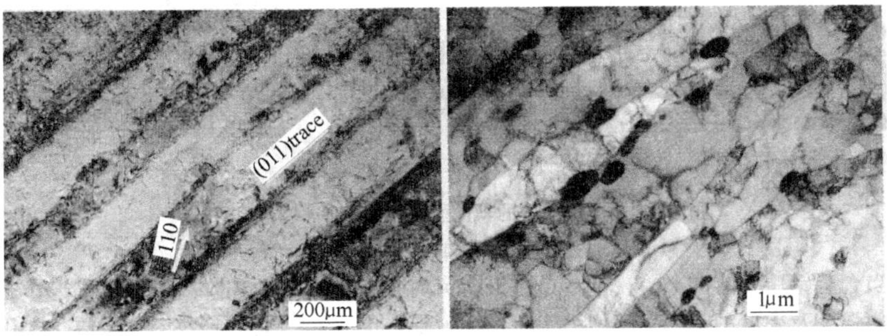

a) b)

图 9-3 20 钢淬火态与回火态马氏体板条的比较

a) 淬火态 b) 600℃回火

讨论：为何回火中会发生回复与再结晶现象？

(2) 碳化物的聚集长大 当温度升至400℃以上时，原来细小的针片状渗碳体将发生明显地聚集、长大，并逐渐变为粒状。回火温度越高，渗碳体颗粒越粗大，一般回火温度达到550℃时，在光学显微镜下便可观察到碳钢中的粒状渗碳体。600℃以上，渗碳体聚集长大，球化速度显著加快。在碳化物的球化与长大过程中，小颗粒渗碳体将溶解，大颗粒渗碳体将长大。碳化物的聚集长大及球化将使淬火钢的强度、硬度进一步下降，而塑韧性则进一步上升。

应当指出，回复再结晶及碳化物的聚集长大、球化过程，都没有晶格类型的变化（即不是相变），其何时发生没有严格的温度界限。回复再结晶过程是通过原子扩散来进行的，故温度低一些，回复再结晶也能进行，但需要的时间很长。如果再结晶进行得很充分（这需要的较长时间），则 α 呈等轴状；如不够充分，则 α 原条状形貌仍将部分保留。在400℃以下，碳化物也有长大现象，只是不明显而已。

二、回火组织形貌

回火组织形貌主要取决于回火温度，按其形貌特征可分为以下四类：

1. 回火马氏体

回火马氏体（$M_{回}$）是指淬火马氏体经低温回火（<250℃）后的转变产物。高碳钢回火马氏体呈暗黑色片状（图 9-4a，白色为残留奥氏体），暗黑色是因碳化物存在，使其耐蚀性降低所致。因碳化物非常细小，在光学显微镜下观察不到，需在电镜下才可观察到，（如图 9-4b 所示）。低碳钢的回火马氏体形貌、颜色与淬火马氏体基本相同，如图 9-4c 所示。

中碳钢淬火后得到板条马氏体和片状马氏体的混合组织，经低温回火后，其回火马氏体兼有条状和片状马氏体低温回火后的特征。

回火马氏体基本保持了淬火后高的硬度，脆性有所降低，但变化不大。

2. 回火托氏体

碳钢淬火马氏体经中温回火（300~500℃）后转变为回火托氏体（$T_{回}$，tempered troostite）。回火托氏体中的 α 相已发生回复，其形貌虽整体上仍保持着淬火马氏体的板条状或片状，但已不够完整、清晰，颜色呈暗黑色，如图 9-5a、b 所示；α 基体上的渗碳体颗粒极为细小，在光学显微镜下分辨不出，需在电镜下才能分辨，如图 9-5c 所示。

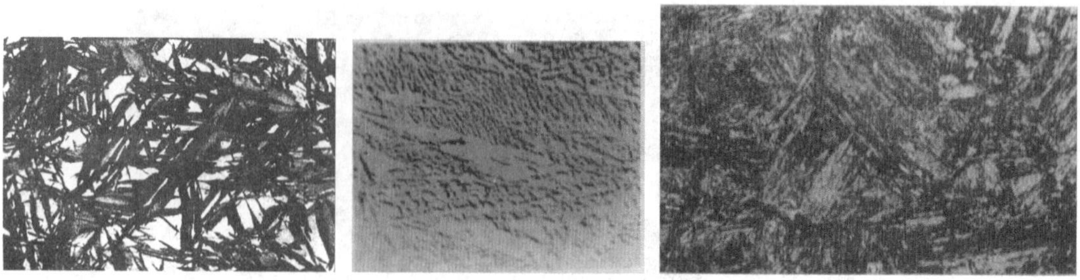

a)　　b)　　c)

图 9-4　回火马氏体组织

a）T13 钢 970 水淬、150℃回火 2h　b）T12 钢 1100℃水淬、200℃回火（电镜）　c）20 钢淬火后 200℃回火

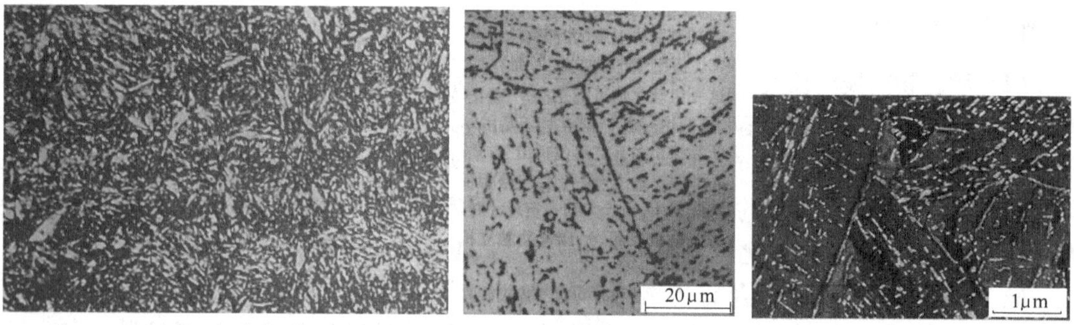

a)　　b)　　c)

图 9-5　回火托氏体

a）60Si2Mn 钢 870℃淬油、480℃回火　b）低碳钢中温回火　c）40CrMo450℃回火

回火托氏体的性能特点是具有高的弹性极限和抗拉强度，并具有一定的韧性。

3. 回火索氏体

淬火钢经高温回火后，得到的组织是由等轴状铁素体和较粗颗粒组成的回火索氏体（$S_{回}$），如图 9-6a、c 所示。研究表明，对 20 钢等低碳钢，在 600℃以上长时间回火后，仍有较明显的板条痕迹，如图 9-6b 所示，即再结晶并未充分进行。但实际中，也常将此类组织归为回火索氏体。

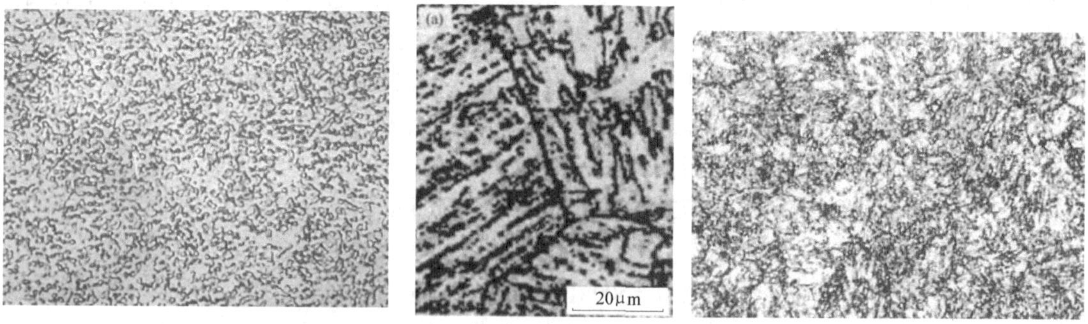

a)　　b)　　c)

图 9-6　回火索氏体组织

a）40Cr 钢 600℃回火 1h　b）低碳钢（w_C = 0.18%）600℃回火 96h，部分再结晶　c）40Cr 钢 510℃回火 1h

回火索氏体的性能特点是强度、硬度适中，但具有良好的塑性和韧性，即具有优良的综合力学性能。

4. 回火珠光体

淬火钢在650℃以上较长时间回火后，组织由粗大的粒状渗碳体和等轴铁素体组成，常称为回火珠光体（图9-7，该图还显示位于晶界处的碳化物阻碍晶粒长大）。回火珠光体（与球化退火所得的球化组织基本相同）因其强度、塑韧性均较低，在生产实际中很少应用。

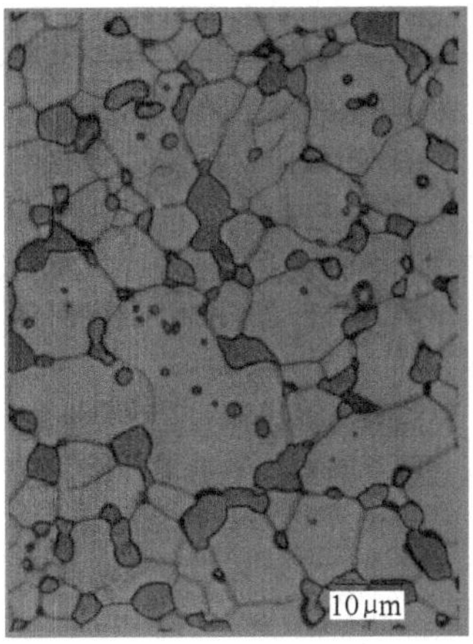

图9-7 Fe-1.2C钢水淬后690℃回火168h的等轴状α和已粗化的渗碳体

想一想 回火托氏体、回火索氏体分别与托氏体、索氏体形貌有何不同?

第二节 回火时力学性能及内应力的变化

工件的力学性能取决于钢的组织与结构，淬火钢在回火过程中发生了一系列的组织变化，这必然会引起力学性能的改变。

一、力学性能的变化

1. 硬度的变化

图9-8是不同含碳量钢的硬度随回火温度变化的曲线。由图可知，淬火碳钢回火时硬度变化的总趋势是随回火温度上升而下降。低碳钢在低于250℃回火时，碳原子仍偏聚在位错线附近，无渗碳体析出，钢的组织变化不大，因此钢的硬度下降不多。回火温度超过300℃时，随温度的升高，渗碳体析出、聚集长大及α基体回复与再结晶所引起的软化作用不断增强，故硬度迅速下降。

高碳钢在100℃左右回火时，硬度略有上升，淬火马氏体碳含量越高，硬度升高越明显。这是由于此时过饱和度降低较慢，由其引起的软化作用较弱，而亚稳碳化物弥散析出引起的硬化作用相对较强所致。回火温度超过150℃后，随着碳过饱和度下降的加快，将使硬度下降。在200℃附近，由于残留奥氏体转变为马氏体或贝氏体，故硬度下降较慢。当回火温度超过300℃时，硬度变化规律与低碳钢相似，即硬度将快速下降。

中碳钢在200℃以下回火，虽也有亚稳过渡碳化物析出，但量较少，析出硬化的效果不大，故硬度下降较缓慢。在200～300℃回火，虽也有残留奥氏体的转变，但也由于数量少，对硬度无明显影响；超过250℃回火时，硬度同样快速下降。

回火后硬度主要取决于回火温度，但回火时间对硬度也有一定影响。在低温回火中，延长回火时间，硬度降低较慢。而在回火温度较高时，硬度随时间变化较明显，如图9-9所示。这主要与回复再结晶继续进行、碳化物进一步聚集长大及球化等有关。

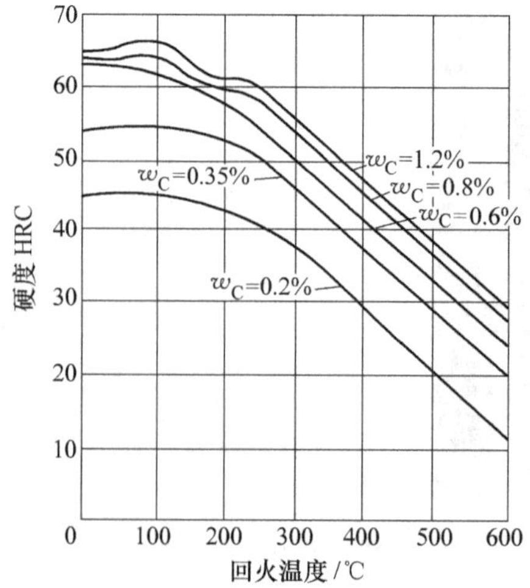

图9-8 碳钢的回火硬度曲线

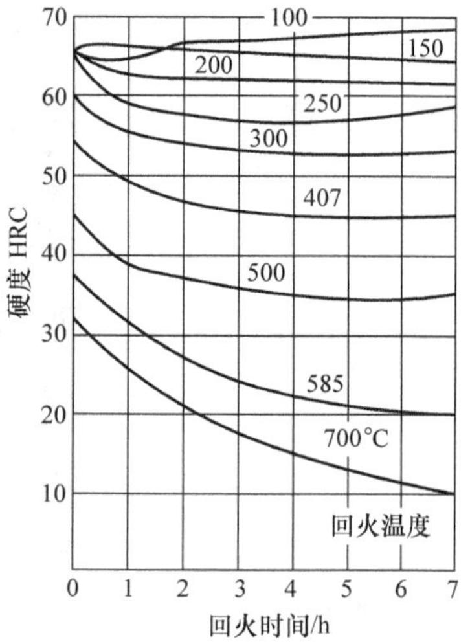

图9-9 T10钢的回火时间与硬度关系

2. 强度的变化

图9-10示出了高碳钢、中碳钢及低碳钢力学性能随回火温度的变化情况。由图可见，总的趋势是，随回火温度提高，强度、硬度下降，塑性提高。图9-10a中的虚线是因高碳钢低温回火后脆性太大，试样在拉伸试验中会发生早期脆断，所以测不出强度和塑性值。

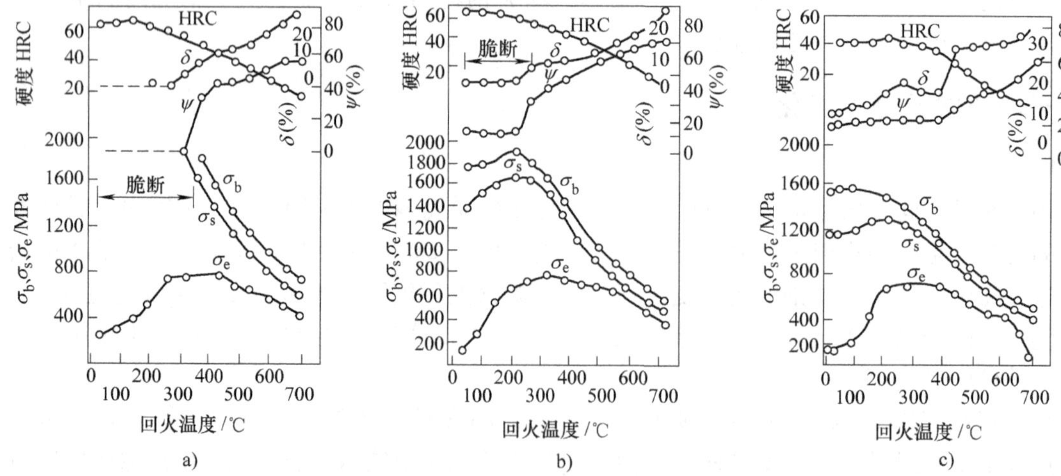

图9-10 碳钢力学性能与回火温度的关系

a）高碳钢（w_C=0.82%，w_{Mn}=0.82%） b）中碳钢（w_C=0.41%，w_{Mn}=0.72%） c）低碳钢（w_C=0.2%）

从图 9-10 还可看出，三种钢的弹性极限 σ_e 均在 350℃ 左右出现峰值。这一方面是因淬火内应力降低，另一方面是因位错被析出的细小碳化物钉扎，使位错启动阻力增大所致。高于此温度回火时，碳化物逐渐聚集长大，钉扎效果减弱。比较三种钢的弹性极限峰值还可发现，随碳含量提高，钢的弹性极限峰值也有所提高，故弹簧类零件多采用含碳量较高（$w_C \approx 0.6\%$，碳含量过高则脆性过大）的钢制造，并采用中温回火以获得高的弹性极限。

3. 塑性与韧性的变化

如上所述，塑性变化的总趋势是随回火温度升高塑性增大。由图 9-10 可见，中、高温回火后塑性提高尤其明显，这主要是因随回火温度提高，内应力不断降低、碳化物聚集长大、球化及 α 的回复再结晶所致。对高碳钢，塑性提高还与其淬火显微裂纹被弥合有关。

由于冲击韧度受塑性的影响较大，故冲击韧度的总体变化趋势也是随回火温度的升高而提高。但需要指出的是，回火温度升高时，许多钢的冲击韧度并非单调提高，而是在某些温度范围会出现冲击韧度显著下降的现象。对此将在回火脆性处专门介绍。

延伸阅读 ①冲击韧度不是一个独立性能指标，它主要取决于强度和塑性，其中塑性的影响更大一些。塑性低而强度高（或相反），冲击韧度都不高，只有塑性和强度都较高时，冲击韧度才高。②研究表明，裂纹弥合过程主要发生在低温回火阶段。继续提高温度，剩余裂纹弥合不明显，只有在 600℃ 以上回火，由于碳化物在裂纹处析出，才使其弥合。

二、内应力的变化

淬火后工件内存在的内应力可分为三种：第Ⅰ类是存在于宏观区域内的内应力，主要由于工件不同区域温度变化及组织变化不同步所致；第Ⅱ类是存在于数个晶粒或亚晶粒范围内的微观内应力；第Ⅲ类是由于溶质原子及为保持共格关系等而造成晶格畸变所产生的内应力。

回火中内应力变化规律是，随回火温度提高，各种内应力都下降，并且下降速度是先快后慢，如图 9-11 所示。其原因是，随回火温度提高，钢的屈服强度降低，当屈服强度降至内应力水平以下时，将发生塑性变形，从而使内应力被松弛、释放。由于屈服强度随温度升

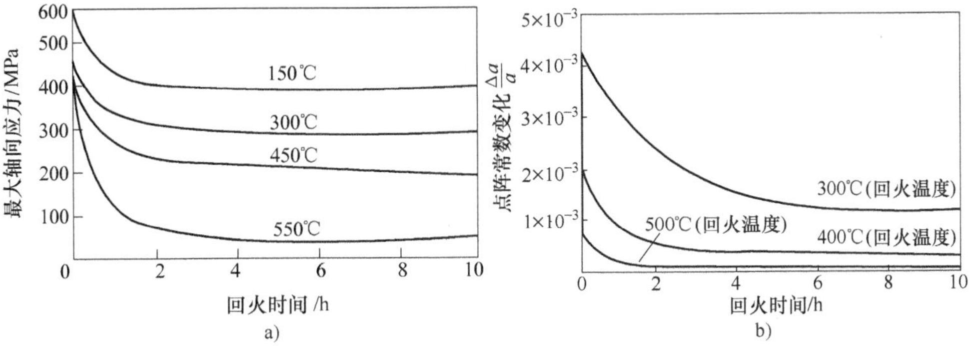

图 9-11　回火时间对第Ⅰ类内应力及第Ⅱ类内应力的影响

a）第Ⅰ类内应力　b）第Ⅱ类内应力

高而下降，故提高温度可加快应力下降速度，而温度低时，应力下降较慢，程度也很有限。试验表明，对淬火后的碳钢，300℃左右回火约2h后，第Ⅲ类内应力随马氏体分解、碳原子析出及共格关系破坏而基本消失；500℃回火约2h后，第Ⅱ类（微观）内应力基本消失；第Ⅰ类（宏观）内应力则经550℃回火2h后基本消失。由图9-12可见，$w_C=0.7\%$的钢经500℃、1h回火后，轴向（第Ⅰ类）内应力基本消失（切向、径向应力的变化与之类似）。此外，工件还可通过组织转变方式，使内应力降低。

以上主要针对碳钢而言，对于合金钢，内应力消失的温度一般要高于碳钢。

讨论：淬火内应力在回火中是怎样降低或消除的？

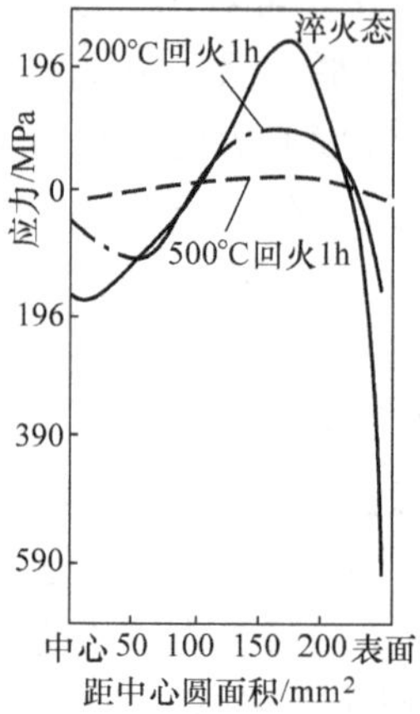

图9-12 $w_C=0.7\%$的钢圆柱体（ϕ18mm）900℃淬火后内应力（轴向）与回火温度的关系

练一练 指出45、T8、T10钢分别经低温、中温和高温回火后的硬度。

三、合金元素对回火件性能的影响

总的来说，合金元素加入到钢中，并不改变淬火钢回火转变的一般规律和基本特征，合金元素对回火件性能的影响主要是提高钢的耐回火性、造成二次硬化及影响钢的回火脆性。

1. 提高钢的耐回火性

耐回火性（temper resistance）是指工件回火时抵抗软化的能力。与碳钢一样，合金钢大体也是随回火温度升高，强度和硬度下降，但在同样温度回火后，合金钢的硬度一般都高于相同碳含量的碳钢，即合金钢的耐回火性或抗回火能力优于碳钢。其原因在于合金元素可以延缓回火时的各种转变，具体影响如下：

1）合金元素对马氏体中碳原子偏聚及150℃以下的分解过程基本不产生影响，因为在此温度段只有碳原子的短程扩散。

2）超过150℃后，碳化物的长大要求碳原子长程扩散，而合金元素阻碍碳的扩散，使马氏体的分解速度减缓，并使过饱和的碳原子从α固溶体中完全析出的温度提高。

3）由于残留奥氏体的转变也依赖于原子扩散，而合金元素除阻碍碳扩散外，也阻碍铁原子的扩散，并且合金元素自身的扩散也很困难，故合金元素不但显著提高残留奥氏体发生分解的温度，而且还使其转变速度降低。

4）由于碳化物形成元素阻碍碳原子的扩散及碳化物的聚集长大，加之合金碳化物（包括合金渗碳体和特殊碳化物）的稳定性高于渗碳体，故合金碳化物的聚集、长大速度较渗碳体慢，从而使硬度下降速度减慢。非碳化物形成元素Si、Co等，虽无上述作用，但其能提高渗碳体的聚集粗化温度。

5）绝大多数合金元素都能延缓α相的回复与再结晶过程，试验表明，淬火态30CrMnSi经700℃×500h回火，再结晶才仅仅开始。

综上所述，合金元素使各段回火进程都减缓或推迟，因而合金钢的抗软化能力较强，耐回火性较好，允许在较高温度下使用。

练一练 T10 与 GCr15（$w_C \approx 1.0\%$、$w_{Cr} \approx 1.5\%$）淬火后硬度基本相同，但 GCr15 钢在 200℃以上回火时，硬度下降较慢（详见表 9-1），对此现象给出你的解释。

2. 引起二次硬化

所谓二次硬化（secondary hardening）是指一些高合金钢在一次或多次回火后硬度上升的现象。这种硬化现象主要是由于一些高硬度的合金碳化物弥散析出所致。

图 9-13 是 W18Cr4V 高速钢经 1280℃淬火、回火后的硬度变化曲线，在 300℃以下硬度不断下降，是因随回火温度升高，马氏体过饱和度下降和渗碳体的析出、聚集与长大所致；在 300℃左右出现硬度低谷；而后则随温度升高，硬度不断回升，在 550℃左右达到最高值，即出现了二次硬化现象。这是由于硬度更高、细小且弥散分布的合金碳化物的析出并逐渐取代了较粗大的渗碳体的结果。当这些合金碳化物在高温下聚集长大后，硬度再次下降，因此在硬度 - 温度曲线上留下一个二次硬化峰。此外，该钢回火时的二次淬火现象对二次硬化也有一定贡献，但二次硬化的主要原因是高硬度合金碳化物的弥散析出。

应当指出，一般只有强碳化物形成元素（钒、钛、钼、钨、铬等），并且其含量超过一定值才会引起有实际意义的二次硬化；非碳化物形成元素（镍和硅）和弱碳化物形成元素（锰）都不能引起这样的二次硬化。

关于合金元素对回火脆性的影响将在回火脆性处介绍。

四、回火脆性

钢件淬火后进行回火的主要目的之一是降低脆性、提高韧性。但在 300℃和 500℃附近回火时，冲击韧性[㊀]明显下降，如图 9-14 所示。这种工件淬火后，在某些温度区间回火产生韧性下降的现象，称为回火脆性（temper brittleness）。热处理时，必须设法避免或消除回火脆性。

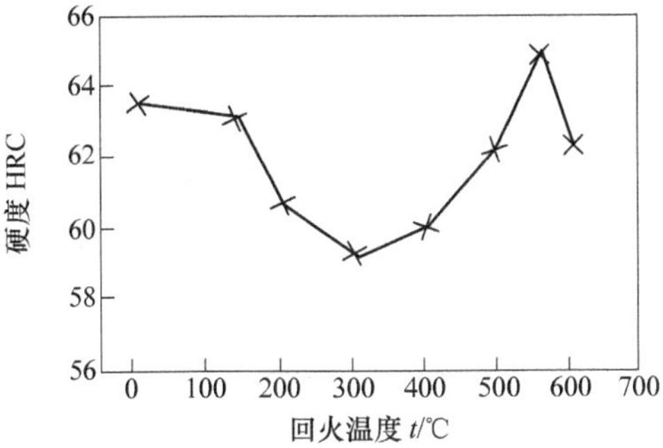

图 9-13 1280℃淬火后的回火温度对 W18Cr4V 钢的硬度影响

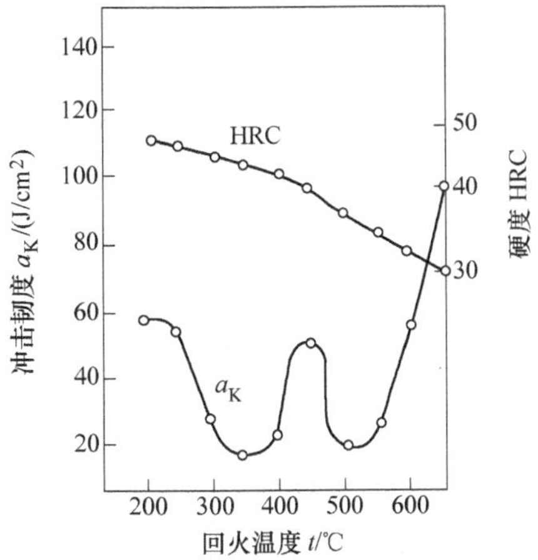

图 9-14 37CrNi3 回火时硬度与冲击韧度的变化

㊀ 冲击韧性曾用冲击韧度 α_k 表示，现国家标准用冲击吸收能 K 表示，$K=\alpha_k A$，A 为试样缺口处截面积。

1. 不可逆回火脆性

不可逆回火脆性（也称第一类回火脆性）是指钢件淬火后，在300℃左右回火后，出现的韧性下降现象。这种脆性几乎存在于所有的钢中，但不同钢对回火脆性的敏感程度不同。如果已经出现了第一类回火脆性，再加热到更高温度回火，可以使冲击韧性重新升高，此后再在此脆化温度区间回火，将不再产生脆性（故称不可逆回火脆性）。回火后的冷速对这类回火脆性没有影响。

一般认为，不可逆回火脆性主要是板条马氏体沿板条界、束界（片状马氏体则沿孪晶带和原奥氏体晶界）析出脆性很大的渗碳体薄膜（片）所致，如图9-15所示。也有研究指出，杂质元素P、Sn、Sb、As等偏聚于晶界（使晶界弱化）也可造成不可逆回火脆性。

图9-15 4340钢350℃回火后，沿板条界和板条内析出碳化物、电镜组织

目前尚不能完全消除不可逆回火脆性，但可采取以下方法防止或减轻：①回火时，避开此温度区间；②降低钢中杂质元素含量；③设法细化奥氏体晶粒（如采用Al脱氧或加入Nb、V、Ti等元素）；④加入Mo、W等元素，可减轻不可逆回火脆性；⑤有的钢，可采用等温淬火代替淬火加回火；⑥加入Cr、Si，改变发生回火脆性的温度，使之避开所需进行的回火温度。

2. 可逆回火脆性

可逆回火脆性（也称第二类回火脆性）是指含有Cr、Mn、Cr-Ni等元素的合金钢工件淬火后，在脆化温度区（400～550℃）回火，或在更高温度回火后缓慢冷却所产生的脆性。这种脆性可通过高于脆化温度的再次回火并快速冷却予以消除。但消除后，如再次在脆化温度区间回火或在更高温度回火后缓慢冷却，则将重新脆化（故称可逆回火脆性（revesible temper brittleness））。碳钢一般不会出现可逆回火脆性。

一般认为，可逆回火脆性主要是杂质元素P、Sb、Sn等在原奥氏体晶界及显微裂纹表面发生偏聚，并使晶界和裂纹处脆化所致。贝氏体组织回火也会产生高温回火脆性，但较弱。

延伸阅读 Cr、Mn、Ni等合金元素与杂质元素亲和力大于Fe，其在向晶界偏聚时也会促进杂质偏聚，因此含这类元素的合金钢对第二类回火脆性很敏感。当Cr、Mn、Ni复合加入时，回火脆性倾向就更为强烈。因W、Mo等合金元素与杂质元素亲和力更大，可在晶内与杂质元素形成化合物，从而避免杂质元素在晶界偏聚，钢中加入Mo（w_{Mo}0.5%）或W（w_{W}1.0%），便可基本防止回火脆性的产生。

避免产生第二类回火脆性的关键在于设法消除有害杂质在晶界的偏聚。防止或减轻第二类回火脆性的方法如下：①降低钢中杂质含量；②加入能遏制第二类回火脆性的合金元素W、Mo等；③细化奥氏体晶粒，降低单位面积上的杂质偏聚量；④避免在脆化温度区间回火，或在脆化温度以上回火加热后快冷；⑤对亚共析钢采用亚温淬火，使杂质元素分布于铁素体中；⑥采用形变热处理，以增大晶界面积。

由于回火脆性的存在，使可供选择的回火温度受到了限制，也给调整力学性能和选材带来一定困难。

五、非马氏体组织回火时的性能变化

工件淬火时，各部位的冷却速度不同，表面及截面薄处的冷却速度大，心部及截面厚处的冷却速度小。大于临界淬火速度的部位形成马氏体和残留奥氏体组织，小于临界淬火速度的部位形成非马氏体组织，如下贝氏体、珠光体等。这些非马氏体组织也将随工件一起回火，因此，研究非马氏体组织在回火时的变化及其对性能的影响很有必要。

1. 非马氏体组织回火时的组织变化

贝氏体、珠光体等非马氏体组织的自由能虽低于马氏体，但高于粒状珠光体，所以这些组织回火时，最终也要向自由能更低、更稳定的粒状珠光体状态转变。

（1）珠光体组织的变化　因珠光体稳定性较高，故其在回火时基本不发生变化。但是在较高回火温度下长时间回火，珠光体中片状渗碳体将向更稳定的球、粒状方向发生变化，并且珠光体片层越薄，球化的倾向越大。例如，一般在450℃以上，托氏体中的渗碳体便开始球化并聚集长大，使硬度下降；而与之相比，较稳定的珠光体则需在650℃以上长时间保温，才能转变为粒状珠光体。

（2）下贝氏体组织的变化　下贝氏体形成温度约为300℃，在300℃以下回火时，其中的α相与ε碳化物基本无变化；在300℃以上时，ε碳化物开始转变为渗碳体并聚集长大；在400℃以上时，相继发生铁素体的回复与再结晶和渗碳体的聚集、球化。

由以上看出，如在非马氏体组织形成温度以下回火时，该组织基本不发生变化或只是形态向更稳定的方向变化。

2. 非马氏体组织在回火时的性能变化

图9-16为T9钢不同组织在回火时的硬度变化情况。可以看出各种组织硬度开始下降的温度分别为：马氏体－200℃；下贝氏体－300℃；屈氏体－400℃；索氏体－550℃。合金钢非马氏体组织硬度下降的温度一般较高，且下降的速度较慢。

韧性、塑性随回火温度的变化一般具有如下规律：马氏体、下贝氏体、珠光体组织在回火达到相同强度时（不出现回火脆性），马氏体、下贝氏体回火组织的韧性、塑性较好，珠光体回火组织的韧性、塑性较差。

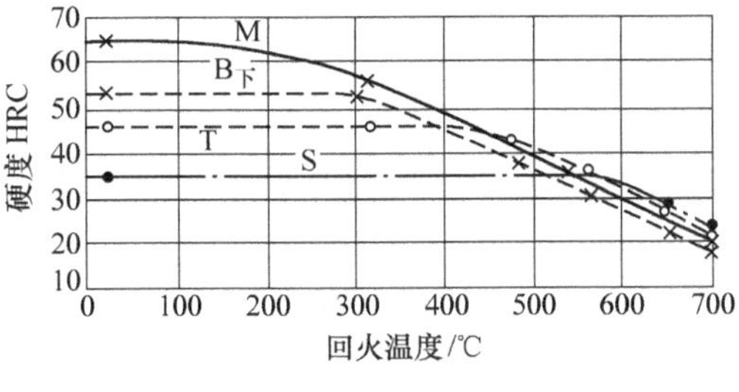

图9-16　T9钢不同组织在回火时的硬度变化情况

想一想　回火中，造成工件硬化和软化的组织变化各有哪些，韧化和脆化呢？

第三节 回火工艺

回火一般是热处理的最后一道工序，而且对钢的性能影响很大，在制订回火工艺时，需根据工件的钢种和技术要求，认真考虑各种影响因素，仔细制订。

一、回火的目的和分类

1. 回火的目的

钢在淬火后，一般不能直接使用。其原因如下：①淬火后虽硬度、强度大幅提高，但塑、韧性较差。②淬火钢的马氏体、残留奥氏体等都是不稳定组织，有向稳定组织转变的强烈趋势，这种转变将引起工件性能及尺寸精度发生变化。③淬火件内应力较大，如不及时消除，工件容易在放置或正常使用中发生畸变甚至开裂。回火的目的就是调整性能（提高塑性、韧性，使强度、硬度和塑性、韧性恰当配合），稳定组织和消除内应力。

2. 回火的分类

按照回火温度的不同，可将回火分为如下四类：

（1）低温回火　工件在250℃以下的回火称为低温回火。低温回火后的组织为回火马氏体（$M_{回}$），其基本保持了淬火态的高硬度、耐磨性，同时组织稳定性有所提高，脆性和内应力有所降低。高碳钢低温回火后硬度一般为58～64HRC。低温回火主要用于要求高硬度、高耐磨性的刃具、量具、冷变形模具、滚动轴承等，渗碳件、高频淬火件等一般也需进行低温回火。经低温回火的工件，其使用温度不宜超过回火温度。

（2）中温回火　工件在250～500℃的回火称为中温回火。中温回火后的组织为回火托氏体（$T_{回}$），其性能特点是具有较高的硬度、强度，和一定的韧性，尤其突出的是其弹性极限很高。中温回火后，微观内应力（第二类内应力）大大降低，第三类内应力则在300℃左右基本消失。

碳钢中温回火后硬度一般为40～50HRC。中温回火主要用于各种对弹性极限要求较高的弹簧、热锻模及要求较高强度的刀杆等。有些结构零件如锻锤锤杆等为了提高强度（抗冲击疲劳能力），延长使用寿命，也采用中温回火。

（3）高温回火　工件在500℃以上的回火称为高温回火。高温回火后的组织为回火索氏体（$S_{回}$）。

一般而言，高温回火后性能特点是具有适中的强度、硬度和良好的塑、韧性，即具有良好的综合力学性能，内应力基本消失。实际生产中，将淬火＋高温回火合称为调质。调质处理广泛用于各种机器设备上的要求具有良好综合性能的重要结构零件，如轴、连杆、螺栓、齿轮[⊖]等，这些零件多为中碳钢或中碳合金钢，调质后硬度一般小于35HRC。调质还可作为表面强化零件（如感应淬火、渗氮等）以及某些精密零件（如丝杠、量具、模具等）的预备热处理。高温回火有时还用于淬火过热件的返修，通过较充分的高温回火，获得接近平衡的组织（$S_{回}$），以切断组织遗传。

对同一工件，在获得同样硬度条件下，调质态的屈服强度、塑韧性明显高于正火态，因

⊖ 这类齿轮主要是低速、轻载齿轮。高速、重载齿轮通常要经渗碳及淬火、低温回火处理。

此重要工件如机床主轴、柴油机连杆、曲轴等一般都需进行调质，而不是正火处理。

需要指出：调质后具有良好综合性能是对一般中碳钢或合金元素含量 <5% 的中碳合金钢而言的，某些高合金钢耐回火性极好（如 W18Cr4V），淬火 + 高温回火后的组织是 $M_{回}$，而非 $S_{回}$，硬度很高且较脆，并不具备良好综合性能，应注意将二者区别开来（也有观点认为其不属于调质处理）。

（4）软化回火　软化回火是为了获得粒状珠光体，以降低硬度、改善切削加工性能，提高塑性变形能力。软化回火温度一般为 A_1 − （20 ~ 40）℃，其主要用于 20Cr2Ni4、18Cr2Ni4WA 等钢的软化处理及高碳高合金钢淬火件的返修，某些工件有时也用之代替球化退火。

想一想　经淬火 +180℃ 回火的 T12 钻头工作时，当刃部温度超过 250℃，将会发生什么情况，为何？如采用高速钢钻头呢？

二、回火工艺参数的确定

1. 回火温度

确定回火温度与时间的基本原则是，必须保证工件性能及内应力消除的程度达到要求。实际中，通常是根据对工件性能（主要是硬度）的要求来选择回火温度，常用的方法有如下几种：

（1）计算法　利用经验公式计算回火温度。如碳素结构钢的回火温度（t）计算式如下：

$$t（℃）=200℃+11\times（60-要求的 HRC 硬度值）$$

此公式适用于要求硬度 ≥30HRC 的 45 钢，如要求硬度 <30HRC 时，则上述公式中的 11 应改为 12。对其他成分的碳钢来说，碳的质量分数每增加或减少 0.05%，则回火温度相应增加或减少 10 ~ 15℃。

（2）查表法　经过长期生产经验数据的积累，已制订出许多钢材回火温度与硬度的对照表，可供制订工艺时用，这些表可在有关手册和资料中查到。表 9-1 为常用钢材的回火温度与硬度对照表，可供参考。

表 9-1　常用钢材回火温度与硬度对照表

钢种	钢号	淬火规范			在下列温度（℃）回火后的硬度/HRC											
		加热温度/℃	冷却剂	硬度HRC	180 ± 10	240 ± 10	280 ± 10	320 ± 10	360 ± 10	380 ± 10	420 ± 10	480 ± 10	540 ± 10	580 ± 10	620 ± 10	650 ± 10
碳素结构钢	35	860 ± 10	盐水	>50	51 ± 2	47 ± 2	45 ± 2	43 ± 2	40 ± 2	38 ± 2	35 ± 2	33 ± 2	28 ± 2			
	40	830 ± 10	盐水	>55	56 ± 2	53 ± 2	51 ± 2	48 ± 2	45 ± 2	43 ± 2	38 ± 2	34 ± 2	30 ± 2	(250 ± 20) HBW	(220 ± 20) HBW	
	45	830 ± 10	水	>55		54 ± 1	51 ± 1	48 ± 1	45 ± 1	43 ± 1	38 ± 1	35 ± 1	31 ± 1	23 ± 1		

（续）

钢种	钢号	淬火规范			在下列温度（℃）回火后的硬度/HRC											
		加热温度/℃	冷却剂	硬度HRC	180 ± 10	240 ± 10	280 ± 10	320 ± 10	360 ± 10	380 ± 10	420 ± 10	480 ± 10	540 ± 10	580 ± 10	620 ± 10	650 ± 10
合金结构钢	40Cr	850 ± 10	油	>55	54 ± 2	53 ± 2	52 ± 2	50 ± 2	49 ± 2	47 ± 2	44 ± 2	41 ± 2	36 ± 2	31 ± 2	260 HBW	
	50CrVA	850 ± 10	油	>60	58 ± 2	56 ± 2	54 ± 2	53 ± 2	51 ± 2	49 ± 2	47 ± 2	43 ± 2	40 ± 2	36 ± 2		30 ± 2
	60Si2Mn	870 ± 10	油	>60	60 ± 2	58 ± 2	56 ± 2	55 ± 2	54 ± 2	52 ± 2	50 ± 2	44 ± 2	35 ± 2	30 ± 2		
	65Mn	820 ± 10	油	>61	58 ± 2	56 ± 2	54 ± 2	52 ± 2	50 ± 2	47 ± 2	44 ± 2	40 ± 2	34 ± 2	32 ± 2	28 ± 2	
	GCr15	850 ± 10	油	>62	61 ± 2	59 ± 2	58 ± 2	55 ± 2	53 ± 2	52 ± 2	50 ± 2	42 ± 2	37 ± 2	33 ± 2		
工具钢	5CrMnMo	840 ± 10	油	>52	55 ± 2	53 ± 2	52 ± 2	48 ± 2	45 ± 2	44 ± 2	44 ± 2	43 ± 2	38 ± 2	36 ± 2	34 ± 2	32 ± 2
	T8A	790 ± 10	水－油	>62	62 ± 2	58 ± 2	56 ± 2	54 ± 2	51 ± 2	49 ± 2	45 ± 2	39 ± 2	34 ± 2	29 ± 2	25 ± 2	
	T10A	780 ± 10	水－油	>62	63 ± 2	59 ± 2	57 ± 2	55 ± 2	52 ± 2	50 ± 2	46 ± 2	41 ± 2	36 ± 2	30 ± 2	26 ± 2	
	T12	780 ± 10	水－油	64	64	61	58		52	50		41	36	30		
	9SiCr	850 ± 10	油	62	62 ± 2	60 ± 2	58 ± 2	57 ± 2	56 ± 2	55 ± 2	52 ± 2	51 ± 2	45 ± 2			
	CrWMn	830 ± 10	油	>62	61 ± 2	58 ± 2	57 ± 2	55 ± 2	54 ± 2	52 ± 2	50 ± 2	46 ± 2	44 ± 2			
	9Mn2V	800 ± 10	油	>62	60 ± 2	58 ± 2	56 ± 2	54 ± 2	51 ± 2	49 ± 2	41 ± 2					
	3Cr2W8V	1000	分级－油	~48								46 ± 2	48 ± 2	48 ± 2	43 ± 2	41 ± 2
	Cr12	980 ± 10	分级－油	>62	62	59 ± 2		57 ± 2			55		52 ± 2			45 ± 2
	Cr12MoV	1030 ± 10	分级－油	>62	62	62	60		57 ± 2				53 ± 2			45 ± 2
	Cr12MoV	1120 ± 10	分级－油	>44	44	45			48	48	51 ± 2		63 ± 3	52 ± 2	52 ± 2	

9 CHAPTER

练一练 给出下列常用钢正常淬火后，低温、中温及高温回火后的硬度值：40、40Cr、45、T8、T10、GCr15、T12，所得数据反映了什么。

(3) 查图法 图9-17为共析碳钢的回火温度–硬度关系曲线。确定回火温度时，根据硬度要求，先从回火温度–硬度关系曲线上查出回火温度，再从回火硬度–时间曲线上查出回火时间。

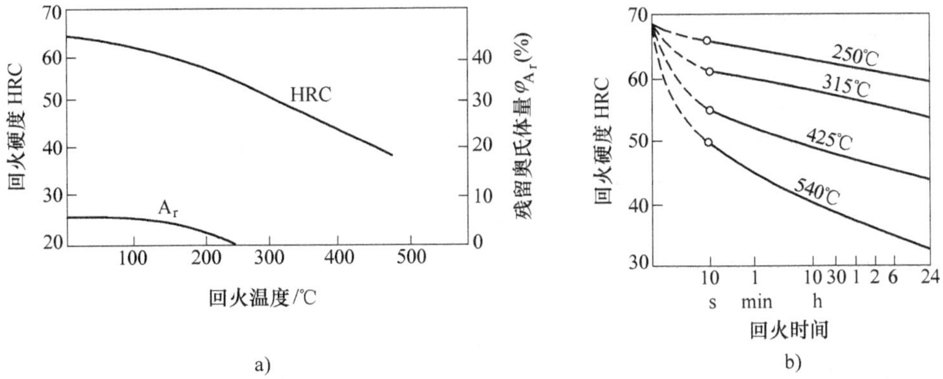

图9-17 共析碳钢的回火硬度与回火温度、时间的关系曲线（810℃水淬）

a）回火硬度与回火温度的关系曲线 b）回火硬度与回火时间的关系曲线

小经验 在实际中，对查或算出的回火温度，还需做适当的调整：淬火硬度较高时，回火温度应相应提高。如水淬比油淬的回火温度要高些，等温淬火件的回火温度一般应取下限；同一种钢，含碳量处于上限时，回火温度应高一些。

2. 回火时间

确定回火时间的基本原则是保证工件透热（被均匀加热）及组织转变充分进行。一般组织转变约需0.5h，而热透时间则取决于温度、钢种、工件尺寸形状、装炉量及加热方式等。

回火保温时间常按经验公式计算，也可按下式计算：

$$\tau = K_n + A_n D$$

式中 τ——回火保温时间（对盐炉从炉子到温算起）(min)；

K_n——回火保温时间基数（min）；

A_n——回火保温时间系数（min/mm）；

D——工件有效厚度（mm）。

K_n 和 A_n 值可由表9-2查出。

表9-2 不同回火温度下的 K_n 值和 A_n 值

K_n 值和 A_n 值	300℃以下		300～450℃		450℃以上	
	电炉	盐炉	电炉	盐炉	电炉	盐炉
K_n/min	120	120	20	15	10	3
A_n/（min/mm）	1	0.4	1	0.4	1	0.4

注：表中的数据更适于合金钢，碳钢可适当缩短。

小经验 按上述公式定出的回火时间，还需根据具体情况做适当的调整。如回火温度高，则回火间应短些；合金钢比碳钢回火时间要长些；空气炉回火比盐炉或油浴炉时间要长些；炉气静止比强制对流的回火时间要长些；尺寸大或装炉量大时需适当延长回火时间。此外还需考虑消除或减轻内应力的要求，一般为使内应力降到同一水平，如采用较低的回火温度，则需相应延长回火时间，但过多延长时间应力降低不明显，还会造成硬度下降。

综上所述，提高回火温度与延长回火时间都可使硬度和内应力下降，但温度的作用是主要的。

想一想 下列说法是否正确：①延长回火时间是降低内应力的有效举措。②为使淬火硬度不同的45钢工件回火后达到同一硬度，应采用同一温度进行回火。

3. 回火加热与冷却方式

在回火温度范围内，空气炉中的主要传热方式是对流（辐射传热的作用很小），为此，需采用强制加热介质对流的方法（如风扇搅拌），以达到快速和均匀加热的目的。

回火冷速对钢的性能影响不大，一般在空气中冷却即可。但对于有第二类回火脆性的钢，回火后需快冷（如水冷或油冷）。为消除快冷时产生的应力，可再进行一次低温补充回火。

小经验 在制订回火工艺时还需注意以下问题：①回火应当尽量及时，以避免畸变开裂。②对畸变开裂倾向较大的工件，如大型合金钢模具，不能淬冷到室温，而应在100～200℃出油，然后立即进行回火，以防畸变、开裂。③避免在第一类回火脆性区（200～350℃）回火。

三、其他回火方法

1. 快速回火

快速回火（Quickly Tempering）是指为缩短工艺周期，而在高于正常回火温度下进行的短时间回火。与一般回火相比，快速回火的温度较高、时间较短。快速回火常用于为缩短工艺周期而工件允许硬度范围较宽的情况。如丝锥、钻头等刃部与柄部硬度要求不同，可先对硬度允许范围较宽的部位快速回火，达到其硬度值，然后再低温整体回火，使其他部分获得所需硬度。回火顺序也可与此相反。

2. 自回火

利用局部或表层淬硬工件内部余热使淬硬部分回火称为自回火（Self Tempering），也称自热回火。生产中，自回火多用于感应淬火件。例如当高频淬火件冷到200℃左右时，将其静置于空气中，借助内层的余热使淬硬部分逐渐升温而自行回火。自回火的优点是：简化工艺、经济、节省设备，并且淬火和回火工序的间隔时间很短，有利于防止产生淬火裂纹。

3. 带温回火

为避免畸变开裂，将工件冷至100～200℃，即从淬火冷却介质中取出，并迅速转入炉中回火，此回火工艺称为带温回火。截面较大、厚薄悬殊，及带有孔眼或尖锐棱角的碳的质量分数大于0.4%的工件，常采用带温回火。锻模、大锻件淬火后一般都需采用带温回火。带温回火可以减小淬火应力，减少变形开裂倾向，还有利于节能降耗。

想一想 自（热）回火与自发回火有何不同?

四、回火后的稳定化处理

稳定化处理是指为使工件在长期服役的条件下，形状和尺寸的变化能够保持在规定范围内的热处理。

淬火件低温回火后，残留奥氏体（甚至还有部分马氏体）并未充分分解，内应力也未完全消除，处于这种不稳定状态的工件，在服役过程中仍将继续发生缓慢的变化，导致工件尺寸变化、精度下降。因此，对于量具、精密主轴及丝杠、油嘴液压泵偶件等精密件，低温回火后还要进行稳定化处理（曾称时效㊀），以稳定组织（A_r、$M_{回}$）和进一步降低应力，使工件的尺寸精度得到保证。

低温回火后的稳定化处理温度一般比回火温度低20~50℃（常采用100~160℃），保温时间一般为十几甚至几十个小时。有的工件回火后需进行几次磨削加工，有时需增加相应的稳定化处理。

低温稳定化处理举例：CrWMn钢铲床精密丝杠（六级精度）的加工路线为：下料→正火→球化退火→粗车外圆及螺纹→去应力处理（600℃×5h）→粗磨外圆、半精车螺纹→淬火、回火→粗磨外圆及螺纹→低温稳定化处理（200℃×8h，4级、5级精度的丝杠需进行二次稳定化处理）→精磨外圆及螺纹。此例中低温稳定化处理即是为消除粗磨后新产生的应力和低温回火中未消除尽的内应力，并使A_r及$M_{回}$变得更稳定。图9-18为该丝杠从预备热处理到稳定化处理的工艺曲线（毛坯尺寸为ϕ75mm×1595mm）。

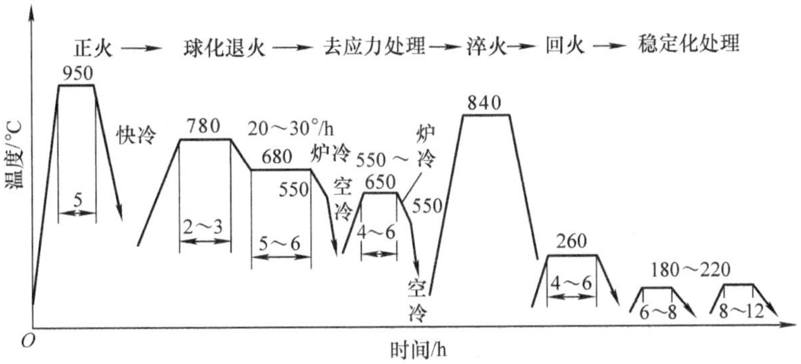

图9-18 CrWMn钢淬硬精密丝杠热处理工艺曲线

38CrMoAlA精密磨床主轴等工件于调质并精车后，在略低于其高温回火的温度下进行的热处理及上例中粗车后的去应力处理（600℃×5h），主要是为去除加工过程中新产生的应力及回火中未除尽的应力，可称为去应力处理或高温稳定化处理。

㊀ GB/T 7232—1999《金属热处理工艺术语》规定：时效是指工件经固溶处理或淬火后，在室温或高于室温的适当温度保温，以达到沉淀硬化的目的的热处理。即时效是通过析出强化相来改变性能、硬化工件。据此，将回火后为稳定工件尺寸、形状的热处理称为稳定化处理较宜。

五、回火工艺实例

65Mn 碟形弹簧片，厚度为 1.2mm，如图 9-19a 所示，技术要求 48 ~ 53HRC、圆周平面翘曲度≤0.2mm。此类薄片状工件，要达到硬度要求并不难，但要保证畸变符合要求却并非易事。如采用压床加压淬火，设备投资较大；而采用盐炉加热，模具加压淬火，畸变常不能满足要求，硬度也不均匀，返修率约 60%，并需及时清理黏附在工件上和模具上的残盐，生产效率较低。某厂采用快速加热、分级淬火、装夹具回火的办法，解决了这一难题。具体做法如下：

① 淬火。加热时采用如图 9-19b 挂具，每个挂具上挂 20 片，(900 ± 10)℃ × 18 - 20s 加热、200 ~ 230℃ × 30s 硝盐分级淬冷后空冷。淬后硬度 54HRC，淬后畸变较小，残余内应力也较小。

② 清洗。目的是清除工件表面的残盐，以使后续装夹具时，碟片间紧密贴合。采用 60℃热水，连同挂具一并清洗，清洗掉残盐后，用压缩空气吹干。

③ 回火。由于采用了分级淬火，淬后畸变及残余内应力都较小，故可省去原采用的回火前去应力处理，而直接装夹具回火（定型回火）。用专用夹具（图 9-19c）将碟形弹簧片码齐装到夹具上，每个夹具装 150 片，用压力机压紧，拧紧螺母。采用箱式或井式炉回火，350℃ × 3h、空冷。必要时，中途取出工件，将螺母再次拧紧㊀，然后放回炉中继续回火。

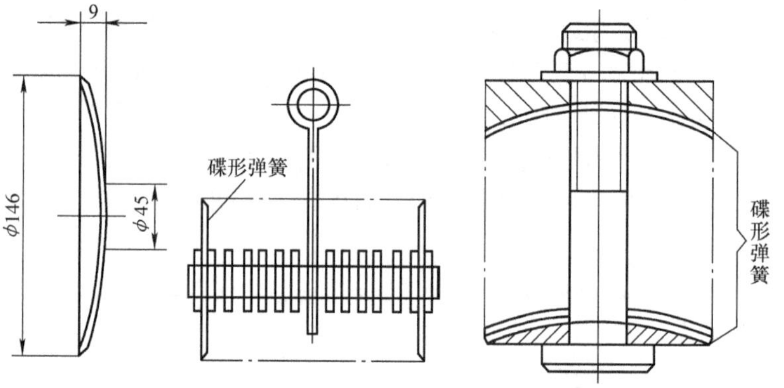

图 9-19 回火用工具

a）碟形弹簧 b）淬火专用挂具 c）回火专用夹具

经上述工艺处理后，畸变量一次合格率 > 95%。对少数不符合要求者，可适当提高 20 ~ 30℃重新装夹具回火一次。个别的也可用木槌点击校正。

六、回火工艺编制练习

对第八章淬火工艺编制练习中工件：导筒、铰刀、弹簧片、冷冲凹模，①确定回火方式；②选择炉型、加热方式及介质、工艺参数、冷却方式及介质，并画出工艺曲线。③简述你的理由。

㊀ 回火中途拧紧夹具，是利用回火中相变超塑性现象，如相变已经完成，再压紧校形，作用就不大了。

第四节　淬火与回火后工件的质量检验及回火缺陷

一、淬火、回火件的质量检验

工件经淬火与回火后，主要进行如下检验：

1. 外观检验

工件表面不得有裂纹和有害伤痕。

2. 表面硬度

硬度必须满足技术要求，硬度偏差不超过有关规定：一般件（2～5 级）：单件 <3～7HRC，同一批处理的件 <5～10HRC，具体取值与工件等级有关；硬度要求严的件（1 级）：单件 <2HRC；同一批处理的件 <3HRC。

3. 金相组织

应达到工件所要求的正常组织。金相组织检验项目主要包括马氏体级别、碳化物与残留奥氏体级别、脱碳层及奥氏体晶粒度等（按有关标准进行评定），不同工件的检验项目不同。

4. 畸变

工件的畸变应不影响其后的机械加工及使用，具体的畸变量应由冷、热加工工艺人员协商确定。通常薄板类工件主要检验平面度、轴类工件主要检验直线度、孔类工件主要检验圆度。

二、回火常见缺陷

常见的回火缺陷有硬度过高和过低、硬度不均匀以及回火后产生变形及脆性等。

（1）硬度过高、过低或不均匀　回火后硬度过高主要由于回火温度过低、时间太短；硬度过低则相反；硬度不均匀常因炉温不均匀、装炉量过多、炉气循环不畅或工件摆放不当所致。硬度过低需重新淬火、回火；硬度过高可按回火规范重新回火。

（2）变形及网状开裂　回火变形通常由于回火前工件内应力不平衡，回火时应力松弛，应力重新分布所致。要消除或避免回火后变形，可采用回火校直法、热点校直法或采用压具回火。

回火过程中有时会出现网状裂纹，如淬火后的高碳钢工件在回火时，如果加热过快，表面先回火，比容减少、发生收缩，而心部温度低，未同步收缩，从而产生多向拉应力，形成网状裂纹。

（3）韧性过低　在第一类回火脆性区回火的工件，或具有第二类回火脆性的钢件回火后没有进行快冷，都会使工件回火后韧性明显降低。对第一类回火脆性，只有通过重新加热淬火，另选回火温度。对于第二类回火脆性，可以采用重新加热回火，然后快冷的方法消除。

三、回火质量缺陷分析练习

1. 某 40Cr 柴油机连杆，如图 9-20 所示，技术要求调质后硬度为 250～290HBW（25～31HRC）、抗拉强度 840～1000MPa、伸长率 16%～19%；使用中连杆大头发生早期疲劳断裂，检测发现，实际硬度为32～34HRC、伸长率13%、抗拉强度990MPa，组织为回火托氏体，试分析热处理工艺中可能存在的问题。

2. 某65Mn弹性垫片（密封用），技术要求43～50HRC。热处理工艺为（810±10）℃淬火、油冷，（340±20）℃回火。装配时，开裂率极高。检查表明，硬度偏上限。试验发现，当回火温度高于350℃时，韧性好，断口呈韧窝状，而当回火温度介于250～350℃时，脆性很大，断口呈脆性沿晶断裂，晶界上可见薄片状碳化物。试分析造成开裂原因的可能。

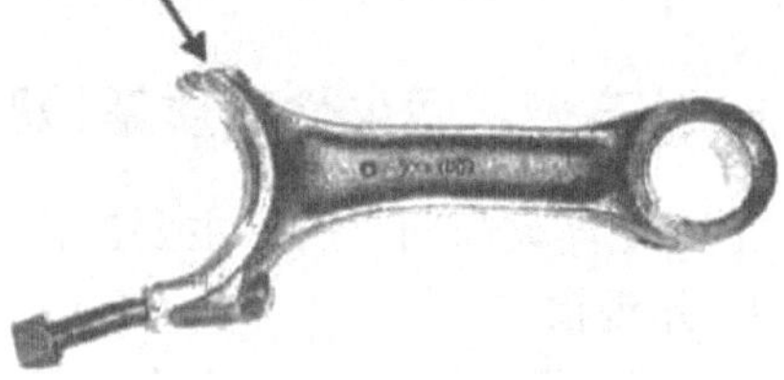

图9-20　柴油机连杆
（箭头所指处为连杆断裂处）

本章小结

1. 回火组织转变可分为五个阶段：马氏体中碳原子的偏聚；马氏体的分解；残留奥氏体的转变；碳化物类型转变；碳化物聚集长大、球化和α相的回复与再结晶。

2. 回火组织与性能：①低温回火形成$M_{回}$，其硬度与淬火M相差不大，但韧性略有改善。②中温回火形成$T_{回}$，其强硬度较高，弹性极限很高，并具有一定韧性。③高温回火形成$S_{回}$，具有良好综合性能。以上描述系针对一般碳钢与合金钢而言。

3. 回火时力学性能变化的总趋势是随回火温度升高，强度、硬度下降，塑性、韧性提高（回火脆性区除外）。内应力也随回火温度提高而下降，550℃以上回火后三种内应力均消失。

对回火中的组织性能变化规律，建议通过列表等方式梳理、总结。

4. 合金元素对回火的作用主要是：提高耐回火性、产生二次硬化及影响回火脆性。

5. 回火脆性。几乎各种钢都会产生第一类回火脆性，第二类回火脆性多见于含Cr、Mn、Cr－Ni的合金钢。Mn、Ni等促进回火脆性；Mo、W则可防止回火脆性。

6. 回火工艺及常见缺陷

① 回火的主要目的是改善性能、消除应力、稳定组织。

② 回火工艺的制订：回火温度主要根据工件要求的硬度来确定；回火保温时间则主要取决于透热、组织转变和去应力程度，一般可按经验公式确定；冷却一般可采用空冷，对可能发生可逆回火脆性的工件，采用油冷或水冷。

③ 回火后的稳定化处理主要是为稳定组织、进一步降低应力，其温度略低于回火温度。

④ 回火后的质量检验项目主要包括外观、硬度、畸变、金相检验等。

⑤ 回火常见缺陷主要有硬度不合格、畸变、回火件韧性过低等。

本章重要名词：回火马氏体、回火托氏体、回火索氏体、回火脆性、低温回火脆性、高温回火脆性、耐回火性、二次硬化、二次淬火、稳定化处理、调质处理、快速回火、自回火、带温回火

习　题

一、填空题

1. 回火过程中的组织转变可分为______、______、______、______以及______五个阶段。

2. 淬火钢在______温度范围内出现的回火脆性称为第一类回火脆性或______。含 Cr、Ni、Mn 的合金钢在______温度范围内出现的回火脆性称为第二类回火脆性或______。

3. 低温回火温度为______，中温回火为______，高温回火为______。

4. 若要求较高的弹性极限，工件淬火后一般应进行______回火；要求良好的综合力学性能的工件，淬火后需进行______回火。要求硬度 >60HRC 的高碳钢钻头、钳工手锯条，淬火后应进行______回火。

5. 回火索氏体组织具有良好的______性能；淬火碳钢低温回火后的组织为______，其硬度______、韧性______、内应力______。

6. 高合金钢回火时的二次硬化现象主要是由于______所致。

二、判断正误，并简述原因

1. 如对高温回火后的工件再进行低温回火，可使其硬度提高。（　　）

2. 钢的回火硬度除了取决于回火温度和保温时间外，还与回火的冷却速度有关，冷却速度越大，回火硬度越高。（　　）

3. 随回火温度升高，碳钢的强度、硬度降低，塑性提高，韧性单调上升。（　　）

4. 回火后的稳定化处理是为进一步提高工件韧性和硬度。（　　）

5. 合金钢在回火时，都具有明显的二次硬化现象。（　　）

6. 各种钢在回火时，都会出现不可逆与可逆回火脆性。（　　）

7. 生产中，主要根据硬度要求来选择回火温度。（　　）

8. 低温回火时，马氏体都会析出 ε 碳化物。（　　）

9. 低温回火脆性具有可逆性；低温回火脆性与回火后的冷却速度有关。（　　）

10. 淬火钢回火时，残留奥氏体的转变产物与过冷奥氏体在相同温度的转变产物基本一致。（　　）

11. ①回火后硬度仅取决于回火温度；②回火时间对硬度的影响程度与回火温度相同；③内应力消除程度仅取决于回火温度；④回火时间对内应力的影响程度与回火温度相同。（　　）

三、选择题

1. 因回火冷却不足而产生第二类回火脆性，可采取（　　）方法来消除。

A. 重新加热到原回火温度，保温一定时间后快冷

B. 在高于原温度下回火加热，保温后快速冷却

C. 先进行一次退火，然后重新回火

D. 重新淬火、回火并快速冷却

2. 回火索氏体中的碳化物呈（　　）状，而索氏体中的碳化物呈（　　）状。

A. 网状　　B. 粒状　　C. 层片状　　D. 点状

3. （　　）回火可使淬火内应力基本消除。

A. 低温　　B. 中温　　C. 高温

4. 低温回火脆性产生的温度范围一般为（　　）。

A. 150～200℃　　B. 200～350℃　　C. 250～500℃　　D. ＜150℃

5. 防止或减小高温回火脆性的有效办法是（　　）。

A. 回火后油冷或水冷　　B. 回火后缓冷

C. 回火后空冷　　D. 回火后炉冷

6. 碳钢淬火件，当在（　　）以下回火时，随回火温度升高，硬度变化不明显。

A. 250℃　　B. 350℃　　C. 450℃　　D. 550℃

7. GCr15 普通滚动轴承，要求硬度≥60HRC，最终热处理应选用（　　）。

A. 淬火＋低温回火　　B. 淬火＋中温回火　　C. 淬火＋高温回火　　D. 调质处理

8. 65Mn 钢制弹簧，硬度要求 43～48HRC，最终热处理应选用（　　）。

A. 淬火＋低温回火　　B. 淬火＋中温回火　　C. 淬火＋高温回火　　D. 调质处理

9. 回火工艺参数中，（　　）是决定回火后硬度的主要因素。

A. 回火温度　　B. 回火时间　　C. 回火后的冷却速度　　D. 回火零件的尺寸

四、简答题

1. 简述钢回火的主要目的；指出 T12 钢手用丝锥低温回火、65Mn 弹簧中温回火的目的。

2. 指出低温、中温和高温回火的组织、性能特点和主要用途？

3. 高碳钢低温回火后为何脆性有所降低？

4. 哪些钢易出现第二类回火脆性，为什么？怎样预防？

5. 一根直径 6mm 的 45 钢圆棒，840℃整体加热淬火后，硬度为 55HRC。从左端对该圆棒进行单侧加热，依靠热传导使圆棒上各点达到图 9-21 所示的温度后：①将整个圆棒自图示各温度缓冷到室温，各部位的组织是什么？②将圆棒水冷至室温，各部位的组织是什么？（已知 45 钢 $Ac_3=790℃$）

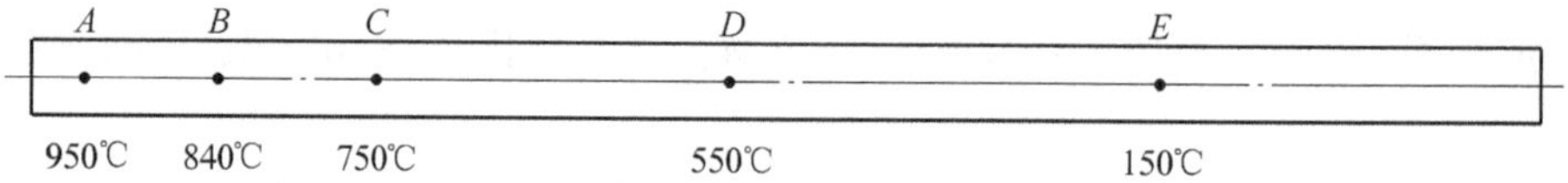

图 9-21　45 钢圆棒

6. 为何经淬火、回火的工件，使用温度不宜超过其回火温度？

7. 同一工件，经同样加热后，分别经水、盐水、油淬冷，为达规定硬度，所需回火温度是否相同，为什么？

8. 某 GCr15 钢制块规（量具）的热处理工艺路线为下料→锻造→球化退火→机加工（刨削、粗磨）→去应力退火→半精磨→淬火→冷处理→低温回火→检验硬度→精磨→稳定化处理→镀铬→检验→研磨→包装，试说明其中各热处理工序的目的。

第十章 淬火应力与畸变、开裂

淬火的畸变与开裂是工件在淬火操作中最容易产生的缺陷。由于淬火工序通常安排在工件加工工艺路线的后期，此时机械加工已基本完成。一旦工件淬裂，就成为废品，损失很大；即使是畸变，如果超差无法校正，也会成为废品。因此，设法减少淬火畸变、避免开裂，有着重要的实际意义。

淬火应力（hardening stressess）是指工件在淬火冷却时，因不同部位存在温差及组织转变不同步而产生的内应力。实践证明，淬火应力是造成畸变和开裂的根本原因。当淬火应力超过钢的下屈服强度（R_{eL}）时将产生塑性畸变，超过钢的断裂强度时即发生开裂。虽然，在正火、退火时也会产生内应力，但其应力值比淬火应力小很多，且退火和正火时，工件多处于毛坯状态，故这里仅介绍淬火应力。

本章主要介绍淬火应力形成的一般规律、淬火应力引起的畸变、开裂的基本规律及减少淬火畸变开裂的措施。本章主要教学要求是：①熟悉淬火应力形成规律及畸变、开裂的规律。②掌握热处理中预防畸变开裂的措施。

第一节 淬火应力

一、淬火应力的分类

1）按淬火应力的形成原因，可分为热应力与相变应力（曾称组织应力）。

2）按应力状态可分为正应力与切应力，正应力还可根据作用方向分为拉应力（以“+”号表示）和压应力（以“-”号表示）。

3）按内应力在工件中存在的时间，可分为瞬时应力和残留应力（residual stresses）。瞬时应力不稳定，难以测量。残留应力是工件在室温且不受外力作用的条件下存留下来的内应力，残留应力较易测量。

4）按应力分布的区域大小可以分为第一类应力（宏观内应力）、第二类应力（微观内应力）、第三类应力（晶格畸变内应力）。造成淬火畸变、开裂的主要是第一类应力。

5）从力学角度，还常将内应力可分为轴向、切向、径向三种，如图 10-1 所示。

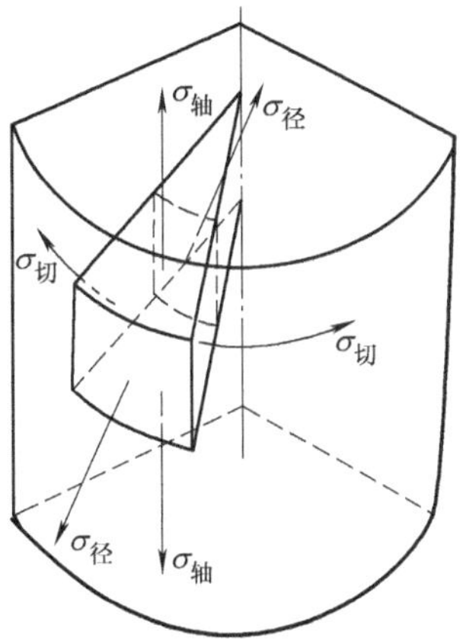

图 10-1 圆柱体中的内应力

$\sigma_{轴}$—轴向应力 $\sigma_{切}$—切向应力

$\sigma_{径}$—径向应力

二、淬火应力的形成规律

1. 热应力

工件加热或冷却时，由于不同部位出现温差而导致热胀或冷缩不均匀所产生的应力称为热应力（thermal stresses）。

图 10-2 为圆柱试样在快冷过程中的轴向热应力变化过程示意图。在冷却开始阶段，表层冷却较快，温度降低也较快，故收缩较大；而心部冷却较慢，温度仍较高，收缩较小。如心部与表层是分离的，则表层可以自由收缩而变短（图 10-3），二者间自然不会产生相互作用的内应力；但实际上心部和表层是牢固结合在一起的整体，表层的收缩必然受到心部阻碍（也即心部拉抻着表层，阻碍其收缩），于是表层受拉应力，而心部受压应力。随时间延长，截面上温差增大，此热应力也随之增大。由于心部温度较高，其塑性较好、强度较低，当心部所受压应力超过其在该温度下的屈服强度时㊀，将被沿轴向塑性压短（而表层则因温度较低、强度较高，塑性变形困难）。结果使其所受压应力得到一定程度的松弛或减轻、应力增速趋缓或不再增大，如图 10-2 中 a 附近区域。当冷却至 b 点附近时，表层温度已较低、与淬火冷却介质温差变小，故收缩明显减慢，而心部温度尚较高，与表层温差仍较大，仍在收缩。心部的继续收缩使其受压程度进一步减弱（相应表层受拉程度也减弱），于是二者间相互作用力－应力不断减小。当冷至 c 点，表层和心部的应力均变为零。但此时，心部温度仍高于表层，还要继续收缩，而表层已停止收缩，于是心部收缩受到表层阻碍，使心部受到表层作用的拉应力，表层则受压应力，即发生了应力反向。在心部温度逐渐降至室温过程中，由于表层温度已较低，相应屈服强度较高，塑性变形困难，不能发生应力松弛，故这种应力状态一直保持到室温，成为残留应力，如图中 d 时刻。所以，在冷却前期，热应力分布状态呈表层受拉，心部受压；冷却后期，则是表层受压，心部受拉。

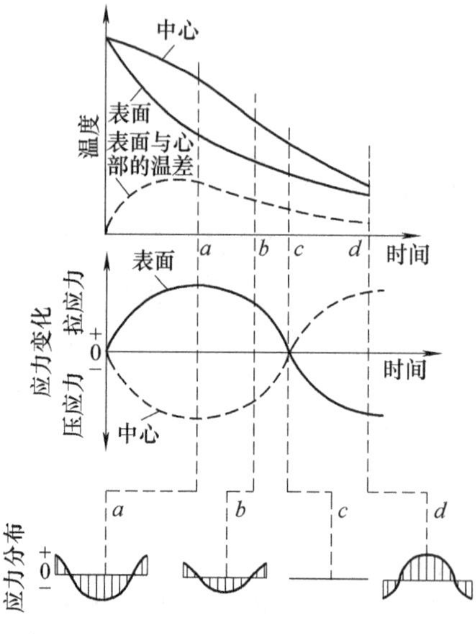

图 10-2　圆柱试样在快冷过程中的热应力变化

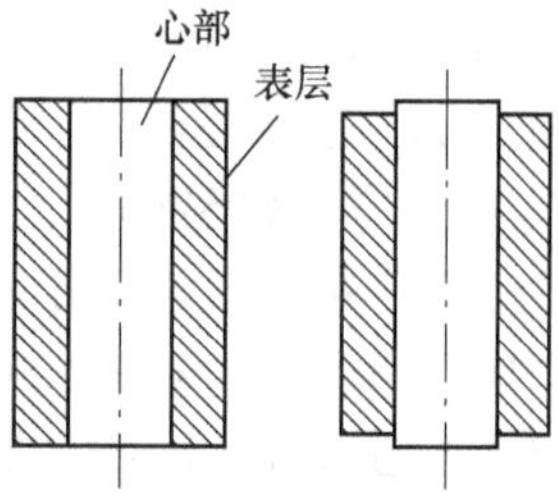

图 10-3　表层与心部分离的圆柱状试样

㊀ ϕ10cm 的钢棒，从 850℃淬入水中时，如不发生塑性变形引起的应力松弛，最大热应力可达 1000MPa。而室温下 45 钢调质态的屈服强度约为 650MPa。

热应力的大小与冷却速度有关，冷却速度越大，截面上的温差就越大，热应力越大；在相同冷速下，工件加热温度越高、截面尺寸越大、钢材热导率越小，残余热应力越大。

图 10-4 为 $w_C=0.3\%$ 的 ϕ44mm 圆柱试样，加热到 700℃ 水冷后，室温测得的轴向、切向和径向的热应力分布图。由图可见，试样表面的轴向、切向应力均为压应力，且数值最大；径向应力在表层为零，心部拉应力最大。

2. 相变应力

热处理过程中因工件各部位组织转变不同步而产生的内应力称为相变应力（transformation stresses）。

应当指出，工件在淬火过程中，只产生相变应力而不产生热应力的情况是不可能的。为讨论方便，暂不计热应力的影响，只考虑相变应力的变化。圆柱试样在加热奥氏体化后快速冷却时，由于表面冷却较快，先冷至 *Ms* 点以下，心部冷却较慢，仍在 *Ms* 点以上。于是，表层先开始马氏体相变，发生体积膨胀，但心部尚未发生马氏体转变，不膨胀。故心部对表层的膨胀起阻碍、压制作用，因而表层受压，心部受拉。当心部温度也降至 *Ms* 以下发生马氏体相变时，表层马氏体相变已完毕，不再膨胀，并阻碍心部膨胀，因而最终表层受拉，心部受压。

显然，工件在马氏体相变温区的冷却速度越快，截面上温差越大，相变应力也越大。

图 10-5 为的 Fe－16Ni 合金 ϕ50mm 圆柱试样在 900℃加热后，缓冷至 330℃（这样热应力就很小，可忽略），再急冷至室温，测得的轴向、切向、径向的残余应力的分布状况。试验表明，试样表层受拉应力，心部受压应力，且表层的切向拉应力大于轴向拉应力。

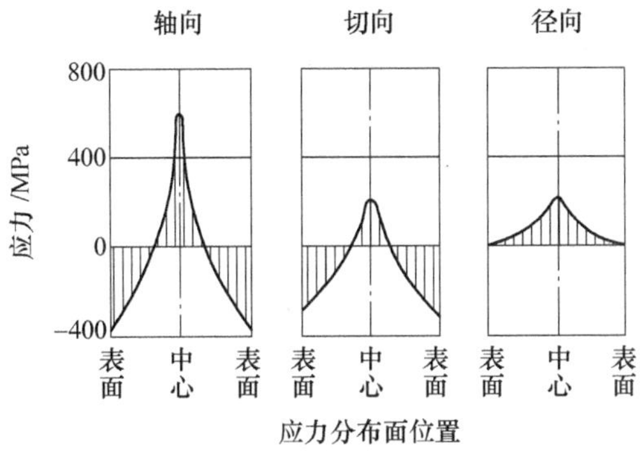

图 10-4　圆柱试样残余热应力的分布

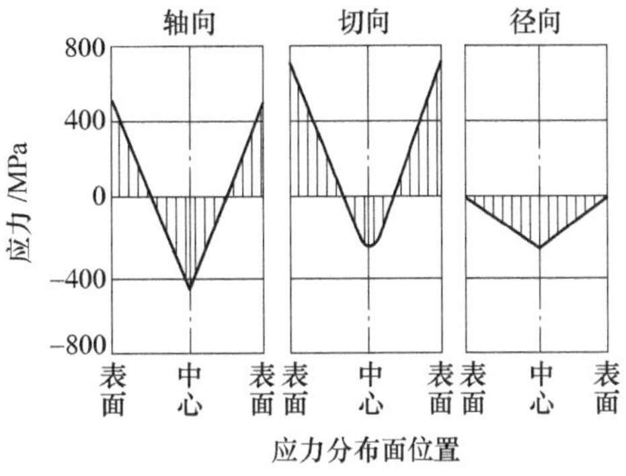

图 10-5　Fe－16Ni 合金圆柱试样（ϕ50mm）淬火后沿截面的组织应力分布

3. 热应力和相变应力综合作用

为讨论方便，以上对热应力与相变应力单独进行了讨论，而实际工件在热处理冷却发生相变时，热应力和相变应力是同时产生的。工件中实际存在的应力是热应力和相变应力综合作用的结果，其情况较复杂。热应力和相变应力作用方向相反时，二者相互抵消；作用方向相同时，二者相互叠加。热应力占主导地位时，综合作用的结果是工件心部受拉、表面受压；相变应力占主导地位时，则是工件心部受压、表面受拉。

想一想　导致热应力与组织应力产生的根本原因是什么？

第二节　淬火畸变、开裂及预防措施

一、淬火畸变

淬火畸变有两种情况，一种是工件几何形状发生变化（扭曲或弯曲等），由淬火热应力与相变应力所致；另一种是工件体积发生变化（均匀胀大或缩小），由相变时的比体积变化所致。实际生产中工件的畸变，多同时兼有这两种情况。

1. 热应力引起的畸变

研究表明，热应力对畸变影响较大，热应力引起的畸变主要发生在淬火初期，即表层受拉、心部受压阶段。因为这时工件心部温度高、强度低、塑性较好，当应力超过该温度下材料的屈服强度时，就会发生塑性变形。淬火后期，温度较低，强度较高，塑性变形困难，故畸变较困难。所以，单纯由热应力引起的变形规律是：工件沿最大尺寸方向收缩、沿最小尺寸方向胀大，使棱角变圆，平面凸起，趋于球形。塑性变形后，应力被松弛或释放。表10-1所示为几种典型工件的畸变趋向：杆件趋于鼓形；扁平件趋于铁饼形；正方件趋于球形；套筒趋于瓮形。

表10-1　结构对称、形状简单的工件均匀冷却时的畸变规律

作用状况	杆　件	扁　平　件	正　方　件	套　筒	圆　环
原始状态	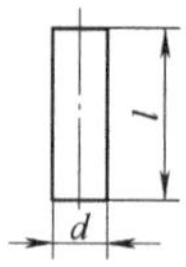	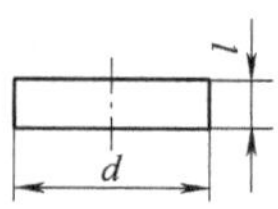	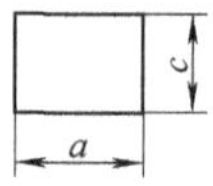	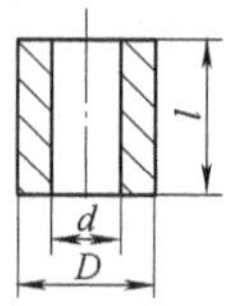	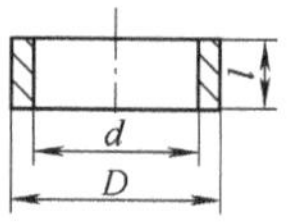
热应力作用	d^{+}, l^{-} 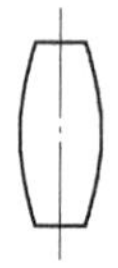	d^{-}, l^{+} 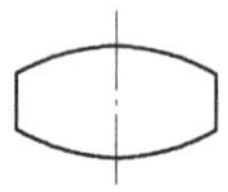	表面鼓凸 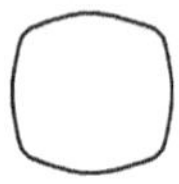	d^{-}, D^{+}, l^{-} 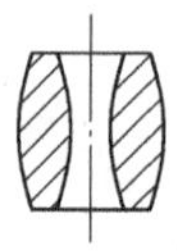	D^{+}, d^{-} 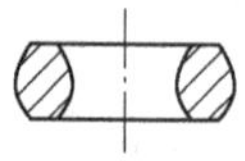
相变应力作用	d^{-}, l^{+} 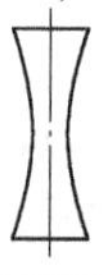	d^{+}, l^{-} 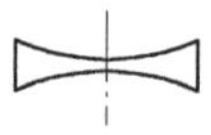	表面瘪凹 	d^{+}, D^{-}, l^{+} 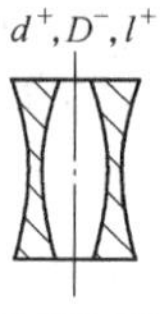	D^{-}, d^{+} 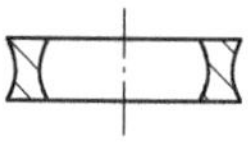
相变体积效应作用	d^{+}, l^{+} 	d^{+}, l^{+}或d^{-}, l^{-} 	a^{+}, c^{+}或a^{-}, c^{-} 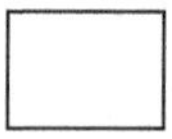	d^{+}, D^{+}, l^{+}或d^{-}, D^{-}, l^{-} 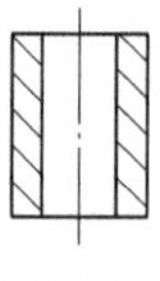	D^{+}, d^{+}或D^{-}, d^{-} 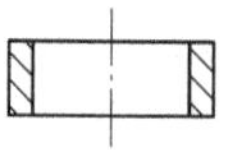

2. 相变应力引起的畸变

相变应力引起的畸变主要发生在相变初期，即表层受压、心部受拉阶段。因此时心部仍为奥氏体，且温度相对较高、强度较低，塑性变形较容易；而后期，心部已大部分变为强度较高的非马氏体或马氏体，故变形困难。因而引起的工件变形趋势恰好与热应力相反，即工件沿最大尺寸方向上伸长、沿最小尺寸方向缩短，使棱角突出，平面内凹，如表 10-1 中“相变应力作用”一栏所示：正方件八角突出；杆件长度伸长、直径缩小成樽形；套筒趋于长鼓形；扁平件呈双凹透镜形状。

3. 相变体积效应引起的畸变

由于新相与母相比体积不同，相变会引起比体积的变化，使工件在各个方向上均匀的膨胀或收缩，这种现象称为相变体积效应。淬火工件中马氏体量越多、马氏体含碳量越高，则其体积胀大就越多，反之越小。马氏体形成时的体积变化与马氏体含碳量之间的关系见表 10-2。

表 10-2 马氏体的比体积与其含碳量的关系

M 含碳量 $/w_C$（%）	M 的密度 /（g/cm^3）	退火组织密度/（g/cm^3）	生成 M 时的体积变化（%）	M 含碳量 $/w_C$（%）	M 密度 /（g/cm^3）	退火组织密度 /（g/cm^3）	生成 M 时的体积变化（%）
0.1	7.918	7.927	+0.113	0.85	7.808	7.905	+1.227
0.3	7.889	7.921	+0.401	1.00	7.778	7.901	+1.557
0.6	7.840	7.913	+0.923	1.30	7.706	7.892	+2.576

4. 热应力、组织应力、相变体积效应综合作用引起的畸变

上述淬火畸变规律是指结构对称、形状简单的工件单纯在热应力或相变应力作用下的畸变。实际上，许多工件的结构、形状较复杂，热应力、相变应力、相变体积效应同时存在。这时的畸变情况较复杂，其规律是如热应力起主导作用，则畸变呈热应力型畸变，反之亦然。

5. 影响淬火畸变的因素

（1）钢的化学成分　钢的化学成分影响钢的淬透性、*Ms* 点、马氏体比容、残留奥氏体量、钢的导热性等，从而影响淬火应力的大小和分布，故成分不同，淬火变形趋势也不同。

低碳钢一般以热应力为主，且碳含量越低，热应力的比例越大（因淬透性差，马氏体量较少，且低碳钢马氏体比体积较小、故相变应力较小），如 08 钢试样淬火后畸变呈热应力型。随碳含量增多，相变应力比例增大，如 55 钢呈相变应力型畸变。但当碳含量大于 0.8% 时，又因残留奥氏体 *r* 增多使畸变呈热应力型。

合金元素一方面使导热性降低、马氏体量增多，而使热应力、相变应力增大，另一方面又因增大淬透性，而允许采用较慢的淬火冷速，使热应力、相变应力降低；同时，合金元素还使 *Ms* 降低、残留奥氏体增多，使相变应力减小。当淬透时，合金钢畸变程度一般较碳钢轻（碳钢中，通常 T7 钢的淬火畸变最小），并多呈热应力型的畸变。

（2）钢的原始组织和应力水平　原始组织的比体积越大，则淬火前后比体积差越小，从而可减少体积变形。一般索氏体组织淬火后的变形量小于珠光体组织；粒状珠光体的小于片状珠光体。钢中有带状碳化物、纤维状组织时，沿碳化物带状或纤维方向的畸变通常明显大于垂直方向。

工件淬火前存在的内应力，往往易引起淬火畸变（尤其是形状较复杂、经过大进给量切削的工件）。如 W18Cr4V 锥柄钻头，淬火前未消除内应力，淬火后畸变较大，而消除内应力后，则淬火畸变明显减轻。

（3）热处理工艺 淬火加热温度高，冷却时心部和表层温差增大，热应力相应提高；同时还使淬硬层深度增大，使组织应力提高。

冷却速度越大，则淬火应力越大，畸变也相应增大。降低在 *Ms* 点以上的冷却速度，可减少热应力引起的畸变；降低在 *Ms* 点以下的冷却速度，可减少因马氏体转变产生的组织应力而引起的畸变（如分级淬火、等温淬火）。

（4）截面尺寸及形状 工件截面尺寸直接影响淬火后的淬透层深度，截面尺寸越大，淬透层越浅，热应力起的作用越大；反之，截面尺寸越小，淬透层越深，则相变应力起的作用越大。

工件的几何形状对淬火畸变的影响极大。形状简单、对称、壁厚均匀的工件，冷却相对较均匀、应力和畸变较小，且变形较规则、均匀。形状复杂、不对称、壁厚不均匀的工件则相反。此外，工件装炉、加热方式、工件装夹方式、工件淬火时浸入介质的方式和在淬火冷却介质中的运动方式等均对工件淬火畸变有很大的影响，生产中应予以足够的重视。

二、淬火开裂

当工件中拉应力超过断裂强度时就会造成该处开裂。研究表明，热应力主要是造成工件的变形，引起开裂的可能性较小㊀。这是因在冷却初期，心部塑性好、强度低，易发生塑性变形而使应力降低，故不易开裂；冷却后期，热应力分布状态为表面受压，因此更不容易开裂。相比较而言，组织应力引起开裂的可能性更大（尤其对高碳钢，因其 *Ms* 较低、比体积较大，故组织应力较大，且显微裂纹较多），并且开裂主要发生在淬火冷却后期，即马氏体转变基本结束阶段。

1. 淬火裂纹的类型

研究指出：一般裂纹都是在淬火拉应力作用下产生的。因此，淬火工件内部的拉应力是产生裂纹的主要危险。淬火裂纹的特征是：端部有尖角，断口呈银灰色，断口表面无脱碳层，裂纹比较平直；而锻造裂纹，由于裂纹表面发生了氧化、脱碳，并有氧化物存在，呈黑褐色，易与纯淬火裂纹区别开来。

（1）纵向裂纹 纵向裂纹又称轴向裂纹，其开裂的走向大体平行于轴向（图10-6）。纵向裂纹是由工件表面裂向心部，多较长、较深。纵向开裂是工件表面存在较大的切向拉应力引起的，常发生于淬透的工件，并与钢的含碳量、工件尺寸及原材料缺陷等因素有关。

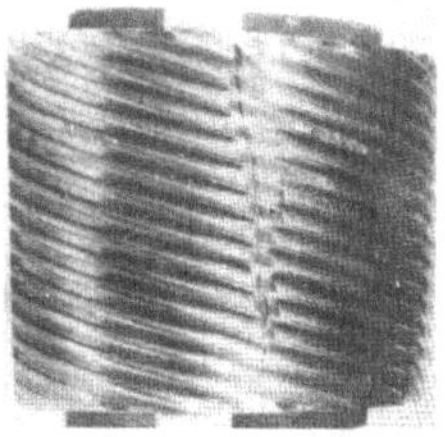

图10-6 纵向裂纹

实践表明，工件的纵向开裂有明显的“尺寸效应”，即工件有一个纵向易淬裂的“危险”尺寸，中碳钢水淬时该尺寸为直径8～15mm，油淬时该尺寸为直径25～40mm。对尺寸处于此范围的工件，应慎重选择淬火方法和淬火冷却介质。

（2）横向裂纹（弧形）裂纹 横向裂纹大体与工件轴向垂直，其形态如图10-7a、b、c所示。横向裂纹多见于未淬透的截面较大工件（如轧辊、发电机转子等），这是由于在淬硬

㊀ 但大截面工件有时会因加热不当，使热应力过大而引起开裂。

区与未淬硬区间的过渡区存在一个很大的轴向拉应力，其值超过材料的断裂强度时，即形成横向裂纹并扩展到零件表面。弧形裂纹多见于表面淬火件的硬化区与非硬化区间的过渡区及有凹槽、孔、凸棱的工件。

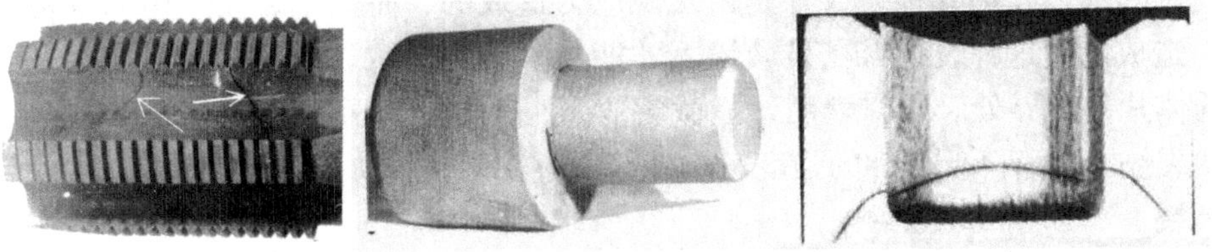

a) b) c)

图 10-7 横向裂纹或弧形裂纹

a）丝锥横向裂纹 b）、c）弧形裂纹（工件被剖开）

（3）表面网状裂纹 表面网状裂纹又称表面龟裂，其形状如图 10-8 所示。其深度较浅（0.01～1.5mm）。这种裂纹的主要特征是裂纹具有任意方向，与零件的形状无关，但却与裂纹的深度有关。当裂纹较浅时，零件表面上形成细小的网状裂纹；当裂纹较深时，则表面裂纹不一定呈网状分布，如图 10-9 所示。

图 10-8 表面网状裂纹

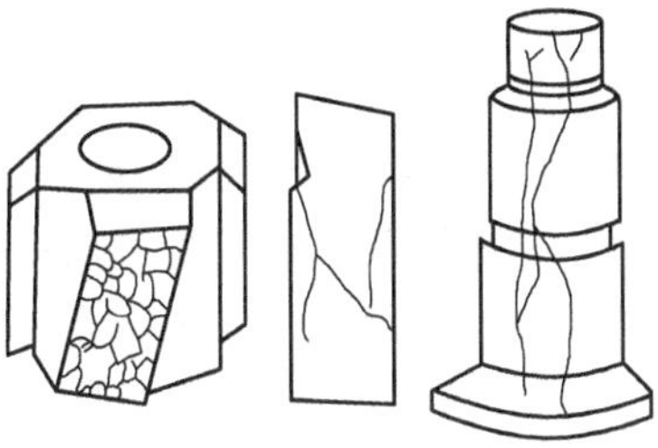

a) b) c)

图 10-9 表面网状裂纹的形态

a）裂纹深度为 0.02mm b）裂纹深度为 0.4～0.5mm c）裂纹深度为 0.6～0.7mm

网状裂纹的形成是由于表面组织的比体积小于心部，从而在表面形成二向拉应力所致。如表面脱碳的高碳钢零件淬火时，表面含碳量低、马氏体比体积小，内部含碳量高、马氏体比体积大，由于表面受二向拉应力作用，易形成网状裂纹。

（4）剥离裂纹 剥离裂纹又称表面剥落。如图 10-10 所示。多见于表面淬火件和化学热处理件，一般是沿淬硬层或扩散层发生表面剥落。例如，渗碳件淬火时，渗碳层淬火成马氏体，其内部过渡层可能得到托氏体或混合组织，心部则为 F + P 组织。由于马氏体的比体积大，其膨胀时受到内部的牵制，使得马氏体层呈二向压应力

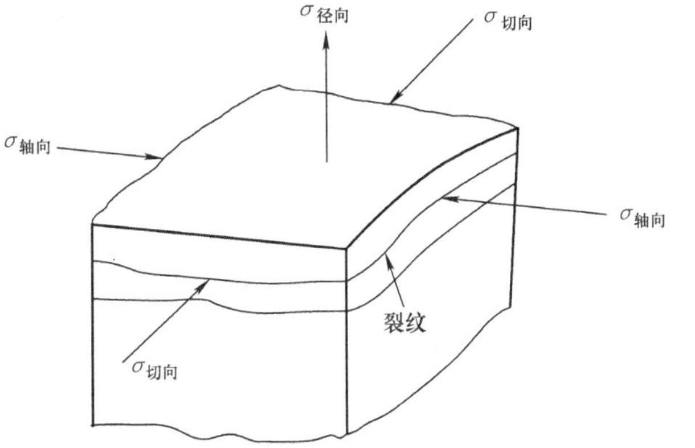

图 10-10 剥离裂纹

状态，但接近马氏体层的极薄过渡层具有径向拉应力，再向内又突变为压应力。剥离裂纹就产生在拉应力向压应力急剧过渡的极薄的区域内。快冷或使组织变为均匀的M则可避免产生剥离裂纹。

（5）显微裂纹　前几种裂纹都是由宏观应力造成的，而显微裂纹是由微观应力（第二类应力）造成的。这种裂纹需在显微镜下才能观察到。显微裂纹往往产生在原奥氏体晶界处或马氏体片的交界处。研究表明，显微裂纹多见于过热的高碳钢或渗碳件的片状马氏体中。显微裂纹会显著降低工件的强度、塑性等力学性能，威胁工件运转的安全性并导致零件的早期断裂。

小经验　用锤子或铁块轻轻地叩击工件，如工件发出清晰的金属声，且声音衰减缓慢、尾音悠长，说明工件中没有裂纹；如工件发出重浊沉闷的声音，则说明工件中有裂纹存在。

2. 影响淬火开裂的因素

（1）原材料的冶金质量　原材料中往往存在一些冶金缺陷，如疏松、夹杂、白点、偏析等，都可能成为产生淬火裂纹的根源。如钢中大块非金属夹杂与基体结合较弱，破坏了基体金属的连续性，并造成应力集中，淬火时易由此产生裂纹。

（2）原始组织　零件毛坯在锻造与轧制过程中，由于锻、轧工艺控制不当，可能形成裂纹或带状组织、过热、过烧及表面严重脱碳等缺陷，这些缺陷均易导致淬火开裂。

过共析钢中球状碳化物较片状碳化物淬火开裂倾向小。这与加热时球状组织难溶→奥氏体晶粒较细→马氏体较细及球状珠光体淬后比体积变化较小（球状珠光体比体积较片状珠光体大）→组织应力较小有关。球状珠光体是淬火前理想的组织状态。

（3）化学成分　一般钢中碳含量小于0.3%的碳钢，不易发生淬裂现象。这与碳含量较低时，组织应力较小（因 *Ms* 较高、易自回火、M量较少）、马氏体主要是韧塑性较好的板条马氏体，且显微裂纹较少有关。

合金元素对淬火开裂的影响与对淬火畸变的影响类似，即有增大开裂倾向的作用（如M量较多、*Ms* 较低、导热性较差），也有减小淬裂倾向的作用（如淬透性增大，可缓冷）。

（4）工件尺寸与结构　实践表明，工件截面尺寸过小或过大均不易淬裂。截面小的工件淬火时，容易淬透，且心部与表面的马氏体转变基本同步，故组织应力较小，不易淬裂。而截面大的工件，尤其对淬透性较低的大件，不仅淬不透，甚至表层也不能得到马氏体，而是贝氏体、索氏体等组织。此时内应力主要表现为热应力，故工件也不易淬裂。正如第八章提到的，很多钢在一定的淬火冷却介质中淬冷时，都存在着一个危险尺寸，处于危险尺寸的工件具有很大的淬裂倾向。

截面薄厚不均匀零件及有尖角、凹槽、棱角的工件，淬火应力往往较大，淬裂倾向较大。

（5）热处理工艺不当　零件加热温度过高，则奥氏体晶粒粗大，淬火后，马氏体也粗大，使钢变脆（尤其对高碳钢），且同样冷却时，会使淬火应力增大，易产生裂纹；加热速度太快，则导热性差的高合金钢零件或形状复杂、尺寸较大的零件均易产生裂纹；在 *Ms* 点以下快冷、双介质淬火时出水或出油温度掌握不当、未及时回火或在回火脆性区进行回火都容易发生淬火开裂。

三、减小畸变、防止开裂的措施

要减小畸变和防止裂纹，不仅需要热处理工艺和操作方面采取有效措施，而且还要从工件结构设计以及工艺路线的安排上使冷热加工密切结合，才能取得好的效果。

1. 正确选材、合理设计

（1）正确选材、用前严格检验　对于形状复杂、截面尺寸相差悬殊的易变形工件或要求淬火变形极小的工件，一般应该选用淬透性较高的合金钢，采用油淬、分级或等温淬火。不同的钢材具有不同的开裂倾向，一般碳含量低的钢比碳含量高的钢淬火开裂倾向小。使用前对原材料质量严格检验，坚决避免使用不合格的钢材。

（2）合理设计　设计工件时，应在满足使用要求的条件下，尽量减少截面厚薄悬殊，避免薄边和尖角，在工件截面变化处，尽可能平滑过渡；工件的形状要求尽量对称；对形状复杂的工件，可采用组合结构，或为使工件冷却均匀，适当增加工艺孔，见表 10-3。

表 10-3　选择合理的结构实例

结构要求	不合理	合理
结构对称，避免尖角、凹角	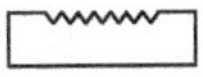	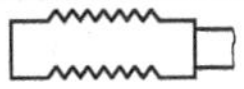

	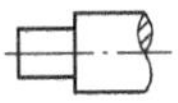	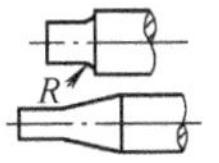
截面厚薄均匀	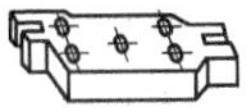	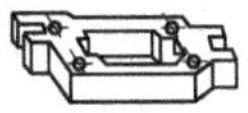
	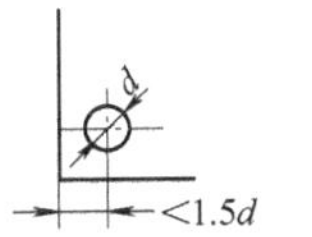	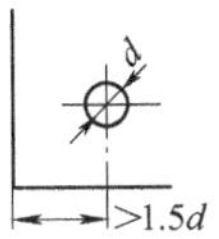
	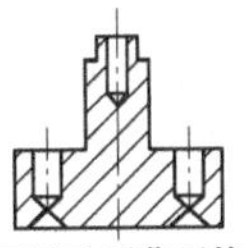 不通孔厚薄不均	 通孔厚薄均匀
增加工艺孔	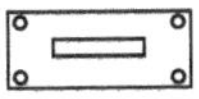	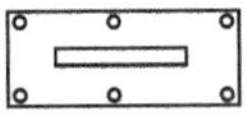

淬火前加肋、淬火后切除	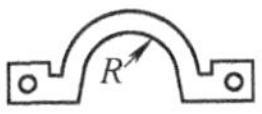	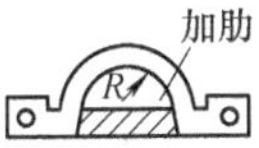

（3）合理的技术要求　如工件不要求全部淬硬，可以进行局部淬火；有些工件在满足使用要求的情况下，应尽量降低硬度要求。合理的硬度要求有利于控制淬火畸变、防止

开裂。

2. 正确的锻造与预备热处理

正确的锻造可消除带状组织和改善碳化物的分布状况。

对于某些形状复杂、精度要求较高的工件，在各道加工工序之间，或在淬火以前进行消除应力退火，可降低工件的淬火变形和开裂倾向。如对图8-39中的柴油机摆臂轴，在切削加工后、淬火前增加一次去应力退火（550～600℃），大大减少了淬火开裂率。

3. 冷热加工密切配合

为了控制和减少淬火畸变，冷、热加工必须密切配合。例如，对一些工件薄弱部分，淬火前预留大的加工余量，淬火后再加工到所需尺寸。又如，对易变形的形状不规则工件，尽量在淬火前留肋，淬火后再将其切除。再如预先摸索淬火变形规律，在机械加工时预留变形余量。

小知识 正火或调质件畸变量应小于加工余量的2/3。轴类零件弯曲量应不大于直径加工余量的2/3。

4. 正确制订热处理工艺

（1）控制加热速度　对大型锻模、高速钢或高合金钢工件及形状复杂、厚薄不均、畸变要求严格的工件，一般都要经过预热或限制加热速度（大件限制为30～70℃/h），尽可能做到加热均匀。

（2）正确选择加热温度　选择淬火下限温度（尤其对合金元素含量高的工件及大件），可减少温差，降低淬火应力，减少淬火畸变开裂倾向。如将T8～T10钢淬火加热温度由通常的760～800℃降到740～760℃。但有时为调整变形量，也可把淬火温度适当提高，例如对CrWMn、Cr12MoV等高碳合金钢工件，可以通过加热温度的调整来改变钢的*Ms*点，以控制残留奥氏体的数量，从而达到调节工件变形的目的。

想一想 为什么淬火加热温度较低，有利于减轻淬火应力？

（3）正确选择冷却方法和淬火冷却介质　在满足性能要求的前提下，应尽可能选用冷却速度较缓慢的淬火冷却介质进行淬火，或采用预冷淬火、分级淬火、等温淬火，以减少变形和防止淬裂。

（4）及时进行回火　许多工件淬火开裂发生于淬冷后放置的一段时间内（几分钟或几天），因此淬火后应及时回火，这对形状复杂的高碳钢和合金钢尤为重要。

想一想 为什么预冷、及时回火可有效降低工件的畸变开裂倾向？对要求高硬度的薄、细件是否适宜采用预冷淬火？

练一练 分析以下两种淬火开裂的原因，并提出改进措施：①某45钢工件，淬火后24h才进行回火，结果放置过程中发现多件出现开裂。②壁厚为6mm的45钢工件，要求淬火硬度42～46HRC，淬火工艺为840℃×20min、水冷，结果有一半以上工件出现开裂。

5. 正确地热处理操作

（1）淬火前加以保护　如图 10-11 所示，对一些不要求淬硬的孔用石棉、耐火泥等堵塞；截面突变处用铁丝或石棉绑扎，尖角处可套上铁皮、对薄厚不均工件的薄壁处进行包扎；对一些容易变形的部分，如槽形工件，可用螺钉等固定。

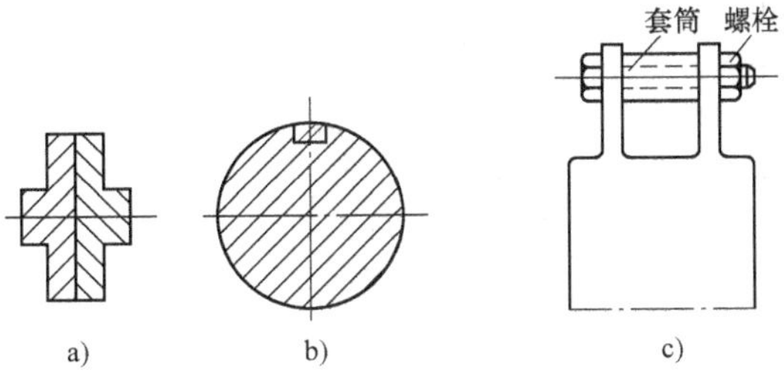

图 10-11　淬火前的保护措施实例

a）定位焊　b）耐火泥堵塞　c）机械加固

（2）正确装炉、吊扎和放置　装炉时，要使工件能均匀加热；工件加热时，要放置平稳，如果炉底板不平，应设法找平后再加热。细长零件的热处理加热，一般应采用吊、挂具垂直加热，以避免卧式放置引起的变形；细长渗碳零件，要使用专用料筐，保证渗层均匀，减少变形。

图 10-12 所示为盐炉单件加热绑扎示例、图 10-13 所示为井式炉单件加热吊挂示例。

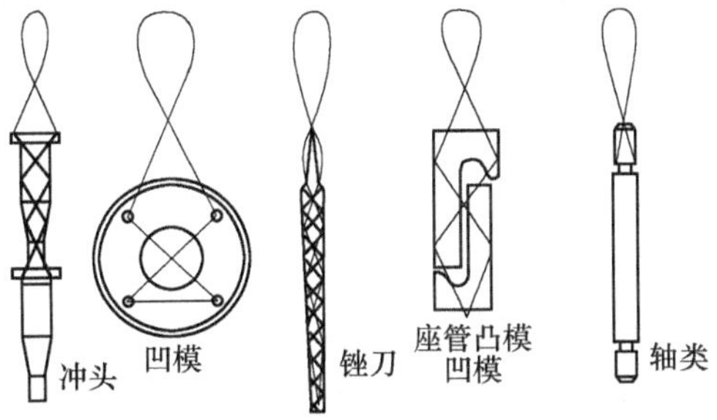

图 10-12　盐炉单件加热绑扎示例

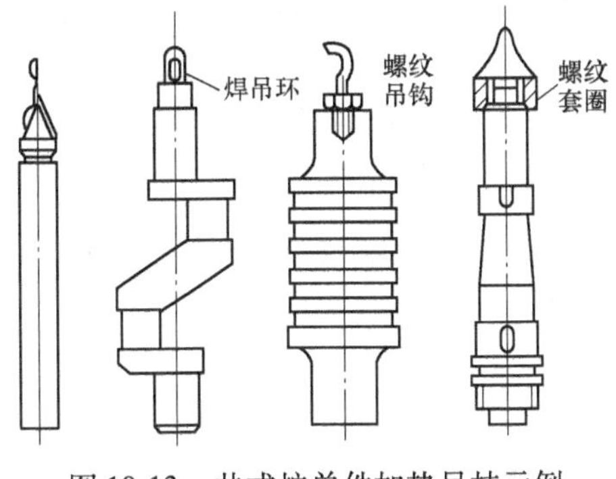

图 10-13　井式炉单件加热吊挂示例

薄而长的工件在盐浴炉中加热时，应使其宽的一边垂直于电极平面，避免盐浴翻滚、冲击造成的变形。图 10-14 为工件吊扎、放置的正误示例。

6. 采用压力机淬火

对于一些生产批量大的薄壁圈类、薄板形零件、形状复杂的凸轮盘和锥齿轮等，在自由状态冷却时，很难保证尺寸精度要求，为此可采用压力机淬火，即将工件置于专用的压床模具中淬火，可使畸变达到所要求的范围。

在大批生产中，当掌握了工件的淬火变形规律后，可预先施加反向变形，使之与淬火变形相互抵消。

四、畸变工件的校直

1. 冷态校直

①冷压校直法一般是在室温下，对工件施加外力，使之发生塑性变形而校直；适于 <40HRC

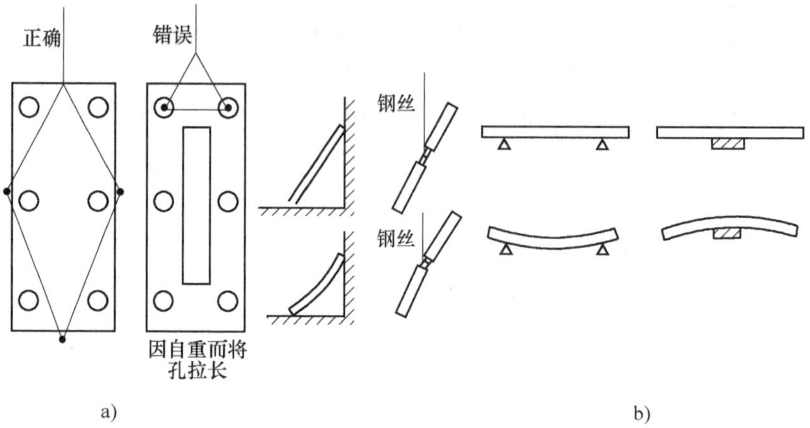

图 10-14 工件吊扎、放置的正误示例
a）吊扎 b）不合理放置

的工件（若太硬，易压断）。②冷态锤击校直法是用小锤对畸变处正敲或反敲来校直。

2. 热态校直

①热压校直法是将回火后硬度高、塑性差的工件加热（或用氧乙炔焰等将弯曲最大处加热到一定程度）后，加压校直。②热点校直法是将工件凸起处短时间加热后水冷（碳钢）或油冷（合金钢），因加热处的组织被回火与随后的快冷产生的体积收缩而使工件校直。此法多用于>40HRC 的工件。③淬火校直法是工件在淬冷途中（Ms 附近）进行热校直。此法尤其适于 C 曲线较靠右的合金钢。④回火校直法是在回火中（如第九章中提到的 65Mn 弹簧片装夹具回火）或回火后趁热进行校直。

五、淬火畸变、开裂实例分析与练习

（1）实例分析 GCr15 销轴（图 10-15a），要求硬度≥61HRC，于 840℃加热、150℃分级淬火、160 回火。经淬、回火后，发现缺口处发生弯曲（下凹 0.75mm 左右，系淬火造成）。在回火后校正时，校正困难，用力小，无效果，用力大则于缺口处发生脆断。

分析：压断是因缺口处应力集中，且缺口处还有一冲眼（划线需要），加之淬火后工件处于硬脆状态所致。后采用淬火前预先将销轴压弯，使缺口处上凸 0.8mm 左右，并在分级后趁热校正，结果脆断现象大为减少。

（2）淬火畸变、开裂分析练习

①35CrMo 销栓（图 10-15b）850℃加热、水油双介质淬火后开裂，裂纹呈锯齿状，淬火工艺及操作正常。分析发现存在沿轴向分布的夹杂物，裂纹两侧无脱碳现象。②45 钢销子（图 10-15c），要求硬度 35～45HRC，840±10℃盐浴加热、水、油双液淬火冷却，发现左端凹槽根部开裂，裂纹沿直径方向扩展。分析表明材料质量正常，裂纹两侧无脱碳现象，淬火工艺及操作正常。试分析产生以上裂纹的可能原因，并提出解决措施，简述你的道理。

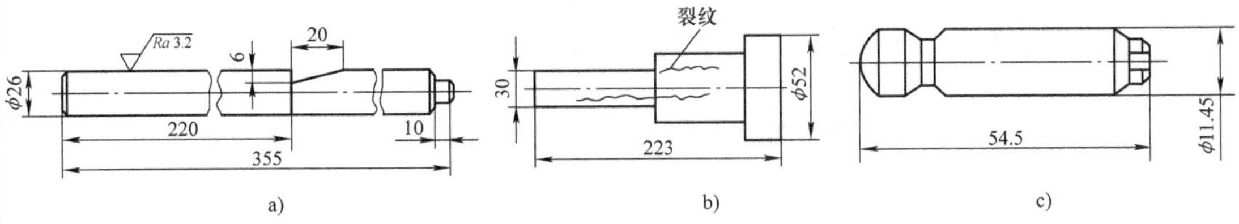

图 10-15　淬火畸变、开裂示意图

a）GCr15 销轴　b）35CrMo 销栓　c）45 钢销子

本章小结

- 淬火应力与变形开裂
  - 淬火应力
    - 热应力变化规律：冷却前期表层受拉，心部受压；后期表层受压，心部受压
    - 相变应力化规律：冷却前期表层受压，心部受拉；后期表层受拉，心部受压
  - 淬火变形
    - 相变体积效应造成的畸变——使工件在各个方向上均匀膨胀或收缩
    - 淬火应力引起的形状变化
      - 热应力造成的变形趋向向球形发展
      - 相变应力造成的变形趋向与热应力相反
    - 影响淬火变形的因素：成分、原始组织及应力水平、尺寸形状、热处理工艺、淬火冷却介质
  - 淬火开裂
    - 淬火裂纹的类型
      - 纵向裂纹
      - 横向裂纹
      - 表面网状裂纹
      - 剥离裂纹
      - 显微裂纹
    - 影响裂纹产生的因素
      - 冶金质量、原始组织
      - 成分、尺寸形状
      - 热处理工艺
  - 减小畸变与开裂的措施
    - 正确选材、合理设计、冷热加工密切配合
    - 正确锻造及预备热处理
    - 正确制订热处理工艺、正确操作

本章重要名词：淬火应力、残留应力、热应力、相变应力、相变体积效应

习　　题

一、填空题

1. 根据内应力形成的原因，可将内应力分为________和________两大类。
2. 由于零件表层和心部热胀冷缩不同步而产生的内应力称为________。
3. 由于零件表层和心部发生马氏体转变不同步而造成的内应力称为________。
4. 减少淬火变形和防止淬火开裂的措施包括________、________、________、________和________、________。
5. 影响淬火畸变的因素包括________、________、________、________和________。
6. 淬火裂纹按尺寸大小可分为________和________两大类。
7. 淬火宏观裂纹按形态可分为________、________、________和________四类。
8. 影响淬火开裂的因素包括热处理工艺、________、________、________和________。

二、判断正误，并简述原因

1. 对于形状复杂的高合金钢工件，应尽可能均匀加热，减少加热中热应力引起的变形。（　　）

2. 淬火应力是工件发生淬火畸变、开裂的根本原因。 ( )

3. 正火或调质件，畸变量应<加工余量的2/3；轴类件弯曲量应≤直径加工余量的2/3。 ( )

4. 热应力引起的变形，使工件沿轴向或最大尺寸方向伸长，沿径向或最小尺寸方向缩短。 ( )

5. 降低 *Ms* 点以上的冷却速度，可减小热应力引起的变形；降低 *Ms* 点以下的冷却速度，可减小相变应力引起的变形。 ( )

6. 工件淬火前后组织的比体积差别越大，其淬火过程产生的相变应力越小。 ( )

7. 在获得相同硬度及组织的情况下，较缓和的淬火冷却介质所引起的淬火变形较小。 ( )

8. 工件截面尺寸越大，淬硬层越薄，热应力对变形的作用相对越大。 ( )

9. 形状规则、对称，截面厚度相差小的工件，其变形一般较规则、均匀。 ( )

10. 为减少热处理畸变，工件上的孔、槽应尽量均匀分布；对厚薄相差较大的工件，可考虑增加工艺孔，使加热与冷却均匀。 ( )

11. 对畸变要求严格、冷加工应力大的工件，应在淬火前增加去应力退火。 ( )

12. 为减少工件畸变，细长工件应该垂直放立或吊挂装炉，不可平放。 ( )

13. 正火或调质件，畸变量应小于加工余量的2/3。轴类零件弯曲量应不大于直径加工余量的2/3。 ( )

三、选择题

1. 下面关于减少热处理畸变的错误叙述是（ ）。

A. 工件上的孔、槽应尽量均匀分布在边缘处

B. 合理的预留加工量，恰当的分配公差

C. 对厚薄相差较大的工件，应适当增加工艺孔，使加热与冷却均匀

D. 冷加工后的表面不允许有深痕、缺口及尖角，避免应力集中产生畸变

2. 从热处理工艺性能上考虑，下面说法错误的是（ ）。

A. 工件设计时应尽量对称、均匀

B. 不要有尺寸突变，而应平滑减小，厚薄尽量对称

C. 在直径变化及垂直角处应该采用圆弧过渡

D. 工件上的孔、槽、凸起或凹陷部分应尽量集中分布

3. 圆盘形工件及薄壁孔件，大批量生产时应尽量采用（ ）进行淬火。

A. 等温淬火　B. 分级淬火　C. 夹具淬火　D. 淬火机床

4. 下列方法中（ ）可减少工件的畸变。

A. 机加工时，进给量要大些　B. 淬火后及时回火

C. 适当降低加热温度　D. 易变形的开口槽，在热处理前开口

四、简答题

1. 为什么合金钢的淬火变形倾向小于碳素钢？

2. 指出热应力、相变应力和相变体积效应造成的变形趋向。

第十一章 表面淬火

在实际生产中，许多零件是在扭转、弯曲等交变载荷、冲击载荷以及摩擦条件下工作的，表层承受的应力比心部高，这类零件表面必须具有高的强度、硬度、耐磨性和疲劳极限，而心部则保持足够的塑性和韧性。表面淬火（surface quenching）是强化金属材料表面的重要手段之一，它是在不改变工件化学成分和心部组织的情况下，采用快速加热，使表面一定深度范围内奥氏体化，然后进行冷却淬火，以达到强化工件表面的热处理方法。

根据加热方法的不同，表面淬火方法可分为感应加热表面淬火、火焰加热表面淬火、激光加热表面淬火、电接触加热表面淬火、电子束加热表面淬火以及电解液加热表面淬火等几种。其中，感应加热法应用最广。

本章主要介绍感应加热基本原理、感应加热表面淬火工艺的制订及感应器的制作方法，对火焰加热表面淬火方法及其他表面淬火工艺只做简要介绍。本章的主要教学要求是：①理解感应淬火原理。清楚感应淬火组织性能特点。②能根据工件技术要求选择感应加热工艺。③清楚感应淬火件检验、常见缺陷的成因及预防措施。④了解火焰淬火、激光淬火的原理、特点及应用。

第一节 感应淬火

一、概述

1. 感应加热特点

感应加热表面淬火（简称感应淬火）和普通淬火相比具有下列优点：①加热速度快、时间短，氧化脱碳轻微、热处理变形小；②表面硬度高，缺口敏感性小，冲击韧度、疲劳强度及耐磨性较高；③生产率高、适合批量生产，设备紧凑、劳动强度低，便于实现机械化和自动化；④不仅可用于零件表面、内孔淬火，还可用于零件的穿透加热及化学热处理。由于以上优点，感应淬火在工业上得到广泛应用。感应淬火的不足之处是：对形状复杂零件不易得到均匀硬化层，耐磨性较化学热处理差；设备费用较大，对不同类型的零件须配以不同的感应器。

2. 感应淬火常用材料及加工路线

感应淬火工件常用材料为 $w_C=0.4\%\sim0.5\%$ 的中碳钢或中碳合金钢。这是因为中碳钢和中碳合金钢经预备热处理（正火或调质）后再进行表面淬火，既可保持心部较高的综合力学性能，又可使表面具有较高的硬度和耐磨性。如果碳含量过高，虽可提高表面硬度和耐磨性，但心部塑性和韧性较低。若碳含量过低，则会使表面硬度和耐磨性不足。通常 35、40、45、50 等中碳钢主要用于模数较小、负荷轻的机床传动齿轮及轴类零件。40Cr、45Cr、40MnB、42CrMo 等中碳合金钢主要用于模数中等（或较大）、负荷较重的齿轮及轴类零件。

球墨铸铁经表面淬火后也可大大提高表面硬度和耐磨性，常用于制造柴油机曲轴、凸轮轴、机床导轨和内燃机气缸套等零件。

此外，表面淬火工件还常使用低淬透性的钢㊀来制造，这是由于生产中对于中、大型齿轮要得到沿齿廓均匀分布的硬化层，往往比较困难，若采用低淬透性钢来制造，则在齿轮淬火后，由于淬透性低，可只沿齿廓形成淬硬层，而心部仍保持较低的硬度。

表面淬火件的加工路线一般为：锻造（或铸造）→预备热处理→机械粗加工→调质→半精加工→表面淬火→低温回火→磨削加工。表面淬火前的调质，一方面为表面淬火做组织准备（细化组织，以便表层在短时间、快速加热中奥氏体化），另一方面也确立了心部的最终组织。

二、感应加热基本原理与过程

1. 感应加热原理

已知，若将一个线圈通以交变电流，在线圈周围会产生交变磁场，若再将一导体（工件）置于该交变磁场中，则导体内会产生感应电势和感应电流；此感应电流在工件中形成闭合回路，称为涡流。同样，如在图 11-1 所示的感应线圈中通入交变电流，就会在感应线圈中的导体（工件）内会感生出涡流。涡流的频率与感应线圈中电流频率相同、方向相反，相应的感应电势 e 为

$$e = -K\frac{\mathrm{d}\phi}{\mathrm{d}t} \tag{11-1}$$

式中 K——比例系数；

ϕ——工件上感应电流回路所包围面积上的磁通量；

$\mathrm{d}\phi/\mathrm{d}t$——磁通变化率。

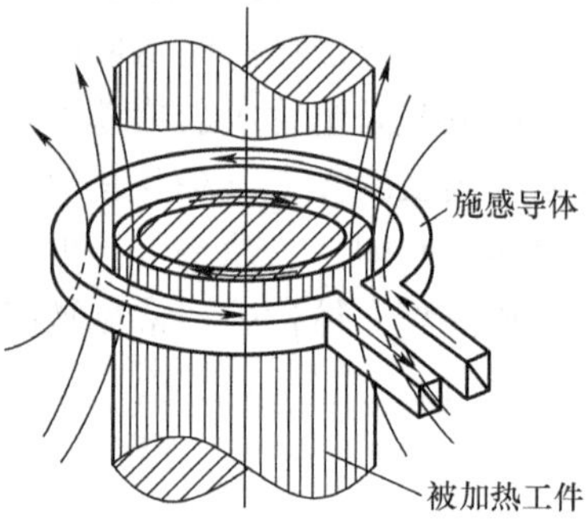

图 11-1 感应加热原理示意图

工件中的涡流 I_f 的大小，取决于感应电势 e 及涡流回路中的电抗 z，即 $I_f = e/z = e/[(R^2+X^2)^{1/2}]$（$R$、$X$ 分别为电阻和感抗）。由于 z 值很小，涡流 I_f 可以达到很大。

实践表明，涡流在导体截面上的分布是不均匀的，越靠近表面，电流密度越大，越靠近心部电流密度越小，这种电流倾向于在表层分布的现象称为集肤效应。电流频率越高、工件截面越大，则集肤效应越明显。集肤效应使工件表层快速加热淬火成为可能。

可以证明，导体横截面上的电流密度从表面到中心按指数规律递减：

$$J_x = J_0\exp\left(-x\sqrt{\frac{\mu f\pi}{\rho}}\right) \tag{11-2}$$

式中 J_x——距表面 x 处的电流密度（A/m^2）；

J_0——导体表面电流密度（最大值）（A/m^2）；

x——至表面的距离（mm）；

μ——被加热导体材料的磁导率；

f——电流频率（Hz）；

㊀ 低淬透性钢的成分特点是提高了碳含量（0.55%～0.65%），以提高钢的硬度和耐磨性；严格限制了铬含量（小于等于 0.1%），并加入微量的钛（0.05%～0.1%），同时还降低了锰、铬、镍、铜的总含量（小于等于 0.5%），以降低淬透性，钛还有阻止晶粒长大的作用。

ρ——导体材料的电阻率（Ω·cm）。

工程上规定，从导体表面到37% J_0 处的深度称为电流透入深度，用 δ（单位：mm）表示。理论计算表明，在电流透入深度 δ 层内，电流所产生的热量占全部电流产生总热量的85%~90%。电流透入深度常用如下经验公式计算：

$$\delta = 5.03 \times 10^4 \sqrt{\frac{\rho}{\mu_r f}} \tag{11-3}$$

由式（11-3）可知，电流频率 f 越高、相对磁导率 μ_r 越大，则电流的透入深度 δ 越薄，反之越厚。因此，应根据工件所要求的硬化层深度来选择电流频率。

2. 感应加热的物理过程

工件在不同温度下，ρ 和 μ 不同，电流透入深度自然不同。低于居里点（A_2）的电流透入深度的称为冷态电流透入深度，通常用 δ_{20} 表示；当钢件由室温加热到居里点时，μ 急剧减小，而 ρ 增加不多，故电流透入深度急剧增加。超过居里点的电流透入深度称为热态电流透入深度，通常用 δ_{800} 表示。

在感应加热刚开始时，电流密度及温度呈冷态分布。当表层温度超过磁性转变点时，其涡流密度突然急剧下降；而与之紧邻的薄层的温度尚处于磁性转变点以下，其电流密度将骤增，如图 11-2a 所示；使得表层加热速度降低，交界而该薄层则快速升温。待该薄层温度超过磁性转变点后，其电流密度也将骤降，电流最大值再次向内移至新的薄层处。不断重复此过程，直到超过磁性转变点的厚度达到热态电流透入深度为止。这种逐层加热方式称为透入式加热。在这种逐层加热过程中，温度已超过磁性转变点的部分，不易发生过热。此后，由于已加热部分的电流密度分布呈热态分布（图 11-2b），电流密度由表及里快速降低，若继续加热，则内层主要靠表层的热量向内传递而加热，这种加热方式与普通加热相同，属于传导式加热。传导式加热易引起过热，且效率较低。

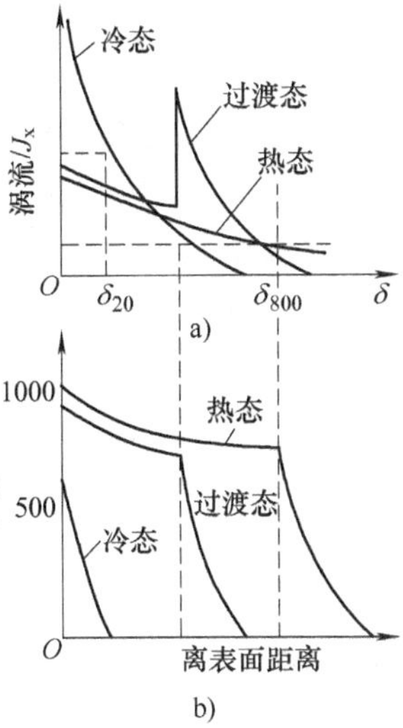

图 11-2 高频加热时工件表面涡流密度与温度的关系

与传导式加热相比，透入式加热除表层不易过热外，还具有热损失小、效率高，加热迅速等优点。所以实际中，应尽量采取透入式加热。

不同电流频率下纯铜与 45 钢冷态与热态的涡流透入深度见表 11-1。

表 11-1 不同电流频率下纯铜与 45 钢的涡流透入深度

电流频率（Hz）	纯铜涡流透入深度/mm	45 钢涡流透入深度/mm	
	15℃，μ=1，$\rho=2\times10^{-6}$Ω·cm	15℃，μ=1，$\rho=20\times10^{-4}$Ω·cm	800℃，μ=1，$\rho=120\times10^{-4}$Ω·cm
50	10	10.0~5.0	70.8
1000	2.2	1.9~0.95	15.5
10000	0.7	0.7~0.35	5.0
70000	0.27	0.226~0.113	1.9
250000	0.13	0.15~0.07	1.0
450000	0.1	0.09~0.045	0.75

三、感应淬火后的组织与性能

1. 快速加热时钢的相变特点

与普通加热不同，感应加热属于快速加热。其加热速度对相变温度、相变动力学和形成的组织都有很大影响。

（1）临界点（Ac_1、Ac_3） 升高加热速度越快，相变开始温度和相变完成温度越高。快速加热使奥氏体化温度被推向更高温度。

（2）奥氏体成分不均匀 在加热温度相同的条件下，加热速度越快，加热时间越短，碳和合金元素扩散的越不充分，故奥氏体成分越不均匀，淬火后的马氏体碳含量也是不均匀的，有时组织中还残存一些第二相。如亚共析钢，原珠光体处含碳量较高，原铁素体处含碳量较低，淬火后组织中出现低碳马氏体区（原铁素体区）和高碳马氏体区（原珠光体区），有时甚至淬硬层内可能有铁素体存在。这也被认为是高频感应淬火常见缺陷之一。快速加热还使马氏体的不稳定性增大，在回火中硬度下降较快，故回火温度比普通淬火件略低。

（3）奥氏体晶粒变细 由于快速加热的过热度较大，使奥氏体形核率增大，同时，在快速加热中，奥氏体晶粒来不及充分长大，故奥氏体晶粒被显著细化。

2. 感应淬火后的组织特点

图 11-3 为亚共析钢高频淬火后显微组织、硬度分布与加热温度的关系图，可分为三个区域：

Ⅰ区（完全淬火层）：加热温度高于 Ac_3，淬火后得到全部马氏体（图 11-4b）。

Ⅱ区（过渡层）：温度在 Ac_1 ~ Ac_3 之间，先共析铁素体没有完全溶解，淬火后除马氏体以外，还保留铁素体，其数量由外向里逐渐增加。

Ⅲ区（心部组织）：加热温度低于 Ac_1，该区域不发生组织转变，仍为钢的原始组织。

图 11-4 为亚共析钢高频淬火后各区域的显微组织。

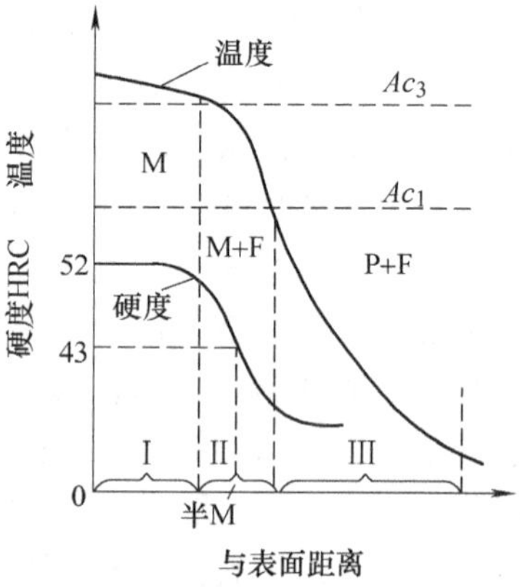

图 11-3 亚共析钢高频淬火后显微组织、硬度分布与加热温度的关系

此外，表面淬火后的组织还与钢的成分、原始组织、加热和冷却规范等有关。

3. 感应淬火后的力学性能

（1）表面硬度 对同一材料，经感应淬火后，其硬度比普通加热淬火时高 2 ~ 3HRC。

（2）耐磨性 感应淬火后工件的耐磨性比普通淬火高。这与淬硬层马氏体极为细小、硬度较高及表层高的压应力状态有关。

中碳钢经高频淬火时表面硬度尽管接近于渗碳淬火的下限，但因其碳化物数量较渗碳件少很多，故其耐磨性仍不如渗碳钢。如果适当提高感应淬火工件的含碳量，其耐磨性还可以进一步提高。

（3）抗疲劳性能 采用正确的表面淬火工艺和获得合理的硬化层分布可以显著地提高零件的疲劳强度。表面淬火使疲劳强度提高，一方面是由于表层强度较高，另一方面是由于表面形成的很大的残留压应力。残留压应力越大，零件的抗疲劳性越高。

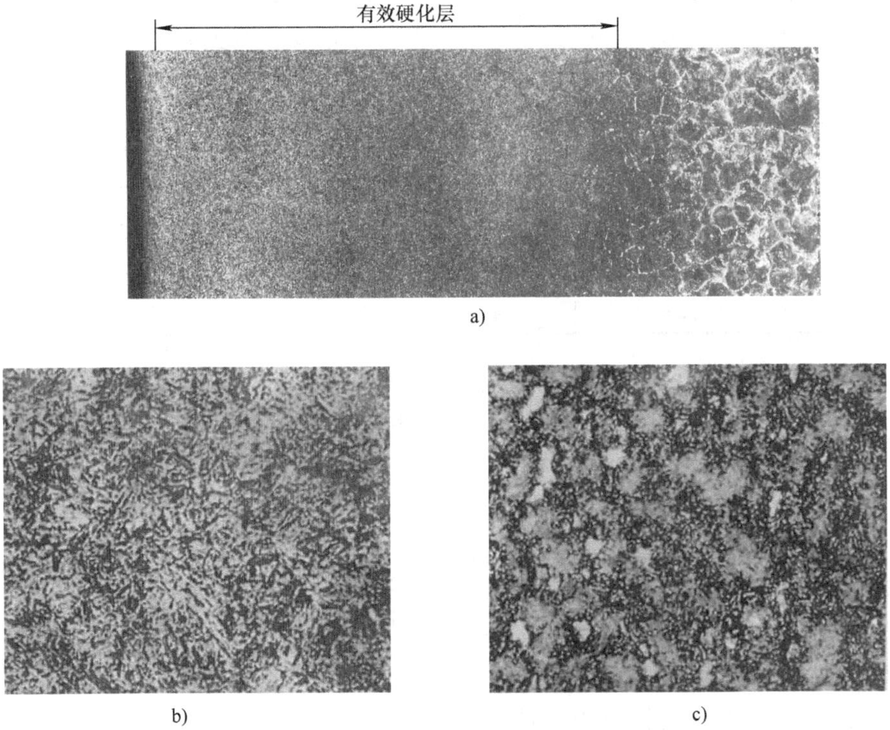

图 11-4　亚共析钢高频感应淬火后各区域的显微组织

a) 45 钢高频淬火硬化层显微组织（50×）　b) 40 钢表层组织；$M_{条}+M_{片}$、58HRC、(1000×)

c) 40 钢过渡层组织［M（灰色）+未溶 F（白色）+T（黑色）］（1000×）

四、感应淬火工艺

1. 表面淬火零件的技术条件

感应加热表面淬火的技术条件是确定感应热处理工艺、进行质量检查和验收的基本依据。主要技术要求有表面硬度、硬化层深度、淬硬区分布、畸变和开裂、金相组织等。通常淬硬层深度和淬硬区分布在零件图上标明，其他项目用文字说明，金相组织标出要求的等级，对照标准图片检查和验收。

不同的零件对表面硬度和硬化层深度要求不同。在 GB/T 5617—2005《钢的感应淬火或火焰淬火后有效硬化层深度的测定》中规定：有效硬化层深度是从表面测至极限硬度值处的垂直距离。极限硬度值是图样或技术文件规定表面硬度值下限的 0.8 倍（硬度采用小负荷维氏硬度计测试）。此前，硬化层深度曾采用如下定义：表面至半马氏体区（马氏体体积分数 50% 的区域）垂直距离。通常，硬化层深度为零件厚度的 10% ~20%；对耐磨性要求高的零件，根据磨削余量和工作条件等，一般在 1 ~7mm，小件取下限，大件取上限。齿轮模数大小及受力情况差别较大，对硬化层深度要求差异也较大，不便统一要求，可按（0.2 ~0.4）m（m 为模数）选取。

表 11-2 是几种常用材料感应淬火后的硬度和硬化层深度，供参考。

表 11-2 几种常用材料感应淬火后的硬度和最大硬化层深度

材料	表面硬度 HRC		最大硬化层深度/mm	预备热处理
	水淬	油淬		
40	45～58	40～50	3.5	正火或调质
45	50～63	45～55	4.0	正火或调质
50	55～63	50～60	4.5	正火或调质
40Cr	50～60	45～55	6.0	调质
40MnB	50～63	45～55	6.0	调质
40CrNiMo	50～63	45～58	8.0	调质
珠光体球墨铸铁	50～60	45～55	—	正火

为使淬火后的表面处于最佳压应力状态，过渡层应为淬硬层的 25%～30%。淬硬层的合理分布对保证工件使用性能非常重要，一般轴类零件硬化层沿截面圆周均匀分布，在轴端应保留 2～8mm 的非淬硬区，以免产生尖角裂纹；在同一轴上，若有两段淬硬区，其间应保留足够长度的非淬硬区，以免形成交接裂纹。距淬硬区一定距离处往往是拉应力峰值所在位置，在工件截面突变处，若与外加载荷所产生的应力叠加，易导致早期破坏。故对轴局部淬火时，为避免拉应力峰值出现于危险断面处，应将轴肩也淬硬，如图 11-5 所示。

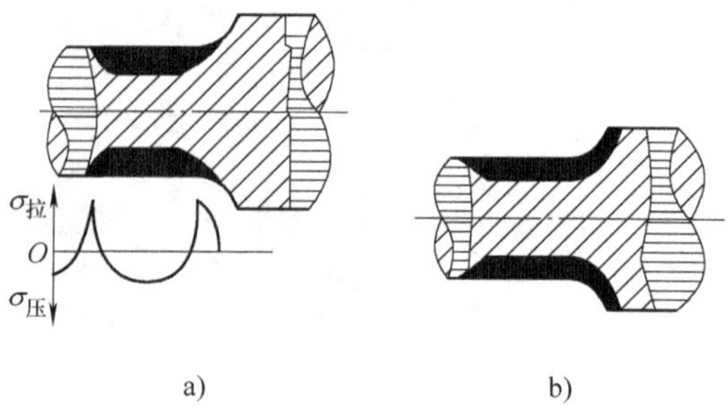

图 11-5 轴肩硬化与未硬化时的应力分布

a）轴肩未硬化 b）轴肩已硬化

2. 感应加热表面淬火工艺

（1）频率的选择 频率主要根据硬化层深度来选择。频率选择可通过计算确定，但生产中，多根据相关资料或经验选取。根据感应加热电流频率的高低，可分为高频（100～500kHz）、超音频（20～60kHz）、中频（1～10kHz）及工频（50Hz）。不同频率的电流在钢中的透入深度是不同的，频率越高，电流透入深度越浅；频率越低，透入深度越深。

当淬硬层深度小于或等于热态电流透入深度 $\delta_{热}$ 时可保证以透入式方式加热，由经验公式 $\delta_{热}=\delta_{800}=500/f^{1/2}$，可得出透入式加热允许的最高频率（单位为 kHz）为

$$f_{max} < 2500/D_s^2 \tag{11-4}$$

式中 D_s——硬化层深度（cm）。

考虑到热效率和保护感应圈，规定淬硬层深度应大于 $\delta_{热}/4$，由此可得出最低频率（单位为 kHz）为

$$f_{min} > 150/D_s^2$$

当硬化层深度为热态电流透入深度的 40%～50% 时，总效率最高，符合此条件的频率，称为最佳频率，即

$$f_{最佳} = 600/D_s^2 \tag{11-5}$$

当设备频率过高时，可采取如下办法保证在不过热条件下获得较深的加热层：降低比功率、延长加热时间、预热，增大感应器与工件间隙、重复加热。在一定频率下，感应圈的效率与零件直径有关，零件直径越大，感应圈的效率越高，因此大直径零件允许采用较低的频

率，对小直径零件应采用较高的频率。表 11-3 给出了硬化层深度、零件直径与电流频率的关系，表 11-4 是圆柱状零件的淬硬层深度、频率和建议采用的感应加热装置类型。

表 11-3　硬化层深度、零件直径与电流频率的关系

硬化层深度/mm	零件直径/mm	电流频率/kHz				
		1.0	3.0	10	20 ~ 200	>200
0.4-1.3	6 ~ 25	—	—	—	好	好
1.3-2.5	10 ~ 15	—	—	中	好	好
	16 ~ 25	—	—	好	好	好
	25 ~ 50	—	中	好	中	中
	>50	中	好	好	差	差
2.6-5.1	20 ~ 50	—	好	好	差	差
	50 ~ 100	好	好	中	—	—
	>100	好	中	差	—	—

表 11-4　圆柱状零件淬火层深度、频率及建议采用的感应装置类型

d/mm	1	1.5	2	3	4	5	6
f_{max}/Hz	250000	110000	63000	28000	16000	7000	2500
f_{min}/Hz	15000	6700	3800	1700	940	420	150
f_M/Hz	60000	27000	15000	6700	3800	1700	600
建议采用的感应装置类型	高频装置	高频或中频装置	高频、超音频或中频装置	中频装置（8kHz）	中频装置（2.5kHz）	中频装置（2.5kHz）	中频装置（0.5、1.0kHz）

对于中、小模数齿轮和齿轮轴采用全齿同时加热淬火或全齿连续加热淬火时，推荐采用 $f=600/m^2$ 进行频率计算（m 为模数）。齿轮感应加热表面淬火的频率选择见表 11-5。

表 11-5　齿轮感应加热表面淬火的频率选择

感应加热淬火方法	模数/mm	电流频率/kHz	加热入淬火效果
全齿同时加热淬火（或连续淬火）	1 ~ 5	200 ~ 300	m=2.3 ~ 3.5 加热质量较好
	2 ~ 6	60 ~ 70	m=4 ~ 5 加热轮廓线明显，齿顶与齿根温度差较小，加热及淬火质量较好
	5 ~ 10	8.0	m=7 ~ 8 齿顶与齿根温度均匀，加热及淬火质量较好
单齿加热淬火（沿齿面或沿齿沟连续加热淬火）	5 ~ 10	200 ~ 300	沿齿沟连续淬火，可以得到较为理想的硬化层分布
	8 ~ 24	8.0	沿齿沟连续淬火，可得到较为理想的硬化层分布，硬化层深度也较深

（2）比功率及同时加热淬火的最大面积

1）比功率（unit power）。比功率是指零件单位面积上供给的电功率（kW/cm^2），它对工件的加热过程有重要影响。

比功率选择主要取决于频率和所要求的硬化层深度。当频率一定时，比功率越大，加热速度越快；达到一定的加热温度所需加热时间越短、加热层越薄。当比功率一定时，频率越高，电流透入深度越浅。在一定范围内，用较高频率和较低比功率与用较低频率和较高比功率可以达到同样效果。频率一定时，比功率太低，将导致加热不足、加热层厚度增加、过渡区增加。一般高频比功率推荐值为：$P_0=0.6\sim2.0\text{kW/cm}^2$；中频为 $P_0=0.8\sim2.5\text{kW/cm}^2$，具体可查表。表 11-6 是齿轮全齿加热时齿轮模数与比功率关系的参考数据。

表 11-6 齿轮全齿加热时的比功率（频率为 200～300kHz）

模数 m	1～2	2.5～3.5	3.75～4	5～6
比功率/（$\text{kW}\cdot\text{cm}^2$）	2～4	1～2	0.5～1	0.3～0.6

选择比功率的具体数值时，还要考虑以下因素：淬火面积较小、形状简单、硬化层较薄、原始组织比较细密、材料成分简单的中碳钢或中碳低合金钢、生产批量较大、感应器间隙较大者可选用比功率范围的上限，反之应该选用下限。

想一想　原始组织较粗或要求淬硬层较厚时，比功率应选较大还是较小值，为何？

高频设备的比功率值（P_0）不能直接从设备上读出，可利用设备比功率（$P_{0设}$）与设备输出功率（$P_{输}$）关系进行计算：

$$P_{0设}=P_{输}/S \tag{11-6}$$

式中 S——同时加热的工件表面积（cm^2）。

工件比功率与设备比功率关系为

$$P_0=P_{0设}\eta_p\eta_g=P_{输}\eta_p\eta_g/S \tag{11-7}$$

式中 η_p——淬火变压器效率（中频 $\eta_p\approx0.8$，高频 $\eta_p\approx0.7$）；

η_g——感应器效率。

2）同时加热淬火的最大面积 S_{max}。当工件一次加热面积小于 S_{max} 时，可采用同时加热法。

$$S_{max}=P_{输}\eta_p\eta_g/P_{0min} \tag{11-8}$$

式中 P_{0min}——比功率的最小值。

按式（11-8）计算得出几种国产高、中频设备在使用圆环感应器的条件下，同时加热淬火和连续加热淬火的最大面积见表 11-7。

表 11-7 同时加热淬火和连续加热淬火的最大面积 S_{max}

<table>
<tr><th colspan="2">设　备</th><th>同时加热</th><th>连续加热</th><th>说　明</th></tr>
<tr><td colspan="2">100kW 中频
(2.5～8kHz)</td><td>125cm²</td><td>80cm²</td><td rowspan="2">同时加热时，按比功率 0.8kW/cm² 计算，连续加热时，100kW 设备按比功率 1.25kW/cm² 计算，200kW 设备按比功率 2kW/cm² 计算</td></tr>
<tr><td colspan="2">200kW 中频
(2.5～8kHz)</td><td>250cm²</td><td>100cm²</td></tr>
<tr><td rowspan="2">电子管高频
(200～300kHz)</td><td>GP60（60kW）</td><td>55cm²</td><td>28cm²</td><td rowspan="2">同时加热时，按比功率 1.1kW/cm² 计算，连续加热时，按 2.2kW/cm² 计算</td></tr>
<tr><td>GP100（100kW）</td><td>90cm²</td><td>45cm²</td></tr>
</table>

（3）加热方法的确定　淬火加热有同时加热和连续加热两种基本方式。

1）同时加热淬火法。同时加热淬火法是将工件所需硬化的表面同时加热淬火。当设备功率足够时，也即工件的淬火面积 S 小于或等于设备的同时加热淬火的最大面积 S_{max} 时，可选用同时加热淬火法。为加热均匀，圆柱形工件应使其绕纵轴旋转。这种方法具有操作简单、控制容易、能实现自回火、高效、节能等优点。

同时加热淬火法设备的输出功率：$P_{输} = P_0 S/(\eta_p \eta_g)$。

2）连续加热淬火法。当设备功率不足以将工件需淬火表面积同时加热时，即工件的淬火面积 S 大于设备的同时加热淬火的最大面积时，应采用连续加热淬火法。如图 11-6 所示，连续加热淬火法是使感应器与工件发生相对运动，将工件表面依次加热淬火。圆柱形工件加热时，除相对感应器向下移动外，还需绕其纵轴旋转，以保证加热均匀。如果工件与感应器相对运动速度和工件旋转速度配合不当，则淬硬区内会出现螺旋软带。

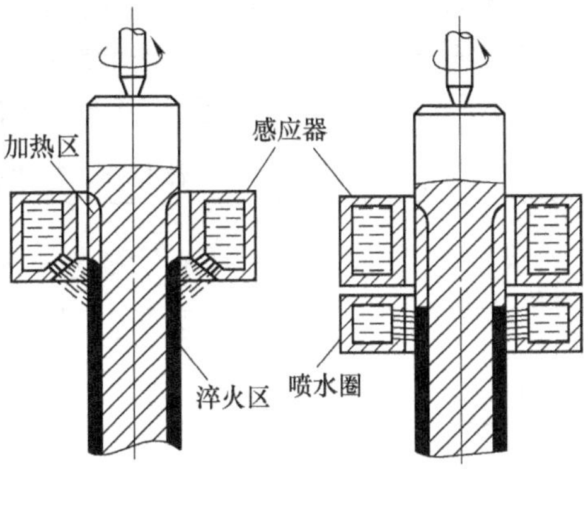

图 11-6　连续加热淬火法

a）没有附加喷水圈　b）带有附加喷水圈

连续加热的设备输出功率用下式计算：

$$P_{输} = P_0 S_g/(\eta_p \eta_g)$$

式中　S_g——被感应器包容的面积（cm^2）。

（4）加热温度　在比功率确定以后，加热温度主要取决于加热时间，控制加热时间就可控制表面温度。如果比功率过低，则延长加热时间也不能实现充分加热。单件或小批量生产中，常采用目测法控制加热温度（如采用测温仪，其精度应在 ±15℃以内），批量生产的工件的加热温度的控制一般通过控制加热时间来实现。加热时间 t_H可由有关图表查出，并结合工件材料、技术要求、形状、尺寸及所用电参数、感应器等进行试淬后确定。

连续加热时，在电参数、感应器固定的条件下，加热温度由工件的移动速度控制。移动速度越慢，工件加热时间越长，表面温度越高。控制相对移动速度，可实现对加热温度的控制。相对运动速度 v（mm/s）一般用图表法查取。一般淬火工件移动速度为 1～24mm/s。

一般以淬硬层的显微组织作为评定淬火温度是否合理的依据。如淬硬层得到中针或粗针马氏体时，则温度过高；若出现不完全淬火组织，则加热温度偏低。

（5）冷却方式和冷却剂选择　常用淬火冷却介质有水、油、聚合物水溶液、乳化液及压缩空气等。冷却方式可分为喷射冷却和浸液冷却。连续加热法常用的冷却方式为喷射冷却，同时加热法采用喷射冷却和浸液冷却法。

对碳钢及球铁件，喷射法常用介质为水；对合金钢及形状较复杂或易畸变工件，可采用聚乙烯醇水溶液、聚丙烯酰胺水溶液或乳化液。喷射冷却法可以通过调节水压、水温及喷射时间控制冷速。为了避免变形开裂，可以采用预冷后淬火或间断冷却。对细薄工件或复杂的合金钢工件，为减小畸变、开裂可以将感应器与工件同时放入油槽中加热，断电后冷却，这种淬火方法称为埋油淬火法。

冷却时，应注意严格控制淬火冷却介质的温度，不宜过高；喷射冷却时要注意均匀冷却，水压足够并且稳定。在油槽内冷却时应注意工件上下运动或搅拌淬火冷却介质。

五、感应淬火后的回火

感应加热表面淬火后，一般应在 4h 内进行回火，合金钢则应在更短时间内回火。感应淬火件一般只进行低温回火，以保持表面较高硬度，同时减少淬火应力和降低脆性。回火方式有炉中回火、自回火和感应回火。感应淬火件回火时，硬度下降一般较整体淬火件快。

1. 炉中回火

回火通常在空气炉中进行。回火温度通常为150～180℃，时间1～2h。回火温度对表面淬火和普通淬火件的影响有相同的规律。高于200℃回火，残余应力下降较多，硬度下降较大。表11-8给出了常用钢感应淬火件炉内回火规范。

表11-8 常用钢感应淬火件炉内回火规范

钢号	要求硬度HRC	淬火后硬度HRC	回火规范	
			温度/℃	时间/min
45	40～45	≥50	280～300	45～60
		≥55	300～320	45～60
	45～50	≥50	200～220	45～60
		≥55	200～250	45～60
	50～55	≥55	180～200	60
50	53～60	54～60	160～180	60
40Cr	45～50	≥50	240～260	45～60
		≥55	260～280	45～60
42SiMn	45～50		220～250	45～60
	50～55		180～220	45～60
20Cr、20CrMnTi 20CrMnMOV （渗碳淬火后）	56～62	56～62	180～200	60～120

2. 自回火

感应淬火件的自回火是利用感应淬火冷却后工件内部的余热而进行的短时间回火。因自回火比炉内回火时间短，若要得到相同的硬度，自回火的温度要比炉内回火温度高80℃左右。

自回火不但节能、简化了热处理工艺，而且对防止高碳钢的淬火裂纹也很有效。自回火的主要缺点是温度不好掌控，去应力程度不如炉中回火。自回火主要用于心部有足够残留热量的碳钢及低合金钢工件。

3. 感应回火

感应回火是指用感应器进行回火加热的回火方法（多为感应淬火、回火流水生产线）。感应回火可采用原电源与感应器（这样生产效率较低），但实际中多采用专门的加热装置。某些连续加热的长轴或大型零件有时采用感应回火较为方便，可紧接着淬火冷却进行。感应回火时，加热层应比淬硬层稍深，以降低过渡层的拉应力。因回火温度低于居里点，电流透入深度只有热态透入深度的1/4～1/10，故需要采用比淬火时低的频率（多为中频、超音频）或很小的比功率，延长回火时间，利用热传导使加热层增厚。

与自回火相似，若要得到相同的硬度，感应回火的温度要比炉中回火高。感应回火的主要优点是时间短、效率较高；此处，由于加热时间短，感应回火得到的显微组织有较大的弥散度，回火后的耐磨性比炉中回火高，抗冲击性也较好。

六、感应淬火件质量检验及常见缺陷

1. 感应加热淬火件的质量检验

（1）外观　工件表面不得有淬火裂纹（可通过磁粉探伤或其他无损检测方法检查）、锈蚀和影响使用性能的伤痕。

（2）表面硬度　表面硬度最低值应达到技术要求，且表面硬度波动符合规定（如对>50HRC的齿轮，要求：同一件≤4～4.5HRC、同一批件≤5～6HRC，一般件取上限、重要件取下限）。不便打硬度的工件，可用锉刀检验。零星生产件，100%检验，批量生产件，按5%～10%抽检。

（3）有效硬化层深度　于回火后检验。有效硬化层深度及波动范围符合相关规定（如层深≤1.5mm时，要求波动范围：单件≤0.2mm、同一批件≤0.4mm）。

（4）金相组织　金相组织符合有关规定。金相检验项目主要有马氏体大小及未溶铁素体和网状托氏体含量。检验在淬火并低温回火后进行。图11-7为感应加热淬火+低温回火后的合格与不合格组织的比较。

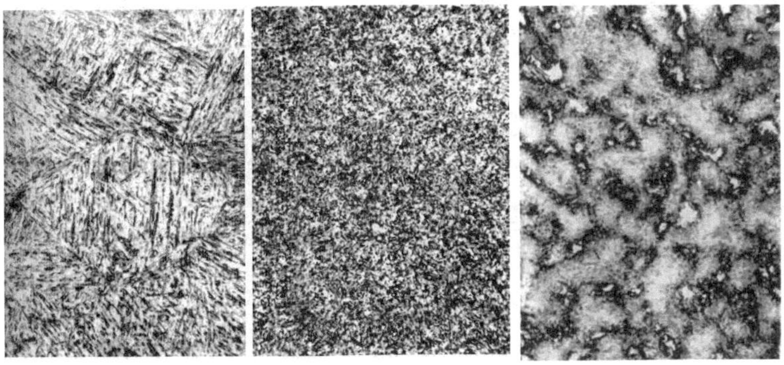

a)　　b)　　c)

图11-7　淬火、回火后组织

a）粗大M、过热不合格组织　b）细M、理想组织

c）细M+网状T（黑色）+未溶F（白色、<10%），加热不足，对要求≥55HRC的工件，属不合格组织

（5）畸变　感应加热表面淬火件畸变量较普通淬火小，畸变量不应影响后续机加工和使用。

2. 常见缺陷及其控制

（1）硬度不足　产生硬度不足的原因有：比功率低、加热时间短、感应器与工件间隙过大等都可使感应加热温度降低，淬火组织中出现较多未溶铁素体；加热后至淬冷前的停留时间太长、喷液时间短、喷液供应量不足或压力低、淬火冷却介质冷速慢，使组织中出现托氏体等非马氏体组织。

（2）软点　喷水孔堵塞或喷水孔太稀，使局部冷速偏低所致。

（3）软带　轴类零件连续淬火时，表面出现黑白相间的螺旋带或沿工件运动方向的某一区域出现直线黑带。黑色区域存在未溶铁素体、托氏体等非马氏体组织。产生的原因是：①喷水角度小，加热区返水；②工件旋转速度与移动速度不协调，工件旋转一周感应器相对移动速度太大；③喷水孔角度不一致，工件在感应器内偏心旋转。

（4）淬火裂纹　加热时过热、冷却过于激烈、工件含碳量过高（≥0.5%）、工件表面沟槽、油孔、未及时回火等都易造成淬火裂纹。

（5）硬化区分布不合理　应使轴类件硬化区离开应力集中的危险断面 6 ~ 8mm，或将危险断面的过渡圆角也淬火硬化（见图 11-5b）。

（6）硬化层过厚　对小模数齿轮，若硬化层过厚（即齿部几乎淬透），则使用中易断齿。对此，可采用低淬透性钢，或选用较高频率的设备、提高比功率、缩小间隙、减少加热时间，都有助于减少硬化层厚度。

（7）表面灼伤　一般是工件与感应器短路所致。

（8）畸变　提高比功率、缩短加热时间、采用透入式加热，可减少热量向心部传递，从而减少畸变；轴类工件采用旋转加热，可减少弯曲畸变。

七、感应淬火工艺实例

某小轴是用 ϕ22mm 无缝钢管（壁厚 4.5mm）制造，材料为 45 钢、为保证快速加热，零件毛坯预先进行调质处理，硬度为 207 ~ 241HBW。该零件上相同的硬化区域共 6 处，每处长度 $L = 20$mm。感应淬火技术要求为：表面硬度 58 ~ 63HRC，硬化层 1 ~ 1.5mm，小轴及淬火区位置简图如图 11-8 所示。

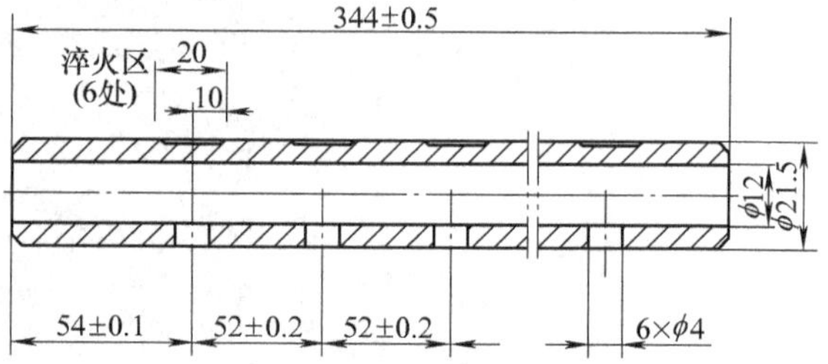

图 11-8　小轴及淬火区位置

高频同时加热淬火工艺规范制订的具体过程如下：

（1）选择设备电流频率　根据硬化层深度和零件直径，查表 11-3 选定电流频率为 200kHz。

（2）确定加热方法　计算淬火面积，每段淬火区面积为：$S = \pi DL = 3.14 \times 2.2 \times 2 = 13.8\text{cm}^2$。因工件的淬火面积小于 60kW 和 100kW 电子管高频设备的同时加热淬火最大面积（表 11-7），故可选用同时加热淬火法。

（3）高频设备电参数确定　由于工件是薄壁类工件，必须快速加热防止淬透，又因工件经过调质处理，组织细密，能适应快速加热的要求，故选用较大比功率，$P_0 = 3.0\text{kW/cm}^2$。由此，所需高频设备的输出功率：

$$P_{输} = \frac{P_0 S}{\eta_p \eta_g} = \frac{3.0 \times 13.8}{0.7 \times 0.7}\text{kW} = 84.5\text{kW}$$

电子管式高频设备的电参数选取（可参阅感应加热设备）：阳极空载电压 $U_a = 12.5\text{kV}$，阳极负载电压 $U_a = 12\text{kV}$，槽路电压 $U_c = 10\text{kV}$，阳极电流 $I_{ao} = 10\text{A}$，栅极电流 $I_{go} = 1.4\text{A}$。

利用以上电参数核对高频设备的输出功率，即

$$P_{输} = 1/2\gamma n U_c I_{ao} = 1/2 \times 1.7 \times 1 \times 10 \times 10\text{kW} = 85\text{kW}$$

式中　γ——阳极电流利用系数，一般取 1.7；

　　　n——振荡管个数，在此 $n = 1$。

核对表明，采用以上电参数时，设备输出功率大于所要求的输出功率，说明所选比

11 CHAPTER

功率合适。故最终决定使用 GP100-C3 型高频设备。

（4）确定加热时间 t_H　加热时间可由有关资料查取，并进行工艺试验后确定，本例 $P_0=3.0kW/cm^2$ 时，$t_H\approx0.8s$。

（5）淬火冷却介质确定　该工件材料为 45 钢，可选用自来水为淬火冷却剂。水温控制在 15～35℃，喷水压力为 0.15～0.2MPa。

（6）回火参数确定　该工件为薄壁工件，积蓄热量较少，无法进行自行回火，故采用炉中回火，温度为 150℃，保温时间 1h。

操作注意　①加热前应擦净表面油污，去除毛刺；②不得空载加热；③加热时，不得触碰工件与感应器；工件不得与感应器触碰；④感应器不得歪扭、变形；⑤细轴类件加热时，不可对定位顶尖加力过大，以避免变形。

小经验　①连续加热时，如轴类件较大或设备功率不足时，可将工件反向移动预热，然后立即正向移动连续加热；②表面有沟槽、油孔的工件，可采用铁屑堵塞，以使感应电流分布均匀、避免局部过热；如淬后表面呈蓝色则表明温度偏低，灰白色则温度偏高。

八、高、中频感应淬火工艺编制与质量缺陷分析练习

①40Cr 双联齿轮（图 11-9a）高频淬火，上齿轮 $m=2.5mm$，下齿轮 $m=3mm$，技术要求齿面 45～50HRC，硬化层深度 0.7mm。②40Cr 汽车半轴（图 11-9b）中频感应加热淬、回火工艺，技术要求调质后硬度 241～285HBW，杆部中频淬、回火后硬度 50～58HRC，硬化层深度 5～7mm，轴径向圆跳动≤0.10mm。对以上零件，要求：选择设备、加热方法；画出预先热处理、感应加热淬火、回火工艺曲线，并注明工艺参数。③指出某 45 钢轴高频淬火后表面分别出现螺旋软带和硬度偏低现象的原因、相应的预防和补救办法，并给予适当解释。

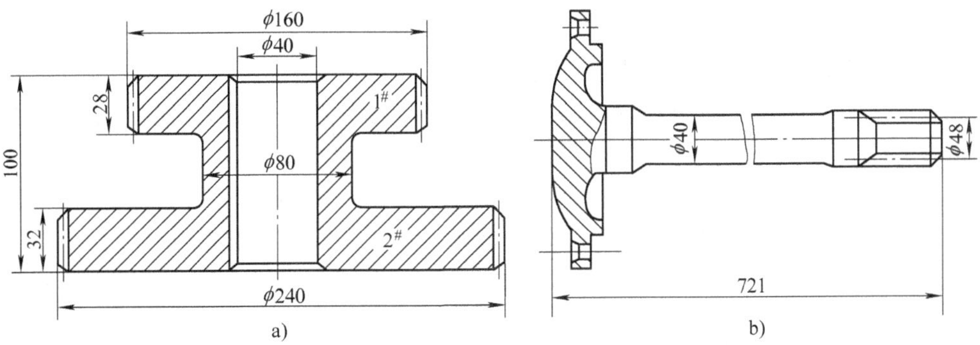

图 11-9　高、中频淬火工艺编制
a）双联齿轮　b）汽车半轴

第二节 其他表面淬火方法

一、火焰淬火

火焰加热表面淬火（简称火焰淬火）是以高温火焰为热源的一种表面淬火方法。常用的混合气体有氧－乙炔、氧－煤气、氧－丙烷、氧－天然气。氧－乙炔焰温度可达3200℃，氧－煤气焰可达2000℃。高温火焰将工件表面迅速加热到淬火温度，随即喷水快速冷却，获得所需表面淬硬层。火焰淬火最常用的气体是乙炔－氧焰。

火焰淬火一般均采用特殊的火焰喷嘴。乙炔和氧混合后经喷嘴喷出而燃烧。燃烧的火焰根据乙炔和氧过剩的情况，可分为还原焰、中性焰和氧化焰。图11-10示意说明中性焰的组成和沿火焰长度温度分布的情况。其中，还原区温度最高（一般距焰心顶端2～3mm处温度达到最高值），操作时应尽量利用这个区域加热工件。

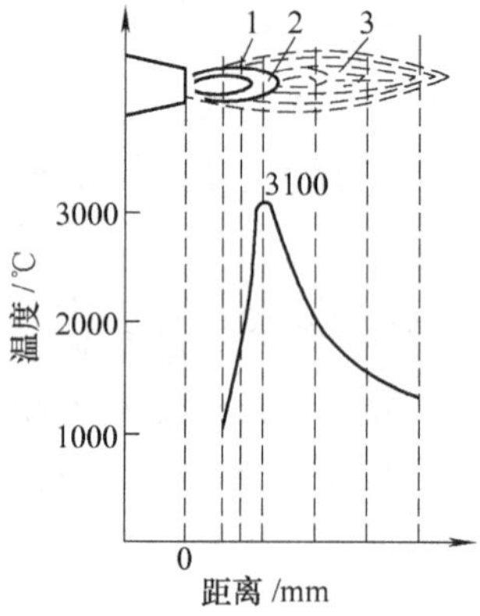

图11-10 氧乙炔焰温度分布示意图
1—焰心 2—还原区 3—全燃区

氧与乙炔的混合比例对火焰燃烧温度的影响很大。最常使用的氧与乙炔的比例是在1.15～1.25。在此比例下火焰焰心呈蓝色，端部形状为光滑圆弧形，火焰显得有力，且具有明显的三个燃烧区。如果乙炔过剩，火焰变长（色彩转红有微量浓烟，核心变长），整个火焰显得无力。如氧过多，焰心较淡，并且形成尖形，焰心形状缩短，火焰白亮耀眼，整个火焰色彩由浅红变为深紫色。淬火时会使工件表面氧化，温度过高易使工件过热或发生淬裂。

火焰淬火的淬硬层深度一般为2～6mm，若要获得更深的淬硬层，往往会引起工件表面严重过热，且易产生淬火裂纹。火焰加热淬火既可用于中碳钢和中碳合金钢，也可用于灰铸铁和合金铸铁。

火焰加热表面淬火后也应及时回火。回火温度与时间取决于工件的化学成分和热处理技术条件。一般回火温度为180～220℃，保温时间为1.2h。工件淬火的表面经磨削后，最好在炉内进行第二次回火，温度同前一次一样，时间可减少二分之一。采用这种回火规程，可使淬火应力进一步降低，而不影响表面硬度。

火焰加热表面淬火虽然具有加热不易控制、工件表面易过热、淬火质量不稳定、工作条件差等缺点，但由于该法操作简便、机动灵活、无需特殊设备、成本相对低廉、淬火后表面清洁等优点使其仍有较大的生命力，特别是在中小型厂、单件小批量生产与产品多变的情况下，将发挥其独特的作用。对于某些特大件、异形件、火焰淬火仍然难以被取代。

根据工件淬火表面的形状、大小及对表面淬火的要求，火焰淬火基本操作方法可归纳为四种，如图11-11所示。

轴类零件的火焰淬火一般采用联合法。环形喷嘴与环形冷却器联成一个整体，以一定的速度前进，工件以一定的转速旋转，工艺参数调配适当，将能获得均匀分布的硬化层，深度可达3～6mm。对于模数小于3的小齿轮，火焰应离齿顶远些，一面旋转一面加热，齿全部被加热后在水中淬火。对于中模数齿轮和大模数齿轮，则采用逐步淬火法。

喷嘴与工件相对移动的速度一般在 50 ~ 150mm/min。其快慢由硬化层深度、钢的成分以及喷嘴与工件淬火表面之间的距离大小所决定，并通过改变加热延续时间来调整。在操作过程中，应保持平稳均匀，以保证工件淬火质量的一致。

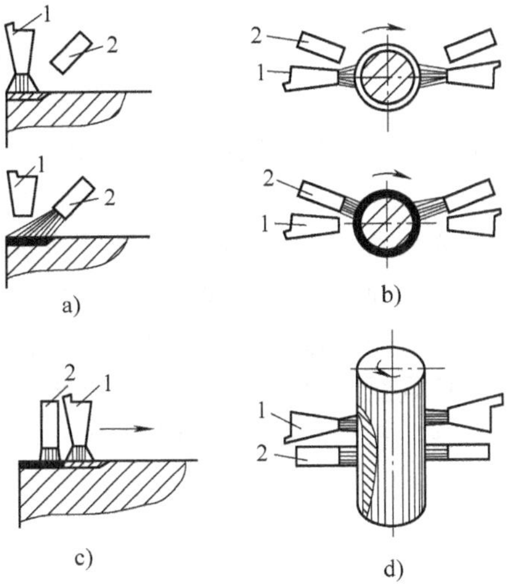

图 11-11　火焰淬火操作方法示意图

a）静止火焰淬火法　b）旋转火焰淬火法

c）推进火焰淬火法　d）联合火焰淬火法

1—喷嘴　2—喷水嘴

二、激光淬火

激光淬火是以高能量激光作为能源以极快速度加热工件表面并自冷硬化的淬火工艺。

目前，应用于热处理的激光主要由二氧化碳气体激光器提供，可发射波长为 10.6μm、肉眼不可见的红外线。二氧化碳气体激光器输出功率高，效率高，能长时间连续工作。

用激光加热金属表面时，为不使表面受到损伤（过热、熔化或烧损），一般表面最高温度不超过 1200℃，并规定最大淬硬深度是从表面到温度为 900℃处。如被加热工件表面粗糙、无光泽、氧化或色深，反射率较低，吸收能量大；反之，如工件表面光亮，则反射率高，对激光热处理不利。因此，为了提高吸收率，通常要对表面进行黑化处理，常用的涂料有磷酸锌盐膜、磷酸锰盐膜、炭黑等，其中以磷酸锌盐膜效果最好，吸收比可达 80%。

激光淬火具有如下优点：

1）加热与冷却速度快。由于激光具有高的能量密度，加热速度极快，可在百分之几秒内加热至淬火温度。当激光束移开加热表面后，该处的热量迅速传导至其余冷态部分，即相当于自行激冷淬火，无需淬火冷却介质，冷却速度大大高于一般淬火速度。由于加热、冷却速度极快，淬火后可得到超细晶粒，硬度比常规淬火高 5% ~10%，耐磨性好。

2）激光加热对工件表面产生极大的冲击作用，可使表面产生 4000MPa 以上的压应力，有助于提高疲劳强度。

3）可对工件进行局部的选择性淬火，特别是其他淬火方法难于实现的部位，如内孔、不通孔、内腔、沟槽等的局部淬火。

4）激光淬火应力及变形小，表面平整，不需要进行表面精加工。

5）热能由激光束传递给工件表面，属无接触加热，不会引起表面沾污。

6）易实现自动化，并可节约能量和改善劳动条件。激光热处理是一种新兴的富有生命力的热处理方法，但由于目前技术设备还不够完善，尤其是激光器的功率尚有限，是淬硬层较薄，不能用于承受重负荷的零件上，而且激光器价格昂贵，生产成本也较高，故使其应用受到一定的限制。最后应特别指出，激光对人眼可产生极大危害（烧伤眼底），故操作时应注意安全防护。

本章小结

本章主要介绍感应加热基本原理、感应淬火组织性能特点及工艺的制订。

1. 表面淬火采用快速加热，不改变零件化学成分和心部组织，强化工件表面，提高了表面硬度和耐磨性，而心部保持足够的塑、韧性。

2. 感应加热表面淬火利用涡流的集肤效应加热表面。其工艺参数分为热参数和电参数；热参数包括加热温度、加热时间和加热速度等；电参数有设备频率、比功率等。

本章重要名词： 集肤效应、比功率、电流透入深度、有效硬化层深度、同时加热法、连续加热法、感应回火、自回火、软带。

习　　题

一、判断题

1. 工件淬硬层的厚度与电流频率有关，电流频率越高，集肤效应越强，工件淬硬层的厚度也越薄，反之则越厚。（　）
2. 感应加热淬火工件表面硬度高，耐磨性好，且在表面存在压应力，使疲劳强度下降。（　）
3. 高频感应加热常用频率为100～500kHz；频率越高，淬硬层越薄。（　）
4. 氧乙炔焰加热表面淬火，应尽量利用中性焰加热工件。（　）
5. 感应加热表面淬火零件的硬度要求较高，因此淬火后多进行高温回火。（　）
6. 要求心部韧性较高的工件，应在感应淬火后进行高温回火。（　）
7. 感应加热淬火的加热和冷却时，使工件旋转，是为提高加热和冷却速度。（　）
8. 合金钢工件感应淬火时，一般采用水作为淬火冷却介质。（　）
9. 合金钢、铸钢件及铸铁件进行火焰表面淬火时，由于材料导热性差，所以不必在淬火前进行预热。（　）
10. ①硬化层较薄、原始组织较细时，比功率应选下限，反之选上限。②感应淬火件的有效硬化层深度是指表面至半马氏体区间的垂直距离。（　）
11. 火焰淬火最常用的燃料是氧乙炔焰混合气体。（　）
12. 中频同时加热淬火的常用比功率是0.6～2.0kW/cm^2。（　）
13. 高频同时加热淬火的常用比功率是0.8～2.5kW/cm^2。（　）
14. 100kW、8kHz中频电源的同时加热淬火的最大面积为125cm^2。（　）
15. 感应淬火件的自回火，是利用工件内部的余热进行的回火。（　）
16. 氧气与乙炔比在1.0～1.2范围时，火焰为中性焰。中性焰的氧气和乙炔燃烧充分、火焰稳定、温度高、工件加热时有氧化脱碳现象。（　）

二、选择题

1. 感应加热由于集肤效应的作用，导体横截面上的电流密度从表面到中心按指数规律（　）。

A. 递减　　B. 递增　　C. 上升

2. 感应加热后淬火冷却介质通过在感应圈或冷却器上许多喷射小孔，喷射到工件加热表面上进行冷却的方法称为（　　）。

A. 单液冷却　　B. 浸液冷却　　C. 埋油冷却　　D. 喷射冷却

3. 零件在感应加热和淬火冷却时应该旋转，其目的是增加零件的加热和冷却的（　　）。

A. 效率　　B. 均匀性　　C. 速度　　D. 能量

4. 不同频率的电流在钢中的透入深度不同，频率越高，电流透入深度（　　）。

A. 越深　　B. 越浅　　C. 适中

5. 比功率也称功率密度，它是加热的功率 P 与零件被加热面积的（　　），多用 P_0 代表。

A. 乘积　　B. 和　　C. 比值

6. 感应加热回火时，为了有效地去除残余应力，零件的加热层必须（　　）淬火层深度，可采用 15～20℃/s 的较小加热速度进行回火。

A. 小于　　B. 超过　　C. 相当于　　D. 大大小于

7. 连续加热淬火法的最大优点是可使用（　　）的设备，处理大型工件。

A. 较小功率　　B. 较大功率　　C. 中等功率

8. 淬硬层深度和硬度值是评定感应加热表面淬火质量的两项重要指标。实践证明，淬硬层深度为零件厚度的（　　）时，可以得到良好的综合力学性能。

A. 5%～10%　　B. 10%～20%　　C. 20%～30%　　D. 30%～35%

9. 感应加热淬火后的零件需进行（　　）处理，这是减少内应力、防止裂纹发生及防止变形的重要工序。

A. 正火　　B. 退火　　C. 回火

10. 感应淬火零件一般采用（　　）。

A. 高温回火　　B. 中温回火　　C. 低温回火

11. 感应加热回火使用的频率应该比该零件感应淬火时使用的频率（　　）。

A. 高些　　B. 低些　　C. 较高些

12. 某钢件要求淬硬深度为 1.0mm，应选用的感应加热设备是（　　）。

A. 工频设备　　B. 高频设备　　C. 中频设备

三、简答题

1. 感应淬火后，为何还要进行回火？
2. 圆柱零件感应加热表面淬火时，怎样选择频率？
3. 选择比功率主要考虑哪些因素？
4. 同时加热淬火法和连续加热淬火法确定的依据是什么？
5. 感应加热表面淬火的加热方法有哪些？
6. 感应淬火件通常检验哪些项目？

第十二章 化学热处理基础

化学热处理是将工件置于适当的活性介质中加热、保温，使一种或几种元素渗入它的表层，以改变其化学成分、组织和性能的热处理工艺。

化学热处理是一项既古老而又充满活力的表面改性技术，在整个热处理技术中占有相当大的比重。通过化学热处理，在提高表面强度、硬度、耐磨性的同时，还可以在很大程度上改变表层的物理和化学性质，提高零部件的抗氧化性和耐蚀性。

依据渗入元素的不同，可将化学热处理分为渗碳、渗氮、渗硼、渗铝等。如果同时渗入两种以上的元素，则称为共渗，如碳氮共渗、铬铝硅共渗等。根据渗入元素对钢表面性能的作用，可分为提高渗层硬度及耐磨性的化学热处理（渗碳、渗氮、渗硼、渗钒、渗铬）；改善零件间抗咬合性及提高抗擦伤性的化学热处理（渗硫、渗氮）；使零件表面具有抗氧化、耐高温性能的化学热处理（渗硅、渗铬、渗铝）等。常用化学热处理方法及其作用见表 12-1。

表 12-1 常用化学热处理方法及其作用

工艺名称	渗入元素	作用
渗碳	C	提高工件的表面硬度、耐磨性及疲劳强度
渗氮	N	提高工件的表面硬度、耐磨性、疲劳强度及耐蚀性
碳氮共渗	C、N	提高工件的表面硬度、耐磨性及疲劳强度
渗硫	S	提高工件抗咬合能力及减磨性能
硫氮共渗	S、N	提高工件抗咬合能力、耐磨性及改善疲劳性能
硫碳氮共渗	S、C、N	作用同硫氮共渗
渗硼	B	提高工件的表面硬度、耐磨性及耐蚀性
渗铬	Cr	提高工件抗氧化性、耐蚀性及耐磨性
渗铝	Al	提高工件抗氧化及抗含硫介质腐蚀的能力
渗硅	Si	提高工件抗各种酸腐蚀的能力

化学热处理过程中，渗入元素的活性原子是由渗剂提供的。活性原子是在化学反应中刚生成的，它以原子状态存在，性质活泼，能被工件表面所吸收的原子。渗剂是指在化学热处理过程中，能提供渗入元素活性原子的物质。渗剂可分为固体渗剂、液体渗剂和气体渗剂。固体渗剂有木炭、焦炭等；液体渗剂有煤油、苯和甲苯、丙酮、乙酸乙酯等；气体渗剂有天然气、液化石油气等。渗剂中还常加入能加速反应的催化剂和中性介质（稀释成分）等。

本章主要介绍化学热处理的基本过程，渗层组织形成规律。本章主要教学要求是：①清楚化学热处理基本过程和加快化学热处理的途径。②清楚渗层组织与相图关系，了解影响渗层各相区厚度的因素。

第一节　化学热处理基本过程

化学热处理的基本过程是渗剂通过化学反应提供渗入元素的原子，并被工件表面所吸收，然后已被吸收的原子向工件内部扩散，形成一定厚度的渗层。因此，化学热处理通常由反应（分解）、吸收、扩散三个基本过程组成。三个过程互相联系又相互制约。

一、渗剂的分解

分解是指在一定温度下，工件周围的渗剂将发生一系列化学反应（多为分解反应），产生渗入元素活性原子的过程。如气体渗碳时，依靠煤油、丙酮等渗剂热分解而产生 CO、CH_4等。CO、CH_4进一步分解即形成活性碳原子［C］：

$$2CO \rightleftharpoons CO_2 + [C]$$

$$CH_4 \rightleftharpoons 2H_2 + [C]$$

渗氮时，活性氮原子［N］来源于渗氮剂的分解，如气体渗氮时的氨气分解，反应式为

$$2NH_3 \rightleftharpoons 3H_2 + 2[N]$$

二、活性原子在工件表面的吸收

吸收是指活性原子被工件表面吸附并溶解的过程。化学反应产生的活性原子首先为工件表面所吸附，然后陆续溶入基体金属内。其溶入基体金属的基本条件是渗入元素在基体金属中有一定溶解度，否则原子不能进入基体晶格。例如，碳原子可溶入奥氏体，但不能溶于铜中，如果在钢件表面镀一层铜，则可阻断钢对碳的吸收过程，防止钢件表面渗碳。

吸附过程之所以能够发生，是由于工件表面原子的位能和内部原子的位能有差别，在金属内部各原子间的作用力呈平衡状态，而处于表面层的原子只与里层原子间有作用力，表面存在着尚未被平衡的剩余引力，如图 12-1 所示。当周围介质的分子或原子，运动到金属表面原子的引力范围之内时，就会被金属表面所吸附。通常把能吸附外来分子或原子的物质称为吸附剂。

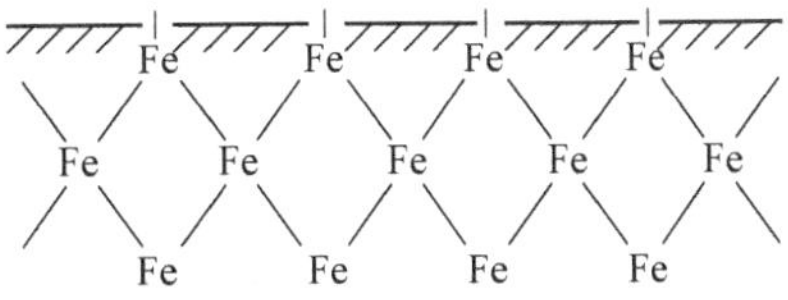

图 12-1　表面原子和内部原子所受引力示意图

下面以 CO 为例来说明反应和吸收过程。CO 的反应实质是一个 CO 分子从另一个 CO 分子中夺取氧原子生成 CO_2，并析出活性碳原子的过程。由于碳和氧的结合力很强，单纯依靠两个 CO 分子间的猛烈撞击来破坏 C—O 键完成上述反应，几乎是不可能的。但当有 Fe 存在时，反应速度就快得多。显然 Fe 对上述反应起催化作用，其具体催化机理如下：

首先，当 CO 分子被吸附到工件表面上时，CO 分子中的 C 和 O 分别被吸附（化学吸附）在相邻的 Fe 原子上。因为 Fe 晶格中的原子间距（0.228nm）几乎比 CO 分子中的原子间距（0.115nm）大一倍，使 C 和 O 原子间距被拉大，从而削弱了 C 和 O 之间的结合力，为破坏 C—O 键提供了有利条件。此后，气相中的 CO 分子再碰撞被吸附的 CO 分子时，结合力削弱了的 C—O 键很容易被破坏，形成 CO_2和［C］。吸附在表面上的［C］即可溶入 Fe 晶格中。

三、扩散

渗入元素的原子进入基体金属后，表面浓度提高，表面和内部之间出现浓度差。在一定温度下，渗入元素原子从表面高浓度区向内部低浓度区扩散，形成一定深度的渗层。渗层浓度由表及里浓度逐渐下降。由菲克第一定律可知，扩散速度取决于扩散层中的浓度梯度和扩散系数。增大浓度梯度和提高扩散系数，都使扩散过程加快。由于扩散系数与温度成指数关系，温度升高可使扩散系数急剧增大，因此使扩散速度大大加快，使化学热处理时间大大缩短。例如钢在780℃碳氮共渗4h，渗层深度为0.3㎜左右；而温度提高到880℃时，用相同的时间，渗层深度可达0.75㎜。故为了提高生产效率，总希望化学热处理过程能在较高的温度下进行。但在实际中，提高温度往往会引起渗层与心部组织粗化、设备使用寿命缩短等问题，故温度不能任意提高。通常，渗层深度和扩散时间的关系可用下式表示：

$$\delta = k\tau^{1/2} \tag{12-1}$$

式中 δ——渗层深度；

k——常数（数值上等于 $2D^{1/2}$）；

τ——扩散时间；

D——扩散系数。

由式（12-1）可见，温度一定时，扩散时间越长，渗层越深，但随着时间延长，渗层增厚的速度变慢，即渗层深度的增加与扩散时间呈抛物线关系。图12-2为这种抛物线关系在渗碳中的体现。

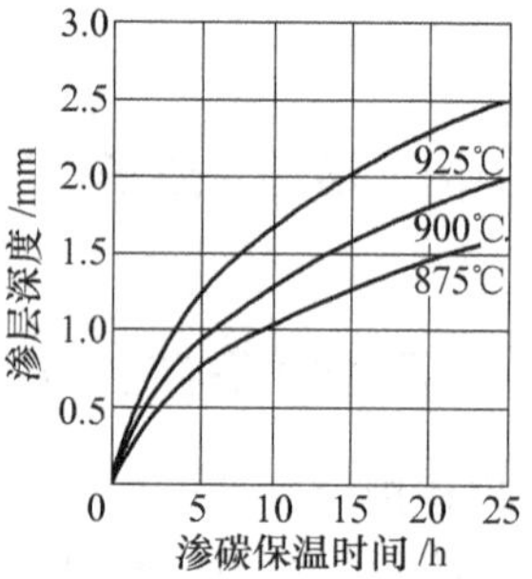

图12-2 渗碳时间对渗层深度的影响

四、化学热处理过程的控制因素

化学热处理中，渗剂分解、吸收、扩散三个基本过程互相联系又彼此制约。

在一般情况下，化学热处理的分解和吸收过程较容易进行，而渗入元素在基体金属中的扩散速度很慢，因此扩散往往成为控制化学热处理速度的主要因素。在化学热处理过程中某一特定阶段，分解和吸收也能成为化学热处理速度的控制因素，但控制时间一般较短暂。

五、加速化学热处理过程的途径

由于化学热处理过程一般都需较长时间，能源消耗很大，因此，如何提高化学热处理速度，一直是化学热处理研究的重要课题之一。目前，常用的催渗方法有化学催渗法和物理催渗法两大类。

1. 化学催渗法

化学催渗法主要有提高渗剂活性催渗法和卤化物催渗法两种。

（1）提高渗剂活性催渗法 利用催化剂的催化作用或降低介质气氛中生成物的气体分压，均能提高渗剂活性。如固体渗碳时，单用木炭进行渗碳，效率很低，若在木炭粒中加入10%～15%的 $BaCO_3$ 或 Na_2CO_3 等催渗剂，就能提高渗剂活性，加速固体渗碳的速度。又如，普通气体渗氮时，在有Fe、Ni等催化剂存在的条件下，氨的分解速度显著加快。氨在铁催化下分解速度为无催化剂时的 10^{13} 倍。甲烷的分解也有类似的情况，其在铁管表面的分解速度比在陶瓷管表面的分解速度大七倍。由此可见，在化学热处理过程中，洁净的工件表面本身就有催化作用。因此，认真清理工件表面，使之保持洁净状态，对提高化学热处理的渗入速度是有益的。

（2）卤化物催渗法　卤化物催渗法即在化学热处理时，与渗剂同时加入氟、氯等化合物。通过化合物对工件表面的洁净作用，改变工件表面活化状态，使其吸附能力增强。例如气体渗氮时，加入氯化铵或四氯化碳，在渗氮温度下，氯化铵分解出氯化氢或氯气，破坏工件表面钝化膜，活化工件表面，使渗氮速度提高。

2. 物理催渗法

物理催渗法是通过改变温度、气压，或者利用等离子场、高频电磁场等物理方法，来加速渗剂分解，活化工件表面，提高吸附和吸收能力，加速扩散过程来提高渗速。

利用物理方法加速化学热处理过程的基本方法有以下几种：

（1）高温化学热处理　提高温度可使扩散系数显著增大，从而使扩散速度显著加快，大大加快化学热处理过程。例如渗碳温度每提高 55℃，获得同样渗层厚度所需时间可缩短一半。但如前所述，温度并非可以任意提高。

（2）高压化学热处理　高压指炉内气体压力高于一般大气压。一般化学热处理时，炉内压力总是略高于炉外，以防止空气进入炉内和炉内废气的排出。提高炉内压力有利于反应向生成气体分子减少的方向进行，从而对该情况下的化学热处理起加速作用；此外，压力提高可使炉内气体介质密度提高，从而提高工件表面的吸附能力，加速化学热处理过程。例如用氨气进行气体渗氮，从氨气的分解反应来看，提高气压不利于氨的分解，但提高气压的结果却使渗氮的开始阶段加速。在美国，为了强化石油工业用的泵及管子，采用压力渗氮，加速了渗氮过程，还减少了氨的消耗。

（3）低压化学热处理　低压化学热处理是指在一定真空度下进行的化学热处理。由于在真空作用下，工件表面净化，吸收能力大大提高，从而可提高渗速。

此外还可通过高频加热、弹性震荡等方式加快化学热处理过程，有兴趣的读者可查阅有关资料。

第二节　渗层组织的形成规律

渗层的组织可以是固溶体或化合物，这与溶入元素和基体金属间的作用有关。

一、渗层组织与相图的关系

化学热处理中形成的渗层组织主要取决于渗入元素与基体金属组成相图的类型。当渗入元素进入金属基体后，与基体金属间只形成连续固溶体，这种渗入元素的扩散称为纯扩散，在扩散温度下渗层为单相固溶体。纯扩散多发生在化学热处理过程的初期，或发生在渗剂活性不足以使渗入元素在工件表面达到钢中饱和浓度的场合，如碳钢的渗碳，在 930℃ 渗碳时，根据 $Fe\text{-}Fe_3C$ 相图，930℃时碳在奥氏体中的溶解度极限约为 1.2%，而一般渗碳层表面浓度为 0.9% ~1.0%，即碳含量未超过奥氏体溶解度极限，因而在渗碳过程中不会形成新相，故碳在奥氏体中的扩散属于纯扩散。如果渗入元素渗入金属基体后，在扩散温度下随着表面溶质浓度的增加形成新相（一般形成某种化合物），这种扩散称为反应扩散。反应扩散形成多相扩散层，它仅在有限固溶的合金系中才可能发生。

图 12-3a 是金属 A 和渗入元素 B 的合金相图。在 t 温度下，B 元素渗入金属 A 中并向内部扩散。时间为 τ_1 时，渗层中 B 元素的浓度分布如图 12-3b 曲线 τ_1 所示，此时工件表面 B 元素的浓度尚未达到 α 固溶体的极限值，渗层中仅有 α 固溶体。时间延长至 τ_2，不仅渗层深度增加，B 元素表面浓度也不断增加，一直增加到 α 固溶体的溶解度极限 a，如曲线 τ_2 所示。B 原子继续渗入，当超过 α 的溶解度极限，则 A 和 B 原子将在表面形成 β 化合物层。刚形成的 β 化合物很薄，其 B 含量为 b（见曲线 τ_3）。B 原子继续渗入，β 化合物层变厚，其内侧界面浓度（即最低浓度）始终为 b 点，外侧浓度则不断升高，最终升至 c 点（见曲线 τ_4、τ_5）；当继续渗入的 B 原子含量，超过 β 溶解度极限（c 点）时，超过 c 点的那部分 β 将转变为 B 含量更高的相 γ。此后，γ 也将变厚，其两个界面处的 B 含量浓度分别为 b、100%（见曲线 τ_6）。至此，渗层由表及里依次为 γ→β→α，三个单相区相互毗邻，浓度曲线在相界面上呈阶梯式突变，无两相区出现。

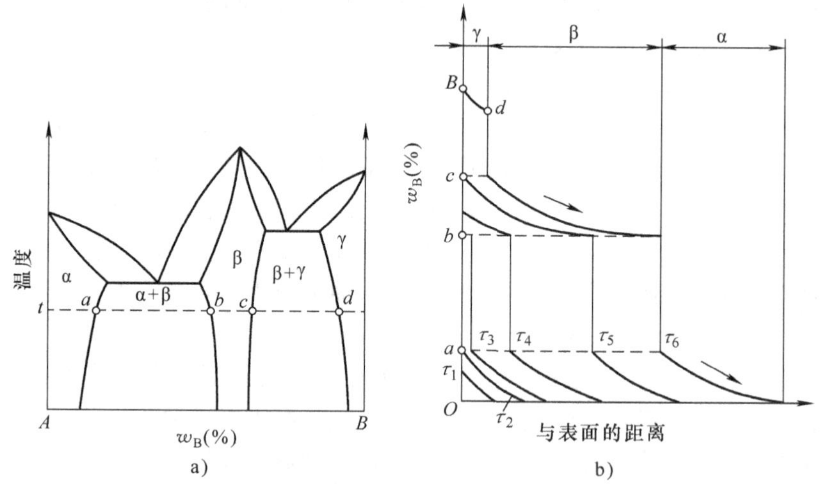

图 12-3 反应扩散时 A-B 二元合金渗层形成过程

a）合金相图 b）浓度分布曲线

在上述 B 原子渗入过程中，在扩散温度下，渗层中均未出现两相共存区。这个现象可由相律加以解释。根据相律，在恒压条件下，$f=C-P+1$。假设存在两相区，则平衡相数 $P=2$，组元数为 2，自由度 $f=1$。表示当扩散温度一定时，可以独立变化的因素为零，即两相的成分不能变化，这意味着 α（和 β）相中成分恒定不变，不存在浓度梯度，因此扩散将不能发生。但实际上扩散却发生了，即出现两相区的假设是错误的。所以，在扩散温度下，扩散层内不会出现两相共存区。同样道理，在三元合金系中，一定扩散温度下，只能形成单相区和两相区，不可能形成三相共存区。应当指出，在随后冷却中，由于溶解度的变化，α（或 β）中可析出另一相，但这与扩散温度下形成两相区不是一回事。

二、影响渗层各相区厚度的因素

在具有多个相的扩散层中，如果某相渗入元素的扩散系数较大，且该相层中的浓度梯度较大，则由菲克第一定律，该相层的扩散通量较大，即扩散进入该相层的原子数较多。

在一定扩散温度下，如果渗入元素在各相层的扩散系数基本相同，则在相图中单相区较宽的相层成长较快，相应其厚度较大。相反，在相图中单相区窄的相层其厚度较薄，以致在观察时很难使这些相层显露出来。

小知识 化学热处理是古老的工艺之一，在中国可上溯到西汉时期。已出土的西汉靖王刘胜的佩剑，表面碳的质量分数达到0.6%～0.7%，而心部为0.15%～0.40%，具有明显的渗碳特征。明代宋应星撰写的《天工开物》一书中，就记载有用动物骨炭等作为渗碳剂的软钢渗碳工艺。

本章小结

本章内容是钢进行化学热处理的基础。主要介绍了化学热处理基本过程和渗层结构形成规律。重点内容是化学热处理的三个基本过程。

1. 化学热处理由反应、吸收、扩散三个基本过程组成。三个基本过程互相联系又彼此制约，一般化学热处理的分解和吸收过程较容易进行，而渗入元素在基体金属中的扩散速度很慢，因此扩散往往成为控制化学热处理速度的主要因素。化学催渗法和物理催渗法是加速化学热处理过程的主要途径。

2. 工件进行化学热处理后的渗层组织结构，主要取决于渗入元素与基体金属组成的相图的类型，并和温度以及冷却方式有关。当渗层有多个相出现时，如渗入元素在各相层中的扩散系数相差不大，则相图中单相区窄的相层其厚度较薄。

本章重要名词：渗剂、活性原子、纯扩散、反应扩散

习　题

一、填空

1. 化学热处理通常由________、________、________三个基本过程组成。

2. 通常渗入元素在基体金属中的________很慢，因此________往往成为控制化学热处理速度的主要因素。

3. 加速化学热处理过程的主要途径是________和________。

4. 化学热处理后渗层组织结构，主要取决于________，并和处理温度以及冷却方式有关。

二、简答题

1. 简述温度和时间对渗层深度的影响。

2. 简述影响各相区厚度的因素。

第十三章　渗碳

渗碳（Carburizing）是指为提高工件表层的含碳量并在其中形成一定的碳含量梯度，将工件在渗碳介质中加热、保温，使碳原子渗入的化学热处理工艺。渗碳介质（也称渗碳剂）是指在给定温度下，能产生活性碳原子使工件增碳的物质。常用的渗碳剂有煤油、丙酮、天然气、丙烷、木炭等。按所用渗碳剂（聚集状态）不同，可将渗碳分为分为气体、液体和固体渗碳。其中，最常用的是气体渗碳（gas carburizing）。

许多零件如硬齿面齿轮及活塞销、凸轮、部分塑料模具等，都要求表面具有高硬度、高耐磨性，且心部韧性良好。用同一种材料，很难满足这种对心部和表层不同的性能要求。将低碳或低碳合金钢表层渗碳至高含碳量，再经过适当淬火和回火，使其表层形成强度和硬度高（多大于60HRC）、耐磨性好的高碳马氏体 + 碳化物组织，心部为强度和硬度较低、但韧性较好的低碳马氏体等组织，即可获得上述性能。目前，渗碳是使工件获得上述性能的主要手段。通常，渗碳层深度为1mm左右、表面碳含量为0.70%～1.05%（质量分数），渗碳用钢为低碳或低碳合金钢（如20、20Cr、20CrMnTi等）。

本章主要介绍常用渗碳剂特点、碳势控制原理与方法、气体渗碳工艺及参数确定、渗碳件如何进行热处理及渗碳件常见缺陷与质量检验。

本章主要教学要求为：①了解常用渗碳剂特点、碳势控制原理等渗碳知识；②掌握滴注式分段气体渗碳工艺方法、注意事项；③清楚滴注式与氮基可控气氛渗碳的特点、注意事项；④掌握渗碳后常用淬回火工艺方法，明确其适用性；⑤掌握常见渗碳缺陷的成因及预防、消除措施；⑥能够完成渗碳及渗碳后淬、回火工艺编制练习题目和常见渗碳质量缺陷分析练习题目。

第一节　渗碳质量的评定

一个经高质量渗碳的工件（无论采用气体渗碳、液体、还是固体渗碳），需做到表面碳含量和渗碳层厚度达到技术要求，渗碳层碳含量分布曲线平缓。这是衡量渗碳质量优、劣的三个基本方面，也是使渗碳件在淬、回火后能满足技术要求的基础。

一、表面碳含量

渗碳件表面碳的质量分数通常渗至0.7%～1.05%，这是因为多数钢表面碳的质量分数约为0.8%时，表面硬度最高（有些钢达最高硬度的表面碳含量略有不同），如图13-1所示。如表面碳含量太低，则马氏体中含碳量太

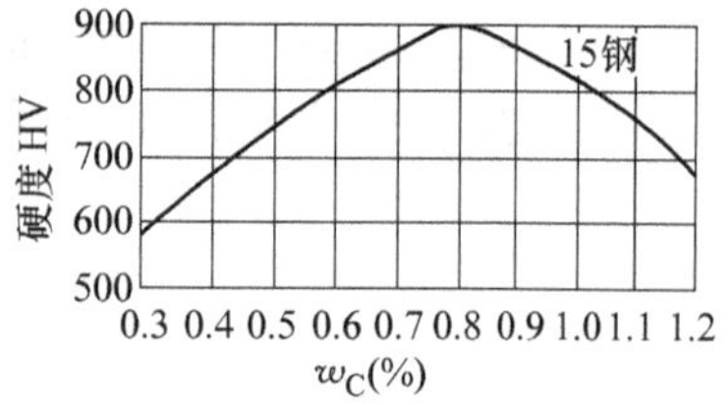

图13-1　渗层含碳量对15钢硬度的影响

少，硬度偏低，如图 13-2 所示，且碳化物数量太少对耐磨性不利；若碳含量过高，则马氏体硬度不但不再升高，还会造成表层碳化物数量过多甚至形成网状、块状碳化物（导致渗层脆性增大）或淬火后出现大量残留奥氏体（使表面硬度降低㊀）。对耐磨性要求高的工件通常希望含碳量高一些，以形成较多碳化物，保证耐磨性。在上述范围内，表面的含碳量具体值需根据工件具体性能要求而定。

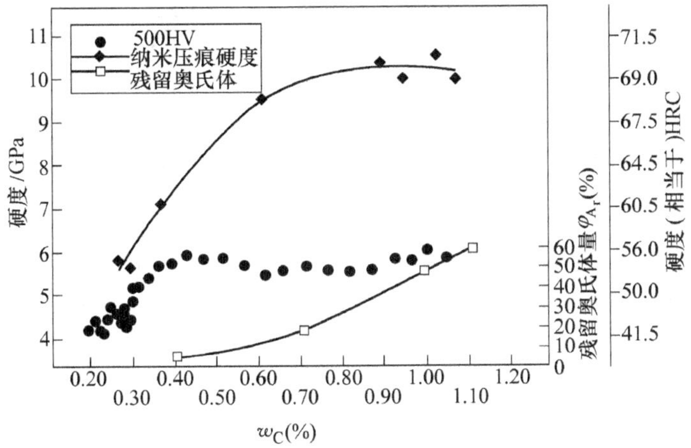

图 13-2　4320 钢（相当于 20CrNiMo 钢）渗碳淬火后 M 硬度、残留奥氏体量与马氏体碳含量关系

二、渗碳层深度

工程上的渗碳层深度（carburized case depth）是指表面至规定含碳量处（一般为 w_C 0.4%）的垂直距离㊁。零件的渗碳层深度主要取决于零件承载情况。一般承受重载件要求渗层较深，轻载荷的零件要求较薄。如承受重载荷的大型滚动轴承要求渗层深度可达 4～10mm㊂，而自攻螺钉渗层厚度仅为 0.05～0.3mm。因为对重载齿轮、轴承，若渗层太薄，最大切应力会超过渗层低强度区的强度（详见图 13-20 及相关文字），造成早期接触疲劳破坏。渗碳层深度对疲劳强度也有影响，由图 13-3 可见，疲劳强度随渗层深度增加而提高；但渗碳层过深，又使疲劳强度降低㊃，还使冲击韧度降低。

对渗碳层深度的选择，目前尚无统一标准，一般根据工件的工作条件和尺寸、大小等因素来确定。齿轮的渗碳层深度，常按公式 $\delta=(15\sim30\%)m$ 选取（δ、m 分别为渗层深度和模数）。

三、渗碳层碳含量梯度

图 13-4 是常见的三种渗碳层碳含量分布曲线。其中，曲线 a 碳含量分布较平缓，即碳含量梯度较小；曲线 c 则较陡，碳含量梯度较大。通常希望获得曲线 a 那样的碳含量分布曲线，因为渗层碳含量下降越平缓，则渗层与心部的结合越牢固，且淬火后渗层的硬度梯度不至过陡。曲线 c 由于渗层浓度梯度过大，渗层与心部结合强度较低，对齿轮件易造成早期接

㊀ 这两种情况的出现、出现的程度与渗碳工艺参数及淬火方法、温度有关（详见本章第三节）。
㊁ 这样规定，主要因为 $w_C<0.4\%$ 的部分，淬火后不能被有效硬化。
㊂ 渗层深度 >3mm 属于深层渗碳，≤0.3mm 属于薄层渗碳。
㊃ 这与渗层过深会使表面残余压应力减小有关。

触疲劳剥落。曲线 b（因表面脱碳所致）会使表面由压应力变为拉应力，降低弯曲疲劳强度。为使渗层碳含量分布平缓，通常对过共析＋共析层厚度进行控制，例如碳钢规定此层厚度不小于总层深的75%。

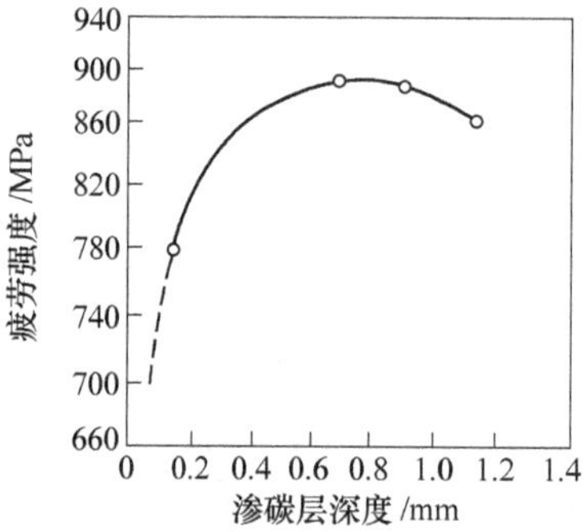

图 13-3　渗碳层深度对钢疲劳强度的影响

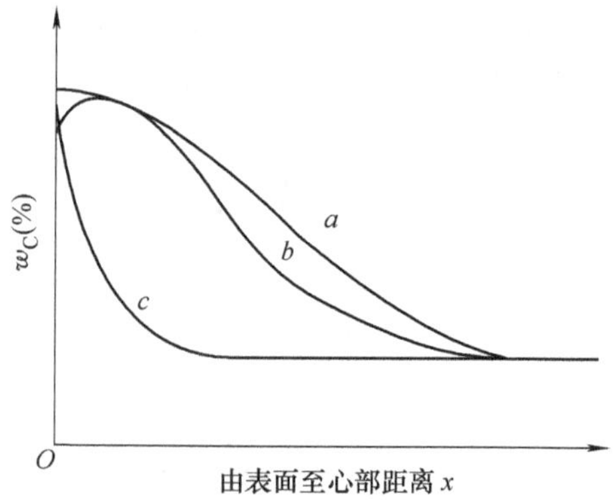

图 13-4　渗碳层碳含量分布曲线

a—合理的分布曲线　b、c—不合理的分布曲线

渗层碳含量梯度可利用剥层化学分析法测试。

第二节　气体渗碳

气体渗碳是将工件置于含碳气体中进行的渗碳，是目前应用最广泛的渗碳方法。生产中的气体渗碳可分为两类：一类是将有机液体渗碳剂（也称滴注渗碳剂）如煤油、丙酮、乙醇等直接滴入高温渗碳炉内，裂解出渗碳组分（如 CO、CH_4 等）进行渗碳；另一类是将预制好的渗碳气体直接通入炉内进行渗碳（如吸热式渗碳气氛、氮基渗碳气氛等）。

一、气体渗碳常用渗碳剂

1. 渗碳剂的选用原则（以滴注渗碳剂为例）

1）渗碳能力强。渗碳能力常用碳当量和碳氧比表示。碳当量是指产生 1mol 活性碳原子所需该物质的质量。碳氧比指渗碳剂中所含碳原子与氧原子之比。碳当量越小、碳氧比越高，该渗碳剂提供活性碳原子的能力越强，即渗碳能力越强。如丙酮（CH_3COCH_3），C/O＝3，是强渗碳剂；甲醇（CH_3OH），C/O＝1，是弱渗碳剂。常用渗碳剂的碳氧比、碳当量见表 13-1。

表 13-1　几种常用滴注剂的碳当量、碳氧比及产气量

名　称	分 子 式	碳氧比（C/O）	碳当量/（g/moL）	产气量/（L/mL）	用　途
甲醇	CH_3OH	1	64	1.66	稀释剂
乙醇	C_2H_5OH	2	46	1.55	渗碳剂
丙酮	CH_3COCH_3	3	29	1.23	强渗碳剂
煤油	$C_{16}H_{34}$	—	28.3	0.73	强渗碳剂
异丙醇	C_3H_7OH	3	30	1.49	强渗碳剂
乙酸乙酯	$CH_3COOC_2H_5$	2	44	1.24	渗碳剂

2）产气量大。产气量指常压下每毫升液体产生气体的体积。产气量高的渗碳介质，可

在较短时间将炉内空气排出。常用滴注渗碳剂的渗碳能力、产气量见表13-1。

3）生成的气体成分稳定。这主要指气体中CO与H_2的成分要稳定，以便于对碳势进行控制。

4）形成炭黑的倾向小。渗碳时，渗碳剂（如煤油）分解产物中如烷烃和烯烃含量高，则其会分解出大量的活性碳原子，由于工件吸收活性碳原子的能力有限，多余的碳原子将结合成碳分子沉积在工件表面，形成炭黑。炭黑沉积在工件表面会阻碍活性碳原子的渗入。附在碳势测量仪器的传感元件上，容易使之失灵；附在炉罐上，使炉罐导热性降低；附在电热元件上，容易引起短路，故应严防炭黑形成。使用中可采用加入稀释剂和工艺措施避免形成炭黑。

5）杂质少，特别是硫含量低（主要针对煤油而言）。因硫原子渗入电热元件、炉罐和料筐，会与镍形成低熔点共晶体（645℃），显著缩短其使用寿命；且硫渗入工件后，会阻碍碳原子渗入。一般规定，渗碳煤油中的硫含量要低于0.04%。

6）安全、经济、环保，供应有保证。

以上选用原则中，除第二条外，其他对气态渗碳剂也适用。

2. 气体渗碳常用渗碳剂及特性

表13-2给出了生产中气体渗碳常用渗碳剂的成分及特点。

表13-2 气体渗碳常用渗碳剂的成分及特点。

类别	渗碳剂名称	主要成分及特点
液体	煤油（$C_{13}H_{28}$）	煤油是多种烃类混合物。煤油碳当量为28.3，是强渗碳剂，但产气量较小。在850℃以下裂解不充分，低分子的烷烃、烯烃多，容易产生炭黑和结焦。应在900~950℃使用，高温下理论分解式为：n_1（$C_{11}H_{24}$~$C_{17}H_{36}$）$\rightarrow n_2CH_4+n_2$［C］$+n_3H_2$。煤油中硫的质量分数必须小于0.04%。煤油价格低廉、供应充足、应用较普遍。不同牌号的煤油成分有区别
	甲醇（CH_3OH）	无色透明液体、有毒，高温下易分解。甲醇C/O=1，渗碳能力很弱，常作为稀释剂或载气，渗碳时常与渗碳能力强的渗碳剂配合使用，以调整气氛碳势。分解反应式：$CH_3OH \rightleftharpoons CO+2H_2$
	丙酮（CH_3COCH_3）	易挥发、易燃烧，高温下易分解，成分较稳定。在分解不完全时，总含有CH_4；丙酮C/O=3，是强渗碳剂，常与甲醇配合使用。分解反应式：$CH_3COCH_3 \rightleftharpoons 2$［C］$+CO+3H_2$
	乙醇（C_2H_5OH）	工业酒精是95.6%的乙醇水溶液。在分解不完全时，含有CH_4；渗碳能力一般。分解反应式：$C_2H_5OH \rightarrow$［C］$+CO+3H_2$
	乙酸乙酯（$CH_3COOC_2H_5$）	无色液体，高温下易分解，形成炭黑少，渗碳能力一般。分解产物成分稳定，与甲醇配合使用，易实现可控渗碳。分解反应式：$CH_3COOC_2H_5 \rightleftharpoons 2$［C］$+2CO+4H_2$
气体	天然气	主要成分为甲烷（90%~95%），还有少量乙、丙、丁烷等。由于甲烷渗碳能力极强，如直接用其渗碳，会形成大量炭黑，故一般与渗碳能力弱的气体（如吸热式气氛）配合使用
	液化石油气	主要成分为丙烷（C_3H_8）及少量丁烷（C_4H_{10}），是炼油厂副产品，较便宜，储运方便，应用广泛。渗碳能力强，一般与渗碳能力弱的气体（如吸热式气氛）配合使用
	吸热式气氛	吸热型气体的主要成分是CO、H_2和N_2，还有微量的CH_4、CO_2和H_2O等气体。吸热气体气氛渗碳能力较弱，通常还需添加少量富化气（如丙烷、甲烷等）
	氮基气氛	氮基气氛渗碳的气氛类型较多，较有代表性的是氮气40%+甲醇分解气60%的混合气，另加少量天然气（CH_4）或丙烷（C_3H_8）作为富化气，也可采用丙酮等的裂解气作为富化气

注：1. 载气（Carrier gas）是指化学热处理中载运活性组分的稀释气体。其作用是稀释炉气、运载渗碳活性组分、排除炉内空气，并在炉内形成正压。

2. 富化气（Enrich gas）是指为提高炉内碳势而加入的富碳气体（或滴入可在高温裂解的有机液体）。

二、炉气成分及主要化学反应

1. 常用渗碳剂分解后的组分及作用

研究表明，常用渗碳剂在炉内下分解后，主要组分都是 CO、H_2、CH_4、CO_2、H_2O、O_2、N_2，见表 13-3。煤油是混合物，在 925℃裂解后的炉气成分中，除上述组分外，还含有 C_nH_{2n+2}（绝大部分是甲烷）、C_nH_{2n}。这些组分按其在渗碳时所起的作用，可分为以下三种情况：

表 13-3 常用渗碳剂在不同温度下的分解气体成分

有机滴液	温度/℃	气体成分（体积分数，%）						
		CO_2	CO	H_2	CH_4	O_2+N_2	余量	分解率
甲醇	750 850 950	1.8 0.6 0.2	29.5 31.4 32.4	61.4 64.2 66.2	3.37 1.74 0.60		3.93（H_2O） 1.44（H_2O） 0.60（H_2O）	<93 <97 98.8
乙醇	850 950	1.5 1.0	29.3 30.7	49.3 53.7	13.6 11.7	0.7 0.3	— —	85.7 88
异丙醇	850 950	1.0 0.8	24.5 28.2	44.3 47.8	20.8 18.5	7.3 3.2	— —	72.9 78.3
煤油	800 925 950	0.4~1.2 0.4~2.2 0.4~0.2	0.2~1.8 1.2~4.6 1.5~5.0	19~26 37~46 38~48	（C_nH_{2n+2}） 38~47 40~56 40~50	0.4~7.3 0.4~0.8	（C_nH_{2n}） 20~29 1~2 1~2（C_nH_{2n}）	<30 >50
甲醇-煤油 （体积比 6:1）	890 930	0.44 0.38	33 35	54.4 55.4	2.0 0.73	0.07（O_2） 0.05（O_2）	9.12（N_2） 9.50（N_2）	
吸热式气氛①		0.3	20.9	40.7	0.4		0.6（H_2O）	—
吸热式气氛②		0.2	25~27	41~48	0~1.5		0.12（H_2O）	—
氮基气氛③ （甲醇+氮气+富化气）		0.4	15~20	35~40	0.3		N_2	Carbmaag 法（Ⅱ）与 Endomix 法

①用天然气与空气混合制成的吸热式气氛。②用城市煤气与空气混合制成的吸热式气氛。③用纯氮+甲醇+富化气制成的氮基气氛。

（1）渗碳组分　烷类碳氢化合物 C_nH_{2n+2}（如甲烷、乙烷、丙烷等，其中甲烷占绝大部分）、烯类碳氢化合物和一氧化碳是渗碳组分。渗碳时，它们分别按下列反应析出活性碳原子：

烷类碳氢化合物反应为 $C_nH_{2n+2} \rightleftharpoons n[C] + (n+1)H_2$

烯类碳氢化合物的反应为 $C_nH_{2n} \rightleftharpoons n[C] + nH_2$

CO 反应为 $CO \rightleftharpoons [C] + 1/2O_2$

前两个反应是吸热反应，温度越高，析出的活性碳原子越多。烷类碳氢化合物渗碳能力很强，炉气中若含量过高，则析出的活性碳原子过多，易形成炭黑，故炉气中不允许其含量太高（甲烷含量通常限制在 1.2% 以下）。烯类碳氢化合物性质较活泼，在高温下容易发生聚合而形成焦油[1]，进而形成炭黑、结焦，阻碍渗碳过程的进行，故其在炉气中含量越少越好（一般控制在0.5%以下）。CO分解反应是放热反应，温度越高，CO析出的活性碳原子越少，CO是一个弱渗碳组分。

渗碳时，CH_4、CO等渗碳组分吸附到工件表面并发生化学反应析出活性碳原子，活性碳原子溶入工件表层并向内部扩散，即形成渗碳层。

（2）脱碳组分　CO_2、H_2O、O_2是脱碳组分，可与渗碳组分CH_4、CO等发生如下反应：

$$CO_2 + CH_4 \rightleftharpoons 2CO + 2H_2$$

$$H_2O + CH_4 \rightleftharpoons CO + 3H_2$$

$$O_2 + 2CO \rightleftharpoons 2CO_2$$

使CH_4、CO含量迅速下降，导致炉内气氛提供活性碳原子的能力降低，甚至发生脱碳现象，故需严格限制其进入炉内（CO_2、H_2O的体积分数通常控制在0.5%以下）。H_2虽也有脱碳作用，但在高温下H_2的脱碳作用较弱，且H_2含量较高时，还有阻碍炭黑形成作用[2]。通常认为H_2主要起稀释、还原作用。

（3）中性组分　N_2是中性组分，只起稀释和保护作用。

2. 影响炉气成分的主要因素

在滴注渗碳剂种类、压力一定时，影响炉气成分的主要因素如下：

（1）温度　由表13-3可看出，温度越高，滴注剂分解越充分，分解气氛中CO、H_2含量越高，CO_2、H_2O、CH_4等含量越少；温度越低，则与此相反。

（2）滴量　其他条件不变时，加大滴注剂滴量，分解率降低，CH_4增多。

（3）催化剂　加入催化剂可使分解率增大。

3. 炉内气体的主要化学反应

如前所述，气体渗碳时，不论采用什么渗碳剂（除煤油外），在渗碳温度下（925℃左右），渗碳炉内气体主要组分都是CO、H_2、CH_4、CO_2、H_2O、O_2、N_2等。整个炉气的渗碳能力取决于这些组分的综合作用。在炉内发生的化学反应很多（有统计可达180余种），但与渗碳有关的独立反应只有四个，这四个反应可写成如下形式（也可写成其他形式）：

$$2CO \longleftrightarrow [C] + CO_2 \tag{13-1}$$

$$CH_4 \longleftrightarrow [C] + 2H_2 \tag{13-2}$$

$$CO + H_2 \longleftrightarrow [C] + H_2O \tag{13-3}$$

$$CO \longleftrightarrow [C] + 1/2O_2 \tag{13-4}$$

式中［C］是活性碳原子。显然，当气氛中CO、CH_4增加（如增大渗碳剂滴量），将使反应向右进行，分解出更多活性碳原子，炉气的渗碳能力增强；而H_2O、CO_2、O_2增加（如炉子漏气），将使反应向左进行，使活性碳原子减少，炉气的渗碳能力减弱甚至引起脱碳。

三、碳势的测量

1. 碳势的概念及意义

炉气的碳势是表征炉内含碳气氛在一定温度下改变工件表面含碳量能力的参数。通常用

[1] 丙烯在高温下会发生聚合反应$2C_3H_6 \rightleftharpoons C_6H_{12}$，$C_6H_{12}$是焦油的主要组成物。$C_6H_{12}$在加热时分解析出$H_2$后，就在工件表面形成炭黑和焦炭状固体沉积物。

[2] H_2可与丙烯C_3H_6反应$H_2 + C_3H_6 \rightarrow C_3H_8$，从而减少丙烯形成炭黑的数量。

低碳碳素钢箔片在含碳气氛中的平衡含碳量来表示。将一片极薄的08钢钢箔（0.1mm）称重后置于充有渗碳气氛的渗碳炉内，在渗碳温度（<930℃）下保温30~45min，使钢箔均匀渗透（即达到平衡）且无炭黑形成，然后取出并速冷至室温，测得的钢箔含碳量就表示该温度下炉内渗碳气氛的碳势（此法实际是一种直接测量碳势的方法）。碳势越高，则该气氛能提供的活性碳原子越多，即渗碳能力越强，反之亦然。

对于合金钢，由于合金元素改变了原子间的相互作用力，渗碳后，工件表面的碳含量可能与气氛碳势有所不同，但偏差通常不会太大。

采用称重法计算碳势的公式如下：

$$w_C = (w_2 - w_1)/w_2 \times 100\% + w_{Co} \quad (13\text{-}5)$$

式中 w_C——钢箔渗碳后的平衡含碳量，即炉气碳势；

w_{Co}——钢箔原始含碳量；

w_1——钢箔渗碳前的质量；

w_2——钢箔渗碳后的质量。

操作注意：钢箔取出时应有保护气氛，以免由于氧化、脱碳等原因影响测量结果。

2. 碳势测量原理

炉气中上述渗碳、脱碳组分中（CH_4、CO_2、H_2O、O_2、CO、H_2），每个组分的含量变化，都会引起碳势变化，但当炉气各组分间及气氛与工件间的反应达到平衡时，各组分的含量就确定不变，以上4个反应也自然处于平衡。式（13-6a）~式（13-9a）是其平衡常数表达式。式（13-6a）~式（13-9a）也可改写成式（13-6b）~式（13-9b）的形式，即

$$K_{p1}^{\ominus} = p_{CO_2} w_{C1} \gamma_c / p_{CO}^2 \quad (13\text{-}6a)$$

$$w_{c1} = K_{p1} p_{CO}^2 / (p_{CO_2} \gamma_c) \quad (13\text{-}6b)$$

$$K_{p2} = p_{H_2}^2 w_{C2} \gamma_c / p_{CH_4} \quad (13\text{-}7a)$$

$$w_{c2} = K_{p2} p_{CH_4} / p_{H_2}{}^2 \gamma_c \quad (13\text{-}7b)$$

$$K_{p3} = p_{H_2O} w_{C3} \gamma_c / p_{CO} p_{H_2} \quad (13\text{-}8a)$$

$$w_{c3} = K_{p3} p_{CO} p_{H_2} / p_{H_2O} \gamma_c \quad (13\text{-}8b)$$

$$K_{p4} = p_{O_2}^{1/2} w_{C4} \gamma_c / p_{CO} \quad (13\text{-}9a)$$

$$w_{c4} = K_{p4} p_{CO} / p_{O_2}^{1/2} \gamma_c \quad (13\text{-}9b)$$

式中，w_c、K_p、p、γ_c分别为碳势、平衡常数、分压及活度系数（K_p、γ_c均可查得）。利用式（13-6b）~式（13-9b）即可计算碳势。这就是碳势测量的原理。

由于平衡时，上述各反应式中的碳势值w_{C1}、w_{C2}、w_{C3}、w_{C4}相等，故只要对其中一个反应进行计算，即可得出炉气的碳势。此外，如果渗碳剂的加入量改变时，p_{CO}、p_{H_2}基本不变，即CO、H_2含量[㊁]（体积分数，下同）不变，则p_{CO}、p_{H_2}可看成是一个恒量。这样，由式（13-6b）［或式（13-7b）、式（13-8b）、式（13-9b）］，只要测出PCO_2（或p_{O_2}、p_{CH_4}、p_{H_2O}中的一个），就可求出碳势[㊂]，即一定含量的CO_2（或CH_4、H_2O、O_2）对应着一定的碳

㊀ 此时炉气中，该反应的平衡常数K_{p1}与炉气中只有CO_2、CO时的平衡常数不同，K_{p2}、K_{p3}、K_{p4}同理。

㊁ 在接近一个大气压的条件下，P_{CO}、P_{H_2}与CO、H_2体积分数成正比。

㊂ 理论上也证明，在以上六个渗碳、脱碳组分构成的体系中，平衡时，只有三个独立变量（即自由度），如CO、H_2再恒定，则只要再确定一个组分含量，其他组分含量即确定，炉气状态随之确定，碳势也就确定了。

势（单参数碳势控制就是据此而来）。

从另一角度看，由于CH_4、CO_2、H_2O、O_2、CO、H_2之间存在若干化学反应，CO_2与H_2O；CH_4与CO_2；CH_4与H_2O；、H_2O与O_2的含量是相互制约的，平衡时，其中一个组分含量确定了，其他三个组分的含量自然就确定了。例如由水煤气反应$H_2O + CO \rightleftharpoons H_2 + CO_2$可看出，$CO_2$与$H_2O$的含量是相互制约的，平衡时，一定量的$CO_2$对应着一定量的$H_2O$。这样，在炉内反应达到平衡、并且CO与$H_2$分压不变条件下，只要测出并控制住渗碳、脱碳组分$CO_2$、$H_2O$、$CH_4$、$O_2$中任何一个的含量，便可推知并控制住其他组分的含量，使炉内渗碳、脱碳反应处于某一平衡点，从而控制住碳势。

但应强调以上碳势计算是基于CO、H_2含量基本不变和反应达到平衡两个前提，如CO、H_2含量变化，反应达不到平衡，则还需测定其他组分的含量，并对碳势计算公式进行修正。

3. 碳势测量方法

以下四种方法都可对碳势进行连续测量。

（1）红外仪法　红外仪法的原理是利用多原子气体对红外线选择性吸收，并且选择吸收程度和该气体浓度及气层厚度有关的特点，来测量炉气中某多原子组分（如CO_2、CH_4）的含量，进而测出碳势。根据对炉气中CO_2含量的测量结果，调整富化气或稀释气体的供量，就可调控碳势。红外仪碳势测量精度较高（±0.05%）。缺点是反应速度较慢（需将炉气抽出后进行分析）、使用不够方便，维护麻烦、成本高，现已基本被氧探头取代。

（2）氧探头法　氧探头20世纪80年代在我国逐渐推广。其测量原理如下：由于O_2与CO_2、H_2O之间存在如下关系：$2CO + O_2 = 2CO_2$；$2H_2 + O_2 = 2H_2O$，测出炉气中O_2含量，就可确定平衡时的CO_2、H_2O含量，从而确定碳势。氧探头的优点是：直接插入炉内测试（而红外仪和露点仪都需将炉气抽出后再进行测试），测量精度高（±0.03%）、方便、反应速度快（<1s），总体上较红外仪经济。并且新式氧探头已克服了旧式氧探头存在的插入炉内深度有限（如安置不当，不能准确反映炉内碳势）、高温下较脆、怕振动及表面沉积炭黑后会引起测量误差等问题（具有自动清洗炭黑功能且抗冲击振动的氧探头现已投入市场）。

（3）电阻法　将细低碳钢丝（或铁镍合金丝，0.1mm）作为探头放入炉内，利用其电阻与含碳量关系成正比的特点测量碳势（渗入细铁丝的碳原子越多，其电阻值越大）。反应速度较快（10～20s），精度为±0.05%，较经济，适于碳势≤1.15%条件下测量；缺点是细铁丝被渗到高含碳量时易脆断，怕振动，寿命较短。

（4）钢箔法　钢箔法测量碳势原理前已述及。钢箔法测量精度高，定碳速度快。由于各种碳势测量都不可避免存在一定误差，生产中常采用钢箔法对碳势进行校正（即定碳）。长期使用的可控气氛渗碳炉，约一周需用箔片进行一次定碳，以确保炉子碳势控制准确。

此外，碳势测量方法还有露点仪法，但因露点仪测量精度较低（±1%），反应速度较慢（约100s），现已很少使用。

四、渗碳用钢及渗碳件加工工艺路线

渗碳钢通常为低碳钢或低碳合金钢，可分为低、中、高淬透性渗碳钢。常用渗碳钢如下：

低淬透性渗碳钢：20、20Cr、20CrV、20MnV、15、15Cr。

中淬透性渗碳钢：20CrMnTi、20CrMn、20Mn2B、20MnVB。

高淬透性渗碳钢：12Cr2Ni4A、18Cr2Ni4WA、20Cr2Ni4。

可见多数渗碳钢碳的质量分数均在0.2%左右，这是因为若碳含量太高，对心部韧性不利；若太低，则心部强度偏低。

渗碳钢中合金元素主要作用是：避免在高温、长时间渗碳中（通常5～7h）奥氏体晶粒粗化（其中，Ti、V、Mo、W作用较大）；增大淬透性（Cr、Ni、Mn、Mo、B）；提高抗回火能力；调节、改善渗层碳含量、碳含量梯度及渗层深度。常见合金元素中，Ni使渗层深度降低[⊖]，其他元素对渗碳层深度的影响不大，如图13-5所示。

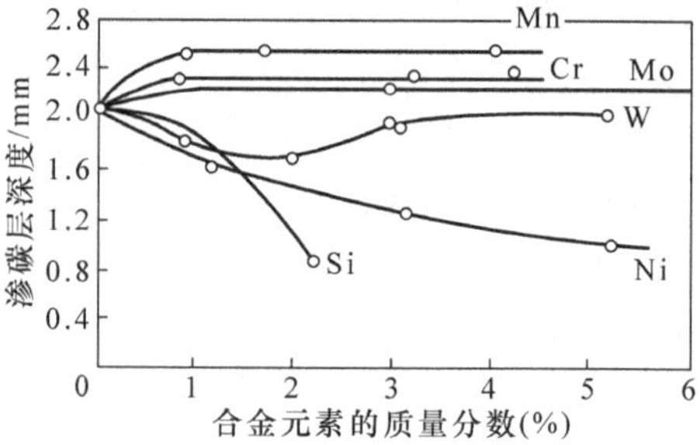

图13-5 合金元素对渗碳层深度的影响

相关知识 低淬透性渗碳钢油淬临界直径≤15mm、中淬透性钢为15～60mm、高淬透性钢为>60mm。

渗碳件的加工工艺路线通常为：锻造→正火→机械粗、半精加工→渗碳→淬火、低温回火→精磨→装配。因渗碳件淬火后硬度很高，切削加工困难，故在渗碳前，切削加工一般应基本完成，淬回火后通常只进行精磨等微量加工。渗碳钢大多是低碳或低碳合金钢，故机加工前，多采用正火，以便于机加工。有的渗碳钢（如20Cr2Ni4A等）淬透性极好，空冷即可获得马氏体，使机加工困难，正火后还需进行高温回火来调整硬度和组织。如零件上某些部位不允许渗碳（以避免淬火使之变硬、脆），需对该部位镀铜或刷防渗涂料，防止其渗碳；也可对该部位预留加工余量，待渗碳后、淬火前，切削掉该处的渗碳层。

五、气体渗碳工艺

1. 气体渗碳工艺参数

（1）渗碳温度 气体渗碳温度通常选择在900～930℃。这是因为在此温度下，工件位于奥氏体单相区，奥氏体对碳原子溶解度较大，可使较多的碳原子渗入表层，形成较大的碳含量梯度，加快扩散（$J=-D\mathrm{d}c/\mathrm{d}x$）。由扩散系数与温度关系式 $D=D_0\exp(-Q/RT)$ 可知，提高温度，可使碳原子扩散系数显著增大。在渗碳的三个基本过程中，分解、吸收相对较容易，而扩散则困难得多，如能使原子扩散系数显著增大，则渗碳速度将大大加快。试验表明，渗碳温度每提高55℃，则获得同样渗碳层深度所需时间缩短一倍，故应尽量选较高温度渗碳。图13-6表示温度对渗层厚度和浓度梯度的影响，由图可见，925℃渗碳3h，含碳量>0.4%的渗层厚度只有0.8mm，而1000℃可达1.3mm，并且温度越高，碳含量梯度越平缓。大多数钢，在此温度渗碳，奥氏体晶粒不会明显长大，且炉子寿命基本不受影响。但若温度过高，将使奥氏体晶粗化，工件畸变增大，设备使用寿命缩短。对于薄层渗碳，可取880～900℃，因为较低的温度便于对渗层厚度进行控制，同时变形也较小。

（2）渗碳时间 渗碳层深度与时间的关系也符合抛物线规律 $\delta\propto kt^{1/2}$，如图13-7所示。

⊖ Si含量过多，会促使渗层发生石墨化转变，并降低渗碳速度，故渗碳钢很少加入Si。

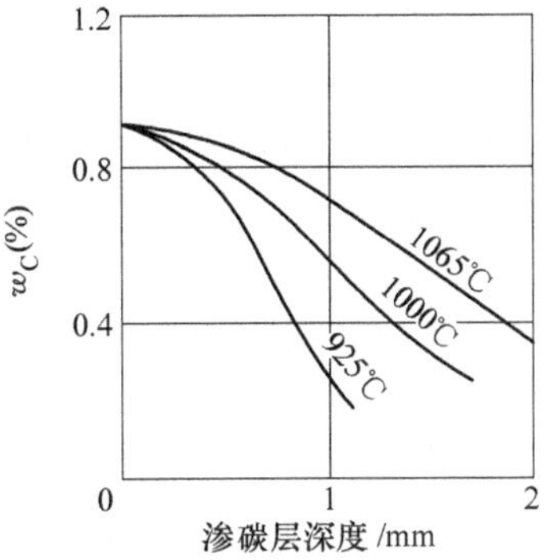

图 13-6　温度对渗碳层深度和碳浓度梯度的影响（碳势为 0.9% ~0.95%，渗碳 3h）

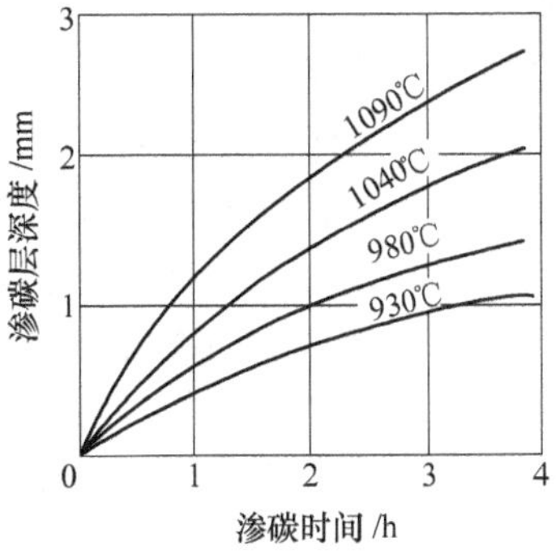

图 13-7　渗碳时间和温度对渗碳层深度的影响

由图 13-7 可见，在同一温度下，渗碳层的增厚总是先快后慢。这提示我们，在渗碳后期，虽通过延长渗碳时间仍可使渗层增厚，但其增速趋缓，渗碳效率明显下降。

实际生产中，常根据渗碳平均速度来估算渗碳保温大致时间。例如，在井式渗碳炉 920℃下用煤油对 20CrMnTi 钢渗碳，其保温时间可按 0.25mm/h 来估算。不同介质、碳势、炉型、温度、装炉量下的准确渗碳时间，应通过工艺试验来确定。

应当指出，以上介绍的关于渗碳温度和时间参数的选择，对固体、液体渗碳也成立。

（3）渗碳剂流量　实践表明，在渗碳不同阶段，所需渗碳剂流量不同。这主要是由于在渗碳的不同阶段，工件对碳原子的吸收能力不同。在渗碳初期，工件表面对碳原子的吸收能力较大，而当表面碳含量与炉气碳势基本相等时，对碳的吸收能力将明显下降。如果这时仍采用初期的流量，则会在表面堆积大量活性碳原子，产生大量炭黑而阻碍渗碳正常进行，同时也会造成浪费，故渗碳剂的流量应随时间延长相应减少。

除吸收能力外，渗碳剂的流量，一般还与以下几方面有关：

1）装炉量大小。装炉量越大，则工件总的有效渗碳面积越大，所需流量越大。

2）炉气所要达到的碳势或炉压越高，则所需流量越大；

3）渗碳罐及工装的状况。新的炉罐、工装，渗碳时会吸收大量的碳原子，初次使用时应进行预渗碳，以免影响炉内碳势。

4）炉罐容积增大，流量要相应增大。

5）渗碳剂的种类。产气量大、活性强的渗碳剂，所需流量较小；反之较大。

6）排气阶段长、炉子的密封程度差，则所需渗碳剂流量较大。

在一般正常渗碳中，上述 3）~6）项基本不变，可视为常数。此外，渗碳剂的流量还与钢种、渗碳工艺等因素有关。生产中应根据具体情况灵活掌握。

（4）炉压　渗碳期间炉内需维持正压㊀（98 ~392Pa），以防止空气进入炉内，并有利于炉内废气的排除。炉压大小，也影响有机滴液的分解和吸收，增大炉压，有利于反应向气体分子数减少的方向进行。

2. 常规滴注式渗碳法

滴注式渗碳是指将液态渗碳剂直接滴入炉内而进行的气体渗碳。早期的滴注式渗碳，渗

㊀ 指表压，即高出炉外的压力。

碳剂滴量保持始终不变，故称为固定碳势（或一段）渗碳法。由于在渗碳前期、中期与后期所需炉气碳势或渗碳剂滴量并不相同，所以滴量始终不变的固定碳势法渗碳质量不高，是一种粗放、简单的渗碳法。目前，固定碳势渗碳法已基本被两段渗碳法（也称变碳势渗碳法）所取代，固定碳势渗碳法现主要用于要求有效硬化层较薄（<0.6mm）的渗碳㊀。滴注式两段渗碳法常用滴注剂为煤油、甲醇+煤油、甲醇+丙酮等，所用设备多为井式炉。

（1）渗碳前的准备工作

1）工件准备。

① 弄清工艺和工件图样，明确技术要求。

② 检查工件：有油污、水迹时，需进行清洗、干燥，清洗常采用四氯化碳、汽油、热碱水等；如工件生锈，视情况用砂纸或喷砂等去除；有碰伤、裂纹时，予以剔除。

③ 非渗碳面需镀铜或涂防渗剂；也可预留加工余量，渗碳后再切削掉；小孔可以堵塞。

④ 按材料和渗层要求对工件分类。一般，同一炉的工件，材料、渗层深度应相同。

⑤ 准备与工件材料相同的随炉试样，试样尺寸一般为 ϕ10mm×20mm 的圆柱体。

2）设备准备（以井式炉为例）。炉盖升降机构、风扇、电气系统、各仪表工作正常；密封系统良好、炉罐干净无积炭，定期清理炭黑；渗碳剂供给管路、滴油嘴、阀门能正常工作；每次渗碳后检查滴注阀门是否关紧，以防渗剂低温下滴入炉内引起爆炸；准备好所用工夹具。

3）对炉罐、工装预渗碳。对旧炉罐，预渗碳时间一般为0.5～2h，具体可根据停炉时间长短和炉罐脱碳轻重而定；新炉罐为10～15h，新挂具为2～4h。

4）装炉注意事项。

① 通常，材料、技术要求和渗后热处理方式都相同的工件，才可同炉渗碳（但有时可根据具体情况灵活处理）。

② 工件间应留有5～10mm间隙，以保证炉气循环通畅，使渗层均匀。

③ 细长件等易变形件要垂直装炉。

④ 在有代表性的位置，放置供检查渗层深度和组织的随炉终检试样，原则上每炉1～2个；炉罐较深时，在上、中、下各放一个。

⑤ 工件入炉前，炉温应升至880℃以上，否则，会因升温时间太长，造成工件氧化。

⑥ 装炉量不得超出额定装炉量和炉膛有效尺寸。

⑦ 工件装完后，盖好炉盖，对称地拧紧好螺栓或用砂封严。

⑧ 为防止炉气爆炸，在750℃以下，不允许向炉内滴入任何渗碳剂。

⑨ 启动风扇，约800℃滴入渗剂，打开排气孔，并适时点燃废气。

（2）两段渗碳法工艺过程　两段渗碳法把渗碳工艺过程分为强渗和扩散两段。在强渗阶段采用高碳势，使表面碳含量高于规定的表面碳含量，以形成大的碳含量梯度，从而加快碳的扩散；在扩散阶段则降低碳势，使表面碳含量降至规定值，以形成较平缓的碳含量分布曲线。当要求渗碳层较厚时（有效硬化层深度>0.9mm），适于采用两段渗碳法。下面以井式炉为例介绍两段式渗碳工艺过程，图13-8是典型的两段渗碳法工艺曲线。

1）排气阶段。由于装炉时带入炉内大量空气，为避免氧化，装炉后应尽快把空气排出

㊀ 对薄层渗碳，若采用两段渗碳法，不好控制，并且其缩短渗碳时间的效果不明显。

炉外。为此，装完炉、拧紧炉盖后，即滴入产气量较大的甲醇（或乙醇），启动风扇、打开排气孔排气，并适时将废气点燃。生产上，在900℃以下，常采用大滴量甲醇或大滴量甲醇+小滴量煤油方式来排气；待炉温升到900℃以上，改用煤油或增大煤油滴量，以提高碳势并加快排气。这是因为850℃以下煤油分解不充分、烯类碳氢化合物（乙烯、丙烯）含量较多，如只用煤油排气，容易产生炭黑和结焦。

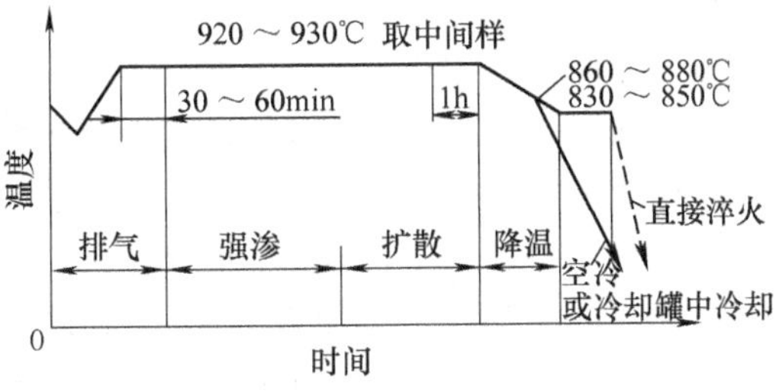

图 13-8　两段渗碳法工艺曲线

排气结束后，从试样孔放入自检或中间试样（也可在装炉后放入），并封好试样孔。此试样用于炉前检查渗层深度，以确定扩散段结束时间。当炉温升至渗碳温度后，继续排气30～60min（图13-8），当炉内气氛碳势达到要求（CO_2和O_2小于0.5%），排气结束，转入强渗阶段。

2）强渗阶段。此段在不出现炭黑和网状或大块状碳化物前提下，尽量采用大滴量煤油，以造成炉内较高碳势，使工件表面的碳浓度高于所要求的碳含量，增大碳含量梯度，从而加快渗碳速度。渗碳剂滴量，应根据炉型、工件材料和渗碳的总表面积由工艺试验确定，炉压一般保持为147～196Pa。表13-4是几种常用炉型采用甲醇+煤油滴注式渗碳时的滴量，表13-5是只用煤油滴注式渗碳的滴量。强渗段时间主要取决于所要求渗层深度，通常当自检试样的渗层深度达到所要求渗层深度的2/3左右时，便可转入扩散阶段（也可按0.15～0.2mm/h估算强渗时间）。

表 13-4　采用甲醇+煤油滴注式渗碳时的滴量　（单位：滴/min）

炉型及规格	排气		强渗		扩散降温	
	甲醇	煤油	甲醇	煤油	甲醇	煤油
RQ3-75-9T	200	30～60	30～60	120～140	30～60	100～120
RQ3-90-9T	220	35～65	35～65	140～180	35～65	140～160
RQ3-105-9T	300	50～80	50～80	200～220	50～80	180～200

表 13-5　单用煤油进行两段滴注式气体渗碳时的煤油滴量

设备型号		RQ3-35-9	RQ3-60-9	RQ3-75-9	RQ3-90-9
煤油滴量（滴/min）	a	90	110	140	155
	b	50	60	75	80
	c	60	75	105	115
	d	35	40	50	55

注：a为入炉后至炉温降至最低阶段；b为炉温开始回升至排气结束阶段（a、b都属排气阶段）；c为强渗阶段；d为扩散、降温阶段。

渗碳过程中，通常通过观察废气火苗情况来判断炉气气氛，正常火苗呈浅黄色，无黑烟及白亮火束（或火星），火苗长100～200mm，炉压200～300Pa。如火苗中存在火星，表明炉内炭黑过多；火苗过长且尖端外缘呈现亮白色，表明渗碳剂供给量过大；火苗过短且呈浅蓝色、有透明感，表明渗碳剂供给量不足或炉罐漏气。每半小时检查一次炉温、渗碳剂滴量及炉压等。应当指出，用观察火苗来判断炉气气氛，并不是很准确（尤其是薄层渗碳），如有条件应采用碳势测控装置。

3）扩散阶段。扩散阶段是指强渗结束后，特意降低气氛碳势使由富碳表层向内扩散的碳量超过介质传递给工件表面的碳含量，从而使渗层碳含量梯度趋于平缓的阶段。此段碳势取值，应使表层达到规定的碳含量。经强烈渗碳后，工件表面碳含量高于技术规定的碳含量，故在扩散阶段要适当减少渗碳剂滴量，以使碳含量梯度趋于平缓、工件表面碳含量降低至规定值，同时也使渗层深度进一步加深（当有效硬化层深度小于1mm时，也可不设扩散阶段）。图13-9比较了强渗阶段与扩散阶段结束时的碳含量分布曲线，由图可见，增加了扩散阶段，表面碳含量降低、浓度分布曲线变得较平缓。扩散阶段结束时间通常根据自检试样渗层深度（有条件还应测一下表面碳含量）确定。

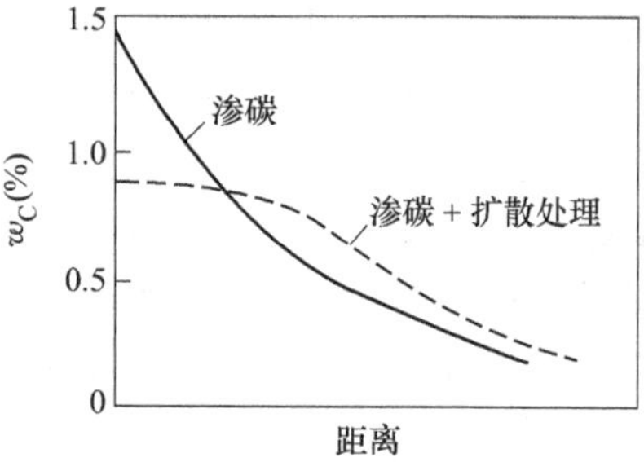

图13-9 强渗阶段结束和扩散阶段结束时碳含量分布比较

想一想 如扩散阶段滴量与强渗阶段相同，会产生什么结果，为什么？

4）降温和出炉。当渗层深度达到技术要求时，即可结束扩散过程（通常在扩散段结束前约1h，取出自检试样㊀，确定扩散段结束时间，开始降温（降温及随后的保温过程中，实际仍在发生着扩散）。降温预冷的目的是让渗层析出部分碳化物、减少奥氏体中碳含量，从而减少淬火后残留奥氏体量，并减少脱碳、畸变，且析出的碳化物对钢的耐磨性也有好处。保温的主要作用是使工件心部与表层温度趋于一致，以减少畸变。在降温及随后的保温过程中，为防止表面脱碳，需继续滴注适量甲醇或煤油，炉压控制在49～98Pa。保温温度和时间由工艺试验确定。保温结束后，根据具体钢种，按工艺要求进行直接淬火或采用其他方式冷却。渗碳后常用的冷却方式见表13-6。

表13-6 渗碳后常用的冷却方式

冷却方式	适用范围
预冷后直接淬火	20CrMnTi等渗碳后晶粒未粗化的钢，预冷至淬火温度直接淬火
随炉预冷后出炉空冷	渗碳后，进行一次、二次淬火的工件，通常预冷（以减少脱碳程度）至860℃出炉空冷。出炉后应将工件摊开或吹风、喷雾，以加快冷却、减少脱碳、畸变。20CrMnMo、20CrNi3等渗碳后空冷易裂的工件不适于此法
在缓冷坑中冷却或油淬	20CrMnMo、20CrNi3等渗碳后空冷易裂的工件，随炉冷（也可快冷）至550℃左右可出炉空冷
在冷却井中冷却	为避免氧化、脱碳，某些要求高的工件需在四周盘有冷却管的冷却井中进行，冷却井应加盖并通入适量甲醇或乙醇（最好预先在冷却井中倒入适量甲醇），一般冷至350℃可转空冷
随罐冷却	多用于固体渗碳件

由以上可知，常规滴注式两段渗碳法中，渗剂滴量及温度等参数的调整是靠人工操作，这种控制方法较粗糙、控制不够精确，渗碳质量不高，但此法经济、简单易行，在不具备可控气氛渗碳条件的企业仍在使用。

㊀ 自检（中间）试样用于现场检查渗层深度，以调整工艺参数，确定强渗、扩散段的终止时间。终检试样用于渗碳及淬回火后的质量检验。

3. 两段渗碳法工艺实例

汽车后桥圆锥主动齿轮（图 13-10）在工作时要传递动力，齿面承受交变接触压应力及摩擦，并且还参与汽车的变速、变载、变方向等工作。在这样复杂的工况下，其失效形式主要有以下几种：表面磨损、交变接触应力引起的齿面接触疲劳剥落及轮齿疲劳断裂等。为此要求该齿轮应具有高的表面硬度、良好的耐磨性，高的接触疲劳强度及弯曲疲劳强度，其心部应具有足够的强度和适当的韧度。某汽车后桥主动螺旋锥齿轮，材料 20CrMnTi，技术要求为：表面含碳量 0.8% ~1.05%，渗碳层深度 1.2 ~1.6mm，齿面、花键处及 ϕ34mm 处硬度 58 ~64HRC；心部 33 ~46HRC，螺纹处≤38HRC，D_1、D_2 处径向跳动≤0.05mm。对金相组织的要求为：表层组织为在细针状的马氏体基体上分布着细小、均匀的未溶碳化物及适量残留奥氏体，不允许有粗大马氏体、过量残留奥氏体及粗大或网状碳化物。心部组织为低碳马氏体或低碳马氏体加适量铁素体。

图 13-10 是该齿轮在井式炉用煤油进行两段式渗碳的工艺曲线及工件简图。该齿轮的加工路线为：锻造→预备热处理→机械加工→渗碳、淬火及回火→喷丸→精加工→涂油包装。预备热处理采用（960 ±10）℃正火，正火后硬度 156 ~207HBW。

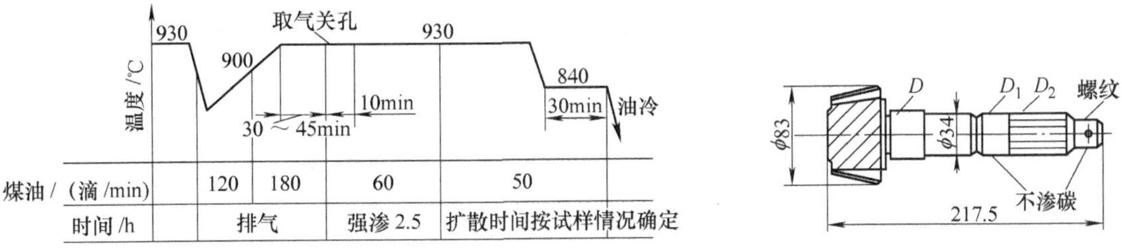

a)　　b)

图 13-10　汽车后桥主动锥齿轮井式炉滴注式两段渗碳

a）工艺曲线　b）工件简图

渗碳前，用汽油（或在 80 ~90℃的质量分数为 10% $NaCO_3$ 的水溶液中保持 3 ~5min）对工件认真清洗，去除工件表面的油污、锈斑。然后对不需渗碳处刷防渗涂料（也可预留加工余量，待渗碳后去除不需渗碳处的渗层）。工件装炉采用专用吊具，垂直均匀放置，以保证炉气良好循环，减少畸变。装炉时放入与齿轮材料批号、热处理状态相同的三个最终检验试样（分上、中、下三个位置放置，用于淬、回火后金相组织、脱碳程度等检验）。其他操作同前。

排气初期（850 ~900℃），煤油用小滴量（60 ~120 滴/min），以防形成炭黑，达 900℃后，增至 180 滴/min，以加快排气，到温后，继续排气 30 ~45min。排气结束后，放入中间试样，然后关闭试样孔，点燃废气，火苗应稳定、呈浅黄色，长度约 150mm。强渗阶段煤油滴量约为 60 滴/min（与工件渗碳面积有关），用时约 150min，压力为 147 ~245Pa。扩散阶段滴量减为 50 滴/min，压力保持在 49 ~147Pa。扩散阶段结束时间根据中间试样渗层深度确定，达到要求即可转入降温阶段。为防止脱碳，预冷降温及随后等温时应继续滴入煤油，滴量与扩散阶段基本相同。等温 30min 后，入油淬火。

渗碳后的出炉、淬火见本章第四节。

4. 可控气氛渗碳

（1）滴注式可控气氛渗碳　与人工控制的两段式渗碳不同，滴注式可控气氛渗碳是采用碳势自动测控装置控制炉气碳势。其工艺过程一般也包括排气、强渗、扩散、降温出炉几个阶段，渗碳前的准备工作与人工控制的两段式渗碳也基本相同。与人工控制的两段式渗碳相比，可控气氛渗碳具有渗碳质量好、质量较稳定且重现性好、渗速较快等优点。

1）滴注式可控气氛渗碳滴注剂。滴注式可控气氛渗碳滴注剂主要有如下三种：

① 甲醇－乙酸乙酯。用甲醇－乙酸乙酯渗碳时，甲醇形成稀释气，乙酸乙酯形成富化气。二者在渗碳温度下可按下式分解：

$$CH_3OH \longleftrightarrow 2H_2 + CO$$

$$CH_3COOC_2H_5 \longleftrightarrow 4H_2 + 2CO + 2\,[C]$$

由于二者分解产物中 H_2 和 CO 的比例都是 2:1，故渗碳时，无论这两种滴液的相对量如何变化，炉气中的 p_{co} 和 p_{H_2} 比例都是恒定的。这样，由前述碳势控制原理，只要测出并控制住 CO_2、H_2O、CH_4 中任一个的含量（或分压），即可控制炉气成分，从而控制住碳势。利用红外线气体分析仪测出 CH_4 或 CO_2（或利用露点仪测出 H_2O），并配备自动调节装置，对两种滴剂的滴量进行调控，即可控制炉气的碳势。

此渗剂优点是采用单参数碳势控制时，控制较准确，但渗碳能力一般。

② 甲醇加丙酮。甲醇－丙酮的优点是：渗碳能力强，产生炭黑的倾向较小，碳势较容易控制。

③ 甲醇－煤油。如单用煤油，由于煤油裂解后产生大量 CH_4 和［C］，炭黑形成倾向大，且炉气成分不稳定，不易控制。将煤油与甲醇按适当比例混合使用（甲醇裂解产物中的 H_2O、CO_2 可与 CH_4 和［C］等发生反应，使之含量显著减少），则炭黑形成倾向显著降低。甲醇－煤油滴注剂的主要优点是经济、渗碳能力强。缺点是炉气成分不稳定、甲烷含量也往往较多（>1.2%），相比而言炭黑形成倾向仍较大。目前，甲醇－煤油滴注渗碳剂在国内中小企业应用仍较多。

2）滴注式可控气氛渗碳控制装置。在图 13-11 所示的井式渗碳炉碳势控制系统中，由抽气泵抽出的炉气样品，经干燥器、过滤器除去水分和灰尘后，由流量控制器进行流量控制，并导入红外仪。红外仪对炉气中 CO_2 进行连续自动测定，并由记录仪指示、记录。同时红外仪将测定的炉气中 CO_2 值送往调节器，调节器将此值与工艺设定的 CO_2 值比较，得出偏差信号，利用此偏差信号控制电磁阀开启程度，从而控制碳势。

3）滴注式可控气氛渗碳工艺举例。某 20CrMnTi 汽车变速箱五速齿轮，采用甲醇－煤油滴注式可控气氛渗碳，渗层深度 0.9～1.3mm，设备为 RJJ－75－9T，图 13-12 是其工艺曲线。在该工艺中，当炉温低于 900℃时，用大滴量甲醇排气（150～180 滴/min）；炉温大于 870℃时，旁路滴入煤油（90～120 滴/min）以加速排气；大于 900℃时，将甲醇滴量减小至 60～80 滴/min，同时旁路煤油滴量增至 120～150 滴/min，继续排气并使炉内气氛尽快达到预定碳势。

当 CO_2 含量达到预先设定值 0.5%（体积分数，后同）时，进入碳势调整期，接通红外仪对煤油滴量进行控制（60～80 滴/min）。当 CO_2 调整为 0.3% 时（碳势相应上升），调整期结束。此后进入碳势自动控制期，红外仪对碳势进行自动调控：当 CO_2 含量高于设定值 0.3%（即碳势偏低），则电磁阀开启，增加煤油滴量，使碳势上升；当

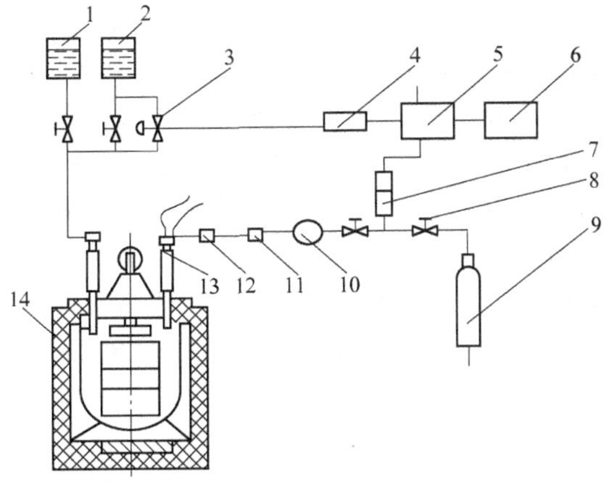

图 13-11 带碳势控制的井式气体渗碳装置示意图

1—甲醇 2—煤油 3—电磁阀 4—调节器 5—红外仪 6—记录仪 7—流量计

8—开关 9—标准气瓶（$\phi_{CO_2}=1\%$） 10—取样泵 11—过滤器

12—干燥器 13—冷却器 14—井式渗碳炉

低于 0.3%（碳势偏高），则电磁阀关闭，减少煤油滴量，碳势就会降低，CO_2量恢复到 0.3%。降温和均温期甲醇滴量减至（120～150 滴/min），不滴或滴入少量煤油（CO_2由 0.3% 调整为 0.8%，碳势相应下降），均温期关闭电磁阀，煤油旁路（8～10 滴/min），均温结束后，入油淬火冷却。本例中，强渗实际在碳势调整后期即已开始，以前意义上的扩散段主要发生于降温开始之后。

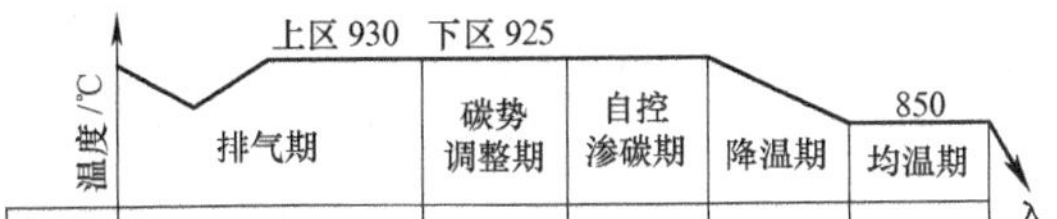

温度/℃		排气期	碳势调整期	自控渗碳期	降温期	均温期
时间/h		1～1.2	0.4～0.5	2.5	1.5	0.5
渗剂滴量（滴/min） 甲醇	<900℃	150～180	150～180	150～180	120～150	120～150
	>900℃	60～80				
煤油	>870℃	旁路 90～120	电磁阀针阀开度 60～80	电磁阀针阀开度 60～80		旁路 8～10
	>900℃	旁路 120～150				
CO_2给定值（%）			0.5→0.3	0.3	0.3→0.8	0.8
炉压/Pa			200～300	200～300	150～200	150～200

图 13-12 20CrMnMi 变速箱齿轮滴注式可控气氛渗碳工艺曲线

操作注意 由于排气阶段炉气成分不稳定，且含有较多水分（这对红外仪有害），此时不宜接入红外仪。待充分排气（约需 1.5h）后，再接入红外仪。

4）碳势单参数控制存在问题。在碳势控制中，只对一种气体成分控制，属于单参数控制。对某些特定滴注渗碳剂（如甲醇＋乙酸乙酯等），在渗碳剂加入量变化时，H_2与 CO 含量基本不变，当炉内气体反应达到平衡时，采用单参数控制，即可控制碳势。但对其他渗碳剂，滴量变化时，CO、H_2含量变化较大，并由于渗碳时间较短，炉内气氛达不到平衡（在渗碳温度下，一般约需 20h 才可达到平衡），除 CO_2外，其他组分含量也存在波动，甲烷含量也往往较多，如只进行单参数控制，碳势控制精度就较低。这时，需进行多参数控制（即对 CO、CH_4、O_2等的含量也进行控制），才能对亚平衡状态下的碳势进行精确控制。采用多参数控制，即使对难以控制的渗剂（如煤油），也可达到很高的控制精度。目前，多参数碳势控制的应用日趋广泛。当然，这需要增加相应控制设备，所需投资较大，但随着相关产品价格走低，成本降低的潜力还较大。

（2）氮基可控气氛渗碳　氮基气氛渗碳是指以氮气为载气，另添加富化气或其他供碳剂的气体渗碳方法，密封箱式炉多采用氮基气氛渗碳。常用氮基渗碳气氛为氮气 40% + 甲醇分解气 60% + 供碳剂（丙酮或乙酸乙酯）和氮气 40% + 甲醇分解气 60% + 少量富化气（甲烷或丙烷）。氮基气氛渗碳主要特点是，不需气体发生装置、成分与吸热式气氛基本相同、渗碳质量稳定、渗碳速度与吸热式气氛相当、较经济、安全、适宜用氧探头进行碳势控制。目前氮基可控气氛渗碳已在生产中得到广泛应用。

密封箱式炉工作时内部充满可燃气体，密封较好，使用不当容易发生爆炸事故，故使用时，必须严格遵守操作规程。表 13-7 给出了密封箱式炉的氮基可控气氛渗碳主要操作要点及注意事项。

表 13-7　密封箱式炉气体渗碳主要操作要点及注意事项

步　骤	主要工艺操作（以爱协林炉为例）
零件准备	零件准备：零件准备与井式炉基本相同。但无中间试样，其渗碳层深度是靠控制碳势和渗碳时间来确定，终检试样与零件放在同一夹具中
设备准备	设备准备：检查炉内、外各部件、管路、淬火系统等工作正常。各种检查合格后方可加热升温
装炉	①由冷态升温时，后室门关闭，前门打开，用氮气吹扫（用 >5 倍炉膛容积的氮气），同时将炉温缓慢升温；②继续排后室并提高碳势：当炉温大于 750℃，对后室通入甲醇；当后室气氛经后室门下端孔隙处排出到前室、并可看到持续火焰后，关闭前室门；900℃时，通入丙酮，以使碳势达到规定值；③排前室：由后室门孔隙进入前室的可燃炉气将前室残余空气置换、燃尽，此过程需 15 ~ 20min；④入炉：当炉温达工艺温度（一般为 920℃）、废气排放口被点燃，并形成稳定火焰时，才可打开前门（此时火帘将自动点燃，以阻止空气入内）、将工件推入前室→工件进入后，关闭前门（火帘自动熄灭）并再次对前室排气一段时间（约 10min）后，才可将工件送入加热室
渗碳	周期炉炉压控制在 50 ~ 150Pa；通入的气氛量按预先设定；换气次数 4 ~ 6 次/h
出炉	出炉时（后室继续供电、供气），先打开后室门，将工件拉入前室→关闭后室门，将工件放入淬火油槽→打开前室门（火帘自动点燃），拉出工件
注意事项	送排气时，不得在炉门正面操作，以防爆炸喷火伤人；750℃以下不得通入渗碳气氛；升温、降温时都需缓慢，否则，辐射管及炉衬易损坏；应经常检查炉体各部位泄漏情况；原料气瓶周围严禁明火

图 13-13 是某厂对 20CrMnTi、20CrMo 钢泥浆泵阀体及阀座进行氮基可控气氛渗碳的工艺曲线。该工艺采用甲醇与 N_2 制备的氮基气氛，富化气为有机碳氢化合物滴液，设备为 105kW 井式渗碳炉。技术要求为：渗层厚度 $\delta \geqslant 1.6$mm，碳化物 3 ~ 5 级，过共析层 + 共析层 ≥1mm，过渡层不大于 0.6mm，表面淬火硬度 63 ~ 65HRC，脱碳层 ≤0.03mm。采用图 13-16 所示的工艺曲线后，完全达到上述要求。由工艺曲线看出，其渗碳工艺与滴注式气体渗碳基本相同，也是分为排气、强渗、扩散及降温几个阶段（其他普通渗碳也是如此）。

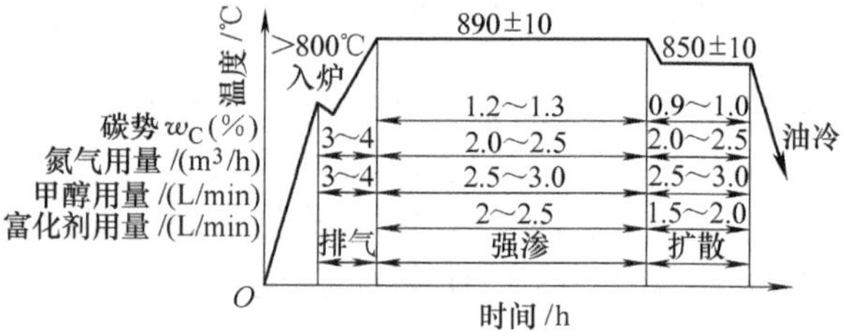

图 13-13　20CrMnTi、20CrMo 氮基可控气氛渗碳工艺曲线

（3）吸热式可控气氛渗碳　已知，吸热式气体的主要成分是 CO、H_2 和 N_2，及微量的 CH_4、CO_2 和 H_2O 等。由于吸热式气体渗碳能力较弱，渗碳时还需另添加少量富化气（如丙烷、甲烷等）。

吸热式气氛需要专门设置气体发生设备，设备庞大复杂，多用于大批量生产的连续式气体渗碳炉和大型周期性气体渗碳炉。连续式贯通渗碳炉膛通常分为四个区，分别与渗碳过程的四个阶段相对应，即排气加热、强渗、扩散和预冷淬火，四个区的温度、碳势各不相同。表 13-8 为某厂电加热连续式无罐气体渗碳炉的工艺参数由于吸热式气氛渗碳较氮基气氛能耗大、成本高、设备投资大，而渗碳速度却与之相近，故有被后者取代之势。

表 13-8 连续式无罐气体渗碳的渗碳工艺参数

工艺参数	加热Ⅰ区	加热Ⅱ区	渗碳区	扩散区	预冷区
温度 t/℃	800～840	920～940	920～940	910±10	850～860
富化气丙烷供量/（m^3/h）	0.10～0.15	0.10～0.20	0.15～0.25		
吸热式气体供量/（m^3/h）	7	6	4	5	5

利用吸热式渗碳气氛的周期式炉的渗碳工艺方法与井式炉滴注式渗碳相似，也分为排气、强渗、扩散和降温几个阶段。各阶段渗碳剂的流量，按碳势要求进行调节。通常气体流量控制在每小时使炉气换气约 3.5 次，并使炉内压力维持在 100～150Pa。

六、气体渗碳技术的发展

渗碳技术的发展，主要着力于开发节能、环保新工艺，使渗碳过程的控制精确化及缩短渗碳时间几方面。

1. 真空渗碳（vacuum carburizing）

真空渗碳（也称低压渗碳）是指在低于 0.1MPa 条件下进行的渗碳工艺。渗碳温度较高，多为 980～1100℃，渗碳时直接将丙烷、乙炔、甲烷等通入炉内进行渗碳（现使用效果较好的是乙炔）。真空渗碳实质是在低于大气压力下进行的低压渗碳。

真空渗碳时，常采用脉冲式送气，其基本过程如下：送气渗碳→停气、抽真空，进行扩散→再送气渗碳。经过数次循环，渗碳过程即完成。脉冲式送气有利于带小孔或不通孔的工件得到均匀的渗碳层（因孔内气氛可不断更新）。渗碳结束后，将工件快速移至通有氮气的冷却室预冷后直接淬火（油淬或高压气淬）。如渗碳温度较高，晶粒被粗化，则降温到 Ar_1 以下（如 600℃左右），然后在真空条件下重新加热以细化晶粒，加热后，在具有氮气保护的冷却室中进行淬火冷却。

真空渗碳的优点是：渗碳时间大幅缩短（为普通气体渗碳的 1/3～1/2），不脱碳、可避免内氧化现象；直接将乙炔、丙烷、甲烷等通入炉内渗碳，节省了气体制备设备；耗气量仅为普通渗碳的几分之一（或更少）；节能、环保，工件表面洁净；对有深孔、狭缝等用普通气体渗碳效果不好的零件及不锈钢等，可以取得良好的渗碳效果。真空渗碳是一种报有前途的渗碳技术。

真空渗碳渗速快的主要原因是：在高温下原子扩散速度大大加快；其次，真空下工件表面的氧化物分解、剩余油脂及污物蒸发掉，使工件表面处于新鲜、洁净的良好活化状态，提高了工件表面对活性碳原子的吸收能力。

因炉内空气稀薄，真空渗碳目前主要靠脉冲供气、调节炉压和合理安排渗碳和扩散时间来粗略控制碳势，精确控制炉气碳势较困难（现国外已开发出真空渗碳中直接测量氧浓度的探头），此外，设备投资也较大。

真空渗碳实例：图 13-14 所示的 18CrNi8A 喷油嘴针阀体和 16MnCr5 试样经乙炔真空脉冲式渗碳后，不但外表面及 ϕ4.5mm 孔渗碳达到技术要求，而且 ϕ0.23mm 的喷油孔也可渗碳、ϕ3mm 的不通孔则可均匀渗碳，这对普通气体渗碳是无法做到的。充分显示了乙炔真空渗碳具有生产周期短，并尤其适合对细长零件或盲孔零件渗碳的优越性。

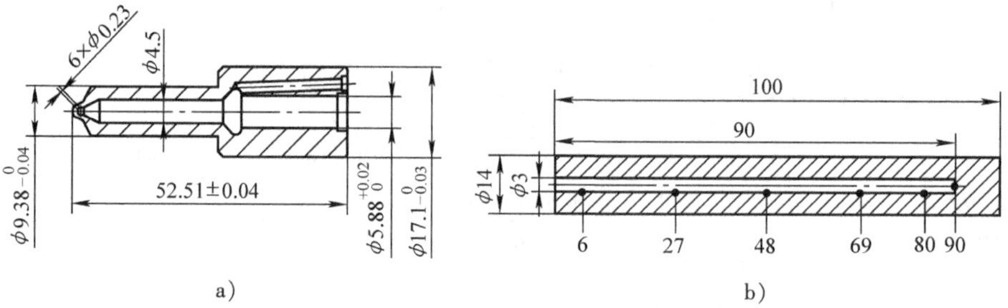

图 13-14 18CrNi8A 喷油嘴针阀体和 16MnCr5 不通孔渗碳均匀性测试试样
a) 18CrNi8A 喷油嘴针阀体 b) 16MnCr5 试样

2. 直生式气氛渗碳

直生式气氛渗碳是将富化气（或液体渗碳剂）与空气（或 CO_2）直接通入渗碳炉内形成渗碳气氛的㊀一种渗碳工艺。常用富化气为天然气、丙烷、丙酮等。直生式气氛是非平衡气氛，CO 含量不稳定，渗碳时需进行多参数控制。

直生式气氛渗碳的优点是：碳由气相向工件表面的传递速度快；与吸热式气氛渗碳相比，节省一套气体发生装置；碳势调整速度较吸热式和氮基气氛快；渗碳层均匀、重现性好；对炉子密封要求不严；对原料气要求较低。随着计算机控制技术应用的不断成熟和完善，直生式气氛渗碳的可控性也不断提高，应用正逐步扩大。

3. 稀土渗碳

稀土渗碳是在煤油为渗剂的气体渗碳中，将稀土氯化物溶于甲醇中滴入炉内。试验结果表明，与普通渗碳相比，稀土渗碳的渗速可提高 15% ~25%，渗层深度增厚，渗层碳浓度提高。此外，渗碳淬火后表层可形成很多弥散分布的碳化物细颗粒，同时马氏体和残留奥氏体细化，使渗层的弯曲疲劳强度、接触疲劳强度和耐磨性提高。

稀土元素应用于渗碳及其他化学热处理都有较好的效果。但其催渗机理目前尚不完全清楚。

4. BH 催渗技术

BH 催渗技术及催渗剂是通过给传统的气体渗碳或碳氮共渗介质（甲醇、乙醇、丙酮、煤油、甲苯、乙酸乙酯、天然气等）中添加一定量的有机合成物质并适当调整热处理工艺，从而提高渗碳或碳氮共渗渗速的一种新技术。

BH 催渗技术由我国西安北恒公司开发。该技术有如下优点：①渗速比常规可提高 25%，生产效率高，节能降耗效果显著（如某厂在 20CrMnTi 汽车后桥主动、从动锥齿轮渗碳时，加入了 BH 催渗剂，渗碳速度提高 27%，年节约电费 59 万元）；②适用性广，对薄层、中层渗碳、碳氮共渗及各种气氛、炉型均适用；③可在 860℃ 进行渗碳；在渗碳层深≥2mm 时，仍有催渗效果；④可有效地抑制炭黑形成。

㊀ 直生式是相对吸热式而言的，吸热式气氛是将空气与原料气在炉外混合、反应，然后再通入炉内，而此是直接通入炉内。

小资料 BH催渗技术由我国西安北恒公司开发。该技术2001年通过由中国热处理协会在长春主持的专家技术鉴定。北恒公司自20世纪80年代中后期，先后取得了“BH-0氯化物催渗技术”和“BH-1稀土催渗技术”的阶段性开发成果。1997年，又成功开发了具有自己独立知识产权的第三代催渗技术“BH-2、BH-3”。目前，第四代催渗技术研究已进入工业化试验阶段。

5. 离子渗碳㊀（plasma carburizing）

将工件装入真空室内（低于0.1MPa），通入甲烷或丙烷气，同时在工件（阴极）和阳极之间施加直流高电压，使气体激发，引起辉光放电，产生等离子体，生成的碳离子高速轰击工件表面而渗碳。由于辉光放电及离子轰击的作用，离子态的碳活性更高，且工件表面形成大量微观缺陷，在几分钟内表面即可达到饱和碳浓度，使渗碳速度大大加快。离子渗碳对温度要求不严，通常为900～960℃。

离子渗碳的主要优点是：渗碳速度大大快于普通气体渗碳（提高约35%至几倍）；渗层均匀，如齿轮齿顶与齿根也可得到均匀的渗层（普通渗碳一般都是齿顶深、齿根浅）；可避免晶界内氧化；畸变较小；生产成本低（约为普通渗碳的1/3），节能、节气、无环境污染；对普通渗碳很难渗的钢（如不锈钢）也可渗碳。

6. 流态床渗碳（fluidized bed carburizing）

流态床渗碳是在含碳的流态床中进行的渗碳。利用流态床对零件加热，通入碳氢化合物气体（CH_4、C_3H_8等）或利用可供碳的微粒（如石墨颗粒）作为渗碳剂。如采用石墨颗粒作为加热介质时，其同时也作为供碳剂，空气中的O_2与石墨反应形成渗碳气氛CO，使零件渗碳。流态床渗碳主要优点是：加热速度和渗碳速度快；由于流动粒子对零件表面的冲刷，零件表面不会积炭黑，可进行高浓度渗碳；渗层均匀。

7. 动态碳势控制技术

传统渗碳技术只控制表面碳含量与渗碳层深度，由此所形成的碳含量分布曲线可能出现图13-4曲线c的情况，而与之对应的渗碳层性能并不好。动态碳势控制技术不但对碳势表面碳含量、渗层深度，而且对渗层碳含量分布也进行控制。

动态碳势控制技术将渗碳分为三个阶段，第一阶段为强渗阶段，该段碳势高于普通渗碳，但又不出现炭黑。第二阶段为动态控制的最佳扩散阶段，该段碳势值为变量（大体处于第一段与第三段碳势值之间），是由计算机根据实时情况确定并自动动态调节，以保证工件表面碳含量既不升高也不降低，即表面吸收的碳量等于通过扩散离开表层的碳量，从而使得渗层碳含量梯度处在尽可能高的水平，即使渗层处于最好的扩散条件。第三段为扩散阶段，当渗层深度达到一定值，调整碳势使工件表面碳含量降至技术要求中的规定值。由于在第一阶段及第二阶段的大部分时间，气氛碳势都高于传统渗碳强渗时的碳势，故工件表面碳含量上升较传统渗碳更快，有利于缩短渗碳时间。在动态碳势控制系统中，操作者不必预先制定渗碳工艺，而只要输入温度、钢的成分、渗层深度及表面碳含量等数值，该系统中的计算机即可根据数学模型进行快速模拟运算，并绘制出最佳碳含量分布曲线，并自动生成获得此碳含量曲线的渗碳工艺。该数学模型综合考虑了包括渗碳温度、炉气碳势、扩散系数、活

㊀ 离子渗碳属于辉光离子法化学热处理，已不属于气体渗碳，安排在这里是为了学习方便。

度系数和传递系数及钢的成分和炉气成分等因素的影响。渗碳时，以碳含量分布曲线为控制目标，由计算机根据渗层的即时情况（屏幕上可显示即时碳含量分布曲线、渗层深度、炉温、碳势的测试数据等），对照目标曲线，自动动态调整碳势，直到形成最佳的碳含量分布曲线为止。该技术控制精确度高，渗碳质量高且稳定可靠，重现性好，并可缩短渗碳时间。

8. 预氧化渗碳

预氧化处理是在渗碳前400℃左右，向炉内通入氧气或空气，使工件表面形成 Fe_3O_4 薄膜，这层薄膜对随后的渗碳有较强的催渗作用并可改善渗层的均匀性。

第三节 固体、液体渗碳

一、固体渗碳

将工件放在填充粒状渗碳剂的密封箱中进行的渗碳，称固体渗碳（pack carburizing, solid carburizing）。固体渗碳剂主要由供碳剂和催化剂组成。常用供碳剂为颗粒状木炭、焦炭，催渗剂为碳酸盐（$BaCO_3$、Na_2CO_3、$CaCO_3$等）。

在渗碳加热时，渗碳箱中的木炭与箱内原有的氧气化合生成CO，即2C（固态）$+O_2 \rightleftharpoons 2CO$，生成的CO与工件表面接触时发生分解：$2CO \rightleftharpoons CO_2+[C]$，产生活性碳原子。反应产生的$CO_2$气体又与炽热木炭反应：$CO_2+C$（固态）$\rightleftharpoons CO$，重新形成CO，如此重复，即可不断提供活性碳原子。但由于渗碳箱内残留的氧气有限，所能获得的CO也有限，故单用木炭渗碳效率很低。加入催渗剂，可增加气氛中CO浓度，提高固体渗碳剂的活性，从而大大加快渗碳速度。其反应式为：$BaCO_3 \rightleftharpoons BaO+CO_2$，生成的$CO_2$与木炭作用即可提供所需CO。从以上反应过程看出，固体渗碳实际上是靠CO气体产生活性碳原子，其实质与气体渗碳一样。固体渗碳的基本过程与气体渗碳相似。

固体渗碳不需专用渗碳设备、适应性强，生产成本低廉，很适于单件、小批量生产。缺点是加热时间长（装箱渗碳和木炭热导率低所致），生产效率低，劳动条件差，渗碳质量不易控制等，渗碳后很难进行直接淬火（需出炉后随箱冷却至300℃左右开箱，然后重新加热淬火），目前已很少使用㊀。

二、液体渗碳

液体渗碳（liquid carburizing）是指在含有渗碳剂的熔盐中进行的渗碳。液体渗碳的优点是加热均匀、速度快，渗速较快，便于直接淬火。缺点是成本高，渗碳盐浴有毒，盐浴成分不易调整，碳势不易精确控制，易腐蚀零件，渗碳后工件清洗麻烦，劳动条件较差，故液体渗碳已基本停止使用。

第四节 渗碳后的热处理

渗碳只改变了工件表层的化学成分，要提高渗碳件的表层及心部性能，必须在渗碳后进行淬火和低温回火。生产中淬火方法主要有有以下几种：直接淬火、一次淬火、二次淬火及

㊀ 一些不便普通气体渗碳的带深孔或盲孔工件，通过在孔内塞入渗碳剂，同样可进行渗碳。

消除残留奥氏体的淬火等。

一、直接淬火

直接淬火（direct quenching）是指工件在渗碳后直接淬火冷却的工艺。

在渗碳中，如果奥氏体晶粒未发生明显长大，则可在渗碳后直接淬火。直接淬火时，通常要将工件预冷⊖至一定温度，然后再淬火冷却。渗碳后预冷的目的是：让渗层中奥氏体在预冷过程中析出一部分碳化物，以降低其碳及合金元素含量，使其 Ms、Mf 提高，从而减少渗层残留奥氏体，提高表面硬度；析出的碳化物还有利于提高渗层的耐磨性；在较低温度下淬火，可降低淬火内应力，减少工件的淬火畸变。

由于渗碳后，表层与心部含碳量不同，各自适宜的淬火温度自然也不同，如图 13-15 所示。对碳钢而言，高碳含量的表层（右影线区）适合的淬火温度为略高于 Ar_1（注意：这里是冷却，故应为 Ar_1），但此温度对心部（如左影线区）就太低了，心部会在预冷中析出大量铁素体，使强度降低；如果预冷到 Ar_3 以上，则对低碳含量的心部适合，但对碳含量较高的表层则偏高了（如影线区内靠右处），由于表层未能析出碳化物，使奥氏体中碳含量偏高，淬后残留奥氏体数量较多。这使预冷温度的选择成为两难的事情。

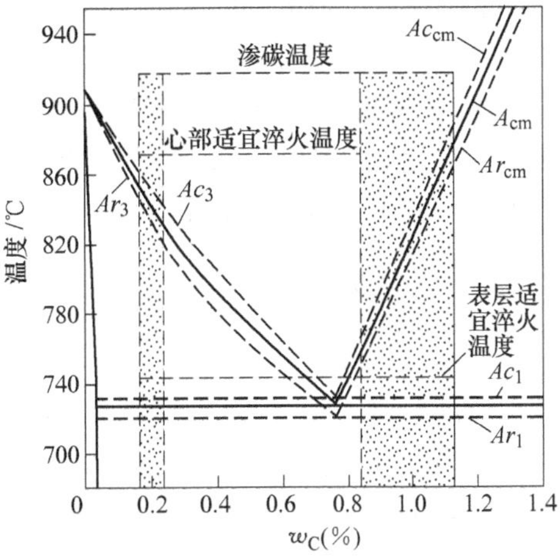

图 13-15　淬火加热温度选择

实际中，可根据性能要求灵活而定：如果零件侧重要求表层硬度和耐磨性，而对心部性能要求不高，则预冷温度应主要考虑满足表层性能要求，即预冷温度略高于 Ar_1（但不允许析出网状碳化物）。当然，这会使心部预冷中析出较多铁素体，降低其强度。如果零件对心部性能要求较高，而对表层要求不高，则应主要考虑满足心部性能要求，预冷温度应高于心部的 Ar_3。当然，这对表层来说，温度偏高，其硬度会降低。实际中这两种极端情况较少，更多的是表层与心部性能都要给予兼顾。这时要对零件的心、表成分、性能要求、淬透性及淬火方法等综合考虑后酌情而定。对于碳钢，预冷温度应在 $Ar_1 \sim Ar_3$。对于多数合金钢，通常预冷温度为 820～860℃，保温 0.5～1h 后淬冷。

直接淬火法的优点是生产效率高、节能，变形小，氧化脱碳程度轻，适于渗碳中晶粒未粗化的本质细晶粒钢，如 20CrMnTi、20CrMnMo 等。如果晶粒明显粗化，则在预冷中并不能使奥氏体晶粒细化，如直接淬火，会导致马氏体粗大、性能变坏；对此，需空冷后重新加热，将奥氏体晶粒细化，再进行淬火冷却，即下面要介绍的一次淬火。

想一想　①15、20 钢渗碳后是否适于直接淬火，为什么？②渗碳后预冷为何不能使渗碳中粗化的奥氏体晶粒得到细化？

⊖ 直接淬火很少采用从渗碳温度直接淬冷，因这会使渗层奥氏体碳含量偏高、残留奥氏体过多，导致硬度下降，并且淬火畸变也较大。

二、一次淬火

一次淬火是将工件渗碳后空冷或坑冷，然后重新加热淬火的工艺。与直接淬火类似，一次淬火的加热温度同样应根据心部和表层成分和性能要求等确定。对侧重要求表层高硬度、高耐磨性的工件，加热温度应略高于表层的 Ac_1，而侧重要求心部强度的工件，则淬火温度略高于心部 Ac_3；如要兼顾心部和表层性能，对碳钢，淬火温度应在 Ac_1 ~ Ac_3，（780 ~ 810℃，具体与成分等有关）。此时，奥氏体晶粒较细，表层残留碳化物尚未完全溶解，淬后残留奥氏体量适中，表层硬度较高；而心部铁素体也较少，故强度也较高。对一般合金渗碳钢，常采用稍高于 Ac_3 的温度（820 ~ 860℃）加热淬火。

一次淬火法主要用于气体渗碳后晶粒发生粗化的钢（如 15、20、20Cr 等[⊖]），及某些不便直接淬火的工件（如固体渗碳件、需用淬火压床淬冷件及渗碳后尚需机加工的工件）。与直接淬火相比，一次淬火工艺较复杂，生产周期较长、费用高，氧化、脱碳及变形倾向较大。

三、二次淬火

工件渗碳冷却后，先在高于 Ac_3 的温度奥氏体化并淬冷以细化心部组织，随即在略高于 Ac_1 的温度奥氏体化以细化渗层组织的淬火称两次淬火（double quenching）。图 13-16 是二次淬火的工艺曲线。

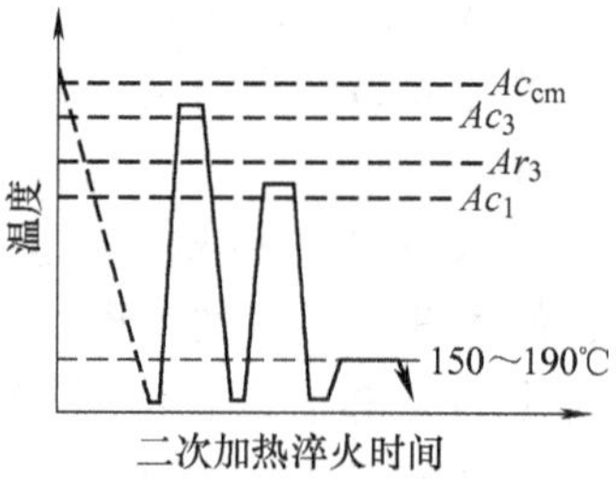

图 13-16　渗碳后的热处理工艺

第一次淬火的加热温度应高于心部的 Ac_3 温度（碳钢常用 880 ~ 900℃、合金钢用 850 ~ 870℃），其目的是细化心部组织，并消除表面网状渗碳体，为第二次淬火做准备。此温度对表层来说有些偏高，会使表层晶粒粗化。第二次淬火主要是为细化表层组织，温度选择稍高于表层的 Ac_1（要求心部强度高的工件在 810 ~ 830℃）。两次淬火后，心部和表层组织明显细化，表层碳化物呈细粒状、残留奥氏体较少，性能较好，尤其是疲劳强度明显提高。但两次淬火法生产周期长、工艺复杂、费用高，变形和氧化、脱碳严重，因此生产上很少使用，只对高温渗碳件及某些性能要求较高的零件（如航空业某些重要件）才使用。表 13-9 给出了常用渗碳钢的渗后热处理规范。

表 13-9　常用渗碳钢的渗后热处理规范

钢号	渗碳温度/℃	临界点/℃				淬火		回火		硬度/HRC	用　途
		Ac_1	Ac_3	Ar_3	Ar_1	温度/℃	介质	温度/℃	介质		
20	920 ~ 940	735	855	835	680	770 ~ 800	水	160 ~ 200			轴套、链条滚子、小齿轮等
20MnV	900 ~ 940	715	825	750	630	800 ~ 840	油	160 ~ 200	空气	≥56	小齿轮、小轴、活塞销等
20SiMnVB	920 ~ 940	726	866	779	699	860 ~ 880	油	180 ~ 200	空气	56 ~ 61	拖拉机齿轮
20Cr	920 ~ 940	766	838	799	702	770 ~ 820	油或水	160 ~ 200	油或空气	58 ~ 64	小齿轮、小轴、活塞销等
20CrMnMo	900 ~ 930					810 ~ 830	油	180 ~ 200	空气	58 ~ 63	汽车齿轮
20CrMnTi	920 ~ 940	740	825	730	650	830 ~ 850	油	180 ~ 200	空气	56 ~ 63	汽车、拖拉机的变速齿轮

⊖　15、20、20Cr 等钢如渗碳时晶粒未明显粗化，也可直接淬火。

（续）

钢号	渗碳温度/℃	临界点/℃				淬火		回火		硬度/HRC	用途
		Ac_1	Ac_3	Ar_3	Ar_1	温度/℃	介质	温度/℃	介质		
12CrNi3A	900～920					810～830	油	150～200	空气	≥58	
12Cr2Ni4A	900～930					770～800	油	160～200	空气	≥60	
18Cr2Ni4WA	900～940	700	810		350	840～860	油	150～200	空气	≥56	重负荷大齿轮、传动轴
20Cr2Ni4	925	705	765	640	580	780～800	油	180～200		≥58	重负荷大齿轮、传动轴

四、高温回火后淬火

此热处理工艺主要应用于合金元素含量较高的高淬透性合金渗碳钢[㊀]，如 12CrNi3A、20Cr2Ni4、18Cr2Ni4WA 等。这类钢由于渗碳时奥氏体中合金元素及碳含量较高，奥氏体十分稳定，*Ms*、*Mf* 较低（如 18Cr2Ni4WA 的 *Ms*、*Mf*，由渗碳前的 310℃、250℃变为 80℃和零下），淬火后，表层含有大量的残留奥氏体，淬火硬度只有 50～55HRC。为此，在淬火前须进行高温回火，如图 13-17 所示，以使残留奥氏体发生分解，碳化物充分析出和聚集、球化。如 20Cr2Ni4 在 600℃ 回火 2～3h，18Cr2Ni4WA 采用三次 640～680℃ 的高温回火，每次 3h，回火后空冷。高温回火后，在稍高于 Ac_1 温度 780～800℃加热淬火。由于球状碳化物较稳定，加热时，只有部分碳化物溶于奥氏体，故 *Ms*、*Mf* 较高，淬火后渗层中残留奥氏体量显著减少。淬火后在 150～200℃ 回火，以消除淬火内应力。

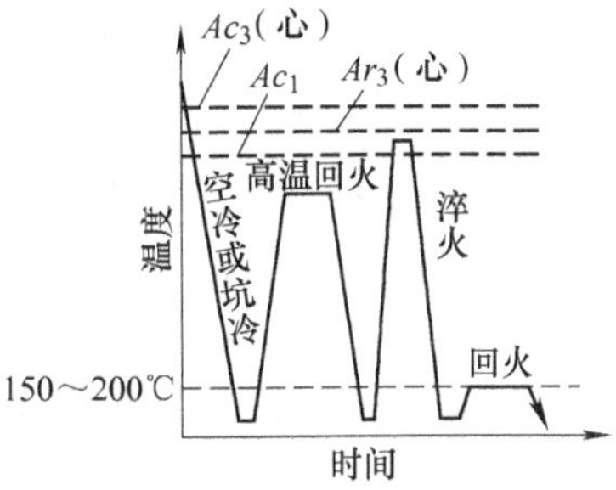

图 13-17　渗碳后高温回火＋淬火和低温回火示意图

对以上合金元素含量高的渗碳钢，除采用淬火前高温回火的方法外，还可采用淬火后冷处理的方式来消除残留奥氏体。

其他淬火方法还有等温淬火、表面感应加热淬火、二次硬化处理等，可参见有关资料，这里不再介绍。

五、回火

渗碳件淬火后需及时进行回火，其回火一般采用低温回火，温度通常为 160～220℃、时间为 2～4h，以在保持高硬度、高耐磨性的同时，消除部分内应力，并改善磨削性能，降低对磨削裂纹的敏感性。

六、典型件渗碳后热处理工艺实例

以汽车后桥圆锥主动锥齿轮为例。该齿轮的渗碳工艺已在分段渗碳一节介绍，这里从渗碳后的热处理开始介绍。

（1）淬火　因该钢渗碳中晶粒未明显长大，故可预冷后直接淬火。为防止脱碳，预

㊀ 也可采用渗碳→冷却井中冷却→淬火＋冷处理（－80℃）→低温回火，来消除残留奥氏体。

冷降温及随后等温时应继续滴入煤油，滴量与扩散段大体相同。为兼顾齿轮表面和心部的性能要求，预冷等温温度取为（840±10）℃，保温30min。保温结束后将工件取出淬入40~80℃的油中（N15或N32油），在油中冷却时，应尽可能地控制工件只进行上下窜动。在油中冷却时间应大于15min。油冷后清洗并烘干。

（2）回火　回火温度（200±10）℃，保温120min后出炉空冷。

（3）检验　按标准对试块齿角处的碳化物，表层马氏体、残留奥氏体及心部的铁素体级别进行检查。此检验也可视情况在淬火后进行。

（4）清除涂料　将齿轮置于约100℃碱槽内，保持30min，随后在流动的清水中清洗并烘干（也可通过喷砂去除涂料）。

（5）喷丸　喷丸可提高表层强度并形成较大的残余压应力，使齿面抗麻点剥落性能及疲劳抗力明显提高，同时还可清除齿轮表面的氧化皮等。为防止螺纹部分被打坏，需用螺母将螺纹部分拧上。

（6）校直　检查杆部畸变情况，并在校直机上进行校直。

（7）终检　检查齿轮表面有无裂纹、锈斑及磕碰；齿顶、花键及ϕ34mm处硬度58~64HRC；D_1、D_2处径向圆跳动小于0.05mm。以上项目检查比例，除ϕ34mm处硬度按5%~10%抽检外，其余均为100%检查。

七、渗碳热处理工艺编制练习

20CrMnTi锥齿轮（图13-18）技术要求：渗碳层深度0.8~1.2mm，表面硬度59~62HRC，心部硬度35~45HRC；要求：①画出分段渗碳及淬、回火工艺曲线，并注明各工艺参数（参见表13-6）。②说明渗碳工艺各参数、淬火、回火方式及各参数介质的选择理由。渗碳设备均为RQ3-75-9T，渗碳介质为煤油+甲醇。

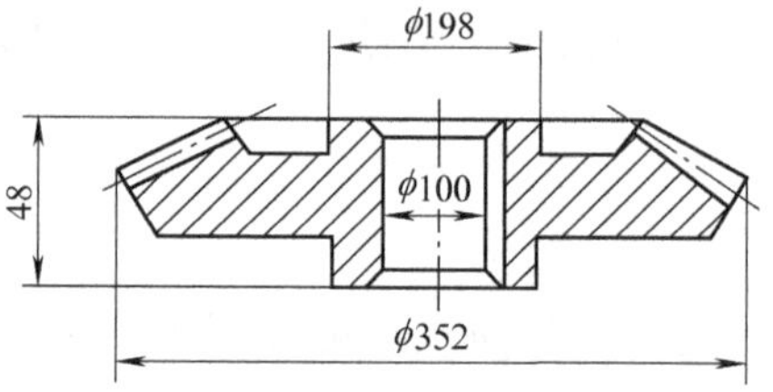

图13-18　锥齿轮示意图

第五节　渗碳件的组织性能、质量检验及常见缺陷

一、渗碳件的组织与性能

1. 渗碳层组织

如前所述，渗碳层碳的质量分数一般控制在0.9%左右。碳钢渗后缓冷由表及里组织依次为：过共析区（P+Fe_3C_{II}）→共析区（P）→亚共析区（P+F，P量由外向内逐渐减少）→心

部（P+F），如图13-19所示。由于实际冷却速度较快，使渗碳层产生伪共析转变，因此共析层的实际含碳量有较宽的范围。例如碳钢缓冷时，共析层的含碳量为0.7%～0.9%；空冷时，共析层的含碳量为0.6%～1.0%。合金钢渗碳时，由于合金元素的影响，其共析层含碳量偏差更大。碳钢正常淬火（$Ac_1 \sim Ac_{cm}$）后由表及里组织为$M_{针}+Fe_3C+Ar \rightarrow M_{针}+Ar \rightarrow M_{针+条}+A_r$（少量）→心部组织。心部具体组织与钢的淬透性、冷却方式及工件尺寸等有关。

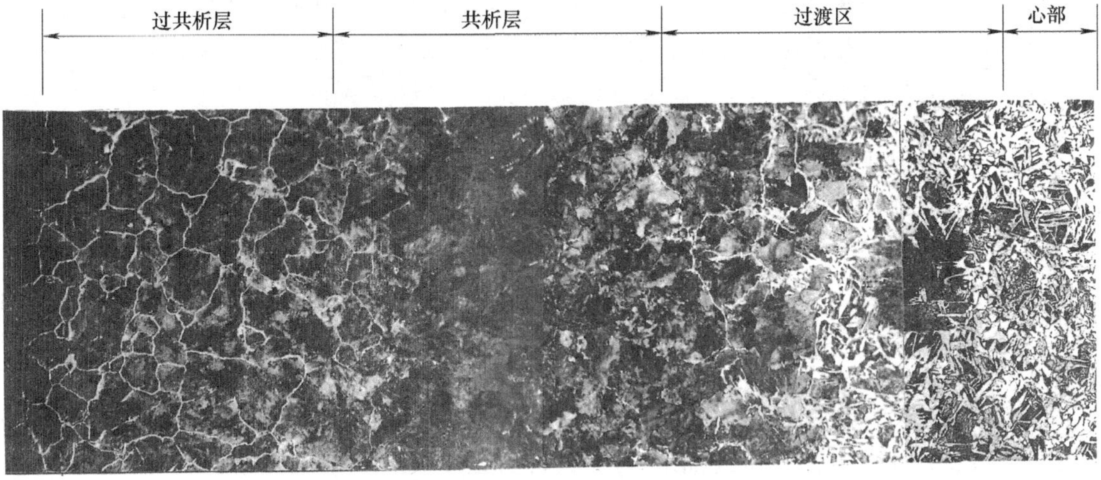

图13-19　20钢渗碳20h后缓冷组织（100×）

渗层中马氏体以细针状为宜，粗大的马氏体针使脆性增大，易在淬火和使用中产生裂纹。

残留奥氏体强、硬度较低，是不稳定组织，过量的残留奥氏体还易造成磨削裂纹。一般认为，渗层中残留奥氏体量应小于15%。但研究表明，渗层中残留奥氏体也有有益作用：如可以通过自身的塑性变形松弛渗层所受应力，从而避免或延缓渗层裂纹的形成与扩展。适量的残留奥氏体还可提高渗层的抗接触疲劳剥落㊀与抗弯曲疲劳的能力，齿轮渗碳层一般限制在30%以下，高精度齿轮限制在20%以下。而要求组织稳定的渗碳活塞销等，则限制在1%以下。

碳化物的数量、分布、大小、形状对渗层性能有重大影响。一般希望获得分布均匀的细粒状碳化物。若碳化物呈网状或粗大块状，将使工件抗接触疲劳、抗疲劳能力及抗冲击性能变坏，并易造成磨削裂纹。如仅从提高接触疲劳强度角度考虑，齿轮、滚动轴承类零件渗层中不含碳化物为宜，但对耐磨性要求高的工件，如去除碳化物，则耐磨性将大打折扣，故这类工件的渗碳层希望获得足够数量且分布均匀的碳化物细颗粒。

渗碳件心部组织应为板条马氏体，或板条马氏体+托氏体，但不允许有大块状或过量的铁素体。如心部铁素体数量过多，则工件心部强度偏低，承载时易出现心部塑性变形和渗层剥落。我国汽车、拖拉机齿轮心部硬度一般为33～48HRC。

2. 渗碳件的力学性能特点

（1）渗碳层具有高硬度和耐磨性　渗碳层的高硬度（58～63HRC）、良好的耐磨性主要来自高硬度的马氏体和足够数量的碳化物。

㊀ 关于残留奥氏体对接触疲劳强度的影响存在两种不同观点：一种观点认为，为提高接触疲劳寿命，渗层中应当有25%左右的残留奥氏体。另一种认为，残留奥氏体对接触疲劳抗力不利。

(2) 疲劳强度高　已知交变拉应力或拉应力分量是造成疲劳裂纹扩展并最终断裂的力学原因。由于渗层强度较高，使疲劳裂纹形成与扩展阻力变大，并且渗碳层具有较高的残余压应力，可部分抵消承载时的交变拉应力，使工件表层实际所受拉应力减轻，故渗碳件疲劳强度较高。

相关知识 由于渗层碳含量较高，其 *Ms* 明显低于心部。淬火时，渗层迟于心部发生马氏体转变，当表层发生马氏体转变时，已发生转变的心部将阻碍表层马氏体转变引起的体积膨胀，故对表层造成较大压应力。

(3) 接触疲劳强度高　承受交变接触压应力的齿轮、滚动轴承等零件，在交变接触压应力作用下，会产生交变切应力，交变切应力的最大值（$\tau_{最大}$）在表面以下一定深度处，且交变切应力随外载荷增大而增大。这类零件的一个主要失效形式就是因交变切应力反复作用导致渗层出现深浅、大小不同的剥落（如麻点剥落、浅层和深层剥落）。实践表明，表面强、硬度相同时，渗层越厚，接触疲劳强度和寿命越高。渗碳件由于强度较高且渗层较渗碳、碳氮共渗等厚，故接触疲劳强度较高，适于承受重载荷。

图 13-20 表示抗剪强度（即接触疲劳强度）相同、渗层厚度不同情况下，接触疲劳抗力的比较。可见，较厚的渗碳层（曲线 *a*），其抗剪强度大于最大切应力，从而具有较高的接触疲劳抗力和寿命；而较薄的渗碳层（曲线 *b*）的最大切应力则超过了其抗剪强度，故其接触疲劳抗力低、寿命短。此外渗碳层的残余压应力也对提高接触疲劳强度有利。研究表明，碳化物（尤其是网状、大块状碳化物）及夹杂物与基体交界处容易萌生接触疲劳裂纹，从接触疲劳角度看，组织中不希望出现碳化物，故以接触疲劳失效为主的零件，渗碳层含碳量不宜过高，例如，试验表明，滚动轴承表层马氏体碳含量在 0.5% 左右时，接触疲劳寿命最长。

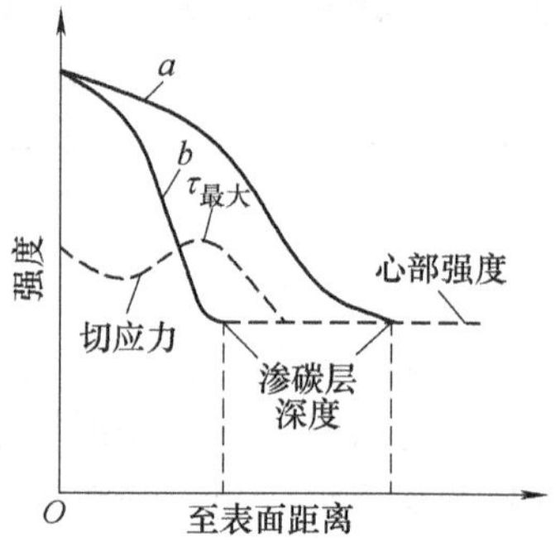

图 13-20　渗碳层深度与抗剪强度（即接触疲劳抗力）关系

二、渗碳件的质量检验

渗碳件的质量检验[㊀]主要有以下项目：

(1) 外观　工件表面无氧化、锈蚀、剥落、碰伤、裂纹等。

(2) 硬度　硬度一般在淬火、回火后检验，表面硬度（多为 58～63HRC）、心部硬度（多为 30～45HRC，视零件需要检验）及非渗碳区硬度应符合技术要求。对渗碳齿轮，JB/T 7516—1994《齿轮气体渗碳热处理工艺及其质量控制》规定表面硬度以啮合部位齿面为准[㊁]，心部硬度可用随炉试样检测（对齿形试样，检测部位为齿根圆与轮齿中心线相交处[㊂]）。检率按规定执行。硬度不合格时，应加倍抽检，仍不合格则视情况进行返修或判报废。

㊀ 目前渗碳件质量检验，通常参照 JB/T 7516—1994《齿轮气体渗碳热处理工艺及质量控制》。

㊁ 如不便测量，也可用齿顶或端面硬度代替，或用标准锉刀检测；对无法用硬度计检验的齿轮，可用随炉试样检测。汽车齿轮检测部位为齿宽中部节圆附近齿面。

㊂ 其他零件心部硬度在距表面三倍渗碳层深度以外处进行检测。

（3）渗碳层深度　常用渗碳层深度检测法有以下四种：

1）断口目测法。将渗碳工件淬火后打断，观察断口形貌。渗碳层呈白瓷状，中心未渗碳部分呈灰色纤维状断口（交界处含碳量约为0.4%）。有时为了更好地分辨渗碳层深度，将试样磨平、抛光、用4%硝酸酒精溶液浸蚀，显示出深灰色的渗碳层，然后用带刻度的放大镜测量渗碳层的深度。此法只用于中间试样的炉前检验。

2）金相测量法。渗碳缓冷后的试样经磨制、腐蚀后，在显微镜下测定。碳钢的渗碳层深度是从表面垂直量至1/2过渡区（该处的含碳量约为0.4%），其渗碳层包括过共析层+共析层+1/2过渡区（由共析区内侧至心部外侧组织之间的区域），并要求过共析与共析区之和应占总层深的75%以上；合金钢渗层深度是从表面垂直量至出现心部原始组织为止，包括过共析层+共析层+过渡区全部，并要求过共析与共析区之和应占总层深的50%以上。金相法只用于中间检验。

3）硬度测量法。根据GB/T 9450—2005《钢件渗碳淬火硬化层深度的测定和校核》进行测量。该标准规定，硬化层深度（用符号CHD表示，单位为mm）是指渗碳工件（或采用与工件尺寸、形状相近的试样）经淬、回火后，自表面到550HV处的垂直距离。测定硬度所采用的试验力为9.807N（1kgf）。硬化层深度代表的是真正硬化了的层深，具有重要实际意义，比金相法更贴近实际。硬度法用于渗碳件最终质量检验，此法也是有争议时的仲裁方法。国际上许多工业先进国家都采用此法。

4）剥层化学分析法。将ϕ20mm×120mm圆柱试样渗碳后缓冷，由表及里逐层车削，并进行化学分析，绘出碳含量梯度分布曲线，据此确定渗碳层深度及表面含碳量。此法精确可靠，但取样和分析较麻烦，多用于渗碳新工艺研究和试验新渗碳钢种。

（4）金相组织检验　一般在淬火、回火后，按有关行业标准进行检验。齿轮件的检验通常参照《汽车渗碳齿轮金相检验》QC/T 262—1999，所用试样为随炉试样。检验项目包括碳化物（大小、数量和分布等），马氏体针的长短、残留奥氏体数量；心部组织按各行业规定检测（如重载齿轮需检验游离铁素体）。对不同零件，合格对应的级别不同。

图13-21~图13-23给出了渗碳齿轮马氏体和残留奥氏体、碳化物、心部铁素体的评级标准图片。齿轮金相组织检测部位如图13-24所示。

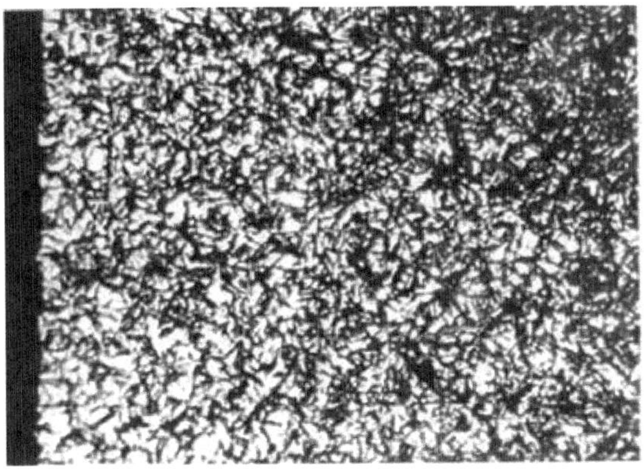

a)

b)

图13-21　汽车渗碳齿轮马氏体和残留奥氏体评级图

a）4级（≤5级合格）、残留奥氏体量23%　b）8级、残留奥氏体量50%

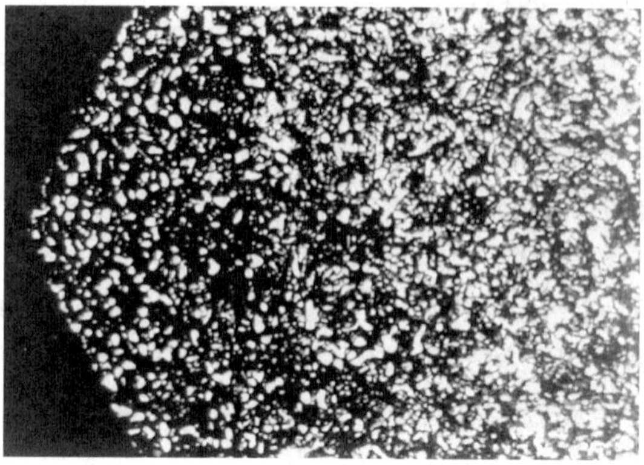

a)

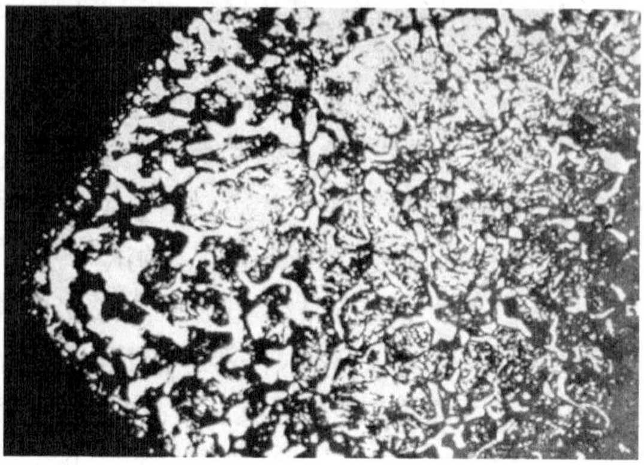

b)

图 13-22 汽车渗碳齿轮碳化物评级图

a）4 级（常啮合齿轮≤5 级合格）、碳化物呈小块状、数量多 b）8 级、碳化物呈粗大块状或网状

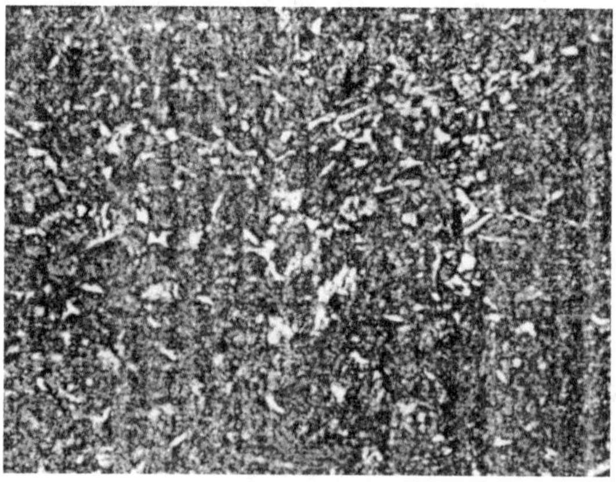

a)

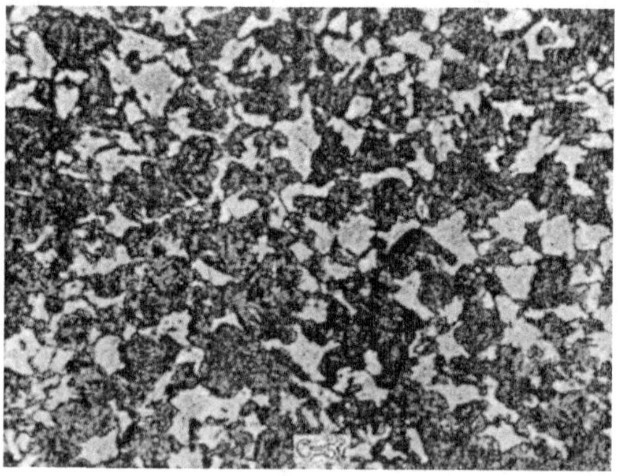

b)

图 13-23 渗碳齿轮心部铁素体评级图

a）心部铁素体 4 级（≤4 级合格） b）心部铁素体 8 级

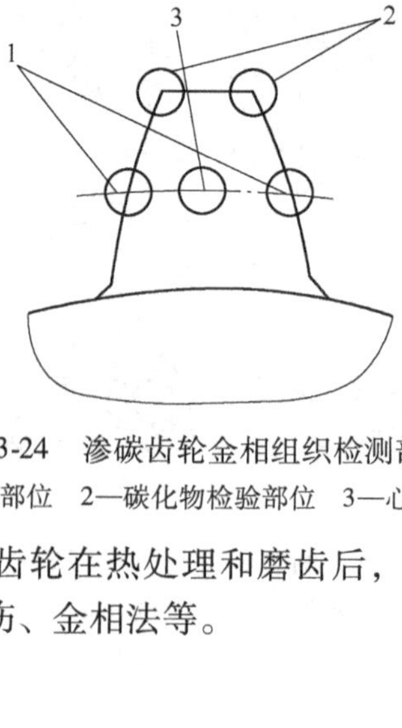

图 13-24 渗碳齿轮金相组织检测部位

1—残留奥氏体检验部位 2—碳化物检验部位 3—心部铁素体检验部位

（5）裂纹 可靠性要求高的齿轮在热处理和磨齿后，100% 检验，一般齿轮进行抽检。检验方法有磁粉探伤、超声波探伤、金相法等。

（6）畸变　按图样技术要求进行检验。

三、渗碳件常见缺陷及预防、消除措施

渗碳件常见缺陷及预防、消除措施见表13-10。

表13-10　渗碳件常见缺陷及预防、消除措施

缺陷形式	形成原因	防止措施及返修办法
表面大块或网状碳化物	多为渗碳剂活性太高或渗碳保温时间过长使表面碳含量过高所致	①降低渗碳剂活性；②保温后期适当降低渗碳剂供量；③在降低气氛碳势下，延长保温时间，重新淬火；④高温加热扩散（920℃，2h）后再淬火
表层粗大M	渗碳温度或淬火加热温度过高，致使奥氏体粗化，引起淬后马氏体粗大	①降低渗碳或淬火加热温度；②采用正火细化晶粒后，重新淬火
表面大量残留奥体	渗碳或淬火温度过高，奥氏体中合金元素及碳含量过高	①降低碳势，降低渗碳或淬火温度；②冷处理；③高温回火后重新加热淬火
表面脱碳	渗碳后期碳势偏低，炉子漏气，固体渗碳后冷速过慢，在冷却坑中及淬火加热时保护不当等	①防止炉子漏气，保证渗碳后期碳势；②淬火加热及坑冷时，适当保护；③补渗；④喷丸处理（脱碳层≤0.02mm时）
表层托氏体组织	渗碳介质中的氧向钢内扩散，在晶界形成Cr、Mn、Si等元素的氧化物，致使该处合金元素贫化、淬透性下降，淬火后呈托氏体黑色组织	①控制炉内介质成分，降低氧的含量；②喷丸处理（托氏体层≤0.02mm时）；③重新加热淬火，加快冷却速度
心部硬度不足	淬火温度低、加热保温时间不足或冷却过慢	调整淬火温度、保温时间及冷速；按正常工艺重新加热淬火
渗层深度不够	渗碳温度低，碳势低、渗碳剂活性低，渗碳时间不足，炉子漏气，装炉量过多，工件表面有氧化皮等	①调整渗碳温度、时间、滴量及炉子密封性；②渗碳前清理工件表面；③补渗
渗碳层深度不均匀	炉温不均匀，炉内气氛循环不良，炭黑在工件表面沉积过多，表面有油污、锈迹；固体渗碳时渗碳箱内温差大，催渗剂分布不均匀，渗前有带状组织	①保持炉温、炉气均匀；②尽可能减少炭黑沉积；③渗前进行表面清理；④注意使催渗剂分布均匀；⑤渗前消除带状
表面硬度低	表面碳含量低，表面脱碳，残留奥氏体过多、内氧化或冷速过慢造成表面形成托氏体组织	①选择适当的渗碳温度、碳势及淬火温度并适当保护；②碳含量低的可补渗；③残留奥氏体多者，按前面方法返修；④表面有托氏体的可重新加热淬火，增大淬火冷速
畸变过大	夹具及装炉方法不当，工件自重产生畸变，工件厚薄不均，渗碳或淬火温度过高，淬火冷却介质或冷却方法不当	①合理吊装工件，对易变形件采用压床淬火或采用热校；②对渗碳或淬火温度、介质、冷却方法进行调整

四、渗碳质量缺陷分析实例

某20CrMnTi钢制三轮农用车倒挡齿轮（图13-25a），技术要求为：渗碳层深度0.8～

1.2mm，硬度58～64HRC。采用工艺为：采用井式炉、930℃渗碳后，降温至880℃淬油（由930℃降至880℃，用时约45min），渗剂为甲醇+煤油。渗碳时将工件装入料筐，渗碳后，将料筐吊出，每次用钩子挑出1～3件在N32机油中淬冷。淬火后，发现存在以下问题：①表面硬度偏低（53～60HRC）且不均匀；②齿轮变形较大，ϕ32mm花键孔变形后呈锥形，小端收缩量为0.02～0.07mm，大端变形较为复杂，变化量在-0.05～0.13mm，合格率约40%。

分析认为：①造成花键孔畸变超差的主要原因是大、小端冷却不均匀、先淬冷件的实际淬火温度偏高；此外浸入油槽时，热态齿轮间相互碰撞，也会造成畸变；②各齿轮实际淬火温度及冷却条件不同是畸变较复杂和硬度不均匀的主要原因；③先淬冷件的淬火温度偏高，致使Ar偏多及后淬冷件的脱碳都会造成硬度偏低。

后改为渗碳后预冷至840℃、并保温30min，渗碳时采用吊具（图13-25b），将齿轮小端插入补偿垫圈的孔内，连同吊具一起入油淬冷。结果，上述问题得到解决。

点评：①采用补偿垫圈（使大、小端冷速趋于均匀）、降低出炉温度并保温都有利于减小淬火应力，从而减少畸变；降低出炉温度还有利于降低A中碳含量（从而减少Ar），并减少脱碳，保证硬度；②连同吊具淬冷，使各齿轮冷却条件相同，有利于保证硬度均匀，也避免了齿轮碰撞引起的畸变。

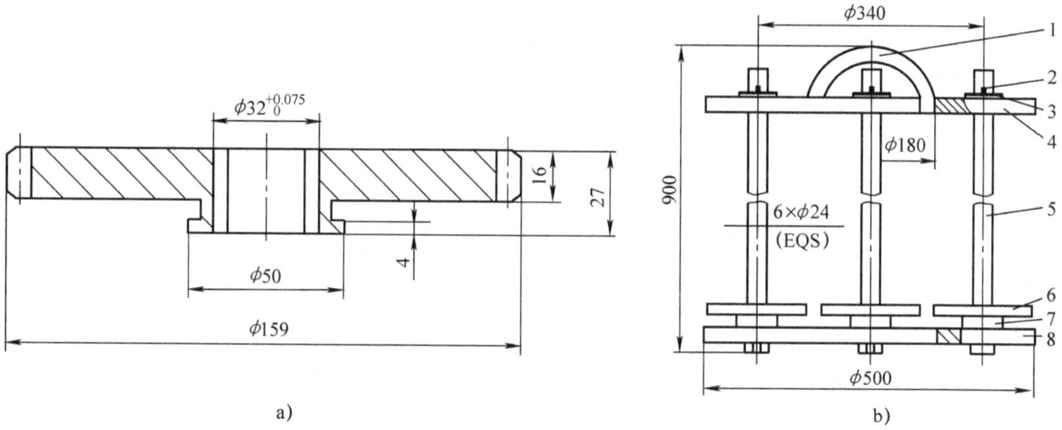

图13-25 倒挡齿轮和吊具

a）倒挡齿轮 b）吊具

1—吊环 2—销子 3—垫圈 4—上环形盘 5—支柱

6—齿轮 7—补偿垫圈 8—下环形盘

五、渗碳质量缺陷分析练习

图13-18所示20CrMnTi锥齿轮在生产中曾先后出现过以下三种质量问题：①表层硬度偏低。经检测表层碳含量正常，组织为粗大回火马氏体（>6级）+残留奥氏体（>6级）+少量碳化物；②心部硬度偏低，但渗层组织、性能正常，心部组织为板条状回火马氏体+S+较多块状F；③渗碳层偏薄（0.6mm），渗碳温度、时间、炉子均正常。试指出产生上述缺陷的可能原因，给出预防和消除办法，简述你的理由。

本章小结

本章主要介绍了气体常用气体渗碳介质特性、碳势控制原理、气体渗碳工艺、渗碳件淬火方法及工艺参数确定、渗碳件组织性能特点、渗碳件质量检验及常见缺陷等内容。本章特点是知识点较多、涉及范围较宽。

关于碳势控制原理与方法，学习时要注意抓住并弄清以下几点：

1. 气体渗碳时，不论采用什么渗碳剂，在渗碳温度下，炉内气体主要组分都是 CO、H_2、CH_4、CO_2、H_2O、O_2、N_2等。炉内发生的化学反应很多，但独立的且与渗碳有关的主要反应只有四个：$2CO \rightleftharpoons [C]+CO_2$；$CH_4 \rightleftharpoons [C]+2H_2$；$CO \rightleftharpoons [C]+\frac{1}{2}O_2$；$CO+H_2 \rightleftharpoons [C]+H_2O$。平衡时，由以上四个反应的平衡常数公式即可计算碳势。这也是碳势测量的原理。

2. 由于各组分间存在若干化学反应，且各组分的含量相互制约，在达到平衡时，只要确定一个组分含量，其他组分含量自然确定；若 CO、H_2含量恒定，则只要再确定一个组分含量，碳势即可确定（这也是单参数碳势控制的理论依据）。

3. 由于许多渗碳剂（除甲醇-乙酸乙酯、吸热式气氛外），其炉气中 CO、H_2含量并非恒定，也由于实际渗碳时间较短，炉内反应并未达到平衡，一个组分含量定了，其他组分还存在一定波动，这样如只进行单参数测控，误差就较大。为此，需进行多参数控制。多参数碳势控制精度较高，但成本也较高。

渗碳工艺过程、渗碳后的热处理及检验，主要内容如下：

1. 两段式渗碳工艺过程由强渗、扩散等两阶段组成，两段渗剂供量不同；可控气氛渗碳的工艺过程及主要工艺参数与两段式渗碳基本相同。但由于碳势控制精度较高，可控气氛渗碳质量较高、较稳定、重现性较好。与只控制表面碳含量、渗层深度的传统渗碳工艺相比，动态碳势控制技术还可对渗层碳含量分布进行控制，渗碳质量更好。

2. 由于渗碳件的淬火要兼顾心部和表层的性能，而心部和表层成分却不同，这使淬火温度的确定成为一件较费神的事情。此处如把淬火工件分成如下三种情况：主要满足表层性能、主要满足心部性能和兼顾心部和表层性能，学习时会方便一些。渗碳件的回火一般均为低温回火。

3. 渗碳件性能特点是：表面强、硬度高，耐磨性好，疲劳强度、接触疲劳强度高，心部韧性好。对不同的渗碳件，最终检验项目有所不同，要求检验渗层与心部组织的工件，多为重要工件或可靠性要求较高的工件。

本章重要名词：渗碳、渗碳剂、渗碳层深度、硬化层深度、气体渗碳、固体渗碳、液体渗碳、强渗阶段、扩散阶段、真空渗碳、直生式气氛渗碳、直接淬火、一次淬火、二次淬火

习　题

一、判断正误并简述原因

1. 碳势为 1.0% 的炉气，可使 T7、T10、T12 钢件渗碳。碳势值等于炉内渗碳件的表面

碳含量。 ( )

2. 在其他条件相同时，碳势高的炉气渗碳速度较快；强渗段与扩散段的碳势值应相同。 ( )

3. 渗碳后直接淬火时的预冷，目的是细化奥氏体晶粒。 ( )

4. 两段渗碳时，如始终采取强渗段的煤油滴量，则渗碳速度较快。 ( )

5. 用煤油 + 甲醇分段渗碳时，强渗段与扩散段的工件表面碳含量相同。 ( )

6. 用吸热式气氛渗碳就是将已预制好的吸热式气氛直接通入渗碳炉中，不必再添加渗碳介质。 ( )

7. 若渗碳后不进行预冷，而直接在渗碳温度下淬冷，则可得到较高的渗碳层硬度。 ( )

二、简答题

1. 渗碳层偏薄，碳含量梯度过陡，渗层含碳量偏低、偏高分别对零件性能有何影响？

2. 渗碳质量优、劣主要指哪几个方面？指出通常渗碳件表层含碳量、常用渗碳钢含碳量。

3. 指出渗碳温度下，炉内气体的主要组分及各组分的作用；那些组分对碳势影响较大，其含量通常限定为多少（以井式炉为例）？

4. 指出强渗段碳势控制应遵循的原则。

5. 比较煤油、甲醇、丙酮、乙醇、醋酸乙酯的渗碳能力，并指出其在渗碳中的作用。

6. 为何 20CrMnTi 等渗碳钢预先热处理采用正火，而 18Cr2Ni4WA、20Cr2Ni4A 等高淬透性渗碳钢需进行正火 + 高温回火？

7. 原始碳的质量分数为 0.078% 的钢箔，在渗碳前、后的质量分别为 1.6668g 和 1.6801g，求炉气的碳势？在此炉气中的 T10 钢和 20 钢将发生渗碳还是脱碳？为什么？

8. 简述炉气碳势高低对渗碳有何影响？

9. 为什么提高渗碳温度、增大表层碳含量梯度可加快渗碳速度？

10. 用井式炉气体渗碳时，一般应选择下面哪个温度：820℃、920℃、1020℃，为什么？

11. 已知某工件渗碳 1h，渗层深度为 0.35mm，由此可否推断渗碳 2h 和 3h 的渗层深度分别为 0.70mm、1.05mm，为什么？

12. 如何防止渗碳时出现大块碳化物和网状碳化物？如果出现了，怎么办？

13. 对直接淬火的工件，如果从渗碳温度下直接淬火冷却，会产生什么结果，为什么？

14. 试指出真空渗碳与稀土渗碳的优点及存在的问题。

15. 当零件某个部位要求硬度较低时，可对该部位预留加工余量，并在渗碳后、淬火前将该部位渗碳层切削掉。请说明为什么该部位在渗碳后仍较容易切削？

三、填空题

1. 直接淬火适用于______钢，一次淬火适于______钢，二次淬火适于______钢，高温回火后淬火适于______钢。

2. 渗碳件质量检验一般包括______、______、______、______、______和______。

3. 井式炉正常渗碳的火苗长度为______，颜色呈______；如火苗长度______、且外缘呈______，则表明漏气或渗剂供应量不足。

4. 用煤油 + 甲醇渗碳时，在 850℃以下，应采用________排气，在________以上方可采用______排气。

5. 用金相法测量 20CrMnTi 的等合金钢的渗碳层深度时，应测到______。

6. 测量有效硬化层深度时，应从渗碳淬火后工件的表面垂直测至______处。

7. 预氧化的作用是______、______。

8. 20CrMnMo 钢渗碳后冷却时，不宜采取______，否则易造成表面______。

9. 渗碳后喷丸处理，可有效提高工件的______。

10. 渗碳后，通常需检验______、______、______、______和______。

第十四章　钢的渗氮

渗氮（也常称氮化，nitriding），是在一定温度下在一定介质中使氮原子渗入工件表层的化学热处理工艺。渗氮具有以下特点：

1）渗氮件具有很高的表面硬度和耐磨性。如含 Al、Cr、Mo 的合金钢渗氮后硬度可达 950～1200HV（相当于 68HRC 以上），并且这种高硬度可维持到 500℃左右。

2）渗氮温度低（480～560℃），畸变小，适合于各种要求高硬度、高耐磨性的精密工件，如精密机床的丝杠、精密齿轮、精密磨床主轴等。

3）具有高的疲劳强度、良好的抗咬卡性和较好的抗大气、抗淡水腐蚀能力。

4）渗氮层较薄（一般 <0.5mm）、较脆，不适于承受重载荷、冲击载荷。

5）通常渗氮时间很长（几十小时甚至上百小时），成本高。

与渗碳一样，渗氮也可分为气体渗氮、液体渗氮和固体渗氮，其中应用最多的是气体渗氮，液体渗氮和固体渗氮目前应用很少。

本章主要介绍气体渗氮的基本原理、渗氮件的组织性能特点、渗氮工艺、渗氮件常见质量缺陷和预防消除措施。对离子渗氮及其他渗氮方法给予简要介绍。本章主要教学要求是：①清楚渗氮件组织性能特点。②掌握常用气体渗氮工艺方法，清楚注意事项。③了解离子渗氮的原理、特点。④清楚渗氮件检验项目、熟悉渗氮常见缺陷及其预防、消除措施。⑤能够完成渗氮工艺编制练习与渗氮质量缺陷分析练习。

第一节　渗氮层组织与性能

一、Fe－N 相图与基本相

图 14-1 为 Fe－N 状态图，整个状态图共有五个单相区，其中包括两个间隙式固溶体 α、γ 和三个成分可变的间隙化合物 γ′、ε、ξ。

（1）α 相　氮在 α－Fe 中的间隙固溶体（含氮铁素体），具有体心立方晶格，其中氮的质量分数在室温时不超过 0.001%，在 590℃为 0.1%。

（2）γ 相　氮在 γ－Fe 中的间隙固溶体（即含氮奥氏体），面心立方晶格，温度高于 590℃时才存在。共析成分为氮的质量分数 2.35%，温度缓慢下降通过 590℃时，γ 相发生共析转变 $\gamma \rightarrow \alpha + \gamma'$。如在 γ 相区快速冷却，则会得到含氮马氏体（与含碳马氏体类似，其硬度为 650HV）。

（3）γ′相　一种成分可变的间隙相，面心立方晶格，450℃时氮的质量分数为 5.7%～6.1%，氮原子有序地占据间隙位置，当氮的质量分数为 5.9% 时，其成分符合 Fe_4N，γ′相大约在680℃以上发生分解并溶于ε相中。γ′相硬度为550HV、脆性较小，具有一定的耐蚀性。

（4）ε相　为一可变成分的氮化物，具有密排六方晶格，在一般氮化温度范围内ε相的成分大致在Fe_3N～Fe_2N（8.1%～11.0%N）。随温度的降低ε相将析出γ′相。ε相硬度约为265HV，较脆，并脆性随含氮量及厚度增加而增大，ε具有良好的抵抗大气和淡水腐蚀的性能。

（5）ξ相Fe_2N　ξ成分为11.0%～11.35%N，ξ相极脆，渗层一般不允许出现ξ相。

图14-1中有两个共析反应：在590℃，氮的质量分数为2.35%的γ相发生共析转变γ→α+γ′的，与Fe－Fe_3C相图中的珠光体转变相似。在650℃，氮的质量分数为4.55%的ε相发生另一共析转变ε→γ+γ′。渗氮一般在570℃以下进行，所以通常不会发生上述共析转变。

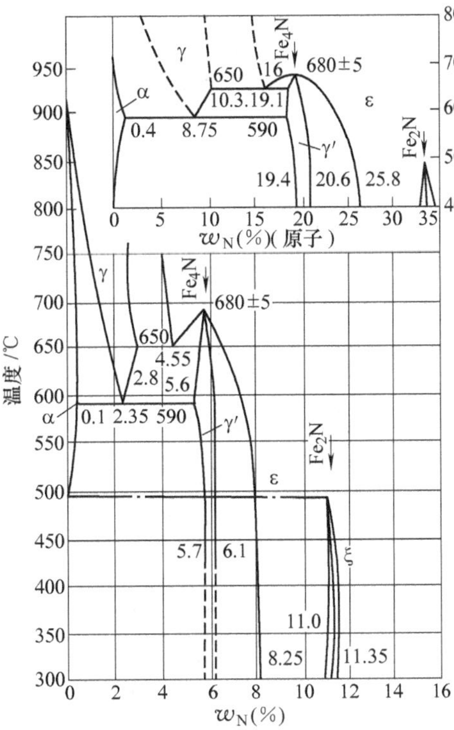

图14-1　Fe－N状态图

二、纯铁渗氮层组织

由Fe－N系状态图可知，在低于共析温度590℃对纯铁进行渗氮时，当表面的α相的氮浓度达到饱和时就转变为γ′相，当γ′相的氮浓度达到饱和后就会形成ε相。随后缓慢冷却时，由相图可知，将从<8.25%N的ε相层中析出γ′，从过饱和的α（相对室温溶解度）相层中析出γ′（该层也称扩散层）。图14-2为在590℃以下渗氮时渗氮层组织和氮含量分布示意图。

三、碳及合金元素对渗氮层组织与性能的影响

1. 碳的影响

在铁素体状态下渗氮时，由于N原子也是位于铁素体中的间隙位置，故碳的存在对氮原子的扩散不利，使氮的扩散系数降低，渗氮层深度减小。碳原子越多，此作用越大。钢的含碳量对渗氮层深度的影响如图14-3所示。

碳素钢渗氮层的组织与纯铁渗氮层的组织大致相同，也是由化合物层和扩散层组成（其中，中、高碳钢的化合物层主要是ε）碳可溶于ε中，形成$Fe_{2\text{-}3}$（C，N），使之硬度提高、脆性降低，但γ′几乎不溶解碳。氮也能溶入渗碳体而形成含氮渗碳体Fe_3（C，N）。

2. 合金元素的影响

1）形成合金化的γ′相和ε相，如$(Fe、Me)_4N$和$(Fe、Me)_{2\text{-}3}N$等，使之硬度提高。其中Al的硬化作用非常显著。研究表明，含Al合金钢一般不形成AlN，Al主要是溶于γ′、ε中，引起晶格强烈畸变，从而造成硬化（可达1200HV）。

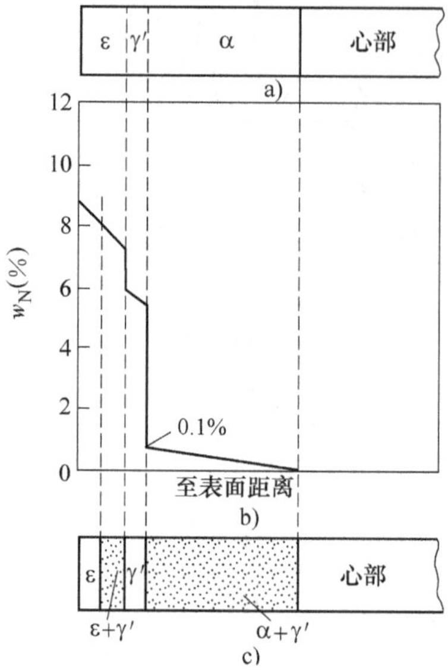

图 14-2 在 590℃以下渗氮时渗氮层组织和氮含量分布示意图

a）渗氮温度下的组织 b）氮含量分布曲线

c）缓冷到室温的组织

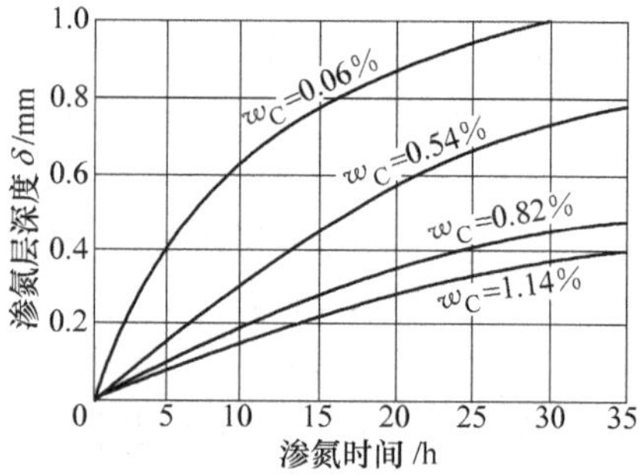

图 14-3 钢的含碳量对渗氮层深度的影响

2）形成合金氮化物。钢中合金元素可分为形成氮化物元素与不形成氮化物元素。形成氮化物元素与氮亲和力按递减顺序排列为：Ti、V、Nb、W、Mo、Cr、Mn、Fe。这些元素可与氮形成高密度的偏聚区（图 14-4）㊀或合金氮化物（如 MeN、Me_2N 等）。这些合金氮化物具有极高的硬度（其热稳定性很好，在 500℃左右基本不发生明显聚集长大），以极细粒状弥散分布在扩散层的 α 基体中，并与基体 α 共格，可产生强烈的弥散强化作用。（目前，倾向于认为这是造成渗氮层高硬度的主要原因）。一般与氮亲和力越强的元素，其氮化物硬度越高，弥散强化效果越大。

研究表明，合金钢渗氮层的硬度不仅与合金氮化物本身硬度有关，还与合金氮化物的尺寸及是否与基体共格有关，当温度提高使共格破坏和聚集粗化，其硬化效果将快速下降。

由于碳钢中没有高硬度的合金氮化物，故其渗氮层硬度不如合金钢。中、高碳钢的化合物层硬度约为 500～650HV，其扩散层硬度也不高，而合金钢扩散层的硬度可高达 1000～1200HV。

3）溶于 α 相中的 W、Mo、Cr 等元素提高氮在 α 相中的溶解度（可提高至 0.2%～0.5%），延缓氮化物的形成，并使化合物层厚度变薄。

4）合金元素减少渗氮层深度。所有合金元素都不同程度降低了氮在 α 相中的扩散速度，因而使渗氮层深度减小，如图 14-5 所示。

合金钢的渗氮层组织与纯铁渗氮层相似，表层为白色化合物层（常称白亮层），内层为扩散层。扩散层中的合金氮化物超显微弥散分布，在显微镜下观察不到。

㊀ 与 α 完全共格的偏聚区（厚度仅 1～2 个原子间距）会因晶格畸变（图中未显示）而形成较强应力场，从而阻碍位错通过，产生强化效果。

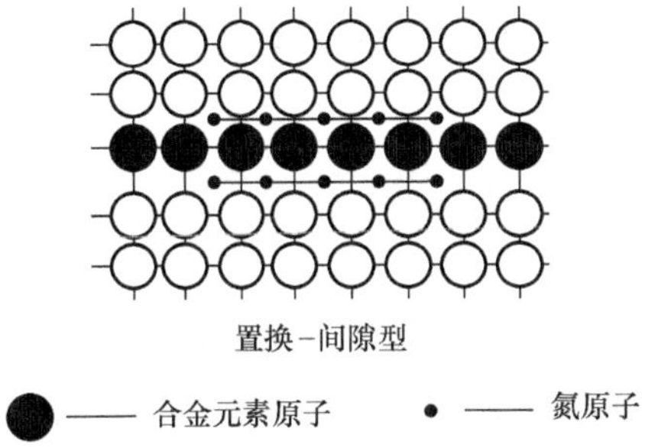

图 14-4　与 α 形成完全共格的偏聚区示意图

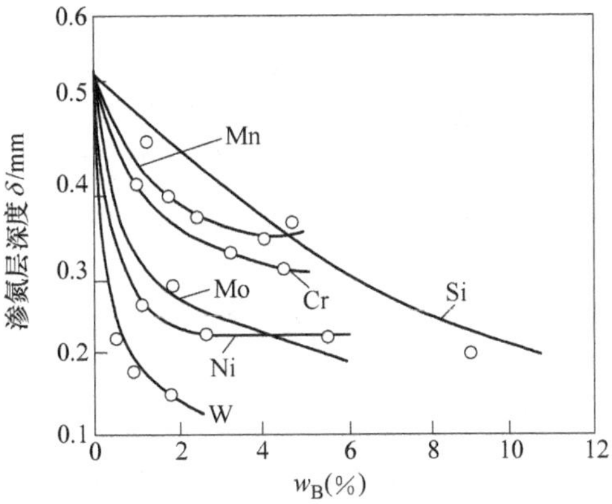

图 14-5　合金元素对渗氮层深度的影响

想一想　对要求高硬度（>1000HV）的渗氮件，应选用合金钢还是碳钢？为什么？

第二节　气体渗氮

气体渗氮（gas nitriding）是指在可提供活性氮原子的气体中进行的渗氮。常用的气体渗氮剂为氨气（NH_3）。

一、渗氮钢和渗氮前的预备热处理

（1）渗氮钢　一般而言，各种钢都可进行渗氮，但由于碳钢渗氮后硬度提高不显著，为了获得高的硬度，同时也为获得足够的心部强度，常选用含铬、钼、钨、钒等强氮化物形成元素的中、低碳合金钢进行渗氮。加入的合金元素除对渗氮产生影响外，还有增大淬透性、阻碍奥氏体晶粒长大、提高抗回火能力及防止回火脆性的作用。常用渗氮钢中最典型的是38CrMoAlA 钢，该钢渗氮后表面硬度可达 1000～1200HV，淬透性较高，加入 Mo 可抑制第二类回火脆性，心部具有较好的强韧性，广泛用于制作要求高硬度、高耐磨性、受冲击较小的工件，如主轴、螺杆、非重载齿轮、气缸筒等。表 14-1 给出了部分常用渗氮钢及其性能、用途。

表 14-1　部分常用渗氮钢及其应用

类　别	钢　号	渗氮后的性能特点	主 要 用 途
低碳钢	08，08Al，10，15，20，Q235，20Mn，30，35	抗大气与水腐蚀	螺栓、螺帽、销钉、把手等
中碳合金钢	40Cr，50Cr，50CrV，38CrMoAl，38Cr2MoAlA，35CrMo，40CrNiMo 35CrNi3W，38CrNi3MoA，42CrMo，30Cr3WA	耐磨、抗疲劳性能优良，心部强韧性好，特别是含 Al 钢，渗氮后表面硬度很高，耐磨性很好	机床主轴、镗杆、螺杆、汽轮机轴、较大载荷的齿轮和曲轴等
模具钢	Cr12MoV，5CrMnMo 3Cr2W8V，4Cr5MoSiV，4Cr5MoSiV1，4Cr5M2SiV	耐磨、抗热疲劳、热硬性好，有一定的抗冲击疲劳性能	冷冲模、拉深模、挤压模、有色金属压铸模等

（2）渗氮前的预备热处理　一般渗氮工件的加工路线为：下料→锻造→预备热处理→粗加工→调质→半精加工→去应力退火→粗磨→渗氮→精磨。由此看到，渗氮是最后一道热处理工序，这是因为渗氮层本身即很硬，不像渗碳层还需淬、回火才能将其硬化。由于渗氮层极硬且渗氮引起的变形很小，切削加工及校直应在渗氮前完成（渗氮后一般不再校直）。精密件在渗氮后也只需精磨即可。

想一想　渗氮件的热处理路线与感应淬火件有何异同？

渗氮前的调质是为使工件心部具有良好的综合性能，并为渗氮做好组织准备，即获得细小、均匀的回火索氏体组织。实践表明，调质处理工艺规范对渗氮质量影响极大：（以38CrMoAlA钢为例）①若淬火温度太低或保温时间不足，铁素体未能完全转变为奥氏体，或加热中脱碳，则渗氮时易在扩散层的游离铁素体中形成针状氮化物㊀，使渗层脆性增大，较多的游离铁素体还使心部强度降低；②若淬火温度偏高、原始组织粗大，则渗氮时易沿原奥氏体晶界形成脉状或网状氮化物（图14-19），导致脆性明显增大；③若淬火时冷却不足，在工件表层出现贝氏体组织，则随后渗氮中易出现针状氮化物，同样使脆性增大。故为保证渗氮质量，调质处理时，必须避免出现过多游离铁素体㊁、原始组织粗大、脱碳及贝氏体组织。此外，为避免渗氮时心部组织、性能发生变化，调质回火温度必须高于渗氮温度（通常高40～70℃），也即渗氮件心部的硬度实际是由回火温度决定的，回火温度高，则心部硬度低。

对易畸变件或精密工件，在切削加工后进行的去应力处理（或称稳定化处理），是为消除切削加工新产生的内应力，从而避免在渗氮中引起畸变。显然，去应力处理的温度应低于回火温度，否则会使硬度降低。去应力处理后，一般不再校直，如需校直，则校直后需再次进行去应力处理。

想一想　渗氮后还需进行淬回火吗？为什么？

二、气体渗氮装置

渗氮时，将氨气连续通入渗氮罐内，在渗氮温度下，氨气发生分解，其分解反应式为：$2NH_3 \rightarrow 2[N] + 3H_2$。氨气分解产生的部分活性氮原子被工件表面吸收，并渗入工件而形成渗氮层。剩余的氮原子很快结合成氮分子，和氢气一起从废气中排出。

图14-6为渗氮装置示意图。氨气由液氨瓶经过氨气流量计、干燥箱进入渗氮罐。未经充分干燥的氨气，易引起渗层脆性。渗氮罐要求密封，罐内温度及气体应尽可能均匀。渗氮罐最好用镍铬不锈钢、耐热钢制成，如用低碳钢制造，为避免罐壁被渗氮，应在罐内壁涂上搪瓷。冒泡瓶的主要作用是显示炉内是否为正压，当冒泡瓶内有气泡产生时，表示炉内为正压。为保护环境，不允许将含有氨的废气直接点燃，而应将废气通入水中，使氨被吸收后再排放。吸氨的水容器中的废水也须经处理，不得直接排放。

㊀ 这与铁素体中氮原子扩散系数较大，并局部富氮有关。

㊁ 在渗氮前的原始组织检验中，重要渗氮件要求距表面5mm之内的游离铁素体量<5%。

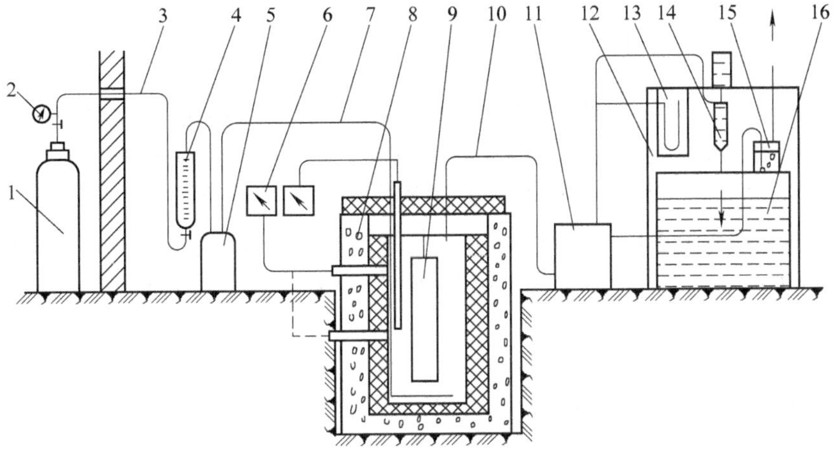

图 14-6　气体渗氮装置示意图

1—液氨瓶　2—氨气压力表　3—供氨管　4—氨气流量计　5—干燥箱　6—控制仪表　7—进气管　8—加热炉　9—工件　10—排气管　11—缓冲箱　12—安置架　13—排气压力计　14—分解率测定计　15—冒泡瓶　16—储水箱

三、气体渗氮工艺

1. 气体渗氮工艺参数

气体渗氮的工艺参数主要是渗氮温度、保温时间和氨分解率。

（1）渗氮温度　渗氮温度对表面硬度、渗氮层深度和变形量均有影响，图 14-7 为渗氮温度对 38CrMoAlA 钢表面硬度及渗氮层深度的影响。由图可见，渗氮温度越低，表面硬度越高，在相同时间内，渗层越薄，氮含量梯度越陡。

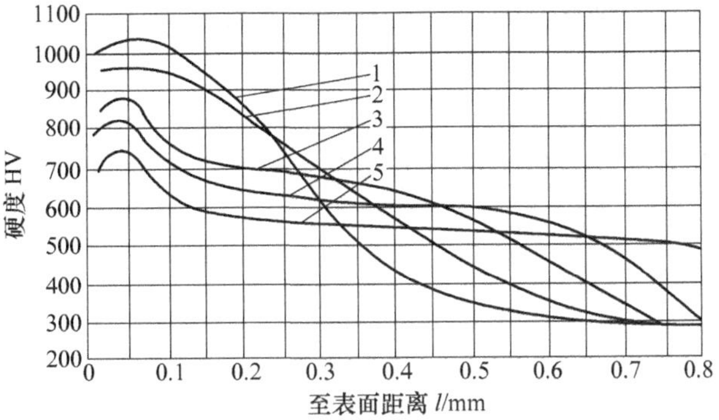

图 14-7　渗氮温度对 38CrMoAlA 钢表面硬度及层深的影响（渗氮时间 60h）

渗氮温度：1—500℃　2—520℃　3—560℃　4—580℃　5—600℃

对一定钢种，渗氮层的硬度主要取决于氮化物的弥散度，弥散度越大，硬度越高。500℃以下，合金氮化物的聚集长大不明显，硬度变化不大。超过 560℃，合金氮化物迅速聚集长大，表面硬度显著降低。随渗氮温度的升高，氮原子扩散速度增大，渗氮速度加快、渗层增厚，但畸变量也增大。

综合考虑，渗氮温度常选择为 480～560℃。形状复杂、表面硬度要求高的零件选下限，但如温度过低，渗氮速度太慢；要求渗氮层较厚而表面硬度要求不高时，可选上限。

为了不改变调质后的心部强度与硬度，渗氮温度通常要比调质处理的回火温度低 40～70℃。

想一想 渗氮温度若高于调质温度将会怎样？

（2）渗氮时间 温度一定时，渗氮层深度取决于渗氮保温时间。保温时间的选择又与渗氮温度有密切的关系。为得到同样深度的渗氮层，如把渗氮温度提高一些，渗氮时间就可大为缩短。图 14-8 给出了渗氮时间对渗氮层深度的影响，可见二者间也符合抛物线规律。开始时，渗氮层深度随时间延长增加较快，后期，则明显变慢。例如 38CrMoAlA 钢，当渗氮层深度为 0.4mm 时，渗氮速度为 0.02mm/h，而当渗氮层深度在 0.4～0.7mm 时，渗氮速度降为 0.005mm/h。

想一想 为何渗氮时间远比渗碳时间长？

（3）氨分解率 氨分解率是表示在某一温度下，分解的氮、氢混合气体占炉气总体积的百分比。

$$\alpha = \frac{\text{氢气体积}+\text{氮气体积}}{\text{罐内气体总体积}} \times 100\%$$

分解率的大小取决于渗氮温度、氨气流量、炉内压力、零件表面情况及有无催化剂等因素。

渗氮过程中，与工件表面接触的氨气才能有效提供活性氮原子。若氨气在接触工件前已分解，则分解出的 N 原子将很快结合成稳定的氮分子 N_2，而不能被再利用。因此，较低的氨分解率，才能保证工件表面有足够的未分解氨分子，以向工件提供充足的活性氮原子，形成较高的氮势 N_p[⊖]。但若分解率太低，则氮势太高、渗氮能力太强，易形成较厚的白亮层，增大脆性；而且为了维持这种低分解率，需消耗大量氨气，增加生产成本。若分解率过高，则氮势偏低，造成表面氮含量不足、渗氮层偏薄、硬度不足。氨分解率对 38CrMoAlA 钢渗氮层硬度及深度的影响如图 14-9 所示。实践表明，当分解率在 20%～40% 左右时较合适，对钢件吸收氮最为有利，硬度也较高。在不同渗氮温度下，氨分解率的适宜范围见表 14-2。

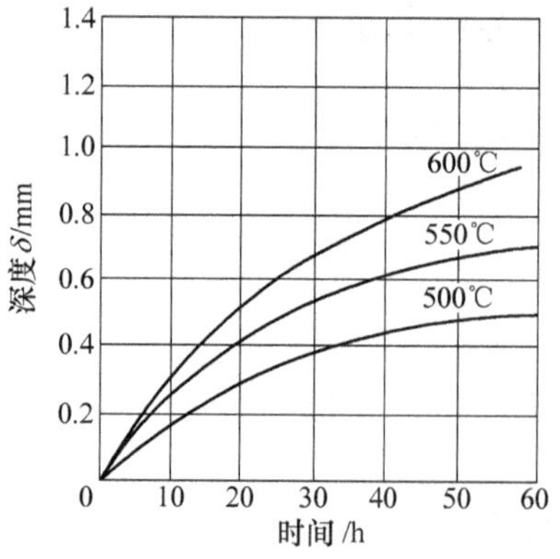

图 14-8 不同温度下渗氮时间对 38CrMoAlA 钢渗氮层深度的影响

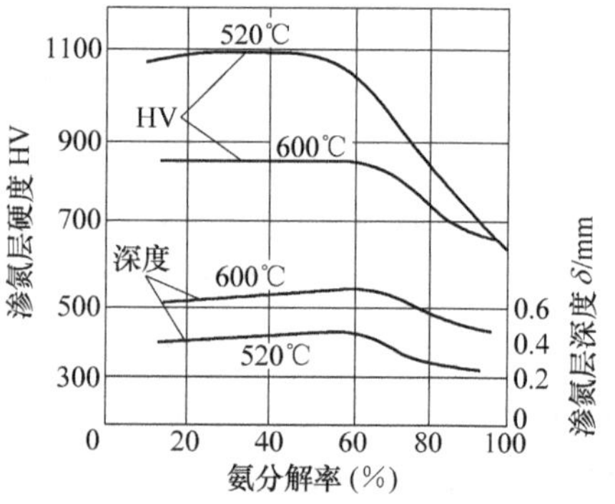

图 14-9 氨分解率对 38CrMoAlA 钢渗氮层硬度及深度的影响

⊖ $N_p = P_{NH3}/P_{H2}^{1.5} = [1-(4P_{H2}/3)]/P_{H2}^{1.5} = (1-\alpha)/(0.75\alpha)^{1.5}$，式中 P_{H2} 为氢气分压、α 为氨分解率。

想一想 若分解率过高，对渗氮有何影响？为什么？

表 14-2 不同渗氮温度下氨分解率的适宜范围

渗氮温度/℃	500	510	525	540	600
氨分解率（%）	15 ~ 25	20 ~ 30	25 ~ 35	35 ~ 50	45 ~ 60

分解率测定仪操作方法：通常采用氨分解率测定计测定氨分解率，生产上常用的氨分解率测定计如图 14-10 所示。测量时，先将阀门 2 关闭，然后将阀门 3、4 打开，使炉气进入管内，并将管内空气排出。1 ~ 2min 后先关闭阀门 4，然后关闭阀门 3，此时管内已充满炉气。打开阀门 2 使水注入管内，直至不能再注入为止。因管内氨气溶于水中，而 H_2、N_2 不溶于水，故水的体积就代表未分解的氨气体积。剩余体积为 H_2、N_2。这样就可由管上的刻度直接读出炉气的氨分解率。

2. 表面强化气体渗氮工艺

（1）人工控制的气体渗氮（常规气体渗氮） 生产上常用的常规强化渗氮工艺有等温渗氮、二段渗氮及三段渗氮等，这三种工艺的氨分解率都由人工控制。下面以精密机床主轴的渗氮工艺为例予以说明。该主轴材料为 38CrMoAlA，技术要求：渗氮层深度 0.4 ~ 0.6mm、表面硬度 > 900HV；脆性 < Ⅱ级，变形 < 0.06mm。用等温渗氮、二段渗氮都能满足技术要求。

1）等温渗氮法。等温渗氮（图 14-11）是在同一温度下进行渗氮。渗氮温度通常为 480 ~ 510℃。工件升温一般应采用低温入炉或预热升温的方法，以减小畸变。实践表明，如渗氮温度太低，渗氮层硬度高、畸变小，但渗氮时间太长；而温度高于 510℃，则会引起渗层硬度降低。渗氮时间主要取决于所要求的渗氮层深度。根据生产经验，渗氮温度为 510℃、渗层深度 < 0.4mm 时，38CrMoAlA 钢的渗氮速率为 0.01 ~ 0.015mm/h。

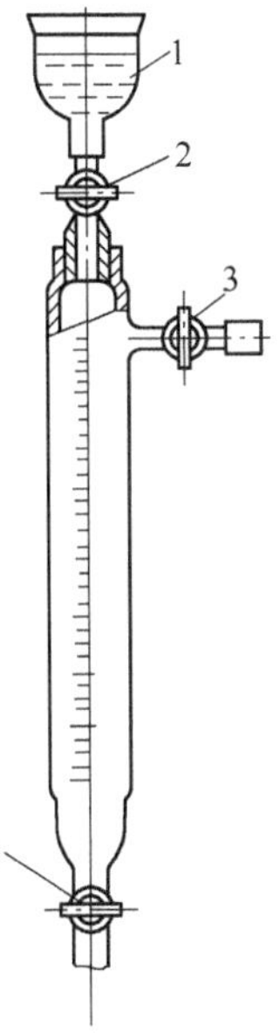

图 14-10 氨分解率测定计
1—盛水器 2—进水阀
3—进气阀 4—排水、排气阀

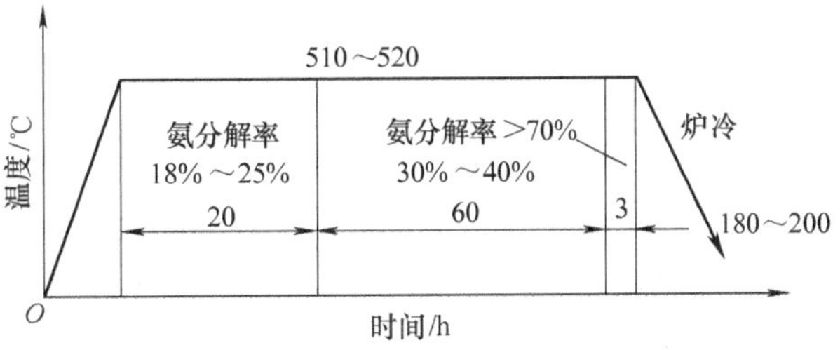

图 14-11 38CrMoAlA 等温渗氮工艺

在渗氮前期［前20h，(1/4～1/3) $h_{总}$］用较低的氨分解率（18%～25%），目的是提高表面氮含量，增大氮含量梯度，加速氮的扩散，并形成高弥散度的偏聚区或合金氮化物。在扩散期（2/3～3/4）$h_{总}$，适当提高分解率，以适当降低表面氮含量，改善硬度分布，减少渗层脆性。最后采用高分解率（>70%）进行退氮处理，以进一步降低渗层氮化物中的氮含量，从而降低渗层的脆性。渗氮结束后通常采取炉冷，并继续通入氨气，以减少畸变、避免氧化。经等温渗氮后，表面硬度为966～1034HV，渗层深度为0.51～0.56mm，脆性级别为1级。

等温渗氮具有渗氮温度低、表面硬度高、畸变小的优点，适于要求畸变小、硬度高的精密件；缺点是生产周期太长，而随炉冷却则使周期变得更长、设备利用率更低、氨气消耗更大。

相关知识 退氮过程中，炉气氮势较低，工件表面的氮原子向炉气扩散，同时也可向渗层内部扩散，从而使表面氮含量降低。炉罐和吊具使用一段时间后，也需进行退氮处理，否则会对氨气分解起催化作用，使氨气分解率和氨气消耗量增大，甚至造成氨气分解率难以控制（采用低碳钢搪瓷渗氮罐可较好的避免此问题）。炉罐退氮方法是在600～650下空烧4～6h。

2）二段渗氮法。二段渗氮法如图14-12所示。第一段与等温渗氮温度、分解率相同，目的也基本相同。第二段温度较高（550～560℃），分解率也较高（40%～60%），目的是加快氮原子的扩散，加大渗层厚度，并使渗氮层硬度分布趋于平缓。实践表明，第一段的渗氮温度是决定渗层硬度的主要因素，若采用较低温度，则形成的氮化物细小、弥散度较高，这些氮化物稳定性较好，在第二阶段（几十小时内）不会明显长大，故渗层硬度最终下降不多。若第一段温度过高，则氮化物较粗，会使硬度下降较多。

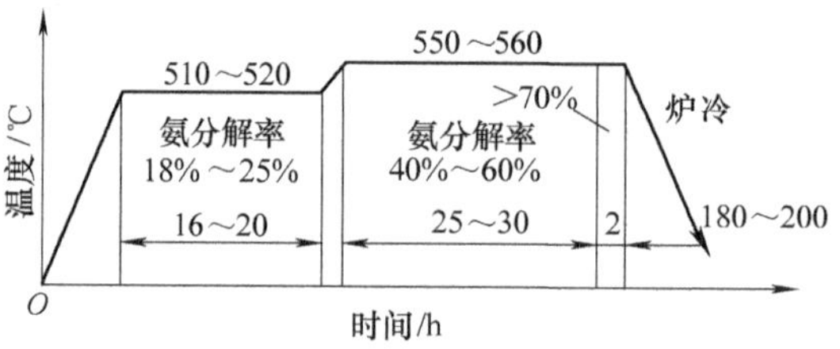

图14-12 38CrMoAlA二段氮化工艺

采用二段渗氮工艺比等温渗氮工艺时间可缩短25%～50%，表面硬度略低（856～1025HV），渗层厚度为0.49～0.53mm，脆性为1级，畸变程度略大。

为尽量减少渗氮零件畸变程度，第二段温度一般不高于560℃。在第二阶段氮化保温结束后，也需进行退氮处理。

二段渗氮法适于要求渗层较深、硬度较高，不易畸变或对畸变程度要求略低的工件。二段渗氮法在生产中应用较多。

> **想一想** “若渗氮温度高于550℃，则将引起渗氮层硬度明显下降”，此说法是否正确？

3）三段渗氮法。三段渗氮工艺（图14-13）是在二段渗氮的基础上，增加一段较低温度的保温时间，以再次提高表面氮含量，提高表面硬度。三段渗氮的生产周期可缩短到40h左右。

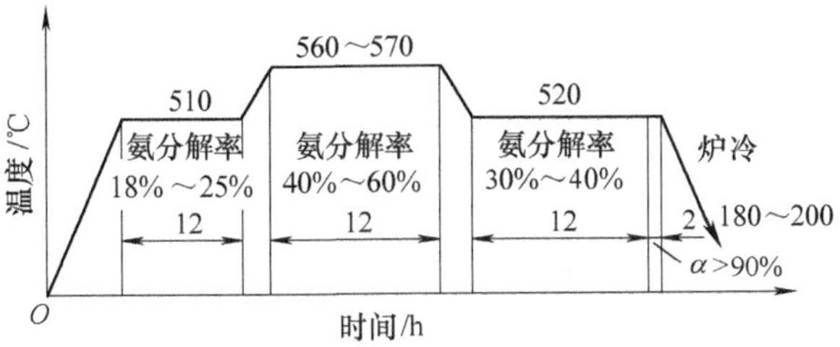

图14-13　38CrMoAlA三段渗氮工艺

三段渗氮法适于硬度要求较高、不易畸变或对畸变程度要求较低的工件。由于工艺较复杂、畸变较大，三段渗氮法应用较少。表14-3为常用结构钢的渗氮工艺规范。

> **新观点** 关于渗氮后的冷却，有研究指出，一般渗氮件在渗氮温度至450℃之间（具体视工件是否容易畸变而定）出炉空冷（甚至油冷）不致引起畸变超差。提前出炉可显著提高生产率和设备使用效率，节省氨气，提前出炉产生的极薄氧化膜还可减小摩擦系数。

> **想一想** 三种渗氮法各适于哪类工件？

（2）可控气氛渗氮简介　上述常规渗氮存在的问题是：氨分解率偏低（氮势过高），渗氮时很快（约2h）就形成ε化合物层，并常由于化合物层较厚而导致脆性较大（38CrMoAl等合金钢常需磨去化合物层后才可使用），且氨气消耗量也较大。研究表明，渗氮时，存在一个形成化合物层所需的最低氮势值－门槛值（门槛值是时间的函数），只要低于门槛值，即可不出现化合物层，从而提高渗层韧性。这样，渗氮时，只要控制好氮势值，即可获得所需要的渗层组织与性能。

利用氢分析仪可连续测量渗氮气氛中的H_2含量并推算出氨分解率，如将之与氮势控制系统配套连接即可对渗氮及后面将介绍的氮碳共渗的氨分解率及氮势实现控制，实现可控气氛渗氮。

3. 抗蚀渗氮工艺简介

抗蚀渗氮是为了提高工件的抗腐蚀性能而进行的渗氮处理。工件表面可获得厚度为0.015～0.06mm的致密、耐蚀性高的ε相。

抗蚀渗氮过程与强化渗氮过程基本相同，只是渗氮温度较高（多高于600℃），有利于致密ε相的形成，也有利于缩短渗氮时间。但温度过高，表面氮含量降低，孔隙度增大，耐蚀性下降。氨气分解率较低时，容易形成致密的ε相。

经抗蚀渗氮的碳钢、低合金钢及铸铁零件，在自来水、潮湿空气、过热蒸汽以及弱碱液体中，具有良好的抗蚀性，可用来制造自来水水龙头、锅炉蒸汽管、水管阀门以及门把手等，代替铜件和镀铬件。但渗氮层在酸溶液中并不具有抗蚀性。

表 14-3 常用结构钢的渗氮规范

钢 号	工艺参数				渗氮深度/mm	表面硬度
	阶段	渗氮温度/℃	时间/h	分解率（%）		
38CrMoAlA		510±5	80	30~50	0.5~0.6	>1000HV
	Ⅰ	510±10	26	15~25	>0.5	>900HV
	Ⅱ	510±10	46	≤60		
		530±5	2	>70		
	Ⅰ	520±5	10	20~25	0.4~0.6	>1000HV
	Ⅱ	570±5	16	40~60		
	Ⅲ	530±5	18	30~40		
		530±5	2	>90		
40CrNiMo		520±5	75	25~35	0.5~0.7	≥82HR15N
	Ⅰ	520±5	20	25~35	0.4~0.7	≥83HR15N
	Ⅱ	540±5	10~15	35~50		
40Cr		490±10	24	15~35	0.2~0.3	≥600HV
	Ⅰ	480±10	20	20~30	0.3~0.5	≥600HV
	Ⅱ	500±10	15~20	30~60		

四、渗氮层的性能特点

如前所述，碳钢与合金钢的渗氮层都是由化合物层和扩散层组成的。

（1）渗氮层硬度、耐磨性及脆性　合金渗氮钢经气体渗氮后，表面硬度及耐磨性明显高于渗碳件。合金钢渗氮层虽然硬度很高，但其脆性也较大。一般而言，渗氮层中的扩散层韧性最好，γ'层次之，ε层最差。由于合金钢化合物层较脆，且其脆性一般随化合物厚度增大而变大，故合金钢工件常需将化合物层磨薄或磨掉。

（2）疲劳强度　由于渗氮层强度高，且具有较大的残余压应力，故疲劳强度较高（比渗碳件高约25%）。同时，渗氮还可使工件的缺口敏感性降低。但由于渗氮层较薄，渗氮件的接触疲劳强度低于渗碳件。

（3）红硬性　渗氮层在500℃以下可长时间保持其高硬度，600℃下短时间内硬度无明显降低。

（4）抗咬卡性与耐蚀性较好　“咬卡”是由于短时间缺乏润滑并过热，在相对运动的两表面间产生的卡死、擦伤或焊合现象。渗氮层的高硬度和高温硬度，使之具有较好的抗咬卡能力。渗氮层对水及大气的耐蚀性较好。

五、典型零件渗氮工艺实例

T615K镗床镗杆如图14-14所示，材料38CrMoAlA，技术要求：基体硬度220~260HBW，渗氮层表面硬度≥900HV，渗层深度0.45~0.65mm。

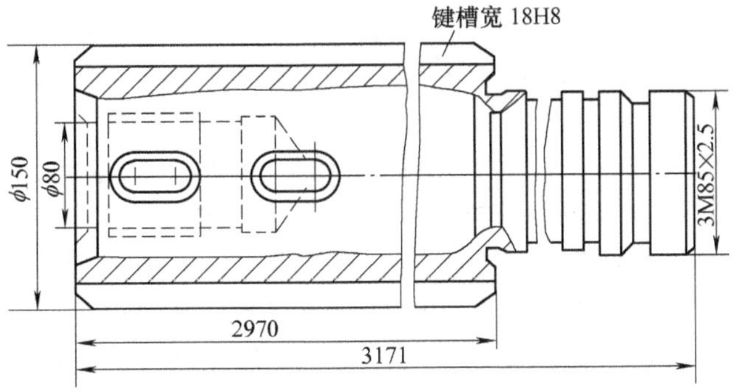

图 14-14　T615K 镗床镗杆

1. 渗氮前预备热处理工艺

1）退火：锻后于 840 ~ 870℃ ×5h 退火。

2）调质：粗车后于 930 ~ 950℃ ×1.5h，油淬，600 ~ 620℃ ×5h 回火，150℃出炉、空冷，矫直。

3）去应力处理：精车外圆及锥孔，粗刨键槽后进行 600 ~ 620℃ ×10 ~ 12h 去应力退火。退火后粗磨。

2. 渗氮前准备

（1）设备、工装、材料准备

1）检查、清理渗氮罐、加热炉（有效加热区温度偏差值≤ ±5℃）及管道系统，达到无泄漏并畅通。漏气检查方法：用玻璃棒蘸盐酸，盐酸遇到氨气冒白烟；或用浸湿的 pH 试纸，试纸遇氨气变蓝色。

2）设备、电气、管道阀门及各种仪表工作正常。

3）停炉后首次开炉及每隔 2 ~ 3 炉应清理烘干干燥箱或更新干燥剂。

4）清理设备、炉罐及管道内的积水和异物。

5）备足液氨量。按工件渗氮总面积及渗氮时间估算氨气用量，液氨中含水量要小于 0.2%。

6）清理渗氮罐（或喷砂处理）、工夹具及绑扎用铁丝，除去油污、锈蚀。

7）准备好与工件材料、预备热处理及表面粗糙度相同的随炉试样，试样尺寸 ϕ10 ~ 20mm，厚度为 4 ~ 10mm，试样数量 3 ~ 10 个（视炉膛大小而定）。

（2）工件准备

1）检查工件表面是否有裂纹、划痕、碰伤、氧化及尖锐棱角；金相组织、硬度、精磨余量及畸变量应符合技术要求。

2）用镀锡、镀铜或刷涂料等方法，对工件的非渗氮表面进行防渗处理。

3）清洗工件：渗前 2h，用酒精、汽油或四氯化碳对工件进行清洗，然后用净水洗净、擦干。也可用浓度 10% 碳酸钠水溶液煮沸 8 ~ 10min，随后用热水、凉水洗净，热风烘干。

3. 渗氮

本工件对硬度及畸变要求一般，可采用两段法渗氮。第一段采用 500 ~ 510℃ ×20h、氨分解率为18%～25%，第二段为510～520℃×70h，分解率为40%～50%，最后在氨分解率大于90%的气氛中退氮2h，炉冷至约150℃出炉空冷。表面硬度≥950HV，精磨后硬度≥900HV。

注意事项：工件装炉时，应垂直吊装，以减少变形；试样至少三根，分别置于炉内上、中、下部；对称拧紧炉盖螺栓后，升温、通氨排气（氨气流量应比渗氮时大一倍），至150℃时，排气结束；至450℃时，升温要慢，以避免超温（对畸变要求高的工件，应在400左右，保温2～4h）；升温至500℃时，调整好氨分解率，保温阶段保持进、排气压力稳定；第一段结束后，升温至第二段温度（510～520℃），并调整分解率至（40%～45%）；第二段保温结束后，关闭排气阀、进行2h退氮处理（分解率>90%）；退氮后降温时仍需通入氨气，保持正压，防止空气进入造成氧化；炉冷至150℃出炉空冷。渗氮过程中，每半小时测一次分解率，以保证分解率稳定。

出炉后送检，检查渗氮层深度、硬度、脆性和金相组织等。

六、渗氮工艺编制练习

38CrMoAlA钢M1432磨床主轴，最大直径ϕ60mm，长度为678mm，要求表面硬度≥950HV，渗氮层深度≥0.43mm，径向跳动≤0.04mm（即要求畸变极小）；另一38CrMoAlA主轴ϕ56mm，长度为586mm，要求表面硬度≥900HV，渗氮层深度0.45～0.65mm；设备均为井式炉，渗氮介质为氨气。对以上两工件，要求：①分别画出其预备热处理调质及渗氮工艺曲线并注明各工艺参数；②说明预备热处理方式、渗氮方式及各工艺参数的选择理由。

第三节 离子渗氮

离子渗氮（plasma nitriding，ion nitriding）是在低于1×10^5Pa（通常为10^{-1}～10^{-3}Pa）的含氮气氛中，利用工件（阴极）和阳极间产生的辉光放电现象进行的渗氮。由于它具有渗速快、氮化层的质量高、畸变小、节气减耗、环保等优点，因而得以迅速发展，并被列为热处理行业“十二五”发展规划的重点推广项目。

一、离子渗氮基本原理

图14-15是离子渗氮原理和离子渗氮装置示意图。离子渗氮的基本原理是把放入炉内的工件作为阴极，离子渗氮炉体（真空容器）作为阳极（阴极和阳极距离一般为30～80mm），然后将炉内抽真空至1.33～13.3Pa后，充入少量氨气（或氮、氢混合气体），当炉内压力达到70Pa左右时，在阴阳极之间通以400～800V的直流电压，使炉内的稀薄气体发生电离。氨气在电场作用下部分分解成N^+、H^+离子和电子。在电场作用下，电子向阳极运动，N^+、H^+等正离子则向阴极运动，它们在运动途中不断碰撞其他气体分子，使其激发、电离。当正离子到达阴极附近时，被强烈的电场突然加速而轰击工件表面，使阴极（工件）表面形成一层紫色或紫红色辉光，其厚度为4～8mm。具有高能量的正离子轰击工件表面，将其动

能转化为热能而加热工件。同时，氮的正离子在阴极夺取电子后还原成氮原子被工件表面吸收，并向内层扩散。氮离子冲击工件表面还能产生阴极溅射效应，溅射出铁离子，这些溅射出来的铁原子在等离子区与氮离子及电子结合成 FeN，FeN 被吸附到工件表面上。在高温及离子轰击下，FeN 很快分解为 Fe_2N、Fe_3N 等（如 $FeN \rightarrow Fe_2N + [N]$），并释放出活性氮原子向工件内部扩散，于是在工件表面形成渗氮层。随着时间的增加，渗氮层逐步加深。

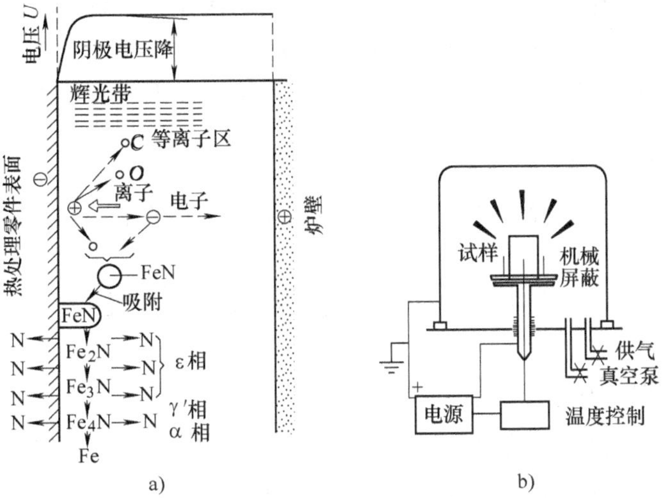

图 14-15　离子渗氮原理和离子渗氮装置示意图

a）离子渗氮原理　b）离子渗氮装置

二、离子渗氮工艺参数

（1）炉气成分与真空度　离子渗氮用渗氮介质主要有氨气、$N_2 + H_2$ 混合气及氨的热分解气。渗氮介质对化合物层及其厚度有明显影响。用干燥氨气进行离子渗氮，虽使用方便，但化合物层为 $\varepsilon + \gamma'$，渗层脆性较大，而且氨气在炉内各处的分解率不够均匀，该介质多用于质量要求不太高的工件。若采用热分解氨气可较好解决以上问题。采用 $N_2 + H_2$ 混合气体进行离子渗氮，则可实现渗层相结构及化合物层厚度可控。

升温阶段真空度为 400 ~ 650Pa、工作阶段为 70 ~ 1000Pa。

（2）渗氮温度　渗氮钢离子渗氮温度一般为 510 ~ 560℃，不锈钢与耐热钢为 540 ~ 600℃。温度太低，硬化层太薄，强化效果弱。温度太高，虽对增加渗层厚度有利，但会出现含氮奥氏体而使渗速减慢，并且畸变增大。

（3）渗氮时间　渗氮时间取决于温度和渗层深度，渗层深度在 0.5mm 以下，一般为几十分钟到十几小时。对深度 >0.5mm 的深层渗氮，渗氮速度主要取决于氮原子的扩散速度，这时离子渗氮的速度与气体渗氮相差不大，因而离子渗氮将失去其优势。

（4）电压与阴阳极间距离　如上所述，电压一般为 400 ~ 800V（常用 550 ~ 650V），阴阳极间距离为 30 ~ 80mm（常用 60mm）。

（5）冷却　因炉内低真空，冷却较慢，一般随炉冷至 200℃ 即可出炉。

三、离子渗氮的特点

与普通气体渗氮相比，离子渗氮主要具有如下优点：

1）渗氮速度快、时间短。例如当渗层深度为0.3~0.5mm时，离子渗氮所需时间仅为普通气体渗氮的1/5~1/3。

2）渗层中的化合物组织可调。采用不同参数，可分别获得γ′、ε、γ′+ε、γ′+ε+Fe_3C等化合物层，还可使渗氮层中不出现化合物层，从而调整渗氮层性能。

3）工件变形小，特别适合处理精密零件。

4）渗氮前不需去钝化膜处理。不锈钢与耐热钢的渗氮不必事先喷砂或酸洗，也不必在炉中放氯化铵，靠阴极溅射就能有效地除去钝化膜。

5）容易实现局部渗氮。对局部渗氮的零件，可采用保护罩等简单屏蔽的方法，免去镀层及随后的清理工序。

6）节能、节气、环保、劳动条件好。

离子渗氮目前存在的主要问题是氮势调控不方便，对带深孔、狭缝的工件渗氮较困难。

第四节　渗氮技术的发展

一、真空脉冲渗氮

真空脉冲渗氮（也称低压脉冲渗氮）是将渗氮炉抽至一定真空度，对零件整体加热，脉冲式送入氨气，在低压状态下进行的渗氮工艺。真空渗氮后的硬度在600~1500HV，渗层深度20~60μm。通过对送气量和成分的控制，可得到只有过渡层的渗氮层，使韧性显著提高。

真空脉冲渗氮的优点是：渗速快、渗层组织可调控、耗气量少（只有普通渗氮的1/5）、环保（真空抽气、废气入水中和），对带深孔、不通孔或深、窄槽的工件，也可获得均匀的渗氮层。

二、深层渗氮

一般渗氮后渗氮层深度仅0.5mm左右，在高接触应力作用下，工件容易在过渡区产生接触疲劳裂纹，造成接触疲劳剥落，故在重载荷下工作的齿轮不宜采用渗氮处理。深层渗氮可改变这一情况。深层渗氮法的实质与二段渗氮法类似。在第一段渗氮中，采用较普通二段渗氮低的渗氮温度和较长的渗氮时间，以在渗氮层中形成数量足够、尺寸极细的氮化物。因该氮化物的稳定性较好，在第二段较高温度下（570℃、停留50h）渗氮时，氮化物未发生明显聚集长大，使得渗层深度明显增加，而工件的硬度却下降不多。例如，38CrMoAlA钢渗层渗氮后，渗氮层深度可达1mm。这为渗氮齿轮在重载荷下的应用创造了条件。

三、短时渗氮

短时渗氮是指渗氮时间在几十分钟至几小时之间的气体渗氮。一般，短时渗氮温度为560~580℃，氨分解率为35%~65%，层深<0.2mm。由于渗层较薄，在较高温度下，较短时间即可达到所需渗层深度。图14-16是短时渗氮的工艺曲线，经短时间（2~4h）渗氮后，工件可获得很薄的化合物层（6~15μm，具体与渗氮温度、时间有关）和扩散层。由于化合物层很薄，故渗氮层脆性较低，化合物层可不必磨掉，从而使其良好耐磨性得以充分

体现。

短时渗氮适于只需很薄渗层（<0.2mm）即可满足要求的各种钢及铸铁件（这些工件通常以磨损或咬卡为主要失效形式，工作应力不大），如45钢制造相机快门、缝纫机零件等。高速钢刀具有时也采用短时渗氮，但其分解率更高（约80%），为的是不出现化合物层（因高速钢的化合物层极脆，易出现崩刃现象）而只得到扩散层。用短时渗氮取代常规渗氮，节能效果显著。

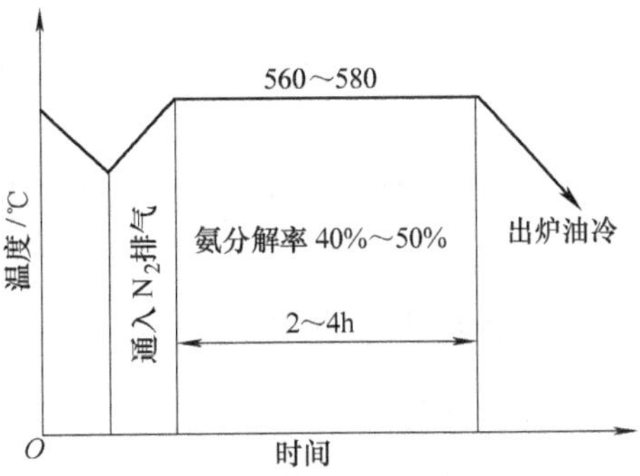

图14-16 短时渗氮工艺示意图

四、表面纳米化渗氮

表面纳米化渗氮是我国发明的一种渗氮技术。表面纳米化渗氮是在渗氮前，预先对欲渗氮工件表面进行超声波喷丸处理（利用超声波激励钢丸）。由于钢丸无定向地不断打击工件表面，使表层金属在不同方向上反复发生塑性变形，造成晶粒碎化，获得尺寸为纳米级的晶粒组织，并产生大量晶界。在随后的渗氮中，由于氮原子沿晶界的扩散速度很快，从而显著提高了渗氮速度。纳米化渗氮还使渗氮层的硬度明显提高，渗氮温度降低，有利于减小渗氮中的畸变。表面纳米化渗氮的发明开拓了一个重要的渗氮发展方向。

五、增压渗氮

由于氨分解是体积增加的过程，当炉压提高时，NH_3分解率将降低，NH_3分压增大，使工件表面氮原子的吸附量增大，提高氮在F中有效浓度及界面反应速度，从而加快渗氮速度，并可节约氨气25%左右。如对18Cr2Ni4WA钢，采用增压渗氮，压力为0.05～0.1MPa，经530℃×16h渗氮后，渗层深度即可达0.52mm；经530℃×18h渗氮后，渗层深度达0.65mm，渗氮速度明显高于常压渗氮。增压渗氮还可提高对狭缝、深孔处的渗氮能力。

增压渗氮存在的主要问题是渗氮速度过快时，易形成网状氮化物。

六、洁净渗氮

洁净渗氮是在渗氮罐内事先放入固态的氯化铵（通常每立方米氮化罐体积加入0.4～0.5kg），在渗氮温度下，由氯化铵分解出的氯化氢和工件表面的氧化物发生反应，可去除零件表面的氧化膜，使工件露出洁净表面（故称为洁净渗氮），从而对渗氮起催渗作用。洁净渗氮对易形成钝化膜的不锈钢、耐热钢工件的催渗效果较为明显。

七、预氧化渗氮

预氧化渗氮是在渗氮前进行一次预氧化处理，使工件表面形成致密的Fe_3O_4薄膜，这层薄膜可使渗氮时间缩短约20%，起到提高生产效率、节能减耗的作用。预氧化温度一般为350～450℃，时间为1～2h。

关于预氧化渗氮的机理，有一种观点认为，Fe_3O_4薄膜在渗氮初期被氨分解出的氢还原（$Fe_3O_4 + 4H_2 \rightarrow 3Fe + 4H_2O$），形成新生态的Fe，并产生大量能够吸收氮原子的活性位置，使得氮原子被吸收的几率和吸附量增加，从而增加了渗氮速度。

第五节 渗氮件的质量检验及常见缺陷

渗氮零件的质量检查，一般包括外观、金相组织、渗层深度、表面硬度及脆性、畸变等方面。

一、渗氮件质量检验

1. 外观检验

渗氮件表面不应有裂纹、剥落及肉眼可见的疏松等缺陷。渗氮零件的表面一般应呈银灰色。如果表面出现黄或蓝等颜色，表明渗氮或冷却过程中的零件表面被氧化。当硬度、层深及脆性都合格时，允许表面存在氧化色㊀。

2. 硬度检验

硬度应达到技术要求，并对技术要求大于600HV的同批处理工件，硬度偏差应小于100HV，单件小于60HV。由于渗氮层很浅薄，通常用维氏或表面洛氏硬度计测定渗氮层的表面硬度。对极薄的渗氮层可选用显微硬度计测量。

3. 渗氮层深度检验

每炉至少用一个试样进行渗氮层深度的检验。用于渗氮层深度和金相组织检验的试样应采用与零件材料、处理条件、加工条件相同并经同炉渗氮处理的试样，或从渗氮零件上截取。

（1）金相法 将渗氮后的试样制成金相样品，浸蚀后在金相显微镜下（100倍或200倍）观察渗氮层深度。如图14-17所示，由于渗氮层与中心组织不同而显示出有明暗的区别，故可测出其深度（测至渗氮层与基体的明显交界处）。

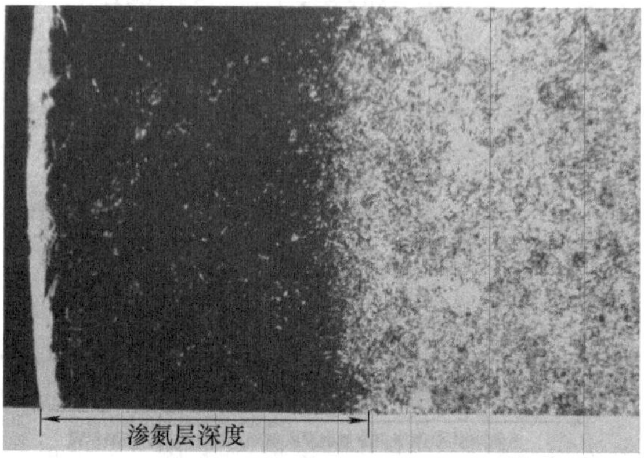

图14-17 38CrMoAl钢气体渗氮

（2）硬度法 硬度法采用维氏硬度测量，试验力为2.94N（0.3kgf）。GB/T 11354—2005《钢铁零件渗氮层深度测定和金相组织检验》规定：渗氮层深度是指从试样表面测至比基体维氏硬度值高50HV（硬度梯度较平缓的工件测至较基体硬度高30HV）处的垂直距离。硬度法也是有争议时的仲裁法。

㊀ 新的研究指出，不必要求渗氮件表面保持银灰色，因提前出炉空冷而造成的很薄氧化膜不会影响渗层性能，反而还可减小摩擦因数。

练一练 比较金相法和硬度法中渗氮层深度与渗碳层深度定义的异同。

4. 渗氮层脆性检验

由于表层氮化物硬度很高、脆性很大，使用中容易剥落，因此需对渗氮层的脆性进行检验。一般用维氏硬度计测定渗氮层的脆性。按维氏硬度压痕边角碎裂程度将脆性级别分成5级（图14-18）：1级为压痕边角完整无缺；2级为一边或一角碎裂；5级为四边或四角碎裂。重要件1～2级合格，一般件1～3级合格。对不合格的渗氮层，可进行退氮处理或经磨削后（有余量者）再进行脆性复检，如符合标准，仍算合格。

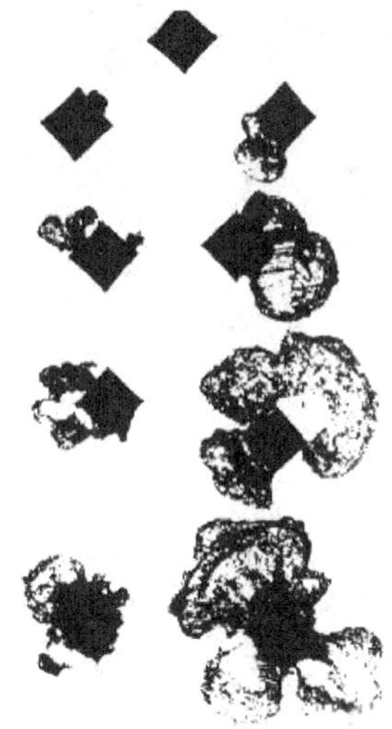

图14-18 渗氮层的脆性级别（试验力98.07N，即10kgf）

5. 金相组织检验

渗氮件金相组织检验包括渗氮层和心部组织检验两部分（均在500倍下检验）。每炉至少用一个试样进行金相组织检验。扩散层中的氮化物按其形态、数量及分布分为5级，重要件1～2级合格，一般零件1～3级合格。正常渗氮层的扩散层中没有或只有少量脉状氮化物（图14-19a），不合格的扩散层中有严重脉状㊀、网状氮化物（图14-19b），这些氮化物使渗层变脆、易剥落。合格的心部组织应为回火索氏体，不允许有过多的游离铁素体（于调质后、渗氮前检验，对重要件，游离铁素体量<5%为合格，一般件<15%）。

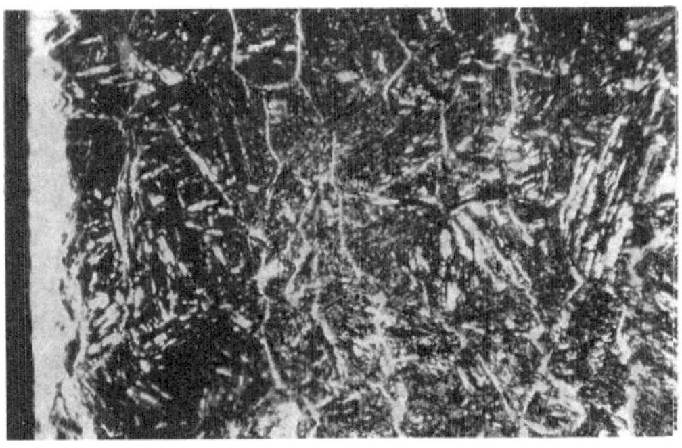

a)

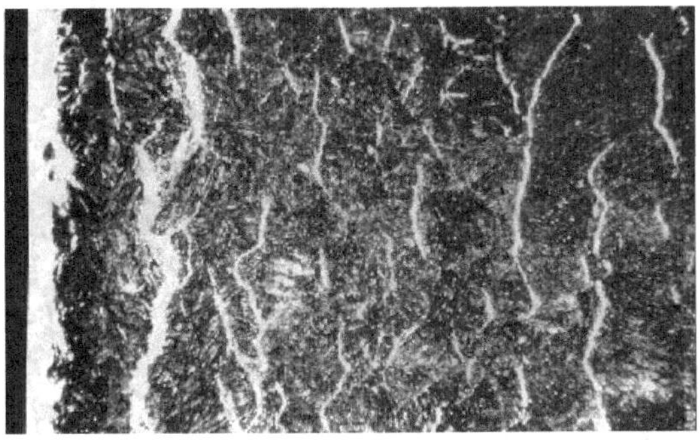

b)

图14-19 渗氮层脉状组织

a）合格组织（2级） b）不合格组织（4级）

6. 渗氮层疏松检验

按化合物层内微孔的形状、数量、密集程度，将疏松分为5级（500倍下检验）。一般零件1～3级为合格，4～5级不合格。图14-20为疏松检验合格与不合格的组织。

7. 尺寸及畸变检验

由于渗氮处理中工件变形很小（渗氮前应将畸变控制在技术要求范围之内），渗氮后一

㊀ 脉状氮化物指渗氮件扩散层中与表面大致平行的脉浪状氮化物（nervation and wave like nitride）。

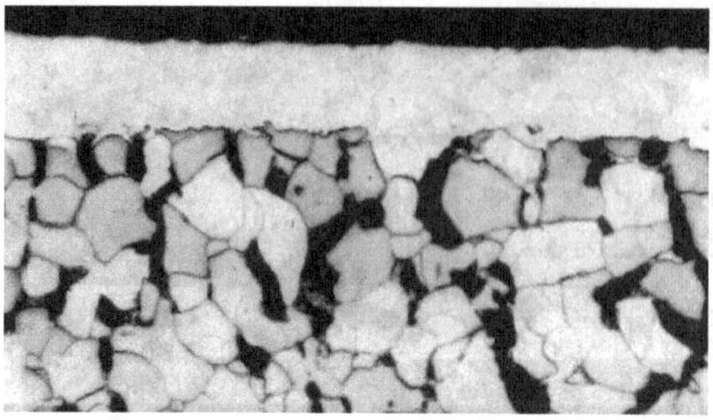

a)

b)

图 14-20 渗氮层疏松合格组织与不合格组织
a）合格组织（1级） b）不合格组织（4级）

般不再进行畸变检验。渗氮件的常见畸变是表面膨胀，即渗氮后的工件尺寸会因氮原子的渗入而略微增大，其尺寸胀大量约为渗氮层厚的3%～4%。对此，实际中一般是根据摸索出的规律，通过渗氮前适当减小工件尺寸来平衡此变形。

对抗蚀渗氮件还需进行抗腐蚀性能检验。

二、渗氮件常见质量缺陷

表14-4列出了气体渗氮件常见缺陷种类、产生原因及预防措施。

表14-4 气体渗氮件常见缺陷及预防措施

缺陷类型	产生原因	预防措施
表面氧化色	① 冷却时供氨不足，罐内出现负压或渗氮罐漏气，压力不正常 ② 出炉温度过高 ③ 干燥剂失效 ④ 氨中含水量过高，管道中存在积水	① 适当增加氨流量，保证罐内正压，经常检查炉压，保证罐内压力正常 ② 炉冷至200℃以下出炉 ③ 更换干燥剂 ④ 装炉前仔细检查，清除积水
表面腐蚀	氯化铵（或四氯化碳）加入量过多挥发太快	除不锈钢和耐热钢外，尽量不加氯化铵，加入的氯化铵应与石英砂混合，降低挥发速度
变形超差	① 机械加工产生的应力较大，零件细长或形状复杂 ② 局部渗氮或渗氮面不对称 ③ 渗氮层较厚时因比体积大而产生较大组织应力，导致变形 ④ 渗氮罐内温度不均匀 ⑤ 工件自重的影响或装炉方式不当	① 渗氮前采用稳定化回火（高于渗氮温度），采用缓慢、分阶段升温法降低热应力，即在300℃以上每升温100℃保温1h；冷却速度降低 ② 改进设计，避免不对称；降低升温及冷却速度 ③ 胀大部位采用负公差，缩小部位采用正公差；选用合理的渗层厚度 ④ 改进加热估布置，增加控温区段，强化循环 ⑤ 装炉力求均匀；杆件吊挂平稳且与轴线平行，必要时设计专用夹具或吊具
渗氮层网状及脉状氮化物	① 渗氮温度太高，氨含水量大，原始组织粗大 ② 渗氮件表面粗糙，存在尖角、棱边 ③ 气氛氮势过高	① 严格控制渗氮温度和氨含水量；渗氮前进行调质处理并酌情降低淬火温度 ② 提高工作质量，减少非平滑过渡 ③ 严格控制氨分解率

（续）

缺陷类型	产生原因	预防措施
渗氮层鱼骨状氮化物	原始组织中的游离铁素体量较高，工件表面脱碳严重	严格掌握调质处理工艺：防止调质处理过程中脱碳；渗氮时严格控制氨含水量，防止渗氮罐漏气，保持正压
表面亮点，硬度不均匀	① 工件表面有油污 ② 材料组织不均匀 ③ 装炉量大多，吊挂不当 ④ 炉温、炉气不均匀	① 清洗去污 ② 提高前处理质量 ③ 合理装炉 ④ 降低罐内温差，强化炉气循环
渗氮层硬度低	① 温度过高 ② 分段渗氮时第一段温度太高，分解率过高或中断供氨 ③ 密封不良，炉盖等处漏气 ④ 新换渗氮罐，夹具或渗氮罐使用过久 ⑤ 工件表面的油污、锈迹未清除	① 调整温度，校验仪表 ② 降低第一段温度，形成弥散细小的氮化物，稳定各个阶段的氨分解率 ③ 更换石棉、石墨垫，保证渗氮罐密封性能 ④ 新渗氮罐应经过预渗；长久使用的夹具和渗氮罐等应进行退氮处理，以保证氨分解率正常 ⑤ 渗氮前严格进行除油除锈处理
渗氮层太浅	① 温度（尤其是两段渗氮的第二段）偏低 ② 保温时间短 ③ 氨分解率不稳定 ④ 工件未经调质预处理 ⑤ 新换渗氮罐，夹具或渗氮罐使用太久 ⑥ 装炉不当，气流循环不畅	① 适当提高温度，校正仪表及热电偶 ② 酌情延长保温时间 ③ 按工艺规范调整氨分解率 ④ 采用调质处理，获得均匀致密的回火索氏体组织 ⑤ 进行预渗或退氮处理 ⑥ 合理装炉，调整工件之间的间隙
渗氮层脆性大	① 表层氮含量过高 ② 渗氮时表面脱碳 ③ 预先调质处理不当	① 提高氨分解率，减少工件尖角、锐边或粗糙表面 ② 提高渗氮罐密封性，降低氨中的含水量 ③ 提高预处理质量
化合物层不致密，耐蚀性差	① 氮含量低，化合物层薄 ② 冷却速度太慢，氮化物分解 ③ 零件锈斑未除尽	① 氨分解率不宜过高 ② 调整冷却速度 ③ 严格消除锈斑

三、渗氮质量缺陷分析练习

试分别指出产生以下质量缺陷的可能原因及预防缺陷（或补救）的措施，并简述理由。

① 某 38CrMoAlA 曲轴，技术要求：调质后硬度为 25～30HRC，渗氮层硬度≥960HV、渗氮层深度 0.45～0.60mm。经 930℃淬火、620℃回火后采用一段气体渗氮（介质为氨气，下同），渗氮后发现表面硬度偏低（665～713HV），渗氮层深度为 0.46～0.49mm，已知渗氮温度正常（500℃）。

② 某 38CrMoAlA 主轴，直径大于 150mm。渗氮前，经 940℃加热后预冷、油淬，680℃回火。经检验，淬火后表层组织为 M＋B＋F。渗氮后，扩散层出现大量针状氮化物，脆性为 5 级。

③ 某 38CrMoAlA 工件，渗氮层偏薄且硬度偏低，调质、渗氮工艺均正常。

④ 某厂有一批38CrMoAlA齿轮，渗氮时发生温度失控（炉温超过580℃），渗后发现组织疏松为2级，扩散层有严重的脉状组织和氮化物网，氮化层脆性达到3~4级。

想一想 在渗氮工艺过程中，可采取哪些节能措施？

本章小结

本章主要介绍了渗氮件组织、性能特点，气体渗氮工艺、质量检验及常见缺陷。对离子渗氮等其他渗氮技术作了简要介绍。

1. 渗氮层由表及里分别为化合物层、扩散层和心部组织。一般扩散层的韧性最好，γ'化合物层次之，$\gamma'+\varepsilon$双相化合物层最差。因化合物较脆，故渗氮层的脆性随化合物层增厚而变大。

合金钢渗氮后硬度显著高于碳钢，这一方面是由于合金氮化物本身硬度很高，另一方面是由于偏聚区、合金氮化物高度弥散分布且与基体共格。这种高硬度可保持到500℃左右。

主要由于渗氮层厚度较薄、脆性大，渗氮件一般不适于承受重载荷、冲击载荷。

2. 渗氮前工件通常需进行调质处理。因调质处理的回火温度略高于渗氮温度，故渗氮件的心部组织和性能是由调质处理确定的，渗氮主要改变表层的组织、性能。

3. 气体渗氮工艺特点是温度较低、时间长，生产成本高。常用的三种渗氮方法中，等温渗氮硬度最高、畸变最小，但所需时间最长。实际中，应根据工件的技术要求选择不同的渗氮方法。

4. 离子渗氮速度快，并且化合物层组织可调，还可使渗氮层中不出现化合物层，从而可调整渗氮层性能，满足不同工件的性能要求。

5. 渗氮件的质量检验项目与渗碳件基本相同，只是多出渗氮层脆性和疏松两项检验。

本章重要名词：氨分解率、等温渗氮、门槛值、抗蚀渗氮、退氮、渗氮层深度、脉状氮化物

习　　题

一、判断下列说法是否正确并简述原因

1. 与合金钢一样，碳钢渗氮后，其化合物层、扩散层具有极高硬度。（　　）
2. 渗氮件预先调质处理不当、渗氮后会引起渗氮层脆性增大。（　　）
3. 二段渗氮法适用于渗层要求较浅、批量较大的零件。（　　）
4. 重要渗氮工件，渗氮前应进行正火处理，一般渗氮工件只作调质处理。（　　）
5. 有脉状氮化物的渗氮件，都应按不合格处理。（　　）
6. 渗氮前的去应力处理温度只要低于Ac_1即可。（　　）
7. 要求表面硬度高、心部韧性好的工件都宜进行渗氮处理。（　　）
8. 离子渗氮前需进行喷砂处理，以去除表面氧化膜，缩短渗氮时间。（　　）

9. 渗氮温度越高，则渗速越快、渗层越深，但渗层硬度和心部硬度较低。（　　）

10. 等温渗氮是在恒温、恒氮势下进行的渗氮。（　　）

11. 等温渗氮适于要求渗层深、渗层硬度高的普通渗氮件。答：错，适于要求高硬度的精密件。（　　）

12. 二段渗氮的特点是渗速较快，且畸变较小，故适于对精度要求高的渗氮件。（　　）

13. 渗氮后，还需淬火才能使渗氮件获得高硬度、高耐磨性。（　　）

二、选择题

1. 一般情况下对于要求渗氮层硬度高、畸变小的精密工件应选择（　　）工艺。

A. 等温渗氮　　B. 二段渗氮　　C. 三段渗氮　　D. 抗蚀渗氮

2. 渗氮件升温方式一般采用（　　）。

A. 到温入炉　　B. 低温入炉或预热升温　　C. 高温入炉

3. 为了保证渗氮件的心部强度，渗氮温度一般比调质时的回火温度（　　）。

A. 高 10～30℃　　B. 低 40～70℃　　C. 高 80～100℃　　D. 低 10～30℃

4. 离子渗氮时，阴极与阳极间的距离应保持在（　　）。

A. 20～30mm　　B. 80～100mm　　C. 30～80mm

5. 离子渗氮的电压一般为（　　）。

A. 220～400V　　B. 400～800V　　C. >800V

6. 渗氮温度一般应比调质回火温度低（　　）。

A. 20～40℃　　B. 70～100℃　　C. 40～70℃

三、简答题

1. 简述渗层中各相的性能特点和渗氮件的性能特点。

2. 碳含量对渗氮过程有何影响？

3. 简述渗氮温度与氨分解率高、低对渗层组织性能的影响并给予简单解释。

4. 淬火温度高低、脱碳对渗氮层组织性能有何影响？

5. 渗氮件质量检验包括哪些项目？金相法和硬度法怎样检测渗氮层深度？

6. 什么情况下容易形成脉状、针状氮化物，其有何危害？哪些因素可造成渗氮层脆性增大？

7. 简述氨分解率的测定原理（用氨分解率测定计）？

8. 与普通气体渗氮相比，离子渗氮主要有哪些优缺点？

9. 渗氮结束前，为何常安排一个退氮过程？怎样退氮？

10. 炉罐用一段后，为何需进行退氮处理？怎样退氮？

11. 渗氮件入炉后升温时，何时供氨排气？

12. 普通渗氮中，如何防止渗后表面硬度过低？如果出现，怎样补救？

13. 造成 38CrMoAlA 钢渗氮后具有高硬度的主要原因是什么？

14. 指出预氧化处理的大致温度和时间。

第十五章　钢的碳氮共渗与氮碳共渗

从字面上讲，碳氮共渗是在工件表面同时渗入碳和氮的化学热处理工艺。与渗碳类似，碳氮共渗也可在液体、固体和气体介质中进行。液体碳氮共渗是在含氰盐浴中进行的（故也称氰化或液体碳氮共渗），由于液体碳氮共渗对环境污染严重，目前生产中已停止使用；固体碳氮共渗由于生产效率低、操作条件差，除单件或小批量生产外也很少使用；目前生产上主要采用气体碳氮共渗。

根据共渗温度不同，可将碳氮共渗分为高温（900～950℃）、中温（800～880℃）和低温（520～700℃）碳氮共渗。其中高温和中温碳氮共渗都是在奥氏体状态下的共渗，并以渗碳为主，低温碳氮共渗则是在铁素体状态下的共渗，是以渗氮为主。据此，将以渗碳为主的碳氮共渗称为碳氮共渗，而将以渗氮为主的碳氮共渗称为氮碳共渗。

本章主要介绍中温碳氮共渗与氮碳共渗件组织性能特点、共渗工艺、共渗后的质量检验与常见缺陷。本章主要教学要求是：①掌握碳氮共渗与氮碳共渗的工艺方法，明确注意事项；②清楚共渗件检验项目、共渗件常见缺陷的成因及防消措施；③能够完成碳氮、氮碳共渗工艺编制练习题目及质量缺陷分析练习题目。

第一节　气体碳氮共渗

一、概述

碳氮共渗（carbonitriding）是在奥氏体状态下，同时将碳、氮渗入工件表层，并以渗碳为主的化学热处理工艺。生产中应用最多的是中温碳氮共渗，高温碳氮共渗生产中很少用到。经中温碳氮共渗后，工件表层的碳含量通常为0.7%～0.95%，氮含量为0.1%～0.4%。

1. 碳氮共渗特点

与渗碳相比，碳氮共渗主要具有以下特点：

1）氮的渗入降低了渗层的相变温度（A_1及A_3点），故碳氮共渗可在较低温度下（常用820～860℃）进行，使奥氏体晶粒可保持较细状态，从而共渗后一般都可直接淬火，并且畸变较小。

2）氮的渗入增大了渗层中过冷奥氏体的稳定性，提高了渗层的淬透性（明显高于渗碳），因此，可采用较低的淬火冷却速度，有利于减小工件淬火畸变。同时，氮的渗入还使共渗层 *Ms* 点降低，因此淬火后共渗层中残留奥氏体量较多。

3）在相同处理温度下，碳氮共渗速度大于渗碳速度（此现象主要在共渗初期较明显）。共渗层一般较薄（<0.8mm）。

4）硬度一般与渗碳件相当或略高，耐磨性及疲劳强度明显较渗碳件好。

2. 碳氮共渗件用钢、加工路线

渗碳用钢一般均可用于碳氮共渗。对于渗层较薄的工件，碳氮共渗还可采用中碳钢或中碳合金钢（如40Cr、440CrNiMo等）。由于这类钢心部具有较高强度，在共渗层较薄条件下也具有承受较大载荷（如接触应力）的能力。

碳氮共渗件的加工路线与渗碳件类似，即下料→锻造→预备热处理→粗加工、半精加工→碳氮共渗→淬、低温回火→精磨，只是碳氮共渗后可直接淬火，而渗碳件则需根据钢种而定。

想一想 为何低碳钢不能在渗层较薄的条件下获得较高承载能力，而中碳钢、中碳合金钢可以？

二、气体碳氮共渗介质及化学反应

常用气体碳氮共渗介质有两大类：一是渗碳介质加氨气，渗碳介质可以是液体（如丙酮、煤油等），也可是气体（如吸热式气体、吸热式气体+丙烷、城市煤气等）；二是含碳、氮的有机化合物（如三乙醇胺等）。

1. 渗碳介质加氨气

用煤油或丙酮加氨气作为共渗介质，多用于滴注式井式炉或周期作业炉；吸热式气体加氨气共渗介质，多用于连续炉或生产批量较大的周期式作业炉。

使用这类介质进行共渗时，其中渗碳介质分解产物中都包含一氧化碳和甲烷两种组分，它们在高温下分解出活性碳原子，氨气分解出活性氮原子，从而进行碳氮共渗。此外，氨气还可同一氧化碳及甲烷发生如下反应，生成氰氢酸：$NH_3+CH_4 \rightarrow 3H_2+HCN$，$NH_3+CO \rightarrow H_2O+HCN$。氰氢酸是一种化学性质活泼的物质，可按下式进一步分解：$2HCN \rightarrow H_2+2[C]+2[N]$，产生碳、氮活性原子，促进共渗过程。

2. 含碳、氮的有机化合物

目前使用较多的是三乙醇胺或三乙醇胺中加入一定数量尿素的混合剂。三乙醇胺是黄褐色的有机液体，无毒，在500℃以上分解反应为：$2(C_2H_5O)_3N \rightarrow 4CH_4+6CO+7H_2+2[C]+2[N]$，分解出的活性碳、氮原子渗入工件表层。

用三乙醇胺进行碳氮共渗，其操作过程与煤油渗碳相同，但三乙醇胺在270~500℃之间，会因分解不完全而产生沥青状沉积物，堵塞滴注管道，因此要在滴注管与炉盖接口处加一水冷却套。此外，三乙醇胺黏度大、流动性差，为改善其流动性及提高产生量，可加入一定比例的甲醇稀释。用三乙醇胺碳氮共渗，工件表面最高碳的质量分数可达0.9%~1.05%，氮的质量分数可达0.3%~0.4%。图15-1是用三乙醇胺碳氮共渗后渗层碳氮含量分布曲线。如要进一步提高渗层氮含量，可在三乙醇胺中混入一定数量尿素

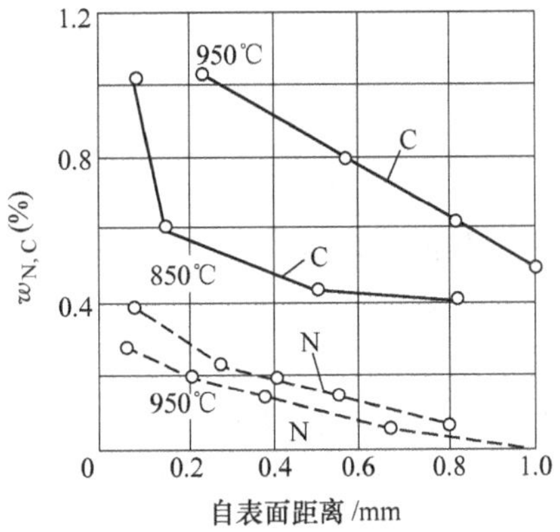

图15-1 用三乙醇胺碳氮共渗时的渗层碳、氮含量分布（40钢，加热40min，保温5h）

（尿素含氮量较高）。

相比而言，煤油＋氨气适合生产批量较大的情况，而三乙醇胺较适合批量较小的情况。虽然三乙醇胺价格相对较高，但其可直接利用井式渗碳炉的滴注装置，不必另增加供氨设备。

碳氮共渗的碳势测量方法与渗碳基本相同，可采用氧探头、红外仪或露点仪。可通过控制氨气流量或含氮有机化合物的加入量来调整氮势。

三、碳氮共渗工艺

1. 工艺参数确定

（1）碳氮共渗温度　在共渗介质一定时，共渗温度不同，渗层中碳、氮含量及渗层深度将不同。图15-2为共渗温度对渗层碳、氮浓度的影响。由图可见，共渗中渗入的主要是碳原子，并且随温度提高，渗层中含氮量急剧下降，而含碳量却逐渐提高。这是由于温度升高，氨分解率增大，大量氨分子尚未与工件表面接触就已发生分解，分解出的活性氮原子在到达工件表面前的很短时间内，就已结合成氮分子，从而使工件表面获得活性氮原子的机率大大减少。另外，由Fe-N相图可知，温度升高，氮在奥氏体中溶解度降低，而温度升高却使碳在奥氏体中溶解度增大，这也对渗碳有利、对渗氮不利。

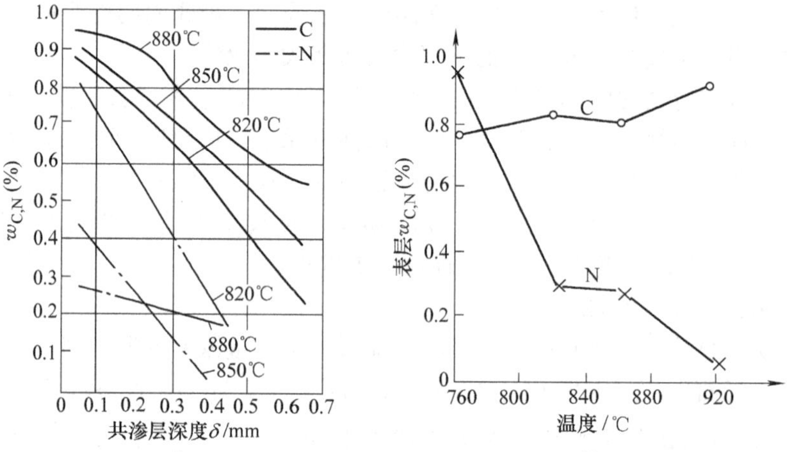

图15-2　共渗温度对渗层碳氮浓度分布的影响

a）20钢，煤油80～90滴/min，氨1.8～1.9L/min　b）10钢，煤油＋氨气，1.5h

把共渗温度提高到900℃以上时，渗层中氮含量极低，共渗层成分及组织与渗碳层相近（图15-2b），且使工件畸变增大，晶粒粗化，失去共渗意义，所以高温碳氮共渗很少采用。而温度过低，则渗速太慢，且渗层易出现脆性氮化物，心部组织淬火后会出现未溶铁素体，使性能变差。生产中碳氮共渗温度一般采用820～860℃（层深＜0.5mm、取下限，＞0.5mm、取上限），此时，渗速中等，畸变较小，且奥氏体晶粒没有粗化，渗后可直接淬火。

（2）共渗时间　图15-3所示为不同温度下，共渗时间对渗层深度的影响。由图可见，共渗时间对渗层深度的影响与渗碳相似，即二者关系也符合$\delta \propto t^{1/2}$规律。在温度一定的情况下，共渗时间主要取决于所要求的渗层深度（对于承受弯曲、交变载荷和一定冲击的轴和齿轮，共渗层深度常取0.65～0.75mm；轻载荷的工件，共渗层深度可减少到0.55mm以下。原来进行渗碳的工件改为碳氮共渗时，共渗层深度一般取原渗碳层深度的2/3）。此外，共渗时间还受共渗介质及氨的供给量、工件的钢种和装炉量等因素影响。

生产中常以共渗平均速度来估算时间。例如在840℃共渗，渗层深度在0.5mm以下时，共渗平均速度为0.15～0.25mm/h；渗层深度在0.5～0.9mm时，共渗平均速度为0.1mm/h。此估算方法很粗略，只能作为参考，生产中需通过检查随炉试样的渗层深度来确定工件出炉时间。

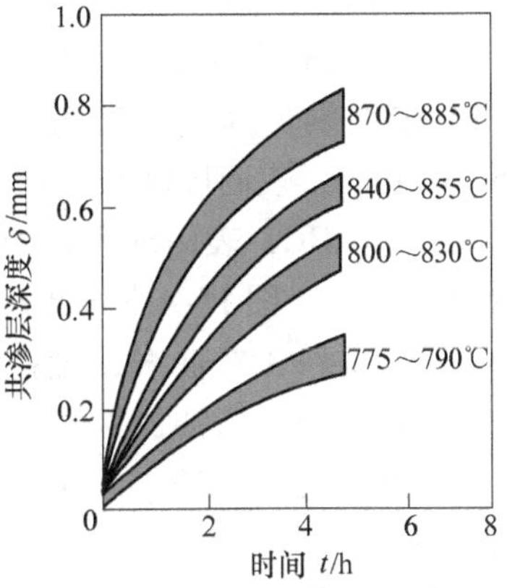

图15-3　碳氮共渗层深度与共渗温度和时间的关系

延伸阅读　前面提到，在同样温度下，碳氮共渗的渗速较渗碳快，但此现象在共渗后期变得不大明显。这可能与以下因素有关：共渗后期，随渗入的氮原子数量增多，渗层将形成碳氮化物，阻碍碳原子的扩散；并且碳降低氮在α、ε相中的扩散系数，阻碍氮原子扩散（还有观点认为后期碳阻碍工件表面对氮的吸收），故共渗后期，碳氮共渗速度与渗碳速度差别趋小。根据这一特点，碳氮共渗多用于渗层要求较薄的工件（<0.8mm）。当工件渗层深度要求较薄时，用碳氮共渗取代渗碳较为合理。

（3）渗剂供应量　共渗介质中渗碳气与氨的比例，对共渗层的碳、氮含量影响很大。氨加入量增加，将使氮势提高、碳势降低，从而使共渗层氮含量提高，碳含量降低，组织中易出现块状碳氮化物，使渗层脆性增大。若氨加入量太少，渗层中氮含量太低（<0.1%）时，则渗层淬透性偏低，淬火时易出现托氏体组织。因此，应根据工件钢种、渗层组织、性能要求及共渗温度等确定氨气加入量。在吸热式气体+富化气（甲烷或丙烷）+氨气中共渗时，加入氨的比例以3%（体积分数）左右为宜；采用煤油加氨气进行碳氮共渗时，氨的体积分数为30%～40%。

氨量增加，碳势降低的原因可能以下因素有关：氨气分解后，生成的N_2和H_2体积比原氨气体积增加一倍，使炉气稀释；氨气与其他组分发生的反应使渗碳组分减少（如反应15-1使CH_4降低），或使脱碳组分增加。

与渗剂供应量相关的另一个参数是炉气换气次数。换气次数（循环次数）是指每小时通入炉内的气体和炉子容积的比值。换气次数对炉气成分、活性（即渗碳、渗氮能力）及维持炉压都有重要作用。采用煤油或丙酮等的换气次数一般为2.5～3.5次/h，共渗面积较大时，应取较大换气次数。采用吸热式气体时，换气次数为6～10次/h。

2. 碳氮共渗工艺

气体碳氮共渗温度与渗碳相近，对设备的要求与气体渗碳基本相同，各种渗碳炉均适用于碳氮共渗（只是对通氨气的碳氮共渗，需在普通渗碳炉上增设一套供氨系统，如减压阀、干燥器、流量计等）。碳氮共渗工艺过程一般也是由排气、强渗、扩散组成，下面通过几个实例，介绍碳氮共渗工艺。

（1）有机滴液+氨气的碳氮共渗工艺举例

1）渗剂供量固定的碳氮共渗。某40Cr钢汽车变速齿轮，技术要求为：共渗层厚度0.25~0.4mm，表面硬度60~63HRC，心部硬度50~53HRC，表面碳含量为0.8%，氮含量为0.35%。图15-4是40Cr钢汽车变速齿轮的碳氮共渗工艺曲线，设备为60kW井式炉，所用介质为煤油加氨气。

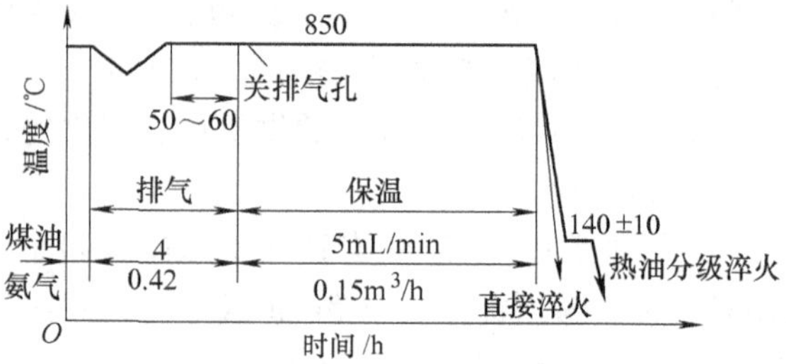

图15-4 40Cr钢气体碳氮共渗工艺曲线

碳氮共渗前的设备、工件等准备工作与渗碳类似。

在排气阶段，为防止工件氧化、加速排气，同时供给两种渗剂，可使炉气迅速达到预定成分。氨气分解温度低、分解充分（600℃分解率可达99%），分解后体积增大一倍，排气效果较好，应先通入氨气（如采用甲醇，因甲醇易分解且产气量较大，应取较大滴量）。煤油分解率较低，易产生炭黑，故应少滴或不滴。生产上常采用先供氨（封炉即供氨）、后滴油，小量滴油（煤油滴量为共渗阶段的1/2）、中量供氨（供量与共渗阶段相同）的方式排气。排气结束后，关闭排气孔，继续保温排气30min，然后取炉气化验分析，炉气中的O_2、CO_2及不饱和烃的含量均应小于0.5%（体积分数）。当炉气达要求时，进入保温共渗阶段。在本工艺中，保温共渗阶段的共渗介质加入量不变，炉压维持在200~300Pa，火苗应呈黄色，长度120~200mm，煤油滴量太多时，火苗呈白亮色，炉子漏气时，颜色发紫。达到共渗时间后，抽取试样检查共渗层深度，并确定工件出炉时间。试样达到要求后，出炉淬火，因本齿轮对畸变控制较严，故采取分级淬火。

2）分段式碳氮共渗。40Cr汽车变速箱齿轮（图15-5a），技术要求：共渗层深度0.25~0.55mm、表面硬度57~62HRC、共渗介质为煤油+氨气+甲醇，采用分段式共渗、共渗温度830℃，花键硬度33~38HRC、表面碳、氮碳含量w_c=0.75%~0.80%，w_N=0.2%~0.3%。共渗设备RQ3-60-9，装炉量210件。图15-5b是其工艺曲线。因花键孔要求硬度较低，为防止花键孔被渗并淬硬，需用耐火泥等堵孔；热处理后用花键推刀修正，以保证其精度。

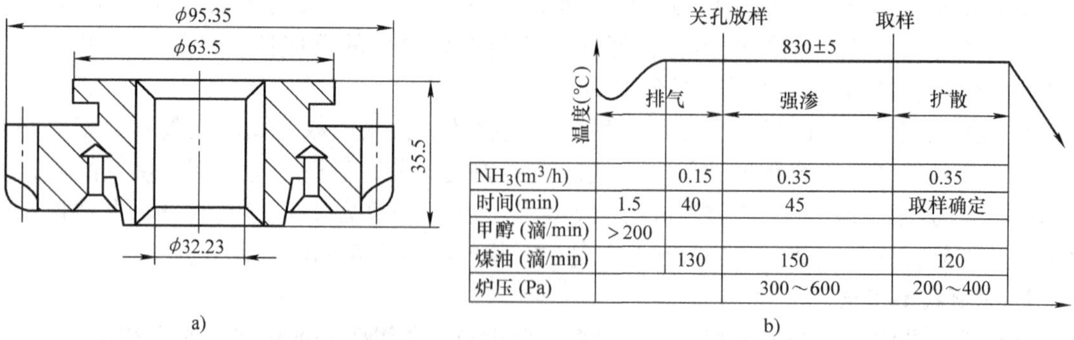

图15-5 40Cr变速箱齿轮简图a)、40Cr分段碳氮共渗工艺曲线

（2）含碳、氮的有机化合物碳氮共渗工艺举例 20Cr钢工业缝纫机梭床（图15-6a），

其技术要求为：变形≤0.06mm（直径尺寸），渗层厚度0.25～0.35mm，硬度>80HRA（58HRC）。梭床的主要失效形式是磨损。梭床形状复杂，要求装配精度高、尺寸稳定性好，对硬度、耐磨性、抗疲劳性能要求较高，并要求具有一定强韧性。碳氮共渗所用设备为RJJ-60—9T井式渗碳炉，渗剂为甲醇+苯胺，其共渗温度经工艺试验确定为840℃，温度太高淬火畸变过大，温度太低耗时长。在此温度下共渗90min，渗层厚度>0.25mm。图15-6b是梭床碳氮共渗与淬火、回火工艺曲线。

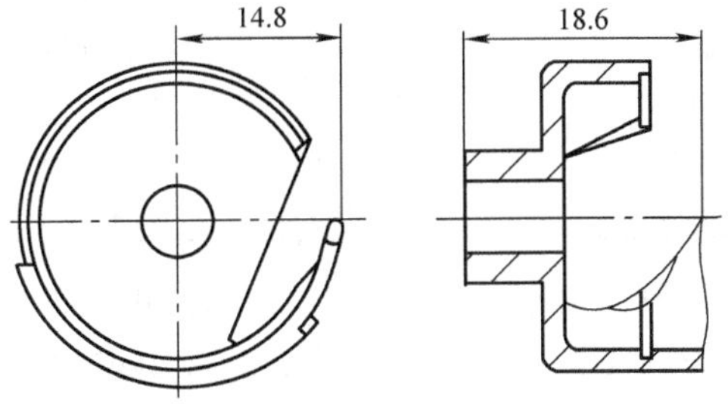

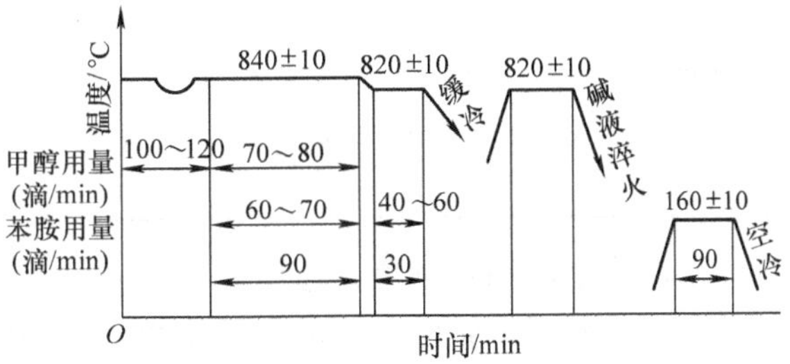

图15-6　梭床

a）梭床示意图　b）梭床碳氮共渗并淬火回火工艺曲线

此外，还有用保护气+富化气+氨气（如保护气+丙烷气+氨气）进行碳氮共渗。这类碳氮共渗可在井式炉、密封箱式炉及连续式气体渗碳炉内进行。大批量工件的碳氮共渗宜采用连续式炉，不仅生产效率高，共渗质量也容易控制。

四、碳氮共渗后的热处理

碳氮共渗后的热处理与渗碳后热处理基本相同。由于共渗温度比渗碳低，奥氏体晶粒未粗化，故共渗处理后一般可直接淬火。共渗后还需切削加工的工件，可在共渗后放进缓冷罐内保护冷却，待加工后，重新加热淬火。淬火冷却方式及介质应根据钢种、工件而定，对畸变量要求较严格的工件，也可采用分级淬火。

由于氮的渗入，使渗层过冷奥氏体稳定性提高、等温转变曲线右移、淬透性增大，因此淬火时可采用油等较缓和的淬火冷却介质，并且淬火后，渗层的硬度分布较均匀。这使得原来用渗碳淬火很难得到均匀渗层硬度的钢种（如低碳钢），可利用淬透性明显提高这一特点，而获得均匀的硬化层。与渗碳件类似，淬火后通常进行低温回火。氮的渗入还使渗层的回火抗力提高，因此在硬度要求相同情况下，回火温度可比渗碳稍高。

五、碳氮共渗层的组织与性能

1. 碳氮共渗层组织

碳氮共渗件表层（至0.1mm深度内）的碳的质量分数通常为0.75%～0.95%，氮的质量分数为0.15%～0.35%。表15-1给出了几种常用钢种共渗层的最佳碳、氮含量。

共渗层退火态组织：与渗碳层相似，退火态共渗层由表及里依次为过共析层（$P+Fe_3(C,N)$）、共析层、亚共析层、心部组织。

表 15-1 几种钢件碳氮共渗层的最佳碳、氮含量

钢　　号	碳氮共渗层深/mm	剥层深度/mm	最佳含量（质量分数,%）	
			碳	碳+氮
40Cr	0.25~0.35	0.025	0.65~0.9	1.0~1.25
		0.05	0.6~0.85	0.85~1.2
		0.10	0.55~0.8	0.8~1.0
25CrMnTi	0.5~0.7	0.025	0.65~0.9	1.0~1.25
		0.05	0.6~0.85	1.0~1.15
		0.10	0.55~0.8	0.9~1.05
25CrMnMo，25CrMnMoTi	0.5~0.8	0.025	0.75~1.2	1.3~1.6
		0.05	0.65~1.05	1.25~1.55
		0.10	0.6~0.9	1.15~1.5

渗层淬火态组织：碳氮共渗后淬火，表层组织一般为含碳、氮的针状马氏体和残留奥氏体，并有一定数量的弥散分布的碳氮化物，次表层为马氏体加残留奥氏体。心部组织与钢的淬透性、冷却方式及工件尺寸等有关，淬透性较差的钢，心部易出现托氏体组织。总体上看，由表及里渗层中的残留奥氏体逐渐减少、马氏体逐渐由高碳马氏体过渡为低碳马氏体。如渗层中碳、氮含量较低，表面可不出现碳、氮化物。与渗碳件类似，马氏体以细针状为宜，碳氮化物应呈颗粒状，不允许出现大块或网状碳、氮化物。

碳氮共渗层组织的特点是：渗层中碳氮化物数量较多，且淬火后渗层残留奥氏体较多。显然，渗层氮、碳含量越高，渗层中化合物及残留奥氏体量越多。因此，应根据工件钢种和性能要求，确定渗层中最佳的碳、氮含量，并通过调节共渗气氛的活性及含碳和含氮介质的比例予以保证。

2. 碳氮共渗层的力学性能

（1）硬度和耐磨性　碳氮共渗件的表面硬度一般与渗碳件相当或略高。图 15-7 是常见的两种共渗层硬度分布曲线。在图 15-7a 中，表层硬度低于次表层，是因表层 Ar 较多、而次表层 Ar 较少。图 15-7b 中的次表层硬度出现低谷，是因表层残留奥氏体较少（表层析出了碳氮化物），而次表层残留奥氏体较多所致。

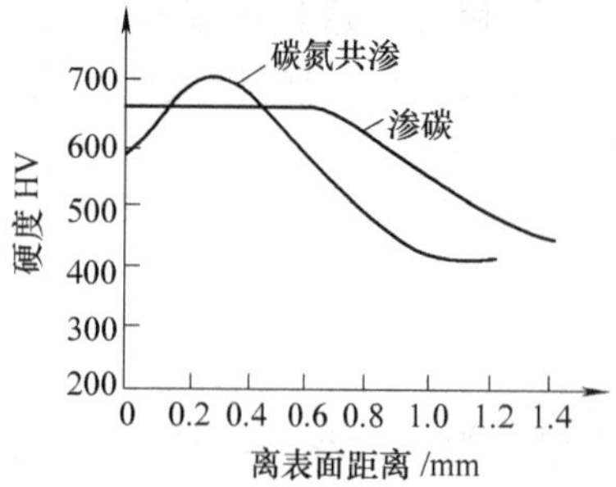

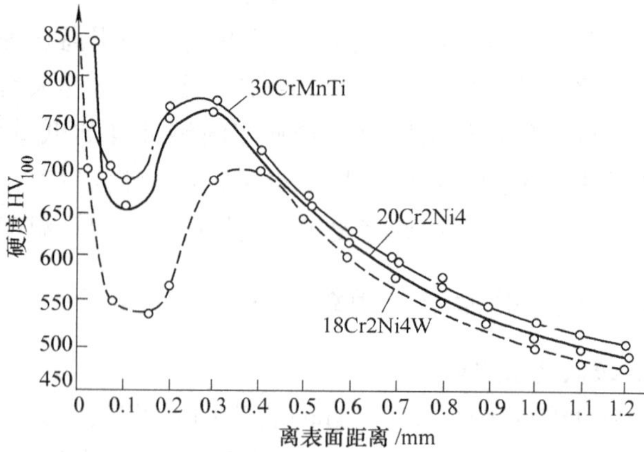

图 15-7　碳氮共渗后常见的两种硬度分布曲线（850℃共渗后淬火）

a）20CrMnTi　b）30CrMnTi、20Cr2Ni4、18Cr2Ni4W

碳氮共渗淬火件的耐磨性比相同含碳量的渗碳层提高 40% ~60%，这主要是由于共渗层中弥散分布的碳氮化合物数量较多所致。

（2）疲劳强度　由于共渗层存在残余压应力高于渗碳层，且共渗层硬度、强度较高，使碳氮共渗件的抗弯曲疲劳强度都有较大的提高。由图 15-8 可见，碳氮共渗热处理的弯曲疲劳强度明显高于渗碳和高频感应淬火。

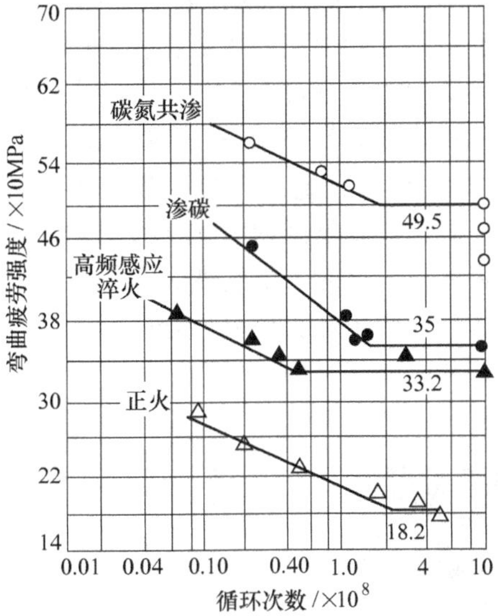

图 15-8　碳氮共渗及其他热处理对 20Cr 钢弯曲疲劳强度的影响

小知识　与渗碳层类似，由于渗层渗入较多碳、氮原子，使渗层较心部 *Ms* 降低较多。淬火时，渗层迟于心部发生马氏体转变，使得表层发生马氏体转变时，已发生转变的心部阻碍表层马氏体转变引起的体积膨胀，故对表层造成较大的压应力。

六、碳氮共渗件的质量检验及常见缺陷

1. 共渗件的质量检验

碳氮共渗件质量检验项目与渗碳件基本相同（见渗碳件质量检查）。但共渗件中易出现黑色组织，并 Ar 较多，故对其相应有如下要求（以齿轮为例）：①不允许有内氧化型黑带，黑点或黑网深度≤0. 02mm，黑网宽度≤0. 04mm（均在齿根附近检查）；②共渗层中残余奥氏体应为 15% ~30%，不得超过 40%。当碳氮共渗层较薄时，表面硬度的检验方法可参考表 15-2 的规定。

表 15-2　碳氮共渗层硬度检验方法

共渗层深/mm	<0. 2	0. 2 ~0. 4	0. 4 ~0. 6	>0. 6
硬度检查方法①	锉刀或显微硬度	HR15N	HRA	HRC

① 维氏硬度计可适用于各种层深，但应根据层深选择不同载荷值。

2. 共渗件常见缺陷

与渗碳件类似，碳氮共渗件常见缺陷也包括渗层网状化合物，残留奥氏体量过多、黑色

组织、表面脱碳、脱氮、心部铁素体过多、渗层深度不够、表面硬度低等，这些缺陷的形式、形成原因及防止方法基本上与渗碳相同。但由于氮的渗入，使得共渗层形成黑色组织、碳氮化物的倾向及残留奥氏体的数量都比渗碳大。下面主要介绍黑色组织。黑色组织包括黑点、黑网、黑带等。

黑点出现于渗层表面0～40μm范围内，有黑点的试样，不经腐蚀即可看到黑点。一般认为黑点（图15-9）可能是孔洞。它主要出现在高氮、高碳的条件下，推测可能是由于渗层含氮量太高，在共渗温度下较长时间保温发生氮化物分解或脱氮，原子氮变成分子氮而聚集形成的空洞。一般认为，渗层中含氮超过0.5%（质量分数），容易出现黑点。

黑网（图15-10）出现在渗层表面0～300μm范围内。研究表明，黑网实际上是托氏体组织，网上有断续分布的含Mn、Ti等合金元素的碳氮化合物或氧化物小颗粒。碳氮化物是碳、氮沿晶界扩散而形成的，氧化物则是因内氧化所致。它们形成后使其附近奥氏体中合金元素含量明显降低，淬透性降低，淬火时未能转变为马氏体，而是转变为托氏体组织。内氧化是指炉气中氧沿工件表层晶界向内扩散，使晶界合金元素发生氧化的现象。合金元素氧化倾向按Al、Ti、Si、Mn、Cr、Mo、Fe顺序减小。

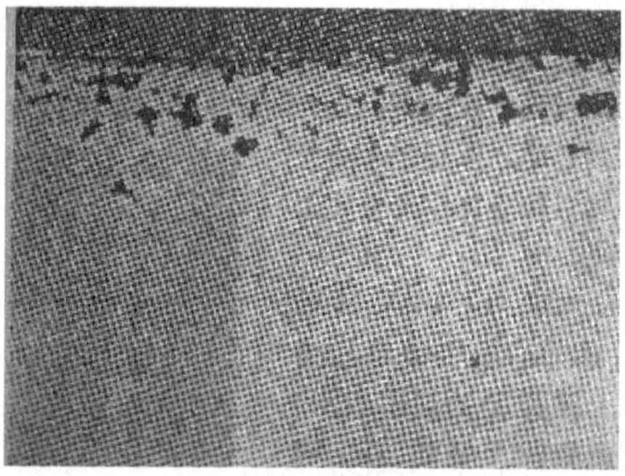

图15-9　碳氮共渗层中的黑点

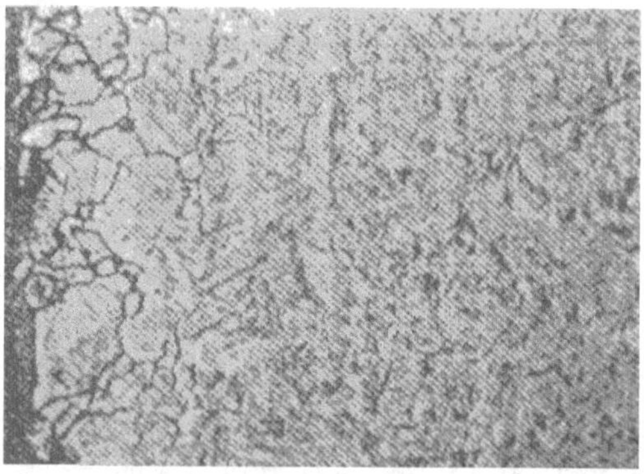

图15-10　碳氮共渗层中的黑色组织（黑网）

黑带[⊖]是托氏体等非马氏体组织，出现在渗层表面0～30μm范围内，黑带中存在富Mn、Si、O_2的氧化物、氮化物及碳化物的小颗粒。它们的形成，也使其附近奥氏体中合金元素含量下降，淬透性降低，并可作为托氏体等组织的核心，使淬火时易形成托氏体等非马氏体组织。

黑色组织会使共渗件疲劳强度和接触疲劳强度明显下降。例如，当黑色组织的深度为80μm时，20CrMnTi钢制齿轮的疲劳强度会降低约50%。黑色组织分布越深，对性能破坏作用越大。有内氧化所致的黑色组织时，试样抛光后不必腐蚀即可将其显现。

黑色组织在渗碳件有时也可见到，但没有碳氮共渗件严重。为了防止黑色组织形成，通常可采用以下几方面预防措施：提高炉子密封性，并氨气在通入炉内之前，应经过充分干燥处理；其次在碳氮共渗前期，在保证排气效果下供氨量不宜过高，否则会增加炉内氧化性气氛，促进黑带形成；三是渗层中氮含量不可超过0.5%（质量分数），一般在0.1%～0.4%之间为适宜。此外，若采用不含Mn、Si等与氧亲和力大的元素而含Mo的钢，由于Mo可使珠光体转变区显著右移，从而避免或减少托氏体的形成，形成黑带的倾向较小。

⊖　还有一种存在于过渡区的黑带，不里不再介绍。

七、碳氮共渗工艺编制及质量缺陷分析练习

①某 20CrMnTi 工件经碳氮共渗并淬回火后，分别出现网状黑色组织（大于 35μm）和块状碳化物，试指出其形成的可能原因，并给出相应的预防措施，简述你的理由。②40Cr 变速箱齿轮（图 15-5a），技术要求 57 ~ 63HRC，共渗层深度 0.3 ~ 0.5mm，花键硬度 25 ~ 40HRC；设备为 RQ3-60-9，共渗介质为煤油 + 氨气。要求：画出碳氮共渗及共渗后的热处理工艺曲线，并注明各工艺参数（取强渗段介质加入量为 1，其他阶段给出相对数值）；说明共渗工艺各参数、淬火和回火方式的选择理由。

第二节　气体氮碳共渗

氮碳共渗（nitrocarburizing）是指工件表层同时渗入氮和碳原子，并以渗氮为主的化学热处理工艺。氮碳共渗（也称软氮化）可分为液体氮碳共渗和气体氮碳共渗两类。液体氮碳共渗采用氰盐作共渗剂，氰盐具有毒性，对操作者不安全，使用受到限制。现在广泛使用的是气体氮碳共渗。氮碳共渗还可分为铁素体氮碳共渗和奥氏体氮碳共渗。以下主要介绍铁素体氮碳共渗。

铁素体氮碳共渗的温度略高于渗氮温度（通常为 520 ~ 570℃），氮碳共渗层的组织也是由化合物层和扩散层组成。氮碳共渗件的加工路线也与渗氮件类似。与气体渗氮相比较，氮碳共渗具有工艺时间大幅缩短、成本大大降低，渗层韧性较好、疲劳强度较高等特点。

一、气体氮碳共渗介质

气体氮碳共渗介质一般有三大类：

（1）尿素热分解气　尿素在常温下是白色粉末状固体，在不同温度尿素分解产物不同。在 500℃以下不能直接分解出活性氮、碳原子，在 500℃以上，炉内尿素发生如下热分解反应，产生活性碳、氮原子：$(NH_2)_2CO \rightarrow CO + 2[N] + 2H_2$，$2CO \rightarrow [C] + CO_2$。故操作中，尿素应在 500℃以上加入炉中。

尿素可通过三种方式送入炉内：用机械送料机（如螺杆式送料机）将尿素颗粒送入炉内，在共渗温度下热分解；将尿素在热解罐中分解后再送入炉内；把尿素按一定比例溶于甲醇或乙醇中，再滴入炉内发生热分解。尿素加入量应根据炉罐大小和装炉量不同而变化，一般加入量为 500 ~ 1000g/h。

（2）甲酰胺、三乙醇胺等热分解气　这些有机化合物都是液体，可以滴注方式送入炉内。甲酰胺是黏度较小的液体，在共渗温度下，产生如下热分解：$2HCONH_2 \rightarrow 2H_2 + H_2O + CO + 2[N] + [C]$，$2CO \rightarrow CO_2 + [C]$。甲酰胺热分解气比尿素热分解气活性小，因此用甲酰胺作渗剂时，工件表面无明显的化合物层形成，渗层韧性较好，也不产生炭黑，工件表面光亮，适合于高速钢刀具的氮碳共渗处理。为增加渗剂活性，可将尿素溶入甲酰胺，此共渗剂适合结构件和模具的氮碳共渗。表 15-3 为采用 70% 甲酰胺 + 30% 尿素（质量分数）为渗剂的氮碳共渗结果（保温时间 2 ~ 3h）。

表 15-3 采用 70% 甲酰胺 + 30% 尿素氮碳共渗结果

材料	温度/℃	共渗层深度/mm		渗层硬度 HV0.05	
		化合物层	扩散层	化合物层	扩散层
45	570 ± 10	0.010 ~ 0.025	0.244 ~ 0.379	450 ~ 650	412 ~ 580
40Cr	570 ± 10	0.004 ~ 0.010	0.120	500 ~ 600	532 ~ 644
HT	570 ± 10	0.003 ~ 0.005	0.100	530 ~ 750	508 ~ 795
Cr12MoV	540 ± 10	0.003 ~ 0.006	0.165	927	752 ~ 795
3Cr2W8V	580	0.003 ~ 0.011	0.066 ~ 0.120	846 ~ 1100	657 ~ 1114
3Cr2W8V	600	0.008 ~ 0.012	0.099 ~ 0.117	840	761 ~ 1200
3Cr2W8V	620	—	0.100 ~ 0.150	—	762 ~ 891
W18Cr4V	570 ± 10	—	0.090	—	1200
T10	570 ± 10	0.006 ~ 0.008	0.129	677 ~ 946	429 ~ 466
20CrMo	570 ± 10	0.004 ~ 0.006	0.179	672 ~ 713	500 ~ 700

三乙醇胺黏度大、流动性差，常采用乙醇稀释，三乙醇胺与乙醇混合后（比例为 1∶1）滴注炉内，但这种渗剂容易产生炭黑。

（3）氨加渗碳气　渗碳气可采用吸热式气体、放热式气体及甲醇、乙醇热分解气等。采用吸热式气体与氨气的混合气体进行氮碳共渗时，两种气体比例为 1∶1，混合气的露点为 0℃（露点是指空气中水蒸气变为露珠时的温度），在 570℃ 进行共渗可取得良好的共渗效果。本方法适合于批量生产使用，但设备费用较高。甲醇和乙醇在共渗温度下热分解，提供活性碳原子，氨气提供活性氮原子。如果以甲醇热分解气为渗碳气，甲醇与氨的比例为 2∶8（体积比例）。通氨气滴醇法优点是氮、碳比率可在较宽范围内调节，设备简单，适应性强，乙醇来源广、较经济，并且明显较尿素氮碳共渗时产生的剧毒物氢氰酸（HCN）少，对环境污染较小。此外还可采用 $NH_3 + CO_2$、放热式气体 + NH_3 等进行氮碳共渗。

二、气体氮碳共渗工艺

1. 氮碳共渗工艺参数

（1）共渗温度　Fe-N 相图中的 $\gamma \to \alpha + \gamma'$ 共析温度为 590℃，而 Fe-C-N 三元系相图的共析温度是 565℃。在共析温度，氮在 α-Fe 中溶解度最大（0.1%），且其扩散系数也较大，这有利于氮在 α-Fe 中扩散，而碳在 α-Fe 中溶解度很小（0.006%），这对碳在 α-Fe 中的扩散不利，故氮碳共渗是以渗氮为主。碳原子主要是渗入化合物层（碳在 ε 化合物中溶解度可达 3.5% 左右），渗入 α-Fe 中数量很少。实际中，多采用 520 ~ 570℃ 进行氮碳共渗。温度过低，氮在 α-Fe 中溶解度和扩散能力较低，渗速较慢。提高共渗温度，氮原子扩散能力增大，渗速加快，但化合物层显著增厚（如 570℃ 为 20μm，600℃ 则为 40μm），并渗层表面易产生疏松层，疏松层厚度和疏松程度随温度提高而增大（如图 15-11 所示），使硬度下降、脆性增大。

与渗氮一样，共渗温度应低于回火温度，以保证工件心部性能在共渗中不发生变化。

（2）共渗保温时间　图 15-12 为 40Cr 钢在 570℃ 共渗时，保温时间对化合物层深度和扩散层深度的影响。由图可见，共渗层深度与时间关系也遵守抛物线规律，即共渗初期，化合物层和扩散层增加较快，随保温时间延长，增长速度减缓。延长时间，渗层深度增加不明显，且还可能导致表面产生疏松，使渗层容易剥落、硬度降低，故氮碳共渗一般控制在 2 ~ 4h。表 15-4 为保温时间对氮碳共渗层深度和表面硬度的影响。

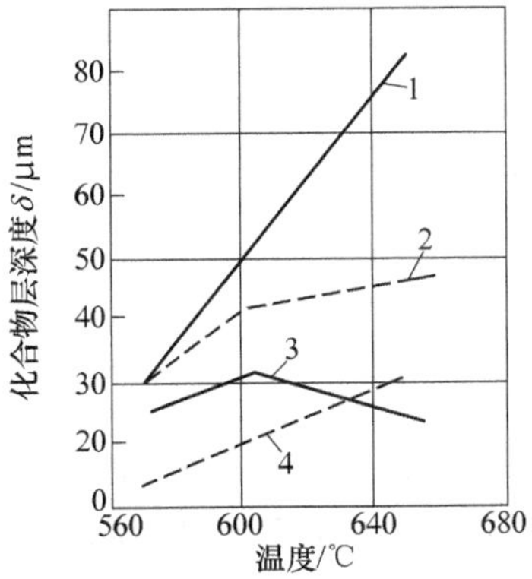

图 15-11　45 钢共渗温度对化合物层深度及疏松层的影响

1—白色层　2—ε 相化合物层

3—ε 相致密化合物层　4—疏松 ε 相化合物层

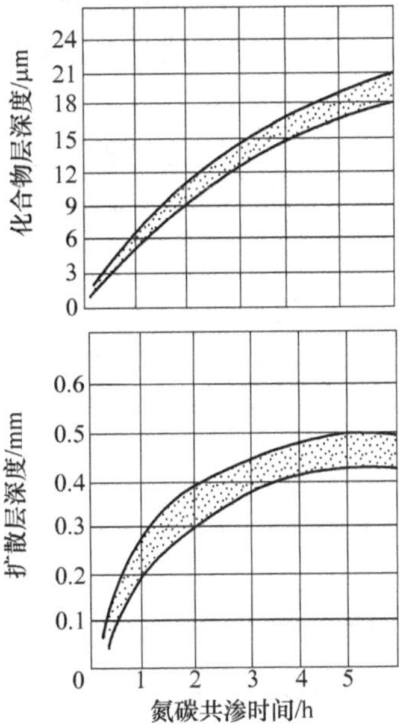

图 15-12　40Cr 钢在 570℃ 氮碳共渗保温时间对渗层深度的影响

表 15-4　保温时间对氮碳共渗层深度和表面硬度的影响

材　料	(570 ±5)℃，2h			(570 ±5)℃，4h		
	硬度 HV	化合物层深度/μm	扩散层深度/mm	硬度 HV	化合物层深度/μm	扩散层深度/mm
20	480	10	0.55	500	18	0.80
45	550	13	0.40	600	20	0.45
15CrMo	600	8	0.30	650	12	0.45
40CrMo	750	8	0.35	860	12	0.45
T10	620	11	0.35	680	15	0.35

氮碳共渗时间较渗氮大幅缩短，曾经认为这是由于碳的渗入使铁素体很快被饱和，由过饱和铁素体析出细小的 Fe_3C 质点作为 ε 的形核中心，从而促使 ε 很快形成。但后来的研究表明，氮碳共渗速度快主要是由于其共渗温度较渗氮温度高所致。

(3) 共渗后的冷却　与渗氮后的冷却方式不同，氮碳共渗后通常采用快冷（合金钢油冷，碳钢水冷）方式，以获得过饱和的固溶体，使表面形成较大残余压应力，提高疲劳强度。对畸变要求高的工件，可炉冷至 450℃ 左右再油冷或空冷。易产生氢脆的工件，渗后应进行去应力处理。

想一想　氮碳共渗件为何一般不像渗氮件那样采用随炉冷却？

2. 气体氮碳共渗工艺

氮碳共渗前的准备工作与气体渗氮基本相同。下面通过两个实例来介绍共渗工艺。

(1) 模具钢和高速钢氮碳共渗工艺　图 15-13 为 3Cr2W8V 模具和 W18Cr4V 高速钢刀具气体氮碳共渗工艺曲线。共渗温度均采用 570℃。

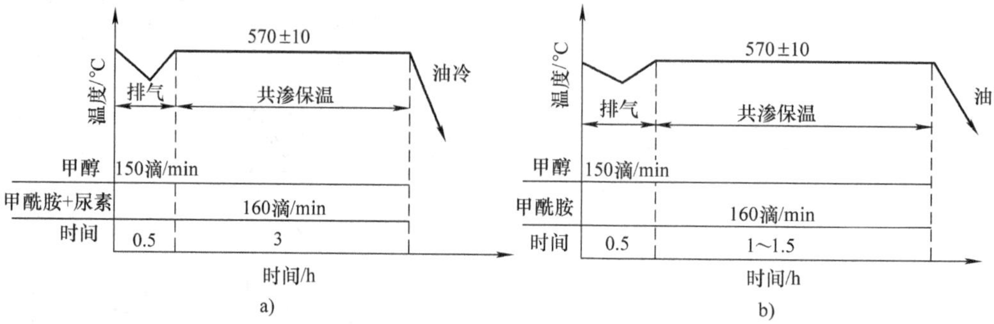

图 15-13　气体氮碳共渗工艺曲线

a) 3Cr2W8V 模具钢　b) W18Cr4V 高速钢

高速钢刀具和合金钢模具常采用甲酰胺作渗剂进行共渗处理。操作过程为：经正常淬火、回火热处理后的模具和刀具，在装炉前用汽油清洗，去除油渍（这对减少 HCN 污染也有好处）；检查加热炉各部分和供渗剂系统是否正常、安全可靠，并校正测温仪表；氮碳共渗通常采用到温入炉方式，入炉后滴甲醇排气 0.5h 左右，排气结束后在排气口处点燃废气。排气阶段甲醇滴量为 150 滴/min；进入保温阶段，改滴注甲酰胺，滴量为 160 滴/min。

对于高速钢常用单一甲酰胺的热分解气进行共渗，渗后刀具表层不生成白亮化合物层，渗层韧性好，刀具不易崩刃。共渗保温时间常用 1.5 ~ 2h，时间过长会增加渗层脆性。其渗层深度为 0.10mm，表面硬度约为 1200HV。对于 3Cr2W8V 模具钢，为提高耐磨性，希望模具表面形成一定的化合物层，采用甲酰胺中溶入 30%（质量分数）尿素的混合渗剂，目的是提高气氛活性，增加渗层表面含氮量。共渗保温 3h，共渗结束后在油中冷却。其共渗层深度为 0.08 ~ 0.13mm，表面硬度为 850 ~ 1100HV。

(2) 工业缝纫机螺旋锥齿轮氮碳共渗工艺　该齿轮为 20CrMo 钢，技术要求：渗层深度≥0.2mm、表面硬度 800HV。设备为 35kW 井式渗碳炉、共渗介质为氨气 + 甲醇。装炉后通入大量氨气、甲醇，排气结束后，加大氨气流量，使氨气∶甲醇 = 7∶3或 8∶2（体积比），炉压 200Pa，其氮碳共渗工艺曲线见图 15-14。如渗层脆性偏大，可于共渗温度下进行 10min 退氮处理（少量供氨）。

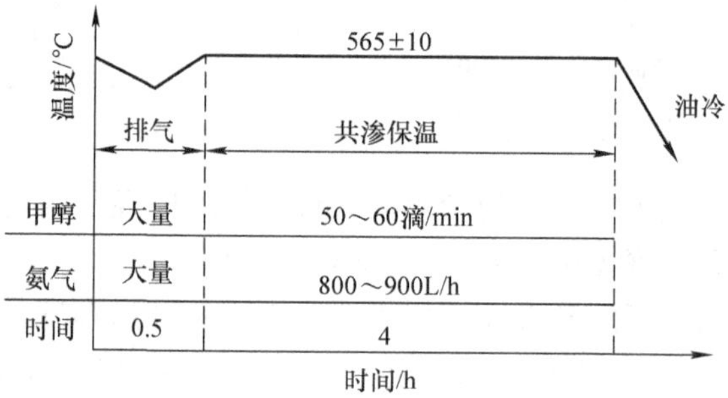

图 15-14　20CrMo 齿轮氮碳共渗工艺曲线

3. 奥氏体氮碳共渗

当在 600 ~ 700℃ 进行氮碳共渗时，由于氮的渗入 Ac_1 明显下降，使渗层处于奥氏体状态，故称此工艺为奥氏体氮碳共渗。由于心部未渗入氮原子，故仍保持原始组织不变。共渗时间一般为2～4h，共渗介质通常采用氨气＋甲醇（或乙醇），氨气与甲醇之比（摩尔分数）为92:8。共渗后常采用快冷，共渗后的组织为化合物层和厚度为0.01～0.15mm（取决于温度、时间）的奥氏体淬火层。奥氏体氮碳共渗的硬化层深度显著大于铁素体氮碳共渗。共渗冷却后，还可根据工件需要在180～350℃进行回火（失效）。经适当回火后，化合物层的硬度可达1100HV以上。奥氏体氮碳共渗适于要求热处理畸变较小的碳钢零件和塑料模、橡胶模等。

4. 减少HCN污染的措施

研究表明，不管用何种方法进行气体铁素体氮碳共渗，由于渗氮和渗碳组分的相互作用，会不可避免地产生一定数量的剧毒气体氢氰酸（HCN），例如用甲醇（或乙醇）和氨气共渗时，炉内NH_3会与CO发生反应：$NH_3 + CO \rightarrow HCN + H_2O$，生成HCN。HCN化学性质不稳定，遇热即分解，故要求气体氮碳共渗产生的废气必须充分燃烧，防止漏入操作环境。生产中，采用下列措施可使氢氰酸量降低：采用低甲醇量工艺参数；工件和料架入炉前进行仔细清洗去油；提高炉子的密封性，并保证废气充分燃烧；共渗结束时，先排气再出炉；打开炉盖时，在炉口周围立刻点火使炉内HCN及NH_3燃烧掉。采取以上措施后，可使生产现场环境中的氢氰酸量在国家规定的允许范围之内（炉子排气口旁、炉门旁及炉子周围HCN含量≤0.2mg/m^3）。

三、氮碳共渗层的组织与性能

1. 氮碳共渗层的组织

与渗氮层相似，铁素体氮碳共渗层也是由化合物层和扩散层组成（图15-15），外层为白亮氮化合物（厚6～20μm），内层是扩散层（为含氮索氏体）、组织较均匀。气体氮碳共渗层深度略薄于气体渗氮或相当（视共渗条件而定）。

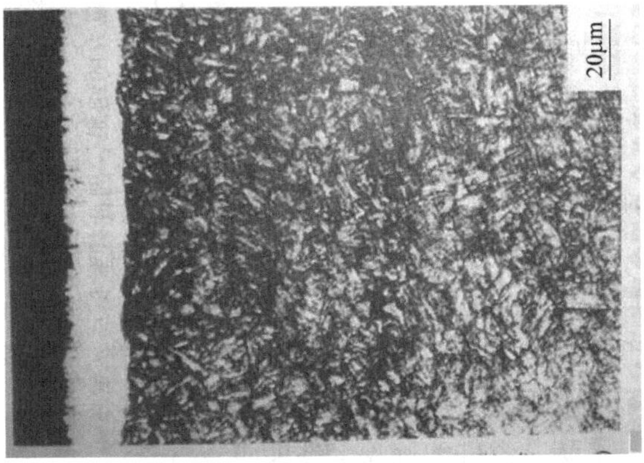

图15-15　40Cr钢调质后氮碳共渗的渗层组织

化合物层主要是含碳的ε相$Fe_{2\sim3}$(C，N)，及少量γ′相，化合物层中碳含量在1%～3.8%之间变化（与炉气碳势、氮势有关）。因含碳ε相比不含碳的ε相硬度高、韧性好，故对许多工件不像普通渗氮那样限制化合物层的形成（但高速钢等钢碳氮化物形成元素含量较高，共渗层硬度极高、脆性很大，容易出现崩刃现象，一般不希望出现化合物层）。

碳钢共渗后快冷，扩散层为含碳、氮的过饱和α固溶体，扩散层与基体间没有明显的分界线。为了显露扩散层组织，将共渗后的试样在300℃左右进行1～2h的回火处理，可看到α-Fe晶粒内析出针状γ′相（图15-16a，扩散层深度应测至针状γ′相完全消失为止）。合金钢则因扩散层中存在合金氮化物而易受蚀，故与心部有一定反差（图15-16b）。

2. 氮碳共渗层性能

（1）硬度及脆性　共渗层具有较高硬度（一般，略低于渗氮层或与之相当），其硬度值与钢中的碳及合金元素含量有关。碳钢扩散层硬度较低，共渗层硬度梯度陡，有效硬化的深

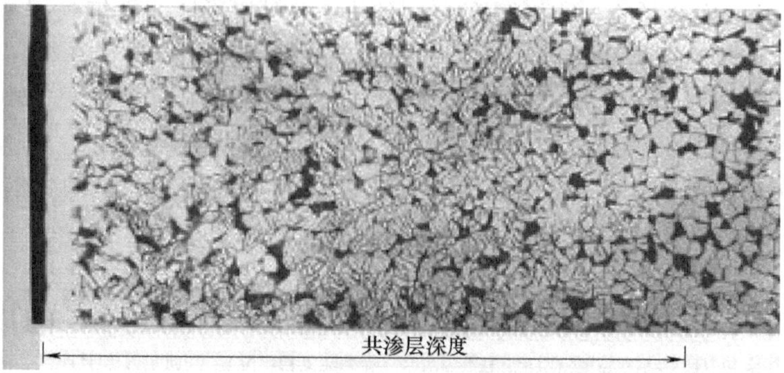

a)

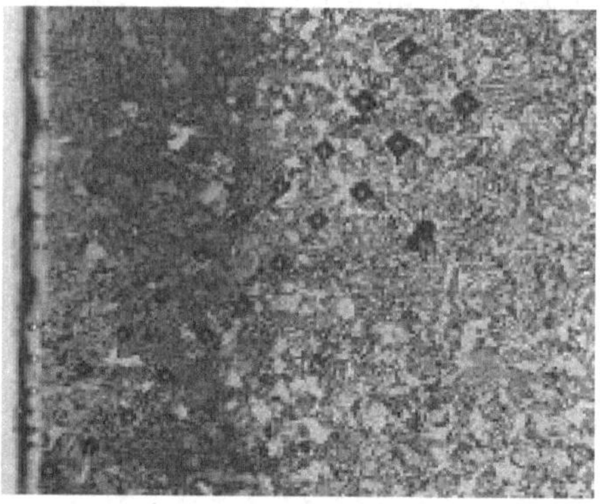

b)

图 15-16 氮碳共渗层组织与深度

a) 20 钢氮碳共渗后 300℃回火 1h（200×） b）20Cr 钢氮碳共渗（570℃，4.5h，甲醇加氨气，油冷）（200×）

度较浅，如图 15-17 所示。合金钢扩散层硬度明显高于碳钢。

氮碳共渗层的韧性较渗氮层好，一般认为是因碳原子溶入 ε 中，使之脆性下降，硬度提高所致，也有观点认为与之化合物层较薄有关。

（2）耐磨性及抗咬卡性 一般，如硬度高且韧性好，则其耐磨性往往也较好。由于共渗层硬度较高，表面化合物层摩擦系数较小，而且渗层有较好韧性，因而耐磨性较高。碳钢及低合金钢氮碳共渗后耐磨性高于渗碳件，如图 15-18 所示。合金元素含量高的高速钢及高合金模具钢，共渗后耐磨性可提高 2～5 倍。

氮碳共渗件的抗咬卡性能也较好。

（3）疲劳强度 氮碳共渗在强化表面的同时，使工件表层产生较大的残余压应力，而共渗后快冷，使扩散层 α 中含 N 呈过饱和状态，残余压应力进一步增大，因而显著提高了工件的疲劳强度。

（4）耐蚀性 与渗氮件类似，氮碳共渗件具有较好的耐大气、雨水及海水等腐蚀的能力。

由于氮碳共渗具有上述性能特点，因此广泛应用于碳钢、合金钢、不锈钢、铸铁等零件和刀具、模具等。例如由 Cr12MOV 制作的拉伸模，经 570℃气体氮碳共渗 1.5h，其加工件数从淬火、回火状态的一两千件提高至 3 万件，拉伸模使用寿命大大提高。

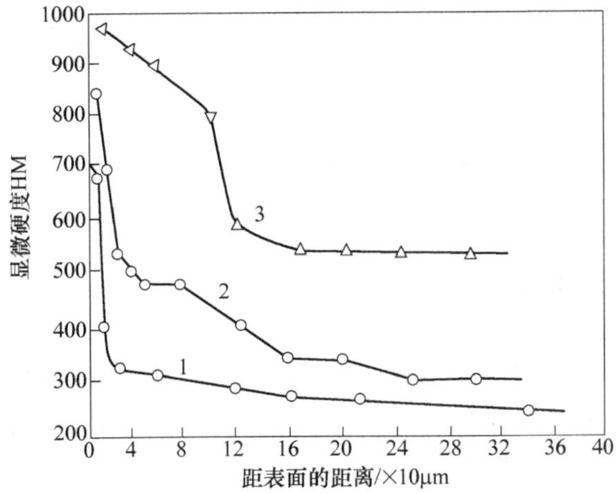

图 15-17 气体氮碳共渗层硬度分布
（570℃，3.5h，ϕCH_3OH：ϕNH_3 = 1:9）
1—45 钢 2—40Cr 3—3Cr2W8

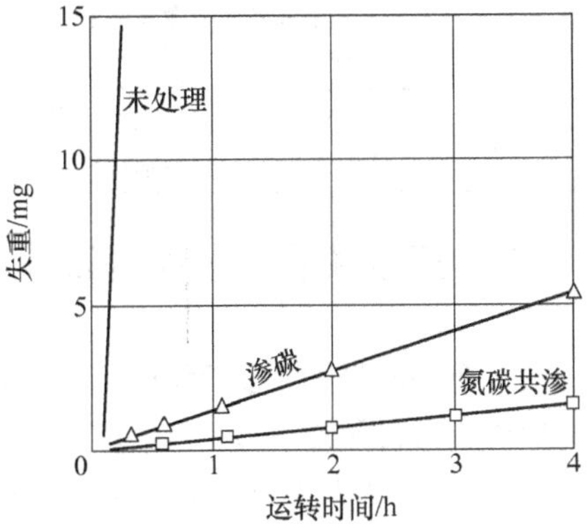

图 15-18 钢经不同处理后耐磨性对比

与渗氮类似，氮碳共渗的渗层较薄，不适于承受重载荷的工件。

四、氮碳共渗件质量检验及常见缺陷

1. 氮碳共渗件质量检验

检验项目及方法与渗氮件相同（但因共渗层韧性较好，通常不作渗层脆性检验），执行标准也是 GB/T 11354—2005《钢铁零件渗氮层深度测定和金相组织检验》。

（1）外观　表面不允许有裂纹、剥落及影响使用的伤痕。

（2）表面硬度　表面硬度符合下列规定：碳素结构钢≥480HV、优质碳素结构钢≥550HV、合金结构钢（不含铝）≥600HV、合金结构钢（含铝）≥800HV、合金工具钢≥700HV、灰铸铁≥500HV。

（3）共渗层深度　化合物层深度介于 0.003 ~ 0.025mm（具体值与钢种有关）；扩散层深度符合下列规定：碳素结构钢≥0.20mm、合金结构钢≥0.15mm、合金工具钢≥0.10mm。

（4）金相组织　金相组织验收标准由合同双方商定。

（5）畸变　畸变应不影响后续加工和使用，具体数值由合同双方商定。

2. 氮碳共渗件常见缺陷及预防措施

表 15-5 列出氮碳共渗件常见缺陷产生原因及预防措施和补救方法。

表 15-5　氮碳共渗常见缺陷及预防措施和补救方法

缺陷类型	产生原因	预防措施	补救方法
表面疏松	氮势过高；共渗温度过高、时间过长；材料选择不当	严格控制供氨量；合理控制共渗温度、时间；合理选择原材料	余量大的可磨去疏松层
表面硬度低	共渗后冷速慢；渗层中氮浓度低；材料选择不当	共渗后进行水冷或油冷；提高介质浓度，增加氮的浓度；合理选择原材料	按正常工艺返修
渗层深度浅	共渗温度低，时间短；介质浓度低；装炉不合理	改用正确温度和时间；提高介质浓度；合理装炉	按正常工艺返修

（续）

缺陷类型	产生原因	预防措施	补救方法
表面花斑	工件未清洗干净；工件互相接触	入炉前应将工件清洗干净；合理装炉	
畸变超差	渗前应力过大；温度不均匀或温度过高；装炉不合理	渗前去应力；调整炉温；合理装炉，对畸变要求严的件可冷炉装料	

五、氮碳共渗工艺编制及质量缺陷分析练习

①50Mn 曲轴，长 750mm、轴颈 ϕ35mm，技术要求共渗层深度 0.5mm，表面硬度≥500HV，心部硬度 220～260HBS；②45 钢铣床工作台升降丝杠，尺寸为 ϕ32mm×620mm，要求表面硬度 480HV，化合物层深度≥12μm（共渗层深度约 0.4mm）。以上工件共渗设备均为井式炉，共渗介质为甲酰胺。要求分别画出曲轴与丝杠共渗前热处理及氮碳共渗工艺曲线，并注明各工艺参数，简述共渗温度、时间及冷却方式的选择理由。③简述氮碳共渗件产生疏松、渗层偏薄的可能原因，给出相应的预防和补救办法，简述你的理由。

本章小结

本章主要介绍碳氮共渗和氮碳共渗的工艺、组织性能特点及常见缺陷和防消措施。本章内容学习中，应注意与渗碳、渗氮比较，并进行归纳、总结，弄清各自的特点及其异同。

1. 碳氮共渗由于共渗温度较渗碳低，可直接淬火；在渗层较薄时，碳氮共渗速度大于渗碳，故对薄层渗碳件，可用碳氮共渗取代渗碳。由于渗层中含氮，碳氮共渗层淬透性优于渗碳层。

2. 碳氮共渗层组织特点是残留奥氏体较多，形成碳氮化物和黑色组织的倾向较大。性能特点是硬度与渗碳件相当或略高，耐磨性及疲劳强度明显高于渗碳件。

3. 氮碳共渗是在铁素体状态下进行的以渗氮为主的共渗过程。其渗层组织与渗氮基本相同。与气体渗氮比较，氮碳共渗具有工艺周期短，共渗层强韧性较好等优点，适于要求抗磨、耐蚀且不承受重载荷的工件和工模具。

本章重要名词：碳氮共渗、换气次数、氮碳共渗、黑色组织、奥氏体、氮碳共渗

习　题

一、填空题

1. 碳氮共渗件表层的碳、氮的平均含量通常分别控制在 w_C ________、w_N ________。

2. 碳氮共渗件渗层淬透性__________，可采用__________的淬火冷却介质，渗层深度一般为________。

3. 氮碳共渗件渗层深度一般为________，表面氮、碳含量一般________。

4. 氮碳共渗件渗层的韧性较渗氮层________，耐磨性较渗碳层________。

5. 碳氮共渗层组织特点是________、________；________组织是碳氮共渗易出现的组

织缺陷。

二、问答题

1. 与渗碳相比，碳氮共渗工艺有何特点；与渗氮相比，铁素体氮碳共渗工艺有何特点？

2. 碳氮共渗温度对共渗层的碳含量和氮含量有何影响，为什么？

3. 以渗碳介质加氨为共渗剂的碳氮共渗，氨的加入量对共渗层的碳、氮含量有何影响？

4. “碳氮共渗后工件表面与心部的淬透性均得到提高”，是否正确，为什么？

5. 黑色组织对碳氮共渗件性能有何危害，如何避免？

6. 氮碳共渗温度过高或过低对共渗速度、共渗层深度、性能有何影响？

7. 氮碳共渗常用哪些渗剂，如何减少或预防环境污染？

8. 40Cr 钢拖拉机变速齿轮，其承受接触应力不大，但要求齿部有较高的耐磨性和疲劳强度，且要求热处理变形很小，试问该齿轮采用渗碳还是碳氮共渗较宜，为什么？

9. 生产钢管的 Cr12 钢拉拔模具，要求模具表面具有很高的抗磨损和抗擦伤能力。模具原采用淬火回火处理，硬度为 62 ~ 64HRC。试从渗层性能角度分析，可否通过氮碳共渗提高其使用寿命？

10. 为何碳氮共渗以渗 C 为主？而软氮化以渗 N 为主？

11. 分别指出渗氮层深度、氮碳共渗渗层深度及薄层硬化层深度的两种定义，有争议时各采用哪种作为仲裁标准？

12. 碳氮共渗与氮碳共渗的常见缺陷、成因及如何预防？二者通常检验哪些项目？

13. 列表总结渗碳、渗氮、碳氮共渗、氮碳共渗及高频淬火的常用钢、介质、常用工艺参数（t、τ 等）、硬化层深度、预先热处理（种类、目的及组织）、渗后热处理及组织、性能特点、检验项目、主要用途、工艺优缺点及易产生的质量缺陷。

14. 自行车飞轮壳（图 15-19），技术要求为渗层厚度 0.3 ~ 0.5mm、表层硬度≥80HRA（58HRC）、圆度≤0.12mm、平面度≤0.10mm，材料为 Q215，试分析宜采用何种表面热处理，简述理由。

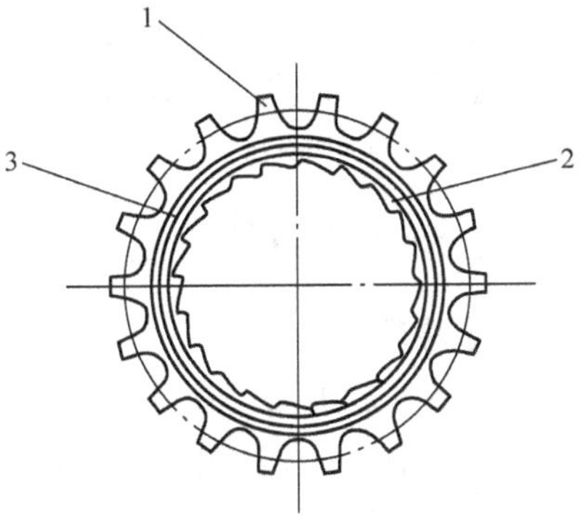

图 15-19　飞轮壳示意图

1—外齿　2—内齿　3—弹道

第十六章 其他常用化学热处理

随着工业生产的发展和科学技术的进步，对材料的性能提出了更多的特殊要求，促进了化学热处理表面强化技术的发展，如钢的渗硼、渗硫、渗金属等在生产中都得到了广泛的应用。本章对这些内容作简要介绍。本章主要教学要求是：了解渗硼、渗硫及渗金属的工艺方法、组织性能特点、优缺点及用途。

第一节 渗 硼

渗硼（boriding）是将工件置于渗硼介质中加热、保温，使渗剂分解出硼原子并渗入工件表层的化学热处理工艺。渗硼温度多为850～950℃（保温时间2～6h），温度过高（高于1000℃），会引起晶粒粗大，影响基体的力学性能。渗硼层的深度一般为0.05～0.30mm。渗硼温度、时间与渗硼层深度的关系如图16-1所示。

渗硼的工艺方法主要有固体渗硼、盐浴渗硼、气体渗硼、膏剂渗硼等，其中以固体渗硼和盐浴渗硼应用最多。

一、渗硼层组织与性能

1. 渗硼层组织

渗硼层一般由硼化物层和扩散层组成。硼化物层为单相 Fe_2B 或两相的 $FeB+Fe_2B$。由图16-2所示的Fe-B相图可知，硼在α-Fe和γ-Fe中的溶解度都很小，在1149℃，硼在γ-Fe中的最大饱和量也只有0.02%。在渗硼过程中，硼原子渗入工件表面后，很快就达到γ固溶体的饱和溶解度，并形成 Fe_2B（$w_B=8.83\%$）化合物。如果渗硼剂的活性较高，并且渗硼的时间足够长，表层硼浓度继续提高，将在 Fe_2B 的外侧形成含硼量更高（$w_B=16.23\%$）的化合物FeB。FeB和 Fe_2B 通常为梳齿状，垂直于表面楔入基体。渗硼后的金相组织由表面到心部依次为FeB→Fe_2B→扩散层→基体。

由于碳及大多数合金元素不能溶解于铁硼化合物（FeB和 Fe_2B），在渗硼过程中，随着硼化物的形成，钢表面的大部分碳及合金元素被挤至内侧，因而在紧靠硼化物的内侧将出现一个碳和合金元素的富集层。

2. 渗硼层性能

工件经渗硼后，表面获得单相或双相的硼化物层，其中 Fe_2B 硬度为1290～1680HV，脆性较小；FeB硬度为1890～2349HV，脆性较大。硼化物摩擦因数较小。钢件表面经渗硼后表面硬度可达1300～2300HV，并且在800℃以下仍能保持高硬度。在冲击载荷不大的情况下，其耐磨性优于渗碳和渗氮。经渗硼处理的工件在600℃以下抗氧化性好。另外，渗硼层对盐酸、硫酸、醋酸、氢氧化钠水溶液等都具有较高的抗腐蚀性，但不耐硝酸腐蚀。

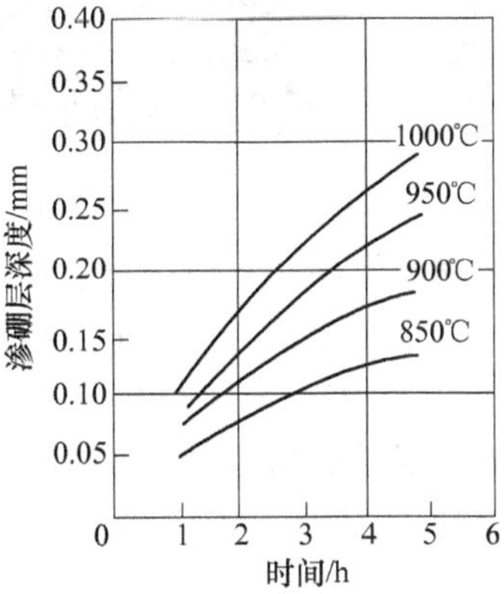

图 16-1　渗硼温度、时间与渗硼层深度的关系

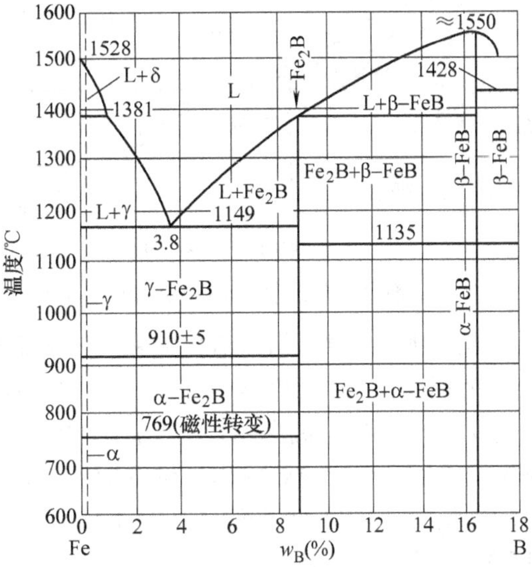

图 16-2　Fe-B 相图

渗硼层的缺点是脆性较大，尤其双相层的脆性更大。双相层的渗硼层，在受冲击及温度急剧变化时容易剥落，这是由于 Fe_2B 与 FeB 的膨胀系数不同，二者之间存在较大内应力所致。

3. 碳和合金元素对渗硼层深度的影响

钢中的碳和合金元素都不同程度阻碍硼的扩散，减小硼化物层的深度，并使硼化物的梳齿状趋于平直化、与基体接触面积减小，结合牢固程度减弱。图 16-3 是钢中含碳量对渗硼层深度的影响：含碳量增加，深度减小；渗硼时间越长，碳的影响越明显。图 16-4 是钢中合金元素对渗硼层深度的影响。图 16-5 是 40Cr 钢 850℃ 固体渗硼后油淬的金相组织，最表层白色为 Fe_2B 化合物呈梳齿状楔入基体，与基体间有较大的接触面积，使硼化物层与基体接触比较紧密，内层为马氏体。

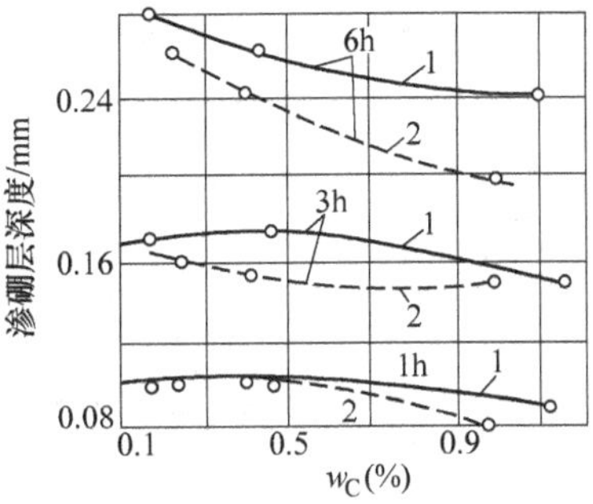

图 16-3　钢中碳含量对渗硼层深度的影响

1—碳钢　2—铬钢

必须指出：当钢中含硅的质量分数大于 0.5% 时，硅元素将在渗硼过程中被硼化铁挤入内层，造成一个富硅的过渡区。硅是强烈缩小奥氏体区、促使铁素体形成的元素，因此富硅区形成铁素体软化区，在渗硼层承受较大外力时易被压陷和剥落。所以含硅的合金钢（9SiCr、38CrSi、60Si2Mn）是不适宜渗硼的。

二、渗硼工艺

1. 固体渗硼

固体渗硼是将工件埋入粉末或颗粒状的渗硼介质中进行的渗硼工艺。

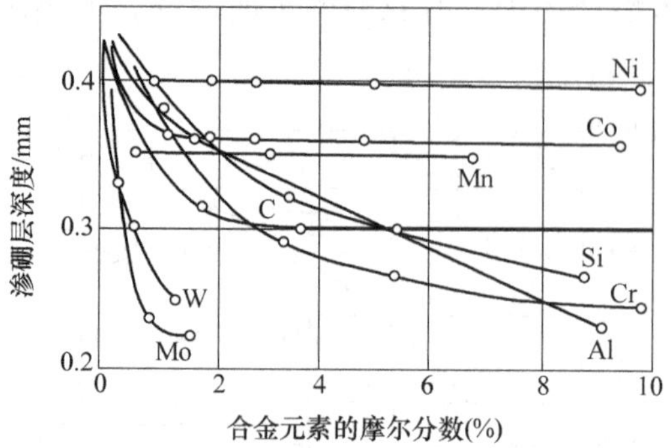

图 16-4 钢中合金元素对渗硼层深度的影响

图 16-5 40Cr 钢固体渗硼后油淬的金相组织

固体渗硼剂由供硼剂、活化剂和填充剂组成。供硼剂的作用是在渗入过程中，通过化学反应连续不断地提供活性硼原子。常用的有碳化硼（B_4C）、硼铁合金（Fe-B）、无水硼砂（$Na_2B_4O_7$）等。碳化硼含硼量高，渗硼能力强，渗硼层较致密，但价格较贵。国内多采用价格较低的硼铁合金或硼砂作为供硼剂。活化剂的主要作用是提高渗剂的活性，使工件表面处于活化状态，使硼原子容易吸附于工件表面，加速渗硼过程。活化剂多采用氟硼酸钾（KBF_4）、氯化铵（NH_4Cl）、碳酸盐［Na_2CO_3、$(NH_4)_2CO_3$］等。加入填充剂的目的是使渗剂保持松散，防止渗硼剂在高温下烧结并黏附在工件表面。填充剂常用碳化硅（SiC）、三氧化二铝（Al_2O_3）和木炭粉。

表 16-1 为常用固体渗硼剂成分与渗硼工艺，供参考。

表 16-1 常用固体渗硼剂成分与渗硼工艺

序号	渗硼剂成分（质量分数）	基体材料	温度/℃	时间/h	渗层深度/mm	渗层组织
1	5% B_4C + 5% KBF_4 + 90% SiC	45 钢	700 ~ 900	3	0.02 ~ 0.10	FeB + Fe_2B
2	10% KBF_4 + 50% ~ 80% SiC + 10% ~ 40% 硼铁	45 钢	850	4	0.09 ~ 0.10	Fe_2B
3	95% B_4C + 2.5% Al_2O_3 + 2.5% NH_4Cl	45 钢	950	5	0.16	FeB + Fe_2B
4	80% B_4C + 20% Na_2CO_3	45 钢	900 ~ 1100	3	0.09 ~ 0.32	FeB + Fe_2B
5	80% 硼粉 + 16% $Na_2B_4O_7$ + 4% KBF_4	40Cr	900	2	0.13 ~ 0.16	FeB + Fe_2B

固体渗硼具有设备简单、操作方便、工件表面便于清理等优点。但固体渗硼能耗大，生产效率低，工作环境差，劳动强度大，渗层组织和深度较难控制。

2. 盐浴渗硼

将工件置于熔融的盐浴中，使其表面渗入硼原子的工艺方法称为盐浴渗硼。

渗硼用盐浴由供硼剂、还原剂和活化剂三部分组成。供硼剂常采用硼砂。还原剂的作用是从硼砂中还原出硼，得到活性硼原子：$Na_2B_4O_7 + 2SiC \rightleftharpoons Na_2O \cdot 2SiO_2 + CO_2 + O_2 + 4[B]$。常用的还原剂有碳化硅、铝和稀土。以碳化硅作还原剂的盐浴渗硼，一般得到单相（Fe_2B）硼化物层。考虑盐浴的流动性，碳化硅的加入量不应超过盐浴总量的 30%（质量分数），以 13.6% 为最佳。选用铝或稀土作还原剂，盐浴的流动性好，活性强，一般得到双相（FeB + Fe_2B）硼化物层。这类盐浴成分偏析大，使用时需搅动，且熔融的铝对钢铁零件及坩埚有腐蚀作用。

16 CHAPTER

活化剂的作用是改善盐浴的流动性，使黏附在工件表面的残盐容易清洗，同时还可以促进活性硼原子的产生，加速渗硼过程。

常用渗硼盐浴成分及特点见表16-2。

表16-2 常用渗硼盐浴成分及特点

序号	配方（质量分数）	应用效果
1	80% $Na_2B_4O_7$ +20% SiC	效果好，获得单相 Fe_2B，难清洗
2	70% $Na_2B_4O_7$ +20% SiC +10% NaCl	效果好，流动性改善，较易清洗
3	80% $Na_2B_4O_7$ +13% SiC +3.5% K_2CO_3 +3.5% KCl	效果好，流动性改善，较易清洗
4	70% $Na_2B_4O_7$ +20% SiC +10% NaF（或 Na_2CO_3）	效果好，流动性改善，较易清洗
5	85% $Na_2B_4O_7$ +8.5% SiC +6.5% Na_2CO_3	效果好，流动性改善，较易清洗

盐浴渗硼具有设备简单、操作方便、渗层组织容易控制、渗硼层致密和缺陷少等优点。但盐浴对坩埚的腐蚀较严重，工件表面的残盐清理困难。

三、渗硼后的热处理

工件渗硼后是否进行热处理要视具体要求而定。对只要求表面耐磨而对心部强度要求不高的工件，渗硼后可空冷；对心部强度要求较高的工件，渗硼后还应进行淬火、回火处理，以提高基体的力学性能，增强基体对渗硼层的支撑能力。由于在热处理的过程中基体发生相变，而渗硼层不发生相变，硼化物（FeB、Fe_2B）和基体的膨胀系数相差悬殊，渗硼层易因淬火应力而出现裂纹和崩落，因此，淬火时要尽量采用较缓和的淬火冷却介质，并及时回火（一般为低温回火）。

四、渗硼的应用及实例

低、中、高碳及合金钢均可渗硼，具体可根据心部及渗层性能的不同要求，采用不同钢种。

渗硼主要应用于各类冷、热作模具，及探矿和石油机械、砖成形模等要求耐磨粒磨损、耐高温磨损和耐高温腐蚀的工件。所有这些应用中，渗硼都能使寿命成倍甚至成十倍地提高，并可以用碳钢或低合金钢代替高合金钢，节约了价格较高的材料，降低了生产成本，显示了巨大的技术、经济效益。其在模具方面的应用见表16-3。

表16-3 模具渗硼应用效果

模具名称	被加工工件名称	模具材料	处理工艺	使用寿命
六角模	Q235钢M12螺母	Cr12MoV	1020~1040℃淬火、240℃回火	0.7万~0.8万件
		40Cr	950℃4h渗硼，860℃淬火、240℃回火	1.5万~2万件
成形模	釉面砖	Cr12MoV	淬火、回火	6~7个工作班
		45	900℃6h渗硼，淬火、回火	28个工作班
拉丝模	钢丝	硬质合金	未渗硼	参比为1
			渗硼	拉低碳钢丝寿命提高7倍，拉高碳钢丝寿命提高2倍

（续）

模具名称	被加工工件名称	模具材料	处理工艺	使用寿命
压铸模	铝合金	3Cr2W8V	淬火、回火	参比为1
			渗硼，淬火、回火	提高1~2倍
整形模	拖拉机摇臂轴衬套	Cr12	淬火、回火	0.2万次
		45	900℃渗硼，油淬、回火	0.3万次
热锻模	钻头	3Cr2W8V	淬火、回火	3300件
		40Cr	渗硼，淬火、回火	4271件

（1）针阀偶件的固体渗硼　针阀偶件是柴油机燃油系统中的关键部件和易损件。要求其具有高硬度、高耐磨性、高热硬性和尺寸稳定性。原工艺采用GCr15钢，经淬火、低温回火后使用，寿命一般不超过1200h。某厂采用45钢经固体渗硼后使用，寿命达到5000h，比原工艺寿命提高3倍以上。

具体工艺如下：渗剂成分为：15%硼铁+5%氟硼酸钾+5%碳酸氢铵+75%氧化铝。渗硼温度为850℃，保温5h。经以上工艺处理后，渗硼层深度0.065~0.070mm，组织为单相Fe_2B，渗硼后表面硬度达到1300~1600HV，具有极高的耐磨性。

（2）无缝钢管冷拔模的盐浴渗硼　无缝钢管在冷拔过程中，变形量可达截面积的30%~35%，延伸率可达170%~180%，钢管和冷拔模之间有很大的摩擦力，冷拔模承受很大的压应力，模具的磨损十分严重。某厂用45钢盐浴渗硼取得了很好的效果。

具体工艺如下：渗硼剂配方为：70% $Na_2B_4O_7$ +20% B_4C +10% Na_2SiF_6。模具先在450~500℃预热2~3h，然后经950℃渗硼5h，在10%盐水中淬火，160~180℃回火1.5h。经以上工艺处理后，渗硼层深度0.11mm，表面硬度达到1200~1400HV。装机使用表明，渗硼后的冷拔模寿命比碳氮共渗的冷拔模提高3~4倍。

五、渗硼件质量检验

渗硼件的检验项目包括外观、渗硼层的组织、渗硼层深度和硬度。

（1）外观　经渗硼处理后，工件表面应为较均匀的灰色或深灰色，无剥落、裂纹等缺陷。

（2）渗硼层组织　对脆性有要求的耐磨件，原则上应为单相Fe_2B组织，允许少量疏松；对于抗腐蚀件渗硼层的组织单相（Fe_2B）或双相（$FeB+Fe_2B$）均可，但渗层要求致密。

（3）渗硼层深度　渗硼层深度的测量可在试样经硝酸酒精溶液或三钾试剂腐蚀后，在金相显微镜下，用带刻度的目镜测量。测量有代表性的5点硼化物针的峰值，取其平均值作为渗硼层的深度。如图16-6所示。

（4）渗硼层硬度　金相试样经三钾试剂腐蚀后，在显微硬度计上（因渗硼层薄且硬度高、脆性大）测量硼化物层的硬度。

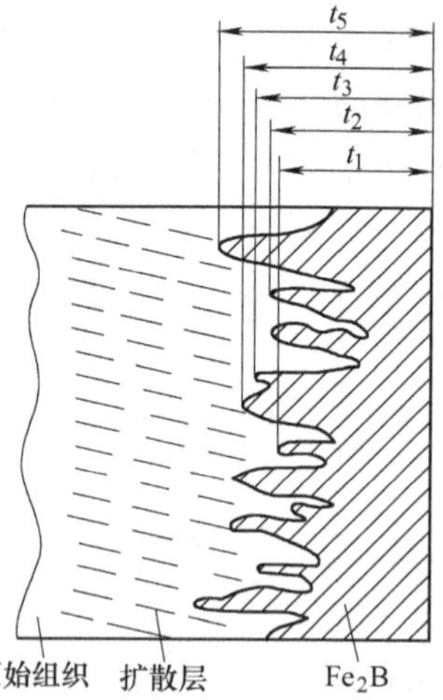

图16-6　渗硼层深度测定方法示意图

第二节　渗　　硫

渗硫是指在含硫的活性介质中加热，使钢和铸铁表面形成铁的硫化物层的化学热处理工艺。渗硫层硬度不高，对工件表面不产生硬化效果，但它能降低工件表面的摩擦因数，从而提高了工件的耐磨性和抗擦伤能力。渗硫主要应用于轻负荷、低速运动的工件，如滑动轴承、低速变速箱齿轮、凿岩机活塞气缸套筒等。

渗硫可分为低温渗硫和高温渗硫，为了保证渗硫后不影响基体的力学性能，渗硫温度一般采用略低于工件的回火温度，低温渗硫为170～205℃，高温渗硫为520～600℃。应用较广的是低温电解渗硫。

一、渗硫层的组织和性能

渗硫层外观为灰黑色，由FeS和Fe_2S组成，厚度为0.001～0.04mm，硬度为90～100HV。电子显微镜观察发现，渗硫层呈多孔鳞片状，容易沿滑动方向流动。渗硫层不仅在润滑条件下有减摩作用，而且在干摩擦条件的摩擦因数比较小，能够减少咬合与擦伤，降低磨损与点蚀。但是渗硫的这些优点，需要在工件表面具有高硬度的条件下才能充分发挥出来，因此，渗硫大多是在工件整体强化或经过表面淬火、渗碳淬火、渗氮和碳氮共渗等表面强化处理之后进行，或者与渗氮、氮碳共渗同时进行，即进行硫氮共渗或硫氮碳共渗。

二、低温电解渗硫

（1）电解渗硫工艺原理　图16-7为电解渗硫的装置示意图，即工件放入渗硫盐浴中，并接直流电源正极，不锈钢板（或浴槽）接负极。电解渗硫的盐浴成分为：75%硫氰酸钾（KSCN）+25%硫氰酸钠（NaSCN），混合盐的熔点为120℃。电解渗硫温度一般控制在80～190℃（温度太高熔盐易挥发），熔融状态的盐发生电离：

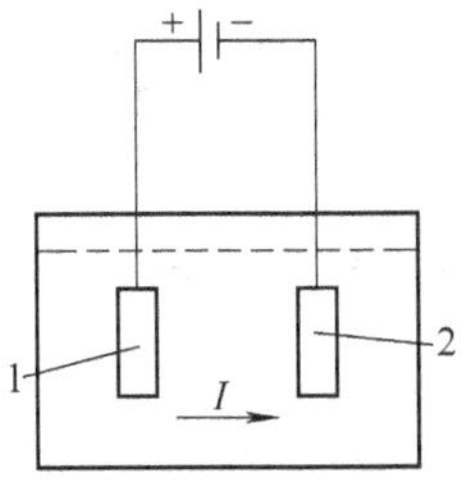

图16-7　电解渗硫的装置示意图
1—工件　2—不锈钢板

$$KSCN \rightarrow K^+ + SCN^-$$
$$NaSCN \rightarrow Na^+ + SCN^-$$

盐浴中的离子在直流电场的作用下，SCN^-向阳极（工件）移动；K^+、Na^+向阳极（不锈钢板）移动，并通过下列电化学反应于工件表面形成FeS层：

$$Fe\text{-}2e \rightarrow Fe^{2+}$$
$$SCN^- + 2e \rightarrow S^{2+} + CN^-$$
$$Fe^{2+} + S^{2+} \rightarrow FeS$$

（2）电解渗硫工艺过程　低温电解渗硫的工艺流程为：脱脂→沸水煮→酸洗→冷水清洗→中和→冷水清洗→电解渗硫→空冷至室温→清洗→浸入100℃热油→检验。脱脂和酸洗的目的是使工件表面活化。

三、硫氮共渗

渗硫层只有结合在高硬度的基体上，才能充分发挥硫化物的减摩、润滑作用，因此，实际生产中应用较多的是硫氮共渗和硫氮碳共渗。硫氮共渗和硫氮碳共渗的外层主要是渗硫层，摩擦因数小，抗咬合、抗擦伤能力强，渗层的里面是硬度高的渗氮层或碳氮共渗层，起支撑作用，耐磨性好。因而具有渗硫层与渗氮层两方面的优点。

硫氮共渗主要有液体硫氮共渗、气体硫氮共渗、离子轰击硫氮共渗等。

（1）液体硫氮共渗　液体硫氮共渗常用20% NaCl + 30% $BaCl_2$ + 50% $CaCl_2$，外加5% ~ 10% FeS，并在盐浴底部通入氨气。处理温度为540 ~ 560℃，时间为1.5 ~ 2h。硫氮共渗的W6Mo5Cr4V2钢链片冲头的使用寿命成倍提高。硫氮共渗3Cr2W8V钢铝合金压铸模比氮碳共渗的使用寿命提高3倍。硫氮共渗的突出优点是抗咬合、耐磨损、耐疲劳、耐腐蚀，处理时间短、设备简单、操作简便、盐浴毒性小，氰根含量为0.05% ~ 0.10%，是低污染盐浴。

（2）气体硫氮共渗　气体硫氮共渗的介质是氨气和硫化氢气体。硫化氢是由盐酸与硫化铁作用产生后通入炉内的。(530 ~ 560)℃ ×（1 ~ 1.5）h，可得到0.02 ~ 0.03mm深的渗层。经硫氮共渗的高速钢刀具表面硬度为950 ~ 1050HV。

第三节　渗　金　属

渗金属是将金属元素渗入工件表层的化学热处理工艺。和其他化学热处理一样，金属元素的渗入过程同样由分解、吸收和扩散三个基本过程组成。但由于金属元素的原子半径都比较大，与铁形成的是置换固溶体，扩散需要更大的激活能，所以一般渗金属的速度较慢，渗层也比较薄，需要采用高温长时间的热处理。

金属元素可单独渗入，也可几种金属共渗，还可以与其他工艺（如电镀、热喷涂等）配合进行复合渗。生产中常见的渗金属有渗铬、渗钒、渗铌和渗钛等。渗金属国内主要采用两种方法：固体法和盐浴法。

一、固体法渗金属

固体法渗金属是将工件置固体渗剂中加热到一定温度并保温一定时间，使工件表面渗入某种元素的化学热处理工艺。固体渗剂主要可分为两类：一类为粉末或颗粒状供渗剂（欲渗元素的纯金属或铁合金）加催渗剂、填充剂组成；另一类是由含有欲渗元素的化合物加催化剂、填充剂组成。供渗剂提供活性金属原子，催渗剂促进活性原子渗入，填充剂主要起减少板结、便于工件取出的作用。这种方法的优点是操作简单，无需特殊设备，小批生产应用较多，如渗铬、渗钒等。缺点是生产效率低，劳动条件差，质量不易控制。常见固体法渗金属的渗剂成分和工艺参数见表16-4。

表16-4　常见固体法渗金属渗剂的成分和工艺参数

	渗剂成分（质量分数）	温度/℃	时间/h	渗层厚度/mm	基体材料
渗铬	50% Cr +（48% ~ 49%）Al_2O_3 +（1% ~ 2%）NH_4Cl	980 ~ 1100	6 ~ 10	0.05 ~ 0.15	低碳钢
				0.02 ~ 0.04	高碳钢
	73.5% Cr + 23% Al_2O_3 + 2% NH_4Cl + 1% NaF + 0.5% KHF_2	1000 ~ 1100	4 ~ 8	0.05	低碳钢
渗钒	60%铁钒合金粉（含钒30%）+ 40% Al_2O_3	1100	10	0.012 ~ 0.016	碳钢
	98%铁钒合金粉（含钒30%）+ 2% NH_4Cl	1050	3	0.012 ~ 0.016	碳钢

（续）

	渗剂成分（质量分数）	温度/℃	时间/h	渗层厚度/mm	基体材料
渗铌	60%铌铁粉（含铌51%）+35% Al_2O_3 +5% NH_4Cl	960	4	0.025	碳钢
	15% Nb +10% Na_3AlF_6 +1% Al + 硼砂余量，醇酸清漆	1000	4	0.020	GCr15
渗钛	50% Ti-Fe 粉 +5% NH_4Cl +5% 过氯乙烯 +40% Al_2O_3	1100	8	0.007	碳钢
	49% TiO_2 +29% Al_2O_3 +20% Al +2% NH_4Cl	1000	6	0.01	碳钢

二、盐浴法渗金属

盐浴法渗金属是通过悬浮在熔盐中的欲渗入金属原子与被渗金属相互作用形成渗层，或者渗剂中反应还原出的金属原子在工件表面吸附、扩散渗入工件表面。根据基盐的组成可分为硼砂盐浴渗金属法和中性盐渗金属法。

硼砂盐浴渗金属法的渗剂为金属（或金属合金粉末），或含欲渗元素的金属化合物加还原剂。其中金属是与氧亲和力小于硼的物质，如铬、钒、铌等；还原剂是与氧亲和力大于硼的物质，如铝粉等。硼砂熔盐的密度和黏度大，金属渗剂容易悬浮，是盐浴渗金属的最好载体。该法能使工件获得比其他渗金属熔盐更均匀的渗层。另外，熔融硼砂能溶解金属氧化物，可使工件表面清洁和活化，有利于金属原子的吸收和扩散。硼砂盐浴渗金属法设备简单，操作方便，成本低，但黏附在工件表面的残盐较难清洗。

中性盐渗金属是在中性盐浴中加入由金属（或金属合金粉末）或者金属化合物和还原剂组成的渗剂。中性盐流动性好，粘盐少，但渗剂容易分层，造成位于盐浴上部和下部的工件渗层不均匀。常见盐浴法渗金属的渗剂成分和工艺见表16-5。

表 16-5　常见盐浴法渗金属的渗剂成分和工艺参数

	渗剂成分（质量分数）	温度/℃	时间/h	渗层厚度/μm	基体材料
渗铬	10% Cr 粉 +90% $Na_2B_4O_7$	1000	5.5	17.5	T12
	12% Cr_2O_3 +5% Al 粉 +83% $Na_2B_4O_7$	900 ~ 1050	4 ~ 6	15 ~ 20	T12
渗钒	10% V 粉 +90% $Na_2B_4O_7$	1000	5.5	22 ~ 24.5	T12
	10% V-Fe 粉 +90% $Na_2B_4O_7$	1000	5.5	22	T12
渗铌	10% Nb 粉 +90% $Na_2B_4O_7$	1000	5.5	20	T12
	15% Nb_2O_5 +5% Al 粉 +80% $Na_2B_4O_7$	1000	5.5	17	T12
渗钛	10% Ti 粉 +90% $Na_2B_4O_7$	1000	5.5	17	T12
	10% TiO_2 +90% NaCl，Ar	950	4	75	08F

三、渗层组织与性能

（1）渗铬层组织和性能特点　中碳钢和高碳钢渗铬层表层为铬的碳化物或碳氮化合物。碳来自于渗铬钢，而氮来自于活化剂铵盐的分解产物。渗铬钢的含碳量越高，铬的碳化物层的厚度越厚。渗层外表面的碳化物通常为 $Cr_{23}C_6$，其下层为 Cr_7C_3，再下层为 α 固溶体。在渗铬层和基体之间存在一个明显的贫碳过渡区，这是由于铬是碳化物形成元素，渗铬过程中基体内部的碳向表层扩散的缘故。贫碳区的出现会影响基体的淬火硬度，削弱渗铬层的撑托，严重时甚至可能使渗铬层在工作时发生破裂。因此，对基体硬度要求高的工件，应采用高碳钢或高碳合金钢。

渗铬层硬度随基体材料含碳量增加而增高：10 钢制工件渗铬后，表面为 α 固溶体，硬度为 150～200HV；45 钢制工件渗铬后，由于碳化物增多，硬度可达 1500HV；T8 钢渗铬后，表层碳化物更多，硬度约为 1500HV，甚至更高。

除硬度、耐磨性显著提高外，渗铬后还可获得良好的抗高温氧化性和抗多种介质腐蚀的性能。

由于渗铬温度高、时间长，渗铬后工件心部的组织往往比较粗大，因此，对基体强度和韧性要求高的工件，渗铬后必须进行正火或淬火加回火处理，如工模具、排气阀等。若只要求表面耐磨、耐蚀、抗氧化，渗铬后可不进行热处理，如塞规、样板等。渗铬后的热处理视基体材料而定，可以不考虑渗铬层，因为热处理对渗铬层组织影响不大。

（2）渗钒层组织和性能特点　渗钒层主要由硬度极高的 VC 相（硬度可达 1500～3800HV）组成。渗钒层具有极高的硬度和非常好的耐磨性，且渗钒件的摩擦因数也较渗硼、渗铬件小，抗黏着性能优良，故常用于工模具等要求高耐磨的工件。例如：Cr12 钢制作的螺母冷镦模经渗钒后表面硬度为 2700～2900HV，使用寿命提高 6 倍；GCr15 钢制作的冷挤轴承环凹模，渗钒后表面硬度为 2290～2600HV，寿命提高 8 倍。

（3）渗铌层组织和性能特点　45、GCr15、Cr12MoV、W18Cr4V、3Cr2W8V 等钢经渗铌处理后，表面可得到 $w_{Nb}=80\%$ 的金黄色的 NbC 化合物层。渗铌层的热稳定性和耐蚀性不如渗铬层，但高碳钢渗铌后，表面被覆以硬度为 2100～3500HV 的渗铌层，具有很高的耐磨性、抗咬合性和抗热疲劳性。冷作模具钢冲头、弯曲模和成形模等经渗铌处理后，可使寿命提高几倍至几十倍，例如：Cr12 钢制造的冷冲模，经渗铌处理后使用寿命比常规处理提高 5～10 倍。

（4）渗钛层组织与性能特点　高碳钢零件或工模具渗钛后，表面形成 TiC 化合物层。渗钛层硬度可达 1100～4400HV（与钢含碳量有关），其硬度和耐磨性优于渗硼层和渗钒层；渗钛层具有高的耐蚀性，尤其是抗盐酸浸蚀的能力优于其他渗金属层。渗钛主要用于受冲击载荷不大、要求耐磨性高的相机扳手冲压模、切边模、拉丝模、气门锁片整形模等，使用寿命可提高几倍甚至十几倍。由于渗钛工艺简单，无需特种设备，因而日渐应用于生产实践中。

为了提高工件基体的强度，渗钛后必须淬火和回火。由于渗钛层抗氧化性差，在空气中加热到 400℃ 时碳化钛层就会氧化，因此，渗钛零件的热处理宜在保护气氛或真空炉内加热。

本章小结

本章简要介绍了其他常用化学热处理方法，如钢的渗硼、渗金属等。

1. 渗硼是将工件置于渗硼介质中加热、保温，使渗剂分解出硼原子并渗入工件表层的化学热处理工艺。工件经渗硼后，表面硬度可达 1300～2300HV，在 800℃ 以下仍能保持高硬度。主要用于各类冷、热作模具以及各种磨损零件。

2. 渗硫是一种以减少摩擦因数、增加抗咬合能力为目的的化学热处理工艺。渗硫层硬度不高，对工件表面不产生硬化效果，故渗硫多在工件表面强化后进行。

3. 渗金属是将金属元素渗入工件表层的化学热处理工艺。其作用是提高零件表面的硬度、耐磨性、耐蚀性和抗氧化性。生产中常见的渗金属有渗铬、渗钒、渗铌和渗钛等。

本章重要名词： 固体渗硼、盐浴渗硼

习　　题

一、填空题

1. 钢件表面经渗硼后表面硬度可达______，一般在______以下仍能保持高硬度。在冲击载荷不大的情况下，其耐磨性优于渗碳和渗氮。

2. 渗硼层的主要缺点是______，在承受冲击载荷时容易开裂和剥落。

3. 工件渗硼后淬火时要尽量采用______的淬火冷却介质，并及时回火，以防渗硼层因淬火应力而出现裂纹和崩落。

4. 渗金属是将金属元素渗入工件表层的化学热处理工艺。其作用是提高零件表面的硬度、耐磨性、耐蚀性和抗氧化性。生产中常见的渗金属有______、______、渗铌和渗钛等。

二、简答题

1. 简述固体渗硼和盐浴渗硼的工艺要点。

2. 简述渗铬、渗钒、渗铌及渗钛的组织性能特点及主要用途。

第十七章　热处理工艺编制基础

本章主要介绍热处理工艺编制的基本概念、原则、依据、步骤，及常用热处理工艺文件。本章主要教学要求是：明确热处理工艺编制相关概念；清楚热处理工艺编制的原则、步骤；能看懂热处理工艺卡片与工艺守则。

第一节　概　　述

一、热处理工艺编制的有关概念

工艺过程是指改变加工对象形状、尺寸、位置和性质等，使之成为成品或半成品的过程。钢铁零件从原材料制造为成品，一般要经过锻造或铸造、机加工、热处理等工艺过程。其中的热处理工艺过程，是指在零件整个制造工艺过程中，那些用热处理的方法改变其组织、性能的工艺过程（如正火、渗碳、淬火、回火等）。

热处理工序是指一个或一组工人，在同一工作场地，对一个或同时对一批工件所连续完成的那部分热处理工艺过程（如退火、正火、淬火等）。热处理工序是热处理工艺过程的基本单元，也是制定热处理生产计划和进行成本核算的基本单元。热处理工序可分为基本（主要）工序和辅助工序。基本工序是为达到热处理目的（获得所需组织、性能）必不可少的工序，如正火、淬火、回火、渗碳、表面淬火等。辅助工序是辅助基本工序更好地实现热处理目的的工序，如清洗、刷涂料、校直、喷砂、工件装夹及检验等。工序还可进一步分为工步。工步是指工序中工艺参数不变的部分，如正火工序一般是由升温、保温、冷却几个工步组成。

热处理工艺路线（也称工艺流程）是指对热处理工艺过程中各工序所安排的程序。如调质工艺流程一般为：预检查→淬火→清洗→回火→喷砂→校直→检验。

热处理技术要求：一般是指热处理后应达到的质量指标（如组织、性能、渗层深度、畸变量等），也是热处理质量合格与否的验收标准。

热处理工艺规程是指导热处理工艺实施的规定性技术文件，通常以表格形式给出。其内容主要包括零件概况、零件简图、技术要求、各工序的工艺参数、要求、所用设备及工装、质量检验项目、抽检率、工时定额及编制人、校对人、审查人、批准人签名等。热处理工艺规程的主要作用是指导热处理各工序生产，同时也是热处理生产组织和管理的依据。热处理工艺编制主要就是编制热处理工艺规程。

热处理工艺卡是以表格形式将热处理工艺规程表示出来的工艺文件（见表17-1）。操作者根据工艺卡实施工艺。

二、热处理在零件加工工艺路线的位置

1. 零件加工工艺路线

零件加工工艺路线是对原材料到成品零件经过的全部加工工序所安排的程序，常简称加工路线或加工流程，包括原材料检验、锻造、铸造、焊接、切削加工、热处理等环节的全部加工工序。设计零件加工工艺路线时，必须从全局出发，充分考虑冷、热加工的互相配合，结合实际生产条件，对各工序位置给予合理安排。零件加工工艺路线一般由统筹冷、热加工工艺的部门（如工艺科/处）制定。如热处理技术人员，对本工序的位置安排有不同看法（每个人都很难做到同时精通铸、锻、焊、切削加工、热处理等多种专业知识及工艺），应在全面分析后，提出修改建议。

2. 热处理类型及在加工路线中位置

（1）热处理类型　根据热处理工序在整个加工路线中的位置和作用，可分为预备热处理、最后热处理和补充热处理3种类型。

1）预备热处理（简称热1）。预备热处理是为调整、改善原始组织，保证工件最终热处理质量或（和）切削加工质量而预先进行的热处理。常用预备热处理包括退火、正火，有时调质也可作为预备热处理。

2）最终热处理（简称热2）。目的在于使零件获得所需要的使用性能。常用的最终热处理包括各种淬火、回火、化学热处理等。对性能要求不高的工件，正火也可作为最终热处理。

3）补充热处理（简称热3）。一般是指在最后热处理之后，为进一步提高零件的组织、尺寸稳定性而进行的热处理。如精密零件和量具在最终热处理后，为进一步消除应力、提高其组织稳定性而附加的稳定化热处理等。有时将为挽救次品而进行的热处理等也归入补充热处理。

（2）热处理在加工路线中的位置　预备热处理一般安排在毛坯件粗加工之前，最终热处理则多安排在半精加工之后、精加工（磨削）之前（因最终热处理后零件硬度往往较高，不便切削加工）。以下是热处理工序位置在加工路线中的几种常见情况：

1）调质件。用型材加工的调质件，加工路线一般是：下料→粗加工→调质→半精加工→精加工。锻造成型的调质件，加工路线通常是：下料→锻造→预备热处理→粗加工→调质→半精加工→精加工。

小知识　用型材制成的调质件（多属于中碳钢），因轧制后其硬度相当于正火硬度，处于适合切削加工范围，故可直接进行切削加工。若其加工余量不大，可将性能良好的调质层大部分保留下来时，也可将调质安排在粗加工之前。

2）表面淬火件。表面淬火件加工路线一般为：下料→锻（或铸）→预备热处理→粗加工→调质→半精加工→表面淬火→精加工。其中预先热处理可根据工件要求，采用正火或调质处理，如采用调质处理，粗加工后的调质处理可省略。

3）渗碳（或碳氮共渗）件。渗碳件毛坯有用型材制成的，但对性能要求较高的工件则多通过锻造成型。锻造毛坯的加工路线一般为：下料→锻造→预备热处理→粗加工、半精加

工→渗碳→淬、回火→磨削。

4）渗氮件。零件渗氮后，表面硬度极高，因此要在渗氮前完成切削加工，渗氮之后，一般只进行精磨，不再进行其他切削加工。其加工路线一般为：下料→锻造→预备热处理→粗加工→调质→半精加工→去应力退火→粗磨→渗氮→精磨。

5）冷冲模具。其加工路线一般为：下料→锻造→球化退火→机加工成型→淬火、回火→钳修→装配。

6）对性能及加工质量要求不高的零件。其加工路线一般为：铸件（或锻件）毛坯→预备热处理（正火或退火）→粗加工→成品零件。因此类零件对性能要求不很高，故最终热处理可省略。

第二节　热处理工艺编制的原则、依据和步骤

一、热处理工艺编制的原则

（1）先进性　工艺编制时应充分注意采用可靠的热处理新工艺、新技术；选用能稳定、优质高效地完成热处理任务，且能耗低、并对环境友好的设备（含工装）和工艺材料（如加热、淬火冷却介质、渗剂及防护涂料等）。选择的新工艺、新技术必须经过试验、评审、鉴定。

（2）合理性　热处理工艺的合理性主要是指热处理工艺方法选择恰当、工艺参数合理；热处理辅助工序设置、安排及工艺流程合理。

（3）可行性　所制定的热处理工艺必须符合本车间实际（如设备、人员结构素质、水、电、气供应情况等），才能在生产中得到良好实施、正常运转。所选择的工艺参数必须依据有效技术文件；对超出正常的工艺参数，必须经过试验验证和审查、鉴定，方可投入使用。

（4）经济性　在保证热处理质量的前提下，选用综合成本低、消耗少、生产效率高、生产周期短的工艺方案和设备、工艺材料。要充分、合理利用车间现有设备（如加热能力、加热室空间）及工装。简化工艺流程，缩短生产周期。对个别需特殊处理的工件，若本车间设备条件（如设备能力及控制精度）不能满足，可视情况委托外单位生产，而不一定都要购置新设备。

（5）工艺的可检查性　主要是指将零件热处理工艺实施过程中的重要信息（生产历史，如生产的批次、数量、炉次、操作者及检验结论、所采用的主要工艺参数等技术数据）记录存档，一旦发生质量问题，可以追根溯源。要求工艺参数的选用必须依据相关有效技术标准或经过试验和鉴定，可供检查。

（6）安全环保性　所编制的热处理工艺，必须保证操作者安全和身体健康，尽量降低劳动强度；严格控制有毒、有害作业，工作场地要加强通风，劳动保护措施健全有效；选用对环境友好的热处理工艺材料（如加热、淬火冷却介质、渗剂及防护涂料等）；遵守有关环保法规，有毒、有害物质必须按有关规定处理并达标后才可排放，为保护好人类生存环境，尽到应尽之责。

（7）工艺的标准化　工艺编制时的书写格式、所用术语、基础标准的引用、计量单位及检验都应执行有关工艺技术标准。

二、热处理工艺编制的依据

热处理工艺编制[㊀]的主要依据有：

1. 产品零件图样及技术要求

产品零件图应明确标明对工件的热处理技术要求，①对普通热处理零件，该图样上应明确标明材料牌号、最终热处理后的硬度等性能要求；②对化学热处理件，则要标明化学热处理部位及尺寸，渗层深度、表面与心部硬度、组织要求及相关标准；③对热处理后有特殊检验要求的零件（如弹簧），应标明其检验类别及相关标准。

2. 零件毛坯图及技术要求

零件毛坯图样应标明材料、热处理要求、毛坯热处理后应达到的性能指标及硬度检测部位、方法。

3. 技术标准

技术标准分为上级标准（国际标准、国家标准、国家军用标准、行业标准）和企业标准。这些标准都是编制热处理工艺规程的主要依据。

4. 生产条件

任何工艺都需在具体生产条件下实施，因此热处理工艺编制应根据企业实际生产条件来进行。这些条件主要包括：热处理车间的设备类型、性能及数量，车间技术管理水平、相关人员的结构、素质等；车间中水、电、气、工艺材料等供应情况；车间的建筑条件（照明、通风、取暖）和起重运输条件等。

三、热处理工艺编制的步骤

图 17-1 给出了热处理工艺编制的步骤。

1. 编制工艺前的分析准备

1）研究加工工艺路线，可了解热处理前的工序对热处理的影响和其后工序对热处理的要求，也有利于工序间沟通协调（如对有些易变形件，可要求前工序增加工艺孔、加强筋等）。

2）分析技术要求、零件结构、形状、尺寸及材料满足热处理技术要求的难易程度。对热处理而言，一个设计良好的零件应做到技术要求、零件结构的热处理工艺性、材料三者协调一致。

3）分析毛坯（或原材料）状态，考虑要否安排预备热处理或采取相应措施。如毛坯的锻造组织粗大、有严重魏氏组织、带状、网状碳化物时，需增加相应的预备热处理。

4）研究相关技术标准。技术标准是编制热处理工艺的主要依据，必须按照标准，确定工艺规程。

2. 编制工艺规程

（1）确定热处理工艺方案　根据技术要求等确定热处理工艺方法（例如是双介质淬火还是分级淬火等），并确定热处理工艺工艺流程及工时定额、工人技术等级。在选择热处理工艺方法时，首先要确保能达到零件技术要求，然后对其先进性、合理性、可行性、经济

㊀ 有的企业是由负责冷、热加工工艺的工艺科/处编制工艺；也有一些企业，是由对其更熟悉的相应热处理车间技术人员来编制。

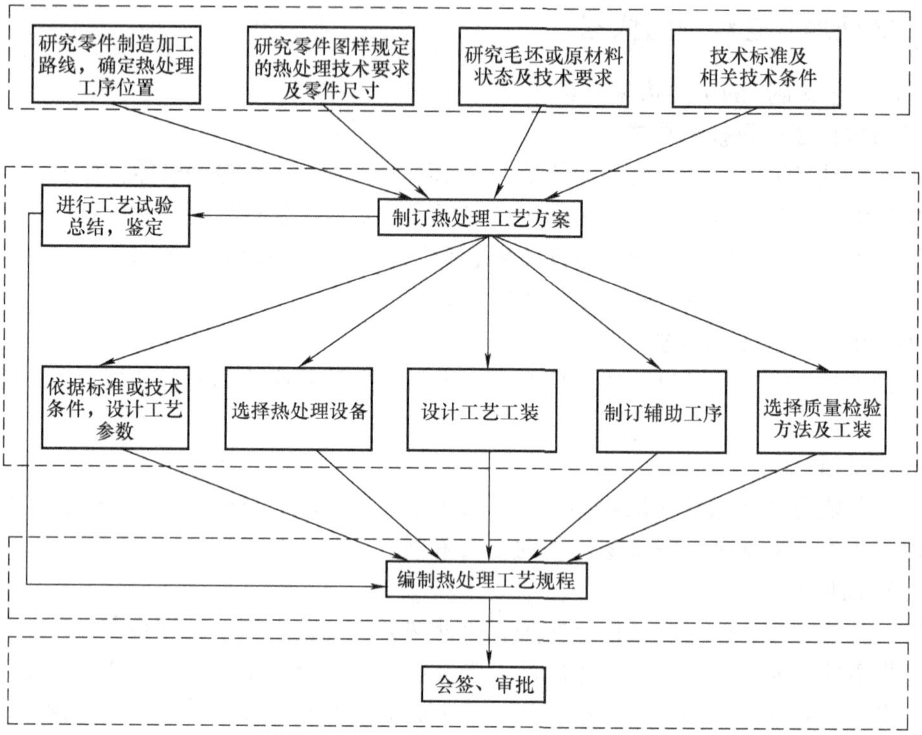

图 17-1 热处理工艺制定的步骤示意图

性、安全环保性及可操作性等进行综合考虑，定出最佳方法。确定热处理工艺流程时，要充分注意工艺流程的合理、经济、高效、简练。

（2）选设备 所选热处理设备（含加热与冷却设备、介质）应确保能优质高效、低耗、安全环保地完成热处理生产任务。设备的选择主要与热处理工艺方法、零件的尺寸形状、批量大小及对表面质量和畸变的要求等有关。设备选择时，需注意不同设备间生产能力的配合，如回火时间一般较淬火时间长，为避免造成淬火件堆积，应选功率较大（或台数较多）的回火炉。

（3）选择或设计工装 合理选择或设计工装，是保证零件热处理质量，提高生产效率、减轻劳动强度的重要手段。工装设计应做到合理、安全、经济、节能、耐用。

（4）确定工艺参数 工艺参数主要依据技术标准并结合技术要求及工件等具体情况进行选择。确定热处理工艺参数是工艺编制的核心内容。

（5）确定辅助工序所用的设备、工装。

（6）进行工艺试验 以检验工艺方案是否正确合理、经济、环保、可行。根据试验发现的问题，对原工艺、设备及工装等进行相应调整。

（7）填写热处理工艺卡片 如工艺试验证明热处理工艺方案切实可行，即可将工艺方案中拟定的工序、工艺参数等按工序顺序填入工艺卡片（见后），所用术语、符号等须遵循国家或行业有关标准，以免造成误解。

（8）会签、审批 工艺编制者对所编工艺感到满意并准备充分时，可提出会签。会签是由热处理工艺制定部门与工艺实施部门的代表就工艺卡片中内容及技术问题相互协商并达成协议。如果工艺涉及机加工等车间，还需与之相互协商并达成协议。会签后的热处理工艺卡还必须经有关部门审批后，方可下发到热处理车间正式实施。

在工艺实施中如发现问题，应在全面、认真分析的基础上，对原工艺进行修改。

第三节　常用热处理工艺文件

常用热处理工艺文件是指导热处理生产的依据，主要包括工艺卡及工艺守则两大类。

一、热处理工艺卡

工艺卡是零件实施热处理工艺的依据。如前所述，热处理工艺卡是以表格形式将热处理工艺规程表示出来的工艺文件，其表述是以工序为基本单位，见表17-1。工艺卡一般是针对某一零件编制，有时也可对同一类型不同规格的零件（如钻头、螺栓）编制一份工艺卡，这些零件所用材料、工艺参数相同，仅是尺寸有别。

工艺卡还可分为专用于某一热处理工艺的专用工艺卡（如高频淬火工艺卡、离子渗氮工艺卡等）和适于常用热处理工艺的通用工艺卡。表17-1是常见的热处理通用工艺卡。

热处理工艺卡应该包括以下基本内容：①零件概况（零件名称、材料、质量编号等）；②零件简图；③加工路线；④热处理技术要求；⑤各工序名称、所用设备及工装型号或编号、工艺参数及简要的操作说明；⑥装炉方式及装炉量；⑦热处理质量检验项目、抽检率；⑧工时定额；⑨签名栏（包括编制、审核、批准者等）。

工艺卡编制是一项非常严肃和责任性很强的技术工作。卡片中的栏目应是热处理操作必需的，表格要简练、明确，避免发生误解。操作者按照工艺卡实施热处理工艺。工艺卡的形式可根据生产条件、零件热处理特点等具体情况制定，不拘一格。

小卡片　零件简图便于有关人员对零件识别、核对，并对热处理工序关注的零件形状、尺寸及需要局部热处理或防渗的部位等可一目了然。零件简图的大小、比例可根据需要灵活处理，但线条、尺寸标注等仍需按照机械制图的规则绘制。

表17-1　热处理工艺卡

<table>
<tr><td>××××厂</td><td>热处理工艺卡</td><td>第　页
共　页</td><td>加工路线</td><td colspan="8">锻造→正火→切削加工→淬、回火→精加工</td></tr>
<tr><td colspan="2" rowspan="9">工件简图
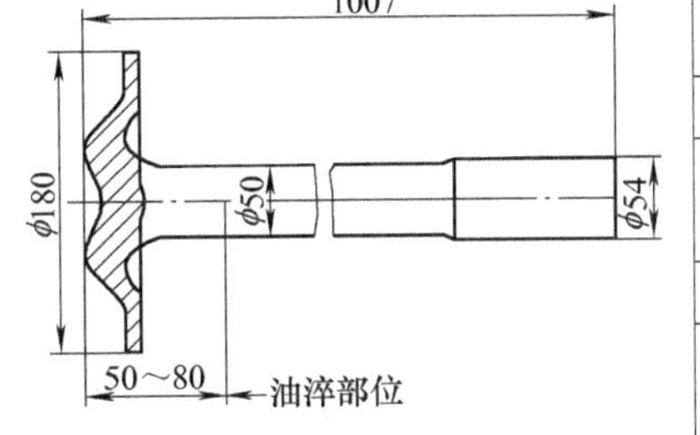
</td><td>产品名称</td><td>部件名称</td><td colspan="8">工件</td></tr>
<tr><td rowspan="3">CA—10B型汽车</td><td rowspan="2">后桥半轴</td><td colspan="2">编号</td><td colspan="2">名称</td><td colspan="2">每台件数</td><td colspan="2">单件质量/kg</td></tr>
<tr><td colspan="2">120-2403070</td><td colspan="2">半轴</td><td colspan="2">2</td><td colspan="2">18.45</td></tr>
<tr><td></td><td colspan="8">钢材成分（%）</td></tr>
<tr><td>钢号</td><td>w_C</td><td>w_{Si}</td><td>w_{Mo}</td><td>w_{Cr}</td><td>w_B</td><td>w_S</td><td>w_P</td><td>w_{Mo}</td><td>其他</td></tr>
<tr><td>40MnB</td><td>0.37～0.44</td><td>0.20～0.40</td><td>1.10～1.40</td><td>—</td><td>0.001～0.0035</td><td>—</td><td>—</td><td>—</td><td>—</td></tr>
<tr><td>金相组织</td><td>硬化层深</td><td>硬度</td><td colspan="7">力学性能</td></tr>
<tr><td rowspan="2"></td><td rowspan="2"></td><td rowspan="2">341～415HBW</td><td>R_m /MPa</td><td colspan="2">σ_s /MPa</td><td>A（%）</td><td>Z（%）</td><td colspan="2">a_K（J/cm^2）</td></tr>
<tr><td></td><td colspan="2"></td><td></td><td></td><td colspan="2"></td></tr>
</table>

（续）

工序号	工序名称		设备		工夹具		每个夹具内工件数/件	炉中装料量/件	工艺参数							硬度	单件定额		每小时产量	工人数量
			名称	编号	名称	编号			加热温度/℃	加热时间/min	保温时间/min	辅助时间/min	总加热时间/min	淬火冷却介质	冷却方法		台时/min	工时/min		
1	淬火	加热	推杆电炉		底板		4		860±10				85				1.25	5.0	48	4
		冷却		机械手												≤541HBW				
		法兰盘	淬火油槽		钳子									油	油中10~15s					
		全部	淬火水槽		篮子									水	水温40~60℃					
2	回火	加热	推杆电炉				20		400~440				250			341~415HBW				
		冷却			钩子									水						
3	喷丸	铁丸直径0.6~1.0mm	喷丸机					60				21	25				0.76	1.53	7.8	2
4	磨光	磨光，杆部靠近花键末端，10%	砂轮机														0.75	0.75	80	1
5	检验	外观																		
		硬度10%	布氏硬度计		支架24倍刻度放大镜											341~415HBW				
6	校直	校直100%	35kN液压机		垫块															

编制	签字	日期	校对	签字	日期	审核	签字	日期	标准检查	签字	日期	批准	签字	日期

二、热处理工艺守则

热处理工艺守则又称操作守则，是热处理工艺操作必须遵守的准则。热处理工艺守则主要包括该工艺的基本工艺参数、设备、工装、操作要点、安全、卫生注意事项、环保要求、质量标准及质量检验方法等内容。热处理工艺守则属于通用性技术文件，是针对一类而非某一具体零件编制的，如弹簧热处理工艺守则、锻模热处理工艺守则等。工艺守则也可按工艺方法编制，如退火工艺守则，气体渗碳、碳氮共渗工艺守则等，见表 17-2。辅助工序也需制定相应工艺守则，如清洗工艺守则、校直工艺守则等。

表 17-2　RJT—60 碳氮共渗炉前工艺守则

1. 工艺曲线说明

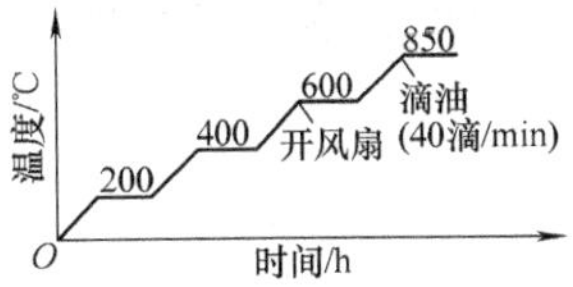

1）滴油器规格，流速为 80 滴/min 时，取 100 滴煤油其容积为 3.8～4.2mL，滴油器每月校对一次

2）煤油流量允许 4 滴/min 范围变化，氨气允许在 ±0.01m^8/h 内变化，由操作者按实际情况进行调整

3）排气阶段，煤油 100 滴氨气（0.42m^3/h）

4）直接淬火：将零件直接淬入 40～80℃的 L—AN10 全损耗系统用油中，除规定的冷却时间外一般为 3～5min

5）分级淬火：冷却剂为 52 号气缸油，使用温度 140℃ ±10℃，除规定的冷却时间外，一般为 3～5min

6）工艺曲线的到温指上下区温度均到指示温度

7）干燥器每周烘干一次，每月清理一次

8）52 号气缸油要求每月取样分析一次，要求 100℃黏度应为 49～56cSt（1cSt = $10^{-6}m^2/s$）

2. 各种零件的工艺参数和技术要求（见下表）

3. 测量　到温后保温 3h，停油，打开小孔 0.5h 测温，允许带挂具进行测量

4. 40Cr 齿轮碳氮共渗　温度为 850℃，跨炉台淬火操作的 40Cr 齿轮允许用 860℃，操作者不应随便提高 40Cr 齿轮的共渗温度

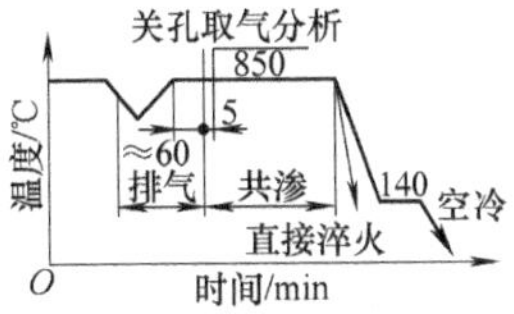

5. 炉子的升温曲线（见下表）

类别 ＼ 时间/h ＼ 温度/℃	200	400	600	850
大修	12	12	8	8
中修	8	8	4	3
小修	2	2	1	3

序号	零件名称	材料	模数/mm	重量/kg	主要参数				技术要求				备注
					装炉量/件	供氨给油量		冷却	金相组织		硬度 HRC		
						煤油/滴	氨气/（m^3/h）		层深/mm	表层组织	齿顶	其他	
1	130 一轴	40Cr	3.625	1.63	72	120	0.15	先开油泵直接淬火	0.25～0.40	针 M + 残 A	51～61		
2	130 中间轴	40Cr	3.625	6.35	18	120	0.15	两区入油，开油泵直接淬火	0.25～0.40	针 M + 残 A	51～61		
3	130 一二轴	40Cr	3.625	3.80	48	120	0.15	直接淬火，油冷 135s	0.25～0.35	针 M + 残 A	51～61	花键 23～43	
4	130 三四轴	40Cr	3.625	0.75	120	120	0.15	分级淬火，105s 摆动 15s	0.25～0.45	针 M + 残 A	51～61	花键 23～43	

随热处理车间设备更新、技术革新、工艺改进，工艺守则内容应及时调整。当工艺守则与工艺规程出现不一致时，应以工艺规程为准。

本章小结

本章主要介绍了热处理工艺编制涉及的基本概念、热处理工艺编制的原则、依据、步骤及工艺卡与工艺守则两种常用热处理工艺文件。通过本章内容的学习，可对热处理工艺编制过程有所了解，为今后编制热处理工艺，打下一定基础。

编制热处理工艺时，必须遵循编制热处理工艺的原则，认真调查研究，做足准备工作，依据相关标准，从实际出发，才有可能编制出适合本企业实际的最佳热处理工艺。

本章后两节内容实务性很强，学生对热处理工艺编制的原则、步骤基本清楚，便于后续教学应用即可。对相关内容的更多了解，可参见热处理手册第二分册等参考资料。

本章重要名词：热处理工艺过程、热处理规程、热处理规范、零件加工工艺路线、热处理技术条件、热处理工艺路线、预先热处理、最终热处理、补充热处理、热处理工序、基本工序、辅助工序、热处理工艺卡片、热处理工艺守则。

习　　题

一、选择题（答案不唯一）

1. 热处理工艺规程是热处理各工序必须遵守的____。

A. 安全规程　　B. 工艺参数　　C. 准则

2. 工艺卡片中的热处理质量检验工序，需给出检验项目、部位、检验方法及____。

A. 抽检率　　B. 检验设备　　C. 检验目的

3. 当工艺守则与工艺规程出现不一致时，以____为准。

A. 工艺守则　　B. 工艺规程　　C. 工艺路线

二、简答题

1. 热处理工艺编制的原则是什么？

2. 简述热处理工艺规程包括的基本内容。

3. 能否说“如中碳钢调质件调质后硬度不影响切削加工，则可将调质工序置于粗加工之前”，为何？

4. 简述热处理工艺卡片与热处理工艺规程的关系。

5. 指出热处理工艺规程的编制步骤。

6. 能否说“热处理工艺路线就是热处理基本工序与辅助工序的顺序安排”，为什么？

7. 写出表17-1中汽车半轴的淬回火工艺路线？

8. 简述工艺卡片与工艺守则的主要内容与作用？

9. 依据什么确定热处理工艺参数？

10. 热处理工艺由哪个部门确定？

附录 硬度换算

附表 硬度换算表

硬度								抗拉强度 R_m，N/mm²								
洛氏		表面洛氏			维氏	布氏（$F/D^2=30$）		碳钢	铬钢	铬钒钢	铬镍钢	铬钼钢	铬镍钼钢	铬锰硅钢	超高强度钢	不锈钢
HRC	HRA	HR15N	HR30N	HR45N	HV	HBS	HBW									
20.0	60.2	68.8	40.7	19.2	226	225		774	742	736	782	747		781		740
20.5	60.4	69.0	41.2	19.8	228	227		784	751	744	787	753		788		749
21.0	60.7	69.3	41.7	20.4	230	229		793	760	753	792	760		794		758
21.5	61.0	69.5	42.2	21.0	233	232		803	769	761	797	767		801		767
22.0	61.2	69.8	42.6	21.5	235	234		813	779	770	803	774		809		777
22.5	61.5	70.0	43.1	22.1	238	237		823	788	779	809	781		816		786
23.0	61.7	70.3	43.6	22.7	241	240		833	798	788	815	789		824		796
23.5	62.0	70.6	44.0	23.3	244	242		843	808	797	822	797		832		806
24.0	62.2	70.8	44.5	23.9	247	245		854	818	807	829	805		840		816
24.5	62.5	71.1	45.0	24.5	250	248		864	828	816	836	813		848		826
25.0	62.8	71.4	45.5	25.1	253	251		875	838	826	843	822		856		837
25.5	63.0	71.6	45.9	25.7	256	254		886	848	837	851	831	850	865		847
26.0	63.3	71.9	46.4	26.3	259	257		897	859	847	859	840	859	874		858
26.5	63.5	72.2	46.9	26.9	262	260		908	870	858	867	850	869	883		868
27.0	63.8	72.4	47.3	27.5	266	263		919	880	869	876	860	879	893		879
27.5	64.0	72.7	47.8	28.1	269	266		930	891	880	885	870	890	902		890
28.0	64.3	73.0	48.3	28.7	273	269		942	902	892	894	880	901	912		901
28.5	64.6	73.3	48.7	29.3	276	273		954	914	903	904	891	912	922		913
29.0	64.8	73.5	49.2	29.9	280	276		965	925	915	914	902	923	933		924
29.5	65.1	73.8	49.7	30.5	284	280		977	937	928	924	913	935	943		936
30.0	65.3	74.1	50.2	31.1	288	283		989	948	940	935	924	947	954		947
30.5	65.6	74.4	50.6	31.7	292	287		1002	960	953	946	936	959	965		959
31.0	65.8	74.7	51.1	32.3	296	291		1014	972	966	957	948	972	977		971
31.5	66.1	74.9	51.6	32.9	300	294		1027	984	980	969	961	985	989		983
32.0	66.4	75.2	52.0	33.5	304	298		1039	996	993	981	974	999	1001		996
32.5	66.6	75.5	52.5	34.1	308	302		1052	1009	1007	994	987	1012	1013		1008
33.0	66.9	75.8	53.0	34.7	313	306		1065	1022	1022	1007	1001	1027	1026		1021
33.5	67.1	76.1	53.4	35.3	317	310		1078	1034	1036	1020	1015	1041	1039		1034
34.0	67.4	76.4	53.9	35.9	321	314		1092	1048	1051	1034	1029	1056	1052		1047
34.5	67.7	76.7	54.4	36.5	326	318		1105	1061	1067	1048	1043	1071	1066		1060

（续）

硬度								抗拉强度 R_m，N/mm²								
洛氏		表面洛氏			维氏	布氏 ($F/D^2=30$)		碳钢	铬钢	铬钒钢	铬镍钢	铬钼钢	铬镍钼钢	铬锰硅钢	超高强度钢	不锈钢
HRC	HRA	HR15N	HR30N	HR45N	HV	HBS	HBW									
35.0	67.9	77.0	54.8	37.0	331	323		1119	1074	1082	1063	1058	1087	1079		1074
35.5	68.2	77.2	55.3	37.6	335	327		1133	1088	1098	1078	1074	1103	1094		1087
36.0	68.4	77.5	55.8	38.2	340	332		1147	1102	1114	1093	1090	1119	1108		1101
36.5	68.7	77.8	56.2	38.8	345	336		1162	1116	1131	1109	1106	1136	1123		1116
37.0	69.0	78.1	56.7	39.4	350	341		1177	1131	1148	1125	1122	1153	1139		1130
37.5	69.2	78.4	57.2	40.0	355	345		1192	1146	1165	1142	1139	1171	1155		1145
38.0	69.5	78.7	57.6	40.6	360	350		1207	1161	1183	1159	1157	1189	1171		1161
38.5	69.7	79.0	58.1	41.2	365	355		1222	1176	1201	1177	1174	1207	1187	1170	1176
39.0	70.0	79.3	58.6	41.8	371	360		1238	1192	1219	1195	1192	1226	1204	1195	1193
39.5	70.3	79.6	59.0	42.4	376	365		1254	1208	1238	1214	1211	1245	1222	1219	1209
40.0	70.5	79.9	59.5	43.0	381	370	370	1271	1225	1257	1233	1230	1265	1240	1243	1226
40.5	70.8	80.2	60.0	43.6	387	375	375	1288	1242	1276	1252	1249	1285	1258	1267	1244
41.0	71.1	80.5	60.4	44.2	393	380	381	1305	1260	1296	1273	1269	1306	1277	1290	1262
41.5	71.3	80.8	60.9	44.8	398	385	386	1322	1278	1317	1293	1289	1327	1296	1313	1280
42.0	71.6	81.1	61.3	45.4	404	391	392	1340	1296	1337	1314	1310	1348	1316	1336	1299
42.5	71.8	81.4	61.8	45.9	410	396	397	1359	1315	1358	1336	1331	1370	1336	1359	1319
43.0	72.1	81.7	62.3	46.5	416	401	403	1378	1335	1380	1358	1353	1392	1357	1381	1339
43.5	72.4	82.0	62.7	47.1	422	407	409	1397	1355	1401	1380	1375	1415	1378	1404	1361
44.0	72.6	82.3	63.2	47.7	428	413	415	1417	1376	1424	1404	1397	1439	1400	1427	1383
44.5	72.9	82.6	63.6	48.3	435	418	422	1438	1398	1446	1427	1420	1462	1422	1450	1405
45.0	73.2	82.9	64.1	48.9	441	424	428	1459	1420	1469	1451	1444	1487	1445	1473	1429
45.5	73.4	83.2	64.6	49.5	448	430	435	1481	1444	1493	1476	1468	1512	1469	1496	1453
46.0	73.7	83.5	65.0	50.1	454	436	441	1503	1468	1517	1502	1492	1537	1493	1520	1479
46.5	73.9	83.7	65.5	50.7	461	442	448	1526	1493	1541	1527	1517	1563	1517	1544	1505
47.0	74.2	84.0	65.9	51.2	468	449	455	1550	1519	1566	1554	1542	1589	1543	1569	1533
47.5	74.5	84.3	66.4	51.8	475		463	1575	1546	1591	1581	1568	1616	1569	1594	1562
48.0	74.7	84.6	66.8	52.4	482		470	1600	1574	1617	1608	1595	1643	1595	1620	1592
48.5	75.0	84.9	67.3	53.0	489		478	1626	1603	1643	1636	1622	1671	1623	1646	1623
49.0	75.3	85.2	67.7	53.6	497		486	1653	1633	1670	1665	1649	1699	1651	1674	1655
49.5	75.5	85.5	68.2	54.2	504		494	1681	1665	1697	1695	1677	1728	1679	1702	1689
50.0	75.8	85.7	68.6	54.7	512		502	1710	1698	1724	1724	1706	1758	1709	1731	1725
50.5	76.1	86.0	69.1	55.3	520		510		1732	1752	1755	1735	1788	1739	1761	
51.0	76.3	86.3	69.5	55.9	527		518		1768	1780	1786	1764	1819	1770	1792	
51.5	76.6	86.6	70.0	56.5	535		527		1806	1809	1818	1794	1850	1801	1824	
52.0	76.9	86.8	70.4	57.1	544		535		1845	1839	1850	1825	1881	1834	1857	

（续）

硬度								抗拉强度 R_m，N/mm²								
洛氏		表面洛氏			维氏	布氏（$F/D^2=30$）		碳钢	铬钢	铬钒钢	铬镍钢	铬钼钢	铬镍钼钢	铬锰硅钢	超高强度钢	不锈钢
HRC	HRA	HR15N	HR30N	HR45N	HV	HBS	HBW									
52.5	77.1	87.1	70.9	57.6	552		544			1869	1883	1856	1914	1867	1892	
53.0	77.4	87.4	71.3	58.2	561		552			1899	1917	1888	1947	1901	1929	
53.5	77.7	87.6	71.8	58.8	569		561			1930	1951			1936	1966	
54.0	77.9	87.9	72.2	59.4	578		569			1961	1986			1971	2006	
54.5	78.2	88.1	72.6	59.9	587		577			1993	2022			2008	2047	
55.0	78.5	88.4	73.1	60.5	596		585			2026	2058			2045	2090	
55.5	78.7	88.6	73.5	61.1	606		593								2135	
56.0	79.0	88.9	73.9	61.7	615		601								2181	
56.5	79.3	89.1	74.4	62.2	625		608								2230	
57.0	79.5	89.4	74.8	62.8	635		616								2281	
57.5	79.8	89.6	75.2	63.4	645		622								2334	
58.0	80.1	89.8	75.6	63.9	655		628								2390	
58.5	80.3	90.0	76.1	64.5	666		634								2448	
59.0	80.6	90.2	76.5	65.1	676		639								2509	
59.5	80.9	90.4	76.9	65.6	687		643								2572	
60.0	81.2	90.6	77.3	66.2	698		647								2639	
60.5	81.4	90.8	77.7	66.8	710		650									
61.0	81.7	91.0	78.1	67.3	721											
61.5	82.0	91.2	78.6	67.9	733											
62.0	82.2	91.4	79.0	68.4	745											
62.5	82.5	91.5	79.4	69.0	757											
63.0	82.8	91.7	79.8	69.5	770											
63.5	83.1	91.8	80.2	70.1	782											
64.0	83.3	91.9	80.6	70.6	795											
64.5	83.6	92.1	81.0	71.2	809											
65.0	83.9	92.2	81.3	71.7	822											
65.5	84.1				836											
66.0	84.4				850											
66.5	84.7				865											
67.0	85.0				879											
67.5	85.2				894											
68.0	85.5				909											

参考文献

[1] 热处理手册编委会．热处理手册：1 ~4 卷[M]．北京：机械工业出版社，2008.
[2] 夏立芳．金属热处理工艺学[M]．哈尔滨：哈尔滨工业大学出版社，2008.
[3] 安运铮．热处理工艺学[M]．北京：机械工业出版社，1982.
[4] 潘健生、胡明娟．热处理工艺学[M]．北京：高等教育出版社，2009.
[5] 陆兴．热处理工程基础[M]．北京：机械工业出版社，2007.
[6] 康煜平．金属固态相变及应用[M]．北京：化学工业出版社，2007.
[7] 胡光立．钢的热处理原理和工艺[M]．西安：西北工业大学出版社，2010.
[8] 刘宗昌．金属固态相变教程[M]．北京：冶金工业出版社，2001.
[9] 赵乃勤．热处理原理与工艺[M]．北京：机械工业出版社，2010.
[10] 洪家篪．钢铁热处理[M]．北京：机械工业出版社，1999.
[11] 安正昆．钢铁热处理[M]．北京：机械工业出版社，1988.
[12] 束德林．工程材料的力学性能[M]．北京：机械工业出版社，2003.
[13] 侯旭明．金属的力学性能[M]．北京：机械工业出版社，1999.
[14] 陈仁梧、林建生．化学热处理原理[M]．北京：机械工业出版社，1988.
[15] 王万智、唐弄娣．钢的渗碳[M]．北京：机械工业出版社，1985.
[16] 潘邻．化学热处理应用技术[M]．北京：机械工业出版社，2004.
[17] 潘邻．表面改性热处理应用技术[M]．北京：机械工业出版社，2005.
[18] 王广生，等．金属热处理缺陷分析及案例[M]．北京：机械工业出版社，2009.
[19] 徐斌．热处理设备[M]．北京：机械工业出版社，2010.
[20] 沈庆通，等．现代感应热处理技术[M]．北京：机械工业出版社，2008.
[21] 陈永勇．可控气氛热处理[M]．北京：冶金工业出版社，2008.
[22] 唐殿福，等．钢的化学热处理[M]．沈阳：辽宁科学技术出版社，2009.
[23] 王忠诚．热处理常见缺陷分析与对策[M]．北京：化学工业出版社，2007.
[24] 马伯龙．热处理工作操作质量保证指南[M]．北京：机械工业出版社，2010.
[25] 机械工业职业教育研究中心．热处理工技能实战训练[M]．北京：机械工业出版社，2004.
[26] 许天己．钢铁热处理实用技术[M]．北京：化学工业出版社，2010.
[27] 机械工业职业技能鉴定指导中心．热处理工技术：[M]．北京：机械工业出版社，1999.
[28] 吴元徽．热处理工[M]．北京：机械工业出版社，2007.
[29] 雷廷权．金属热处理工艺方法 500 种[M]．北京：机械工业出版社，2005.
[30] 于程歆，等．淬火冷却技术及淬火冷却介质[M]．沈阳：辽宁科学技术出版社．2010.
[31] 全国热处理标准化技术委员会．金属热处理标准应用手册[M]．北京：机械工业出版社,2005.
[32] 马伯龙．热处理工艺设计与选择[M]．北京：机械工业出版社，2013.
[33] 安继儒，等．热处理工艺规范数据手册[M]．北京：化学工业出版社，2008.